高斯数据库
关键技术原理与行业实践

李国良 宋 涛 王 江 编著

Key Technical Principles and
Industry Practice
of GaussDB

化学工业出版社
·北京·

内容简介

本书详尽阐述了高斯数据库的系统架构、设计理念、核心技术、实现机制以及未来的发展方向。通过深入浅出的叙述，将技术理论与行业应用完美融合，为读者呈现如何实现数据库高性能、高可用、高扩展性、高智能和高安全的关键技术，并深度剖析其背后的优化动因与权衡。本书还介绍了数据库在实际场景中的系统调优思路和经验，为数据库从业人员提供有益参考。最后，本书还详细介绍了高斯数据库在我国众多关键基础行业的成功应用案例，覆盖金融、政府（比如政务云、财政管理等）、制造业、卫生健康、电信、能源、水利、广播电视等领域，展示了其在实践中的强大功能和广泛影响力。

本书旨在为数据库从业人员、开发者、管理员以及用户等读者提供较为全面的学习参考资源，以加深其对数据库系统的原理、架构设计、开发流程和实践应用的认识。同时，本书也适合作为高等教育机构相关专业的教材，帮助学生和专业人士深刻理解数据库从理论探索到实际部署的过程。

图书在版编目（CIP）数据

高斯数据库关键技术原理与行业实践 / 李国良，宋涛，王江编著. -- 北京 ： 化学工业出版社，2025. 6.
ISBN 978-7-122-47684-5

Ⅰ. TP311. 13

中国国家版本馆 CIP 数据核字第 2025JJ7173 号

责任编辑：李佳伶　李军亮　　　　文字编辑：郑云海
责任校对：李雨晴　　　　　　　　装帧设计：史利平

出版发行：化学工业出版社
　　　　　（北京市东城区青年湖南街 13 号　邮政编码 100011）
印　　装：河北鑫兆源印刷有限公司
787mm×1092mm　1/16　印张 24¾　字数 606 千字
2025 年 7 月北京第 1 版第 1 次印刷

购书咨询：010-64518888　　　　售后服务：010-64518899
网　　址：http://www.cip.com.cn
凡购买本书，如有缺损质量问题，本社销售中心负责调换。

定　　价：148.00 元　　　　　　　　版权所有　违者必究

在数字化和智能化时代,数据已成为新经济增长的重要驱动力。数据库作为负责组织、管理和分析数据的基础软件,是 IT 系统的中枢,上承应用、下接算力,被誉为"软件皇冠上的明珠"。

华为公司自 2001 年开始便投入数据库系统的研发,以支撑自身电信业务的发展。2010 年,华为公司成立高斯数据库品牌,并加大对数据库领域的战略投入,吸引了全球 2000 多名数据库专家人才,共同打造数据库核心竞争力,构筑数据库根生态。数十年磨一剑,高斯数据库历经多年的战略投入和技术攻坚,成功解决了华为公司在极限环境下的数据库连续性供应问题;同时凭借多年行业实践与用户信赖,在国家关键信息基础设施行业也得到了广泛的应用,已实现金融、政务、电信、能源、制造、公路水运、邮政、教育等 14 个国家关键信息基础设施行业全覆盖。2020 年 6 月,华为公司将数据库内核 openGauss 开源,目前全球下载量已超过 250 万次,覆盖 110 多个国家和地区,并有超过 15 个商业版本发布。2023 年,openGauss 新增市场份额达 21.9%,已跨越生态拐点,踏入生态的良性发展期。华为云数据库 GaussDB 连续 8 次占据中国本地部署市场国产数据库第一。

本书是华为公司与行业用户共同创新与实践的成果,凝聚了众多行业专家智慧。本书深入浅出,详细介绍了高斯数据库关键技术原理,并结合应用实践对数据库调优、迁移和运维等做了系统化提炼总结,最后将部分客户的典型使用案例图文并茂地予以呈现。相信本书能够帮助企业开发人员和运维人员更深入地理解高斯数据库,也能为千行百业实际部署和使用高斯数据库提供有益参考。

"源浚者流长,根深者叶茂",高斯数据库始终聚焦技术扎根,打造领先的技术能力;同时围绕应用场景,携手客户,创新突破,在高性能、高可用、高智能、高安全、高弹性方面持续打造核心竞争力。华为 2012 实验室高斯数据库团队不断提炼产业难题并向全社会发布,通过难题的揭榜,吸引全球高校教授、学生积极参与,对于成功揭榜者,给予科研经费的支持,广泛有效地粘接了世界智慧,共同在数据库的理论与技术上研究突破,推动数据库的持续进步。在产业应用方面,华为公司将与全球数据库开发者共同搭建一个智能时代的数据基础设施,共同打造稳固的数据库社区,向世界提供更优质的选择。

查钧

华为公司董事、2012 实验室主任

2024 年 6 月

随着数字化时代蓬勃发展，数据量呈现爆炸式增长，数据管理软件变得越来越重要。数据库作为数据管理、分析和处理的核心基础软件，在各个行业的信息化系统中被广泛地应用，并发挥了不可或缺的作用。企业在信息化、数字化和智能化建设上越来越依赖于数据库技术，使得数据库的进步和发展成为支撑数字经济和社会进步的关键动力。在当前国际环境下，拥有和控制核心数据库技术，尤其是具有自主知识产权的自研数据库系统，对国家安全和信息安全至关重要，具有深远的战略意义和经济价值。

为解决企业数据管理问题，华为累积战略投入二十余年的研发资源，开发出高斯数据库（GaussDB/openGauss）。其中，GaussDB 数据库既支持华为集团的业务连续性，又深入服务于国家的 14 个关键基础行业，确保国家数字基础设施的战略安全。自 2020 年起，华为将 openGauss 数据库内核开源，携手产业伙伴共同建设数据库基础社区，推动生态繁荣，并通过华为云提供 GaussDB 的云服务，向各行各业提供优秀的企业级数据库云服务。

本书详细介绍高斯数据库的核心技术和实现原理，详述了数据库的调优技术，并介绍了高斯数据库的行业应用案例。通过本书，读者可以深入了解如何使用高斯数据库解决企业数据管理问题。

本书共分为 10 章：第 1 章探讨数据库领域面临的关键挑战和演进方向；第 2 章详述高斯数据库的核心架构设计；第 3～7 章从五个关键能力——高性能、高可用、高弹性、高智能和高安全——出发，深入讲解高斯数据库的技术原理和实现；第 8 章介绍了数据库的迁移策略和实际操作；第 9 章详述数据库调优指南；第 10 章详解数据库企业应用案例分析，总结了金融、政府等多个关键基础行业的成功应用。期望读者通过本书能够全面理解高斯数据库的技术精髓和行业应用，利用书中的知识和经验帮助更多企业采纳国产数据库，为数据库生态的繁荣和发展作出贡献，共同为世界构建更好的数据库选项。

在编写本书的过程中，我们受益于许多专家的悉心支持与指导。在此，对所有参与编写、审阅及提供帮助的人士表达我们最深切的谢意。

首先，感谢李玉章、李修昶、熊伟、常栋、刘振羽、范良、张东、窦德明、蔡亚杰等同事，他们在本书的编写过程中提供了大力支持与帮助。正是因为他们的建议与指导，我们才能够更好地完成本书的编写。特别感谢何佳佳、肖枫、崔凯峰、高新刚、赵蒙、刘杨箐、黄卫东、秦祎、苏江、朱广亚、赵公坡、周勋、宋智霖、刘国栋、陈维如、张琦、郭翀、温炜、王帅等人提供了丰富而优秀的案例内容。

其次，我们要感谢班伟、王方、钟舟、李士福、孙佶、何睿、郭亮、李强、鲍鹏、张津、朱笛、师亚、桂全国、强鸿斐、康阳、童美霞、符岗、申宇、张傲等人，他们在百忙之中抽出宝贵的时间校对了本书的技术细节。

除此以外，我们特别感谢中国邮政储蓄银行、陕西省财政厅、贵州省卫生健康委员会、国网陕西省电力、山东港口烟台港集团、徐州市水利局、华为质量与流程 IT 等行业客户与伙伴提供的案例实践，这些优秀案例为本书的编写提供了重要的支持，让更多人了解高斯数据库在行业的应用情况，感谢这些企业、单位对于行业的卓越贡献。

最后，感谢本书所有读者。本书的编写初衷是帮助大家更好地了解高斯数据库的技术原理，并借助于案例实践，为大家提供更好的技术支持与服务，期待这本书能够对各位读者有所帮助。

由于编著者水平有限，书中难免有不足之处，欢迎各位同行专家与读者批评与指正。

编著者

2024 年 6 月

目录

第 3 章　数据库高性能关键技术　　　　　　　　　　　58

第 5 章　数据库高弹性关键技术　　　　　　　125

第 8 章　GaussDB 易迁移关键技术　　　271

第 10 章　高斯数据库行业实践　341

第1章

数据库关键挑战

1.1 数据库发展历程

1.1.1 数据库分类

数据库技术是信息技术领域的核心技术之一，几乎所有的信息系统都需要使用数据库系统来组织、存储、操纵和管理业务数据。数据库领域也是现代计算机学科的重要分支和研究方向。

在数据库诞生之前，数据存储和数据管理已经存在了相当长的时间。当时数据管理主要是通过表格、卡片等方式进行，效率低下，需要大量人员参与，极易出错。进入 20 世纪 50 年代，计算机技术逐渐成熟，被越来越多的行业所接纳并应用，人们开始尝试使用"应用程序+文件系统"的方式解决数据管理问题，但文件系统难以应对数据增长的挑战，也无法满足多用户共享数据和快速检索的需求。在这样的背景下，20 世纪 60 年代，数据库应运而生。截至目前，数据库技术大致经历了如下四个发展阶段。

（1）第一阶段：网状数据库和层次数据库（20 世纪 60 年代）

网状数据库是数据库历史上的第一代产品，它成功地将数据从应用程序中独立出来并进行集中管理。网状数据库基于网状数据模型建立数据之间的联系，能反映现实世界中信息的关联，是许多空间对象的自然表达形式。

1964 年，世界上第一个数据库系统——IDS（Integrated Data Storage，集成数据存储）诞生于通用电气公司。IDS 是网状数据库，其奠定了数据库发展的基础，在当时得到了广泛的应用。20 世纪 70 年代至 80 年代初，网状数据库系统十分流行，在数据库系统产品中占据主导地位。

紧随网状数据库后出现的是层次数据库，其数据模型是层次数据模型，使用树结构来描述实体及其之间的关系。在这种结构中，每一个记录类型都用节点表示，记录类型之间的联系则用节点之间的有向线段来表示。1968 年，世界上第一个层次数据库系统——IMS（Information Management System，信息管理系统）诞生于 IBM 公司，这也是世界上第一个大型商用的数据库系统。

网状数据库系统和层次数据库系统在数据库发展的早期比较流行。网状数据库模型对于层次和非层次结构的事物都能比较自然地模拟，相比层次数据库，其应用更广泛,在当时占据着主要地位。但是，网状数据库也存在一些问题：首先，用户在复杂的网状结构中进行查询和定位操作比较困难；其次，网状数据的操作命令具有过程式的性质；最后，网状数据库对于层次结构的表达并不直接。

（2）第二阶段：关系型数据库（20 世纪 70 年代）

1970 年，IBM 研究员 Edgar F.Codd 发表了名为 *A Relational Model of Data for Large Shared Data Banks* 的论文，提出了关系数据模型的概念，奠定了关系数据模型的理论基础，这是数据库发展史上的里程碑，开启了关系型数据库发展的新时代。

在关系数据模型的基础上，IBM 从 1970 年开始了关系型数据库项目 System R 的研究和开发。后来，IBM 在 System R 的基础上发布了 DB2 数据库系统。1973 年，加州大学伯克利分校的 Michael Stonebraker 和 Eugene Wong 利用 IBM 公司已发布的信息，着手开发自己的关系数据库系统 Ingres。1978 年，Larry Ellison 敏锐地发现关系数据库的商机,开发实现了 Oracle 1.0,经过短短十几年的发展,Oracle 数据库愈发成熟，成为数据库领域举足轻重的商业化产品。Ingres 项目结束于 20 世纪 80 年代早期，在 Ingres 的基础上产生了很多商业数据库软件，包括 Sybase、Microsoft SQL Server 以及 Informix 等。20 世纪 80 年代中期,加州大学伯克利分校又启动了 Ingres 的后继项目 Postgres，该项目产出了颇具影响力的 PostgreSQL 数据库系统。1996 年发布并被当前互联网公司广泛使用的开源数据库 MySQL，也是采用关系模型。当前金融、电信、政府、能源、交通、医疗等人类社会的各个领域，其业务系统大多基于关系型数据库运行，因此关系型数据库占主导地位。

（3）第三阶段：NoSQL 数据库（20 世纪 90 年代至 21 世纪初期）

尽管关系型数据库技术已经相对成熟，能很好地处理表格类型的数据，但对业界出现的越来越多复杂类型的数据（如文本、图像、视频等）无能为力。尤其是进入 Web2.0 和移动互联网时代后，许多互联网应用有着高并发读写、海量数据处理、数据结构不统一等特点，传统的关系数据库逐渐暴露出不足。

为了解决大规模数据集合和多种数据种类带来的挑战，NoSQL 数据库应运而生。NoSQL 数据库泛指非关系型的数据库，区别于关系数据库，其得益于数据模型的无关系性,数据库的结构变得比较简单，具有灵活的数据模型、高扩展性和高可用性等特点。NoSQL 数据库主要包括 4 种类型：键值数据库（Key-Value Database）、文档数据库（Document-Oriented Database）、列簇式数据库（Column-Family Database）和图数据库（Graph Database）。

（4）第四阶段：分布式数据库（21 世纪 10 年代）

在数据库发展早期，使用单机数据库就能满足数据的存储和管理需求，但随着业务增长和互联网的不断普及，特别是移动互联网的兴起，数据规模爆发式增长，单机数据库越来越难以满足用户需求。解决这种问题的一个直观方法就是增加机器的数量，把数据库同时部署在多台机器上，于是分布式数据库应运而生。

早期研究人员对分布式数据库的探索推动了 NoSQL 数据库于 2005 年以来的大发展。2012—2013 年，业界在谷歌（Google）发表的 Spanner 和 F1 系统的论文中看到了关系模型和 NoSQL 的扩展性在一个大规模生产系统上融合的可能性，开启了分布式关系型数据库发展的崭新时代。

云计算技术的持续创新和成熟商用，为分布式数据库云化部署提供了便利和可能。云数据库可以共享云基础架构，极大地增强了数据库的存储能力和运维管理能力，消除了人员、硬件、软件的重复配置，未来将有越来越多的行业用户选择云数据库服务形态，获得云服务灵活便利的同时，可以将更多的精力聚焦于业务创新。

（5）第五阶段：云原生数据库（21世纪20年代）

随着云计算飞速发展，云数据库的市场空间占比将进一步增长，即绝大部分用户使用的数据库服务是基于云平台运行和发放的。云原生数据库旨在以其高效、灵活和可扩展的特性充分发挥云基础设施的优势。以亚马逊AWS、阿里云、Snowflake等为代表的企业，在2015年后纷纷推出云原生数据库。云平台相比传统线下部署模式，提供了诸多技术创新，例如：原生提供跨AZ分布式存储服务，虚拟化计算实例可快速发放，此外很多领先的云服务厂商在数据中心内部构建了基于自研芯片的高速网络，甚至提供定制化网络协议，以此提供极大带宽和极低时延的数据中心网络。在借助云计算技术实现数据库架构创新方面，以AWS的Aurora最具代表性。

1.1.2 数据库架构

随着信息社会的持续发展，传统集中式架构遭遇容量和性能瓶颈，为此，数据库产业界通过各种工程化技术手段，在数据库的设计架构上寻求突破。截至目前，业界在突破数据库扩展性方面，总体可以归纳为六种探索和创新方向，如表1-1所示。

表1-1　六种探索和创新方向

分类	特征
单机数据库	单机运行
一主多备集群架构	一主多备，读写分离
共享存储集群架构	多个计算节点对等，集群化部署，共享存储
分库分表中间件架构	基于单机数据库和分库分表中间件构成的整体方案，解决扩展性问题
分布式数据库架构	数据库完成数据分片，原生支持分布式事务和全局复杂查询，对应用透明
云原生数据库	基于云基础设施，采用存算分离的池化解耦架构，计算和存储独立弹性伸缩，支持一主多读或透明多写

1.1.2.1 单机数据库

一般情况下，主流商业数据库均支持单机模式部署，即不配置同步或异步从节点。此种形态下，数据库不具备高可用能力。适合于数据量少、对可靠性要求不高的应用。单机数据库的代表是：openGauss、MySQL、Postgres、单机版Oracle以及早期ACCESS和Foxpro。

1.1.2.2 一主多备架构

在单机数据库的基础上，基于日志复制技术，构建单机一主多备集群架构，如图1-1所示。主机对外提供读写服务，备机提供只读服务，实现读写分离，在支撑对外读服务的同时，有效分担主机负载，提升读扩展能力。

单机一主多备架构能够很好地支撑读多写少场景，主机故障时备机升主，保障系统的可用性。但是，因为对外提供写服务的节点只有一台主机，所以系统整体吞吐能力有限，无法进一步扩展，使得单机一主多备方案的适用场景较为受限。

1.1.2.3　共享存储集群架构

为突破单机主备架构主节点读写瓶颈和存储容量对整个系统扩展性的限制，业界提出基于共享存储的 Shared-Disk 集群架构，如图 1-2 所示，代表产品有 Oracle RAC 和 DB2 pureScale。

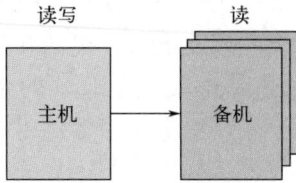

图 1-1　一主多备架构

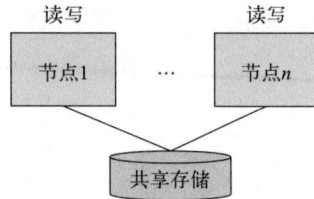

图 1-2　Shared-Disk 集群架构

Shared-Disk 集群架构各节点对等，可以同时对外提供读写服务，写负载能力可随节点数量增加而增强。但其需要解决各节点间共享资源访问冲突和读写一致性问题，需要在节点间实时同步全局状态信息，这严重限制了集群可扩展的规模。

1.1.2.4　分库分表中间件架构

在互联网场景下，传统单机主备和 Shared-Disk 集中式架构的扩展能力无法满足业务发展的要求，严重制约业务发展的规模。在此背景下，业界基于分库分表思想，构建出"单机数据库+分库分表中间件"的解决方案，如图 1-3 所示。

数据按照业务模块在数据库间垂直分库，同一业务模块的数据在数据库间水平分表，中间件存储分库分表路由信息。这种方案在可以垂直分库或完美 sharding 的场景中可以扩展到很大的规模，在互联网业务中应用广泛。但是，基于分库分表中间件的方案对应用改造侵入大，不支持存储过程，存在跨节点分布式事务能力的限制、跨节点分布式查询能力弱、不支持一致性备份和在线扩容等诸多问题。

1.1.2.5　分布式数据库架构

为保持传统关系型数据库 ACID 和 SQL 等优秀特性，同时突破传统集中式架构在扩展性方面的瓶颈，分布式关系型数据库应运而生。

分布式数据库区别于分库分表中间件的主要特点在于，其不是在中间件的基础上增强，而是基于数据库 SQL 引擎、执行引擎、存储引擎原生技术开发，如图 1-4 所示，由协调节点、数据节点、全局事务管理器、分布式优化器等组成。

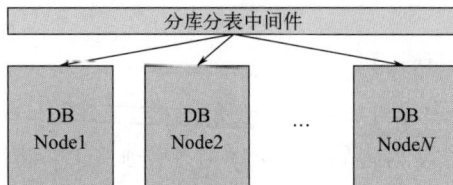

图 1-3　基于分库分表中间件架构

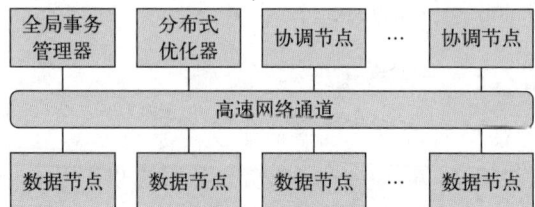

图 1-4　分布式数据库组成

数据按照规则被分散存储到各个数据节点上，每个数据分片的多个副本按定制化或自动优化的策略冗余存储在其他多个节点，数据节点之间不共享数据，各副本之间通过自动一致性算法实现同步。协调节点负责完成 SQL 解析、优化、分布式任务生成和全局分布式事务控制，数据节点接收来自协调节点下发的分布式任务，完成本地事务处理或查询分析，全局事务管理器是实现分布式事务一致性的必要部件。节点之间通过高速互联的网络通信，完成对应用数据请求的快速处理和响应。

分布式数据库对上层应用屏蔽数据在节点间的分布细节，应用改造量较小，自动保证跨节点分布式事务强一致，支持存储过程，支持跨节点分布式复杂查询，提供在线扩容、统一的备份恢复等能力。此外，分布式数据库提供跨 DC、跨 Region 高可用和容灾能力，企业级分布式数据库配备完善的运维监控工具，当前业界已经有较为成熟的商用产品。

分布式数据库相比集中式数据库，优势总结见表 1-2。

表 1-2　分布式数据库与集中式数据库对比

对比项	集中式数据库	分布式数据库
基本功能		
经济性	软硬件价格昂贵	合理可控
灵活性/兼容性	应用新业务限制较多	灵活方便
扩展性/伸缩性	只能垂直扩展	可以大规模水平扩展
可用性、一致性和可靠性		
可用性	存在单点隐患	分布式多副本
一致性/可靠性	单机事务可靠	强一致性保障
运维和故障恢复能力		
维护性	简单集中管理	智能化分布式管控
业务恢复	异步备份切换	无感知自动切换

但是分布式数据库本身仍旧存在一些短板，包括：

① 分布式数据库需要按照一定分片策略将数据在节点间打散分布，对上层应用并非完全透明，存在一定的侵入修改；

② 分布式执行计划需要跨节点执行，当存在跨节点事务、复杂查询或分布式事务时，会遭遇明显的性能瓶颈，优化复杂，或无有效的优化手段；

③ 各个计算节点仅负责读写分配给本节点的数据分片，当本节点数据分片的读写任务过重时，其他节点并不会协助分担，即并发读写粒度为分片级别，而非记录级别，存在算力浪费的情况。

1.2　数据库最新演进趋势

数据库的最新演进趋势为云原生、AI 智能的应用、数据安全、端边云管理以及全球数据库等技术。

1.2.1　云原生数据库

云计算飞速发展，根据 Gartner 2023 年 6 月发布的全球数据库市场分析报告，截至 2022

年,全球云数据库服务市场空间首次超过线下,未来云数据库的市场空间占比将进一步增长,即绝大部分用户使用的数据库服务是基于云平台运行和发放的。

数据库实例通过云服务形式交付,大大简化了用户部署数据库的过程,降低了维护复杂度。与此同时,云计算技术也为数据库架构的变革和创新提供了技术可能。

云平台相比传统线下部署模式,提供了诸多技术创新,例如:原生提供跨 AZ 分布式存储服务,虚拟化计算实例可快速发放。此外很多领先的云服务厂商在数据中心内部构建了基于自研芯片的高速网络,甚至提供定制化网络协议,以此提供极大带宽和极低时延的数据中心网络。在借助云计算技术实现数据库架构创新方面,以 AWS 的 Aurora 最具代表性。

2014 年 AWS 发布了云原生数据库服务 Aurora for MySQL,有别于线下 MySQL 或搬迁上云后的 RDS for MySQL 云服务,Aurora 在架构设计之初就充分考虑了云平台的特点和可获得的技术支撑。如图 1-5 所示,Aurora 架构创新的核心目标是为用户提供计算和存储独立伸缩的能力,从而让数据库的资源更加合理地匹配业务增长,降低用户的使用成本。为此,Aurora 采用存算分离架构,底层存储利用 AWS 云平台 3AZ 高可用架构,为减少计算与存储之间的数据传输量,实现了仅 Log 持久化提交、存储层基于 Log 异步回放的策略。

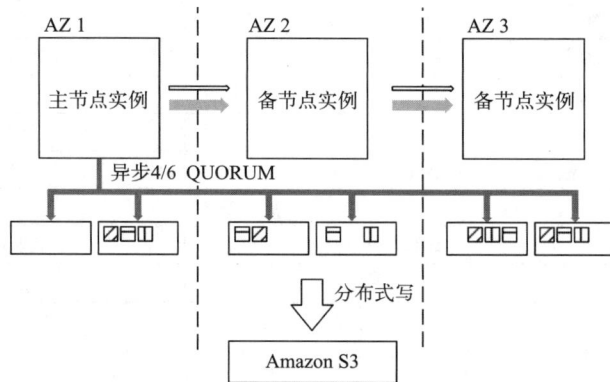

图 1-5　Aurora 云原生数据库架构[1]

计算层支持最大 1 主 15 读,采用跨 AZ 部署实现 AZ 级高可用。上述架构带来两个明显的好处:

① 计算与存储解耦,可独立伸缩,因仅需日志持久化,所以有效解决了计算与存储间网络带宽瓶颈的问题;

② 主节点和备节点本地无持久化数据,均共享同一份持久化存储,备机无须全量回放主机日志,备机因此有充分的算力支撑读服务。此外,因无须全量数据重建,可以实现秒级新增备机。

但 Aurora 现有 1 主 15 读架构存在明显的技术短板,即对外提供写服务的 Primary Instance 只有一个,该节点成为系统对外提供 TP 服务的瓶颈点。为解决 TP 吞吐横向扩展的问题,当前业界领先的数据库厂商均积极探索云原生透明多写数据库架构。Aurora 现有读写架构如图 1-6 所示。

云原生透明多写数据库除提供计算存储独立弹性伸缩能力以外,还支持可扩展的读写节点,实现吞吐能力横向扩展。有别于基于 MPP 分布式的分片多写架构,当前前沿的云原生 OLTP 数据库均聚焦内存池化层的技术突破,实现多个计算节点间的事务状态实时共享,从而能够为用户提供记录级透明多写能力,实现算力充分利用的同时,真正意义上实现用户透明,应用层无须分布式改造。

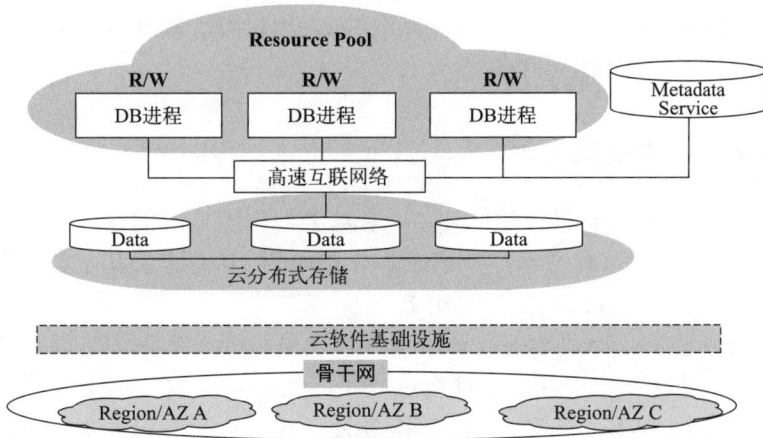

图 1-6　Aurora 现有读写架构

华为云原生数据库实现计算、内存和存储三层池化解耦，每层均可独立弹性伸缩，如图 1-7 所示。内存层基于 RDMA 或华为灵渠高速网络，打造了低时延、高带宽共享存储池化层，是华为云原生数据库实现透明多写和性能倍增的关键。

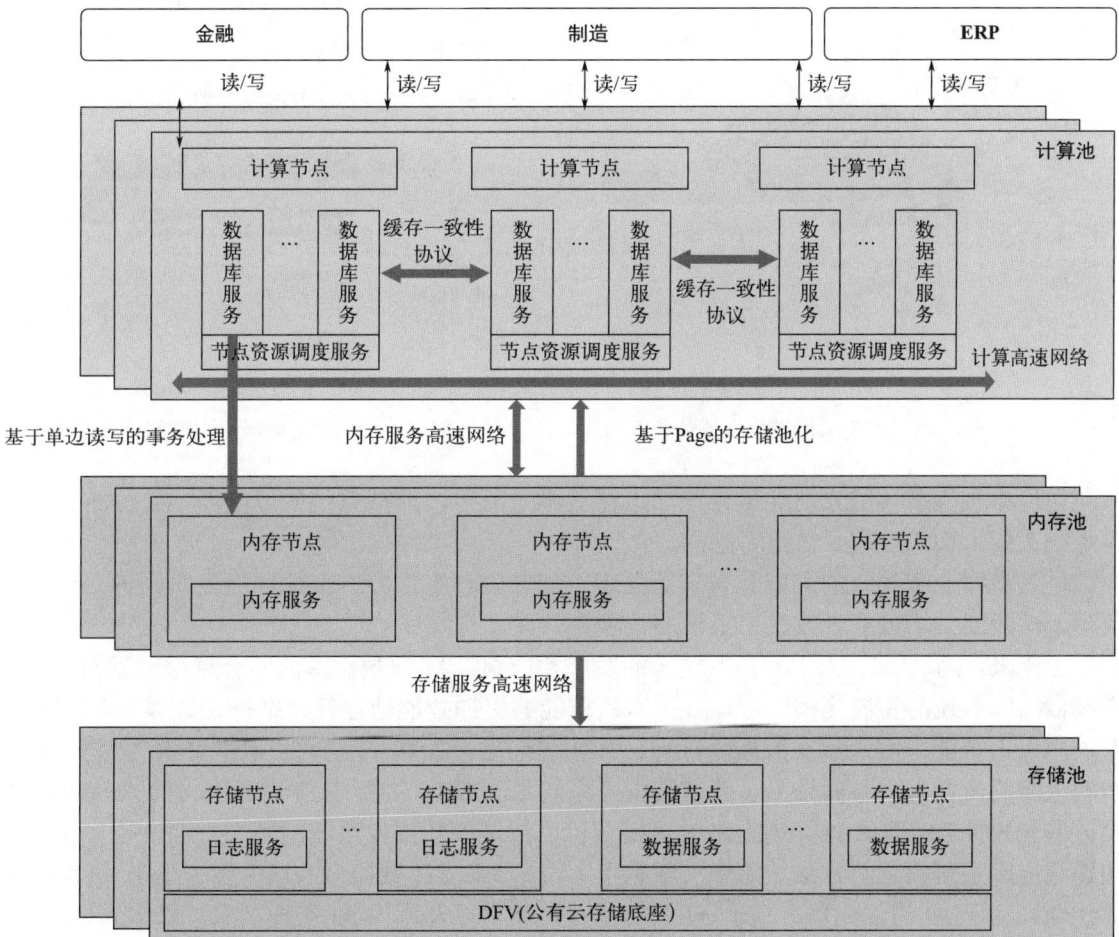

图 1-7　华为云原生数据库架构

在三层池化架构基础上，可进一步将计算层 Serverless 化，实现基于业务请求的动态实例生成和回收，为用户提供按使用付费的全新体验。

1.2.2 AI-Native 智能数据库

根据 IDC 2007 年一份调研报告的估计，一套基于数据库构筑的业务系统在其 3 年生命周期中所含有的硬件、软件、运维管理等开销成本分布如图 1-8 所示，其中数据库运维调优的管理开销占三分之一以上，是 TCO 的主要构成。

同时，近年来由于企业管理不规范导致系统管理员内部人为破坏等因素造成的数据泄露事件层出不穷，对企业正常生产活动及社会造成了巨大不良影响。2018 年全球组织内部威胁成本如图 1-9 所示。而 AWS、微软 Azure 等国外云计算巨头也频繁发生由于人工导致的系统大面积事故。由此可见，人为因素是系统可靠性、可用性和数据安全的隐患。

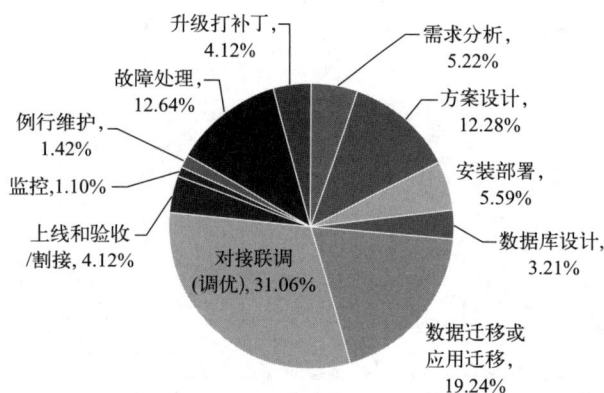

图 1-8 DBA 工作量分布评估

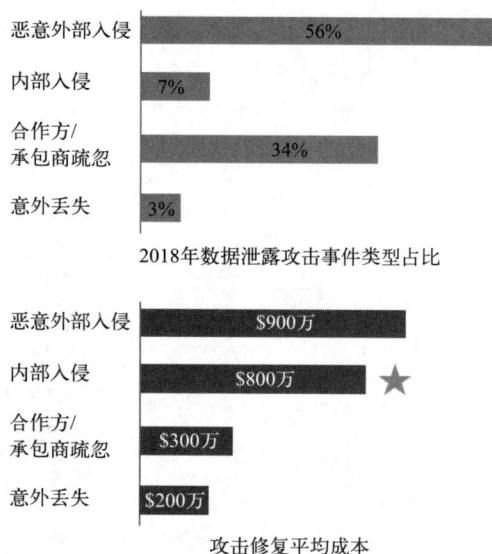

2018年数据泄露攻击事件类型占比

攻击修复平均成本

图 1-9 2018 年全球组织内部威胁成本

如何将人为破坏因素从业务系统的运营运维中减少，缩减系统的风险面，是分布式数据库系统在技术构筑上需要重点考虑的。

作为支撑业务系统的大型分布式数据库，其软硬件组件多、部署环境复杂，各个环节的故障或性能回归均可能导致整个系统的故障。

近年来，随着 AI（人工智能）技术的发展和成熟，AI 与数据库的结合越来越紧密。为了提高数据库系统的智能化程度，使数据库系统能够更加智能地运行、维护、管理,不断有研究者采用人工智能方法来解决数据库管理、优化等问题。2019 年初，谷歌联合麻省理工学院、布朗大学的研究人员共同推出了新型数据库系统 SageDB，并撰写了一篇论文详述 SageDB 的设计原理和性能表现。论文中提出学习模型可以渗透到数据库系统的各个方面，提供了一种构建数据库系统的全新方法。清华大学利用 AI 技术来支持数据库的自调优、基于 AI 的代价估计器、基于 AI 的优化器、基于 AI 的物化视图技术以及库内 AI 推理技术。以华为、Oracle 为代表的数据库厂家，在利用 AI 人工智能解决数据库在运营运维中遇到的调优、故障诊断等难题方面，进行了积极的探索和实践，取得了较为不错的效果。

另外，通过异构加速使能 AI-Native 数据库也是产学界积极探索的领域，涉及算子自动选择、异构硬件内存管理、算子调度、任务分解和分布式计算等方面。

1.2.3　全密态数据库

全密态数据库技术是近年来发展比较迅速的主流数据库安全技术之一，其可保证用户数据在客户端内存、服务端内存、服务端存储整个流转过程中始终保持加密态和安全性，与传统客户端加密技术相比，具备业务透明、功能丰富等优点。全密态数据库技术可以分为纯软全密态技术和软硬结合全密态技术两类。对于纯软全密态技术，其基于数据库的密态计算能力，性能更高，但是目前普遍只支持等值类计算；对于软硬结合全密态技术，其基于硬件或操作系统的可信执行环境（Trusted Execution Environment，TEE），将密态数据通过安全通道传递到 TEE 环境中进行解密和计算，可以支持全类别计算功能。但是普通环境与 TEE 环境的数据传输开销、TEE 中数据加解密开销等因素造成该方案的计算性能较低。

对于密态数据库技术而言，数据库全量算子功能密态计算和高效 TEE 环境数据传输，是下一步需要突破的关键挑战。

1.2.4　端边云数据管理

随着 5G、物联网、终端设备（如手机、平板等）、穿戴设备（手表、手环等）、智能家居等业务的发展以及大规模应用，设备与设备之间、设备与云侧之间的协同变得越来越重要。目前可预见的重大发展与演进主要可以分为如下几类。

① 分组工作协同：在当前的社会分工协作下，政府、企事业单位中，员工需要分工协作共同完成相关工作与任务。为了充分提升分工协作的效率，当前的工作协同需要在空间、时间、安全隐私等方面提升便捷性和效率。当前工作软件（如 Office、Welink 等）支持工作组内多样设备（如 PC、平板、手机等）在任意地点、任意时刻实现工作协同，同时支持设备任意的在线、离线编辑工作。Google 当前使用 OT 文档编辑需要中心服务器的支持，该方式对政府、企事业单位的数据上云依然存在安全性威胁，因此去中心化的 CRDT 协同方式在未来可能有较大的发展空间。

② 以手机为中心的智能设备扩展：智能家居设备（如窗帘、照明设备、家电设备等）、穿戴设备（手表、手环、心率带、耳机、音响等）的发展，逐步形成了相互协作、相互支持的全场景智能系统。富设备（如手机、平板）、瘦设备（如智能家居设备、穿戴设备等）之间的相互协同，可以进一步降低瘦设备的成本，并借助富设备的资源完成更为复杂的联动设计与智能。比如智能家居场景下，房间灯光色温伴随音乐节奏、视频背景色变化而变化，进而构建更智能的影视氛围感。状态协同与智能反馈控制，将在未来智能设备扩展、应用扩展方面发挥更加重要的作用。

③ AI Phone/PC 成为个人智能助理：LLM 的发展，使得 AGI 更加可期。未来，手机、平板在端边云 LLM 的加持下，将逐步构建个人数字孪生（Personal Digital Twin）。随着手机、穿戴、环境感知（如 5.5G、6G 等）的发展，手机这类富设备将具有更强的感知个人、环境的状态、变化、演进等能力，借助 LLM 的智能能力，辅助个人的生活、工作。手机与个人之间的

交互方式将发生重大变化，手机等富设备将有能力感知外界，并且按照个人的目的（Intent）自动完成相关的工作。传感设备、富设备、云测算力与模型之间的协同将更为实时和智能。

1.2.5 其他技术研究热点

1.2.5.1 Global Database

随着"一带一路"倡议的推广，中国金融企业必将走向海外，将面临构筑满足全球化业务布局基础设施的挑战。如何实现全球基础设施分布化、运营运维集中化、数据法律遵从和业务体验不变，是"一带一路"下分布式数据库需要解决的新问题。

以谷歌为例，其在线广告管理平台 AdWords 7×24 小时不间断为全球用户提供广告的竞价、点击计费服务，是一种全球化的类金融业务，对数据的一致性、可靠性和可用性要求极高，是其最核心的业务（收入占比 80%~90%），涉及数百个应用程序及数千万用户。支撑谷歌 AdWords 业务的数据库是 Google Spanner，在架构设计上为 Multi-Homed，为全球分布式业务提供全局强一致性的数据存储、容忍任何级别失效的高可用。

多中心方案需要解决的核心关键技术是全局高精度时钟，多活中心本地获取全局唯一保序的时间戳，避免中心 GTS 架构下跨 Region 时间戳获取造成的性能瓶颈问题。谷歌 Spanner 作为 Global Database 的代表，可以扩展至数百万台机器、数以百计的数据中心规模，同时对外保证外部一致性。Spanner 能实现上述目标，得益于其"GPS+原子钟"全球时间同步机制，该机制能够将数据中心时间的时间同步误差控制在 10ms 以内。

多中心分布式数据库技术方案落地的前提，是在全局高精度时钟技术方面取得突破，此外还需要构筑跨 AZ（Availability Zones，可用区）、跨 Region（区域）的高性能同步复制机制，在实现高扩展的同时，满足高可用容灾的诉求。

要实现异地多中心、多活部署的业务和技术创新，必须解决由于副本数据放置在多地导致的一致性问题。众所周知，2000 年美国学者 Eric Brewer 提出了 C.A.P 理论(即一致性、可用性和网络分区容忍性三者不可兼得)，而异地多活场景下，由于广域网质量更不可控，网络分区是重要矛盾，如何解决 C.A.P 问题成为关键。

2015 年美国学者 Daniel Abadi 对 C.A.P 进行了重新审视，发现一致性、可用性和网络分区容忍性三者在实际生产生活中，取值并非 0 和 1，而是一个范围，如：

- 可用性为 99%~99.999%；
- 一致性为弱一致性、回话一致性、前缀一致性、有界一致性、强一致性，依次变强；
- 分区容忍性则体现为网络延迟，当延迟大于业务规定响应阈值时为网络断连。

对于业务系统，其可用性、一致性和分区容忍性的选择组合空间是巨大的，这意味着系统可以尽可能保留三者最大取值，而非简单舍弃其中一者。

基于此，Daniel Abadi 和 Peter Bailis 等学者对一致性模型进行了形式化规约，制定了一系列的一致性模型。

在一致性规约模型基础上，系统可以在保证数据正确性前提下尽可能容忍网络故障对可用性的影响。

但如果要实现高性能的异地多活系统，仍需要解决 no-wait 无等待业务操作带来的操作冲突检测和协调机制问题。

2009 年，法国 Marc Shapiro 教授首创 CRDTs 无冲突数据结构，如图 1-10 所示，其从数学上证明，满足 semi-lattice 半格点特征的数据结构可以让分属不同地域的数据副本各自独立操作、通过有延迟交叉复制合并达到正确的全局状态，用这种数据结构可以有效解决异地多活的冲突检测和协调带来的性能开销。

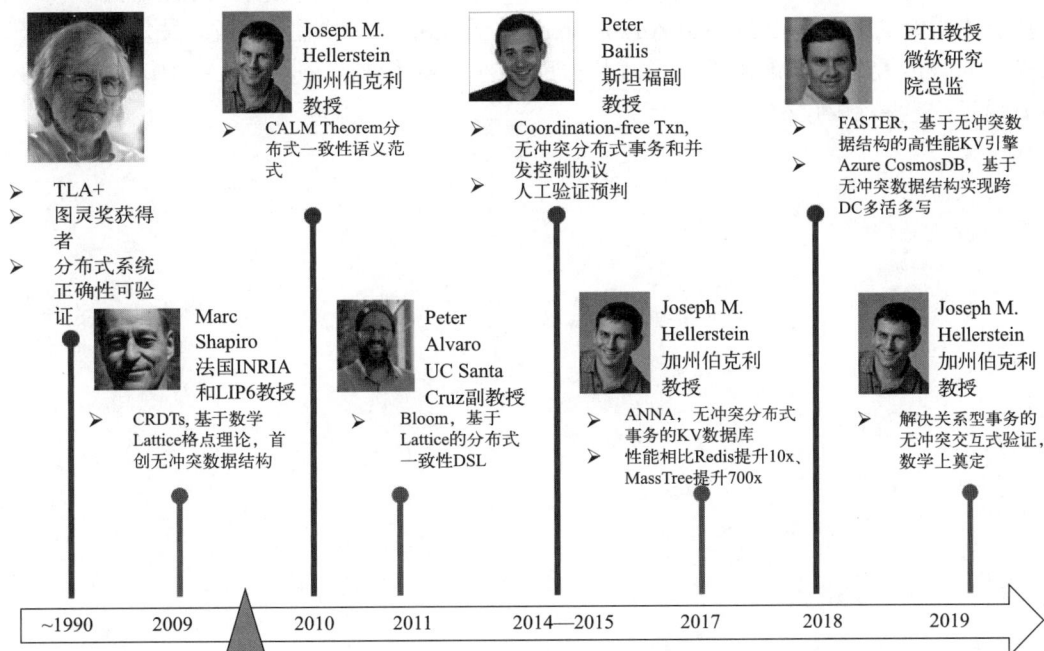

图 1-10　一致性规约发展历程

当前 CRDTs 已经在多款 KV 数据库系统中商用，如 Redis 企业版、Riak DB 等，但尚无关系型 OLTP 数据库商用案例。

对多中心分布式数据库技术，需要从数据一致性规约模型、无冲突异地多活事务等方向开展研究工作，将其融入关系型 OLTP 数据库中，从而实现高性能、可扩展和高可用、高容错的异地多活数据库系统。

1.2.5.2　Serverless

对于传统的线下数据库来说，一般其只服务于固定的一个或多个业务系统，业务的负载模式基本固定。数据库会随着业务云化，未来的业务大多都会跑在云端，对于云化以后的云数据库来说，一套数据库实例可能服务几十个甚至上百个业务（租户）。为了尽可能实现高效的资源共享，需要针对每个租户实现高精度的负载预测，并以此为输入，进行细粒度的资源调度，最终在共享有限资源的前提下尽可能提升每个租户的使用体验。

以实际使用计费的 Pay for use 模式将是未来云上数据库服务的理想商业模式。Serverless 是支撑该商业模式的基础，数据库资源随业务负载灵活调整、弹性伸缩，实现资源费效比最优。

不管是私有云还是公有云，多租户技术会成为标配，一个大数据库会承载更多的业务，数据在底层打通，上层通过权限、容器等技术进行隔离，但是数据的打通和扩展会变得异常简单，业务层也不用关心物理机的容量和拓扑，不用再担心单机容量和负载均衡等问题。

1.2.5.3 面向 RAG 的向量数据库

大模型现阶段取得突破性技术进展，适用场景更为丰富，但大模型自身也面临及时性、幻觉和隐私性等问题。

大模型训练极为消耗算力，训练成本高、周期长，由此带来大模型信息更新不及时的问题。基于数据库的 RAG（Retrieval-Augmented Generation，检索增强生成）技术，能够极大提升大模型问答的及时性和准确性，同时数据库自身具备成熟的安全隐私保护机制，能够弥补大模型信息安全隐私的问题。

第2章

GaussDB 架构介绍

2.1 GaussDB 关键架构目标

GaussDB 在架构设计上采用组件化原则，分为 GaussDB 内核和 GaussDB OM 两部分，在产品形态上，提供面向云数据库服务 GaussDB（for openGauss）的分布式安装包和集中式安装包，提供面向本地化安装的小型化安装包。

根据 IDC 提供的调查报告，当前全球数据库市场增长超预期，云是数据库增长的最重要驱动力。得益于云数据库的迅猛发展，AWS 市场份额超越 IBM，成为数据库市场空间第三位，其聚焦公有云、混合云构筑具备竞争力的可商用分布式数据库版本。数据库已成为公有云 Top 收入来源，同时通过数据库服务能够更大地提升公有云服务黏性。GaussDB 面向云服务提供 GaussDB 产品，主要客户包含金融（银行、证券、保险）行业、政府（政务云、财政等）和大企业客户。结合产品可信要求定义及可信实施策略分析的内容，以及业界数据库厂商前沿动态，GaussDB 在云服务场景中的架构目标按照以下几个维度来展开：

① 高性能：实现基于 x86 平台与鲲鹏平台的绝对性能领先，鲲鹏平台相对 x86 平台保证 50%性能优势，达到单机 170×10^4tpmC，分布式全局强一致 32 节点 1500×10^4tpmC，承载用户关键业务负载；具备性能韧性能力，五倍压力下性能不抖动、十倍压力下系统不崩溃，同时具备抗过载逃生能力；具备大并发、低时延能力，单节点支持一万并发、单集群支持十万级并发访问请求；毫秒级至秒级事务处理时延，支撑政企客户核心业务负载。

② 分布式：通过 GTM-Lite 技术轻量化处理全局读一致性点与写一致性点，集群扩展性达到 256 节点，未来通过全局时钟技术演进，在跨 Region 全局一致性下去除单点瓶颈；面向业务陡增等业务场景，构建基于哈希聚簇的存储结构和弹性扩容方案，实现秒级存储节点扩缩容和业务无感的计算节点弹性伸缩；构建分布式备机只读技术，只读性能提升 100%以上。

③ 高可用：AZ 内主备高可用，1 主多备，$RPO=0$、$RTO<10$s；同城跨 AZ 高可用，RPO（Recovery Point Objective，恢复点目标）$=0$、RTO（Recovery Time Objective，恢复时间目标）<60s；跨 Region 容灾，$RPO<10$s、$RTO<5$min；提供备份恢复、PITR、闪回、ALT 等企业

级高可用特性；构建基于 Paxos 协议的多副本高可用和并行逻辑复制技术，实现 *RPO*=0 的同城双集群高可用容灾和基于流式复制的多地多中心容灾，保证机房级、区域级、城市级故障下的数据库高可用。

④ 高安全：继承可信实施策略中安全可信需求，从安全、韧性、隐私等维度构筑安全可信能力，结合业界安全技术前沿发展，设计全密态数据库和防篡改数据库，保证用户敏感数据免于被泄露和篡改；构建数据库安全自治管控方法，识别和拦截攻击者的异常行为；构建从接入、访问控制、加密到审计全方位纵深防御的安全防护体系。

⑤ 高智能：面向云化场景故障运维诉求，基于 AI 技术，提供端到端自治运维管理能力，全面提升数据库产品服务可靠性和可用性；构筑自学习数据库内核，尤其是智能优化器，解决数据库内优化执行过程中计划不准、无法自适应等难题；结合业界前沿技术，构建库内 AI 引擎，基于 SQL-like 简易语法，提供数据库内置的机器学习训练和推理能力，为用户提供普惠 AI；提供向量数据库能力，支撑盘古大模型、NAIE-NetGPT 和 GTS 领域知识库等场景，提高大模型的预测效率。

2.2 GaussDB 分布式架构

2.2.1 GaussDB 分布式关键技术架构

（1）数据计算路由层 Coordinator（CN）

Coordinator 负责接收 SQL 请求，路由分发请求到对应的数据节点，同时维护系统元数据（路由分片信息，表定义），如图 2-1 所示。

（2）数据持久化存取层 Datanode（DN）

Datanode 为数据节点存储分片数据，副本复制采用 Quorum/Paxos 协议，如图 2-2 所示。

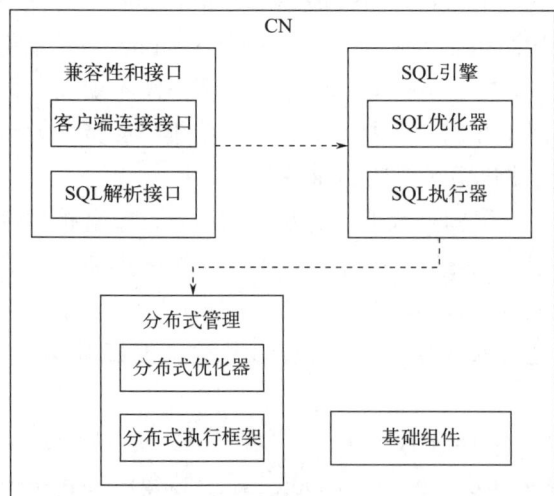

图 2-1 Coordinator 逻辑模型

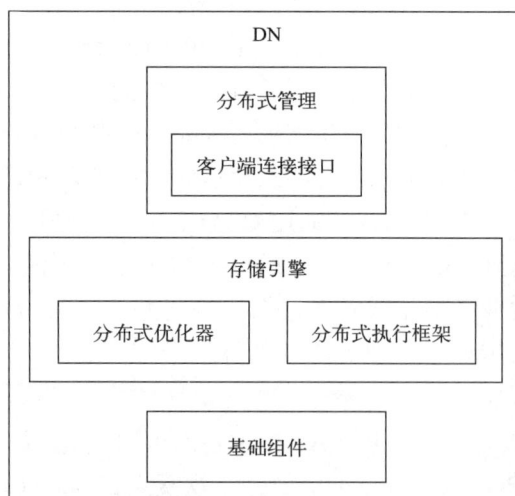

图 2-2 Datanode 逻辑模型

（3）安全（Security）

安全逻辑模型，主要包含了 Kerberos 认证、安全审计、权限管理、SSL 通信、透明加密、防篡改机制、全密态查询、数据脱敏等功能，如图 2-3 所示。

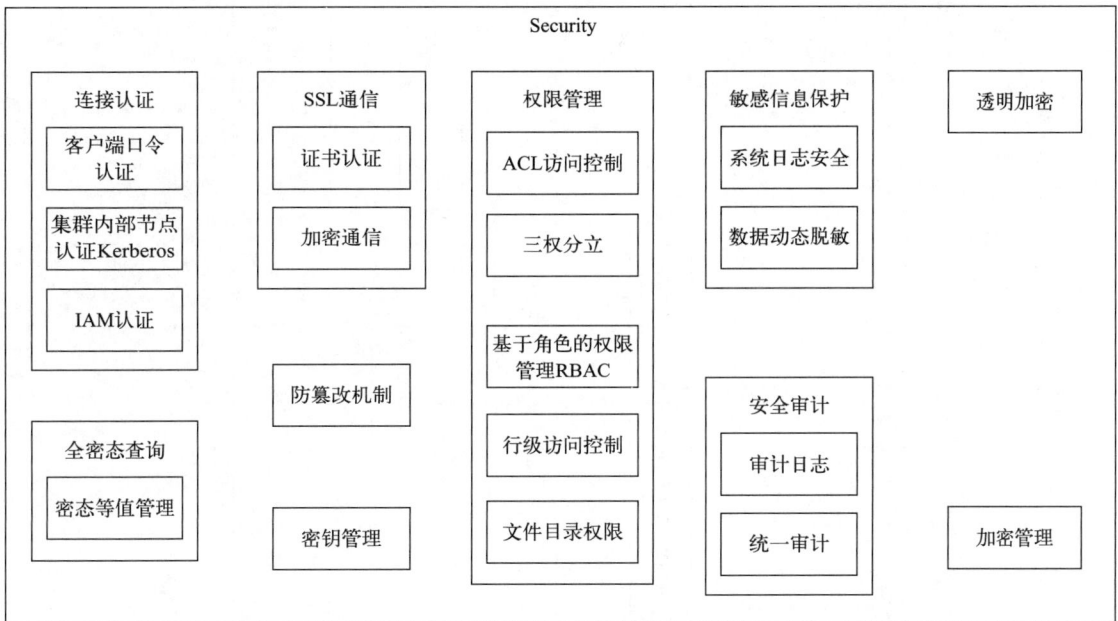

图 2-3　安全逻辑模型

（4）全局事务管理层 GTM（Global Transaction Management）

GTM 负责产生 CSN（Commit Sequence Number，提交逻辑序列号），提供全局统一快照，如图 2-4 所示。

（5）集群管理层 CM（Cluster Management）

集群管理系统，主要包括 CM 客户、CM 服务和分布式配置中心，如图 2-5 所示。

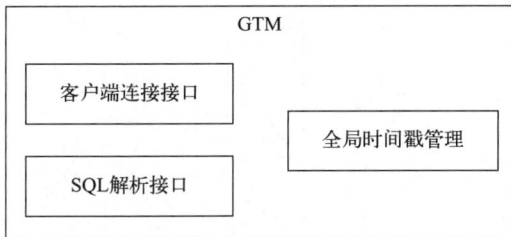

图 2-4　GTM 逻辑模型

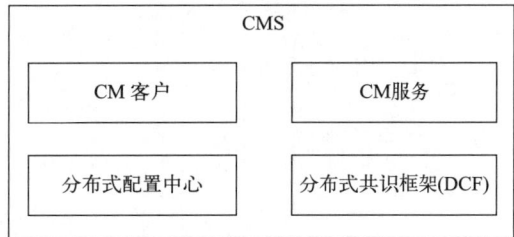

图 2-5　CM 逻辑模型

（6）OM 运维子系统

主要包括了安装、卸载、启动、停止数据库，备份恢复、升级、扩容数据库、热补丁、节点替换、巡检、故障定位定界、参数管理、初始化工具及本地客户端，如图 2-6 所示。

（7）AI 子系统

主要包含自治运维平台（拥有索引推荐、分布键推荐等功能）、库内 AI 引擎、智能内核组件、向量数据库等部分，如图 2-7 所示。

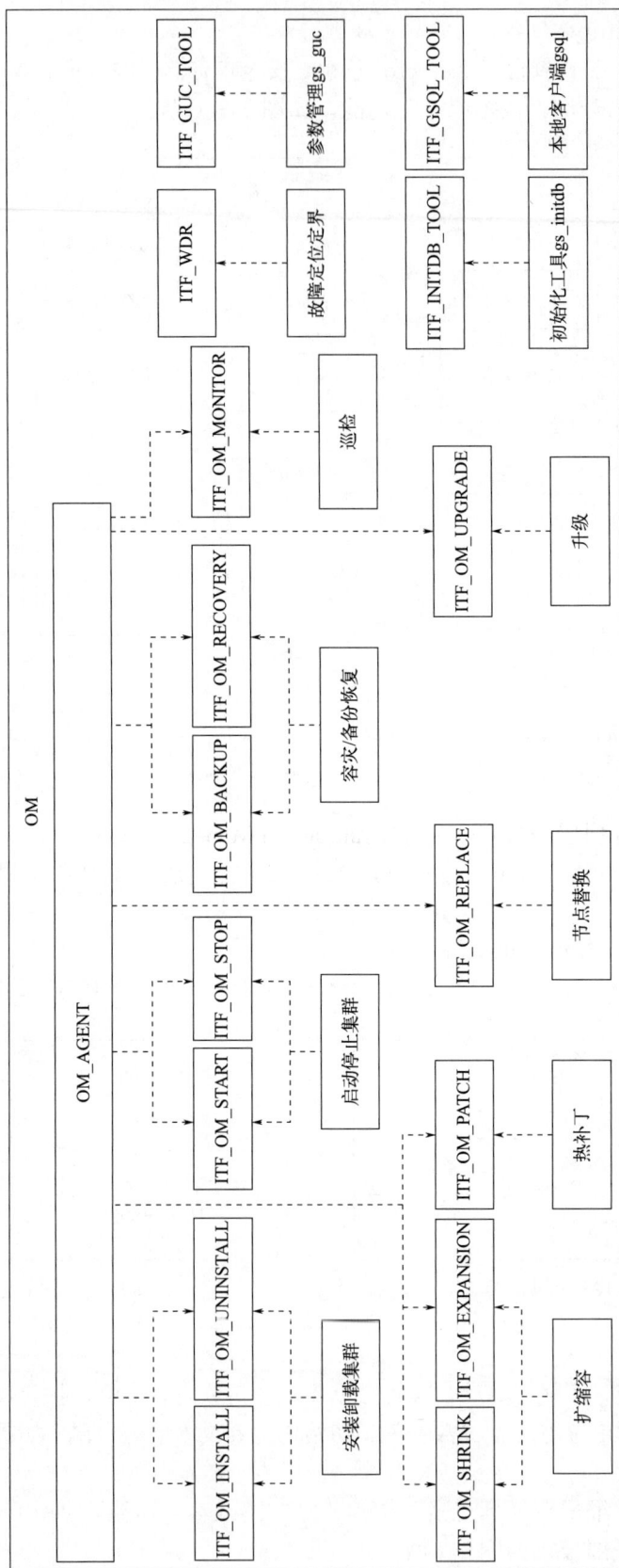

图 2-6 OM 逻辑模型

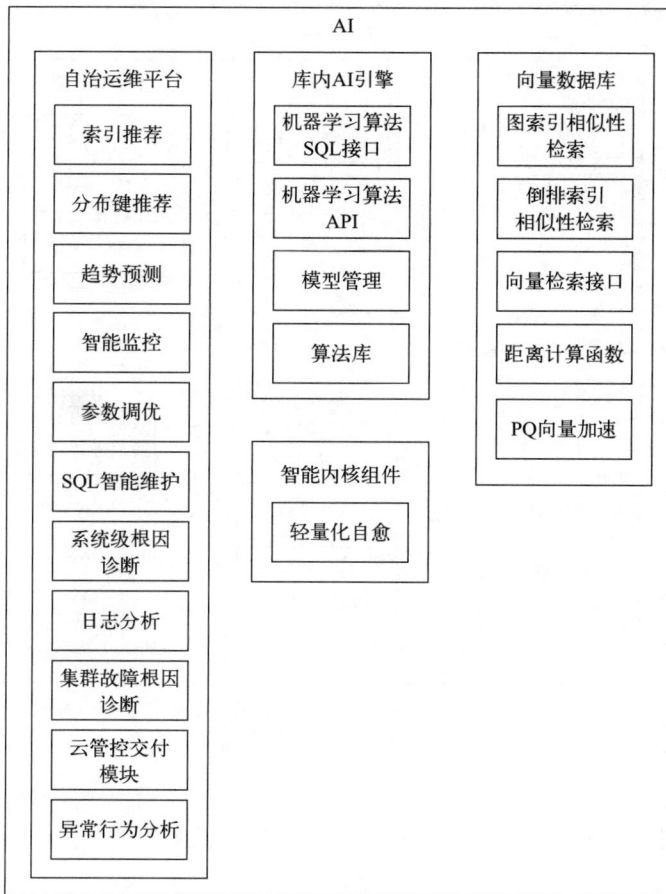

图 2-7　AI 逻辑模型

（8）驱动子系统

支持 JDBC、ODBC、Python、GO 等主流数据库驱动接口，适用于 Java、C、C++、Python、Go 应用程序开发者。对于高级开发者而言，亦可采用 libpq 动态库接口和 ecpg 接口的方式，对数据库进行接入访问，如图 2-8 所示。

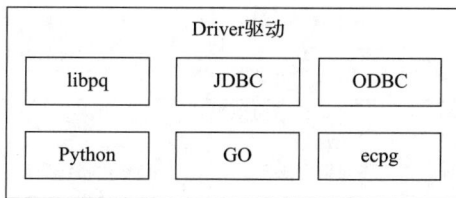

图 2-8　驱动逻辑模型

2.2.2　关键模块 2 层逻辑模型

（1）存储引擎模块

存储引擎模块如图 2-9 所示。

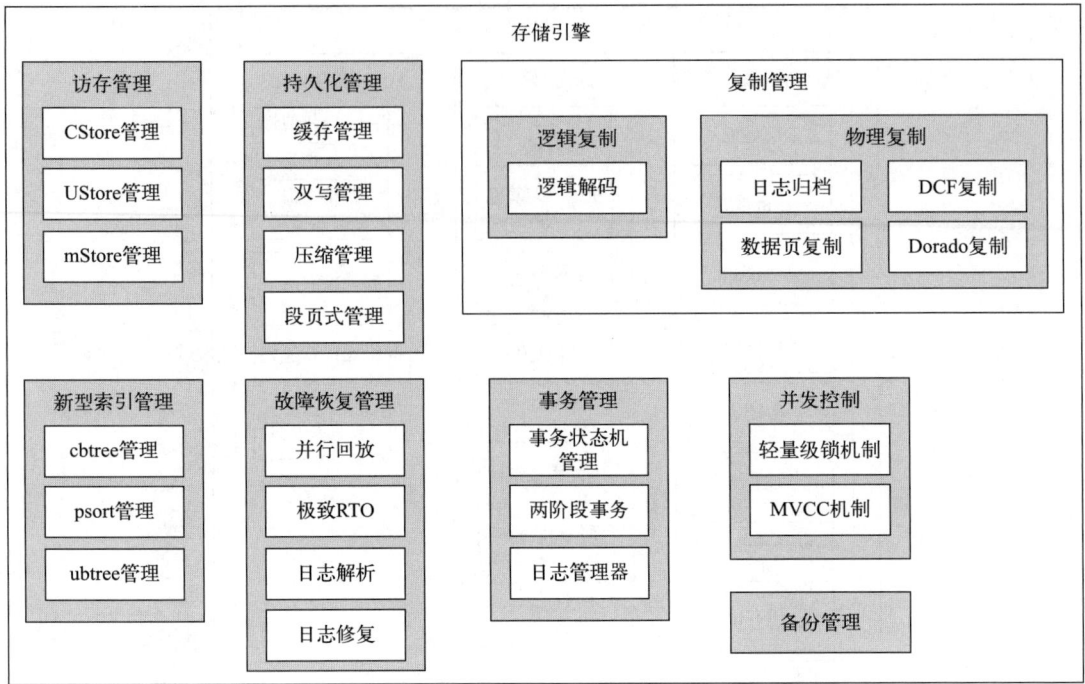

图 2-9　存储引擎模块

（2）SQL 引擎

SQL 引擎如图 2-10 所示。

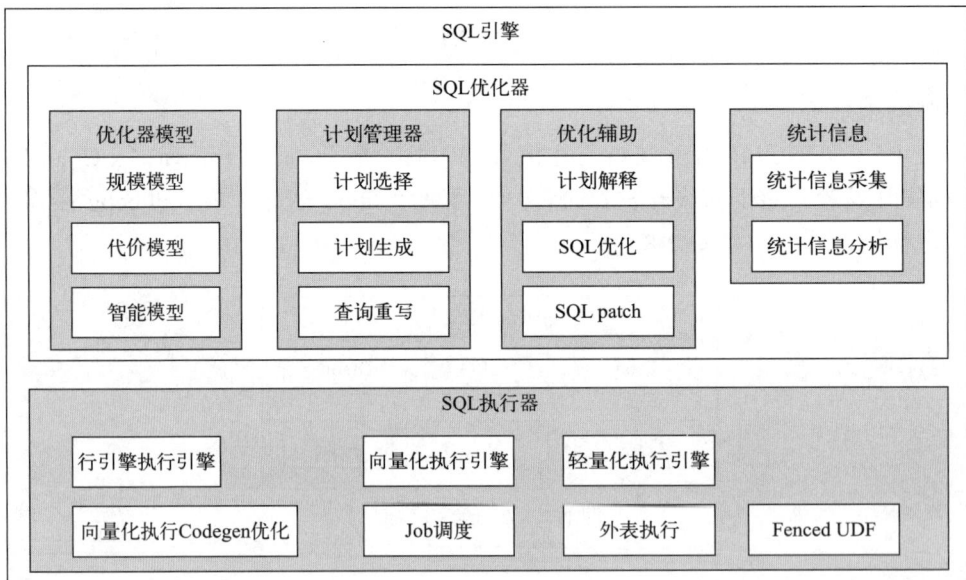

图 2-10　SQL 引擎

（3）兼容性和接口模块

兼容性和接口模块如图 2-11 所示。

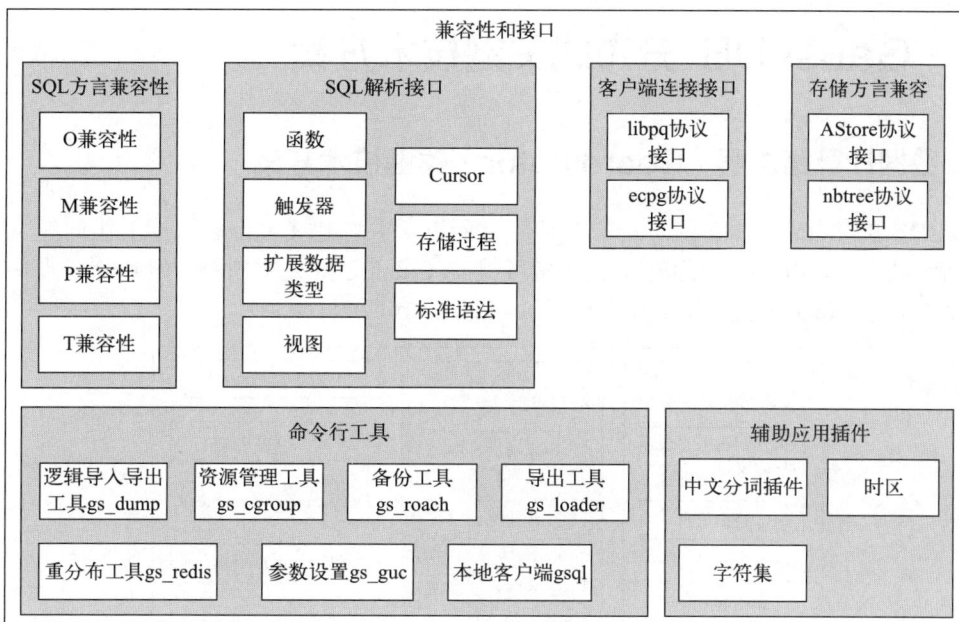

图 2-11 兼容性和接口模块

（4）基础组件

基础组件如图 2-12 所示。

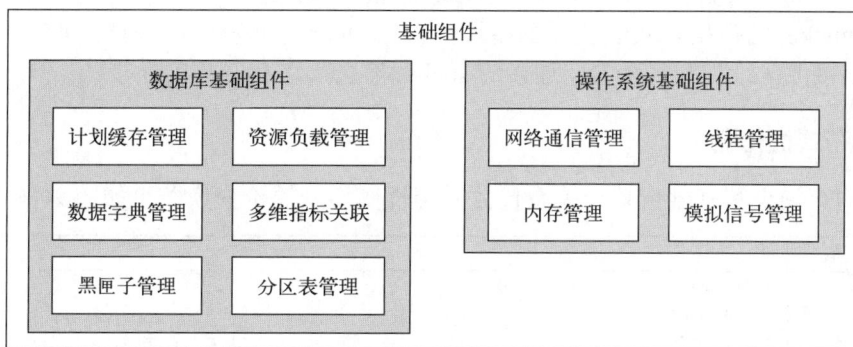

图 2-12 基础组件模块

（5）分布式管理

分布式管理如图 2-13 所示。

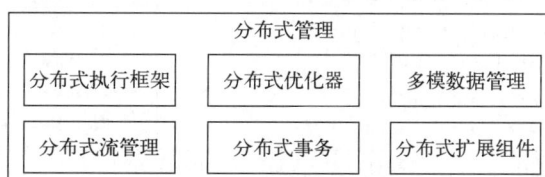

图 2-13 分布式管理模块

2.3 GaussDB 分布式关键技术方案

2.3.1 数据计算路由层（Coordinator）关键技术方案

GaussDB 的 Catalog（编目）是本地存储，所以需要考虑 Catalog 的持久化问题。未来演进元数据解耦，Coordinator 无状态，就不需要考虑 Catalog 持久化问题。但是跨节点场景下的事务提交在 Coordinator 上还是要持久化的，如图 2-14 所示。

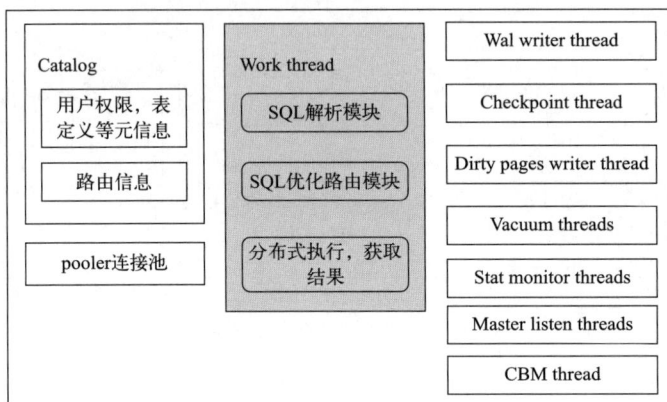

图 2-14　Coordinator 模块图

路由信息：每个表数据共分 16384 个 Hashbucket（哈希桶）来存储，每个 DN 对应存储若干个 Hashbucket 的数据。SQL 优化器模块会根据 Query 的条件自动剪枝 DN。

pooler 连接池：维护和每个 DN 连接的 socket 信息，缓存建立的连接。

2.3.1.1 分布式优化器

优化器的查询重写基础依赖于关系代数的等价变换。等价变换关系如图 2-15 所示。

等价变换	内容	
交换律	$A \times B == B \times A$ $A \bowtie B == B \bowtie A$ $A \bowtie_F B == B \bowtie_F A$ $\Pi_p[\sigma_F(B)] == \sigma_F[\Pi_p(B)]$	……其中 F 是连接条件 ……其中 $F \in p$
结合律	$(A \times B) \times C == A \times (B \times C)$ $(A \bowtie B) \bowtie C == A \bowtie (B \bowtie C)$ $(A \bowtie_{F1} B) \bowtie_{F2} C == A \bowtie_{F1} (B \bowtie_{F2} C)$	……F1 和 F2 是连接条件
分配律	$\sigma_F(A \times B) == \sigma_F(A) \times B$……其中 $F \in A$ $\sigma_F(A \times B) == \sigma_{F1}(A) \times \sigma_{F2}(B)$ $\sigma_F(A \times B) == \sigma_{FX}[\sigma_{F1}(A) \times \sigma_{F2}(B)]$ $\Pi_{p,q}(A \times B) == \Pi_p(A) \times \Pi_q(B)$ $\sigma_F(A \times B) == \sigma_{F1}(A) \times \sigma_{F2}(B)$ $\sigma_F(A \times B) == \sigma_{Fx}[\sigma_{F1}(A) \times \sigma_{F2}(B)]$	……其中 $F = F1 \cup F2$，$F1 \in A$，$F2 \in B$ ……其中 $F = F1 \cup F2 \cup FX$，$F1 \in A$，$F2 \in B$ ……其中 $p \in A$，$q \in B$ ……其中 $F = F1 \cup F2$，$F1 \in A$，$F2 \in B$ ……其中 $F = F1 \cup F2 \cup Fx$，$F1 \in A$，$F2 \in B$
串接律	$\Pi_{P=p1,\,p2,\,\dots pn}[\Pi_{Q=q1,\,q2,\,\dots qn}(A)] == \Pi_{P=p1,\,p2,\,\dots pn}(A)$……其中 $P \subseteq Q$ $\sigma_{F1}[\sigma_{F2}(A)] == \sigma_{F1 \wedge F2}(A)$	

图 2-15　关系代数的等价变换

基于规则的查询重写，基本规则如下：

- 常量化简：如 "SELECT * FROM t1 WHERE c1=1+1; " 等价于 "SELECT * FROM t1 WHERE c1=2;"。
- 消除 DISTINCT："CREATE TABLE t1(c1 INT PRIMARY KEY, c2 INT); SELECT DISTINCT(c1) FROM t1; SELECT c1 FROM t1;"。
- IN 谓词展开："SELECT * FROM t1 WHERE c1 IN (10,20,30); " 等价于 "SELECT * FROM t1 WHERE c1=10 or c1=20 OR c1=30;"。
- 视图展开："CREATE VIEW v1 AS (SELECT * FROM t1,t2 WHERE t1.c1=t2.c2); SELECT * FROM v1; " 等价于 "SELECT * FROM t1,t2 WHERE t1.c1=t2.c2;"。
- 条件下移："t1 join t2 on ... and t1.b=5" 等价于 "(t1 where t1.b=5) join t2"。
- 条件传递闭包：a=b and a=3 ->b=3。
- 消除子链接：如 "select * from t1 where exists(select 1 from t2 where t1.a=t2.a); " 等价于 "select * from t1 (semi join) (select a from t2) t2 where t1.a=t2.a;"。

查询重写规则较多，在此不一一列举。

在基于代价的查询优化技术上，主要关注三个关键问题，分别是：结果集行数估算、执行代价估算以及路径搜索。其核心目标是：为多个物理执行的代价进行评分，最后选择出一个最优的计划，输出到执行器。

行数估算方面，通过 analyze 手段收集基表的统计信息。统计信息包括各个数据表的规模、行数以及页面数等。在表中也会统计各个列的信息，包括 distinct 值（该列不相同的值的个数）、空值的比例、MCV（Most Common Value，用于记录数据倾斜情况）以及直方图（用于记录数据分布情况），根据基表统计信息估算过滤、join 的中间结果统计信息。未来将基于 AI 进行多维度统计信息收集，收集更准确的行数信息，以辅助更优的计划选择。

执行代价估算方面，根据数据量估算不同算子的执行代价，各个执行算子的代价之和即为执行计划的总代价。算子的代价主要包含几个方面：CPU 代价、IO 代价、网络代价（分布式多分片场景）等。未来需要根据物理环境的不同，调整不同算子的执行代价比例，同时通过 AI 技术构建更精准的代价模型。代价估算算子种类如表 2-1 所示。

表 2-1　代价估算算子种类

算子分类	作用	主要算子
表扫描算子	从存储层扫描数据	SeqScan, IndexScan
连接算子	进行两表连接	HashJoin, MergeJoin, NestLoop
聚集算子	进行聚集操作	HashAgg, GroupAgg
网络传输算子	网络上传输数据	Stream (Redistribute, Broadcast)
排序算子	进行排序	Sort

路径搜索方面，GaussDB 采用自底向上的路径搜索算法。对于单表访问路径，一般有两种：
① 全表扫描：对表中的数据逐个访问。
② 索引扫描：借助索引来访问表中的数据，通常需要结合谓词一起使用。
优化器首先根据表的数据量、过滤条件和可用的索引结合代价模型来估算各种不同扫描

路径的代价。例如：给定表定义"CREATE TABLE t1(c1 int);"，如果表中数据为 1,2,3,…,100000000 连续的整型值并且在 c1 列上有 B+树索引，那么对于"SELECT * FROM t1 WHERE c1=1;"来说，只要读取 1 个索引页面和 1 个表页面就可以获取数据。然而对于全表扫描，需要读取一亿条数据才能获取同样的结果。在这种情况下索引扫描的路径胜出。

索引扫描并不是在所有情况下都优于全表扫描，它们的优劣取决于过滤条件能够过滤掉多少数据。通常数据库管理系统会采用 B+树来建立索引，如果在选择率比较高的情况下，B+树索引会带来大量的随机 I/O，这会降低索引扫描算子的访问效率。比如"SELECT * FROM t1 WHERE c1>0;"这条语句，索引扫描需要访问索引中的全部数据和表中的全部数据，并且带来巨量的随机 I/O，而全表扫描只需要顺序的访问表中的全部数据，因此在这种情况下，全表扫描的代价更低。

多表路径生成的难点主要在于如何枚举所有的表连接顺序（Join Reorder）和连接算法（Join Algorithm）。假设有两个表 t1 和 t2 做 JOIN 操作，根据关系代数中的交换律原则，可以枚举的连接顺序有 t1×t2 和 t2×t1 两种，JOIN 的物理连接算子有 HashJoin、NestLoop、MergeJoin 三种类型。这样一来，可供选择的路径有 6 种之多。这个数量随着表的增多会呈指数级增长，因此高效的搜索算法显得至关重要。GaussDB 通常采用自底向上的路径搜索方法，首先生成每个表的扫描路径，这些扫描路径在执行计划的最底层（第一层），在第二层开始考虑两表连接的最优路径，即枚举计算出每两表连接的可能性，在第三层考虑三表连接的最优路径，即枚举计算出三表连接的可能性，直到最顶层为止生成全局最优的执行计划。假设有 4 个表做 JOIN 操作，它们的连接路径生成过程如下：

- 单表最优路径：依次生成{1}、{2}、{3}、{4}单表的最优路径。
- 二表最优路径：依次生成{1 2}、{1 3}、{1 4}、{2 3}、{2 4}、{3 4}的最优路径。
- 三表最优路径：依次生成{1 2 3}、{1 2 4}、{2 3 4}、{1 3 4}的最优路径。
- 四表最优路径：生成{1 2 3 4}的最优路径即为最终路径。

多表路径问题核心为 Join Order，这是 NP（Nondeterministic Polynomially，非确定性多项式）类问题。在多个关系连接中找出最优路径，比较常用的算法是基于代价的动态规划算法。随着关联表个数的增多，会发生表搜索空间膨胀的问题，进而影响优化器路径选择的效率，可以采用基于代价的遗传算法等随机搜索算法来解决。

另外为了防止搜索空间过大，可以采用下列三种剪枝策略：

① 尽可能先考虑有连接条件的路径，尽量推迟笛卡儿积。

② 在搜索的过程中基于代价估算对执行路径采用 LowBound 剪枝，放弃一些代价较高的执行路径。

③ 保留具有特殊物理属性的执行路径，例如有些执行路径的结果具有有序性的特点，这些执行路径可能在后序的优化过程中避免再次排序。

分布式执行计划生成方面，相关关键技术流程如图 2-16 所示。

2.3.1.2　分布式执行框架

GaussDB 执行框架位于 SQL 优化器与存储引擎之间，负责根据优化器输出的执行计划执行数据存取以及相关的计算操作，并将相关结果返回到客户端。其目标是：更好地利用各个节点的计算资源，更快地完成执行任务，并返回结果。

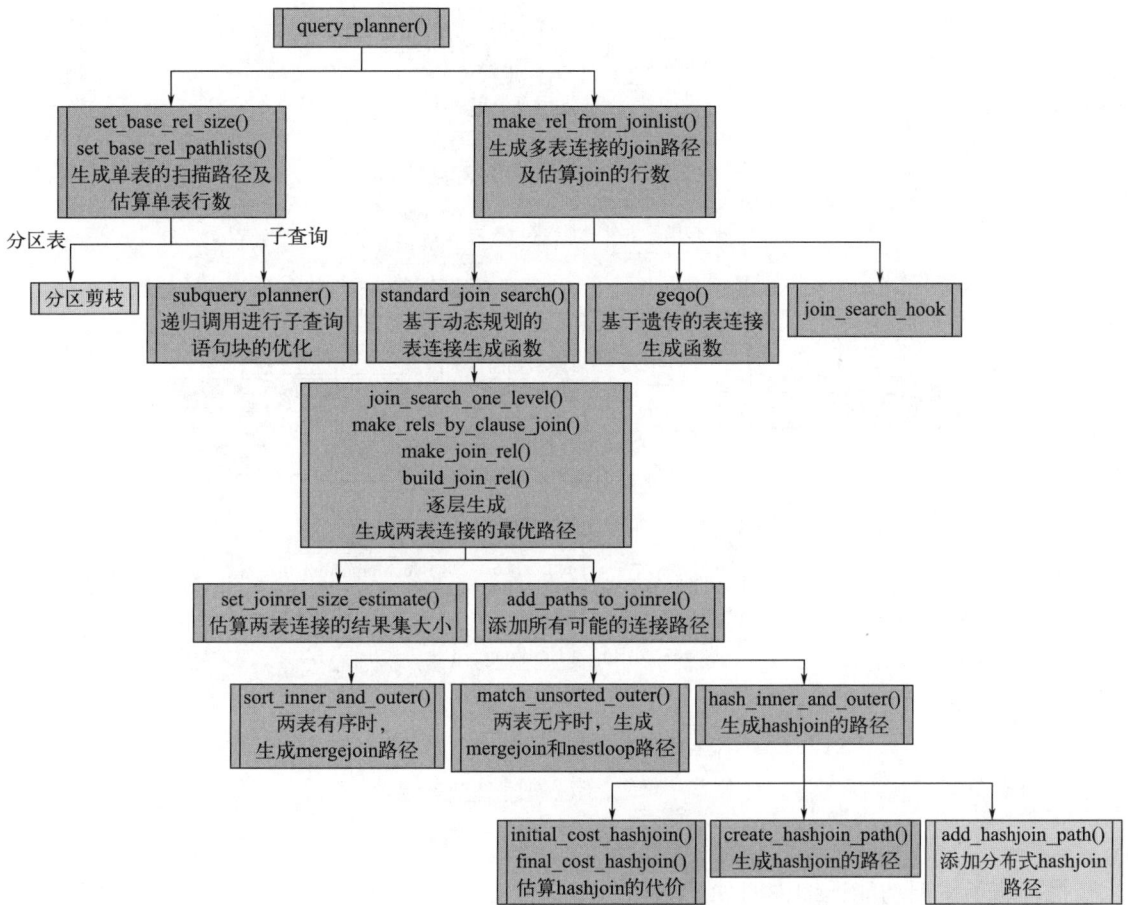

图 2-16　分布式执行计划生成

① 单节点执行引擎：GaussDB 支持行存表的行执行引擎，以及列存表向量化执行引擎，提供 Adaptor 算子（RowAdapter，VectorAdapter）支持行列存储执行引擎的自适应切换，如图 2-17 所示。对于行执行引擎来说，经过逐层的算子处理，一次处理一个元组，直到再无元组为止，详细过程不在此处赘述。对于列执行引擎来说，一次处理一个 batch，尽量读取更多的数据，减少 I/O 的次数，提供高 CPU 的利用效率。

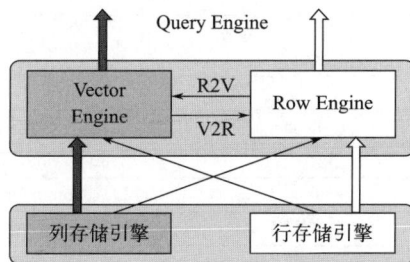

图 2-17　行列存执行引擎自动切换

② 执行引擎主要算子：执行引擎提供算子种类如图 2-18 所示。

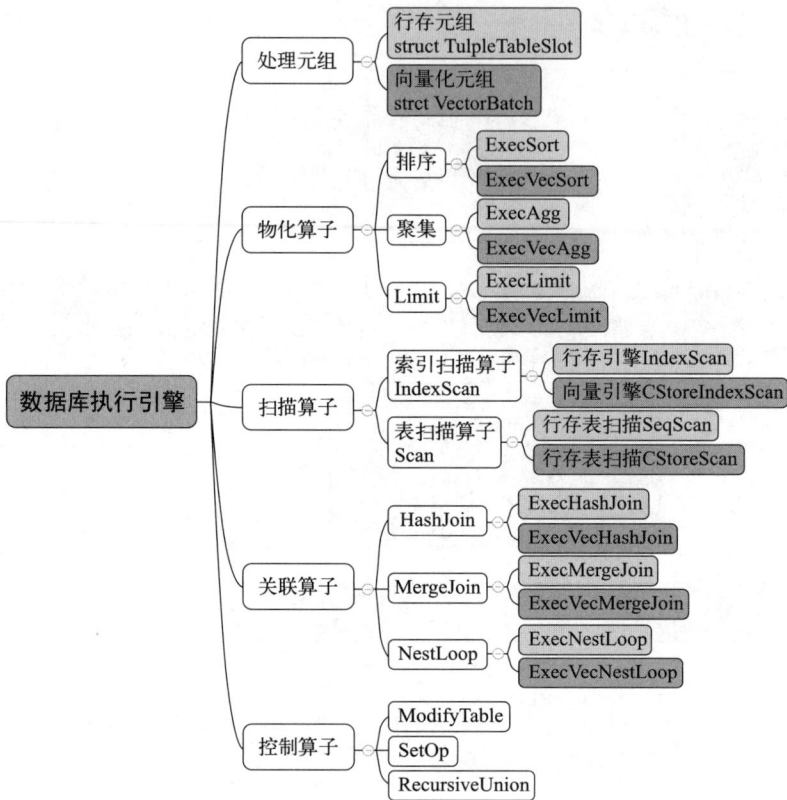

图 2-18　执行引擎主要算子

执行算子主要功能详细说明如下。

① 扫描算子（Scan Plan Node）：扫描节点负责从底层数据来源抽取数据，数据来源可能来自文件系统，也可能来自网络（分布式查询）。一般而言扫描节点都位于执行树的叶子节点，作为执行树的数据输入来源，典型代表 SeqScan、IndexScan、SubQueryScan，如表 2-2 所示。

表 2-2　扫描算子

算子类型	含义
SeqScan	顺序扫描行存储引擎
CstoreScan	扫描列存储引擎
DfsScan	顺序扫描 HDFS 存储引擎
Stream	扫描网络算子（分布式数据库特有）
BitmapHeapScan BitmapIndexScan	利用 Bitmap（位图）获取元组
TidScan	通过 Tid 获取元组
SubQueryScan	子查询扫描
ValueScan	扫描 Value 列表
CteScan	扫描 CommTableExpr
WorkTableScan	扫描中间结果集
FunctionScan	函数扫描
IndexScan	索引扫描
IndexOnlyScan	直接从索引返回元组
ForgeinScan	外部表扫描
StreamScan	网络数据扫描

② 控制算子（Control Plan Node）：控制算子一般不映射代数运算符，是为了执行器完成一些特殊的流程引入的算子，如表 2-3 所示。

表 2-3　控制算子

算子类型	含义
Result	处理只有一个返回结果或过滤条件为常量的运算
ModifyTable	INSERT/UPDATE/DELETE 操作的算子
Append	多个关系集合的追加操作
MergeAppend	多个有序关系集合的追加操作
BitmapAnd	对结果做与位图运算
BitmapOr	对结果做或位图运算
RecursiveUnion	递归处理合并算子

③ 物化算子（Materialize Plan Node）：物化算子一般指算法要求。在做算子逻辑处理的时候，要求把下层的数据进行缓存处理，因为对于下层算子返回的数据量不可提前预知，所以需要在算法上考虑数据无法全部放置到内存的情况。物化算子如表 2-4 所示。

表 2-4　物化算子

算子类型	含义
Materialize	物化
Sort	对下层数据进行排序
Group	对下层已经排序的数据进行分组
Agg	对下层数据进行分组（无序）
Unique	对下层数据进行去重操作
Hash	对下层数据进行缓存，存储到一个 hash 表里
SetOp	对下层数据进行缓存，用于处理 intersect 等集合操作
WindowAgg	窗口函数
Limit	处理 limit 子句

④ 关联算子（Join Plan Node）：这类算子是为了应对数据库中最常见的关联操作，Join 表关联，如表 2-5 所示。

表 2-5　关联算子

算子类型	含义
NestLoop	对下层两股数据流实现循环嵌套连接操作
MergeJoin	对下层两股排序数据流实现归并连接操作
HashJoin	对下层两股数据流实现哈希连接操作

2.3.1.3　线程池模型

每个组件 CN、DN、GTM、CMS 都是独立进程模型，每个进程内部采用线程池模型，如图 2-19 所示。

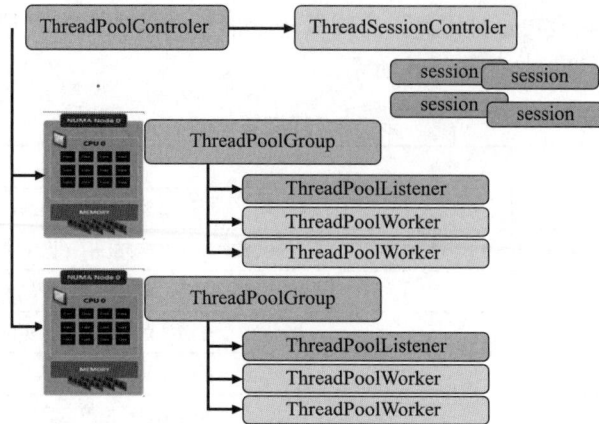

图 2-19　线程池模型

ThreadPoolControler—线程池总控，负责线程池的初始化和资源管理；ThreadSessionController—会话生命
周期管理；ThreadPoolGroup—线程组，可以定义灵活的线程数量和帮核策略；ThreadPoolListener—监听线程，
负责事件的分发和管理；ThreadPoolWorker—工作线程

设计关键要点：

① 线程池根据 CPU 的核心数分成多个线程组；

② 每个线程组里有一个监听线程和多个工作线程；

③ 监听线程负责监听一批活动连接，同时分配任务给工作线程；

④ 工作线程以事务维度接受任务派发来执行。

2.3.2　数据持久化存取层（Datanode）关键技术方案

Datanode 节点主要负责数据的持久化和快速写入、读取。数据持久化采用物理日志 WAL（Write Ahead Log，预写日志），事务提交 WAL 刷盘，对外提供逻辑日志功能，反解析物理日志为 SQL 逻辑日志，如图 2-20 所示。

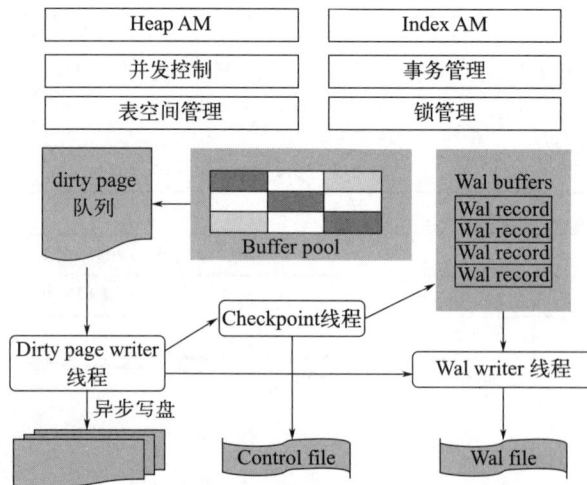

图 2-20　Datanode 数据持久化

2.3.2.1　AStore

存储格式为追加写优化设计，其多版本元组采用新、老版本混合存储方式。当一个更新操作将老版本元组更新为新版本元组之后，如果老版本元组所在页面仍然有空闲空间，则直接在该页面内插入更新后的新版本元组，并在老版本元组中记录指向新版本元组地址的指针。在这个过程中，新版本元组以追加写的方式和被更新的老版本元组混合存放，这样可以减少更新操作的 I/O 开销。然而，需要指出的是，由于新、老版本元组是混合存放的，因此在清理老版本元组时需要从混杂的数据中挑出垃圾数据，清理开销会比较大。同时，由于新版本元组位置相对老版本元组位置发生了变化，而索引中只记录了老版本元组的位置，因此容易导致索引膨胀。为了缓解索引膨胀这个问题，对于同一个页面内的更新，采用了 HOT 技术，其将同一个记录的多个版本按从老至新的更新顺序串连起来，但是这种从老至新的更新链顺序，对于并发的 OLTP 类短查询是效率比较低的，需要遍历的版本个数较多。

2.3.2.2　UStore

与 AStore 相比，UStore 的最大特点在于新、老版本记录的分离存储。当一个更新操作将老版本元组更新为新版本元组之后，直接在老版本元组的位置覆写新版本元组内容，同时，将老版本元组移到统一管理历史版本的 undo 区域。在这个过程中，既需要修改数据页面，也需要修改 undo 页面，更新操作开销较 AStore 的追加更新稍大。但是，就如同垃圾分类回收一样，这样带来的好处也是显而易见的，在清理老版本元组时，不再需要遍历扫描主表数据，直接按需回收 undo 区域即可，垃圾清理开销较 AStore 不仅大幅降低，而且稳定可控。同时，由于新版本元组复用老版本元组的物理位置，因此索引无须更新，索引膨胀得到有效控制。另外，在 UStore 中，多个版本的更新链按从新至老的顺序串连，对于并发查询更友好。总而言之，UStore 更适合更新频繁的业务场景。

2.3.3　全局事务管理层（GTM）关键技术方案

GTM 仅处理全局时间戳请求，64 位 CSN（Commit Sequence Number，提交逻辑序列号）递增，其中几乎都是 CPU ++操作和消息收发操作。但并非每次都写 ETCD，而是定期持久化到 ETCD 里，每次写 ETCD 的 CSN 要加上一个 backup_step (100w)，一旦 GTM 故障，CSN 从 ETCD 读取出来的值保证单调递增。当前 GTM 只完成 CSN++，预估可以支持 200MB/s 的请求。GTM 处理获取 CSN 消息和 CSN++的消息，TCP 协议栈消耗 CPU 会非常严重，采用用户态协议栈提高 GTM 单节点的处理能力。未来架构演进完全去中心化，采用高精度时钟解决扩展性问题。

2.3.3.1　单节点的事务

关键设计如图 2-21 所示：

① GTM 只维护一个 CSN++，snapshot（快照）只包含 CSN；

② DN 本地维护事务 id，维护 id 到 CSN 的映射(CSN_LOG)；

③ DN 本地 GC 的过程中回填 CSN；

④ 单 shared 读事务使用 local snapshot（本地化快照）；

- 获取本地最新 CSN + 获取本地已准备事务 xid；
- 等待 CSN 状态为提交过程中；
- 如果 row.csn＜localsnapshot.csn || xid in prepared_xid list 可见，否则不可见。

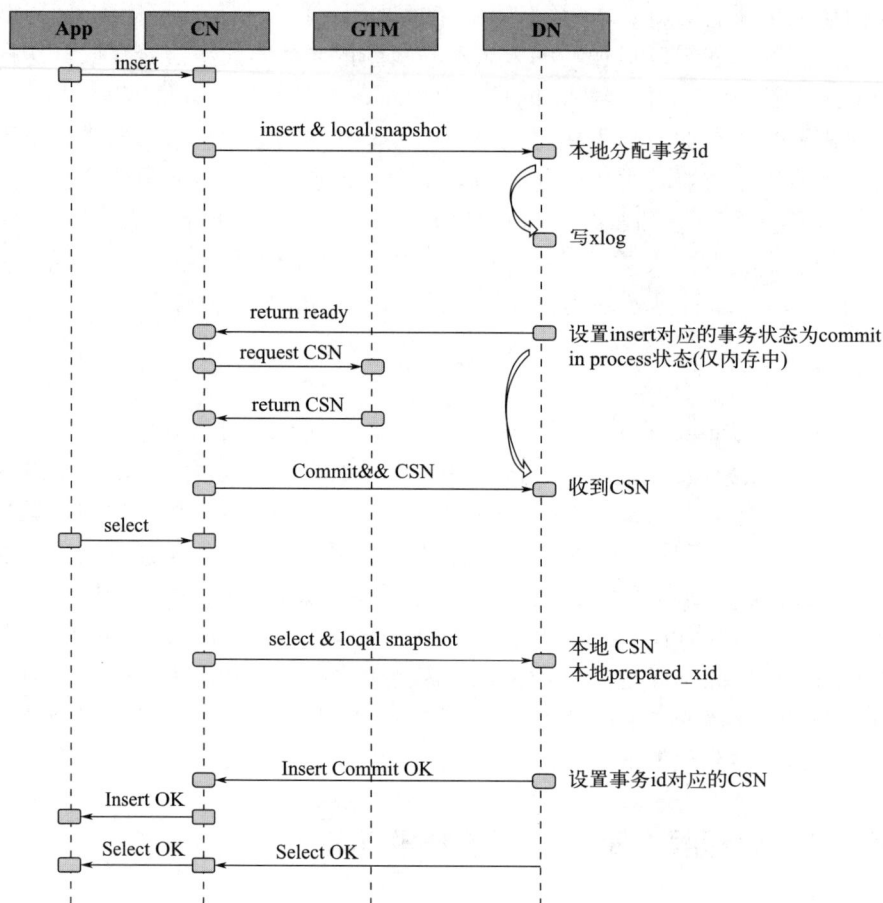

图 2-21 单节点事务处理流程

2.3.3.2 跨节点事务

关键设计如图 2-22 所示：

① 第二阶段 commit（提交）改为异步方式，只同步做 prepare xact（事务准备）。

② DN 上行级别可见性判断：

- DN 处于 prepared（准备）状态的事务依赖对应 CN 上的事务是否提交，如果已经提交且 CSN 比 snapshot.CSN 小，就可见。

- 对 DN 上处于 prepared 的事务，CN 上的事务不处于提交状态，则必须判断是否是残留状态，是则回滚。

2.3.4 集群管理层（CM）关键技术方案

GaussDB 集群管理层关键模块如图 2-23 所示。

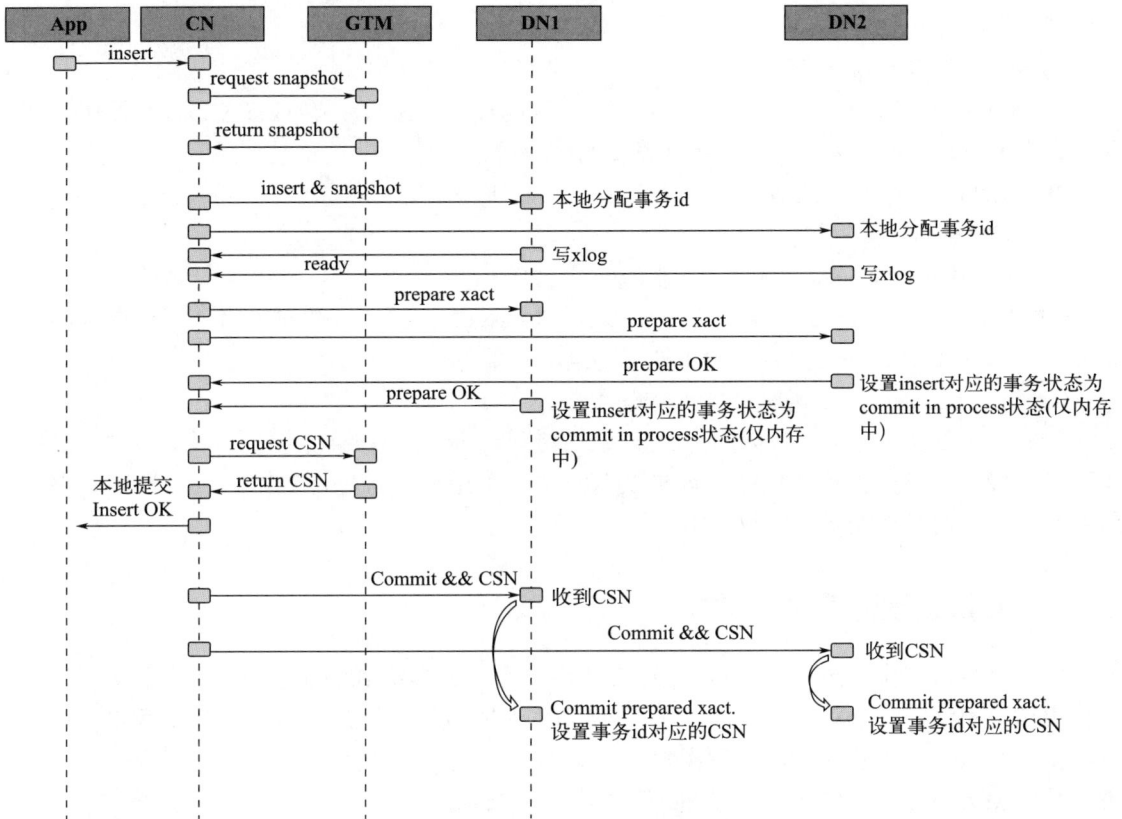

图 2-22　跨节点事务处理流程

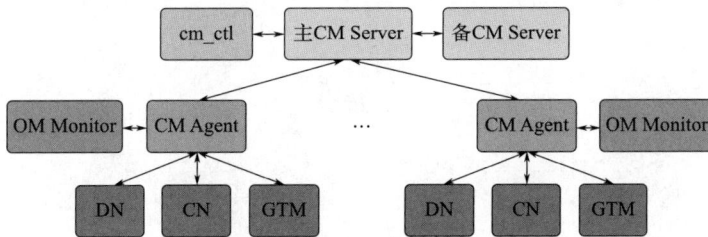

图 2-23　集群管理层组件设计图

CM 组件提供了 cm_ctl、OM Monitor（OM 监控）、CM Server（CM 服务器）、CM Agent（CM 客户）四种服务，与各类实例服务组件（CN、DN、GTM 等）一起构成了整个数据库集群系统。

（1）cm_ctl

① 通过命令行执行集群的启动、停止、状态查询、主备倒换、备机重建等功能；

② 除启动和停止外，主要通过与 CM Server 的消息传递执行命令；

③ 可在任意节点执行并获取到相同的结果。

（2）OM Monitor

① 由系统定时任务拉起；

② 负责 CM Agent 的运行状态监控。

（3）CM Agent

① 由 OM Monitor 拉起；

② 负责拉起和停止所在节点的 CN、DN、GTM、CM Server（如果存在），监控实例状态并上报至 CM Server，执行 CM Server 下发的命令等；

③ 对应 cm_agent 二进制文件，所有节点常驻服务。

（4）CM Server

① 由 CM Agent 拉起，是整个集群管理组件的大脑；

② 负责接收 cm_ctl 发送的命令并下发至 CM Agent，接收并处理 CM Agent 上报的实例状态，下发仲裁指令保证各类故障和异常场景下集群的可用性；

③ 对应 cm_server 二进制文件，常驻服务。

CM 与各类组件的主备数据同步、倒换、重建等机制高度融合，提供告警、重启、倒换、隔离等手段，赋予数据库实例故障恢复及自愈的高可用能力，保证数据的可靠性和完整性，最终实现集群对外的业务连续性。

2.3.5 集群管理仲裁关键技术

单节点故障在生产过程中不可避免。CM 组件可根据探测到的状态进行仲裁，从而尽可能恢复集群可用性，过程如图 2-24 所示。以某个主 DN 故障为例，典型的仲裁流程包括：

① CM Agent 1 探测 DN 主实例并发现故障；

② CM Agent 1 持续上报实例故障信息至 CM Server；

③ CM Server 执行仲裁流程，选择 DN 备机升主；

④ CM Server 下发升主命令至 CM Agent 2；

⑤ CM Agent 2 对实例执行升主操作。

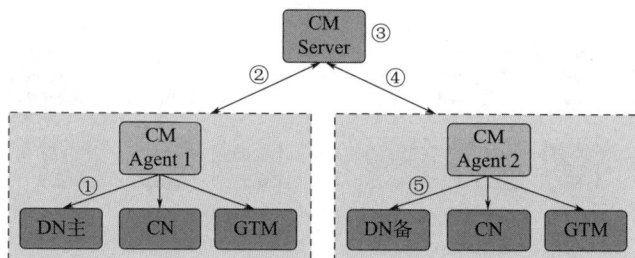

图 2-24　集群管理仲裁过程

常见的故障包含磁盘故障、网络故障、下电故障、操作系统故障、其他故障（CPU 故障）等几种类型。CM 在选举过程中遵从 DN 多数派，即对于某一个 DN 分片来说，故障后的选主需要得到大多数 DN 的投票，候选 DN 副本才可以被选中升主。仲裁规则主要依据两个原则：①任期（Term）大且日志长的 DN 副本优先被选主；②同等条件下，静态主优先。

CM 辅助不同组件故障情况下恢复过程如下：

① CN 故障（集中式部署时，无 CM 节点）：

● DDL 语句无法执行，DML 语句不受影响；

● 通过将故障 CN 剔除，可保障 DDL 语句不受影响；

- 仅支持集群内 CN 个数大于 3，且 1 个 CN 发生故障时剔除。
② DN 故障：
- 单点故障可自动恢复；
- 主 DN 故障时，仲裁备 DN 升主继续提供服务；
- 备 DN 故障时，主 DN 将日志和数据同步至从备，业务不受影响。
③ 主 GTM 故障：备 GTM 升主后继续提供服务。
④ 主 CM Server 故障：备 CM Server 接受多数派 CM Agent 链接，升主后继续提供服务。

2.3.6 故障检查与异常发现

从业界经验来看，数据库实例可能处于故障、僵死、亚健康等状态。这些状态的出现概率逐级降低，但检测难度逐级增高。尤其是如何区分亚健康状态和系统繁忙状态，其具有较大的挑战性。

CM 组件包含异常检测流程，可用于识别和处理网络不稳定、磁盘 I/O 挂死、进程/线程僵死、进程频繁退出、实例状态时好时坏等场景，提高集群的稳定性和可用性。

以 DN 短链接检测为例，CM Agent 按照固定时间间隔与 DN 实例新建链接。如果与某个主 DN 链接失败或通过新链接无法执行 SQL 语句，则认为该 DN 发生 1 次 Hang 异常。如果多次出现异常，则会触发 Hang 检测机制，将该 DN 实例杀死并执行主备切换。目前常见的异常检测项有：
① 短链接建立；
② 通过短链接执行 SQL 语句；
③ I/O 挂死；
④ 内存占用异常。

2.3.7 基于 Paxos 协议复制实现 DN 副本自仲裁

GaussDB 采用基于 Paxos 协议的主备副本复制协议实现 DN 副本的自仲裁功能。关键技术方案如图 2-25 所示，其中 DCF 为 GaussDB 基于 Paxos 协议的一致性复制模块，需包含日志复制、自仲裁选主等功能。

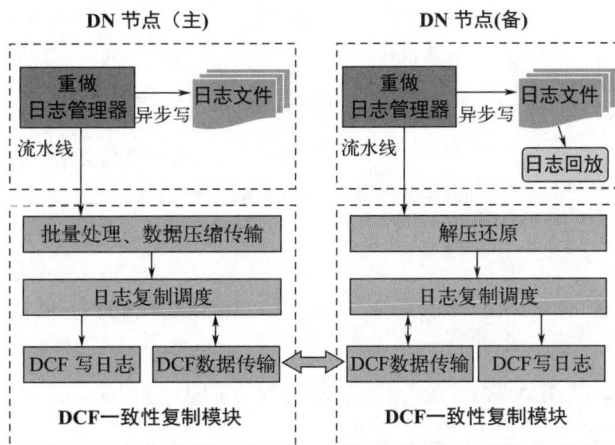

图 2-25　DN 自仲裁设计

关键技术方案要点：①DN 副本自仲裁，缩短仲裁链路，减小 RTO；②采用 Paxos 一致性协议，保证 DN 副本间的一致性，避免备机由于日志分叉产生增量重建。

未来技术方案演进：①DCF 组件日志与数据库内核日志合一，减少对 I/O 的占用；②采用 Parallel Paxos 协议或者多主的 Paxos 协议提升日志复制的吞吐量；③通过 RDMA/UB 网络优化主备节点日志传输，提升日志复制性能。

2.4 OM 运维管理关键技术方案

GaussDB V5 OM 运维管理关键模块介绍如下。

OM 运维主要功能有：

① 安装。

② 升级。

③ 节点替换。

④ 扩容、缩容。

⑤ 自动告警。

⑥ 巡检。

⑦ 备份恢复、容灾。

⑧ 日志分析系统。

在华为云的部署模式下，OM 相关组件部署示意图如图 2-26 所示。

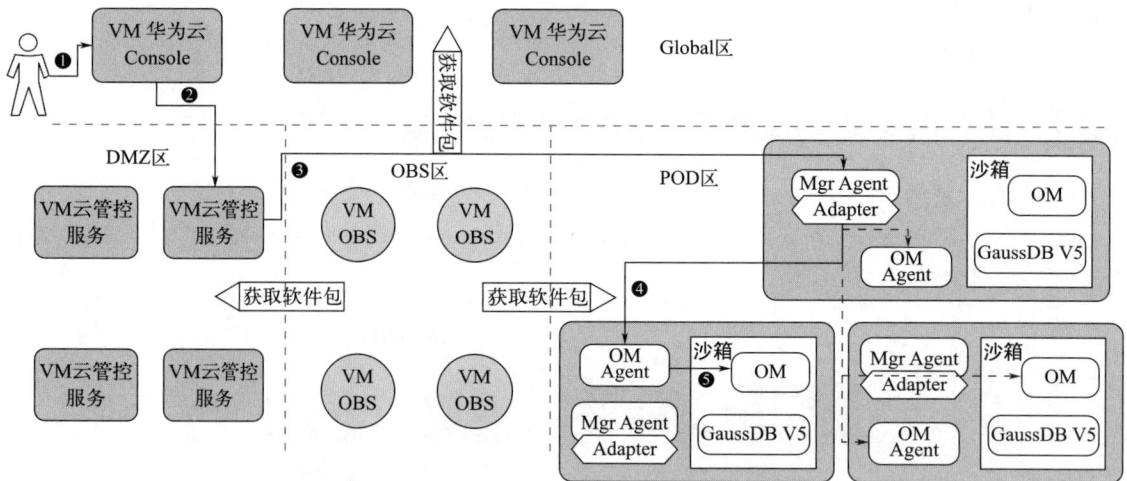

图 2-26 华为云 OM 运维管理

说明如下：

① 用户登录华为云 Console（控制台），访问 GaussDB 的管控页面，输入想要的运维操作（购买实例）；

② 华为云 Console 调用云管控服务，云管控服务根据用户输入的运维操作进行相应的操作，如购买实例，云管控服务会创建虚拟机；

③ 云管控服务调用 Mgr 客户，Mgr 客户会调用内置插件 Adapter；

④ Adapter 会调用 OM 客户；

⑤ OM 客户会调用 OM 来完成具体的运维操作。

Adaptor 和 OM 客户采用适配器模式设计，对管控面提供了统一的北向接口，降低了管控面平台变更后重新对接的难度，更适用于云平台下的开发。

2.5 安全关键技术方案

2.5.1 安全关键技术一：密态等值查询

密态等值查询属于密态数据库第一阶段方案，但仍遵从密态数据库总体架构。密态数据库的总体架构示意图如图 2-27 所示。密态数据库的完整形态包括密码学方案和软硬结合方案两部分。

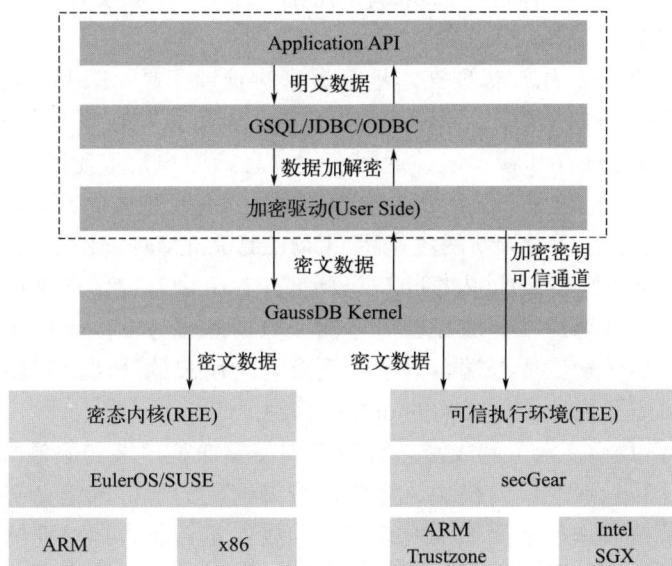

图 2-27 密态数据库总体架构

密态等值查询仅涉及软件部分，仅需集成密态数据库总体架构的软件部分即可，其总体实现方案如图 2-28 所示。

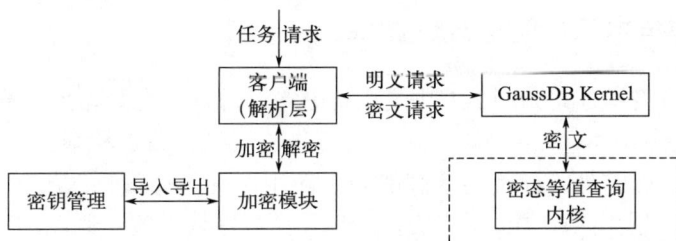

图 2-28 密态等值查询总体方案

从总体流程上来看，数据在客户端完成加密，以密文形式发送到 GaussDB 数据库服务侧，即需要在客户端构建加解密模块。加解密模块依赖密钥管理模块，密钥管理模块生成根密钥(RK, Root Key)和客户端主密钥(CMK, Client Master Key)，有了 CMK，可以通过 SQL 语法定义列加密密钥(CEK, Column Encryption Key)。其中，CMK 由 RK 加密后保存在密钥存储文件(KSF, Key Store File)中，与 RK 一起由 KeyTool 统一管理；CEK 则由 CMK 加密后存储在服务端。加密算法使用 AES128 和 AES256。

按照原有明文格式发送至服务端。当查询任务发起后，客户端需要对当前的 Query 进行解析，如果查询语句中涉及加密列，则对对应的列参数(加密列关联参数)也要进行加密(这里说的加密均为确定性加密，否则无法支持对应的查询)；如果查询语句中不涉及加密列，则直接发送至服务端，无须额外的操作。

在数据库服务侧，加密列的数据始终以密文形态存在，整个查询也在密文形态下实现。对于第一阶段密态等值查询解决方案，需要采用确定性加密，使得相同的明文数据获得相同的密文，从而支持等值计算。

按照用户使用的流程，整体设计思路将围绕用户的使用步骤展开，即整个 Use Case 被切分成三部分。具体如下：

① 生成客户端主密钥：用户需要在本地部署密钥管理工具（KeyTool），通过密钥管理工具相关指令来管理密钥，如创建或删除密钥；当前该工具底层集成华为公司 KMC 组件，生成的主密钥通过 KMC 进行保存和管理，并返回密钥信息给用户，方便后续调用和管理。

② 记录 CMK 与 CEK 信息，在系统中创建加密表：有了生成的密钥信息后，为数据库设计专门的密钥创建语法，包括设计新的主密钥（CMK, Client Master Key）和列加密密钥（CEK, Column Encryption Key）语法；通过内核接口访问 KeyTool 中存储的主密钥并记录在系统中，列加密密钥则由主密钥在客户端完成加密后存储在数据库服务端；数据通过列加密密钥完成在客户端的加密，然后传输到服务端。为了做到查询对用户的透明，需要基于当前已有的创建表语法进行改造，主要进一步增强列的 option 信息。

③ 完成密态等值查询：为了完成密态等值查询需要在客户端和服务端完成配合设计。其中在客户端需要设计轻量级的解析模块，完成对查询语句的解析，定义密态等值查询所支持的规格。在客户端解析模块，需要识别所有涉及的属性是否包含加密列信息，如果不涉及则直接返回并将查询发送到服务端；如果涉及加密列，则需要按照对应的列加密密钥和加密算法加密参数信息，然后发送查询任务到服务端。在服务端，需要在优化器和执行器的各个执行逻辑过程中完成功能适配。数据在经过加密后，存储的数据类型会发生变更，在服务端需要根据新的存储类型执行查询任务。

2.5.2 安全关键技术二：防篡改数据库

防篡改数据库的整体方案如图 2-29 所示，其最终形态是多个数据库之间的多方共识系统。我们基于 GaussDB 数据库，从存储层、应用层和传输层进行改造和增强。存储层为防篡改用户表增加校验信息，提供篡改校验的基础能力；应用层提供高效篡改校验接口，使用高性能校验算法，能够快速识别出用户表、用户历史表以及全局区块表的一致性，有效识别篡改行为；传输层增加多方共识执行接口，并内置 CFG、BFT 等共识算法，使得系统中每一次对防篡改用户表的修改都需要取得大多数参与方的认可和记录，保证核心数据的防篡改、可追溯。

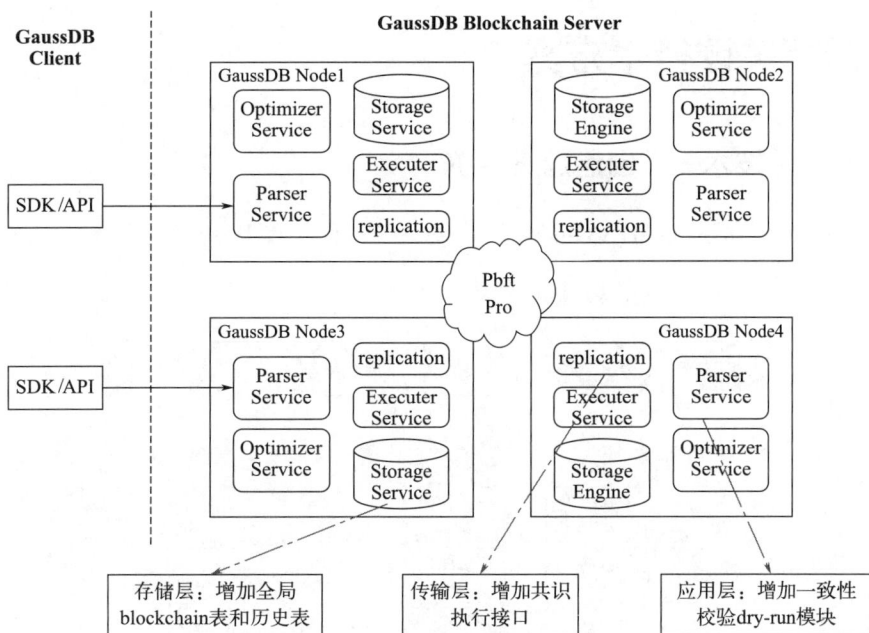

图 2-29　防篡改数据库总体方案

账本数据库属于防篡改数据库第一阶段方案，是防篡改数据库的单集群形态，主要实现了存储层、执行层的功能，提供了用于防篡改校验数据以及高效篡改校验算法。账本数据库作为防篡改数据库整体方案的基础功能和核心能力，需要紧密结合内核并充分利用分布式数据库的执行框架和通信流程实现功能。

我们采用 schema 对防篡改用户表和普通表进行隔离。用户在防篡改 schema 中创建的表会成为防篡改用户表。防篡改用户表与普通表最大的差别是防篡改用户表会在创建时自动添加名为 hash 的系统列。hash 列在用户插入数据时自动通过单向加密哈希算法生成。同时在创建防篡改用户表时，会在 blockchain 系统 schema 中创建与之一一对应的用户历史表。用户对防篡改表进行 DML 操作，造成的行级数据更改记录会记录在对应的用户历史表中，同时会将 SQL 语句记录在全局区块表中作为操作的记录。防篡改用户表、用户历史表、全局区块表中的 hash 摘要信息可以相互校验，如果校验通过，则视为用户表未被篡改。

需要特别说明的是，该方案通过判断数据的一致性来识别篡改行为，不能防止恶意用户从文件层一致修改多个文件以及越权用户通过 SQL 语句对用户表进行修改。

账本数据库的功能主要分为三个部分：防篡改用户表的 DDL 和 DML 操作、防篡改用户表的一致性校验以及校验数据的归档和修复功能。

首先我们介绍防篡改特性的隔离级别。我们使用 schema 来隔离普通用户表和防篡改用户表。创建防篡改 schema 的语法: CREATE SCHEMA schema_name WITH BLOCKCHAIN。在防篡改 schema 中创建的表均为防篡改用户表。

其次是用户表的 DDL 和 DML 操作。在创建防篡改用户表的过程中，主要有两点修改：

① 对该表增加一个名为 hash 的伪列，该列类型为 uuid16，该列记录和每一行数据的校验信息。

② 生成防篡改用户表对应的用户历史表，用户表中记录了行级数据的修改记录。

2.6 智能关键技术方案

2.6.1 智能关键技术一：自治运维系统

GaussDB 自治运维系统"DBMind"的整体系统框图如图 2-30 所示，包含四个维度：

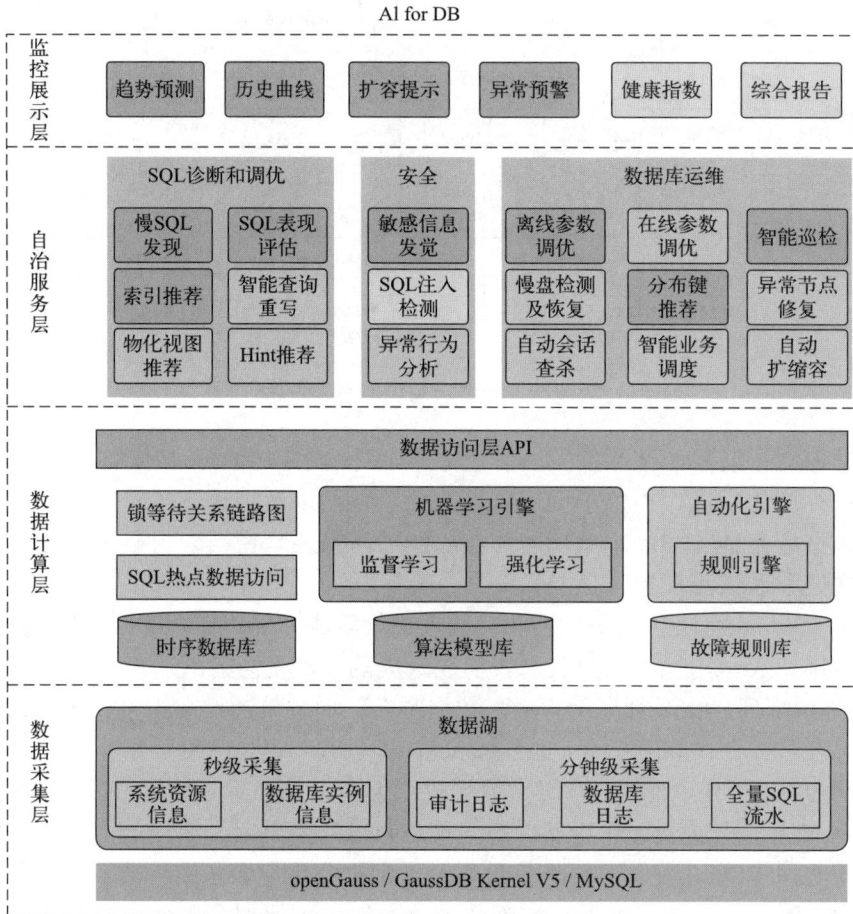

图 2-30 DBMind 整体系统框架图

（1）数据采集层

数据采集层主要功能为指标数据采集，采集频率分为秒级采集和分钟级采集两种。其中秒级采集包括操作系统资源信息采集和数据库实例信息采集两种，例如操作系统层面 CPU、内存、I/O 读写、网络资源信息采集，数据库实例状态、数据库内关键指标（内存、连接数、TPS、QPS、读写频率等）；分钟级采集包括审计日志采集、数据库日志采集和全量 SQL 流水采集三种。

DBMind 数据平台提供 Agent 进程用于采集上述指标；若客户系统配置普罗米修斯平台进行信息采集，DBMind 提供有 openGauss-exporter，内置数据库多维度指标采集以及二次数据计算功能，可实现与用户既有普罗米修斯平台对接。

数据库采集端程序需要部署在同数据库物理节点，数据库多节点集群环境中，每个物理节点部署一个 Agent 采集端（或者普罗米修斯采集端）。数据库采集端程序通常占用资源很少，通过配置文件可以制定不同指标采集频率，以免占用资源影响数据库业务正常运行。

（2）数据计算层

数据计算层提供数据存储、数据分析及元数据管理能力。其中数据存储用于接收来自数据采集层发来的数据，存储数据源可以是多种维度或者类型，包括普罗米修斯、时序数据库（OpenTSDB）、MongoDB、SQLite 等。DBMind 内置对接接口，AI 模块可与存储数据源交互，获取数据并进行处理。DBMind 默认提供 SQLite 数据库，方便普通开发者使用 AI 自治功能。在企业业务中，存储层设计更复杂，可以使用多个开源组件组合使用，例如普罗米修斯+时序数据库，或者 kafka+时序数据库等多种方案。

若企业业务中仅处理少量业务集群节点，可通过如图 2-31 所示方案实现。

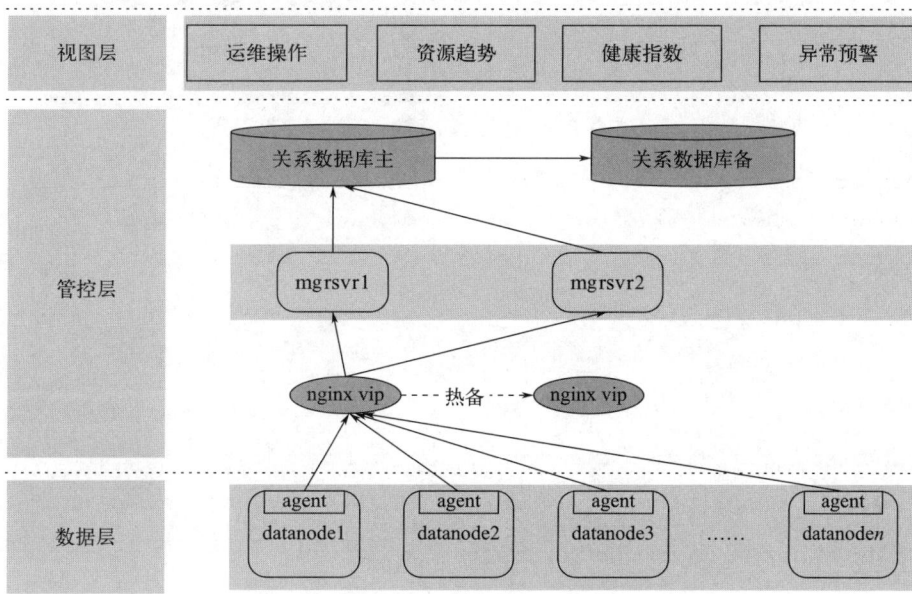

图 2-31　小规模节点管控层方案

图 2-31 中方案使用 nginx 进行业务分流，mgrsrv 服务对数据进行初步处理后，将数据写入关系型数据库。基于可靠性考虑，对三个组件分别加入备机进行可靠性保护。

若企业业务需要处理上万业务节点的数据，上述方案无法满足客户业务诉求。在方案设计时，需要引入分布式消息中间件、数据库中间件（Distributed Database Middleware，DDM），同时因为 nginx 挂载节点有上限，需要对 mgrsrv 进行分区管理。

如图 2-32 所示，consumer（消费者）服务可以和 mgrsrv 部署在同一个节点上。mq 集合代表分布式消息中间件，通常可以采用开源软件 rocketmq 或者 rabbitmq 实现。引入消息中间件目的是降低目标数据库的压力。DDM 是华为云的数据库中间件，若采用开源软件，也可使用 mycat 或者 dble 等软件。整体业务通过纵向分层设计、横向分区设计，保证全部业务可通过管控层完成数据处理。

在数据计算层除了时序存储数据库外，还可以设计其他存储单元，例如算法模型库和故障规则库。其中算法模型库存储自治管理服务生成的 AI 模型，例如参数推荐训练模型；在算法模型库中，可以存储传统机器学习（例如监督学习）模型、强化学习模型。故障规则库用于记录数据库常见故障案例，对这些案例进行拆解和分析，生成规则引擎。

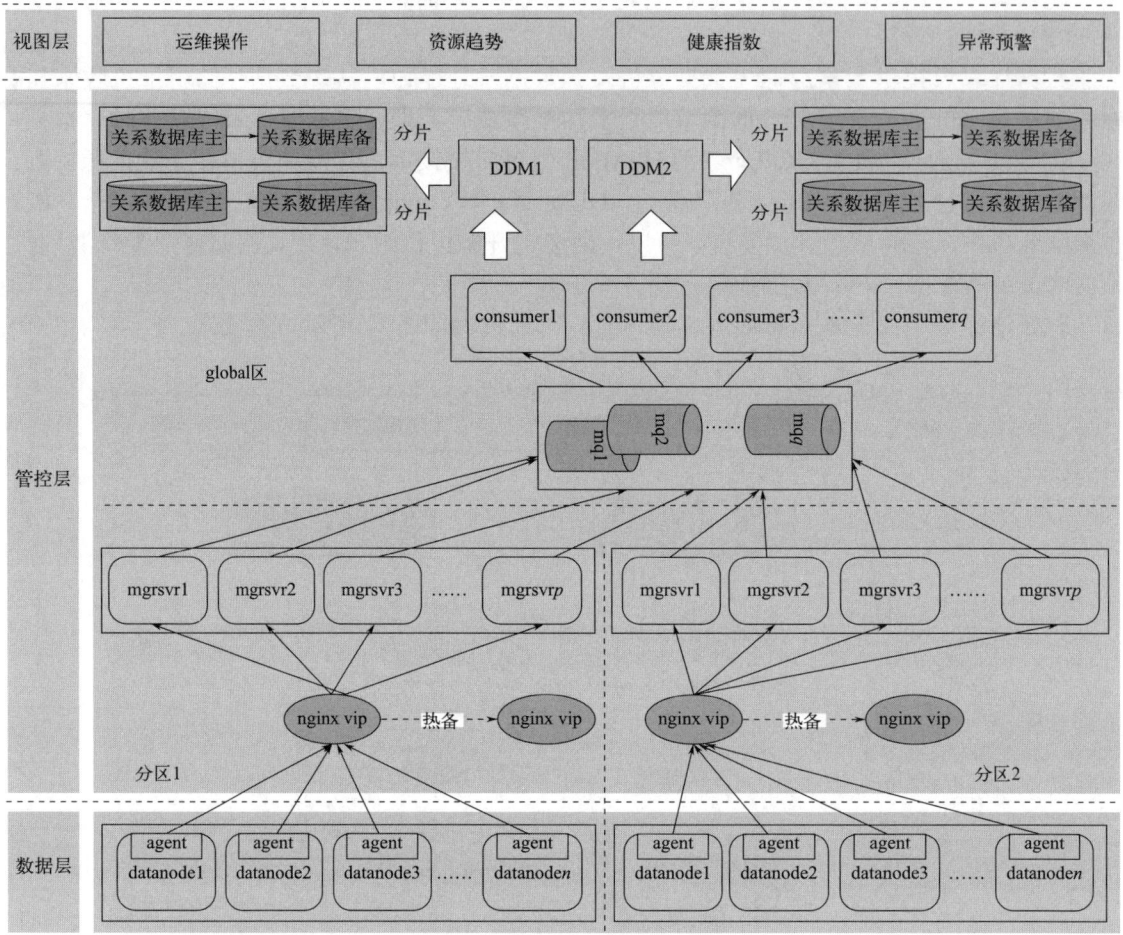

图 2-32 大规模节点管控层方案

（3）自治服务层

自治服务层包含三个主要部分：SQL 诊断和调优、自治安全、数据库智能运维。其中 SQL 诊断和调优提供多种 SQL 治理和调优能力，包括慢 SQL 发现、SQL 表现评估、智能索引推荐、智能查询重写等服务。自治安全通过 AI 技术实现敏感信息发觉、SQL 注入检测和异常行为分析。数据库智能运维功能实现在数据库系统、OS 系统和数据库集群层面的运维和调优，其中数据库系统服务包括数据库参数智能推荐、智能巡检、数据库分布键推荐和智能业务调度；在操作系统层面，实现慢盘检测和恢复、网络丢包检测；在数据库集群层面，基于故障或者负载需求，提供自动扩缩容、异常节点修复服务。

（4）监控展示层

DBMind 提供监控展示层，通过 WEB 形式，方便用户直观感受运维管理带来的遍历。在展示界面方面，集成 Grafana 实现实时数据或指标的展示，同时 AI 进行趋势预测，给出后续时段的数据走向。告警界面展示系统中可能存在的问题或故障，分为致命、严重、一般三个级别，界面中只显示致命问题。

为方便用户系统观察集群状态，提供健康指数报告和详细综合报告。健康指数报告给出当前系统的健康评分等级，默认 80 分以上属于运行健康状况，小于 60 分则存在严重隐患、急需修复。综合报告详细描述系统各维度信息，包括集群状态、负载运行情况、常见数据库指标项信息。

2.6.2　智能关键技术二：库内 AI 引擎

GaussDB 库内 AI 引擎 DB4AI 架构如图 2-33 所示。

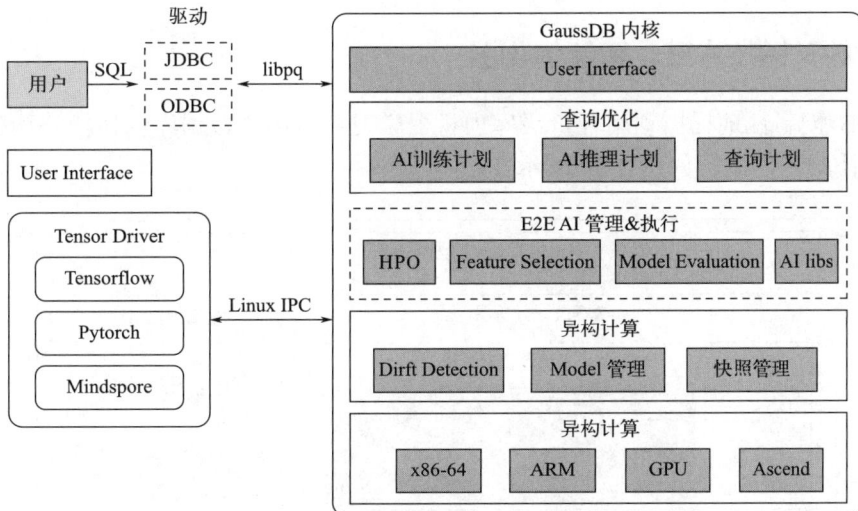

图 2-33　DB4AI 架构图

（1）用户接口层

在用户接口层实现 SQL-like 语法，提供 Create Model、Predict 等关键字，支持 AI 算法训练和预测。当前支持的 AI 算法包括 GD（梯度下降法）、k-means（聚类）、XGBoost、决策树等。

（2）查询优化层

查询优化层提供 AI 训练执行计划和 AI 预测执行计划，该计划依据内部统计信息和 AI 算子调用关系，生成相应执行计划。可以把 AI 算子看作执行器中的计算单元，例如 Join、Agg 等，AI 算子执行代价基于执行逻辑、获取的数据行数、算法复杂度共同决定。同时在执行计划生成后，可通过 explain 语句查看详细的执行开销，分析路径选型的正确性。

（3）AI 底座和执行层

在 AI 底座中，提供超参优化能力，即用户不指定超参数或者指定超参数的范围，自动选择适合的参数，该功能极大提升用户使用的效率，同时达到最佳的训练性能。

在执行器中，提供多种 AI 算子，例如 GD 算子可支持逻辑回归、分类；k-means 算子支持聚类。在每个算子实现过程中，遵循执行器算子实现逻辑，下层对接 Scan 算子，上层提供 AI 算子的训练或推理结果。在训练完成后，训练模型将实时保存到系统表中，用户可以查询 gs_model_warehouse 系统表来获取模型信息。

（4）存储层

在存储层，DB4AI 提供数据集管理功能，即用户可以抽取某个表或多个表中的列信息组成一个数据集，用于后续模型训练。数据集管理功能类似 git 模式，提供有版本管理功能，目的是保障训练数据的一致性。同时在这一过程中,可通过特征处理和数据清洗保障数据的可用性。

数据集管理功能对已生成的模型进行管理,具有模型评估、定期模型验证、模型导入、模型导出等能力。在验证模型失效后,其具有的模型漂移功能可以进行模型刷新,保障模型可用。

(5)异构计算层

DB4AI 框架支持异构计算层,实现 CPU 和 AI 算力的统一调度,满足数据库语句执行和 AI 训练的完美结合。在实现方面,CPU 算力特指 ARM 及 x86 芯片,可用于基础机器学习算子调用及并行计算执行;AI 算子,例如昇腾及 GPU 芯片,可用于重度分析算子(Join、Agg)及深度学习算子使用,提高大数据及多层网络场景下计算效率。

2.6.3 智能关键技术三:智能优化器

GaussDB 创新性地提出利用轻量级库内机器学习模型结合数据库内核模块构建智能的优化器。其设计的主体架构如图 2-34 所示。

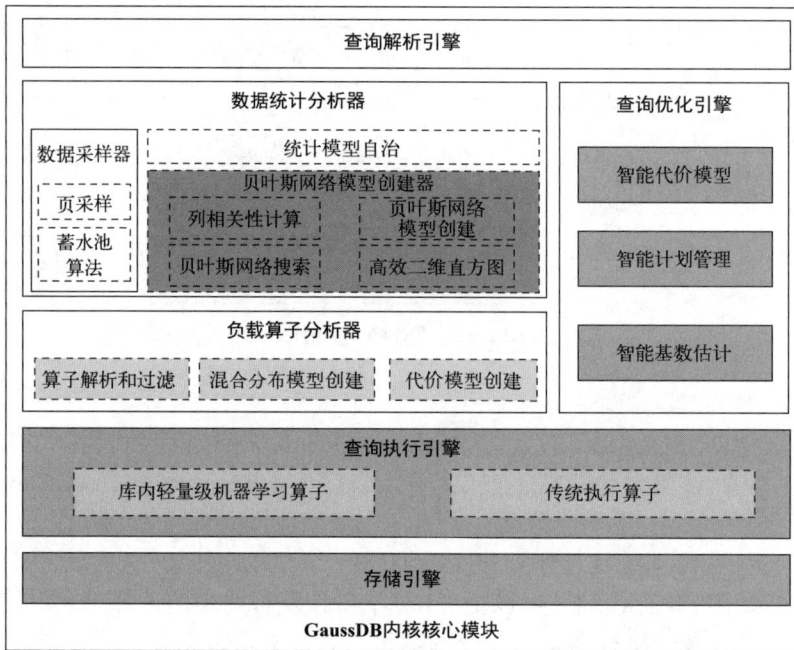

图 2-34 GaussDB 智能优化器架构

(1)智能基数估计

其智能基数估计方案将轻量概率图模型融合进 GaussDB 的传统统计信息模块,在统计收集阶段进行模型训练,并且将模型保存在系统表中供优化器使用。此方案相比于其他商的外挂式模型训练方案来说,具有高安全和高性能的优势。高安全在于数据不需要导出数据库系统安全边界,高性能在于原生的数据获取和模型训练推理十分高效。主要思路是数据库接受特定分析查询语句后,判断语句是否包含多列并且调用数据统计模块;数据统计模块在接收指令之后首先针对包含的列进行数据采样,然后针对数据样本进行数据统计;如果数据统计模块发现智能统计 GUC 参数开启,则进行贝叶斯网络模型的创建,利用聚合操作统计并计算出列两两之间的相关性,使用 chow-liu 算法生成一个树形贝叶斯网络结构,调用贝叶斯网络算子通过遍历数据样本进行模型参数训练，并且将模型参数以二进制的形式存入系统模型表中。

（2）智能计划管理

智能计划管理是利用机器学习算法，将数据库中的执行语句匹配到最佳计划中。主要思路是先计算出查询涉及的基表选择率，然后使用 K 近邻算法选择缓存的计划。如果输入的查询基数特征超出缓存的范围，那么就进行计划探测，利用优化器生成自适应的执行计划并且存在计划缓存中。而后系统自动对查询执行时间进行记录和分析，并且自动选择是否启用自适应计划选择，针对不适用多计划选择的场景，也会自动为其选择使用 Gplan 还是 Cplan；计划管理模块接收到 SQL 后，首先对 query 的选择率信息进行提取，包括基表选择率、索引选择率和 limit offset 取值等信息；后续基于 query 的选择率信息进行计划匹配。如果选择成功，则返回计划给执行器；如果尚无缓存计划或匹配失败，则调用优化器进行计划探测(硬解析)；如果探测计划尚未加入缓存，则尝试加入缓存(最多 10 个)；如果已在缓存中，则尝试更新模型以提升准确率。最后，将探测计划传递给执行器。

（3）智能代价模型

反馈自适应代价估计是利用算子真实的执行反馈信息进行基数估计和代价模型的矫正。具体流程是系统将算子实际执行中的运行指标（行数、访存时间等）收集在内存视图中，后台定期利用最新的算子反馈针对轻量基数模型（Uniform Mixture Model）进行参数增量更新，从而学习最新的查询和基数的映射关系；除此之外，后台也会从实际执行的算子中获取数据读取和数据计算的实际代价，用于更新代价模型参数。利用及时更新的基数和代价模型，GaussDB 优化器能够准确选择最优的执行计划，提升端到端执行效率。

2.7　驱动接口关键技术方案

接口驱动兼容开源 openGauss，支持 JDBC、ODBC、Python、GO 等主流数据库驱动接口，适用于 Java/C/C++/Python/Go 应用程序开发者。对于高级开发者而言，亦可采用 libpq 动态库接口的方式，对数据库进行接入访问。

2.8　GaussDB 云原生架构

2.8.1　云原生关键技术架构

（1）分层原则

整体层次分为三层，分别为应用层（Application Layer）、计算层（Computer Layer）和存储层（Storage Layer），如图 2-35 所示。应用层主要包含客户端各种语言的驱动，这些驱动通过通信与计算层进行交互，对数据库进行操作。计算层负责 SQL 处理和事务处理、数据库的备份处理、集群内和集群间的消息通信、整个集群的管理、与公有云基础服务（认证、计费、运维）的对接。存储层负责数据库数据的日志存储、数据存储、数据库的备份存储。

（2）分平面原则

管理面、控制面和用户面。管理面主要包括操作维护子系统，控制面主要包括资源调度子系统，用户面主要包括数据库服务子系统。

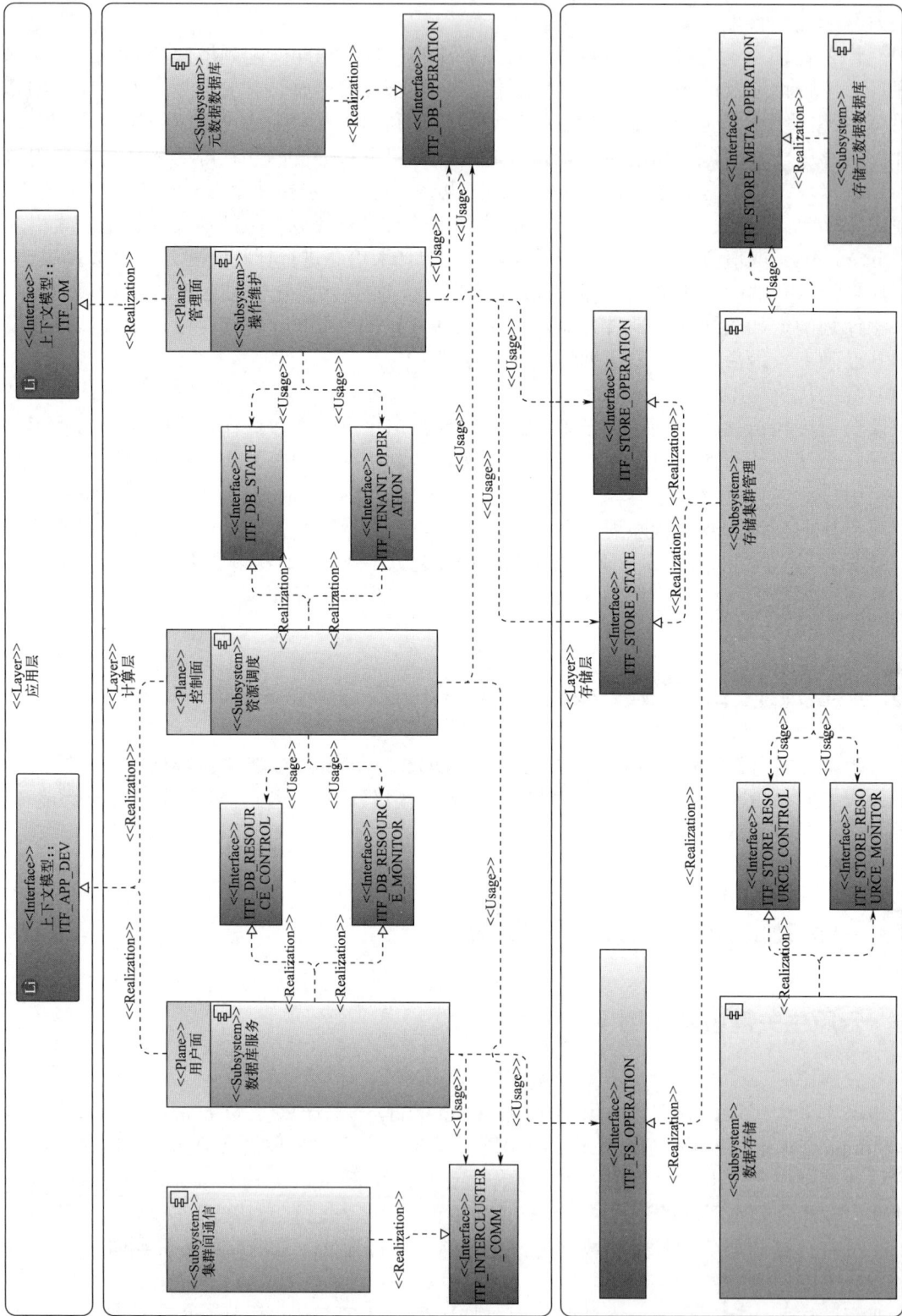

图 2-35　云原生数据库 1 层逻辑模型

（3）适配器原则

底层存储支持本地文件系统、Dorado 存储、Ceph 分布式文件系统和 DFV 存储。这些存储的操作接口统一封装为文件系统接口。

（4）负荷分担

所有子系统的服务节点对等，一个节点出现故障时，其他节点可以接管。

（5）数据存储多副本存储

Dorado 支持多种 Raid 级别，PLOG 存储支持数据存储为 3 副本。

2.8.2 云原生核心技术

2.8.2.1 通信组件

云原生数据库采用 shared disk 架构，各个计算节点对等，计算节点之间通过页面交换实现缓存数据的一致性，为了提高页面传递的效率，需要利用 RDMA 或 UB 单边读写的能力；云原生数据库为了管理动态资源，需要对动态资源的 owner（属主）分配进行加锁，分布式锁管理需要利用原子操作和 RPC 消息对资源进行加解锁；多租户资源管理服务需要下发调度信息，并从计算节点读取资源状态，需要 RPC 消息；集群管理组件进行故障检测、发送消息时需要使用 RPC 消息。因此，通信组件需要能够支持原子操作、单边读写、双边 RPC 和 RPC 通信功能。

目前市场上有三种 RDMA 网络，分别是 InfiniBand（IB）、RoCE(RDMA over Converged Ethernet)、iWARP，如图 2-36 所示。其中，InfiniBand 是专为 RDMA 设计的网络，从硬件级别保证可靠传输，但是成本高昂。而 RoCE 和 iWARP 都是基于以太网实现的 RDMA 技术，在目前最广泛使用的以太网上实现了高速、超低延时、极低 CPU 使用率的 RDMA 通信。

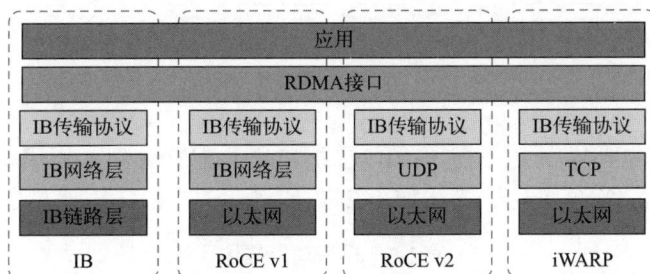

图 2-36　RDMA 网络种类

RoCE 协议有 RoCE v1 和 RoCE v2 两个版本。RoCE v1 是基于以太网链路层实现的 RDMA 协议（交换机需要支持 PFC 等流控技术，在物理层保证可靠传输），允许在同一个广播域下的任意两台主机直接访问；而 RoCE v2 是以太网 TCP/IP 协议中 UDP 层实现，即可以实现路由功能，如表 2-6 所示。

InfiniBand：设计之初就考虑了 RDMA，从硬件级别保证可靠传输，提供更高的带宽和更低的时延。成本高，需要 IB 网卡和交换机支持。

RoCE：基于 Ethernet 实现 RDMA，消耗的资源比 iWARP 少，支持的特性比 iWARP 多。可以使用普通的以太网交换机，但是需要支持 RoCE 的网卡。

表 2-6　InfinieBand 和 RoCE 对比

项目	InfiniBand	iWARP	RoCE
性能	最好	稍差（受 TCP 影响）	与 InfiniBand 相当
成本	高	中	低
稳定性	好	差	较好
交换机	IB 交换机	以太网交换机	以太网交换机

iWARP：基于 TCP 的 RDMA 网络，利用 TCP 达到可靠传输。相比 RoCE，在大型组网的情况下 iWARP 的大量 TCP 连接会占用大量的内存资源，对系统规格要求更高。可以使用普通的以太网交换机，但是需要支持 iWARP 的网卡。

为了支持各种 RDMA 协议和实现低时延的网络通信，云原生数据库的节点通信组件的整体架构图如图 2-37 所示。

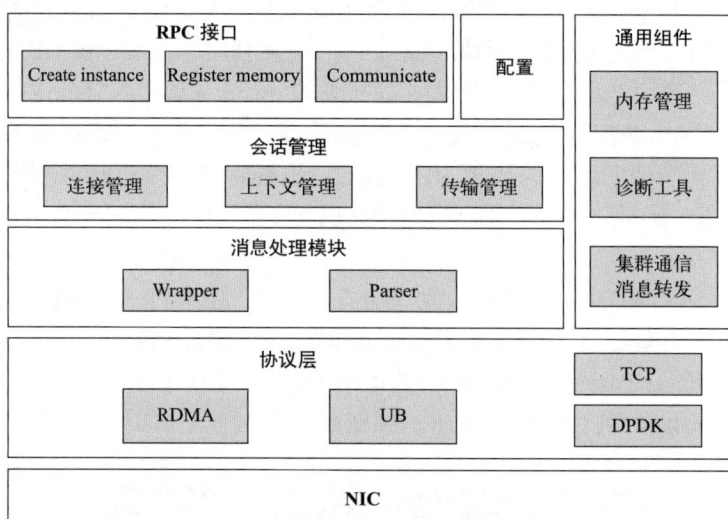

图 2-37　通信组件整体架构图

节点间通信组件包括以下几个模块：RPC 接口层、配置管理、通用模块、会话管理、消息处理模块和协议层。各模块功能描述如表 2-7 所示。

表 2-7　模块功能描述

组件名	功能描述
RPC 接口层	RPC 请求入口，提供对外接口及统一 RPC 消息格式。对外接口主要包括创建实例、注册内存及同步/异步通信接口，消息类型包括 RPC 通信消息、内存访问消息、原子操作消息、跨集群同步消息等
配置管理	包括配置文件的字段。配置文件指定了本节点 ID、集群节点数、其他节点 ID、通信协议、RDMA 协议通信的 QP、CQ 深度、MTU、初始连接数、最大连接数、最大注册内存等信息。在节点启动阶段节点通过配置文件进行初始化
通用模块	负责整个通信系统的生命周期管理、资源管理、集群间通信路由管理、负载均衡及通信系统 DFX 工具管理
会话管理	会话管理包括连接管理、上下文管理、传输管理。连接管理根据请求模式、目的节点将消息分发到不同连接，并以连接池的方式对连接进行管理；上下文管理用于管理 RPC request 和 response 的对应关系，对于同步接口要对异步处理进行阻塞和上下文切换；传输管理主要负责流控和保证传输的可靠性
消息处理模块	RPC 消息流和协议消息流之间进行转换，即发送时将 RPC 消息封装为底层协议消息，接收时将协议消息解封为 RPC 消息
协议层	适配底层不同通信库

根据对通信时延的计算，一次单边通信留给 CPU 的时间只有 3.36μs，为了实现低时延通信，各个模块的设计考虑如下：

（1）RPC 接口层

根据不同场景对通信接口的需求，RPC 接口层提供消息语义、内存语义和原子操作接口，并支持同步、异步和批量调用。

RDMA 内存操作需先将内存注册到网卡。《用户态 RPC over RDMA 优化技术的研究与实现》中的实验表明，传输的块越小，内存注册在一次 RPC 调用中占比越大，当块小于 64KB 时，内存注册开销远大于传输本身的开销。为降低内存注册的开销，通信组件统一申请大块内存并注册到网卡，业务模块需要进行远端内存操作前通过调用请求内存接口获取指定长度的已注册内存。

（2）配置管理

配置管理主要是静态设置节点间通信信息，在通信初始化时使用，不在通信关键路径上。

（3）通用模块

通用模块主要负责计算节点注册内存的管理和集群间通信消息的转发，在初始化时使用，不在通信关键路径上。

（4）会话管理

会话管理主要包括连接管理、上下文管理和传输管理三部分。

RDMA 协议通信的基本单元是 QP（Queue Pair，队列对），通信的两端都需要创建 QP，不同传输模式使用的 QP 类型不一样，并且支持的 RDMA 原语也不一样，如表 2-8 所示。

表 2-8　不同传输模式支持的 RDMA 原语及消息大小

	UD	UC	RC	RD
发送（with immediate）	√	√	√	X
接收	√	√	√	X
RDMA 写(with immediate)		√	√	X
RDMA 读			√	X
Atomic: Fetch & Add/Cmp & Swap			√	X
最大消息大小	MTU	2GB	2GB	2GB

可见，单边读写和原子操作只能使用可靠连接，即每个连接的两个节点需要各自维护一个 QP，并且不能被其他目的节点的连接共享。假设有 N 个节点需要相互通信，则至少需要 $N*(N-1)$ 个 QP，而 QP 本身也需要占用网卡和内存，当连接数很多时，存储资源消耗将会非常大。经计算，一个未经封装的 RDMA QP 大概占 186.67KB 内存。为降低内存开销，与相同节点通信时可以共享 QP，但在高并发下竞争 QP 资源可能成为性能瓶颈，所以连接分发设计需要考虑性能和资源利用率。连接管理根据 QP 是否可共享支持共享连接（share-connection）和线程独占连接（per-thread）两种选择。

双边操作可以使用不可靠报文 QP，即传输为不可靠数据报文且不同目的节点可共享 QP。为节省 QP 资源、减少过多 QP 造成网卡 cache miss 而导致的性能下降，考虑双边通信场景选择使用不可靠报文，但是为保证数据的可靠性，需要进一步做可靠性设计。考虑设计滑动窗口实现保序和重传机制，并作为后续开发特性（但是据 FaSST 测试数据可知，RDMA 的不可靠发送丢包率近乎为0），需要设计传输管理模块实现保序、重传等功能（优先级低）。

由于 RDMA 协议通信接口为异步接口，对于同步 RPC 请求，多线程共享通信队列需要上下文切换，不能满足时延要求，故需要设计低时延的同步机制进行上下文切换或无锁设计。

对于 TCP 而言，协议本身已经提供了流控机制和传输可靠性，此时只需要额外提供消息的上下文管理，即对发送消息和接收消息进行关联即可。

UB 是无连接的，但与 RDMA 一样采用发送队列、接收队列和完成队列的方式进行通信，所以会话管理与 RDMA 一致。

（5）消息处理模块

根据通信接口语义，需定义不同类型的消息，包括集群内节点间 RPC 通信消息、远端内存访问消息、节点间原子操作消息及集群间 RPC 通信消息。消息处理组件根据消息类型对消息进行封装、解析，后续根据业务需要，对不同消息类型提供序列化、反序列化能力。

（6）协议层

协议层需要同时适配 RDMA/TCP/UB 三种通信协议栈。

对于 RDMA 协议层的设计需要考虑：多线程并行发送 RDMA 请求时，并发请求的响应到达顺序与请求顺序不一致，因此不能在发送线程中通过检查 CQ 来查看自己的响应是否到达（可能先查到其他线程的响应），需要单独一个线程去检查 CQ 状态，这样就需要在发送线程与检查线程间进行同步，但线程同步机制很难满足时延要求（高并发场景下加解锁可能需要极大时间开销），所以需要考虑协程或者无锁设计。如果使用协程，可在线程的协程中轮询完成队列，其他协程发送请求，此时需要在业务模块中启用协程，通信模块无法控制管理发送线程。如发送端无法采用协程设计，为了降低调度开销，对于有锁设计，CQ 检查线程应该单独绑核，通过 RDMA 协议请求(WR)结构体 ibv_send_wr、完成响应(CQE)结构体 ibv_wc 及响应(WR)结构体 ibv_recv_wr 三者的 wr_id 相互关联，该信息可放于双边通信的消息头的 msgId 字段或单边通信的立即数字段，wr_id 是由通信组件传入的参数，可设置为消息的内存地址以避免重复；对于无锁设计，考虑采用 run-to-complete 模型，即线程间不共享 QP，在一个线程内完成消息的发送和轮询事件，但这样资源消耗更大，适用于对时延要求极高的单边操作场景。

RDMA 原语的轮询 CQ 接口采用 poll 实现，对于大并发场景，poll 的性能不及专门用于处理有大量 I/O 操作请求的 epoll 异步编程接口。可以考虑设计 epoll 接口访问系统节点，轮询 CQ 完成队列，取代 RDMA 原语接口以获取更好性能。

RDMA 协议不同传输模式支持的最大传输大小如表 2-8 所示，双边通信可使用不可靠报文以节省内存资源、提高通信效率，但是最大传输数据长度受限于网卡 MTU，需要限制发送数据，或者进行拆包发送、组包接收。

2.8.2.2　集群管理组件

云原生数据库支持全球集群部署和区域集群部署，相应地，故障检测也分为全球集群故障检测和区域集群内故障检测两种。全球集群故障检测主要检测区域集群网络故障、区域集群脑裂故障。区域集群内故障检测主要检测节点网络故障、租户节点分区、集群管理节点分区、DFV 存储故障。不同的故障需要不同的心跳链路来检测，具体如图 2-38 所示。

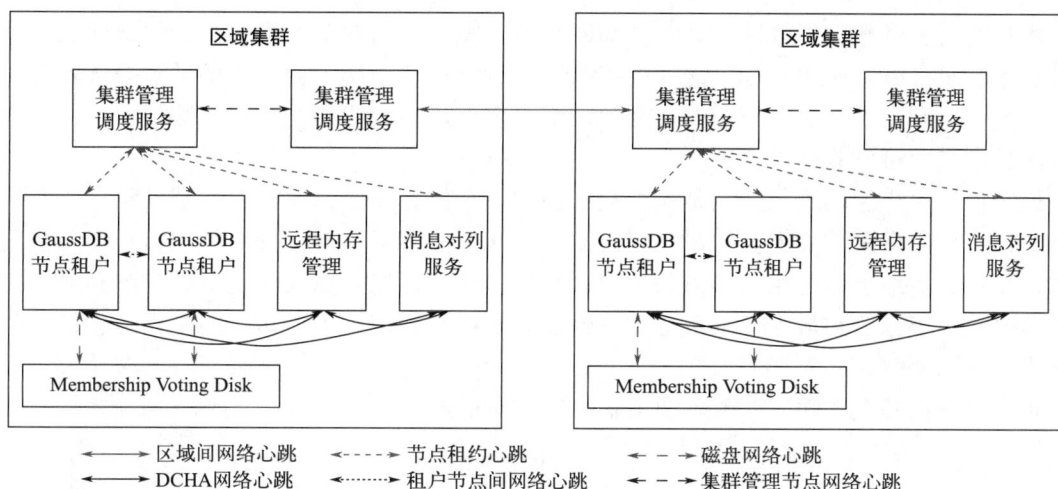

图 2-38　集群组件心跳架构图

① DCHA 网络心跳。DCHA 全称为 DeCentralized High Availability，即去中心化故障快速检测方案。DCHA 本质是一种邻居故障检测方法，能够更好地适应大规模集群故障检测，但是当大规模集群故障时可能会漏报问题，故需要通过其他机制，比如租约心跳机制作为补充。

② 节点租约心跳。节点租约心跳故障检测是指节点向集群管理节点获取心跳租约，当集群管理节点检测到节点长时间未申请租约时，将判断此节点故障，同时如果节点长时间无法从集群管理节点获取租约，将进行自杀重启。

③ 租户节点间网络心跳和 DFV 心跳。租户节点间互发网络心跳、写入 DFV 磁盘心跳通过 Membership Voting Disk 机制判断租户脑裂和租户节点故障，并进行租户视图变更和故障重启。

④ 集群管理节点网络心跳。根据部署形态选择不同心跳机制。如果是共享存储部署，则选用 Membership Voting Disk 机制；如果是 share-nothing 单机部署形态，则选择普通心跳，通过 Raft 协议避免分区。

⑤ 区域间网络心跳。每个区域集群通过成员表决磁盘（Membership Voting Disk）的一致性视图选择一个节点或者通过 Raft 协议选择的主节点当作本区域集群的节点代表与其他区域集群进行通信。区域集群间选择普通网络心跳，通过 Raft 协议避免区域集群的分区。

⑥ 如果集群管理服务整体失效，则租户进程不能继续提供服务。如果节点主进程失效，则租户进程也不能继续提供服务。

2.8.2.3　多租组件

云原生数据库支持多租户。多租户资源共享，一是可以降低租户的成本，二是通过共享资源的池化实现租户的资源弹性，提高租户业务的可用性。租户的资源弹性支持两种模式：Scale Up 和 Scale Out。Scale Up 是在单个计算节点上对租户的分配资源进行弹性处理，Scale Out 是在计算节点之间对租户的分配资源进行弹性处理。

Scale Up 的弹性模式在计算节点上实现，由计算节点上的多租户资源管理模块实现。Scale Out 的弹性模式由集群管理节点的调度模块实现。因此整个多租户设计主要分为两个部分，分别为节点租户资源管理（节点上）和集群资源调度管理（节点间）。

租户购买的资源类型可以是固定型和弹性型。固定型的资源类型总是始终保证的；弹性型对应到 Scale Up 和 Scale Out 两种弹性模型。弹性型的资源类型由可变的节点个数和每个节点上可变的资源大小组成，分别表述为租户节点个数最小值和租户节点个数最大值、租户节点资源最小值和租户节点资源最大值。

最小值是始终保证的，弹性是指在最小值和最大值之间做弹性伸缩。节点租户资源管理处理节点上租户资源的最小值与最大值之间的弹性，集群资源调度管理处理租户资源总的节点数在租户节点最小值与租户节点最大值之间的弹性。即绝对保证固定资源分配和最小预留资源分配，最小预留到最大上限部分的弹性资源不绝对保证，根据租户的工作负载情况和优先级进行资源调度。

租户节点资源管理和集群资源调度管理的两层整体架构如图 2-39 所示。

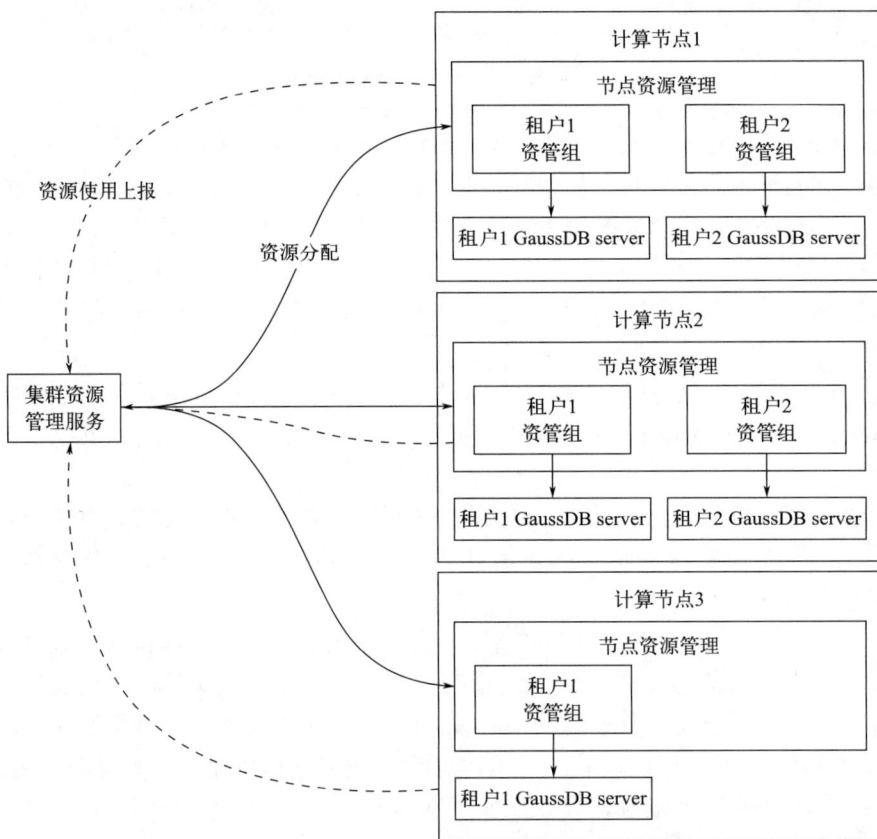

图 2-39　集群资源调度和计算节点资源管理逻辑图

多个计算节点上的资源组成一个大的资源池，集群资源调度负责整个资源池的管理和调度，比如租户数据库服务初始化部署时一次调度分配资源，以及租户数据库服务迁移的二次调度分配资源。一次调度只关注租户资源配置，进行静态的资源调度分配，即根据固定资源或者最小预留资源设置进行调度。二次调度则是根据租户数据库服务负载统计信息和计算节点负载信息进行调度。

对于节点租户资源管理，云原生数据库采用进程级的资源隔离来实现多租户资源隔离，即在一个计算节点上每个租户拥有一个数据库服务进程。每个计算节点可以看作一个单独小资源池，节点租户资源管理主要负责计算节点上租户的资源分配、资源隔离与弹性控制，以及租户数据库服务的管理，如启动、停止等。

2.8.2.4　事务存储组件

云原生数据库支持透明多写，所有节点对等，每个计算节点都可以读写全部的数据页面，事务在本节点执行，没有分布式事务。分布式缓冲池示意图如图 2-40 所示，每个计算节点都有本地缓存池（Local Buffer Pool），采用远程内存池（Remote Memory Pool）扩展计算节点的内存，在多个计算节点之间共享 buffer（缓存）地址，形成分布式缓冲池，避免页面在多个计算节点之间传来传去。存储引擎采用 Inplace update 引擎，底层存储接口统一采用段页式存储方式。事务 ID 本节点分配，保证唯一性。事务提交时间戳统一分配，合并原来的 clog 和 CSNlog 统一记录。存储层采用 Log is data 机制，把数据库存储引擎的持久化卸载到 Page Store 执行日志持久化，通过日志回放修改页面、创建检查点。

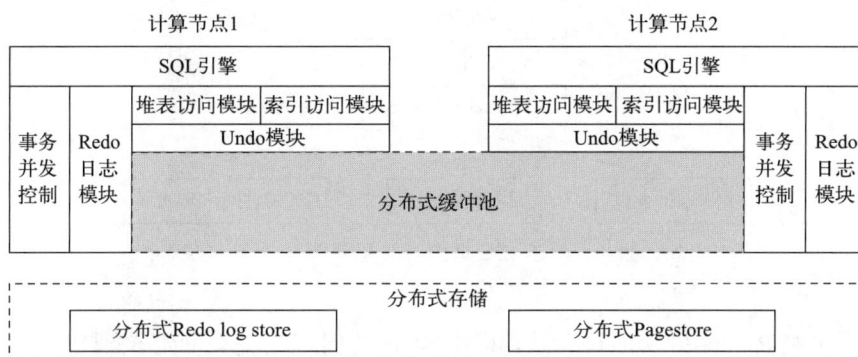

图 2-40　分布式缓冲池示意图

在计算节点，分布式缓冲池位于数据访问层和分布式存储层的中间，所有的数据访问都要经过缓冲池。分布式缓冲池需要保证页面数据的一致性和页面查找访问的高效性，是云原生数据库实现透明多写、内存资源弹性的关键模块，具体设计如下。

（1）本地内存和远程内存两级缓存

本地内存和远程内存的读写时延差别非常大（30～100ns 和 800ns～5μs 的区别），所以决定哪些页面在本地缓存、哪些页面在远程缓存非常关键。同时还有一个重要的因素需要考虑，那就是页面是否在多个计算节点被读写。因此云原生数据库把页面分为三大类，一类是页面在多个计算节点被读写（Heap 页面、FSM 页面），适合存放在远程内存里，页面地址共享；一类是页面大概率被读，几乎不被修改或者极低概率被修改（索引的非叶子页面，系统表的页面），适合存放在本地内存；一类是页面只在固定的单节点被读写（智能路由优化后索引的叶子节点页面），适合存放在本地内存。

理想的页面分布情况如图 2-41 所示。

（2）页面查找机制

每个页面缓存对应一个元信息，称为 Page Directory（PD，页目录），它描述了页面的最新版本在哪个节点，也就是 Page Owner Node（PON，页拥有者节点），页面是否是共享的远程页面地址，以及远程页面地址。页面查找示意图如图 2-42 所示。PD 也是分布在各个计算节点上，每个计算节点管理一部分 PD，采用一致性 hash 的方法管理 PD。

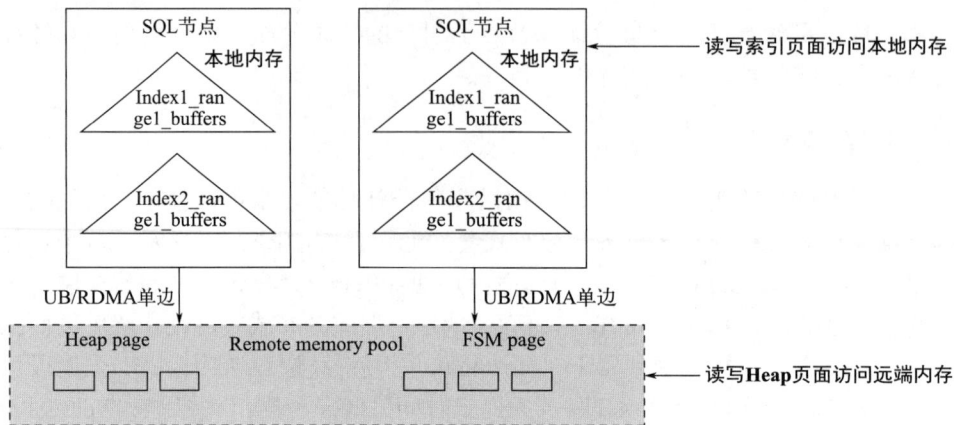

图 2-41　理想页面分布示意图

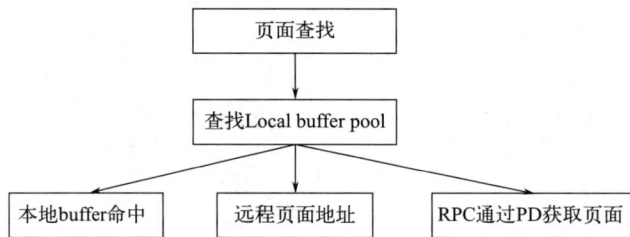

图 2-42　页面查找示意图

索引页面按照 Range 自动汇聚算法，根据 SQL 访问把相关页面汇聚到一个节点，提高索引访问的本地内存的亲和性。

索引的叶子节点本身就是从左到右按照索引 key 的大小顺序存放的，因此很容易根据索引的叶子节点自动划分 Range。SQL 优化器的路由模块按照 Range 路由就可以让索引页面按照 Range 汇聚到 SQL 节点的本地缓存里，从而实现亲和性访问。针对多个索引的多个 Range 的亲和性场景，优先选择主键作为亲和性的 Range 路由。

（3）支持远程内存池，内存独立扩展

云原生数据库在云上支持各种业务负载，CPU、MEM 和 Storage 的配比很难一开始就配置合适。有的业务场景是计算密集型的，有的是内存密集型的，有的是存储容量大的。针对各类业务场景，云原生数据库提供精细的各种资源的独立扩展能力。支持远程内存池，实现了集群物理内存独立扩展。内存池是可选服务，也可以跟计算节点合部署。

（4）本地缓存远程页面地址，页面地址共享，全 RDMA/UB 单边读写

页面如果频繁在多个节点被读写，为了避免页面在多个节点之间传来传去，可采用共享页面地址的方式，SQL 节点 Local buffer pool 里缓存页面的远程地址，全单边读写远程页面。在设计上需要考虑读写页面的 Latch 问题以及写页面过程中故障的处理问题。对于 exclusive latch 采用 lock bit 和 lock owner node 的方式表示，但对于 share latch owner node 的方式无法表示，因为可以有很多发起者同时持有 share latch。因此云原生在设计上采用 lock-free 无锁机制读取页面。

（5）Lamport LSN

在云原生数据库多写的架构下，如图 2-43 所示，每个节点有独立的日志流，本地日志流的 LSN（Log Sequence Number，日志逻辑序列号）是本地分配维护的，本地有序逻辑递增。页面在各个 SQL 节点之间分别被修改的情况下，需要保证在新节点上修改页面产生的日志 LSN 要比这个页面之前的日志 LSN 大才可以，也就是说从多个节点修改过同一个页面，日志虽然在各个节点独立的日志流里，但是要维护修改页面的日志顺序 LSN。Redo 日志在多个 SQL 节点都存在，需要保证这些日志的 LSN 顺序，才可以保证日志回放的顺序正确性，因此采用 Lamport LSN。

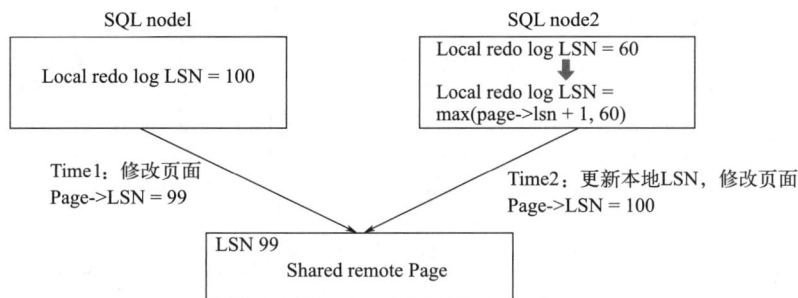

图 2-43　页面 Lamport LSN 维护示意图

2.8.2.5　SQL 引擎组件

云原生数据库 SQL 引擎继承原来 openGauss 的词法解析、语法解析、查询重写、查询优化和执行引擎的能力。由于云原生数据库是 shared disk 架构，一个事务在一个节点上执行，所以不需要根据分布式 key 进行数据分布、分布式执行和分布式 2PC 提交的能力。为了支持数据库粒度的异地多活，云原生数据库引入了 CDB 和 ADB 的概念，SQL 引擎在访问表等对象的过程中，需要记录当前执行的数据库上下文信息，内存上下文根据 CDB 来分配和管理，并且需要把当前的 CDB 信息透传到存储引擎，把日志持久化到相应 CDB 的日志流中。

云原生支持 SQL 读写一致性路由，根据当前会话的数据一致性要求和 CDB 的主备，把 SQL 路由到相应集群进行处理。云原生支持 SQL 数据亲和性路由，根据数据的访问亲和性对数据进行汇聚。SQL 优化识别出数据分区所在节点后，把 SQL 路由到相应节点进行处理。

云原生长期演进要求数据和程序的解耦，在 SQL 引擎中实现系统表存储和解析的解耦，实现系统表的前向兼容。

2.8.2.6　DCS 组件

云原生数据库支持 DCS（Distributed Control System，分布式控制系统），一是因为 DCS 能够支持持久化能力，二是构建一站式的云数据库服务能力。DCS 方案如图 2-44 所示。DCS 主要模块见表 2-9。DCS 原来是一个 share-nothing 的分布式集群，有自己的通信管理、集群管理和客户端。在云原生数据库中，DCS 作为一个组件集成到整个服务中，主要提供字符串（String）、哈希（Hash）、列表（List）、集合结构（Set、SortedSet）等数据类型的直接存取，包括代理层实现消息收发解析、KV 数据的基本读写、数据分片管理和数据存储等功能。通信和集群管理使用云原生的通信和集群管理。

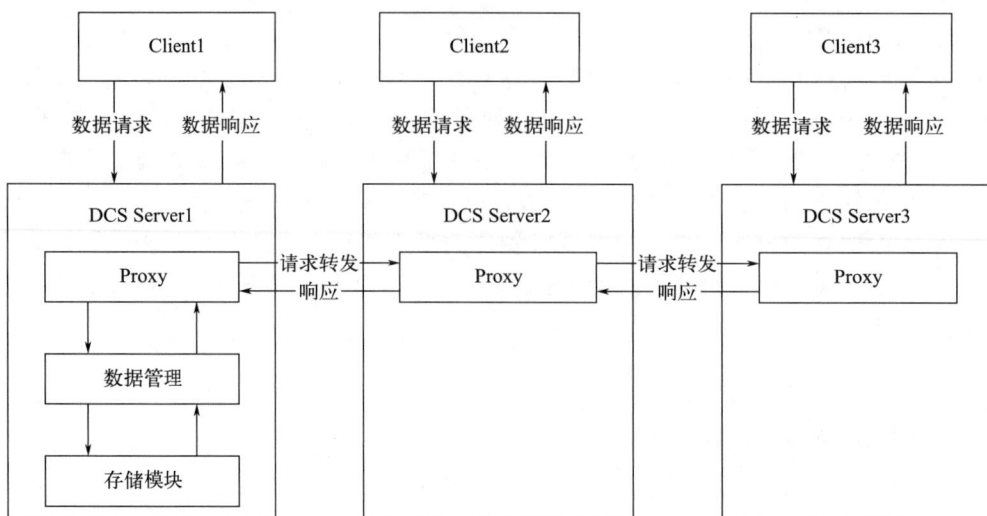

图 2-44　DCS 方案示意图

表 2-9　DCS 主要模块

模块	功能描述
代理模块	依据 GaussDB 消息协议实现消息解析、消息封装等功能。代理在 DCS 服务端集成,不存在实际的代理节点。引入代理的主要目的是屏蔽客户端对服务端实现细节的感知
数据管理	实现数据分片分布和管理,保障数据可靠性。通过跳表实现过期删除和对象回收,保障租户内存复用。同时实现双云同步功能
存储模块	以分片数据为细粒度实现数据的内存存储、逻辑持久化、多版本备份等能力

云原生 DCS 服务继承原来 DCS 内存 KV 数据的 CRUD、路由管理、跨 DC 复制、逻辑持久化、过期删除、对象回收、数据核查等数据处理功能,需要调整新增的模块功能如下:

① 代理层。原来 DCS 客户端协议与 Redis 兼容,Redis 客户端使用 RESP(Redis 序列化协议)与 Redis 服务器进行通信,RESP 位于 TCP 之上,客户端和服务器保持双工的连接。云原生客户端可同时支持 SQL 操作和 KV 操作,除了 SQL 操作的前后端消息协议,还需要考虑 KV 操作的通信协议。云原生数据库设计目标要求 DCS 的 KV 接口完全兼容,但不要求兼容 Redis 原生客户端,所以在不和 SQL 操作通信协议冲突的前提下,DCS 的通信协议继承原来的实现方式,对于冲突的部分,优先保证 SQL 的通信协议,调整 DCS 的通信协议实现。

② 数据管理。数据分片分布基于一致性 hash 算法,实现分片数据和计算节点的映射。数据分区还是基于经典的一致性 hash 算法,将 $(0\sim2^{64}-1)$ 的地址空间划分为固定细粒度的分区,主键的 hash 值会映射到固定的分区中,数据内存存储通过 DCS 数据管理模块实现。计算节点通过模拟表形式将 KV 数据存放到存储引擎实现数据落盘。

③ DCS 在云原生数据库中是 shared disk 架构,所有节点对等。在 DCS 初始化时,需要通过一致性 hash 计算分区管理的 owner,在一个节点故障并通知一致性视图调整时,需要选择一个节点接管故障节点的分区,并且通过数据库的存储引擎读取数据,恢复内存数据结构。

④ DCS 提供 GR 地理复制能力，支持 DCS 数据进行跨 DC 数据备份，实现 DC 故障时业务的无损切换，实现 DC 容灾。一个源端集群对应多个备份集群，为保证集群能够跨 DC 通信，通过 GR Link 建立跨 DC 的链接，Link 代表一个 DC 到另外一个 DC 的复制和备份关系的有向链接。用户通过配置好的 GR 同步备份或复制的规则，才能触发数据同步。LINK、RULE的操作接口在 DCS 内部实现，规则持久化到系统表或配置表。DC 同步跨集群消息转发采用云原生数据库通信系统中跨集群通信服务处理。

2.8.2.7 实时分析组件

云原生数据库以 OLTP 为主，同时也支持基于 OLTP 数据的 OLAP 需求，如每日报表。在云原生数据库中，DBA（Database Administrator，数据库管理员，简称 DBA）可以选择为这部分表创建列存索引。创建完列存索引之后，执行器在做顺序扫描的时候，会自动选择列存索引进行数据的读取，实现快速扫描计算。

云原生数据库以行存为基础，数据的增删改都先以行存的形式落到数据库中。事务、xlog等机制保障了行存的 ACID 特性。行存采用 Inplace-update 引擎，一个 Tuple 一旦被插入到表中，位置基本不会改变。每个 Tuple 可以用它的物理位置（文件页号+页内偏移，称为 RowID）作为唯一标识。事务的多版本在回滚段中，可以根据 RowID 直接访问。云原生数据库中的列存索引方案如图 2-45 所示。列存是根据行存构建的一个 read-only 的副本，每次对行存的更新操作会在元数据区域（In Memory Delta Unit，IMDU）增加一条 RowID 记录。列存扫描的时候会查看元数据区域，确定哪些 Tuple 已经失效，再去行存中根据 RowID 读相应的数据。后台线程会周期性地更新列存，回收元数据。如果列存索引和更新操作不在同一台机器上，则使用 batch 模式，即把一个事务中产生的所有失效信息，统一打包到一个 RPC 请求中，发送给列存索引所在的实例上，从而减少对 OLTP 请求的影响。行存的 block 为 8KB，列存需要较多的数据量才能实现更好的压缩、向量化操作等优化。所以一个 IMDU 对应多个行存的 block（数据块），目前暂定为 1024 个，1024 个 block 称为一个 super block。

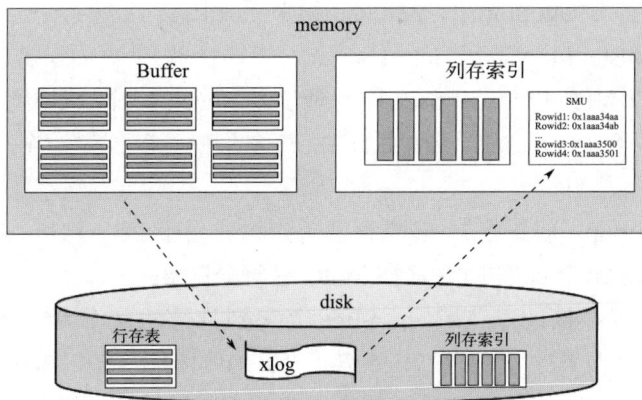

图 2-45　云原生数据库列存索引示意图

为了支持列存大小超过内存容量的场景，列存索引支持从内存中置换到磁盘上。但是列存本身在故障情况下并不能保证自身的一致性，故障重启之后列存需要根据行存的内容重新构建。所以这里的磁盘对于列存来说，是内存的延伸，用来缓存额外的数据。因为 IMDU 容量小，且经常被修改，所以可以常驻内存。

列存索引和行存完全是解耦的。部署形态上，列存索引既可以与行存在一个实例中，这样可以节约物理资源；也可以与行存在不同的实例中，避免 OLAP 请求对 OLTP 请求产生影响。两种部署形态分别如图 2-46 和图 2-47 所示。

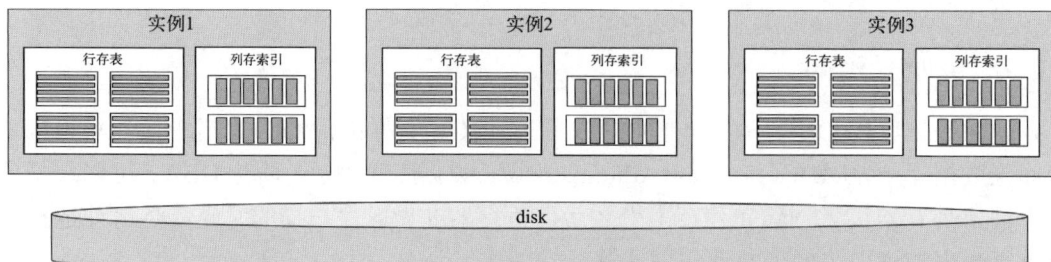

图 2-46　行存列存混合部署示意图

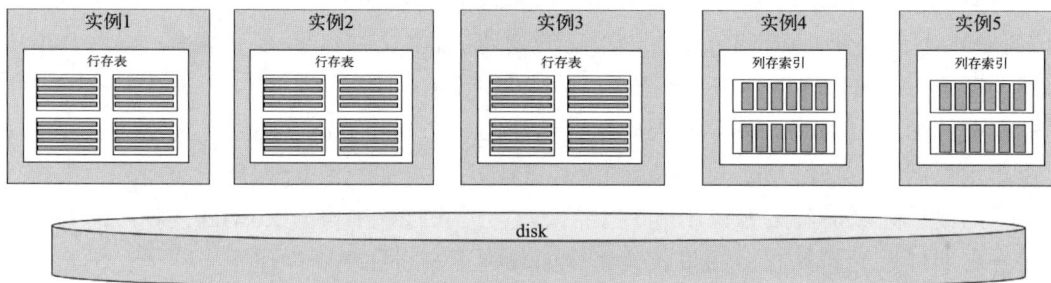

图 2-47　行存列存分开部署示意图

2.8.2.8　PageStore 组件

PageStore 是一个分布式存储组件，对外提供 SAL 接口，SQL 节点通过 SAL 接口进行日志和页面的持久化服务。PageStore 对象间的映射关系如图 2-48 所示。

PCMCS（Page Cluster Manager Control Server，集群管理）：页面集群管理控制服务，负责整个存储节点的管理、VFS 和 StoreSpace 的管理以及 Slice 的分配和调度。

VFS（Virtual File System，虚拟文件系统）：每个租户可以创建一个 VFS，集群管理按照 VFS 统计容量和 I/O 等信息。

PG（Placement Group，放置组）：多个存储节点组成一个 PG，PG 的多个存储节点满足反亲和性。集群管理在分配 Slice 的时候，按照 PG 进行分配。

Slice（切片）：数据存储的基本单元，Slice 分配到具体的某个 PG，分配到 PG 后，Slice 就运行在 PG 下的多个节点上。每个 Slice 管理 10GB 的数据量，10GB 的数据可能来自多个文件的一段连续页面。Slice 逻辑上主要实现 SQL 节点页面的持久化和快速检索。Slice 的元数据采用 BTree（B 树）管理，多个节点的 Slice 副本通过 Raft 机制保证数据的可靠性。每个 Slice 是数据回放的基本单元，实现独立的快照和检查点。Slice 存储管理如图 2-49 所示。

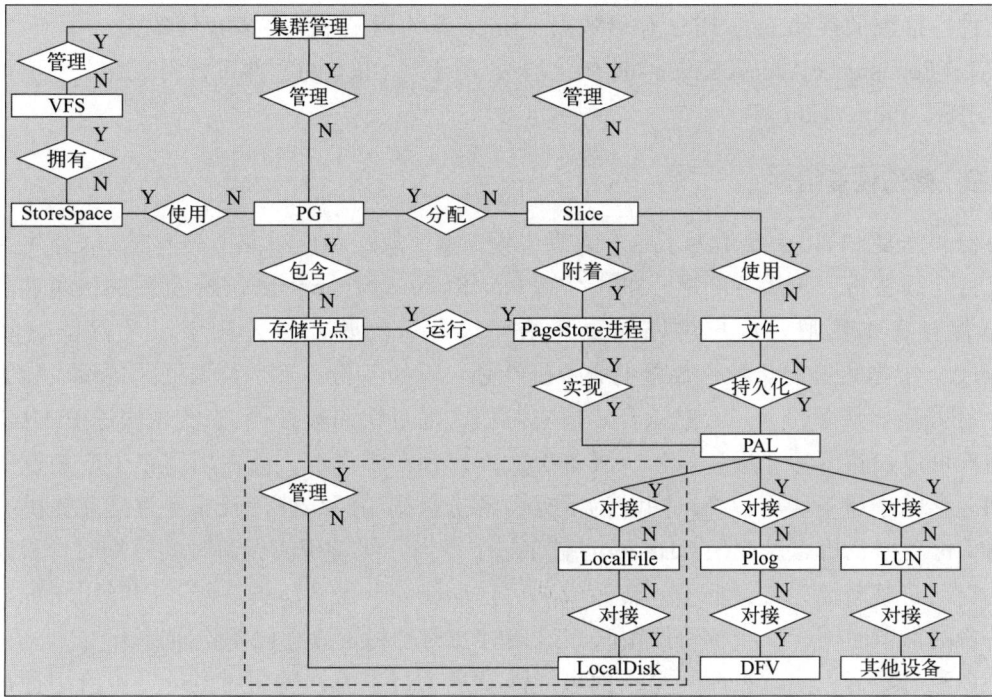

图 2-48　PageStore 对象间的映射关系示意图

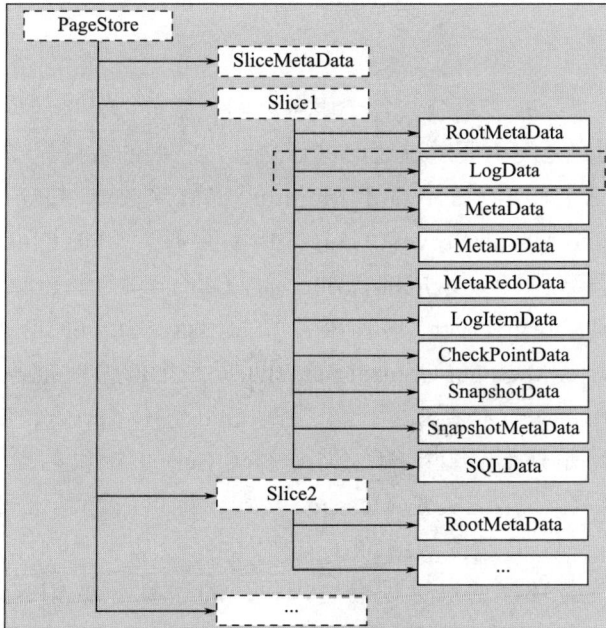

图 2-49　Slice 存储管理示意图

存储节点：每个存储节点上运行一个 PageStore 进程，PageStore 进程会管理多个 Slice。PageStore 进程内的所有 Slice 共享 BufferPool、ThreadPool、通信组件、消息分发和 PAL 等模块功能。多个 Slice 共享 PageStore 进程的 CPU 资源和内存。

文件：抽象的存储，为 Slice 存储数据，Slice 会使用多个文件来存储数据。

PAL（Persistence Access Layer，持久化层）：用于对 Slice 的文件进行持久化，下面可以对接 LocalFS、Plog、Lun 等。

2.8.2.9 备份恢复组件

备份和恢复 PITR 主要是为了应对人为失误、硬件故障和自然灾害等情况。云原生数据库默认支持一级备份，一级备份是分布式存储 PageStore 基于 append only 实现的快照功能，快照数据保存在本集群，用户可以配置开始一级备份的时间段、频率以及保留时间，由 OM_Server 根据集群的负载等数据生成备份计划。一级备份等于是数据页的备份，为了实现 PITR，在开启一级备份后，会默认开启日志归档，通过快照数据+日志实现快速 PITR。

用户可以设置开启二级备份。一级备份数据保存在本集群，会占用用户生产集群的空间且全闪存存储环境下费用较高，同时为了提高备份数据的可靠性，云原生数据库提供二级备份，将备份数据及日志保存在 OBS 等远端存储上。当一级备份的保留时间过期时，云原生数据库会自动将其转储为二级备份，转储成功后自动删除一级备份的快照。同样用户可以设置二级备份的保留时间，二级备份保留时间过期时会自动将远端存储备份删除。

在恢复时，云原生数据库一个页面可能涉及多个日志流，需要对多个日志流进行扫描，对日志进行合并恢复。在扫描日志阶段可以根据恢复配置文件配置的恢复点确定恢复的位置，从而在正式恢复时恢复到这个时间点。

2.8.2.10 安全

云原生数据库是一个分布式系统，各个服务之间、服务与外部应用和外部用户之间、服务与内部应用和内部用户之间主要通过通信进行交互，它们的数据流图如图 2-50 所示。

云原生主要包括三个通信平面：OM_Monitor、OM_Agent、OM_Server 组成的管理平面（操作维护），GaussDB Master Server（GaussDB 主服务）和 DB Cluster Resource Schedule Server（集群资源调度管理服务）组成的控制平面，GaussDB Server（GaussDB 服务）、DCS Server（DCS 服务）、Memory Server（内存服务）、Message Server（消息服务）、Page Server（页面服务）、Page Cluster Manager Control Server（页面集群管理服务）组成的用户平面。云原生系统外部交互主要有三类接口：第一类是 GaussDB Server、DCS Server 提供的业务访问接口，这个接口是外部接口；第二类是 OM_Server 提供的操作维护接口，这个接口对接公有云的维护后台；第三类是 Message Server 提供的跨区域集群的消息通信接口，这个接口虽然是内部接口，但通信网络不在内部网络。云原生数据库是一个池化的共享资源系统，不同租户的运行环境通过进程隔离，租户的存储通过 VFS 进行隔离。为了保证租户数据不泄露、不发生篡改，在控制平面需要对租户身份进行签名认证，租户资源调度信息的传递需要防止仿冒和篡改。在用户平面，不同租户的数据使用不同的密钥进行加密，对于远程内存操作的 RDMA rkey 进行随机化，其他安全性能继承原来数据库的能力，包括用户管理、权限管理和审计。在维护平面，对接入的访问进行认证，对进行的操作进行审计。

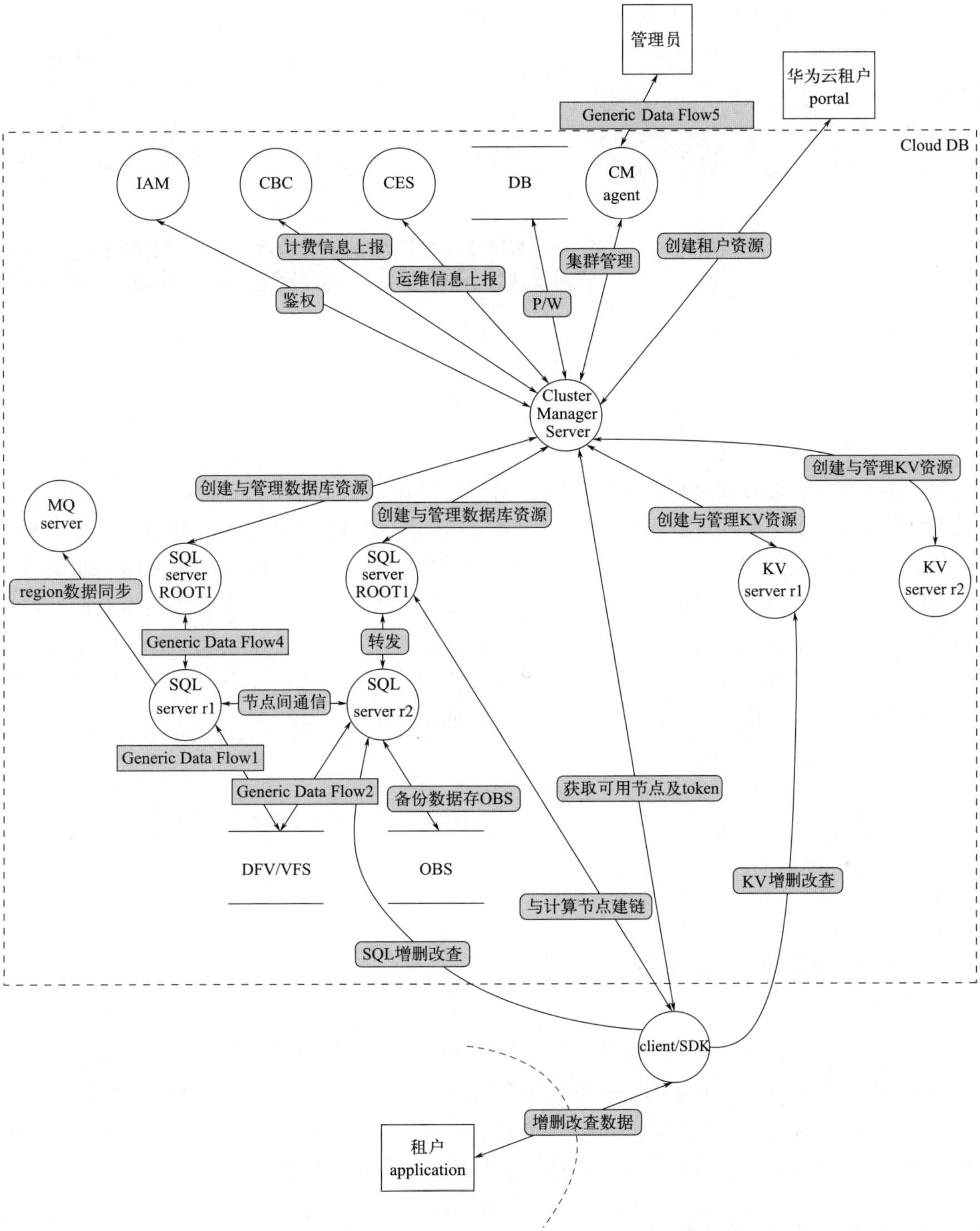

图 2-50　云原生数据库数据流图

第**3**章

数据库高性能关键技术

对数据库性能进行优化是令人激动的，无论是对其进行性能需求分析、性能需求设计，还是性能问题定位，都是富于变化又充 满挑战的工作。本章围绕"数据库性能"进行全面系统的介绍。首先从数据库在现代软件栈中所处的位置出发，介绍数据库系统性能、涉及的人员、所做的事情、分析的视角以及面临的挑战；其次，以 GaussDB 样板对数据库查询处理的主要流程进行详细介绍，帮助大家理解数据库内部的处理流程，各个模块对整体性能的主要影响，以及相应模块在性能优化方面使用到的主要的技术和手段；最后，详细介绍数据库性能相关的关键技术与模块。本章内容大体从如下四方面展开：

① 性能优化系统概述。

② 从性能视角理解 GaussDB 查询处理流程。

③ 数据库高性能关键技术。

④ 高斯数据库性能优化总结。

3.1 数据库性能优化概述

内容概要：本部分把数据库看成是整个系统软件栈的基础软件层部分，对性能、资源、时延等本质内容进行原理上的说明，把数据库性能优化抽象成为对一般基础软件的研究。

目的：从计算机体系结构的角度对性能分析做理论上的铺垫，能够让读者对数据库性能优化的理解深入本质，能够让读者更加客观、具体地理解数据库性能问题。

3.1.1 数据库的软件栈视角

在深入数据库性能这个领域之前，我们需要明白，数据库作为系统软件，对数据库的处理性能、吞吐量的研究，其本质上是对整个计算机体系结构的研究，包含了所有的硬件组件和整个软件栈。同时随着近年新硬件、新技术的出现，数据库的优化不断地下沉到 OS、网络协议栈、硬件层，可以说包括几乎所有的硬件组件和整个软件栈，如图 3-1 所示。

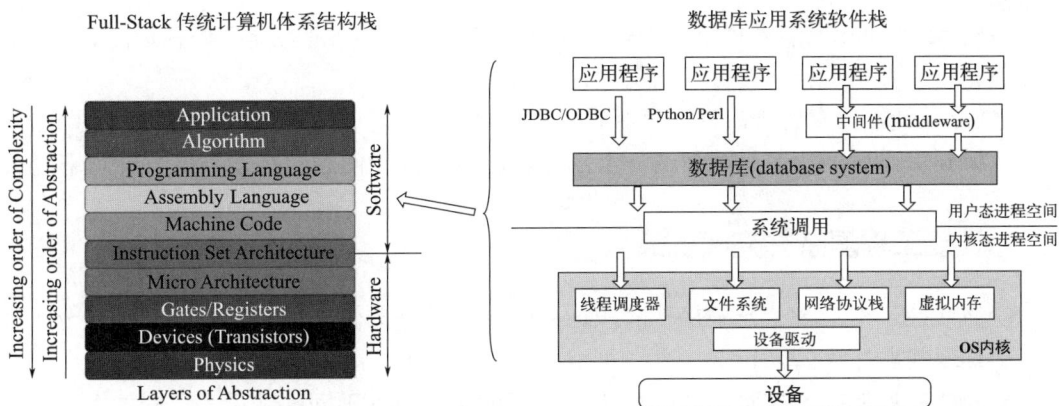

图 3-1　数据库软件栈

从图 3-1 中可以看到，数据库这一原本软件层的概念，从性能优化的视角看是全栈的，上层涉及应用程序、客户端，下层涉及硬件、网络协议等。确保各个组件模块在时序节奏上匹配是性能优化的一个核心问题，也是性能优化的难点之一，因此理解数据库性能优化需要具备多个维度的基础知识以及系统性的思考问题方式。

3.1.2　从系统性工程视角理解性能优化

数据库的性能优化是个系统性工程，它包含对象建模、部署模型设计、业务流程设计、局部处理优化等多个环节。从软件工程的角度来看，对数据库优化有以下 2 个关键点需要明确。

关键点 1：性能设计需要合理分工。优化系统性能是一项需要多类人员合作完成的事务，其中包括：

① 系统设计师：负责系统的整体设计，包括系统级架构设计分析，为容量规划（Capacity Planning）、性能规划（Performance Planning）定义明确的指标，以及对各个子模块的指标进行分解。

② 应用开发人员：负责具体某一个模块的开发，确保软件模块局部性能指标达成。

③ 数据库性能专家：参与系统的整体设计，从数据库容量、性能诉求的角度出发给出数据面的优选部署方案以及对象模型在库内的实现（索引、数据类型等），同时对模块与数据库的交互进行细节优化，从而达成优化目标。

关键点 2：性能设计需要流程规范化。性能开发过程包含了以下事情，建议按照顺序执行：

① 设置性能目标、建立性能模型；

② 基于已有的硬件条件和数据库本身的能力，给出部署模型建议；

③ 对开发代码进行性能分析，整理出数据库处理部分的占比以及优化任务分解；

④ 对数据库的建表语句、数据类型、索引方面，结合具体业务查询进行详细设计；

⑤ 系统联调确定当前应用程序与数据库交互效率是否达到性能指标；

⑥ 特定问题的性能分析；

⑦ 重复⑤⑥确定所有的性能问题都已经解决。

因此针对性能设计有如下建议：

① 性能设计和开发是贯穿整个系统开发过程的，数据库性能专家在硬件选型、软件设计开发之前就应当开始工作，并持续到系统转维阶段。

② 性能设计需要有明确的性能目标以及可验证、可度量的性能模型，如果缺失了这一步，在架构决策确定以后，随着系统开发一步步推进，修复性能问题的难度和成本会越来越大。

3.1.3 性能工程复杂并充满挑战

系统的性能工程是一个充满挑战的领域，因为系统性的性能问题常有主观的成分，而且常常是多维度问题并存的。

对于同样的性能问题按照不同的视角去理解可能会得到不同的结果，不同的人由于其专注点、思考问题的角度不同会得到完全不同的结论。同样观察一棵苹果树，有的人可能关注苹果是否熟了，有的人在关注苹果能卖出多少钱，同时有的人在关注树的状态。

因此关于性能问题的主观性，可以归纳如下：

软件工程等计算机相关的科学理论知识往往是建立在客观事实上的，大多数业界人士审视问题非黑即白。在进行软件故障查找的时候，只需要判断问题 bug 是否存在或者是否已修复就可以了。因为问题 bug 总是伴随着错误信息，而错误信息通常容易被解读。而性能问题往往是主观的，开始着手性能问题时，对问题是否存在的判断依据都有可能是模糊的，在性能问题被修复的时候，被一个用户认为是"不好"的性能，另一个可能认为是"好"的。例如：某个查询耗时 1s 返回，这里是"好性能"还是"不好的性能呢"？虽然查询响应时间可以被准确度量，但如果脱离性能目标，还是很难说明达成的情况或者效果，因此对于性能问题需要定义清晰的目标。

性能目标定义要清晰，诸如平均响应时间、吞吐量、考虑到波动因素时需要定义的最大响应时间、落进一定响应时间范围内的请求统计其百分比等，一定要尽可能把主观问题客观化。

性能问题描述要具体，需要包含硬件配置、组网、部署模型、测试模型、测试结果的量化描述。

举例：

不恰当的性能描述	推荐的性能描述
测试环境：鲲鹏2p服务器分布式集群环境下，3节点场景 测试结果：查询A的执行时间慢	① 部署模型：分布式3节点3副本一主两备，主DN独占1*NVMe，2个备DN共享1块NVMe ② 节点信息：鲲鹏2p-128核、768GB内存、4*NVMe盘、25GE网络 ③ 测试模型：客户端分离部署 ④ 测试结果：xxx业务场景yyy数据量场景下，查询A的平均时延是zzz s WHY：配置、组网、部署模型、测试模型、结果准确量化

性能问题往往由多个模块相互作用而成，很难在开始找到实际的根因，更糟糕的是有时甚至会被一些表面现象带错方向，导致花费很长时间无法找到实际原因。

关于性能问题分析的复杂性主要有以下特征：

（1）特征 1：性能问题通常缺少一个明确的分析起点

问题暴露的表象往往只是结果而不是根因，有时候我们只能从猜测开始，比如：

● 猜测网络时延大。
● 猜测磁盘 I/O 成为了瓶颈。

- 猜测操作系统在调度上不符合我们的预期。
- 猜测某个位置不受控的进程影响了我们。

牢记：分析性能问题的开始往往需要先对分析方向的正确性作出判断，一个有经验的性能专家往往能够在开始找准方向。

（2）特征 2：性能问题可能出现在子系统之间复杂的互联上

即便这些子系统隔离时都表现得很好，整合在一起后也可能由于连锁故障出现性能问题（模块间交互逻辑不匹配）。

牢记：不仅要清晰理解模块间数据流、组件之间的关系，还需要理解它们之间是如何协作的。

（3）特征 3：性能问题可能是多个问题并存的

在复杂的系统中可能会有多个问题，它们之间可能相关也可能不相关，因此真正的任务可能不是寻找问题，而是辨别问题或者说辨别哪些问题是重要的。

3.1.4　性能相关的术语

这里介绍一些在数据库性能调优时经常用到的术语。

（1）关键术语：IOPS（PPS）

表示每秒发生的输入输出操作次数，是数据传输的一个度量方法。对于磁盘的读写，IOPS 指的是每秒读写次数。数据库场景中，常用 IOPS 来描述数据库系统数据盘每秒对磁盘施加的 I/O 次数，常用 PPS 来描述网络传输包的频率。

（2）关键术语：吞吐量（Throughput）

评价工作执行的速率，在数据传输方面描述的是数据传输的速度（byte/s，bit/s）。在数据库场景中往往指的是每秒处理的事务数（TPS）、查询数（QPS）。

（3）关键术语：响应时间（延时）[Response Time（Latency）]

指一次操作完成的时间，包括用于等待和服务的时间，也包括用来返回结果的时间。在数据库场景中用于描述一条查询从发起到返回结果时的时间开销。

（4）关键术语：饱和度（Resource Saturation）

指的是某一资源无法满足服务的排队工作量。数据库场景中用于描述大并发场景下处于等待工作队列的任务数，通常反映当前系统作业被积压的情况。

（5）关键数据：瓶颈（Bottleneck）

在系统性能里，瓶颈指的是限制系统性能的那个资源，辨别和优化掉瓶颈是系统性能优化的重要工作。

（6）关键术语：工作负载（Workload）

系统的输入或者是对系统所施加的负载叫作工作负载。对数据库来说，工作负载是用户通过客户端给数据库发送的查询、运维操作等方面的请求。

（7）关键术语：缓存（Cache）

用于复制或者缓冲一定数据的高速存储区域，目的是避免关键路径被较慢的处理过程拖慢，从而提高性能。对数据库来说，主要指计划缓存（避免查询重复编译）、结果集缓存或物化（避免同类查询重复执行）。

3.2 查询处理技术

内容概要：本节介绍查询端到端处理的执行流程，让读者对一次查询在数据库内部如何执行有一个初步的认识，充分理解查询处理各阶段主要瓶颈点以及对应的解决方案。本节以GaussDB为例讲解查询执行的几个主要阶段，并且对相关模块的重要优化方向予以明确。

目的：通过对数据库执行处理过程的理解，能够把数据库性能调优分析的理解更加白盒化，在后续了解优化手段的同时也能够对内部实现原理有正确理解，能够让读者更加深入理解数据优化的核心理论实现。

3.2.1 查询处理流程

如图3-2所示，查询在经典数据库实现中需要依次进行以下环节。

① 查询解析：对用户输入查询进行编译，把查询从文本方式翻译成执行引擎可以识别的语句。

② 查询优化：对查询的进行基于规则的逻辑优化（RBO）和基于代价的物理优化（CBO）。

③ 查询执行：将查询执行计划高效执行。

④ 数据读取：实现对数据库的高效读取。

⑤ 分布式执行：实现数据库的高效通信（分布式数据库）。

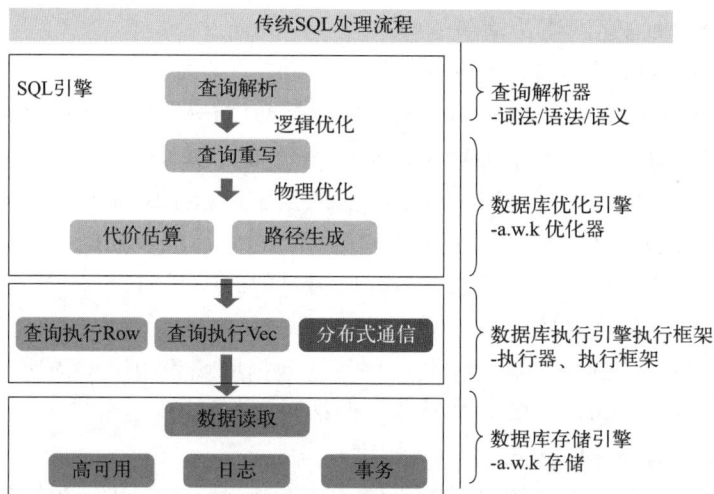

图3-2 传统SQL处理流程

对数据库的执行过程来说，以上每个环节所花销的时间都是最后查询执行时间的组成部分，因此每个环节的执行效率都对性能会产生影响。

3.2.2 查询解析器

查询解析是指将用户的SQL文本输入转换为数据库内核能够进行逻辑运算的信息的翻译过程。如图3-3所示，SQL的查询解析过程主要分为以下几个阶段。

① 词法分析（Lexical Analysis）：将用户输入的 SQL 语句拆解成单词（Token）序列，并识别出关键字、标识、常量等。

② 语法分析（Syntax Analysis）：分析器分析单词（Token）序列在语法上是否满足 SQL 语法规则，通常可识别出语法错误问题。

③ 语义分析（Semantic Analysis）：语义分析是 SQL 解析过程的一个逻辑阶段，主要任务是在语法正确的基础上进行上下文有关性质的审查，在 SQL 解析过程中该阶段完成表名、操作符、类型等元素的合法性判断，同时检测语义上的二义性问题。

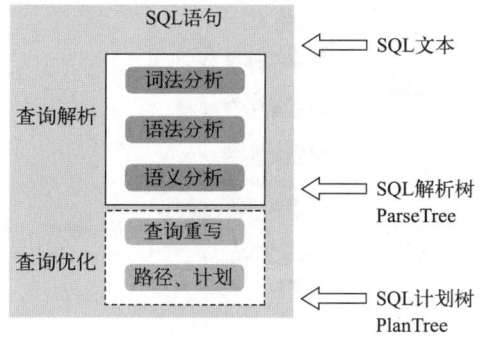

图 3-3　查询解析

图 3-4 例举了查询解析的全过程，从用户输入的 SQL 语句开始，依次经历了词法、语法、语义解析几个阶段。

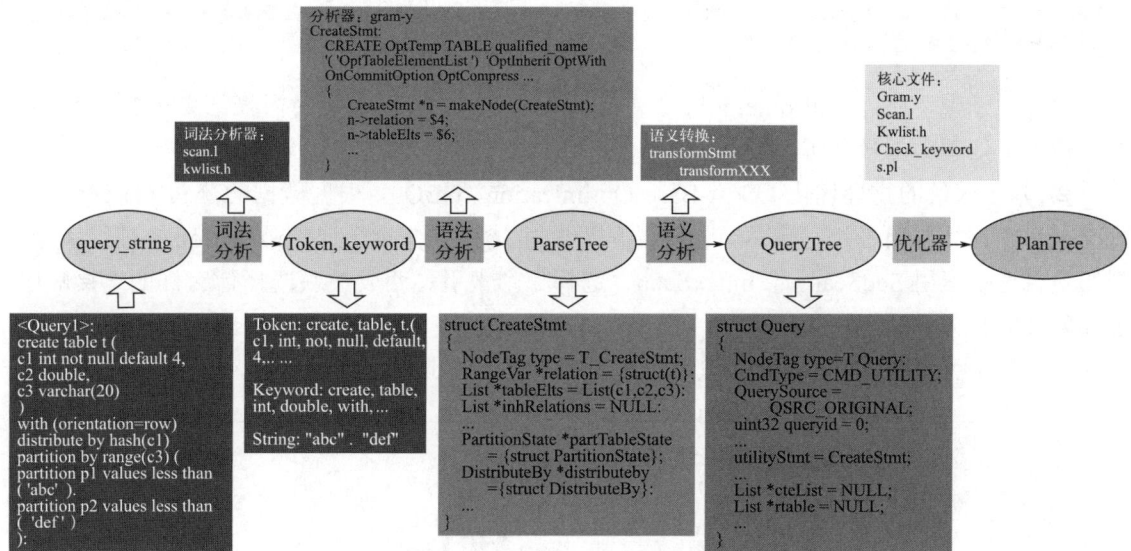

图 3-4　例举查询解析过程

查询解析阶段影响性能的关键因素：

① 词法、语法分析效率。

② 语义分析效率。

③ 查询的复杂度。

查询解析阶段优化技术：查询缓存技术，模板查询免解析。

3.2.3　查询优化器

查询优化阶段主要是 SQL 执行过程中在优化器 SQL Optimizer 中执行的部分。优化器作为数据库的大脑，是 SQL 执行路径的决策者，可从全局视角出发提升查询的性能、降低用户使用数据库调优的门槛。查询优化如图 3-5 所示。

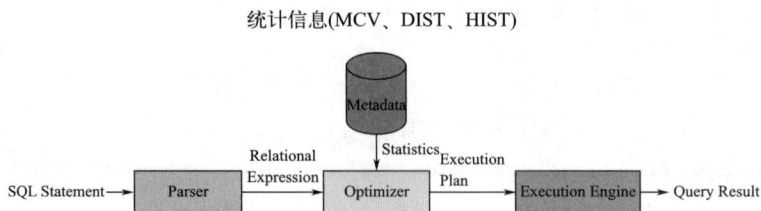

图 3-5　查询优化

查询优化从总体上可以分成两类：

① 基于规则的逻辑优化（Rule-Base-Optimization，RBO），根据等价逻辑的变换让查询的计算复杂度降低，从而达到提升查询性能的作用。

```
SELECT * FROM t1 LEFT OUTER JOIN t2 ON t1.c1 = t2.c1    ⇨    SELECT * FROM t1 INNER JOIN t2 ON t1.c1 = t2.c1
WHERE t2.c2 >1;                                               WHERE t2.c2 > 1;
```

上述例子中，通过等价 outer join -> inner join 变换，可以避免对内表结果集 NULL 的处理，减少了处理数据量，进而提升性能。

② 基于代价的物理优化（Cost-Base-Optimization，CBO），根据数据的分布（统计信息）情况来对查询执行路径进行评估，从可选的路径中选择一个执行代价最小的路径进行执行，例如是否选择索引 SeqScan vs. IndexScan、选择哪个索引、两表关联选择什么样的连接顺序、选择怎样的具体算法等。

如图 3-6 所示例子中，对数据量进行了准确评估，确定表关联的顺序，进而提升了性能。

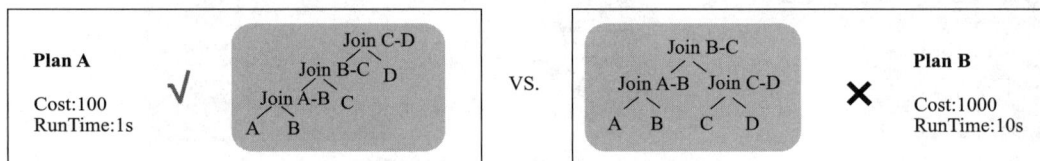

图 3-6　基于代价的物理优化

查询优化阶段的核心点：高效生成执行计划，有效消减处理数据的数据量、缩短执行流程，提升查询性能。

查询优化阶段优化技术：查询重写、基于成本预估的路径生成。

3.2.4　查询执行器

如图 3-7 所示，执行引擎负责查询的执行，在 SQL 执行栈中接收优化器生成的执行计划 Plan，通过存储引擎提供的数据读写接口，对数据进行计算并得到查询的结果集。在分布式数据库中，执行引擎的范围还应包括节点间网络数据交换和传输的部分。

经典的执行模型：Tuple-At-A-Time 模型（Volcano-Model，火山模型）。

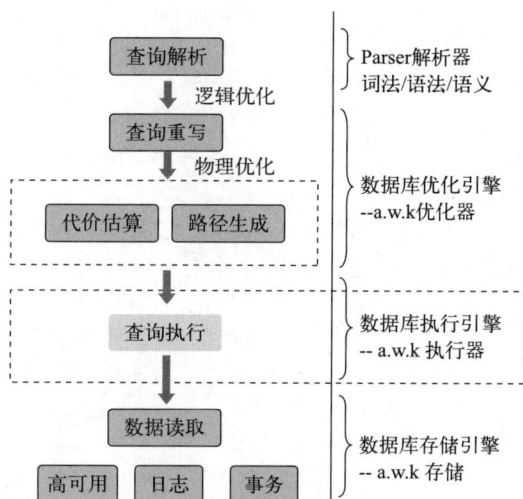

(a) 查询执行在查询处理流程中所处的位置　　　　(b) 经典执行器模型（Volcano执行模型）

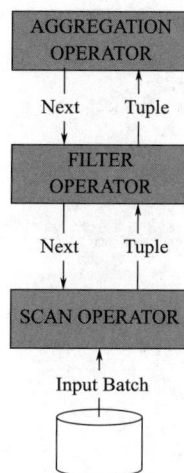

图 3-7　查询执行

　　数据库的执行是把查询的处理步骤抽象成独立的基础算子，然后由执行框架驱动算子迭代执行。每个算子抽象成 open()/next()/close()三种操作，上层算子通过嵌套调用下层的 next()进行处理数据的返回。同样，初始化的过程和结束过程也通过 open()/close()嵌套调用。火山模型也是大多数传统数据库实现的执行模型。

　　计划节点代码如下：

```
typedef struct Operator
{
    NodeTag
    ...
    /* input plan tree(s) */
    struct Operator *lefttree;
    struct Operator *righttree;
    ...
} Plan;
```

　　计划节点迭代执行代码如下：

```
/* operator open 初始化操作 */
State *exec_init_opr(state)
{
    switch(nodeTag(state)) {
        ...
    }
}
/* operator next 执行操作 */
Tuple *exec_process(plan)
```

```
{
    switch(nodeTag(plan)) {
        case Scan: exec_scan();
        case Join: exec_join(); // process state->left & righttree
{

            exec_proc_node(state->lefttree);
            exec_proc_node(state->righttree);
}

        case Agg:  exec_agg();
        ...
    }
}


/* operator close 结束操作 */
void exec_deinit (state)
{
    switch(nodeTag(state)) {
        ...
    }
}
```

关系数据库本身是对关系集合 Relation 的运算操作，执行引擎作为运算的控制逻辑主要是围绕着关系运算来实现的。在传统数据库实现理论中，算子可以分成以下几类：

（1）扫描算子（Scan Plan Node）

扫描算子负责从底层数据来源抽取数据，数据来源可能是文件系统，也可能网络（分布式查询）。一般而言扫描算子都位于执行树的叶子节点，作为执行树的数据输入来源，典型代表有 SeqScan、IndexScan、SubQueryScan。

关键特征：输入数据、叶子节点、表达式过滤。

（2）控制算子（Control Plan Node）

控制算子一般不映射代数运算符，是为了执行器完成一些特殊的流程而引入的算子，如 Limit、RecursiveUnion、Union。

关键特征：用于控制数据流程。

（3）物化算子（Materialize Plan Node）

物化算子一般指算法要求，在做算子逻辑处理的时候，要求把下层的数据进行缓存处理，因为对于下层算子返回的数据量不可提前预知，因此需要在算法上考虑数据无法全部放置到内存的情况，如 Agg、Sort。

关键特征：需要扫描所有数据之后才返回。

（4）连接算子（Join Plan Node）

这类算子是为了应对数据库中最常见的关联操作，根据处理算法和数据输入源的不同分成三种：NestLoop、MergeJoin、HashJoin。

关键特征：多个输入。

传统执行模型的优缺点：
- 优点：逻辑清晰，可读性、可维护性较好。
- 缺点：由于存在大量的函数调用、指令缓存未命中，运行效率低。

3.2.5 分布式执行

分布式执行主要为分布式数据库提供一套完备的支撑数据跨节点交换、协同计算的计算框架，能够支撑位于不同地点的许多计算分片机通过网络互相连接，共同组成一个完整的、全局的逻辑上集中、物理上分布的大型数据库。数据的分布式切片方式可分为 3 种：

① share-memory 共享内存（典型代表 SQL Server）。如图 3-8 所示，多个处理进程共享同一片内存，处理进程之间通过内部通信机制进行通信，通常具有很高的效率；但当更多的处理进程被添加到主机上时，内存/CPU 资源竞争就成为瓶颈，进程越多瓶颈限制越严重。

② share-disk 共享磁盘（典型代表 Oracle RAC）。如图 3-9 所示，各个处理单元使用自己的私有 CPU 和 Memory（内存），共享磁盘系统，可通过增加节点来提高并行处理的能力，扩展能力较好，类似于 SMP（对称多处理）模式。这种架构需要通过一个狭窄的数据管道将所有 I/O 信息过滤到昂贵的共享磁盘子系统中。当存储器接口达到饱和的时候，增加节点并不能获得更高的性能。

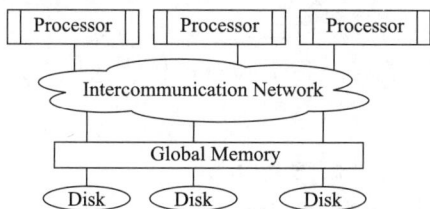

图 3-8 共享内存

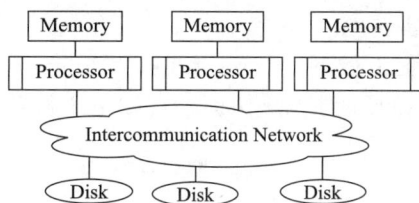

图 3-9 共享磁盘

③ share-nothing 无共享（典型代表 Teradata，GaussDB）。如图 3-10 所示，各个处理单元都有自己私有的 CPU/内存/硬盘等，彼此之间相互独立，类似于 MPP（大规模并行处理）模式。它是把某个表从物理存储上水平分割，并分配给多台服务器（或多个实例），每台服务器可以独立工作，各处理单元之间通过协议通信。并行处理和扩展能力更好，只需增加服务器数就可以增加处理能力和容量，缺点是对于数据分库分表的设计存在门槛。

GaussDB 的分布式部署模式采用 shared-nothing 方式，每个定义的表逻辑上通过分布列进行分布，通过分布类查询可以做到单 DN 访问。数据库分库分表过程如图 3-11 所示。

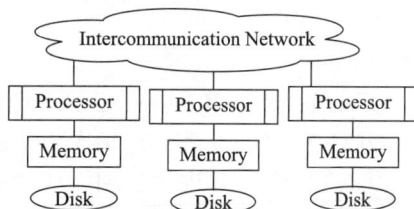

图 3-10 无共享

分布式数据库中当两表关联的时候，如果有一张表的关联键不是分布键，或者发生聚集操作 GroupKey 不是分布键，那么就会发生表的广播或者重分布，并将数据移动到一个节点上进行关联，否则查询的正确性无法得到保证。数据库工作节点数据迁移的类型主要有 Broadcast 广播（$N:1$）和 Redistribute 重分布（$N:M$）两种。

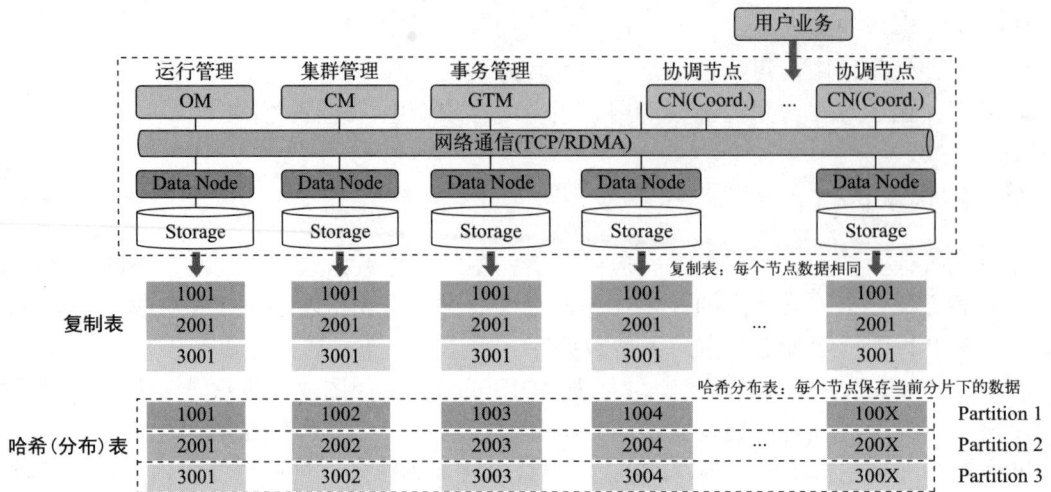

图 3-11　数据库分库分表

```
表信息:
    -T1: distribute By HASH(c1)
    -T2: distribute By HASH(c2)
执行查询:
    -select * from t1 join t2 on t1.c1 = t2.c1
```

如图 3-12 所示，由于 T1、T2 的分布键不相同，直接在各个 datanode 上关联 T1、T2 查询的结果正确性无法保证。有如下 3 种解决方案。

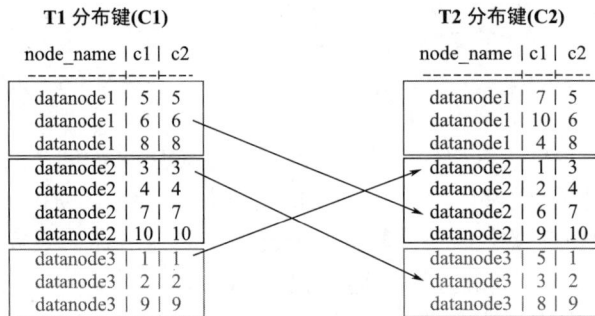

图 3-12　分布式两表关联

方案 1：对表 T2 按照 t2.c1 的键值进行重分布操作"redis(t2)->t2'，t1 join t2'"。

方案 2：对 T1 进行复制操作"dup(t1)->t1'，t1'join t2"。

方案 3：对 T2 进行复制操作"dup(t2)->t2'，t2'join t1"。

如果两表的 Data-Locality 不匹配，则需要先进行 Data-Shuffling 方可进行关联操作。Data-Shuffling 的方案的代价通常是根据数据移动的成本（数据量大小、数据倾斜）因素由优化器判断。

3.2.6　存储引擎数据读取

存储引擎主要实现高效存储数据、确保数据库 ACID（原子性、一致性、隔离性、持久性）、正确并发读写、高性能读写等问题。通常执行算子 Scan 层调用存储引擎的数据读取接口进行数据读写，传统的存储引擎在查询处理流程中的位置如图 3-13 所示。

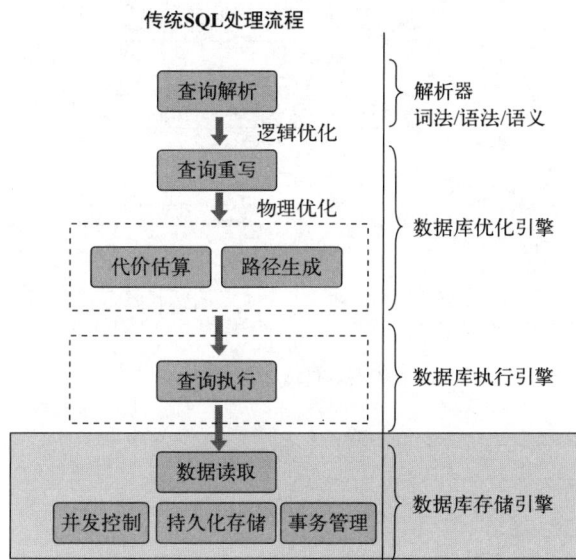

图 3-13　存储引擎

GaussDB 包含多种存储模式，按照存储格式可分为行存储格式、列存储格式两种，其中前者主要适合在线交易类型业务（OLTP），而后者主要适合数据分析类型业务（OLAP）此外还包含 PAX 混合存储格式，目前商用数据库支持的不多。

存储引擎核心模块：

① 数据页面缓存池：数据页面读写时先从页面缓存里读取和修改，如果缓存里不存在，再从数据文件读取页面。

② 堆表 Heap：表数据存储格式和访问接口。

③ 索引 Index：用于高效查询表数据。

④ 日志 WAL：修改数据页面时必须先写 WAL 日志（重做日志），事务提交之前和脏页写盘之前必须保证 WAL 日志持久化到存储设备。

⑤ 事务并发控制：用于保证正确读写、高性能并发读写。

⑥ 事务提交日志：事务状态和提交时间戳。

⑦ WAL 日志恢复：从检查点日志往后回放 WAL 日志。

下面特别介绍存储引擎中的索引技术和数据页面缓存池。

（1）索引技术

索引在数据库中的实现为 B 树结构，如图 3-14 所示，索引的键值按照 B 树进行排序。说明如下：

① 对于非叶子节点，indexTup（索引元组）指向下一个节点，而对于叶子节点，indexTup 指向堆表里的行；

② Special space（特殊空间）中实现了两个指针，用于指向左右兄弟节点；

③ 索引元组有序，第一个叶子节点中 indexTup3 实际为最大键值索引元组，即 high key，第

二个叶子节点中 indexTup1 跟 indexTup3 指向相同的堆表中的行。high key 是为了减少比较次数。

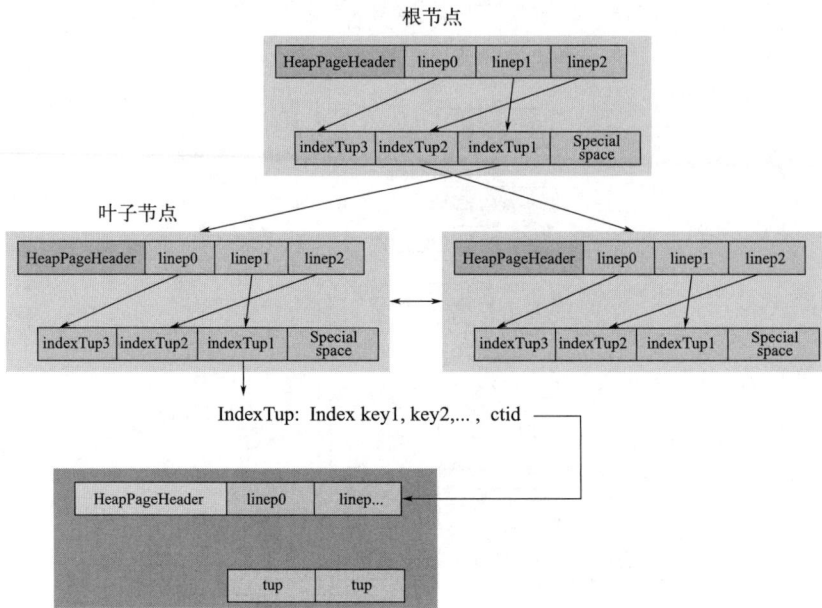

图 3-14　GaussDB 内核索引实现

（2）数据页面缓存池

如图 3-15 所示，数据页面缓存池的设计主要是为了减少磁盘的读写。读页面时应尽可能多命中内存缓存页，减少磁盘读取页面；写操作时批量刷盘，而不是每修改一条数据就写一次数据页面。说明如下：

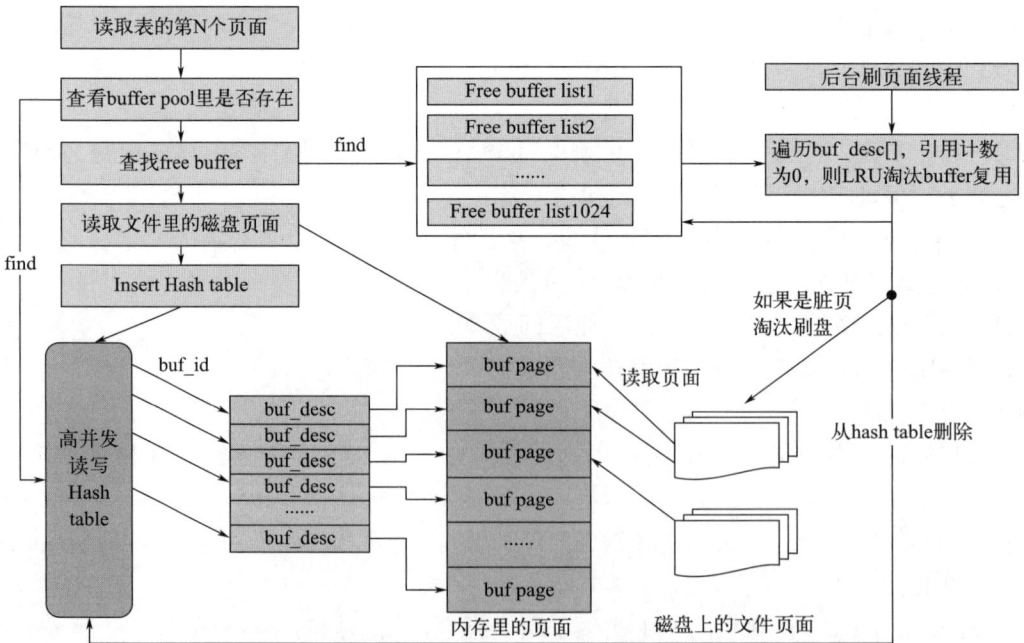

图 3-15　GaussDB 内核数据页面缓存实现

① 为了提高缓存命中率，设计缓存淘汰算法来保证频繁访问的热页面尽量在内存 buffer 里；

② 设计多个 buffer pool（缓存池）用于缓存不同的对象，一方面为了减少冲突，另一方面也提高了缓存命中率；

③ 对于批量导入和批量读取的场景，为避免污染整个 buffer pool，将顺序读取一遍表数据，把整个 buffer pool 里页面都淘汰。设计 buffer 批量读写获取策略，采用 buffer ring（缓存环）的策略，固定范围地获取 free buffer。

3.3 高性能关键技术

内容概要：本章节介绍 GaussDB 中实现的高性能关键技术，内容涉及优化器、执行器、分布式数据库、存储引擎等多个方面。

目的：通过对 GaussDB 数据库关键高性能技术的学习，让读者更加清晰地理解数据库内核优化关键点，同时也为类似的应用系统实现提供方法论和最佳实践示例。

3.3.1 查询重写 RBO

在数据库里 RBO 基于规则的优化一般指查询重写技术，其按照一系列关系代数表达式的等价规则，对查询的关系代数表达式进行等价转换，从逻辑上减少执行的总量，从而提高查询执行效率，如图 3-16 所示。例如，通过条件的推导避免非必要的表扫描、非必要的计算表示等。

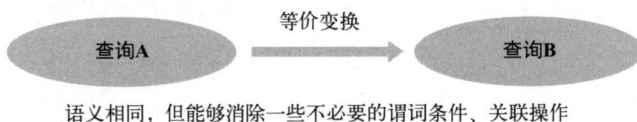

图 3-16　等价变换

查询重写 RBO 优化是一种非常重要的逻辑优化手段，通常应用和实施在查询优化过程的前端，将一些肯定能够优化的场景进行优化。RBO 优化结束后再进行物理优化。下面以常用的几种重写优化为例进行介绍。

（1）谓词化简优化（Predicate Simplification）

使用谓词查询条件的可满足性（Satisfiability，SAT）和可传递性（Transitive Closure，TC）对查询进行化简，a.w.k SAT-TC。假设有 t1、t2 表，它们的定义分别为 T1(c1 int, c2 int)、T2(c1 int, c2 int check (c2 < 30))，原查询为：

```
SELECT t1.c1,t1.c2, t2.c1, t2.c2
FROM t1 JOIN t2 ON t1.c2 = t2.c2
WHERE t1.c2 > 20
```

可优化为：

```
SELECT dt1.c1,dt1.c2, dt2.c1, dt2.c2
FROM (SELECT c1,c2 FROM t1 WHERE t1.c2 BETWEEN 20 and 30) AS dt1,
    (SELECT c1,c2 FROM t2 WHERE t2.c2 BETWEEN 20 and 30) AS dt2
WHERE dt1.c2 = dt2.c2;
```

说明：通过谓词逻辑可以发现当前查询中可以一次实施 TC->SAT->TC 优化策略。

① TC 优化：内连接关联条件 t1.c2 = t2.c2 && t1.c2 > 20 可以得出 t2.c2 > 20。

② SAT 优化：t2.c2 列上创建有 check-constraint，可以得出 t2.c2 BETWEEN 20 AND 30。

③ TC 优化：同理得出 t1.c2 BETWEEN 20 AND 30。

到此 t1、t2 在关联之前就可以最大限度减小处理的元组数，达到提升性能的目的。以下是其他谓词化简优化例子：

```
A=B AND A=C --> B=C
A=5 AND A=B --> B=5
A=5 AND A IS NULL --> FALSE
A=5 AND A IS NOT NULL --> A=5
X > 1 AND Y > X --> Y >= 3
X IN (1,2,3) AND Y=X --> Y IN (1,2,3)
```

（2）谓词下推优化（Predicate Push Down）

将谓词查询条件下沉到中间结果集的最底层提前过滤，可以有效减少读入到内存中数据的数量，减少计算层的代价。

优化前为：

```
SELECT MAX(total)
FROM (
    SELECT product_key, product_name,
    SUM(quantity*amount) AS total
    FROM Sales, Product
    WHERE sales_product_key=product_key
    GROUP BY product_key, product_name
) AS v
WHERE product_key IN (10, 20, 30);
```

优化后：

```
SELECT MAX(total)
FROM (
    SELECT product_key, product_name,
    SUM(quantity*amount) AS total
    FROM Sales, Product
    WHERE sales_product_key=product_key AND product_key IN (10, 20, 30)
    GROUP BY product_key, product_name
) AS v
WHERE product_key IN (10, 20, 30);
```

说明：

① 查询在优化前需要事先将中间结果集 v 计算出；

② 在计算的过程中需要对 sales、product 两张表的全量数据进行读取，然后对结果集进行 Group（分组）、Aggregation（聚合）操作，但是最终的结果集只要求输出 product_key 的值为 10、20、30 的结果集；

③ 利用谓词下推规则可以让"product_key in(10,20,30)"过滤操作在 Join 之前完成，如果查询条件"product_key in(10,20,30)"的选择率较低，则可以减少 Join、Aggregation、Group 三个操作处理的数据量，从而提升性能。

（3）谓词上移优化（Predicate Pullup）

将谓词查询条件中比较繁重的函数计算放到最后，期望减小繁重计算的次数，以达到提升性能的目的。

优化前为：

```
SELECT *
FROM t1,
    (SELECT * FROM t2
     WHERE complex_func(t2.c2) = 3) AS dt(c1,c2,c3)
WHERE t1.c1 = t2.c1 AND t1.c2 > 30
```

优化后为：

```
SELECT *
FROM t1,
    (SELECT * FROM t2) AS dt(c1,c2,c3)
WHERE t1.c1 = t2.c1 AND t1.c2 > 30 AND complex_func(t2.c2) = 3
```

说明：

① 原查询"complex_func(t2.c2) = 3"条件在子查询中，如果该条件在子查询 DT 中被计算则会导致 t2 表中的全量数据被计算，开销较大；

② 谓词 pullup（上移）到最外层，让 t2 先和 t1 做关联和过滤，则能够有效减少 complex_func 被调用的次数，从而达到性能提升的目的。

查询重写是查询优化器主要分类之一，通常可以将处理的数据进行快速大幅缩减。图 3-17 是常见的查询重写分类。

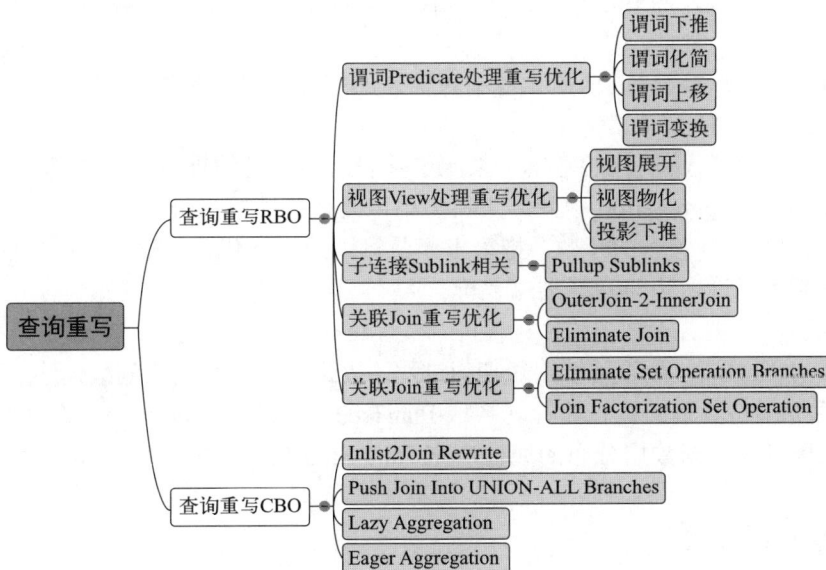

图 3-17　查询重写分类

3.3.2 物理优化 CBO

在优化器处理完 RBO 的优化以后，路径往往不能通过制定好的规则进行变换，而是需要根据数据的分布（统计信息）情况来对查询执行路径进行评估，从可选的路径中选择一个执行代价最小的路径执行，如是否选择索引 SeqScan 与 IndexScan、选择哪个索引、两表关联选择什么样的连接顺序、选择怎样的具体算法等。因此，可以将物理优化总结为对多个可行的物理执行代价进行评估，选择最优的计划输出到执行器执行，例如对以下查询：

```
SELECT * FROM t1 JOIN t2 on t1.a=t2.b;
```

可选择的计划有如图 3-18 所示。

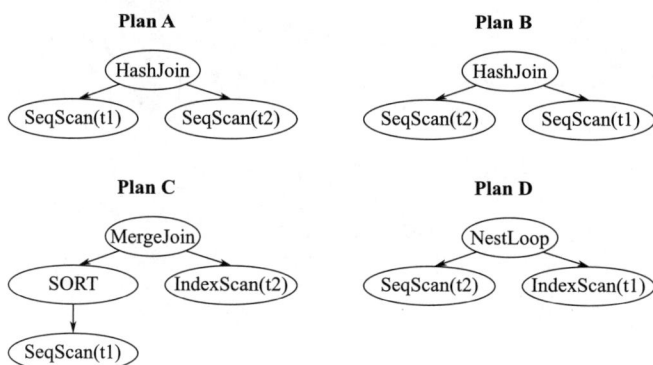

图 3-18　执行计划

如图 3-18 所示，根据 t1、t2 可访问的执行路径（IndexScan、SeqScan）、关联算法（HashJoin、MergeJoin、NestLoop）关联内表外表等多个维度的选择，就会生成数十种不同的执行计划。考虑到 t1、t2 的表大小，谓词的选择率、是否有索引等因素，很难从一个固定的规则里选出一个合理的执行计划，此时需要对 t1、t2 表的数据特征进行建模，构建代价模型，从而选出最优的计划，这个过程按照处理的顺序大体上可以分为统计信息、行数估算、代价估算、路径搜索、计划生成五个处理步骤。

① 统计信息。物理优化的依据来源于表信息的统计，描述基表数据的特征包括唯一值、MCV 值等，用于行数估算。

② 行数估算。是代价估算的基础，来源于基表统计信息的推算，估算基表 baserel、Join 中间结果集 joinrel、Aggregation 中间结果集大小，为代价估算做准备。

③ 代价估算。根据关系的行数，推算出当前算子的执行代价，根据数据量估算不同算子执行代价，各算子代价之和即为计划总代价。

④ 路径搜索。依据若干算子的执行代价对最优路径进行路径搜索，通过求解路径最优算法（如动态规划、遗传算法）处理连接路径搜索过程，以最小搜索空间找到最优连接路径。

⑤ 计划生成。将查询的执行路径转换成 PlanTree（计划树），能够输出给执行器做查询执行，在分布式场景下根据数据分布的属性决定 Data-Shuffling 数据迁移总体方案。

3.3.3 分布式优化器

分布式数据库场景下表分布在各个节点上，数据的本地性（Data Locality）是分布式优化器中生成执行计划时重点考虑的因素，基于 share-nothing 的分布式数据库中有一个很关键概念就是"移动数据不如移动计算"，之所以有数据本地性就是因为数据在网络中传输会有不小的 I/O 消耗，网络的 overhead 通常情况下会大于本地的计算，因此分布式数据库优化的一个重要原则就是尽量减少网络 I/O 消耗，这样就能够提升效率。例如有以下聚集查询的例子。

```
表信息:
    -T1: distribute By HASH(c1)
执行查询:
    -SELET SUM(c1), c2 FROM t1 GROUP BY c2
```

由于表 t1 的分布列为 c1，但实际上要以 c2 为键值进行聚集，对聚集列进行重分布是不可避免的一步操作，因此先做聚集还是先做数据迁移重分布就成为分布式优化器的一个选项，针对这一情况可以有以下两种分布式执行计划选择，如图 3-19 所示。

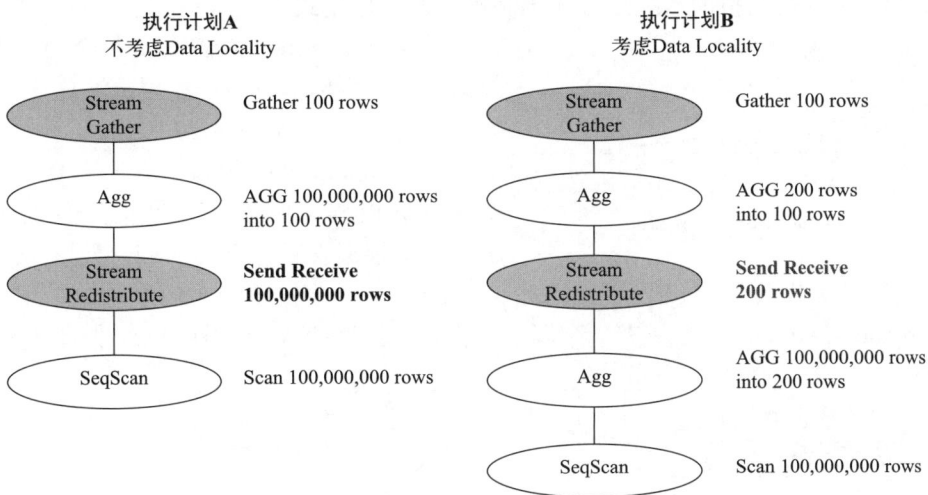

图 3-19　两种分布式执行计划

说明:

① 执行计划 A 未考虑数据本地性（Data Locality）的优化按照聚集的逻辑直接对扫描输出的 100M 元组进行重分布操作，造成大量的数据传输和网络资源消耗；

② 执行计划 B 考虑 Data Locality 的优化，把 Agg 算子分解成 2 次 Agg，其中第一次 Agg 在本地执行，对原始数据进行缩减然后再通过网络重分布进入第二次 Agg。执行计划 B 相比 A 多了 1 个 Agg 算子，计算的总量未发生变化，但是节省了大量的网络 I/O 操作，提升了端到端查询性能。

表关联也是类似的原理，如果当 Join 列与分布列不一致时，需要网络 Stream 节点算子对数据进行重分布或者复制，确保查询执行的语义正确。

3.3.4　分布式执行框架

GaussDB 采用的是无共享的架构，由众多独立且互不共享 CPU、内存、存储等系统资源的逻辑节点组成。在这样的系统架构中，业务数据被分散存储在多个物理节点上，数据分析任务会被推送到数据所在位置就近执行，通过控制模块的协调，并行地完成大规模的数据处理工作，实现对数据处理的快速响应。DN 是基于本节点存储的数据执行具体的执行计划；DN 之间可能会有数据交互，这个数据交互就通过分布式执行框架来完成。分布式框架主要靠网络通信算子 Steram（数据流）完成，Stream 算子是分布式执行框架的核心元素，Stream 算子主要有 2 个职责：

① 数据重分布（Data Shuffling）：负责将单节点 DataNode 进程串联成为分布式集群，其他如 GreemPlum 的 Motion 节点、VectorWise 的 DXchg 节点也具备类似的功能；

② 分布式执行流水线（Distribute Pipeline）：将原有的分布式执行计划进行并行切分，即以 Stream 节点作为处理流水线分界，不同部分由不同的工作线程完成，线程间以 PV 生产者消费者模式工作。

（1）数据重分布（Data Shuffling）

当前 GaussDB 所支持的数据重分布机制有 3 种工作模式：

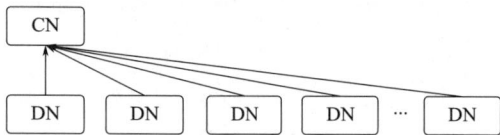

图 3-20　Gather Stream 示意图

① Gather Stream（N:1）：每个源节点都将其数据发送给目标节点，一般用于汇总 DN 节点到 CN 节点的过程，如图 3-20 所示。

② Redistribute Stream（M:N）：M 个 DN 节点将其数据根据关联条件、聚集分组表达式算出 Hash 值，根据重新计算的 Hash 值进行分布，发送数据到对应的目标节点，一般用于 Join、Agg、NodeGroup 中的重分布场景，如图 3-21 所示。

③ Broadcast Stream（1:N）：有一个源节点将其数据发给 N 个目标节点，如图 3-22 所示。

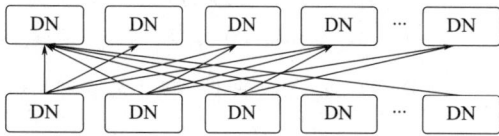

图 3-21　Redistribute Stream 示意图

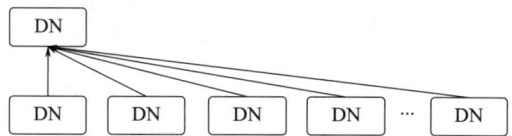

图 3-22　Broadcast Stream 示意图

以图 3-23 的分布式执行计划为例，由于不同的表分布属性不同，因此通过分布式执行框架 Stream 节点进行数据串联并执行，最后在 CN 节点进行结果集汇总。

说明：

执行的过程中对 t1、t2 的扫描都在 DN 节点上并行完成。

① 优化器生成的执行计划选择了前一节中描述的方案 3，即 t1 保持不动，复制 t2 到所有节点，并完成分布式 HashJoin；

② HashJoin 节点在所有节点上执行完成以后通过 Gather（聚集）节点在 CN 上进行结果集汇总。

（2）分布式执行流水线（Distribution Pipeline）

在分布式执行过程中如果存在数据搬移，Stream 算子的数据发送端、数据接收端由不同的线程完成，他们在时间分片上重叠，以并行的方式执行，因此全局执行计划被网络通信算子 Stream 切分成多个计划片段，分别由不同的线程来完成执行，不同的线程之间采用 PC 生产者消费者模式进行交互通信，全局上达到并行执行的效果。以图 3-24 为例，实际的计划执行在 DN 这一层以 Stream 算子为界，被切分成多个线程并行处理。

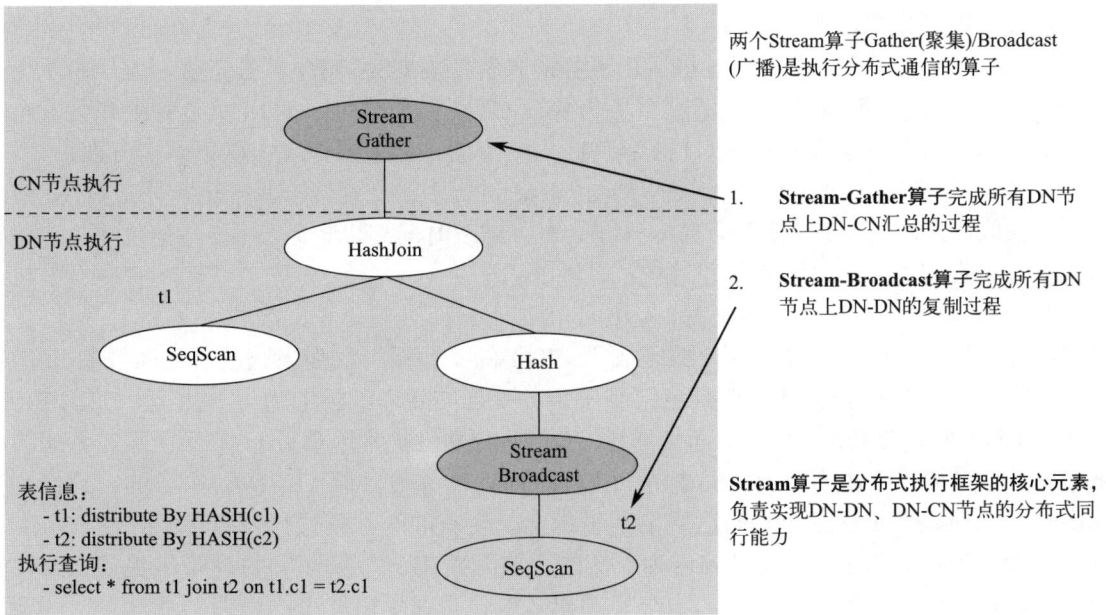

两个Stream算子Gather(聚集)/Broadcast
(广播)是执行分布式通信的算子

1. **Stream-Gather算子**完成所有DN节
   点上DN-CN汇总的过程

2. **Stream-Broadcast算子**完成所有DN
   节点上DN-DN的复制过程

Stream算子是分布式执行框架的核心元素，
负责实现DN-DN、DN-CN节点的分布式同
行能力

表信息：
- t1: distribute By HASH(c1)
- t2: distribute By HASH(c2)
执行查询：
- select * from t1 join t2 on t1.c1 = t2.c1

图 3-23　分布式执行计划

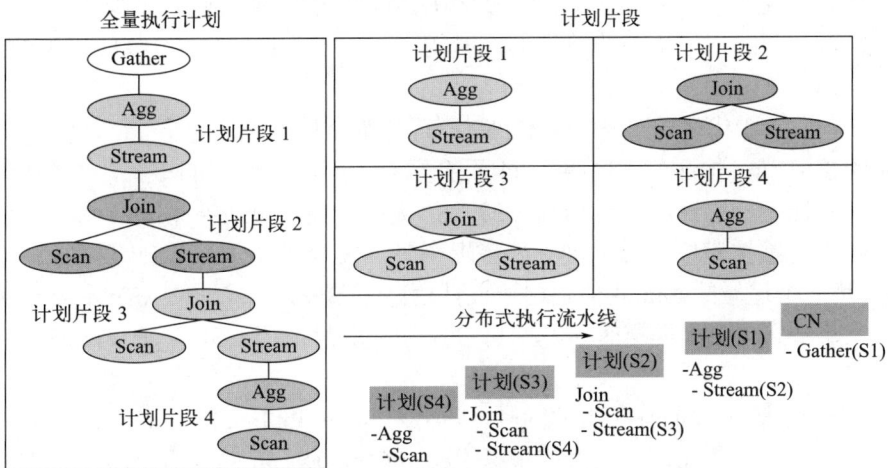

图 3-24　一个分布式执行的例子

3.3.5　轻量全局事务管理 GTM-lite

GTM 全称 Global Transaction Manager，即全局事务管理层，负责全局事务号的分发、事务提交时间戳的分发以及全局事务运行状态的登记，作为事务管理中的重要模块，为支持事务一致性提供必要的保证。事务开始和提交时与 GTM 进行交互获取必要的全局事务信息，包括事务 ID、全局时间戳、全局快照等。与其他模块的重要不同点是，为了保证一致性和事务标识全局唯一，集群中只有一个主 GTM，即只有一个 GTM 真正参与事务（不过 GTM 和 DN 一样是高可用的，支持一主多备或主备从）。使用 GTM 来进行事务管理时，一个很重要的问题就是会出现单点瓶颈，因为所有需要获取事务唯一标识的事务都需要连接 GTM，获取全局快照的时候也都需要连接 GTM，在大并发的情况下频繁的交互将导致大量的网络通信和锁等

待，从而限制了集群性能。

在旧 GTM 模式下，虽然通过将活跃事务链表替换为 CSN 减少了通信量，但是由于仍采用全局事务 id 的策略，所以每个活跃事务仍要在 GTM 注册槽位，GTM 负责管理和分发全局事务 id，这导致并发量大的时候 GTM 容易成为单点瓶颈，主要体现在以下两个方面：

① 在一个事务的执行流程中，CN 会与 GTM 进行多次交互，如事务开始时在 GTM 注册槽位、获取快照时从 GTM 获取全局事务 id、事务结束时向 GTM 提交并移除槽位等，这些频繁的交互会带来大量的网络通信和等待；

② 当并发量超过槽位数限制时，会由于槽位不够而影响业务正常进行。

由此可见，其影响性能的主要原因在于 GTM 的"协调"太强，通过对全局事务 id 的管控，虽然保证了事务的一致性，但是也限制了事务处理的效率。与 GTM 模式相反，GTM-FREE 模式下 CN/DN 不与 GTM 交互，而是通过 CN/DN 分别维护本地事务 id 来保证事务系统的正常运行。这种模式下由于缺少全局事务 id 以及 GTM 的其他协调（CSN），事务的一致性会受到影响，从而限制了这种模式的适用范围。综上，现有的两种模式在效率和一致性要求上并没有达到一个很好的平衡，而影响这种平衡的主要因素在于"协调"，协调带来更多一致性的保障，但是却降低了性能。由此，一个好的模式应该是在尽可能少的协调的情况下，达到尽可能高的性能，而本节介绍的 GTM-LITE 模式正是如此。

GTM-LITE 的主要目标就是在消除 GTM 瓶颈影响的同时，通过更少的信息交互来协调好事务的并发，从而在保证事务一致性的同时提升性能。为此，GTM-LITE 的主要设计思路包含以下 4 点：

① 本地事务 id 取代全局事务 id。GTM 不再分配全局唯一的事务 id，每个 CN/DN 节点用本地产生的事务 id，保证节点内事务 id 不会重复；对于跨节点的事务，由全局唯一的 gid 标识符前缀来保证写一致性，由全局唯一的 CSN 序列号来保证事务读的一致性。

② GTM 不再维护槽位信息，仅在事务提交时下发全局唯一的 CSN 序列号。GTM 下发的全局 CSN 是一个递增的 uint64 值。这一设计消除了 BEGIN、GetNewTransactionId 同 GTM 的交互。如果事务在 GTM 提交时失败，可以重新获取最新的 CSN，减少网络故障对系统造成的影响。

③ 本地维护多版本过期脏元组的回收，并引入 Snapshot Invalid 机制，保证全局事务的一致性。由于舍弃全局事务 id，无法直接根据 RecentGlobalXmin 确定需要清理的脏元组，所以需要利用全局 CSN 来计算 RecentGlobalXmin，从而实现 GTM 架构代码的有效复用。

④ 引入 prepared array（预处理组）链表对单节点事务可见性判断进行优化。对于单节点的读事务，不再向 GTM 申请快照，而是使用本地的快照+prepared array 链表来进行可见性判断，这种方式在保证读外部一致性的前提下，尽可能减少同 GTM 的交互。基本判断方法为：对于 CSN＜本地快照 CSN 的事务以及本地 prepared（在 prepared array 中）且最终提交的事务，均可见。

3.3.6　UStore 存储引擎

GaussDB 新增的 UStore 存储引擎，相比于 Append Update（追加更新）行存储引擎，可以提高数据页面内更新的 Hot Update 的垃圾回收效率，有效减少多次更新元组后存储空间占用的问题。设计原理上，UStore 存储引擎采用 NUMA-aware 的 Undo（撤销）子系统设计，使得 Undo 子系统可以在多核平台上有效扩展；同时采用多版本索引技术，解决索引清理问题，有效提升了存储空间的回收复用效率。UStore 存储引擎结合 Undo 空间，可以实现更高效、更全面的闪回查询和回收站机制，能快速回退人为"误操"，为 GaussDB 提供了更丰富的企业级功能。UStore 基于 Undo 回滚段技术、页面并行回放技术、多版本索引技术、xlog 无锁落盘技术等实现了高可用高可靠的行存储引擎，如图 3-25 所示。

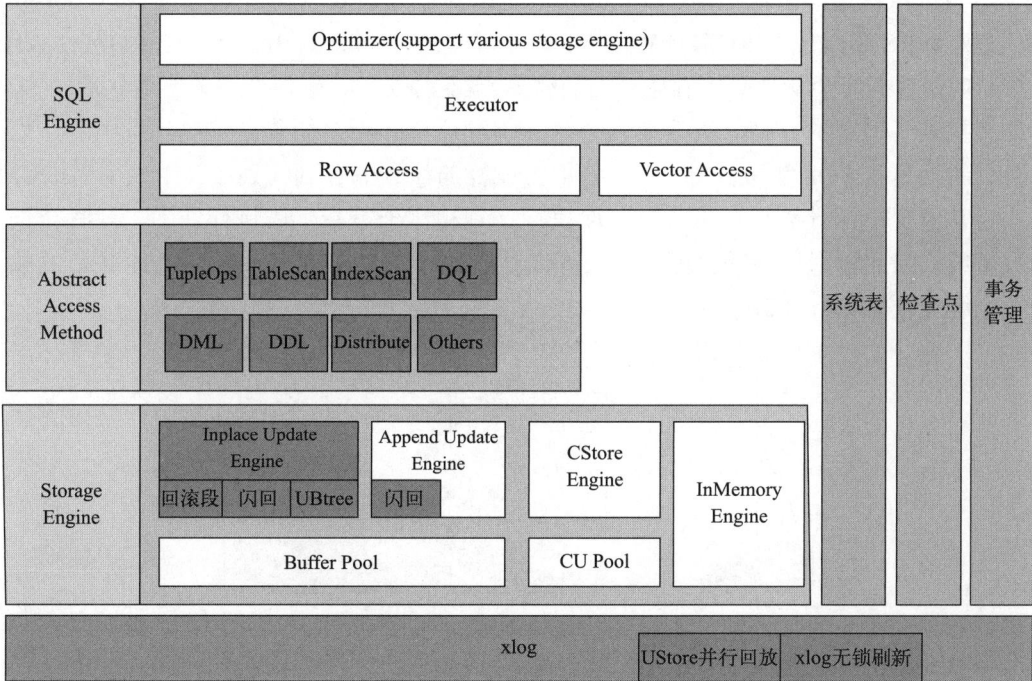

图 3-25　UStore 存储引擎

UStore 存储引擎作为原有 AStore 存储引擎的替代者，其核心目标定位于：

① 针对 OLTP 场景，实现原地更新（Inplace Update），利用 Undo 实现新旧版本分离存储；降低类似于 AStore 存储引擎由于频繁更新或闪回功能开启导致的数据页空间膨胀，以及相应的索引空间膨胀。

② 通过在 DML 操作过程中执行动态页面清理，去除 Vacuum（清理回收）依赖，减少由于异步数据清理产生的大量读写 I/O。通过 Undo 子系统，实现事务级的空间管控、旧版本集中回收。

③ 对插入、更新、删除等各种负载的业务，性能和资源使用表现相对平衡。在频繁更新类的业务场景中，更新操作采用原地更新模式，可以获得更高、更平滑的性能表现。适合"短"（事务短）"频"（更新操作频繁）"快"（性能要求高）的典型 OLTP 类业务场景。

3.3.7　计划缓存技术

数据库接收到 SQL 语句后通常要经过如下处理：词语法解析->优化重写->生成执行计划->执行。从开始解析到计划生成其实是一个比较耗时的过程，一个常用的思想就是将计划缓存下来，当执行到相似的 SQL 时，可以复用计划，跳过 SQL 语句生成执行计划的过程。在一般 OLTP 业务负载中，由于涉及的数据量较少，同时借助索引技术能够大大加速数据的访问路径，因此查询的解析、重写、优化阶段占比会比较高，如果能够将一些模板性质的语句计划缓存起来，每次设置不同的参数，那么查询的处理流程将大大简化，可提升查询时延和并发吞吐量。

所谓计划缓存技术，就是当数据库收到一条 SQL 请求后，首先会通过查询解析模块对 SQL 文本做一次快速参数化处理，参数化处理的作用是把 SQL 文本中的常量参数替换成通配符"?"，例如"SELECT * FROM t1 WHERE c1 = 1"会被替换为"SELECT * FROM t1 WHERE c1 = ?"。接着数据库会从计划缓存中查看有没有已经生成好的计划给这条参数化后的 SQL 使用。如果找到了可用的计划，数据库就会直接执行这个计划；如果没有找到可用的计划，数据库会重新为这条 SQL 生成执行计划，并把生成好的计划保存到计划缓存中以备后续的 SQL 使用。通常情况下从计划缓存中直接获取执行计划相比于重新生成执行计划，耗时会低至少一个数量级，因此使用计划缓存可以大大降低获取执行计划的时间，从而减少 SQL 的响应时间。计划缓存技术如图 3-26 所示。

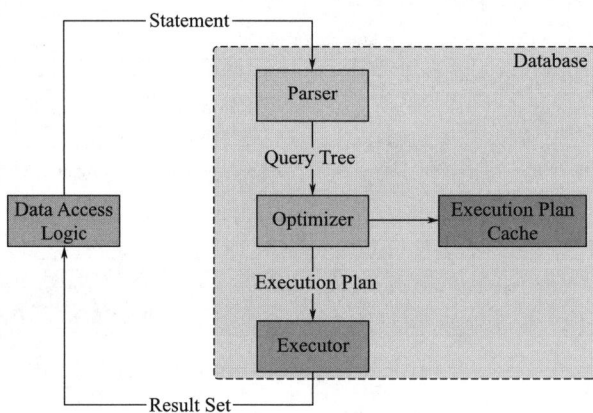

图 3-26　计划缓存技术

图 3-27 为对比使用计划缓存、不使用计划缓存的 SQL 执行过程，可以看到执行有计划缓存的查询语句可以规避掉大量的处理逻辑，在 OLTP 并发负载场景下提升效果较大。分析如下：首先，事务型负载单条查询执行时间本身就在毫秒级，查询解析、RBO/CBO 优化等一系列过程也是毫秒级，并且往往会超过查询本身的执行时间；另一方面，查询解析、RBO/CBO 本身是消耗 CPU 计算资源的操作，这对高并发、高吞吐的场景来说是非常明显的资源占用，如果能将这部分资源省下，同时将查询解析的时延消减为 0，将对整体性能有非常明显的提升。

3.3.8　数据分区与分区剪枝

在数据库系统中，数据分区是在一个实例内部按照用户指定的策略对数据做进一步的数据切分，将表按照指定规则划分为多个数据互不重叠的部分，如图 3-28 所示。从数据分区的角度来看是一种水平分区（Horizontal Partition）策略方式。分区表增强了数据库应用程序的性能、可管理性和可用性，并有助于降低存储大量数据的总体拥有成本。分区允许将表、索引和索引组织的表细分为更小的部分，使这些数据库对象能够在更精细的粒度级别上进行管理和访问。GaussDB 提供了丰富的分区策略和扩展，以满足不同业务场景的需求。由于分区策略完全由数据库内部实现，对用户是完全透明的，因此它可以在实施分区表优化策略以后做平滑迁移。

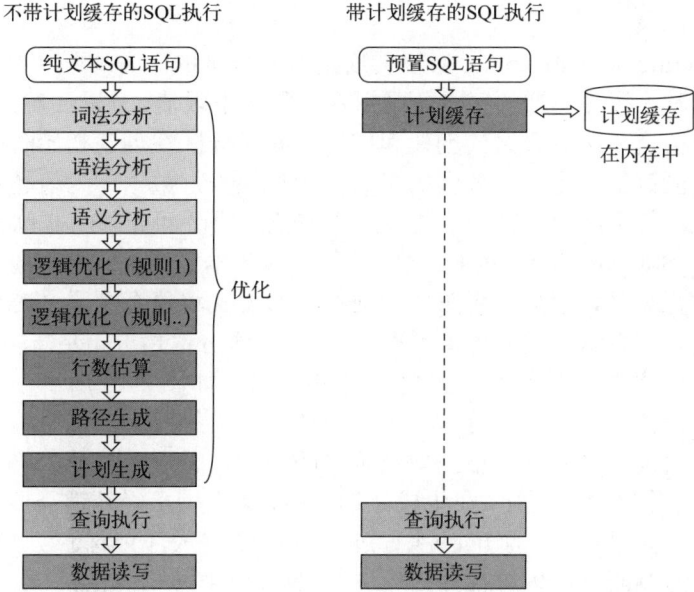

图 3-27　不同计划执行过程

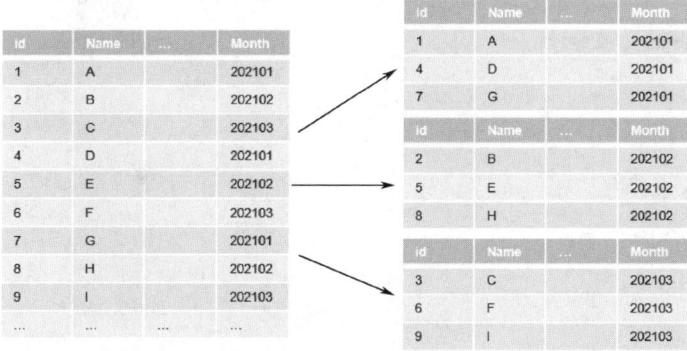

图 3-28　分区表

数据分区有如下优势：

① 改善查询性能。对分区对象的查询可以仅搜索自己关心的分区，提高检索效率

② 增强可用性。如果分区表的某个分区出现故障，表在其他分区的数据仍然可用。

③ 方便维护。如果分区表的某个分区出现故障需要修复数据，只修复该分区即可。

常见数据库支持的分区表为范围分区、列表分区、哈希分区、间隔分区、组合分区。

① 范围分区（Range Partition）：将数据基于范围映射到每一个分区，这个范围是由创建分区表时指定的分区键决定的。这种分区方式是最为常用的。范围分区功能，即根据表的一列或者多列，将要插入表的记录分为若干个范围（这些范围在不同的分区里没有重叠），然后为每个范围创建一个分区，用来存储相应的数据。

② 列表分区（List Partition）：将数据根据各个分区内包含的键值映射到每一个分区，分区包含的键值在创建分区时指定。列表分区功能，即根据表的一列，将要插入表的记录中出现的键值分为若干个列表（这些列表在不同的分区里没有重叠），然后为每个列表创建一个分区，用来存储相应的数据。

③ 哈希分区（Hash Partition）：将数据通过哈希映射到每一个分区，每一个分区中存储了具有相同哈希值的记录。

④ 间隔分区（Interval Partition）：可以看成是范围分区的一种增强和扩展方式，相比之下间隔分区定义分区时无须为新增的每个分区指定上限和下限值，只需要确定每个分区的长度，实际插入的过程中会自动进行分区的创建和扩展。间隔分区在创建初始时必须至少指定一个范围分区，范围分区键值确定范围分区的高值称为转换点，数据库为值超出该转换点的数据自动创建间隔分区。每个区间分区的下边界是先前范围或区间分区的非包容性上边界。

⑤ 二级分区（Sub Partition，也叫组合分区）：是基本数据分区类型的组合，将表通过一种数据分布方法进行分区，然后使用第二种数据分布方式将每个分区进一步细分为子分区。给定分区的所有子分区表示数据的逻辑子集。常见的二级分区由 Range、List、Hash 组合组成。

分区表对查询性能最大的贡献是分区剪枝优化技术，如图 3-29 所示，数据库 SQL 引擎会根据查询条件，只扫描特定的部分分区。分区剪枝是自动触发的，当分区表查询条件符合剪枝场景时，会自动触发分区剪枝。根据剪枝阶段的不同，分区剪枝分为静态剪枝和动态剪枝两种，静态剪枝在优化器阶段进行，在生成计划之前，数据库已经知道需要访问的分区信息；动态剪枝在执行器阶段进行（执行开始/执行过程中），在生成计划时，数据库并不知道需要访问的分区信息，只是判断"可以进行分区剪枝"，具体的剪枝信息由执行器决定。

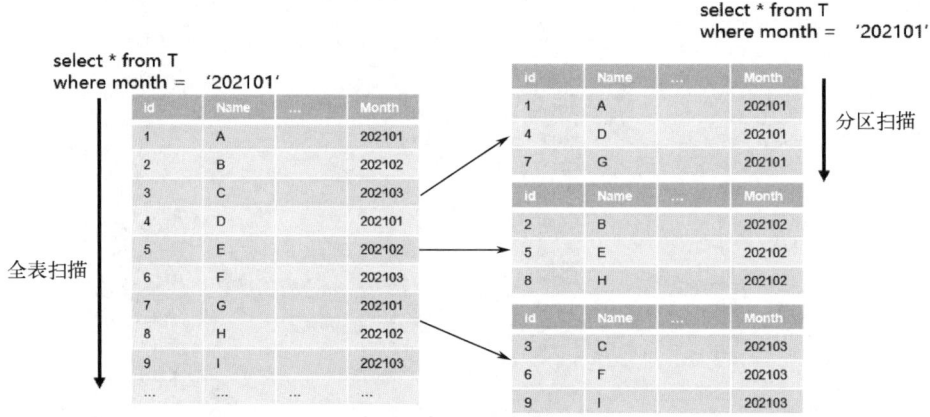

图 3-29　分区表剪枝

注意，分区表由于相比普通表多了一层分区选择的处理逻辑，所以在数据导入场景下会有一定的性能损耗。

3.3.9　列式存储和向量化引擎

传统关系型数据库中对数据模式都是以元组（记录）的形式进行理解和存取，但是在大数量偏分析类的 OLAP 应用场景中，以列方式存储能够获得更高的执行效率。GaussDB 支持行存储和列存储两种存储模型，用户可以根据应用场景，在建表的时候选择行存储还是列存储。一般情况下，如果表的字段比较多（大宽表），查询中涉及的列不是很多，适合列存储；如果表的字段个数比较少，查询大部分字段，那么选择行存储比较好。图 3-30 是行存表、列存表在存储模型上的对比。

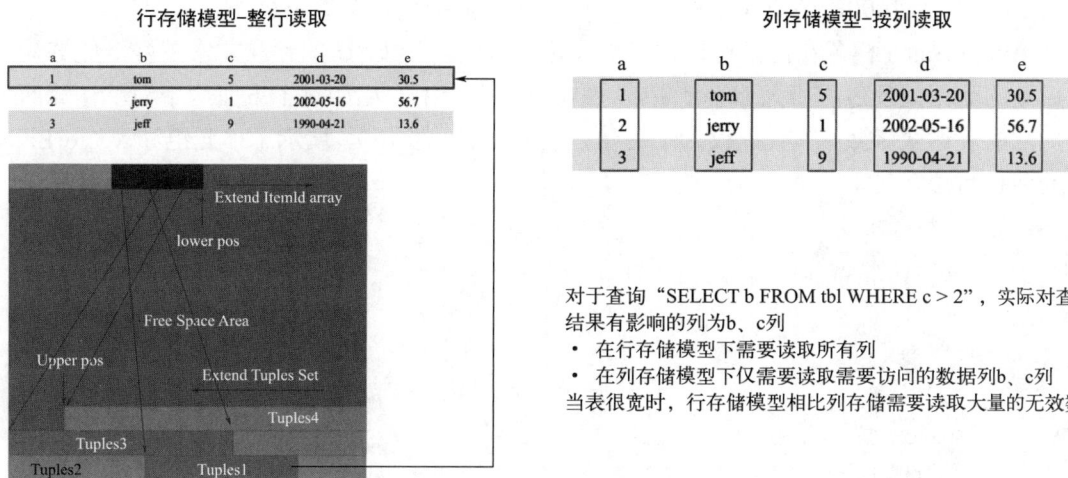

图 3-30　行存表列存表比较

通常在大宽表、数据量比较大的场景中，查询少数特定的列、行时，行存引擎查询性能比较差。例如单表有 200~800 列，经常查询访问的仅其中 10 个列，在这种情况下，向量化执行技术和列存储引擎可以极大地提升性能，减少存储空间。

针对数据的列式存储，GaussDB 在执行层改进了传统的执行引擎数据流遵循一次一元组的 VectorBatch（批向量）模式，而向量化引擎（VectorEngine）将这个执行器算子数据传递、计算模型改成 VectorBatch 模式，这种看似简单的修改却能带来非常明显的性能提升，如图 3-31 所示。

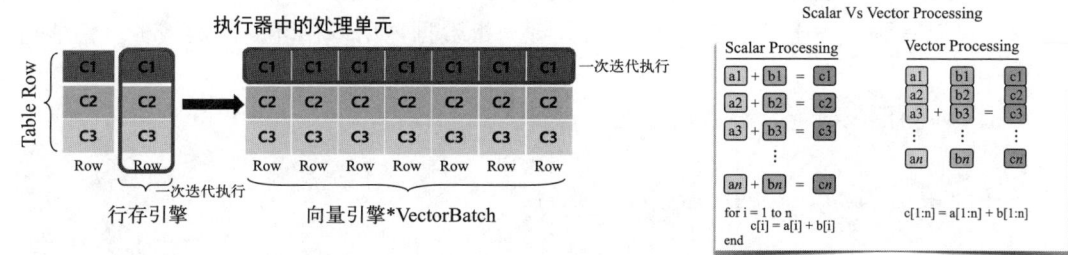

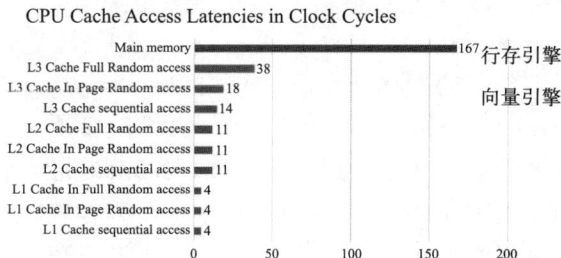

1. 相等数据量场景 Function call 次数为原来的 1/N，降低函数调用的开销。
2. 向量化引擎对处理的数据最大限度地遵守局部性原理，尽可能保持指令和数据在 cache 中，有效避免 cacheline miss，能够显著提升执行的效率。
3. 支持批量数据返回，完全重写原有的执行引擎，性能提升 3 倍以上。

图 3-31　向量化执行引擎

其中的主要提升原因可以对应上面介绍的 CPU 架构里影响性能的几个关键因素：

① Batch 模式的函数模型在控制流的调动下，每次都需要进行函数调用，调用次数随着数据增长而增长，而一批元组的模式则大大降低了执行节点的函数调用开销，如果我们设定 Batch 元组数量为 1000，函数调用相对于一次一元组能减少三个数量级。

② VectorBatch 模式在内部通过数组来表达，数组对于 CPU 的预取非常友好，能够让数组在后续的数据处理过程中大概率能够在 CACHE 中命中。比如对于下面这个简单计算两个整形加法的表达式函数（其代码仅为了展示，不代表真实实现），展示了单元组和 VectorBatch 元组的两种写法。

```
//单元组的整形加法
int int4addint4(int4 a, int b)
{
    return a+b;
}


//VectorBatch模式的整型加法
void int4addint4(int4 a[], int b[], int res[])
{
    for(int i = 0; i < N; i++)
    {
        res[i] = a[i] +b[i];
    }
}
```

③ VectorBatch 模式计算函数内部因为 CPU Cache 的局部性原理，数据和指令的 Cache 命中率会非常好，这极大提升了处理性能，同时也为利用 SIMD 特性带来了非常好的机会，SIMD 能够大大提升在元组上的计算性能。还是以上述整形加法以例子，我们可以重写上述的函数如下。可以看到，由于 SIMD 可以一次处理一批数据，所以循环的次数减少，性能得到进一步提升。

```
void int4addint4SIMD(int4 a[], int b[], int res[])
{
    for(int i = 0; i < N/SIMDLEN; i++)
    {
        res[i..i+SIMDLEN] = SIMDADD(a[i..i+SIMDLEN], b[i..i+SIMDLEN];
    }
}
```

在当前 GaussDB 里向量化引擎和普通行存引擎共存对上层用户透明，如图 3-32 所示，行执行引擎处理的数据单元 TupleSlot 与向量化引擎处理的数据单元 VectorBatch 通过行转列 Row2Vec、列转行 Vec2Row 进行在线转换，因此在复杂查询中涉及行存、列存表时，优化器能够结合代价模型并针对一些典型场景判断使用何种引擎进行处理能将资源利用最大化。

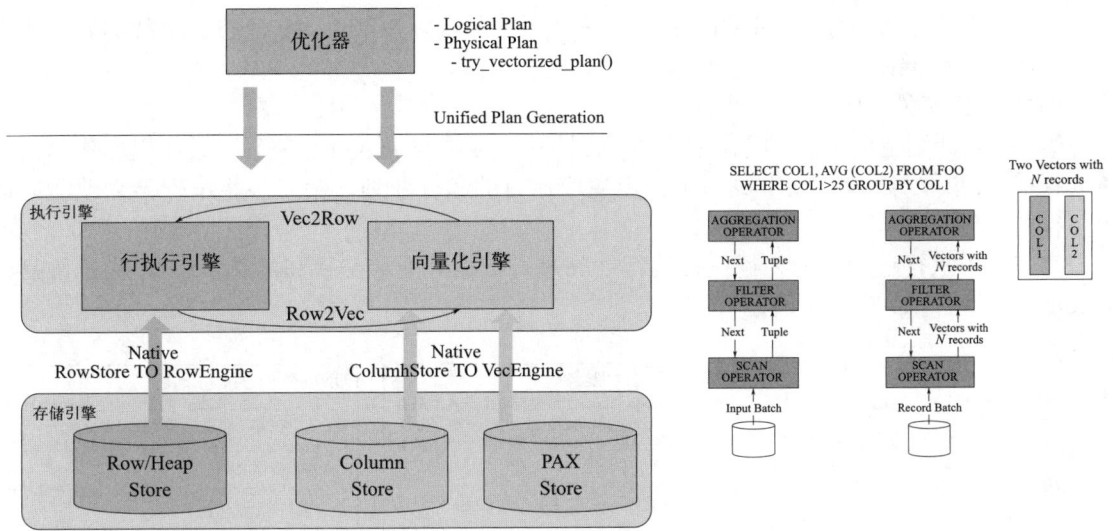

图 3-32　GaussDB 行列混合执行引擎

3.3.10　SMP 并行执行

　　GaussDB 的 SMP 并行技术是一种利用计算机多核 CPU 架构来实现多线程并行计算，以充分利用 CPU 资源来提高查询性能的技术。在复杂查询场景中，单个查询的执行时间较长，系统并发度低，通过 SMP 并行执行技术可实现算子级的并行，能够有效减少查询执行时间，提升查询性能及资源利用率。SMP 并行技术的整体实现思想是对于能够并行的查询算子，将数据分片，启动若干个工作线程分别计算，最后将结果汇总返回前端。SMP 并行执行增加了数据交互算子（Stream），其实现多个工作线程之间的数据交互，确保查询的正确性，并完成整体的查询。

　　并行技术是提升数据库处理能力的有效手段，关于并行技术 GaussDB 总体分成了两个大类，如图 3-33 所示。

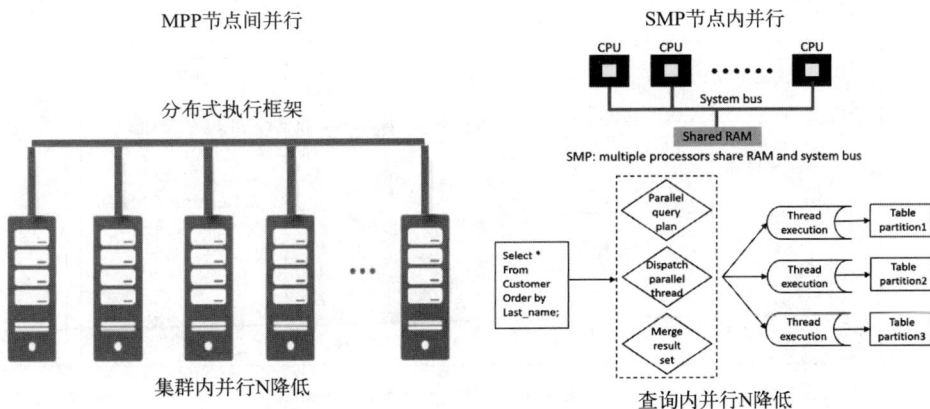

图 3-33　GaussDB 并行技术

　　① SMP 节点内并行（ScaleUp）：决定整体系统的理论性能上限，充分发挥单节点 CPU、内存资源对业务输出的贡献程度。

② MPP 节点间并行（ScaleOut）：决定整体系统的实际性能上限，分布式实现的好坏决定了横向的线性扩展比。

SMP 对称多处理的实现过程：

① SMP 计划生成：一阶段计划生成，在路径生成阶段加入并行路径，最终根据代价决定所选择的计划。二阶段计划生成，第一步生成原有的串行计划，第二步将串行计划改造成适应并行的计划。

② SMP 执行过程：为并行执行线程之间进行数据分配、交换和汇总（Scan 类：磁盘、Stream：网络），如图 3-34 所示。

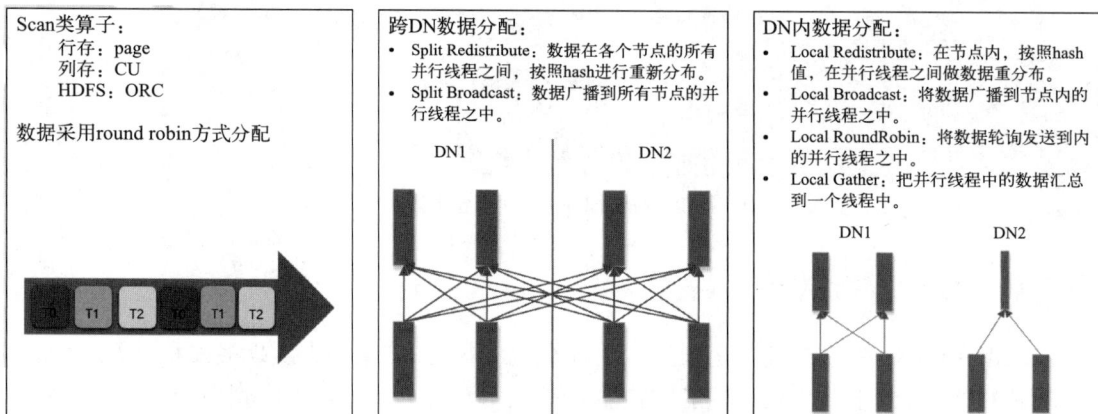

图 3-34　SMP 执行过程

SMP 具有自适应功能。SMP 优化执行与当前执行的资源环境因素相关，不同硬件环境、不同系统负载的情况下可用的计算资源存在差异，不同时刻特定查询复杂度需要的计算资源也存在不同；自适应 SMP 目标基于当前系统可用资源以及可生成 SMP 计划的情况，综合判定查询的执行计划。如图 3-35 所示，SMP 自适应分为两个阶段，第一阶段确定初始 dop，第二阶段对基于初始 dop 生成的计划进行优化。在第一阶段考虑 CPU 资源、串行还是并发，在第二阶段考虑计划复杂程度。

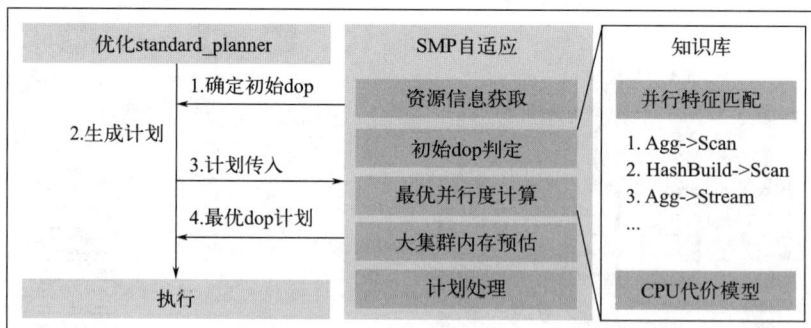

图 3-35　自适应 SMP

① 资源情况：CPU core（服务器 CPU core 数量/服务器部署 DN 数量），串行/并发［可用 CPU core×（1 - CPU usage）］。

② 查询复杂度：执行计划被 Stream 算子拆分成多个片段，每个片段由一个线程执行。该

计划中，可以无阻塞运行的 Stream 算子数决定了整个计划的最大并行线程数。采用特征匹配来识别查询复杂度。

3.3.11 LLVM 动态查询编译执行

传统经典执行器算子中使用基于遍历树的表达式计算框架，这种框架的好处是清晰明了，但是在性能上却不是最优的，主要有以下几个原因：

① 表达式计算框架的通用性决定了其执行模式要适配各种不同的操作符和数据类型，因此在运行时要根据其表达式遍历的具体结果来确定其执行的函数和类型，对这些类型的判断要引入非常多的分支判断。

② 表达式计算在整体的执行过程中要进行多次的函数调用，其调用的深度取决于其树的深度，这一部分也有着非常大的开销。

分支判断和函数调用同样在执行算子中也是影响性能的关键因素，为了提升其执行速度，GaussDB 引入了业界著名的开源编译框架 LLVM（Low Level Virtual Machine，底层虚拟机）来提升执行速度。LLVM 是一个通用的编译框架，能够支持不同的计算平台。LLVM 提升整体表达式计算的核心要点如下：

① GaussDB 内置的 LLVM 编译框架为每一个计算单元（表达式或者执行算子里面的热点函数）生成一段独特的执行代码，由于在编译的时候提前知道了表达式涉及的操作和数据类型，所以为这个表达式生成的执行代码将所有的逻辑内联，完全去除函数调用，所有的函数都已经被内联在一起，同时去掉了关于数据类型的分支判断。

② LLVM 编译框架利用编译技术最大程度地让生成的代码将中间结果的数据存储在 CPU 寄存器里，让数据读取的速度加快。

LLVM 通过消除条件逻辑冗余，降低虚函数调用次数，改善数据局部性，可大大降低任务执行代价。LLVM 生成的 machine code 为一次性成本，整个执行过程均可使用，数据量越大，所获取的收益将越大，因此对于一个可以实施 LLVM 动态编译优化的查询，其收益随着数据量的增多会逐步增加，对应的性能提升比例也会越来越大，如图 3-36 所示。

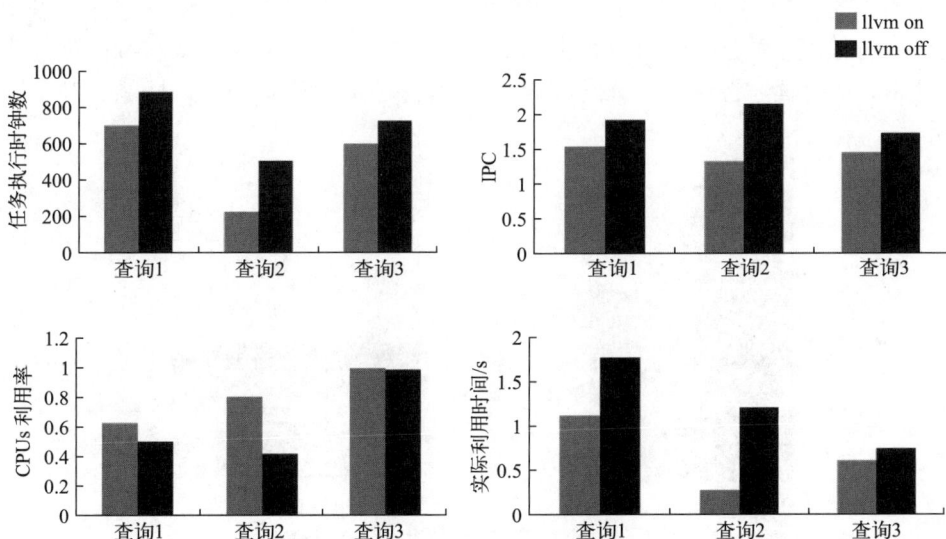

图 3-36　LLVM 性能提升

3.3.12　SQL-BY-PASS 执行优化

在典型的 OLTP 场景中，简单查询占了很大一部分比例。这类查询大多数是使用索引、分区剪支、只涉及单表和简单表达式的查询，这类查询的有效数据读取占比在整个查询解析、执行过程中并不大，即便使用计划缓存技术（PBE）把查询解析部分省下来以后，执行器初始化 exec_init_*() 仍然会有比较明显的开销，例如图 3-37 所示，执行器初始化开销占比超过 40%，这部分操作往往是同样的模板查询，是无效的重复开销，有效部分只有"Operator::get_next()"，占比只有 15% 左右。

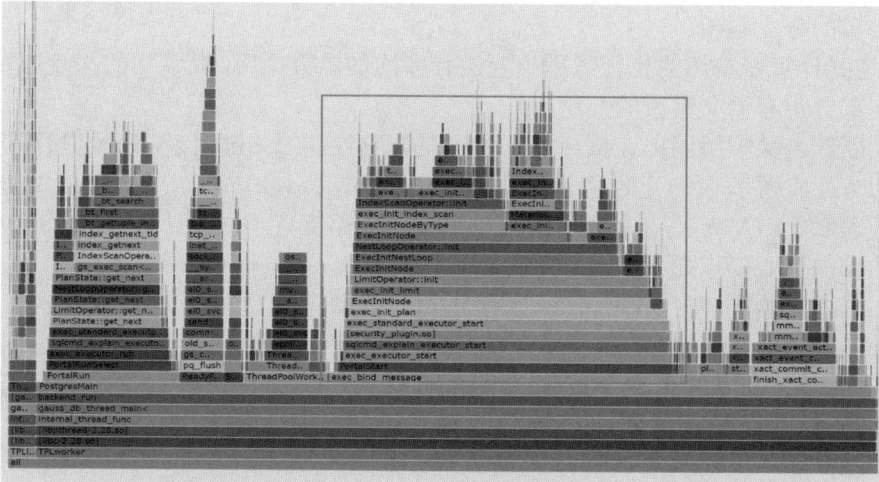

图 3-37　优化前火焰图

为了加速这类查询，提出了 SQL-BY-PASS 框架，其核心思想是对执行路径 Inline 处理优化，减少不必要的执行器函数迭代的开销，在 Parse 层对这类查询做简单的模式判别后，进入到特殊的执行路径里，跳过经典的执行器执行框架，包括算子的初始化与执行、表达式与投影等经典框架，直接重写一套简洁的执行路径，并且直接调用存储接口，这样可以大大加快简单查询的执行速度。以分区表单点查询举例，通过 SQL-BY-PASS 技术将分区表的执行过程进行扁平化 Inline 处理，将原来 SQL 执行引擎中很深的调用栈扁平化，性能提升了 30%，如图 3-38 所示。

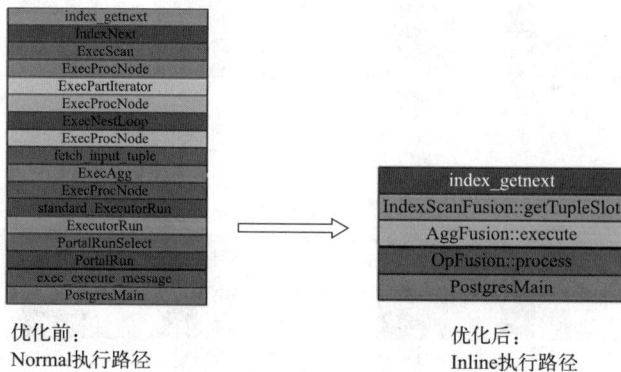

优化前：　　　　　　　　　　　　　　优化后：
Normal执行路径　　　　　　　　　　　Inline执行路径

图 3-38　SQL-BY-PASS 优化后火焰图

3.3.13 线程池化

在 OLTP 领域中数据库通常需要处理大量的客户端连接。因此，高并发场景的处理能力是数据库的重要能力之一。对于外部连接最简单的处理模式是 per-thread-per-connection 模式，即来一个用户连接产生一个线程。这个模式的优势在于架构上处理简单，但是高并发下，由于线程太多，线程切换和数据库轻量级锁区域的冲突过大将导致性能急剧下降，使得系统性能（吞吐量）严重下降，无法满足用户性能的 SLA。归纳来说，每当面对高并发业务（线程/CPU 核数比大于 10）场景时，系统通常面临以下几个方面挑战：

① 资源耗尽。由于接入的会话数过多导致内存、连接数资源耗尽，产生系统宕机、OOM 等异常，造成系统可用性降低。

② 过度争抢。由于并发数过多而具体 CPU 计算有限，增加了临界区锁、信号量等处理开销，大量资源并未产生客户实际吞吐量。

③ 相互影响。如果某一个会话请求占用过多的 CPU、内存资源导致对其他会话资源的挤占，将造成单个请求拖垮整个系统的严重问题。

因此，为实现高并发性能稳定性，数据库系统需要从设计上解耦接入会话数与资源使用量以及争抢之间的线性耦合关系，同时对极端"炸弹式"请求需要有有效的管控措施，将其影响控制在有限的范围内。GaussDB 主要使用线程资源池化复用的技术来解决该问题。线程池技术的整体设计思想是线程资源池化，并且在不同连接之间复用。系统在启动之后会根据当前核数或者用户配置，启动一批的工作线程，一个工作线程会服务一到多个连接 session（会话），这样把 session 和 thread（线程）进行了解耦。因为工作线程数是固定的，因此在高并发下不会导致线程的频繁切换，而由数据库层来进行 session 的调度管理。

高斯数据库线程池实现主要体现在以下 3 个方面：

① 资源解耦：将接入会话与工作线程进行解耦隔离，确保高并发场景下系统资源不会持续增加而是保持稳定，如图 3-39 所示。

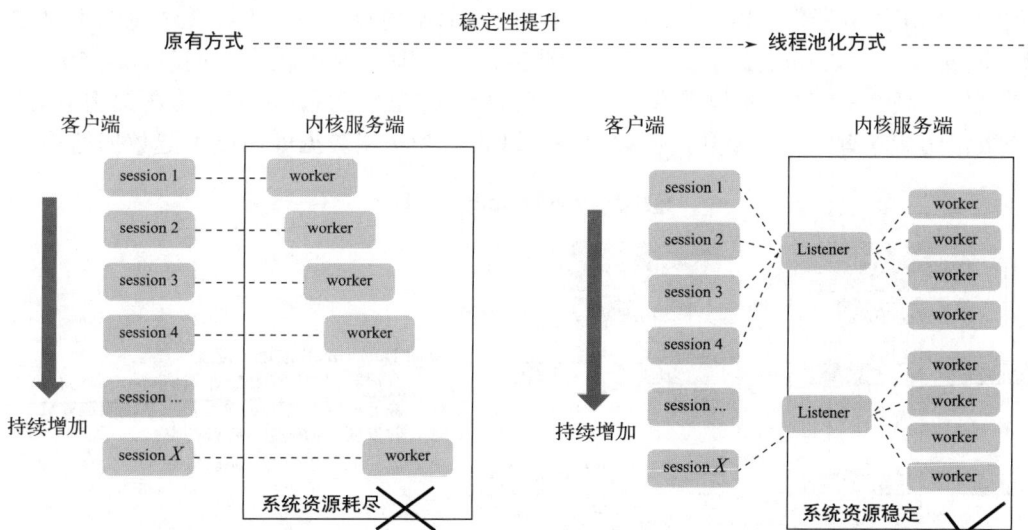

图 3-39　线程池实现

② 多核优化：在多核场景下考虑到 NUMA 效应，线程池针对工作线程的调度范围根据

NUMA node 进行分配和限制，避免线程的调度跨 NUMA，降低处理时延，提升性能。

③ 资源管控：线程池化基础上实现以工作线程为粒度的过载管控，避免单一线程占用过多资源，提升系统可靠性。

通过线程池化改进后相比高并发场景下具有明显的性能稳定性，表 3-1 是数据库使用标准 OLTP 负载模型（TPCC）进行测试的结果。

表 3-1　TPCC 性能结果

并发数	MySQL 非线程池	GaussDB（线程池）
100	339171.29	852701.91
200	401879.30	1267780.87
400	380815.54	1616192.10
600	344775.51	1693294.49
800	316093.14	1663179.51
1600	250559.43	1632902.63
2400	207585.54	1631816.55
3200	181735.22	1615253.23

总结：在线程池的帮助下，数据库系统面对大并发场景时的稳定性、性能两方面都有明显提升。

① 稳定性：随着并发数增加，MySQL 非线程池模式的数据库性能在 CPU 资源满载以后并不会像 GaussDB 这样保持稳定。

② 高性能：数据库线程池化考虑多核 CPU NUMA 亲和以后进一步提升性能，相比 MySQL 有明显优势。

3.3.14　多核处理器优化

鲲鹏 ARM 服务器多 CPU-socket 架构下跨 NUMA 内存访问延迟存在严重的不对称（图 3-40），远/近端内存访存时延有成倍差异（图 3-41），同时比 x86 内存访问时延高 50%、并发控制原语代价高 2~3 倍，在数据库中会进一步恶化 OLTP 瓶颈，尽管通常在架构下 CPU 物理核心数相比 x86 有了一定提升，但如果不合理设计和实现数据库内核关键数据结构，线程

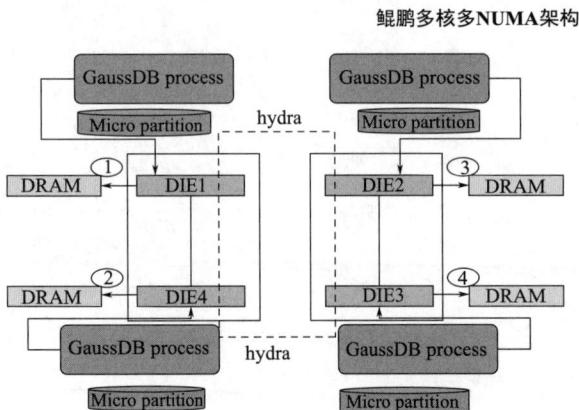

图 3-40　鲲鹏多核多 NUMA 架构

调度模型将无法充分利用 ARM 多核的优势。如何优化 NUMA 带来的访问时延问题，如何充分利用众核 CPU 解决并发控制问题，成为鲲鹏上优化数据库 OLTP 负载性能的主要挑战。

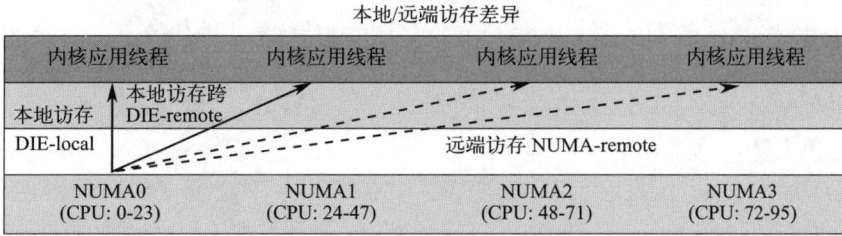

图 3-41　本地/远端访存差异

GaussDB 根据 ARM 处理器的多核 NUMA 架构特点，进行针对性的 NUMA 架构相关优化，主要围绕三个方面进行：

① 线程调度访存本地化：减少跨核内存访问的时延问题，让线程调度尽可能在单个 NUMA 节点内，同时针对高频热点数据结构通过适当的冗余保留在本地，减少跨 NUMA 远端内存访问，如图 3-42 所示。

② ARM 多核算力优化：针对鲲鹏 ARM 体系下计算核心多的优势，对数据库查询处理、数据库缓冲区脏页处理、WAL 日志等关键处理流程进行多线程多级流水线改造，将原有单线程处理流程下发给多个 CPU 线程进行并行处理提升总体性能。

③ ARM 指令集优化：借助 ARMv8.1 引入的新的原子操作 LSE，将大量的可转换为原子类型操作（plus、minus、CAS）的部分，替换为 ARM 硬件相关原语 LSE 指令集，从而提升多线程间同步性能，例如工作线程 WAL 写入性能等。

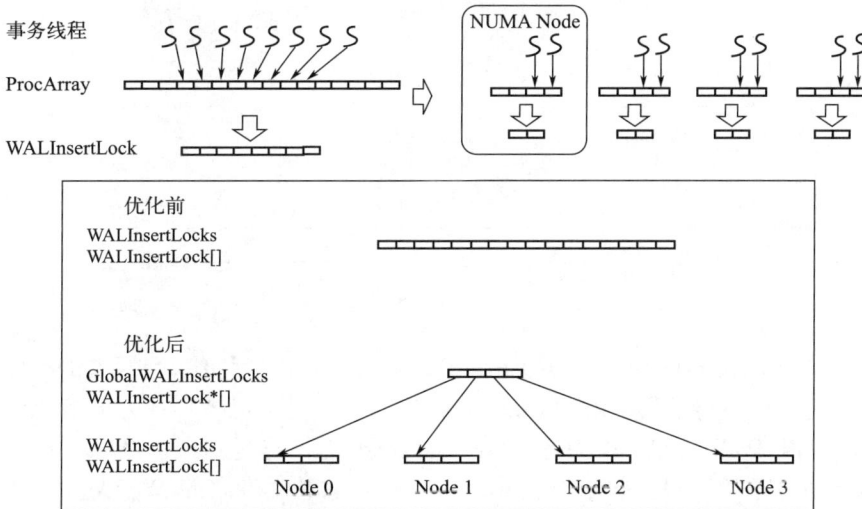

图 3-42　GaussDB NUMA 优化

3.3.15　日志无锁刷新与多级流水

在写事务型负载中日志落盘位于性能关键路径，为了确保数据可靠性，在执行 INSERT、DELETE、UPDATE 等操作时均需要记录日志。经过在多核环境上的性能测试，我们发现日志在 Flush 时存在大量的等待,其本质原因是当前在并发场景下日志落盘环节很难在 WALInsertLock 数量和锁遍历开销中取得平衡,导致成为瓶颈。

图 3-43 展示了常见的日志实现方案,主要可以归纳成 3 个方面:

① 数据库内核线程必须获取日志插入锁 WALInsertLock 才能进入第一个临界区,在临界区中,Backend(后端)线程首先会预留 WAL 的插入位置,然后将生成的 WAL 复制到 WAL Buffer 的对应预留位置中。由于是多个数据库后台线程进行的并发复制,每个 Backend 线程复制完成的时机并不一致。

② 数据库后台线程需要遍历所有的 WALInsertLock,检查 LSN 是否已经下盘,当 WALInsertLock 的数目越多时,在执行 WAL 刷新之前等待其他 Backend 线程将日志复制完成的时间就越长。

③ WALInsertLock 的数目越少时,xlog 插入锁的抢占就越激烈。所以不管 WALInsertLock 的数量如何变化,系统的性能都很难达到最优,这成为了目前日志落盘的瓶颈。

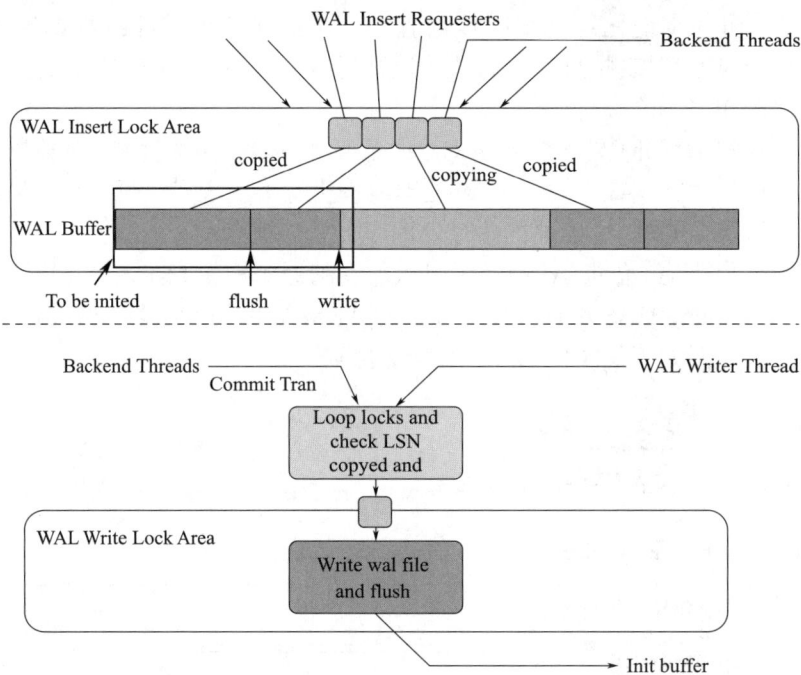

图 3-43　日志实现方案

如图 3-44 所示,GaussDB 针对 WALInsertLock 日志锁进行优化,利用 LSN(Log Sequence Number,日志逻辑序列号)及 LRC(Log Record Count,日志记录总数)记录了每个 Backend 的复制进度,取消 WalInsertLock 机制。在 Backend 将日志复制至 WALBuffer 时,不用对 WalInsertLock 进行争抢,可直接进行日志复制操作。并利用专用的 WALWriter 写日志线程,不需要 Backend 线程自身来保证 XLog 的 Flush。通过以上优化,取消 WALInsertLock 争抢及 WALWriter 专用磁盘写入线程,在保持原有 XLog 功能不变的基础上,可进一步提升系统性能。针对 UStore Inplace update WAL log 写入,UStore DML 操作并行回放分发进行优化。通过利用 prefix(前缀)和 suffix(后缀)来减少 update WAL 日志的写入。通过把回放线程分多个类型,解决 UStore DML WAL 大多都是多页面回放的问题。同时把 UStore 的数据页面回放按照 blkno(块序号)去分发,可更好地提高并行回放的并行程度。

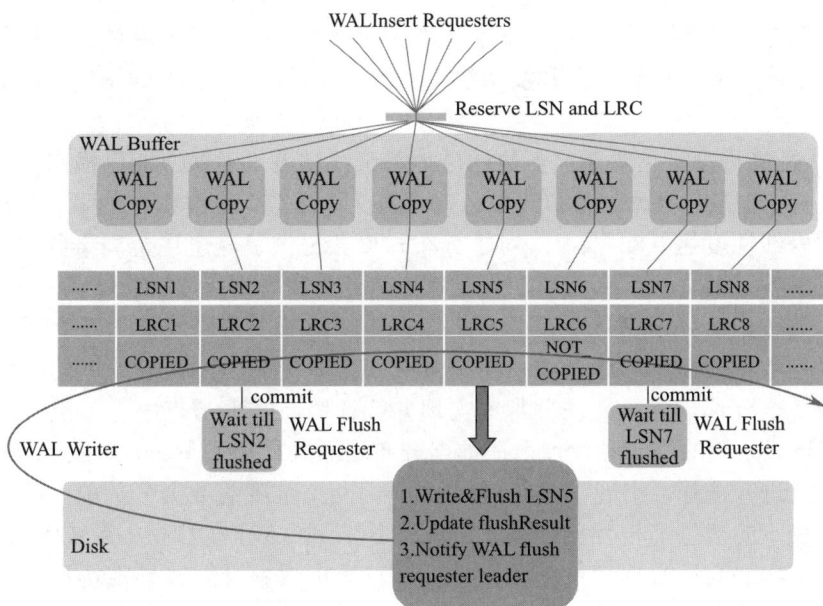

图 3-44　GaussDB 日志锁改进方案

3.4 高斯数据库性能优化总结

高斯数据库 GaussDB 是华为公司过去 20 年打造的一款高性能 OLTP 交易型数据库产品，在迭代演进过程当中吸纳当今主流数据的技术与思路，确保架构和演进层面的领先性，在达到高性能的同时能够保证事务的强一致性，在国内泛金融领域、保险等主要行业、公司内部有广泛的应用和成功落地实践。

首先，高斯数据库从架构层面需要保证处理能力可持续提升、可横向扩展，避免某一单点问题阻碍上限的提升，因此最初架构演进上就做过深入的考虑，因此在相同代码基础上同时具备分布式、集中式两种不同的部署形态，这里集中式部署形态决定了单节点（单分片）的性能上限，而分布式将多个数据分片结合到一起通过横向扩展提升总体上限。因此从产品架构维度上看，高斯数据库的高性能技术点可分成集中式、分布式两个优化维度。

① 集中式性能维度，主要聚焦数据库进程内的算法实现，其目标在于将节点内有限计算资源有效最大化利用。首先，从查询执行算法的宏观维度看，优化器通过查询重写、CBO/RBO 代价模型确保查询整体执行步骤最优。其次，执行引擎将执行计划内的每个算子执行效率发挥出来，通过节点内 SMP 对称多线程并行处理技术将多核 CPU 资源加以利用，实现处理任务时序在时间维度重叠，实现性能提升；通过算子向量化、CodeGen/LLVM 等技术实现局部编译器执行，确保了 CPU 指令集微观层的优化效果；此外集中式场景还考虑单节点大容量数据场景，执行层面提供了丰富可选的数据分区策略（Range、List、Hash、Interval、二级组合分区），能够根据用户业务的定义对数据查询范围进行数量级的裁剪，通过 UStore 存储引擎确保读写混合负载长稳性能以及空间节省；同时为了保证数据的强一致性处理，WAL 日志落盘也进行了异步流水化改造，提升单位时间内日志持久化落盘的速率，进而提升读写事务的性能。再次，在性能稳定性层面，同样做了线程池化、内存共享化改造，能够确保并发线程在

内存、CPU 调度之间得到平衡，能够在极致并发场景下，如五倍（相对满负荷负载并发）并发性能不显著下降，十倍甚至百倍并发系统不崩溃，并已在公司 MetaERP 项目中得到过实战检验。

②分布式性能维度，主要聚焦多数据分片汇聚线性度，确保性能可横向扩展，在高斯数据库里实现了 CN 轻量化技术、分布式单分片事务，降低 CN 路由和本地事务处理开销，能够在 256 大集群内线性度达 0.85 以上；对于分布式事务提供了轻量化全局事务 GTM-lite 技术，能够让分布式事务开销进一步降低，在标准 TP 点查负载模型下 32 节点以内线性度达到 0.9以上。分布式大数据量处理场景下，分布式优化器能够基于全局统计信息合理生成分布式查询计划，确保在数据搬迁、本地计算量两个维度获得最优解，实现批处理的高效性。分布式执行框架串联多个分片计算单元在分片间实现并行计算，实现节点内、节点间的双重并行叠加，最大化分布式系统的资源利用率。在数据分布层面同样提供 Hash、List、Range 分布策略供客户应用场景进行选择，实现了分布-集中式分区两个维度的数据分片能力叠加，极大提升了大数据量场景下的数据剪枝优化能力，并在 CBG、邮储等核心业务系统中得到实战检验。

其次，为了确保高斯数据库性能易用性，针对历史版本升级、异常场景下的逃生策略同样做了一系列性能辅助特性，例如 SPM 计划管理，SQL-PATCH 能够在版本升级、系统迁移、统计信息突变场景下对已有 optimal 计划起到保护作用，避免计划跳变导致的性能劣化，基于线程调度抗过载逃生能有效控制慢查询等"性能炸弹"并进行有效隔离，在企业应用的一些边界极端场景中确保数据库性能 SLA 达成。

回顾过去，GaussDB 在演进迭代过程中积极吸取了时下关系型数据库、分布式数据库的设计与优化方案，同时并未对分布式 TP/AP 系统的复杂性妥协，在确保单节点性能领先的前提下仍然可通过分布式提升整体的性能上限并具备不错的线性扩展比。放眼未来，随着计算机软硬件的不断革新，高斯数据库性能优化也扎根到与之相结合的新高度，在近年出现的多核 128/256 多核 CPU、鲲鹏/x86 体系结构相关背景下基于多核 NUMA 的优化方案也在产品里落地商用，其中鲲鹏 2/4 路 180w/230w tpmC、32 节点 1600w tpmC 的优势更是在性能比拼测试中获胜，此外还进行编译器相结合的优化，基于毕昇编译器的 PGO、LTO、BOLT、静态编译优化等手段已在局点实战比拼中提升已有上限的 20%～30%。

第4章

数据库高可用关键技术

高可用（High Availability，HA）是数据库必须考虑的因素之一，它通常是指通过设计减少系统不能提供服务的时间。GaussDB 的高可用提供 DCF、双集群容灾、逻辑复制、两地三中心跨 Region 容灾等多种高可用方案。DCF 提供多数派节点自选主仲裁、日志复制、一致性控制等高可用功能。分布式同城双集群流式容灾和两地三中心三集群容灾方案，兼具高可用性和灾难备份能力。逻辑复制支持易用、稳定、高效的数据库迁移和数据实时同步。

4.1 分布式一致性框架

DCF 是 GaussDB 自研分布式一致性共识框架，基于 Paxos 协议开发，实现多数派节点自选主自仲裁、日志复制、一致性控制等高可用功能。

4.1.1 共识框架概述

分布式一致性共识框架（Distributed Consensus Framework，DCF）部署于 GaussDB 进程，以动态库形式提供给 DN 调用，实现 DN 节点间自选主自仲裁、XLog 日志复制、回放控制等，如图 4-1 所示。DCF 主要设计特点如下：

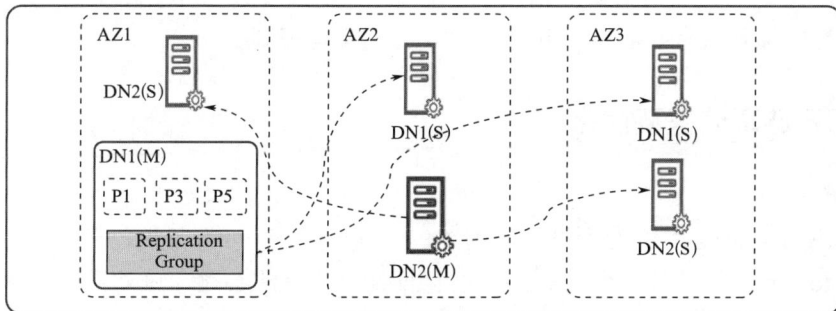

图 4-1　分布式一致性共识框架

① 独立 API 数据复制与内核逻辑隔离;

② 基于 Paxos 一致性协议实现日志多副本复制,实现跨 AZ 极致高可用;

③ 支持多种节点角色,包括 Leader(领导者)、Follower(跟随者)、Candidate(候选人)、Passive(被动复制)、Logger(记录者);

④ 支持多日志流通道,支持 DN 粒度和分区粒度日志分组复制能力;

⑤ DCF 内部通过多处的 pipeline、batching、compress 等手段提升整体性能。

4.1.2 DCF 功能架构

如图 4-2 所示,DCF 通过上层 API 提供给 DB 内核调用,在 DCF 内部主要功能模块如下:

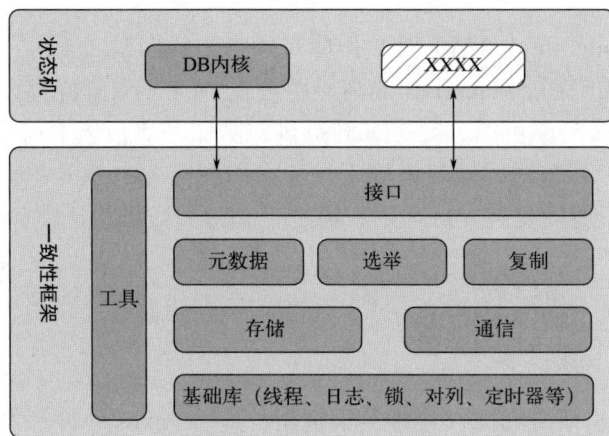

图 4-2 DCF 功能架构

① 接口:对外提供写入、查询、注册回调等功能。

② 选举:负责主节点的选举、心跳维持、状态通知。

③ 复制:负责日志的复制、提交、达成一致控制。

④ 元数据:负责管理集群配置信息。

⑤ 存储:负责日志数据的缓存管理和持久化。

⑥ 通信:提供节点间的数据通信功能,并支持压缩解压和 SSL 能力。

⑦ 基础库:提供线程、日志、锁、队列、定时器等基础能力。

4.1.3 DCF 选举流程及优化

选举流程介绍:

如图 4-3 所示,除了配置为不可当主的角色(Logger、Passive)外,启动时各节点一般默认是备机 Follower 角色。节点启动后如果没有收到主节点的心跳,则达到选举超时时间后节点就会发起选主请求,如果节点收集到超过半数节点的应答则可升主。节点升主后会定期给其他节点发送心跳维持权威,其他节点收到心跳后作为备机工作。

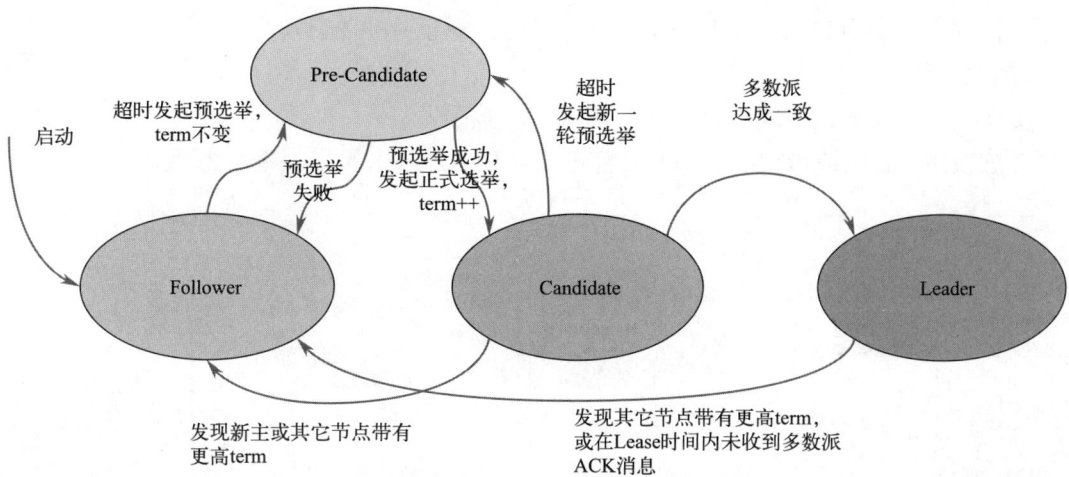

图 4-3　DCF 选举流程及优化

每次选出新主都会产生一个新的任期，这个任期是单调递增的。当后续重新选主时，任期会跟着变大。

如果主节点故障，无法继续发送心跳，其他节点达到选举超时时间后会发起新一轮选举，集群选出新主，则继续对外提供服务。

预选举优化：

为防止网络断连导致节点频繁发起选主请求造成任期持续增加，采用了优化方案：在 Follower 变为 Candidate 前加入 pre-candidate 状态，发起任期不变的预选举流程，成功后才将任期增加发起正式选主流程，避免无效的任期增加。

租约优化：

Leader 与多数派断连主动降备，防止出现事实双主。在租约时间内不再响应新的选主消息，保证选主可靠性。

4.1.4　DCF 日志复制流程

如图 4-4 所示，在集群有主的情况下，上层可以调用 DCF 写接口将日志写给 DCF 主节点，DCF 主节点将日志复制给各个备机，日志并行在主机和各备机落盘，主机收集自身和各备机日志落盘的位置，从而计算得到达成多数派一致性的日志落盘位置，即一致性点。主机会将一致性点同步给备机，整个过程异步、并行、流水线处理。各个节点都有了实时一致性点，主机可以利用一致性点控制业务提交、脏页刷盘、checkpoint（检查点）等流程，备机可以利用一致性点控制 XLog 日志回放，保证业务一致性、各节点不分叉。

4.1.5　DCF 优先级选主和策略化多数派

优先级选主如图 4-5 所示：

① 根据用户指定的 AZ 和节点优先级顺序，通过节点间信息交互及日志索取机制实现确定性优先级选主。

② 高优先级节点异常时，其他节点秒级感知，保证选主 RTO。

策略化多数派：

① 支持灵活动态的策略化多数派，可通过参数配置。

② 在发生 AZ 级或城市级故障时，能够在其他 AZ 选出新主，不丢失数据。

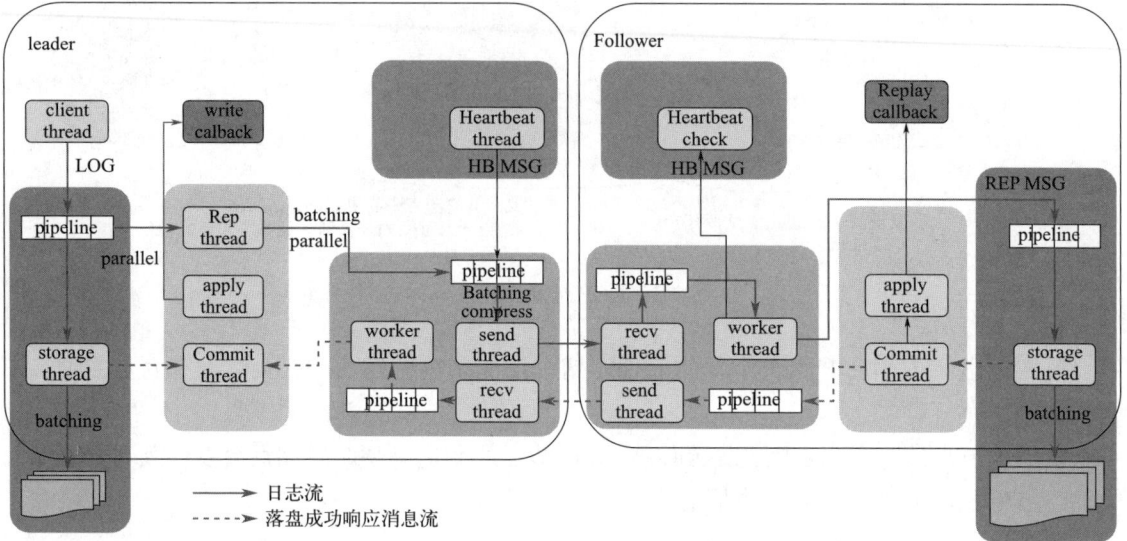

图 4-4　DCF 日志复制流程

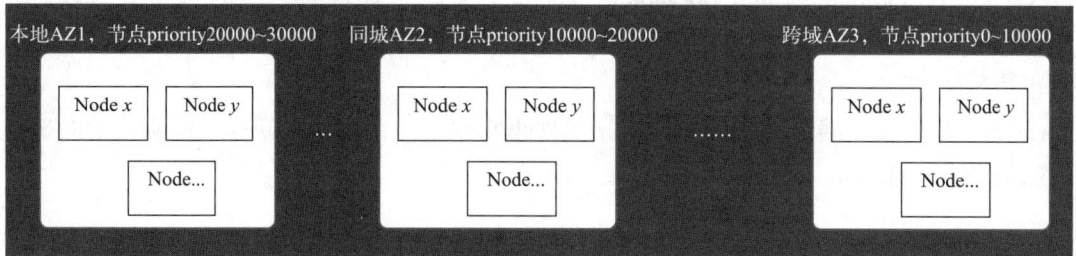

图 4-5　DCF 优先级选主和策略化多数派

4.1.6　DCF 性能设计

异步流水线如图 4-6 所示：

① 日志采用全异步 pipeline 方式进行发送，不采用一问一答同步方式，且支持报文合并发送，提高系统整体吞吐量；

② Leader 发送完一批日志之后，记录发送位置，下次发送时从这个位置持续发送，不用等 Follower 响应回来；

③ Follower 落盘线程写完一批日志之后，将最新的落盘点发送给 Leader，持续反馈最新的落盘点；

④ Leader 通过各节点的最新落盘点，推进一致性点。

数据合并与压缩如图 4-7 所示：

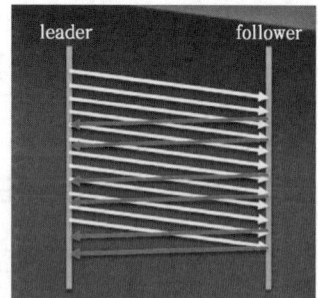

图 4-6　DCF 异步流水

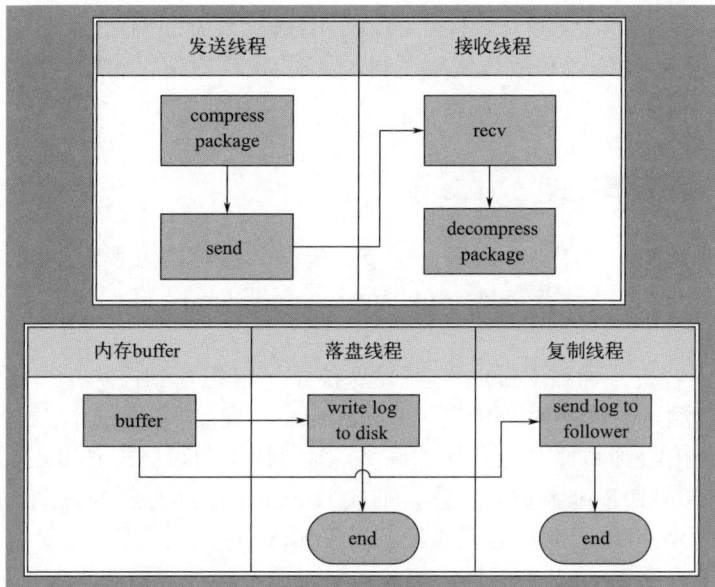

图 4-7　数据合并与压缩

① 报文收发和工作线程采用异步 pipeline；

② 基于端到端共识流控算法自适应调整 batch size（批大小）、pipeline 并发数，提升系统最大吞吐量；

③ 支持将报文按不同压缩算法进行压缩发送，减少网络带宽；

批量并行落盘：

① 应用端调用写接口，写入内存 buffer 就返回，不阻塞应用流程处理；

② 批量写盘和批量发送，日志到 buffer 之后，并行地将日志落入本地磁盘和发送到 Follower 节点。

4.1.7　DCF 日志与 XLog 日志合一设计

为了减少磁盘空间和 I/O 带宽占用、优化性能，我们进行了 DCF 日志与 xlog 日志合一设计，实现 xlog 日志只写一份，如图 4-8 所示。

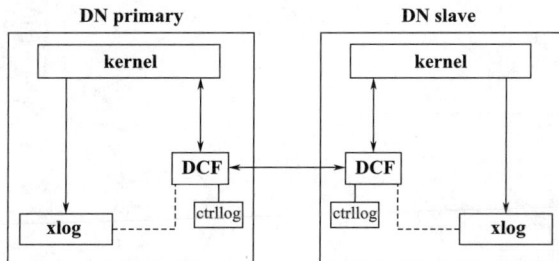

图 4-8　DCF 日志与 XLog 日志合一

DCF 日志头和配置日志放在 DCF 侧（称为控制日志 ctrllog）以方便 DCF 内部处理，xlog 日志格式和之前保持兼容。ctrllog 和 xlog 建立内部索引关系，相比 xlog 其日志量可以忽略不计。

使用 xlog 刷盘点计算多数派一致性点，控制业务提交；xlog 刷盘点也是选主的依据。DCF 控制日志刷盘以方便业务处理和故障恢复逻辑，限制 DCF 控制日志刷盘频率，避免对 xlog 刷盘影响，保证整体性能。

4.1.8　DCF 异常场景处理

以 Leader 故障为例，如图 4-9 所示，三节点集群，红色节点表示主机，蓝色表示备机，各节点旁边数字第一行表示日志 index，第二行表示任期 term，每一列表示一条日志，故障处理流程如下：

① Leader 节点宕机，导致 Leader 心跳发送停止，日志复制停止；

② Follower 检测到心跳超时，转换为 Candidate，发起新任期选举；

③ Follower 若接收到其他节点发起的选举，则判断任期和日志长度，确定是否投票给它；

④ Candidate 若得到超过半数的选票，则成为 Leader，拥有新的任期 term；

⑤ 新 Leader 开始将自己的日志发送给其他 Follower；

⑥ Follower 接收新 Leader 来的日志信息，判断日志是否跟自己连续匹配，连续匹配则接受，若不连续则返回，Leader 重新发送前段日志；若 term 不匹配，则将新 Leader 的日志覆盖到原来的位置，并将后面的日志截断。最终所有节点的日志都是一致的。

图 4-10 展示网络分区的异常处理，五节点集群分裂为 3+2 小集群（称为脑裂）。DCF 处理流程为：

① 2 节点小集群存在一个原 Leader，3 节点新集群选举一个新 Leader，任期增 1；

② 原 Leader 无法达成大多数一致，日志无法提交，一定时间内会降备；

③ 新 Leader 能接受写请求进行写入操作，能够达成一致，进行日志提交；

④ 脑裂消失之后，新 Leader 的日志复制给旧 Leader，将旧 Leader 未提交日志覆盖，集群正常。

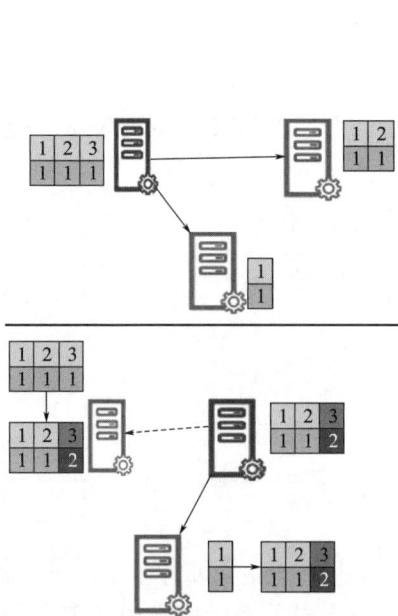

图 4-9　Leader 故障处理

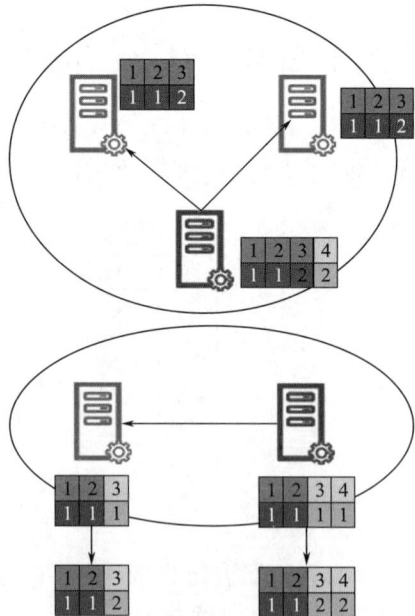

图 4-10　网络分区处理

4.2 双集群容灾

GaussDB 双集群容灾方案是 GaussDB 提供的一种新架构和部署方式的容灾技术。已有的容灾方案多采用单集群多副本的模式进行跨 AZ 部署，无法做到故障隔离，类似于集群管理组件的故障或其他区域性的故障将导致整个集群服务不可用；对于传统的基于网络的日志同步方式，数据库主备节点间地理距离的增大将导致传输时延的大幅度增加，直接影响到生产服务的性能。同时，金融、银行业对数据安全有着较高的要求，需要最大限度地保证数据的安全性以及服务的可用性。因此，GaussDB 提供了支持 RPO=0 的数据库双集群容灾方案，即主集群在出现故障的情况下，备集群还具备继续提供服务的能力，当发生自然或人为灾难时，保护数据并快速进行恢复，对数据丢失零容忍。

双集群容灾如图 4-11 所示。

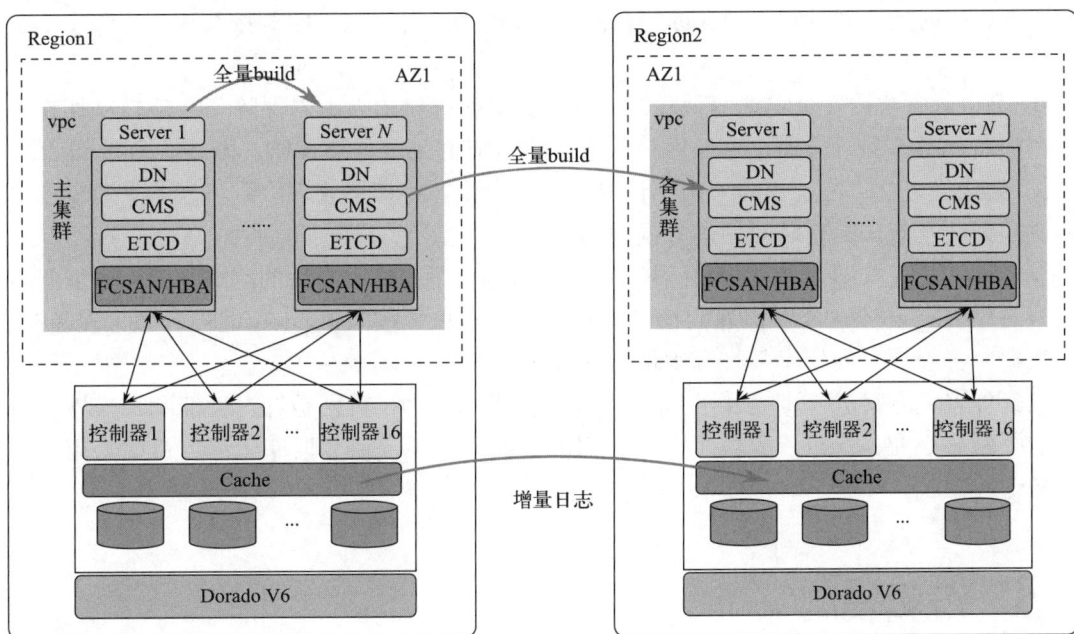

图 4-11　双集群容灾

- 双集群部署方式，即每个数据中心分别部署一套独立的 GaussDB 数据库集群，其中一个数据库集群作为生产集群，提供读和写服务，另一个集群作为灾备集群。
- 每个数据中心都分别有一个独立的 Region 和 AZ，用来部署 GaussDB 数据库集群。全量 build（重建）同步通过云内跨 Region 跨 VPC（Virtual Private Cloud，虚拟私有云）的 BMS（Bare Metal Server，裸金属服务）之间的网络承载，增量日志同步通过 Dorado 之间的主备复制承载。
- 主集群的 Redo（重做）日志通过网络同步到备集群的存储设备中，主集群的备节点从存储设备中读取 Redo 日志并进行回放，备集群的备节点从所在分片的存储设备中读取 Redo 日志并进行回放。当数据库主节点写入的日志同步到备集群的存储设备之后，主节点的事务才会被提交，从而确保了集群切换 RPO=0 的性能指标。

- 数据存储不使用本地盘，而是采用 Dorado（全闪存共享存储阵列），即每个 GaussDB 数据库集群都配置一套独立的 Dorado 作为存储；两套 Dorado 之间采用主备同步复制，数据复制的模式支持最大保护模式和最大可用模式。
- 数据中心内部实例级故障时，RPO=0、RTO＜=30s；跨数据中心集群间容灾时，RPO=0、RTO＜=60s。
- 在同城双集群容灾的基础上，可以和异地集群组成跨 Region 容灾，即增加一个异地的灾备中心，用于对同城双中心的数据备份，形成两地三中心的容灾解决方案。

其具有以下核心优势：

① 金融级高可用：支持 RPO=0、RTO＜60s 的容灾切换，保障业务的安全性和可靠性。当主集群发生故障时，备集群能够数据无损地快速完成切换，替代主集群继续提供生产服务。

② 高性能：第一，采用物理日志同步，相对于逻辑日志同步性能可提升 10 倍；第二，通过 Dorado 存储硬件实现集群间日志的快速同步，利用 Dorado 固有网络协议（密集波分），大幅降低网络时延，同时利用 Dorado 存储的缓存能力，日志写入即刻持久化，降低了事务提交时延。

③ 高可靠：数据安全实现双保险，一方面数据库内核的多副本保障了故障自动切换和恢复，不中断业务；另一方面，存储内核保障了磁盘亚健康、故障容错、硬件自愈等能力。

④ 架构先进性：通过数据库内部计算与存储分离，将存储管理放到下层共享存储中，从而解决数据同步带来的延时问题，并同时增加了计算能力的横向扩展性。

⑤ 集群隔离：数据库集群间解耦，故障域隔离从而避免全局性的网络故障；集群间版本隔离，避免 Bug 污染，能够快速回切；集群间资源隔离，按照 Region 进行资源管理和调度，方便数据库管理员对数据库系统资源使用进行规范和约束。

双集群容灾方案进一步提升了 GaussDB 的高可用能力，特别是针对性能和稳定性有更高要求的金融核心业务场景，提供了安全可靠的数据库服务，使数据库无惧灾难，为用户的生产业务保驾护航。

4.3 逻辑复制

逻辑复制属于数据复制服务（Data Replication Service，DRS），是一种易用、稳定、高效的数据库迁移和数据库同步工具。逻辑复制由逻辑解码和数据复制两部分组成，逻辑解码输出以事务为单位组织的逻辑日志，业务或数据库中间件对逻辑日志进行解析回放并最终实现数据复制。逻辑复制对目标数据库的形态限制较少，支持异构数据库、同构异形数据库，且同步期间目标库可读可写。另一方面，相比数据迁移工具定期同步数据，逻辑复制数据同步时延低，可提供实时数据复制的能力。

众所周知，在不同选型或不同版本的数据库间，通常在物理日志、数据存储格式等方面存在差异，导致无法在物理层面实现数据复制。逻辑复制解析事务物理日志（数据及其操作记录），抽取具有类 SQL 的逻辑日志，通过逻辑日志重放屏蔽源和目标数据库物理差异从而实现数据同步。例如 GaussDB 解析 WAL 日志，通过 DRS 工具转为 SQL 发送到 Oracle 执行，完成 GaussDB 和 Oracle 这种异构数据库之间的数据备份，如图 4-12 所示。

图 4-12 端到端逻辑复制流程

端到端的逻辑复制分成三部分：

① 解码源端事务物理日志，从中抽取业务操作对应的逻辑日志。

② DRS 工具将逻辑日志转换/变型成目标端支持的 SQL/调用。

③ 目标端接收 DRS 转换的 SQL/调用并高效执行实现数据复制。

值得注意的是，逻辑复制不是"SQL"复制，而是复制 SQL 操作的结果。异构数据库的逻辑复制一般都通过 SQL 标准语法作为中间桥梁（共同理解的语言），从而实现异构数据库间的等价语义传递。

物理复制和逻辑复制各有优劣，分别有其适用的业务场景。逻辑复制的优点主要体现在灵活、细粒度、双向、异构等方面，适用场景不限于关键数据备份（细粒度复制）、数据分发/合聚复制、异构数据在线迁移、大版本滚动升级、数据抢救找回、数据异地容灾等。但在低时延、低损耗、读写分离等一致性要求非常严格的场景，建议选择物理复制。

对于逻辑复制特性，GaussDB 聚焦于物理日志到逻辑日志的解码转换[提供 CDC（Change Date Capture，变更数据捕获）所需要的基础设施]，提供多种逻辑日志格式以便于二次开发，以及提升逻辑解码和日志重放性能来降低复制时延，保证数据同步的时效性和一致性。如图 4-13 所示，GaussDB 针对异构数据库间逻辑复制（蓝色链路）仅提供"逻辑解码"基础能力，DRS 等数据库中间件处理逻辑日志并适配目标数据库回放，协同构建完整的逻辑复制。而同构的 GaussDB 之间通过发布订阅（黄色链路）特性承载，消除逻辑日志中转和翻译等，实现更高效更低时延的逻辑复制。

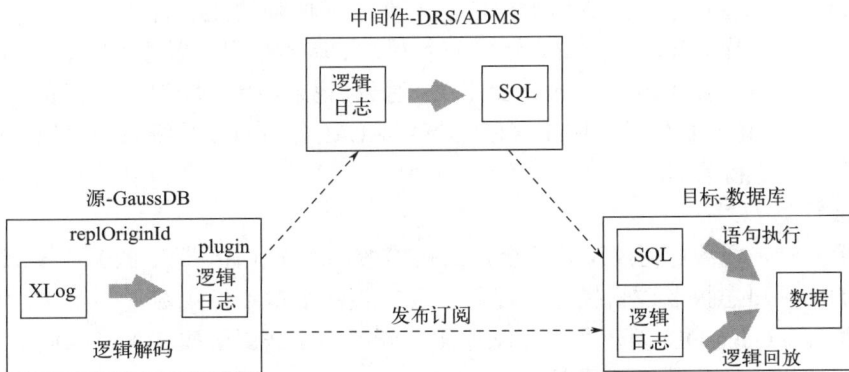

图 4-13 异构和同构数据库逻辑复制

4.3.1 基本概念

（1）复制行标识（Replica ID）

是数据库复制技术进行数据同步时用于标识数据库中复制的行或记录的唯一标识符。该标识可以是一个自增数字、全局唯一的 uuid 或其他形式，例如逻辑日志主键列集或者唯一索引列集。

复制行标识的主要作用包括：

① 数据一致性：通过复制行标识确保不同的数据库实例之间复制的行唯一性和一致性，避免数据冲突和重复复制。

② 冲突解决：复制行标识定位冲突行，依据行不同内容识别正确的版本。

③ 同步跟踪：根据行标识确定哪些行已经被复制，哪些行还未被复制。

GaussDB 逻辑复制的行标识通过"ALTER TABLE .. REPLICA IDENTITY"指定，有四种复制行标识：

① DEFAULT：记录主键列的旧值，没有主键则不记录。

② USING INDEX：记录索引列的旧值，索引必须是全局唯一的、不可延迟的，并且索引列含有 NOT NULL 约束。

③ FULL：记录该行中所有列的旧值。

④ NOTHING：不记录有关旧行的信息。

（2）逻辑复制源

逻辑复制源是逻辑复制中同步的数据库实例、库或表，通过解析和重放逻辑日志，将源数据库的数据变更复制到目标数据库。逻辑复制的源与目标之间可以是主从关系，也可以是多对多的关系；多对多关系意味着源和目标之间可以相互复制。通过给逻辑复制源赋予一个标识，解码过滤重放物理日志的逻辑日志，从而避免无限循环复制。

GaussDB 逻辑复制源使用流程：

① pg_replication_origin_create()创建复制源。

② pg_replication_origin_session_setup()设置会话重放逻辑日志的复制源。

③ 逻辑解码指定启动选项 only-local 过滤重放会话的逻辑日志。

（3）解码补充日志

解码补充日志（Supplemental Logging）并不是独立的日志，它是对重做记录中变更内容的补充，增加的信息量可以满足逻辑解码的基本要求或增强功能。若缺少解码补充日志，逻辑解码将无法正常工作。解码补充日志通常有行标识、版本信息、事务用户等内容。GaussDB 通过 GUC 参数"WAL_LEVEL=logical"调整物理日志记录级别，配置系统记录解码补充日志（重启生效）。同时，该参数生效时阻塞 AUTO VACCUM 提前回收系统表中逻辑解码依赖的旧版本对象信息（被删除行）。

（4）增量复制

相对全量复制，增量复制仅仅处理全量后被修改的增量（插、删、改）数据。逻辑解码通过解析增量的物理日志提取逻辑操作，提供一套完整的全量和增量数据的衔接，保证逻辑复制的数据完整性。GaussDB 创建逻辑复制槽用于新建一个逻辑解码任务，返回的查询快照可以用于构建解码相关的全量复制数据。

4.3.2 逻辑复制槽

逻辑复制槽用于阻塞 xlog 的回收。一个逻辑复制槽表示一个更改流，这些更改可以在其他集群上以它们在原集群上产生的顺序被重播。逻辑复制槽由每个逻辑日志的获取者维护。如果处于流式解码中的逻辑复制槽所在库不存在业务，则该复制槽会依照其他库的日志位置来推进。活跃状态的 LSN 序逻辑复制槽在处理到活跃事务快照日志时可以根据当前日志的 LSN 推进复制槽；活跃状态的 CSN 序逻辑复制槽在处理到虚拟事务日志时可以根据当前日志的 CSN 推进复制槽。

4.3.3 逻辑解码

逻辑解码是一项数据库技术，用于将数据库的事务日志解析为易于理解和处理的格式。它允许用户对数据库操作进行实时监控、数据变更跟踪和数据复制等操作。当启用逻辑解码时，GaussDB 将每个事务的基本操作和解码辅助信息记录到事务日志中，并以一种结构化的方式存储。这些事务（物理）日志包含数据库中发生的所有数据变更的细节，包括插入、更新和删除等操作，同时包含了诸多用户理解不友好的数据库内部细节和特有实现。逻辑解码通过输出格式插件的形式将这些事务日志解析为易于理解的格式，例如 JSON 或自定义二进制格式等多种更高级别的事件或操作，使得用户可以根据自身需求来解析和处理这些数据变更事件。

物理日志和系统表对象元数据是逻辑解码的内容来源。逻辑解码从物理日志捕获用户表 DML 的变更记录，依据其中的物理存储标识（relfilenode）和 CSN 加载系统表对应时刻的对象元信息；继而将物理变更记录中强耦合的内部信息转换为用户可理解的表内容，生成和数据库实现无关的逻辑变更记录；最后重排和发送逻辑变更记录。

如图 4-14 所示，逻辑解码实现涉及五大部分：
① 修改内核配置支持逻辑解码，设置捕获表复制行标识。
② 创建逻辑解码任务——逻辑复制槽。
③ 生成用于逻辑解码的物理日志，阻塞回收系统表旧版本对象元数据。
④ 启动逻辑解码，从物理日志中抽取用户期望格式的逻辑日志。
⑤ 重排汇总事务逻辑日志，以事务为单位按照提交顺序发送逻辑日志。

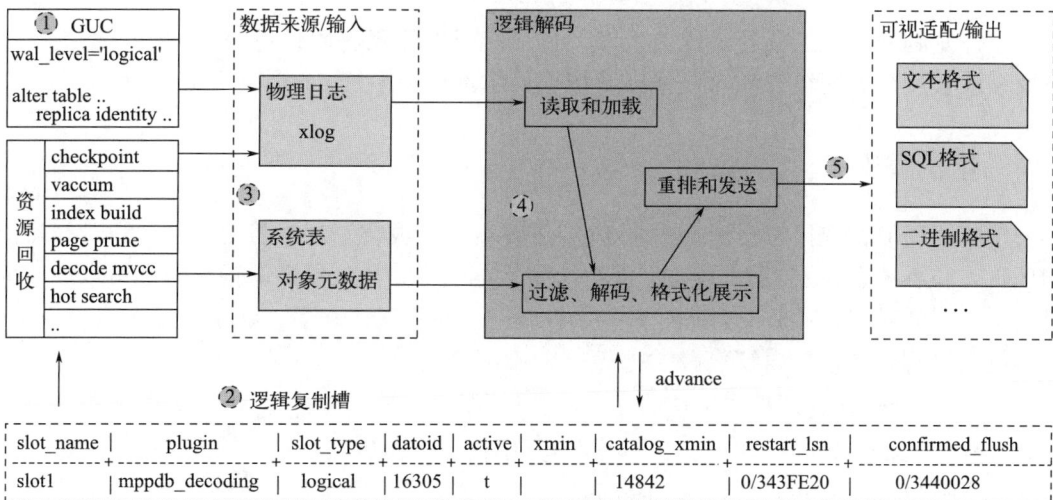

图 4-14 逻辑解码过程

GaussDB 提供两种获取逻辑日志的接口：函数解码和流式解码。函数解码适用于用户多次执行 SQL 拉取（PULL），SQL 调用系统解码函数按照数据集的方式返回逻辑日志；流式解码不同于函数解码，其内核持续不断解码并 PUSH 逻辑日志，用户侧从数据流中不断接收逻辑日志。当前函数解码只支持串行解码，流式解码支持串行和并行解码；流式解码相对函数解码性能好时延低，更适用于实时同步的业务场景。

流式解码流程大致如图 4-15 所示：

① 复制业务或工具设定解码选项，通过 JDBC 封装接口启动内核逻辑解码，得到获取逻辑日志的数据流；

② 内核解析选项启动逻辑解码，处理存量物理日志并监测新日志产生，持续抽取逻辑日志并将其推送（PUSH）到数据流；

③ 复制业务或工具从数据流中读取[readPending()]逻辑日志进行处理或传递下游；

④ 完成逻辑日志处理，复制业务或工具反馈[setFlushedLSN()+forceUpdateStatus()]内核来推进逻辑解码任务，后续启动解码将不再发送已处理的逻辑日志。

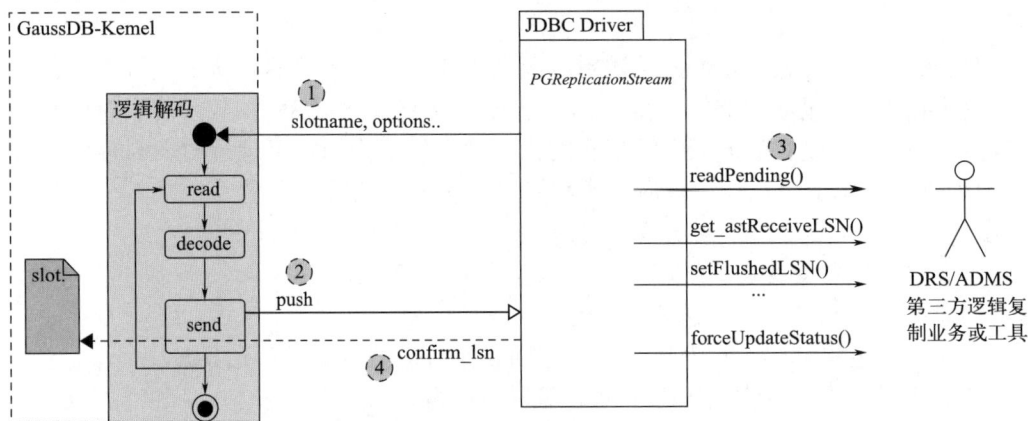

图 4-15　流式解码流程

注意：复制业务或工具若是提前反馈，内核推进的逻辑解码任务可能导致数据丢失；若是不反馈或者反馈周期较长，内核将出现物理日志堆积和系统表膨胀，影响正常业务。

4.3.4　备机解码

逻辑解码读取物理日志会消耗大量 I/O，逻辑日志生成会消耗大量 CPU。考虑逻辑解码读取物理日志和系统表属于"读"操作，不会产生数据变更，若在备机逻辑解码则可以规避使用主机资源，降低对在线业务的影响。

备机逻辑解码实现需要解决：

① 可以加载哪些物理日志解码；

② 解码是否可以读取系统表的历史版本元组；

③ 推进逻辑复制槽的"写"如何实现。

针对①，虽然解码到事务提交才将事务逻辑日志返回给下游客户，但没有达成多数派的物理日志不能参与逻辑解码。针对②，逻辑解码依赖备机读功能，要求并行回放、极致 RTO 场景均能实现系统表的历史版本一致性访问。因此，备机解码加载的物理日志不能超过重放

LSN，以保证解码日志所需的系统表可以正常读取。针对③，备机解码首先根据客户反馈推进本地逻辑复制槽，然后创建内部到主机的连接，使用复制前端协议推进逻辑复制槽，并通过物理日志实现与其他备机的逻辑复制槽同步，如图 4-16 所示。

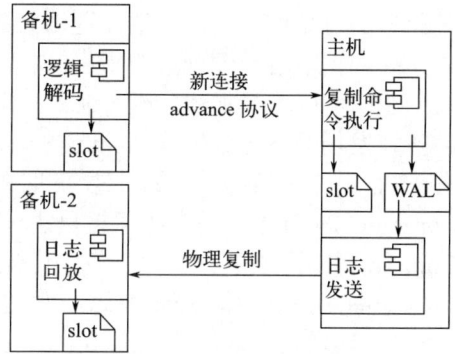

图 4-16　备机解码流程

4.3.5　并行解码

通过分析串行解码可知，逻辑解码三个主要步骤（读取日志、解码日志、发送日志）中的解码日志耗时占整个流程的 70%以上，成为性能瓶颈。解码日志阶段属于 CPU 密集型业务，并行解码利用多线程并发技术，可极大提高逻辑解码吞吐量。

并行解码基于日志粒度实现，如图 4-17 所示，它包含三类线程：reader（读入器）线程读取物理日志，抽取业务 DML 操作以及解码必要内容，构建 LogicalLogChange（逻辑日志变更），完成 TOAST（The Oversized Attribute Storage Technique，超尺寸属性存储技术）元组拼接并在主表的元组展开，轮询分发到 decoder（解码器）线程的输入队列；Decoder 线程从输入队列获取 LogicalLogChange，根据日志版本内容加载数据表的元信息，将日志中物理数据转换成表名、列名、列数据外部形式等用户易理解的逻辑数据，传递转换后 LogicalLog（逻辑日志）到输出队列；Sender（发送器）线程按照 DML 日志生成顺序收集解码后的 LogicalLog，根据事务 id 桶排序进行汇总，以事务的提交顺序发送逻辑日志。

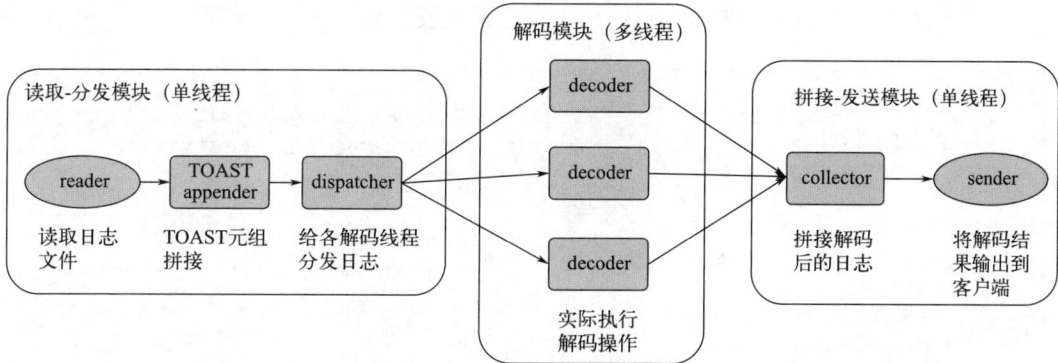

图 4-17　并行解码

并行解码解除了串行解码可见性判断逻辑需要构建活跃事务链表快照的依赖，基于 CSN 轻量化可见性判断逻辑极大简化了并行解码元数据加载。并行解码 Reader 和 Decoder 线程过程中访问系统表加载并缓存解码元数据；由于业务 DDL 引起元数据发生变更，Reader 线程在 DDL 日志或事务结束时失效本地相应缓存，并将失效消息加入 Decoder 线程输入队列，广播通知 Decoder 线程失效缓存。

4.3.6　一致性解码

事务 CSN 改造优化了快照获取，从而消除 GTM 瓶颈。为保证基于逻辑复制的备机数据对业务的可见性和主机一致，逻辑解码提供基于事务提交顺序 CommitCSN 有序发送逻辑日志，并根据下游反馈推进逻辑复制槽，回收系统表旧版本元组和物理日志。

逻辑解码流式加载物理日志、抽取逻辑日志，按照 CommitLSN 有序完成事务解析。考虑事务并发场景下先分配 CommitCSN 的事务不一定先获取锁写入物理日志，逻辑解码按照日志产生顺序从事务提交日志获取的 CommitCSN 并不保证有序递增。为了实现按照 CommitCSN 有序发送事务逻辑日志，逻辑解码解析到事务提交日志发送前需要识别是否存在 CommitCSN 比该事务小的事务，优先发送较小 CommitCSN 事务的逻辑日志。

如图 4-18 所示，逻辑解码在发送逻辑日志时进行事务重排逻辑：

① 新增两个双链表 toplevel_by_committing_csn 和 toplevel_by_csn，记录正在提交的事务和已经提交待发送的事务。

② 解码事务句柄新增 dependTxnCnt 字段记录依赖该事务的数量，新增 referTxns 单链表记录依赖该事务的事务句柄。

③ 解析事务的 COMMITTING 日志时，将事务按照 committingCSN 有序添加到 toplevel_by_committing_csn 链表。

④ 解析到事务的 COMMIT 日志时：

a. 将当前事务从 toplevel_by_committing_csn 移除，所有等待该事务的事务等待计数 dependTxnCnt 减 1；

b. 从头到尾遍历 toplevel_by_committing_csn，将当前事务添加到 CommittingCSN 小于当前事务 CommitCSN 的事务的 referTxns 链表，并让其 dependTxnCnt 加 1；

c. 从尾到头遍历，将当前事务按照 CommitCSN 有序添加到 toplevel_by_csn 链表；

d. 从头到尾遍历 toplevel_by_csn，若事务 dependTxnCnt 为 0，则从链表移除并发送其逻辑日志，直到遇到事务 dependTxnCnt 不为 0 或到达链表末尾。

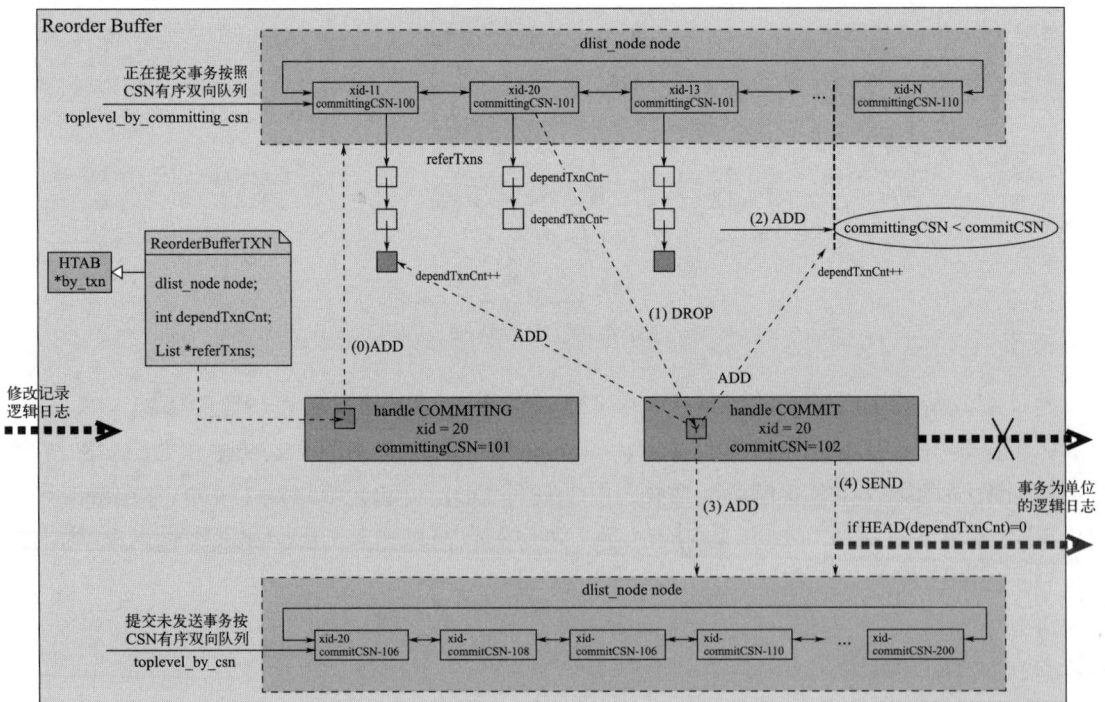

图 4-18　一致性解码

4.3.7　分布式解码

CommitCSN 代表事务完成的先后顺序。对于有依赖的两个事务,后执行事务的 CommitCSN 大于先执行事务的 CommitCSN。若逻辑回放按照 CommitCSN 从小到大执行,可实现业务视角的数据强一致性。分布式逻辑解码按照 CommitCSN 有序返回事务的逻辑日志,提供逻辑复制数据强一致的基础。

如图 4-19 所示,多 DN 各自按照事务提交顺序(CommitCSN)返回局部事务的逻辑日志,CN 通过堆排序协调汇总来自多 DN 的事务逻辑日志,CN 和 DN 配合提供全局分布式事务提交顺序(CommitCSN)有序的事务逻辑日志。CN 逻辑解码可简单归纳为:从每个 DN 读取下一个待发送事务的 CommitCSN(DN 逻辑解码保证下一个事务是该 DN CommitCSN 最小的事务),通过堆排序查找所有 DN 中最小 CommitCSN 的事务,返回该事务的所有逻辑日志给业务。

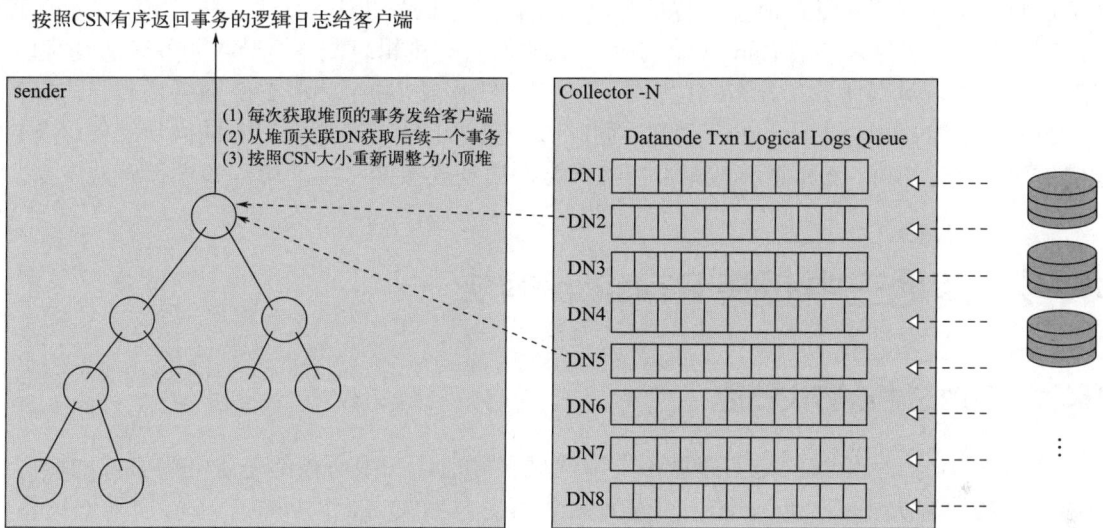

图 4-19　分布式解码

分布式事务涉及多 DN 的数据变化,每个 DN 相关事务拥有不同的事务号,但所有事务在涉及的 DN 上拥有相同的分布式事务提交顺序(CommitCSN)序号。分布式事务对业务来说是一个完整的事务,分布式逻辑解码不能因分布式事务涉及数据分布在多个 DN 而拆分为多个事务,而应该合并多 DN 的事务逻辑日志作为一个完整的事务。分布式事务的多 DN 事务逻辑日志合并需要考虑:①多 DN 之间逻辑日志的先后关系;②逻辑日志先后无关时 DN 间解码快慢差异。

下文通过堆排序键<CommitCSN, CID, BATCH_ID>阐述相关问题和方案策略。

CommitCSN:作为堆排序第一个键,实现按照 CommitCSN 的顺序返回事务的逻辑日志。CN 发送时每次获取小顶堆的堆顶事务,返回来自该 DN 事务的所有逻辑日志,再根据该 DN 下一个事务的 CommitCSN 重新调整堆为小顶堆。

CID(Command ID,命令 ID):DDL 将单个 DN 的事务逻辑日志拆分成多个区段,每个区段表的元数据有差异,分布式事务在多个 DN 的逻辑日志需要按照 DDL 划分的区段进行合并。另外,虽然当前主键必须包含分布键且不允许更新分布键,DN 节点内解码保证了主键唯一性的事务前后依赖(按照 LSN 返回事务的逻辑日志),但是分布式事务在多 DN 之间的 DML 操作也可能存在依赖关系。例如,业务操作全局唯一索引先在 DN-1 删除后在 DN-2 插入,如果 CN 逻辑解码合并事务为先在 DN-2 插入后在 DN-1 删除,逻辑日志回放将出现违反唯一性约束错误。针对 DDL 和 DML 混合事务场景,CN 汇总 DN 逻辑日志引入事务 CID,实现事务间按照 CommitCSN 排序、事务内按照 CID 排序。

BATCH_ID:分布式事务同一个 SQL 可能在不同 DN 产生众多逻辑日志,考虑 DN 解码性能和网络状况差异,CN 若是在没有收到某 DN 所需所有逻辑日志之前能够返回其他 DN 节点该事务 CID 的就绪逻辑日志,可以减少 CN 不必要的等待,提升 CN 逻辑日志汇总性能。引入分布式事务的日志批次编号 BATCH_ID,当 CN 返回 DN 就绪的某事务某 CID 的逻辑日志后,仍没有遇到该 DN 事务下一个 CID 或下一个事务,则更新该 DN 发送批次 BATCH_ID。同事务同 CID 其他 DN 将被调整到堆顶,实现优先发送其他 DN 已就绪的逻辑日志。

逻辑解码在较长时间没有和客户端通信时会主动给客户端侧发送 keepalive(保持连接)消息,要求客户端侧回复该消息;若是客户端没有回复 keepalive 消息,逻辑解码主动断开和客户侧的连接,避免客户端 Hang(无响应)、长时间占有逻辑复制槽,导致业务无法及时切换或启动新的逻辑解码任务。分布式逻辑解码采用多线程异步接收+多 DN 事务逻辑日志队列,CN 及时响应 DN 发送的 keepalive 消息,同时减少获取 DN 事务逻辑日志的同步等待。当 DN 逻辑解码异常退出时,CN 将屏蔽集群内部异常,自动连接 DN 启动解码和进行异常恢复。

4.4 两地三中心跨 Region 容灾

4.4.1 两地三中心容灾概述

两地三中心,两地指的是两座城市,即同城和异地,三中心指的是生产中心,同城容灾中心以及异地容灾中心。近年来,国内外频繁出现自然灾害,以同城双中心加异地灾备中心的"两地三中心"的灾备模式也随之出现,这一方案兼具高可用性和灾难备份的能力。

同城双中心是指在同城或邻近城市建立两个可独立承担关键系统运行的数据中心,双中心具备基本等同的业务处理能力并通过高速链路实时同步数据,日常情况下可同时分担业务及管理系统的运行,并可切换运行;灾难情况下可在基本不丢失数据的情况下进行灾备应急切换,保持业务连续运行。

异地灾备中心是指在异地的城市建立一个备份的灾备中心,用于双中心的数据备份,当双中心出现自然灾害等原因而发生故障时,异地灾备中心可以用备份数据进行业务的恢复。数据库实例之间可借助存储介质或者不借助存储介质直接实现数据的全量和增量同步。当主数据库实例(即生产数据库实例)出现地域性故障,数据完全无法恢复时,可考虑将灾备数据库实例升主,以接管业务。

GaussDB 当前提供基于流式复制的异地容灾解决方案。目前需要通过 om_agent 的 https REST API 来操控数据库实例实现异地容灾,如图 4-20 所示。

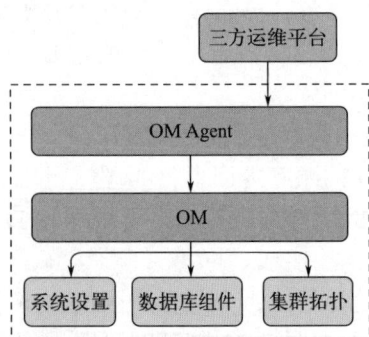

图 4-20 异地容灾 API

4.4.2 异地容灾部署示例

集中式部署如图 4-21 所示,主集群是同城跨 AZ 的单集群,5 台服务器,4 副本,CMS-4 副本,ETCD-5 副本。服务器 5 可以看作是仲裁副本,在上海 2 机房脑裂时提供仲裁能力。

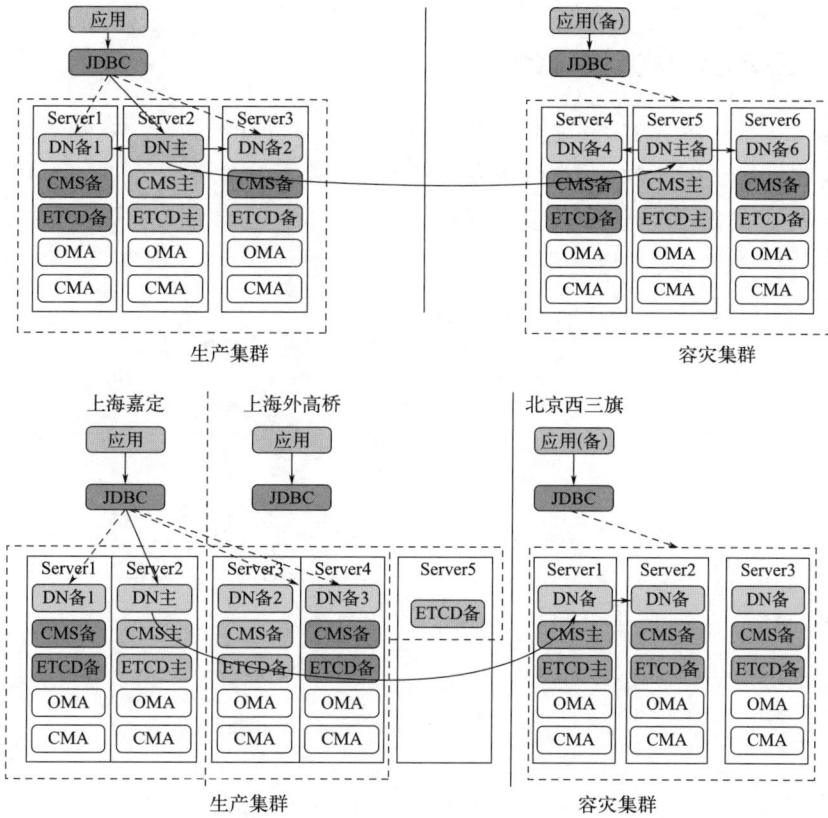

图 4-21　异地容灾部署集中式

分布式部署如图 4-22 所示,主集群是同城跨 AZ 的单集群,33 台服务器,32C32D-4 副本,GTM-4 副本,CMS-4 副本,ETCD-5 副本。server33 可以看作是仲裁副本,在北京 2 机房脑裂时提供仲裁能力。

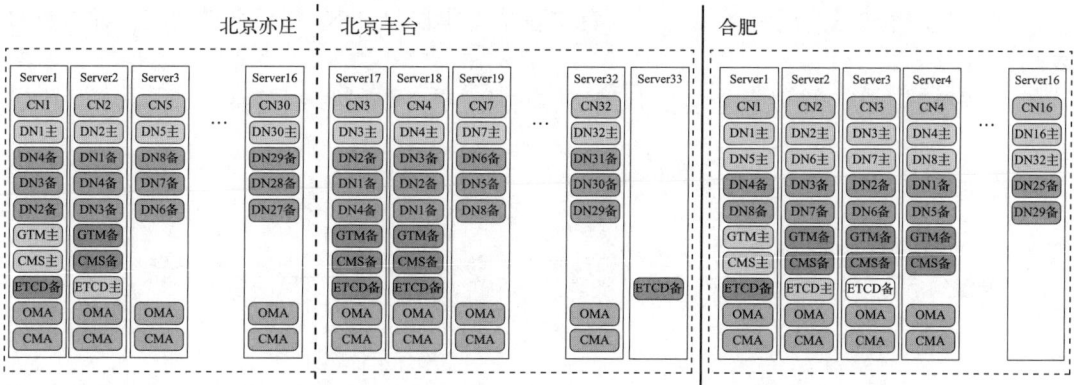

图 4-22　异地容灾部署分布式

容灾集群为 16 台服务器，16C32D-2 副本，需要开启最大可用模式，1 个副本故障时不影响对外提供的服务，GTM-4 副本，CMS-4 副本，ETCD-3 副本。由于机器数量有限，需要支持单服务器上部署 2 个主 DN 的部署方式。特别说明：图中展示的是合肥地域集群为正常集群时的组网，该集群成为灾备集群后，不会再有主 DN，变为首备与级联备。

4.4.3　两地三中心容灾方案设计

集中式部署场景（图 4-23）：主实例和灾备实例副本数可不同，灾备集群最少为 1 副本。

分布式部署场景（图 4-24）：支持灾备集群的 CN 个数和主集群 CN 个数不对等。

主集群和灾备集群 DN 分片数要求相同，DN 分片内副本数可不同，灾备集群最少为 1 副本。

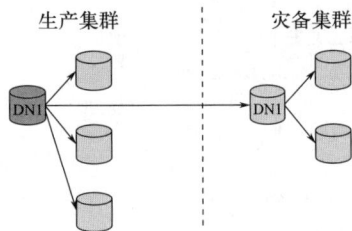

图 4-23　两地三中心异地容灾方案集中式部署场景　　图 4-24　两地三中心异地容灾方案分布式部署场景

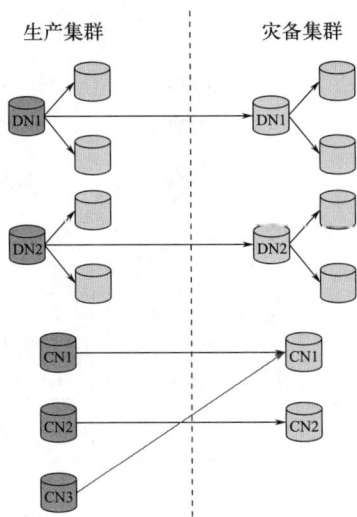

容灾方案提供如下操作流程（图 4-25）：

① 容灾搭建：两个正常集群成为容灾状态下的主集群和灾备集群。

a. 主备集群副本数可不同。

b. 灾备集群有首备+级联备概念，只有首备从主集群主 DN 复制全量数据并建立异地流式复制关系。

c. 灾备集群内级联备从首备复制数据，并与首备建立流式复制关系。

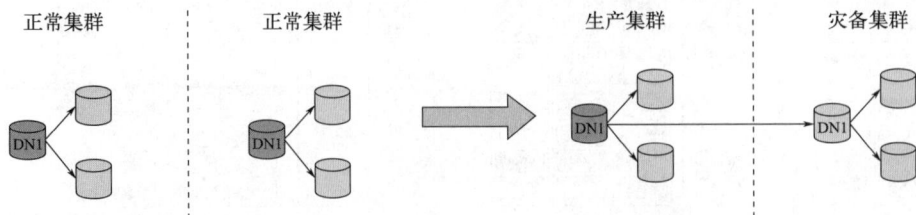

图 4-25　两地三中心异地容灾方案集中式部署容灾搭建集群变化

② 灾备集群升主 failover：无论主集群是否异常，灾备集群都可以通过升主成为正常集群对外提供服务，并脱离容灾。

③ 演练特性—主备集群 switchover：主备集群在都是正常的情况下进行倒换，主集群降为备机，备机升为主机，如图 4-26 所示。

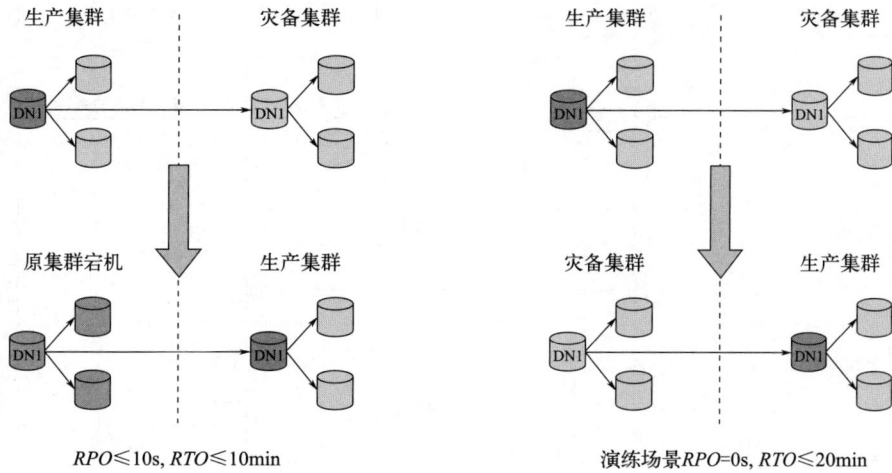

图 4-26　两地三中心异地容灾方案集中式部署 failover 与 switchover 集群变化

④ 主集群容灾解除：灾备集群升主后，主集群删除容灾信息，脱离容灾。

⑤ 容灾状态查询：容灾状态日常监测，上报集群容灾状态、容灾搭建进度、失效转移进度、切换主备进度，集群 RTO、RPO 实时数值，如表 4-1 所示。

表 4-1　上报项含义

上报项	含义
hadr_cluster_stat（主备集群都可查到）	参与容灾的集群状态
hadr_establish_stat	容灾搭建过程中主备集群搭建进度查询，显示进度百分比
hadr_failover_stat（备集群可查到）	灾备集群升主过程进度，hadr_cluster_stat = promote 时 hadr_failover_stat 中的值有效，显示进度百分比。
hadr_switchover_stat　（主备集群都可查到）	计划内切换主备过程进度，hadr_cluster_stat = switchover 时 hadr_switchover_stat 中的值有效，显示进度百分比。
RTO（主集群可查到）	集群容灾 RTO（所有分片的最大值）
RPO（主集群可查到）	集群容灾 RPO（所有分片的最大值）

容灾状态下支持如下功能：

① 流控：通过 GUC 参数设置目标值，对主集群的日志产生速度进行控制，以保证 RPO、RTO。

② 压缩：主备集群间日志传输可打开压缩功能以节约带宽，压缩比 70%。

4.4.4　容灾搭建

容灾搭建总体流程如图 4-27 所示。灾备集群搭建主流程如图 4-28 所示。

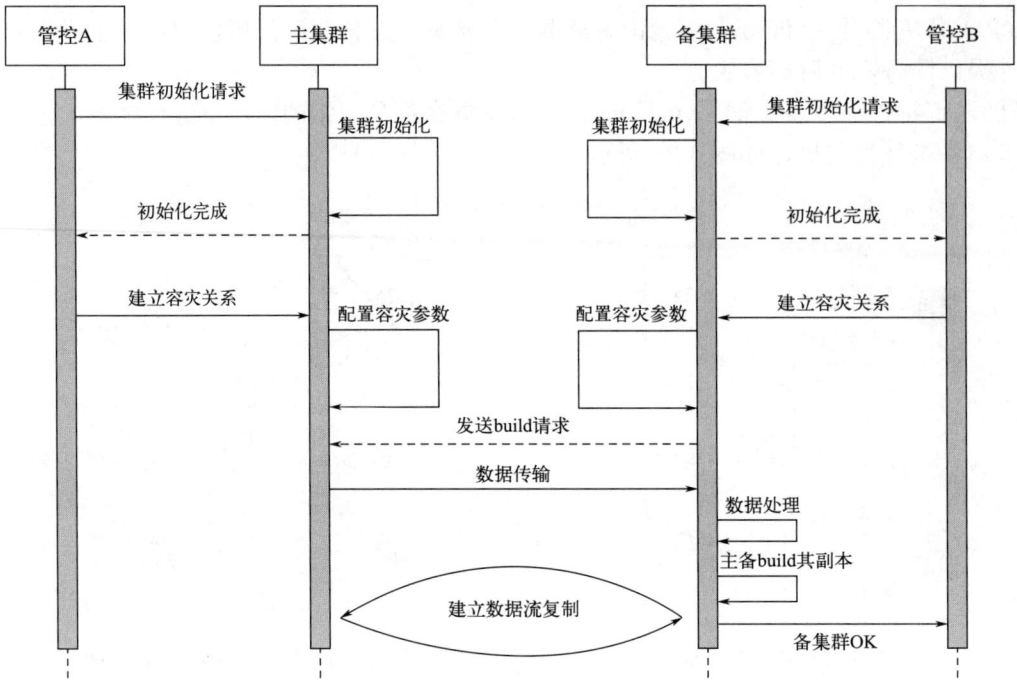

图 4-27　流式容灾集群搭建流程图

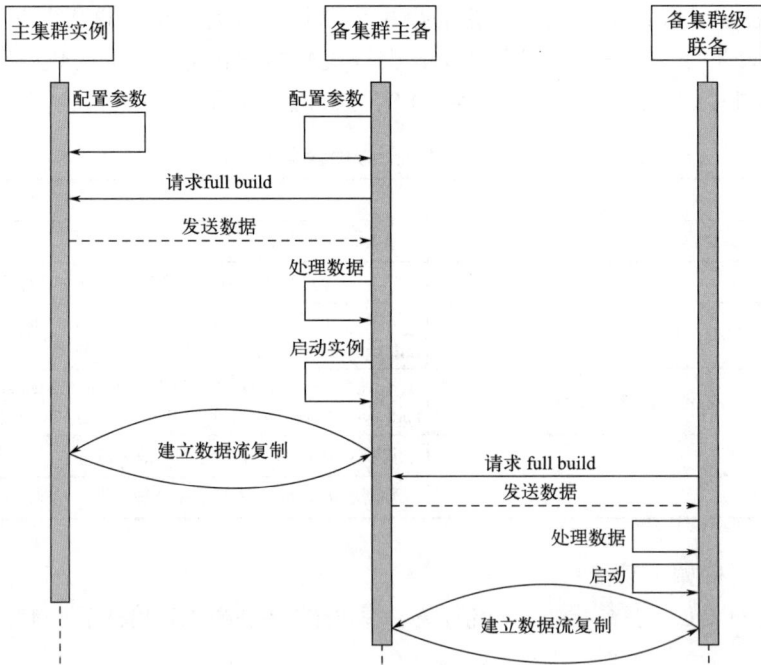

图 4-28　灾备集群搭建实例流程图

容灾流程图说明如下：

① 管控 A 下发搭建新集群 A，管控 B 下发搭建新集群 B。

② 管控 A、B 同时对集群下发灾备集群搭建指令，假设 A 为主集群，B 为灾备集群。B 集群中各实例配置 A 集群中对应节点实例的 IP、PORT 信息，A 集群同样添加 B 集群中主备

的 IP、PORT 信息。

③ 选择 B 集群中首备实例，向 B 集群主备实例下发全量重建指令。

④ 待 B 集群主备重建完成，建立 A 集群和 B 集群中主备的流复制，并下发 B 集群重建级联备指令。

⑤ 待 B 集群所有实例重建成功，且 B 集群主备实例和 A 集群对应备机（分布式下对应分片的备机）建立流复制、其他 B 集群备机（分布式下同分片内）和首备建立连接成功后，返回灾备搭建成功。

容灾集群流式日志复制如图 4-29 所示。

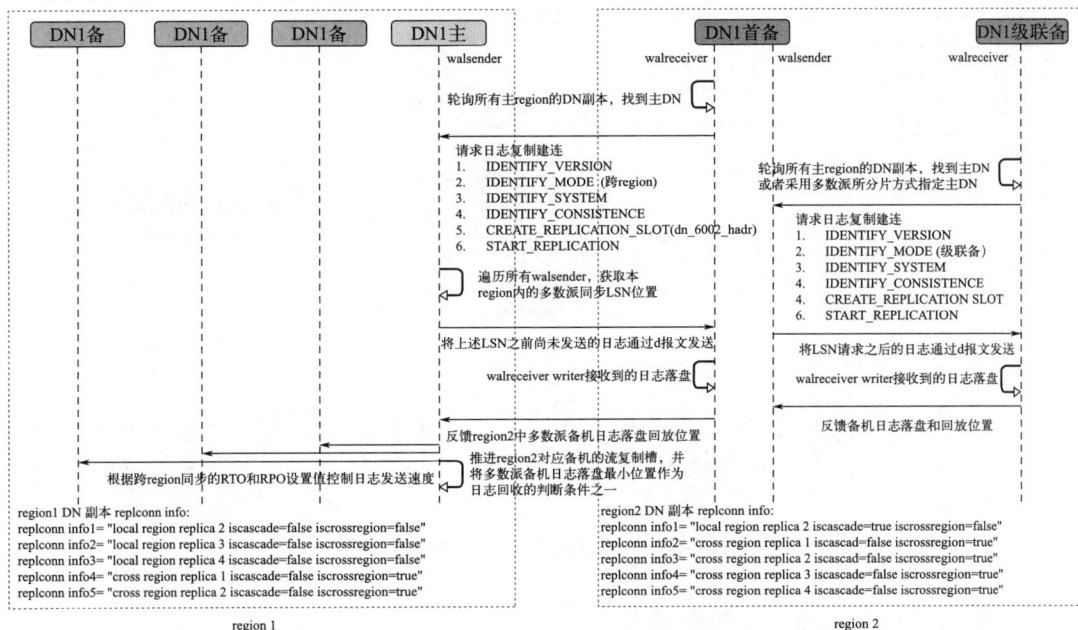

图 4-29　容灾集群流式日志复制序列图

① 在开启容灾阶段：在主集群每个副本上，配置 replconninfo、hadr_recovery_time_target、hadr_recovery_point_target GUC 参数，配置 pg_hba.conf；在灾备集群的每个副本上，配置 replconninfo 参数。

② CM 仲裁选举灾备集群中的首备。

③ 灾备集群首备轮询主集群中所有的副本，直到找到主 DN。

④ 灾备首备发起日志复制请求，包括：版本校验、对端状态校验、系统一致性校验、日志一致性校验；灾备首备创建流复制槽，流复制槽名称采用 application_name +_hadr 方式拼接，以便和主集群同名副本进行区分。

⑤ 主集群主 DN 遍历所有主集群 WALsender（WAL 发送器），获取多数派副本已经同步的日志 LSN 位置的最小值，并将首备请求 LSN 位置到该 LSN 位置之间的日志发送给首备。

⑥ 灾备集群首备接收到日志之后，由 WALreceiver writer 下盘。

⑦ 灾备集群其他副本对首备发起级联复制请求，首备将上述请求 LSN 位置到本地下盘日志 LSN 位置之间的日志，级联发送到各个级联副本。

⑧ 级联副本接收到日志之后，将本地的日志下盘位置和日志回放位置反馈给首备。

⑨ 首备将灾备集群所有副本中日志下盘的多数派 LSN 位置和日志回放的多数派 LSN 位置反馈给主集群的主 DN。

⑩ 主集群主 DN 将首备反馈的灾备集群多数派日志下盘位置，作为日志回收以及灾备 RPO 流控的判断条件（之一）。

⑪ 主集群主 DN 将首备反馈的灾备集群多数派回放下盘位置，作为灾备 RTO 流控的判断条件（之一）。

主集群少数派副本故障如图 4-30 所示。说明如下：

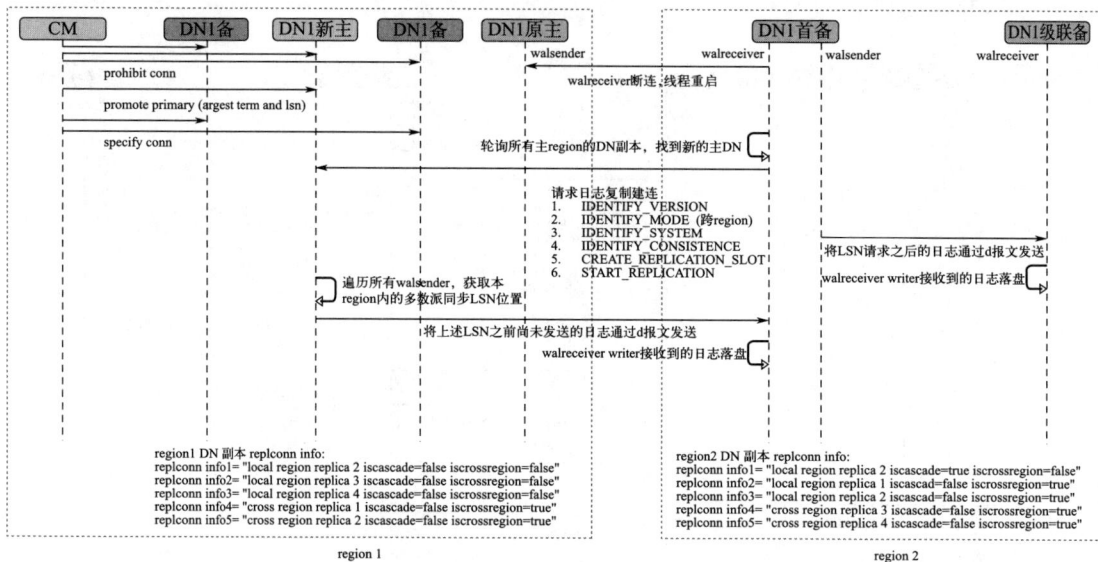

图 4-30　主集群发生少数派副本故障

① 主集群 CM 发起锁分片和重新选主。

② 灾备集群首备的复制链接中断，WALreceiver（WAL 接收器）线程退出，重新开始轮询主集群各个副本。

③ 主集群新主选主成功。

④ 灾备集群轮询到新主，再次开始流式日志复制。

⑤ 由于发送给灾备集群首备的日志都是在主集群已经达成多数派的，因此不会发生日志分叉的问题。

灾备集群少数派故障如图 4-31 所示，说明如下：

① 灾备首备故障，跨 region 复制中断。

② 灾备 CMS 发起首备重新选举，类似主集群选主：首先锁分片，然后从剩余备副本中找到本地日志任期最大、日志最大的那个副本，选为首备，最后再给剩余级联备副本下发连接新首备的命令。

③ 先首备轮询主集群各个副本，请求跨 region 日志复制，流程同上。

④ 灾备集群中，其他副本在从新首备请求日志复制时，可能会出现本地日志大于新首备的情况（故障再加回场景），由于日志不会发生分叉，因此在这种情况下，该日志较多的级联备只需要在日志一致性校验阶段等待新首备的日志超过本地日志即可。

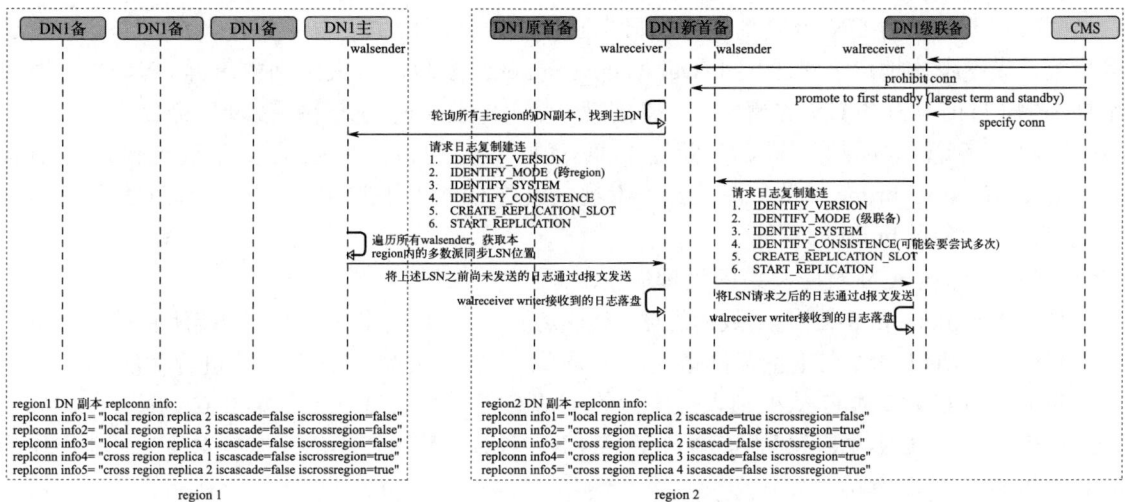

图 4-31　灾备集群发生少数派故障

（1）CN 支持流复制机制

根据上述分布式容灾搭建的对应关系，备集群 CN 需要和主集群的 CN 建立一对一的流式容灾关系以保证日志的持续复制和回放。该设计的基本思路同集群内的主备关系相似，但是不要求 CN 间复制是强同步的，所以修改 CN 的 synchronous_commit = off，不阻塞主集群 CN 的提交。在备集群的 CN 和备机一样，以 standby 模式启动，当本地日志回放结束时启动 WALreceiver 线程，通过解析 replconninfo 参数建立和主集群 CN WALsender 的连接。由主集群 CN WALsender 开始持续发送 xlog 日志，再由备集群 CN 本地回放日志使数据和主集群 CN 保证一致。故障处理和原集群内主备一致。当备 CN 未连接主 CN 时，备 CN 标记为 disconnected（断连）状态；当日志 crc 校验不一致时，备集群 CN 将自己的 build reason（重建原因）标记为 WAL segments removed（WAL 删除）状态；当主备断连时标记为 connecting（连接中）状态。主要交互流程如图 4-32 所示。

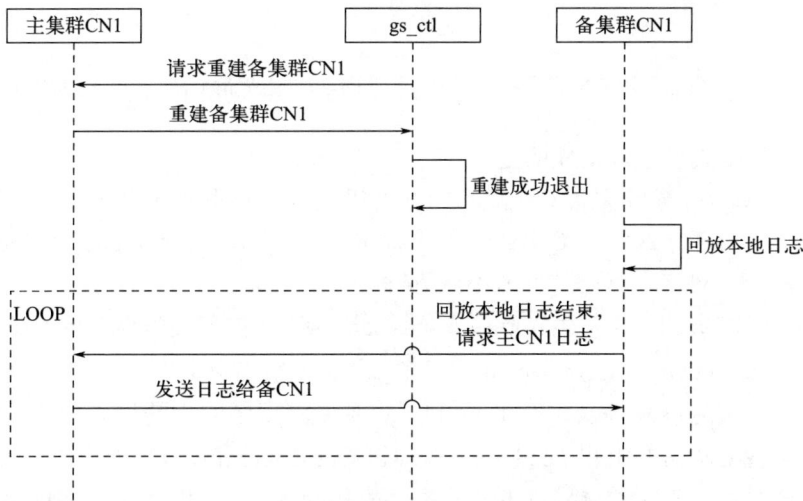

图 4-32　灾备集群搭建备集群 CN 实例 build 流程图

同时对于新增的 CN 流复制应考虑日志回收的逻辑。日志回收总体方案和原 DN 主备逻辑一致，先参考本地日志是否大于 wal_keep_segments 参数，若大于则主集群 CN，参考对应流复制槽（目前只有备 CN 的槽位）日志落盘位置，保证正向场景下备 CN 所需日志不会被主 CN 回收。考虑到异常的备 CN 断连场景，主 CN 的日志回收应参考最大日志保留量 max_size_for_xlog_prune 参数，保证在不影响主集群 CN 可用性的情况下，为备 CN 保留最多的日志，减少全量 build 的可能。

（2）主备集群 CN 对应关系的处理

受限于 replconninfo 配置个数的上限，集群达到一定规模后不可能将对端所有的节点链接信息都配上，所以以 OM 在主备集群搭建容灾关系时 CN 依据如下计算方式进行对应。

当前使用 CN 实例 id 从小到大排序后的正常 CN id 列表进行主备集群 CN 配对，比如主集群有 M 个正常 CN，灾备集群有 N 个正常 CN，对 M、N 中较小的值取模对应。可能出现的情况分析如图 4-33 所示。

① 如果主集群的 CN 多（$M=5$），灾备集群的 CN 少（$N=3$），以灾备集群的 CN 数量为准，一对一进行 build 之后建立 replication（副本）；主集群多出来的 CN 没有灾备 CN 对应，配置有容灾信息 replconninfo，但不发生作用。灾备集群的 CN 会配置多条容灾使用的 replconninfo，比如主集群的 CN1 故障，灾备 CN1 可以连到 CN4 上触发 build。

② 如图 4-34 所示，如果灾备集群的 CN 多（$N=5$），主集群的 CN 少（$M=3$）（主要出现场景为计划内切换主备、灾备集群升主后反向搭建容灾关系），此时灾备集群会有多个灾备 CN 同时和主集群相同 CN 建立流式复制的关系，比如图 4-34 中 CN1 和 CN4 都是与主集群的 CN1 建立容灾关系。

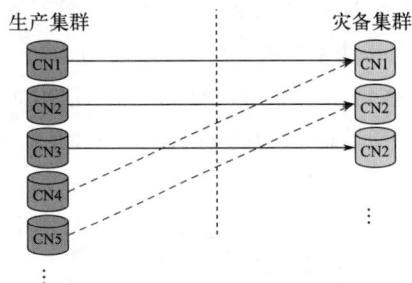

图 4-33　主集群 CN 多于灾备集群 CN 容灾搭建示例　　图 4-34　主集群 CN 少于灾备集群 CN 容灾搭建示例

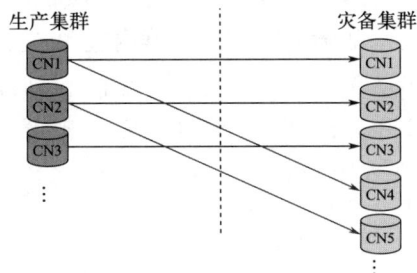

（3）容灾过程中灾备故障 CN 的处理

① 主集群 CN 故障导致灾备 CN 故障的处理机制。主集群处于容灾的 CN 发生剔除，或者主备集群间网络断连导致灾备 CN 处于故障状态，CN 采用 need_repair（＜build_reason＞）上报机制，灾备 CM 对这一状态的 CN 不做剔除处理。

- 主集群处于容灾的 CN 发生剔除或者网络断连状态，灾备集群对应的 CN 感知到断连，将上报 need_repair（disconnected）状态，并由 CM 显示。
- 主集群 CN 因为修复等操作发生 build，灾备 CN 试图同步的日志和本地 XLog 日志不一致，灾备 CN 需要上报 need_repair（wal segment removed）等状态，灾备 CMS 感知后，会通知 CN 所在 CMA（Cluster Management Agent，集群管理客户端）下发 CN 全量 build（从主集群对应 CN build，build 完成后自动拉起），build 完成后 CN 恢复 Normal

状态。

- 相关命令：gs_ctl build -b cross_cluster_full -Z coordinator -D ＜dir_path＞ -M standby。
- 灾备 CN build 期间，显示 building 状态，不参与 barrier（一致性位点）推进，也不参与备机只读的接入。
- 灾备集群的 CN 会将当前连接成功的生产集群 CN 的序号持久化到文件内，重启后会从文件读取最近一次的 CN 序号，优先连接最近一次连接的成功的对端 CN。在尝试连接失败次数达到一个阈值（当前阈值设定为 3000 次）时，才会尝试连接下一个 replication info 内的 CN。

② 灾备集群 CN 故障的处理机制。

- 灾备的 CN 故障同主集群有所不同：灾备集群的 CN 从 standby 模式启动，不会和其他 CN/DN 联系，满足条件（CN 心跳超时 25s、CN 反复重启）后会被剔除，置 Deleted 状态。Deleted 状态的 CN 不参与 barrier 推进，也不参与备机只读的接入。
- 被剔除 CN 由 CMA 检测满足自动加回条件后进行自动修复，或手动进行 CN 修复。修复期间会触发全量 build。修复完成后 CN 恢复 Normal 状态。要保证最后一个非超前状态的 CN 不触发 build，否则会出现容灾集群无 CN 可用的暂态。

③ 灾备集群 CN 故障的告警。在容灾状态下，灾备集群 CN 如果出现 Need_repair（Disconnected），上报容灾实例断连告警，并在 Detail 信息中体现本端实例 id 与对端实例 id 的容灾关联性。该告警信息上报管控。

④ 灾备集群 CN 状态转化汇总如图 4-35 所示。说明如下：

- 对应集群只要有一个 CN 存活，就能提供服务。容灾状态的集群同样保证最后一个 CN 不做剔除。
- 灾备集群需要始终保持至少一个 CN 不处于 Waiting 或者 Deleted 状态。

异地容灾集群间日志传输需要支持日志压缩。受客户场景跨集群间的网络带宽限制，将跨集群的 XLog 日志在发送端压缩、接收端解压，以提高传输效率。

① 功能实现。

添加控制 XLog 压缩启停的 GUC 参数 enable_wal_shipping_compression，描述如下：

```
enable_wal_shipping_compression
```
参数说明：在流式容灾模式下设置启动跨集群日志压缩功能。该参数属于 SIGHUP 类型参数。

类型：布尔型。

该参数仅作用于跨集群传输的一对 WALsender 与 WALreceiver 中，作用于主集群 DN。

默认值：false。

添加日志类型 type 'C'用于表示被压缩的 WAL 类型，在处理前会执行解压操作。

采用了已在 Gauss 库中的 LZ4 无损压缩算法进行日志压缩，使用默认压缩级别 LZ4_compress_default()，具体实现如下：

日志发送方的 walsender.cpp：XLogSendPhysical()中，在 XLogRead()函数将数据传入 t_thrd.walsender_cxt.output_xlog_message 前先进行压缩，并更改类型表示为'C'，之后将压缩后的数据传入 output_xlog_message，同时更改 pq_putmessage_noblock 中数据长度为压缩后的大小。

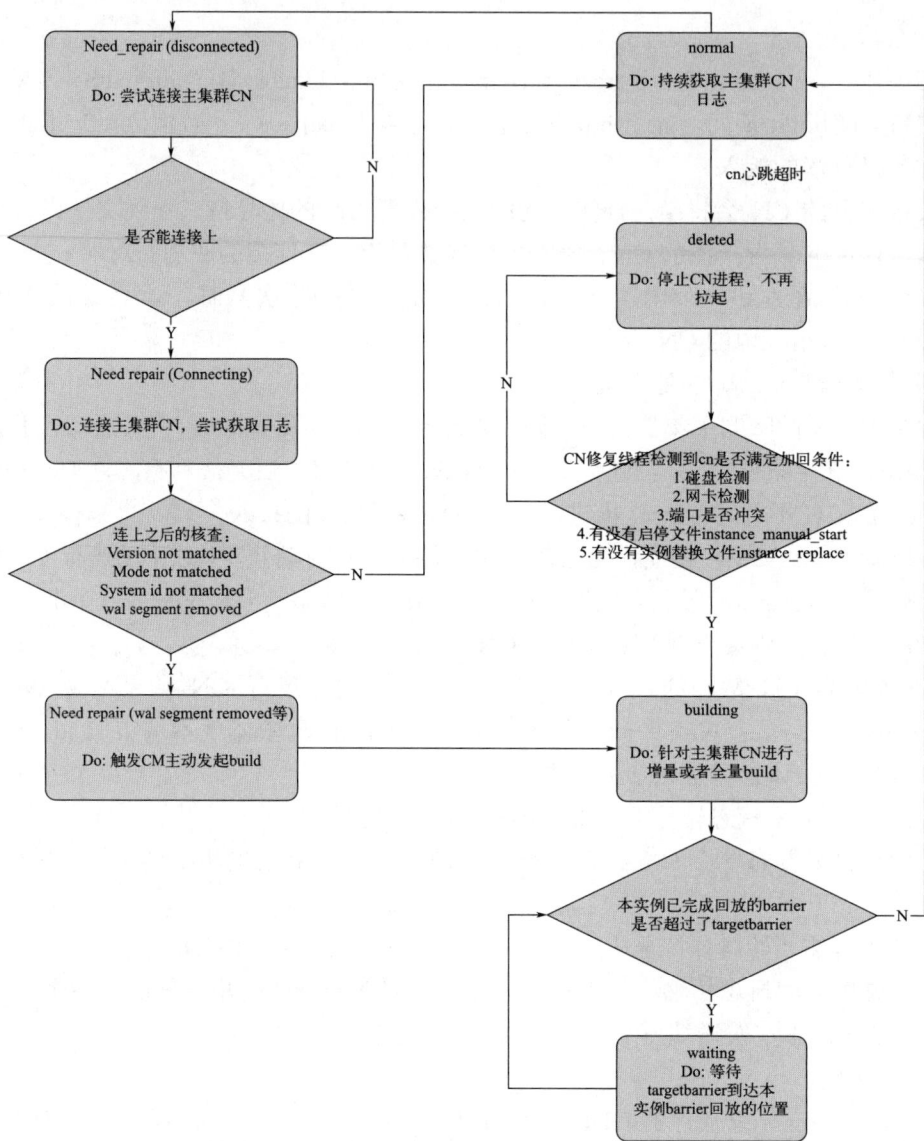

图 4-35 灾备集群 CN 状态转换

日志接收方的 walreceiver.cpp：XLogWalRcvProcessMsg()中，type='C'时，将 Buf 中的数据先进行解压，用解压后的 decompressBuf 继续之后的逻辑。

为了减少 CPU 在压缩/解压上的性能损失，仅对异地容灾的流式复制开启压缩功能，集群内的流式复制不开启压缩功能。

② 压缩率。

在流式容灾集中式场景开发环境自测中，使用 8 核虚拟机 tpcc 50 仓 64 并发进行 tpcc 测试，带宽充足场景下，tpcc 执行中测得 xlog 压缩率平均为 64.8%。

（4）异地容灾的流控机制

流式容灾在集中式场景已经添加了流控参数，描述如下：

hadr_recovery_time_target

参数说明: 在流式容灾模式下设置 hadr_recovery_time_target 能够让备集群完成日志写入和回放。

该参数属于 SIGHUP 类型参数。

取值范围: 整型, 0～3600 (s)。

0 是指不开启日志流控, 1～3600 是指备机能够在 hadr_recovery_time_target 时间内完成日志的写入和回放, 保证备集群能够快速升主。hadr_recovery_time_target 设置时间过小会影响主机的性能, 设置过大会失去流控效果。

默认值: 0。

hadr_recovery_point_target

参数说明: 在流式容灾模式下设置 hadr_recovery_point_target 能够让备集群完成日志刷盘的RPO 时间。

该参数属于 SIGHUP 类型参数。

取值范围: 整型, 0～3600 (s)。

0 是指不开启日志流控, 1～3600 是指备机能够在 hadr_recovery_point_target 时间内完成日志的刷盘, 保障备集群升主日志量。hadr_recovery_point_target 设置时间过小会影响主机的性能, 设置过大会失去流控效果。

默认值: 0。

这两个参数在客户对于异地容灾 RPO、RTO 有强烈需求的情况下可以进行配置, 用于保证在任何时刻 RPO、RTO 都能达到客户要求。在分布式部署场景下打开流控, 流控机制会在分片级别上生效。

比如 RPO 目标是 10s, hadr_recovery_point_target 可配置为 10s, 超过这个值的时候流控生效, 会对主集群日志写入速率进行反压, 降低业务性能来保证 RPO 达标。

比如 RTO 目标是 10min, hadr_recovery_time_target 可以配置 60s, 超过这个值的时候流控生效, 会对日志写入速率进行反压, 降低业务性能来保证 RTO 达标。这里 hadr_recovery_time_target 控制灾备升主期间日志回放的耗时, 它是整个灾备集群升主流程耗时的一部分。

针对异地容灾的 RPO 需求, 新增了 RPO 流控与原有的 RTO 流控共同作用, 对应修改了系统视图 global_streaming_hadr_rto_and_rpo_stat 与 gs_hadr_local_rto_and_rpo_stat 中的 current_sleep_time 列为 rto_sleep_time 和 rpo_sleep_time。

global_streaming_hadr_rto_and_rpo_stat 参数说明见表 4-2。

表 4-2 global_streaming_hadr_rto_and_rpo_stat 参数说明

参数	类型	描述
hadr_sender_node_name	text	节点的名称, 包含主集群和备集群首备
hadr_receiver_node_name	text	备集群首备名称
current_rto	int	流控的信息, 当前主备集群的日志 RTO 时间 (单位: s)
target_rto	int	流控的信息, 目标主备集群间的 RTO 时间 (单位: s)
current_rpo	int	流控的信息, 当前主备集群的日志 RPO 时间 (单位: s)
target_rpo	int	流控的信息, 目标主备集群间的 RPO 时间 (单位: s)
rto_sleep_time	int	RTO 流控信息, 为了达到 target_rto 这一预期, 主机日志发送所需要的睡眠时间 (单位: μs)
rpo_sleep_time	int	RPO 流控信息, 为了达到 target_rpo 这一预期, 主机日志生成所需要的睡眠时间 (单位: μs)

gs_hadr_local_rto_and_rpo_stat 参数说明见表 4-3。

表 4-3　gs_hadr_local_rto_and_rpo_stat 参数说明

参数	类型	描述
hadr_sender_node_name	text	节点的名称，包含主集群和备集群首备
hadr_receiver_node_name	text	备集群首备名称
source_ip	text	主集群主 DN IP 地址
source_port	int	主集群主 DN 通信端口
dest_ip	text	备集群首备 DN IP 地址
dest_port	int	备集群首备 DN 通信端口
current_rto	int	流控的信息，当前主备集群的日志 RTO 时间（单位：s）
target_rto	int	流控的信息，目标主备集群间的 RTO 时间（单位：s）
current_rpo	int	流控的信息，当前主备集群的日志 RPO 时间（单位：s）
target_rpo	int	流控的信息，目标主备集群间的 RPO 时间（单位：s）
rto_sleep_time	int	RTO 流控信息，为了达到 target_rto 这一预期，主机日志发送所需要的睡眠时间（单位：μs）
rpo_sleep_time	int	RPO 流控信息，为了达到 target_rpo 这一预期，主机日志生成所需要的睡眠时间（单位：μs）

（5）集中式场景流控逻辑

RTO 计算逻辑是：根据备机每次返回的最新落盘、回放 LSN，计算备机日志落盘和回放的速度，估算当前备机所有已接收日志全部完成落盘、回放需要的时间，作为 RTO。

RPO 计算逻辑是：根据主机新生成日志的速度，结合主备落盘日志量差值，估算当前主备日志差相当于主机多少秒的新增，作为 RPO。

（6）分布式场景流控逻辑

在分布式流式容灾中，为了保证分布式一致性采用全局一致性打点，对备机回放做了限制，即每个节点回放到全局 targetBarrier（目标一致性位点）后会停止回放，等待下一个 targetBarrier（目标一致性位点）更新。而灾备集群升主时，targetBarrier 后的日志会被丢弃，因此不能与普通集群一样按刷新点计算 RTO/RPO。

RTO 新增逻辑是：在集中式逻辑的基础上，因为灾备集群升主时 targetBarrier 后的日志会被丢弃，所以当节点日志回放到 targetBarrier 后即可视为回放完成，$RTO=0$。灾备集群各节点会将当前是否回放到 targetBarrier 点，返回给对应的主集群节点，标记此时 $RTO=0$。

RPO 计算逻辑是：由于 targetBarrier 后的日志灾备升主时会被丢弃，所以应该以备机 targetBarrier 点与主机最新日志计算 RPO。

barrierId 的最后 13 位为其生成时的时间信息，RPO 算法利用这个时间戳，将灾备返回 targetBarrierID 与主机最新生成的 currentBarrierID（当前一致性位点 id）比较，时间差即是灾备升主时丢失日志的时间长度。

（7）周期性全局一致性打点与推进

如图 4-36 所示是一个 barrier 点从生成到删除的整个过程，大致可以分为四个部分：barrier 生成、barrier 解析存储、barrier 推进、barrier 删除。其中 barrier 推进是最重要的一环，由它来确定各备节点恢复的位置来达到一致性要求。

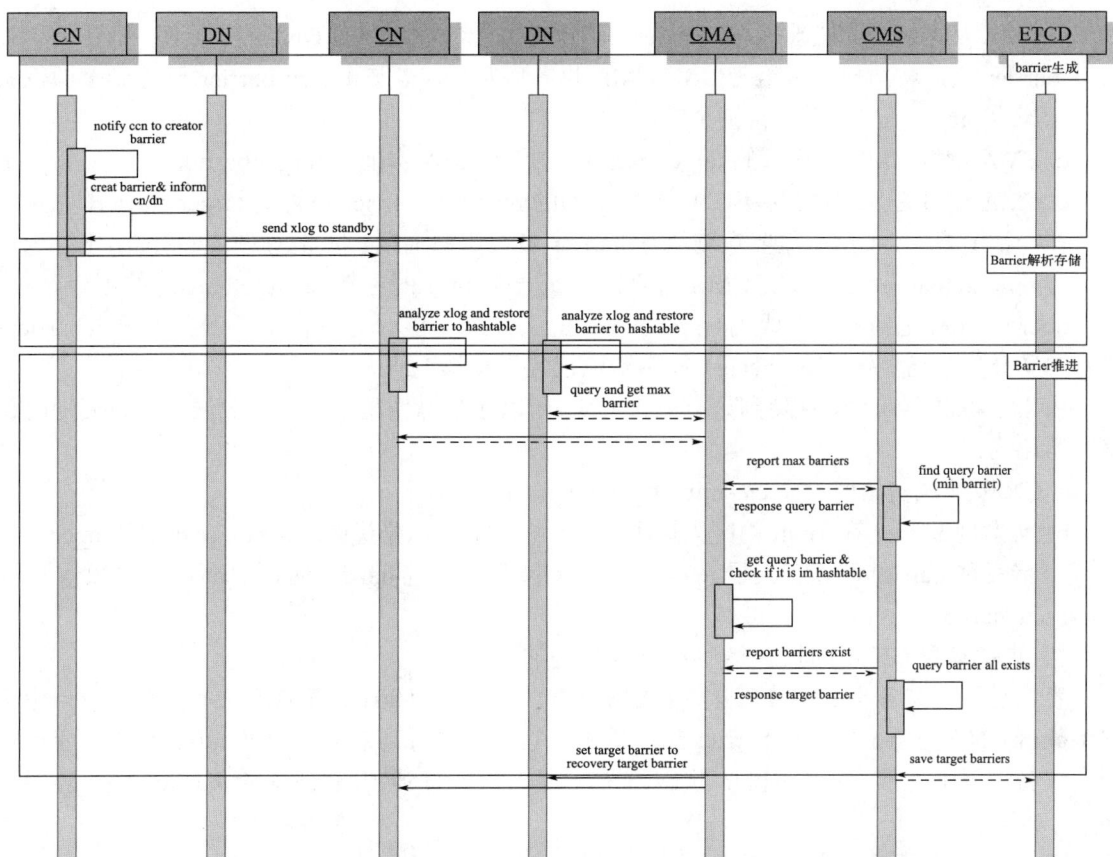

图 4-36　barrier 处理消息序列图

① barrier 生成。barrier 生成是 barrier 一致性的前提。barrier 点任一 CN 都可以发起，但由第一个 CN 负责生成。若发起 barrier 生成的 CN 不是第一个 CN，则通知第一个 CN 进行生成。生成后 CN 与 DN 将其落到 XLog 日志中。负责打点的 CN 会启动 barrier_creator 线程从 GTM 获取 CSN 来生成 barrier。生成的 CSN 类型 barrier 信息格式为"csn_%021lu_%013ld"，头部信息固定为 csn_，中间 21 位为得到的 CSN 号，最后 13 位为时间信息，当前仅用于 RPO 计算。

② barrier 解析存储。barrier 解析存储是 barrier 一致性的基础，备集群上对应的备节点通过 WALreciever 收到 xlog 日志后将日志落盘。通过新添加 barrier 解析线程对新落盘的日志进行预解析，将解析到的 barrier 存储在哈希表中，并保存当前收到的最大 barrier。哈希表在创建日志解析线程前进行创建，在集群卸载时进行释放。哈希表中储存着解析出来的 barrier，这些 barrier 将在回放 XLog 日志时进行删除。

③ barrier 推进。barrier 推进 barrier 一致性的关键，这部分稍微复杂一些，需要 CN、DN、CMA、CMS、ETCD 相互配合进行。barrier 一致性点的推进需要五步：

a. CMA 通过 SQL 函数查询 CN、DN 的 barrier 最大值上报至 CMS。此处的 barrier 为预解析结果，日志实际还未回放；

b. CMS 收齐各个实例上报的 barrier，将其中的最小值作为 query barrier（查询一致性位点）；

c. CMA 从 CMS 获取到 query barrier，调用 SQL 函数对 CN、DN 进行查询，确认是否存在该 barrier 点，将结果上报给 CMS。CMS 收齐后判断，若该 query barrier 已达到多数派条件，则作为 target barrier 点，否则舍弃；

d. CMA 读取 CMS 里存放的 target barrier，更新 CMA 本地的 target barrier；

e. CMA 通过 SQL 函数设置 CN、DN 实例的 recovery barrier 设置为 targer barrier。

在一次上报中，CMA 需要查询执行 barrier 最大值的上报、本地查询 querybarrier 是否存在、更新 targetbarrier 这三步，CMS 需要执行 querybarrier 的更新和 targetbarrier 的更新。

query barrier 达到多数派成为 target barrier 的条件：单一 DN 分片内多数派已上报该 barrier；所有 DN 分片都已上报该 barrier；CN 多数派已经上报该 barrier。

由于主集群允许 CN 剔除到只有一个 CN，所以在故障场景下 CN 多数派的数目要随时调整，策略为：

a. CN 多数派初始值为 n_cn=init_cn_number/2 +1。

b. 当发现 barrier 在 1min 内因为达不成 CN 多数派无法推进时，n_cn--；极限值 n_cn≥1。

c. 当发现 barrier 可以有大于 n_cn 个数的 CN 参与推进 barrier 时，n_cn++；极限值 n_cn ≤init_cn_number/2 +1。

④ 灾备集群 CN 不同状态参与 barrier 推进的情况

容灾过程中灾备集群中被删除、重建的 CN 对 CM 的 barrier 查询请求不会有响应。由于灾备集群 CN 发生 build 导致 barrier 超前推进，它处于等待其他 CN 的 Waiting 状态。容灾过程中灾备集群中处于 Need_repair 状态的 CN 是有可能查到 CM 请求的 barrier 的，会参与 barrier 推进。

⑤ 灾备集群 CN 处于 Waiting 状态的条件

改造基于 OBS 异地容灾方案中增加的 SQL 函数 gs_get_local_barrier_status()查询得到当前 CN 实例 redo 的 barrier。CM 通过该函数获得 CN 实例当前 redo 的 localbarrier，与 targetbarrier 进行比较，localbarrier＞targetbarrier 时，该 CN 置为 Waiting 状态。

⑥ barrier 删除

barrier 删除是 barrier 一致性的终点，barrier 删除发生在 xlog 日志回放中。在日志回放时，回放到 barrier 会对回放位置 recoverybarrier 进行更新，并在哈希表中将该 barrier 点删除，完成 barrier 从生成到删除的全过程。

第 5 章

数据库高弹性关键技术

5.1 数据库弹性扩容

随着客户业务的发展，现有系统在磁盘容量、性能等方面逐步出现瓶颈。GaussDB 分集群提供 scale-out 线性扩展能力，满足客户业务增长的需求。GaussDB 支持 hash 分布表，hash分布表的数据行根据 hash 分布列进行 hash 计算，计算出的 hash 值被打散到各个 DN。随着业务增长，数据规模变大，DN 的承载能力会逐渐不足，这样就需要对 DN 节点数量进行扩充。节点数量扩充后，存储于原 DN 节点的数据就需要进行数据重新分布。GaussDB 基于Hashbucket（哈希桶）支持在线扩缩容商用，通过段页式库级数据分片和动态日志多流技术，实现物理文件搬迁的在线集群扩容方案。

在线重分布技术

目前 GaussDB 采用的是 share-nothing 的本地盘架构，各个 DN 节点独立维护各自的数据，这种架构下数据重分布的难度很大。

如图 5-1 所示，在线扩容从时间轴上看主要由两部分组成：

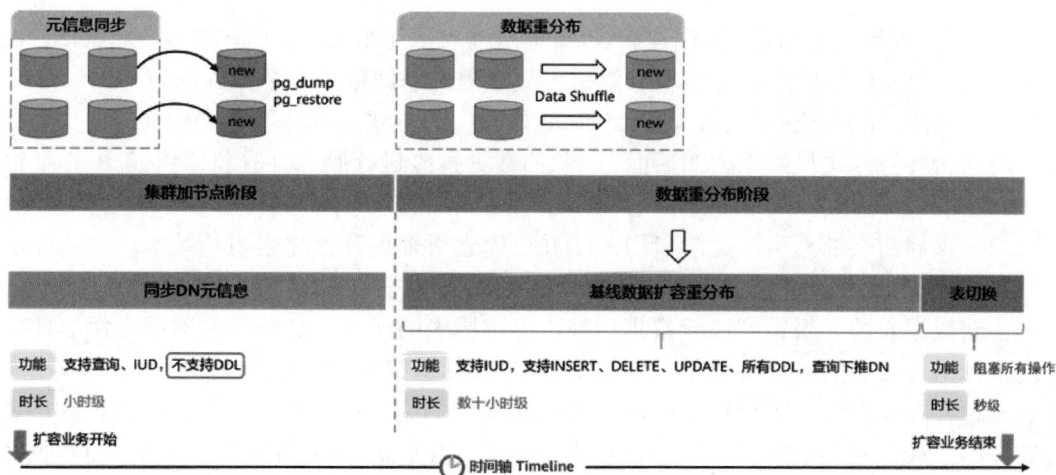

图 5-1　在线扩容示意图

① 集群加节点阶段：对新加入的 DN 节点进行元信息的同步，然后更新集群拓扑，启动新节点。设置包含新节点的 Installation NodeGroup（安装节点组）信息，将旧集群的 NodeGroup（节点组）设置为待重分布的状态。

② 数据重分布阶段：对分布在老集群的用户表通过数据重分布搬迁至新集群，在新加节点完成业务上线。数据重分布主要有两种方式：一种是逻辑搬迁方式，主要通过 SQL 接口进行；另一种是物理搬迁的方式，直接通过文件复制和日志多流追增进行。本节主要介绍逻辑数据重分布的过程。

由此可见，在线数据重分布是在线扩容的关键步骤。目前已经支持了以表为粒度的逻辑数据重分布，其核心思想是采用 SQL 接口将原表的数据导入到一个按照新分布方式存储的新表上，然后进行两个表的元数据切换。处理在线业务的核心思想是：将 DML 操作的 UPDATE 拆分成 INSERT 和 DELETE，所有 INSERT 都采用追增写入的模式写入原表的尾部，通过 ctid 确定每轮处理数据的范围，使用"{节点 id}+{元组 id}"表示删除的元组位置，原表的数据直接删除，新表的数据追增删除，直至原表和新表数据收敛追平，详细步骤如图 5-2 所示。

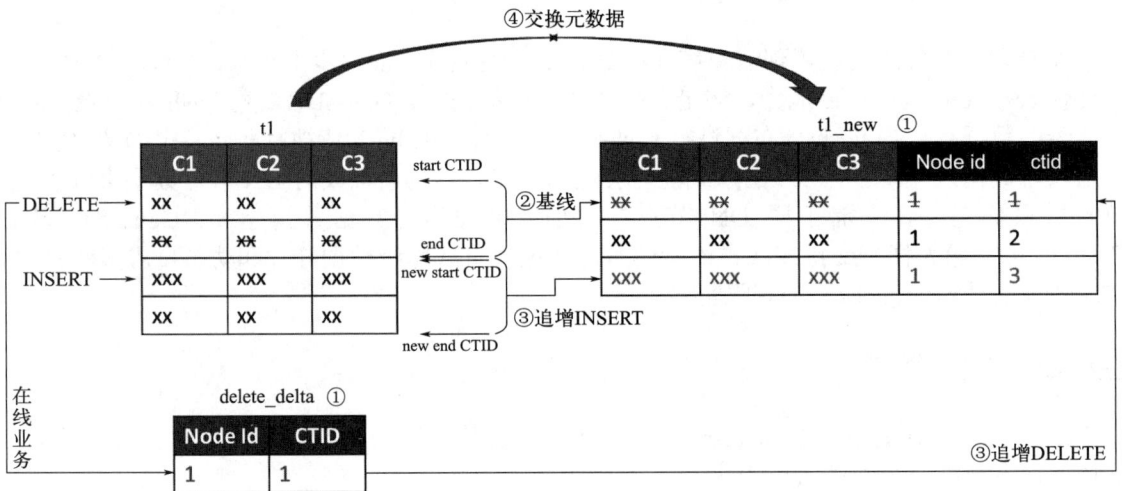

图 5-2　重分布过程中在线业务处理过程

P1：将原表设置为追增模式，创建新表[新增两列表示元组 id（ctid）和节点 id]、delete_delta 表记录删除原组的位置信息，并将新表索引失效，提升基线数据批量插入的效率。

P2_1：采用"insert into 新表 select * from 原表"的方式完成基线数据的插入。此时用户业务采用追加写的方式写在原表的后面，删除的数据直接进行删除并且将原组 id 和节点 id 记录在 delete_delta 表中。

P2_2：重建新表的索引，此阶段引入了并行建索引来提升重建索引的效率。

P3：采用多轮追增（推进 ctid、DELETE、INSERT）的方式完成新表和元数据的数据追平。

P4：获取原表的 8 级锁完成元数据切换，保留原表的元信息和新表的数据文件信息。

逻辑数据重分布的方式类似于 VACUUM FULL 的运行机制，存在很多约束和限制。首先新老表同时存在，会占用双份磁盘空间，影响磁盘的利用率；其次，如果要支持在线的数据重分布，采用 SQL 接口的方式挑战会比较大，例如表锁冲突、shared-buffer 资源争抢等问题。如果两个具有相同分布规则的表需要进行 join 操作，重分布期间可能存在一个表完成数据重分布，另一个表没有完成，这个阶段两个表就可能存在跨节点的分布式 join，与原有的本地 join 相比性能下降会十分严重。

为了解决逻辑扩容在有复杂业务查询场景的性能劣化问题，我们引入了基于 Hashbucket 表的物理在线扩容方案，不仅可以很好地解决带有 join 关系的业务性能下降的问题，还可以解除预留磁盘空间的约束，同时引入物理扩容的概念，大大提升了在线扩容本身的性能。

5.2 Hashbucket 扩容

5.2.1 Hashbucket 概念

Hashbucket 表在 DN 上的数据按照 hash 值进行聚簇存储，具有相同 hash 值的数据会统一管理在一个 bucket（数据桶）中。从分布式集群的角度看，Hashbucket 表将用户表拆分为多个分片的形式存储——每个表切分为 N 个分片，每个 DN 存储 $N/DNnum$ 个分片。拆分使用的规则与 Hash 分布规则一致，使用相同的分布列计算 Hash 值。图 5-3 显示的是插入一行数据，在 CN 上根据分布列计算 Hash 值并取模 bucket 桶长度 BUCKETLEN（图中是 6）计算出具体的 DN 节点，在 DN 节点上对不同的 Hash 值再进行分片拆分。

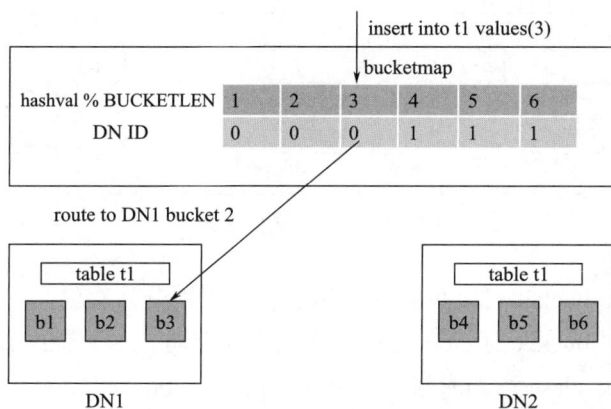

图 5-3　Hashbucket 表插入数据逻辑示意图

存储的组织方式如图 5-4 所示，假设用户表是 Hash 分布表，在 CN 上有 6 个 Hashbucket，其中 1~3 对应 DN1 的数据分片，4~6 对应 DN2 的数据分片。 CN 上存储一个映射关系表示每个 DN 分片上有哪些 bucket 桶，用户存入一条数据时将根据分布列的值计算属于哪个 bucket 桶，再根据 CN 上的映射关系路由到对应 DN 分片进行数据存储。

如果每张 Hash 分布的表都进行文件拆分，将会导致小文件非常多，给文件系统造成比较大的压力，因此 Hashbucket 采用段页式的存储方式，即所有表都采用一组文件进行存储，后续段页式章节会进行详细介绍。

从 DN 存储节点的角度上看，Hashbucket 表和普通页式表主要区别在于数据文件管理、事务管理和元数据管理三个方面，图 5-5 所示。

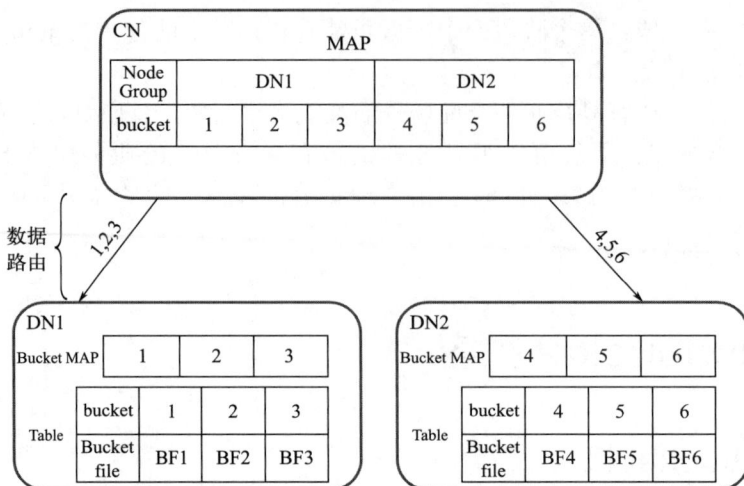

图 5-4　存储组织方式示意图

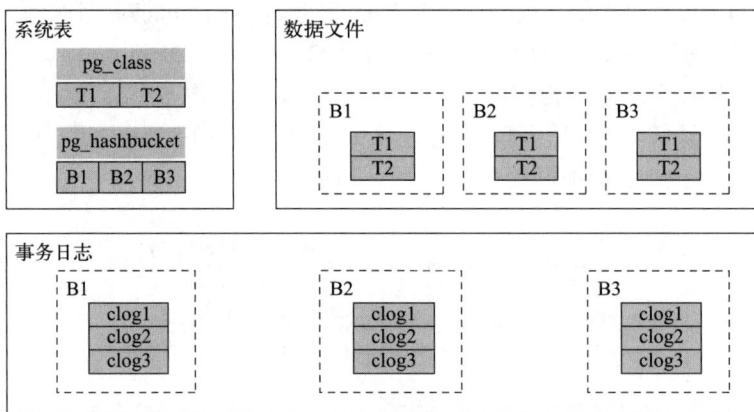

图 5-5　数据管理示意图

- 数据文件：按照 bucket 对段页式文件组进行库级别分片存储。
- 事务管理：按照 bucket 对 clog 进行实例级分片存储。后文会做详细介绍。
- 元数据管理：pg_class 增加库级分片标识、pg_hashbucket 增加库级别分片信息。

为了能够在 CN 和 DN 区分 Hashbucket 表，在 pg_class 系统表中增加一列 relbucket，CN 上存储 1，DN 上存储 3，表示将进行分片存储。另外新增一个库级系统表 pg_hashbucket，存储 Hashbucket 相关的信息，定义如表 5-1 所示。

表 5-1　系统表 pg_hashbucket

属性名	数据类型	注释
bucketid	oid	CN 上为 pg_hashbucket 系统表所在 database 绑定的 NodeGroup 的 oid。DN 上此列为空
bucketcnt	interger	CN 上不使用此参数，DN 上为当前 DN 所拥有的 bucket 数量
bucketvector	oidvector_extend	CN 上不使用此参数，DN 上为当前 DN 所拥有的 bucket 列表
bucketmap	text	用来存储逻辑 bucket 到物理 bucket 的映射关系，即 16384 到 1024 的映射关系
bucketversion	oidvector_extend	记录后续 Hashbucket 扩容过程中发生改变的信息版本号

属性名	数据类型	注释
bucketcsn	text	Hashbucket 重分布前源节点每个 bucket 对应的最大 CSN，用于新节点可见性判断
bucketxid	text	Hashbucket 扩容，新节点上线设置的 next_xid，用于校验是否在阈值范围内

因此，创建库的时候会生成 pg_hashbucket 中 bucket 分片的分布信息，Hashbucket 表拥有库级的特点，即一个库的所有 Hashbucket 表一定具有相同的分布方式。所有 Hash 分布的用户表都可以采用 Hashbucket 分片存储的方式，用户在创建表时通过指定参数来实现，语句如下：

CREATE TABLE t1 (a int, b text) WITH (hashbucket=on);

Hashbucket 表在扩容的时候通过物理文件搬迁完成，因此每个库以 bucket 文件为粒度在新节点上线业务，同时原子性地刷新 pg_hashbucket 系统表。业务会在 DN 上访问 pg_hashbucket 系统表过滤 bucket list 来找到正确的数据。由于 Hashbucket 表对数据文件进行了切片，如果直接创建 B 树索引，索引也需要进行切片才能访问到正确的数据，如果计划可以直接剪枝则性能不受影响，如果计划不能剪枝则需要遍历 1024/DN 分片数棵 B 树，会严重影响性能。因此引入一种新的索引——CBI 索引（跨 bucket 索引）即，所有 bucket 使用一棵 B 树，索引中增加 bucketid 信息来提升性能，接下来的章节会详细介绍。

5.2.2　段页式存储技术

根据前文的介绍，Hashbucket 需要对文件进行分片，如果直接对单文件管理的数据文件进行切片，将会产生表数量×1024 个文件，在表数量较多的场景下，产生的小文件数量多，导致文件管理系统的压力较大。因此，引入段页式管理，属于一个库表空间下的所有表共同使用一组段页式文件，防止 bucket 化拆分后小文件多的问题。

图 5-6 是存储引擎架构示意图，从整个数据库的组成架构看，段页式是存储引擎中最底层的一种文件管理方式，和单文件管理并列，其通过一组段页式文件管理所有用户表，减少单文件数量，从而降低文件系统的压力。段页式管理和单文件管理通过 smgr 层（介质管理器）对上层提供相同的接口，实现和缓冲区的读写交互，上层业务不感知底层存储方式发生的变化。

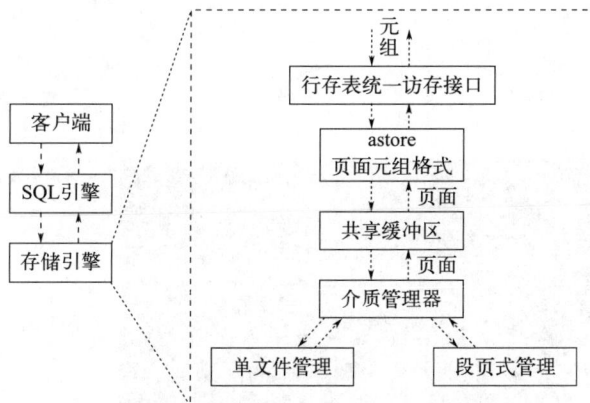

图 5-6　存储引擎整体架构示意图

为了向 SQL 层提供一套接口，段页式表引入了逻辑 block 的概念，逻辑 block 是连续页号的 page 数据页面，上层逻辑访问段页式表使用的是逻辑 block。每个段页式表都有一个对应的 SegmentHeader（数据段头部），SegmentHeader 维护了段页式表使用的逻辑 block 到实际的段页式物理 block 的映射关系。SegmentHeader 管理了一个用户表的所有元数据信息，尤为重要，设计如下：

```
typedef struct SegmentHeader {
    uint64 magic;
    XLogRecPtr lsn;
    uint32 nblocks;        // block number reported to upper layer
    uint32 total_blocks; // total blocks can be allocated to table (exclude
metadata pages)
    uint64 reserved;
    BlockNumber level0_slots[bmt_header_level0_slots];
    BlockNumber level1_slots[bmt_header_level1_slots];
    BlockNumber fork_head[segment_max_forknum +1];
} SegmentHeader;
```

其中比较重要的有：

- nblocks，指的是上层看到的最大逻辑页号，和页式存储中的文件大小的概念是一样的，是 smgrnblocks 的返回值。
- total_blocks，指的是分配的所有 extent（数据区），当申请的 extent 的 pages 全部用完时，会再申请一个 extent。
- level0_slots 和 level1_slots，存放的是逻辑 block 到物理 block 的映射关系，对于序号靠前的 extent，起始位置直接存储在 level0_slots 中。level0_slots 存满之后，会使用 level1_slots 中存放的 level0_slots 页面记录。
- fork_head 指的是所有 fork 的数据段头部，也以数组的形式存储在 main fork 的数据段头部中。每个数据段头部中的 fork_head[0] 一定等于自己。

Hashbucket 表采用了段页式存储的方式。在段页式存储管理下，表空间和数据文件采用段（segment）、区（extent）以及页（page/block）作为逻辑组织，进行存储的分配和管理。具体来说，一个 database 在其所存在的每个表空间中，都拥有一组独立的段页式文件。如图 5-7 所示，某个库下的一个表空间的段页式文件由 1～5 号文件组成。

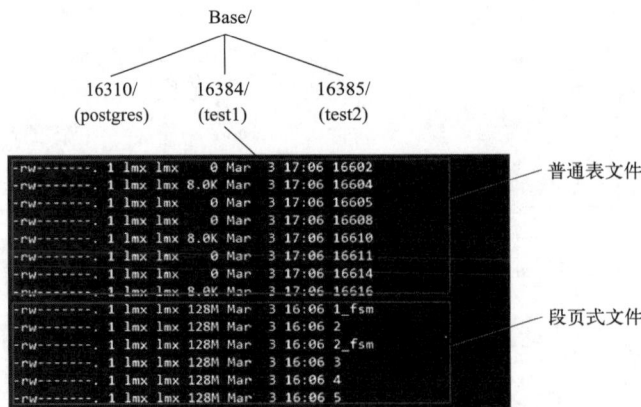

图 5-7　段页式物理结构示意图

由于属于一个表空间下的所有段页式表的数据都会写到这几个段页式文件中，所以这几个文件会膨胀到 TB 量级，段页式文件仍然沿用 GaussDB 页式文件的切分方式，按照 1GB 进行切分，将一个物理文件称为一个 slice，使用 2.1、3.1 来表示。拥有相同前缀的一组 slice 组成一个段页式文件管理系统（SegLogicFile）。SQL 层将每个 SegLogicFile 看作一个无限大的物理文件。

每个 SegLogicFile 称为一个 ExtentGroup（区组），文件组织格式如图 5-8 所示。

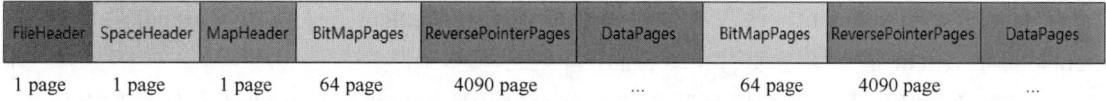

FileHeader	SpaceHeader	MapHeader	BitMapPages	ReversePointerPages	DataPages	BitMapPages	ReversePointerPages	DataPages
1 page	1 page	1 page	64 page	4090 page	...	64 page	4090 page	...

图 5-8　段页式逻辑文件组织格式

MapHeader：用来存放管理 BitMapPages 的元信息。

BitMapPages：Bitmap 页面，用来管理 DataPages 的 extent 使用情况，页面中的一个比特位表示代表 1 个 extent，0 表示空闲，1 表示已使用。每个 ExtentGroup 中 extent 大小不一样，所以 1 个比特位表示的 extent 大小也不一样；

ReversePointerPages：reversepointer（反向指针）页面，用来管理 DataPages 的 extent 的属主信息，即属于哪个 SegmentHeader 管理。

DataPages：数据表记录存放区域，不同文件按照不同数量的 block 组成 extent。

GaussDB 中有 fork 的概念，用于管理每个表的数据和元数据信息，如表数据存的文件称作 Main Fork，空闲页面信息称为 FSM Fork，visibility map 称为 VM Fork。这些 fork 存储在各自的物理文件中，文件用后缀来区分，1_fsm，1_vm，Main Fork 不带后缀。所以，对于 GaussDB 单文件存储来说，只需要知道 relfilenode 和 forknumber，就能拼出物理文件名。

为了前向兼容，段页式保留了 fork 的概念，一个 fork 使用一组 segment，依然用"relfilenode+fork number+逻辑页号"来访问数据。把 Main Fork 的 SegmentHeader，作为该表的 relfilenode，存储在系统表 pg_class 中；其他 fork 的 SegmentHeader 存储在 Main Fork 的 SegmentHeader 中。数据访问的流程如图 5-9 所示。

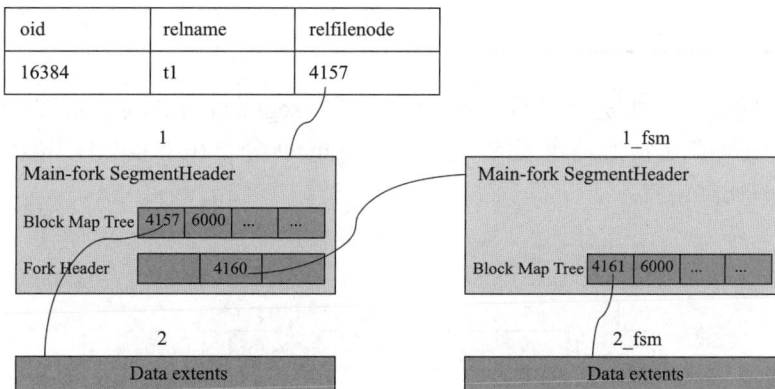

图 5-9　段页式数据访问流程示意图

其中，表 t1 在 pg_class 中的 relfilenode 是 4157，通过访问段页式 1 号文件的 4157 页面可以访问到其数据段头部（SegmentHeader），根据上层传入的逻辑页面号 0 可以通过块图树

（block map tree）找到物理页面的位置（2 号文件的 4157 页面）。通过数据头（Fork Header）中的 fsm 页面 4160 可以访问到 fsm 的 SegmenTheader 所在的物理信息（1_fsm 文件的 4160页面）。

由上可知，段页式表通过唯一的 SegmentHeader 进行表示，而段页式表中的数据则是存放在若干个 extent 中，每个 extent 都是由固定数量的 page 组成的。所有 extent 由 1～5 号文件组成段空间，所有表都从该段空间中分配数据。因此表的个数和实际物理文件个数无关。每个表有一个逻辑 segment，该表所有的数据都存在该 segment 上。每个 segment 会挂载多个extent，每个 extent 是一块连续的物理页面。

在表或者分区数量较多的场景下，段页式存储相比于页式存储生成的文件数量会大大减少，从而降低对文件系统的规格要求，减轻对操作系统 I/O 栈产生的压力，提升数据库的吞吐能力。Hashbucket 表对数据文件进行切片，如果不采用段页式存储可能会产生大量的小文件，在进行 checkpoint 这种 I/O 重度操作的时候，需要对大量文件进行 sync（同步）操作，此时很有可能造成长时间的 I/O 等待，影响数据库的整体性能。

段页式目前支持五种大小的 extent，分别是 8K/64K/1M/8M/32M，对应五种不同 extent 大小的段页式文件（文件名 1/2/3/4/5），称之为段页式文件组，这一组文件中 1 号文件用来管理段页式表元数据，2 到 5 号文件用来存储用户表数据。对于一个 segment 来说，每一次扩展的extent 的大小是固定的。前 16 个 extent 大小为 64K，第 17 到第 143 个 extent 大小为 1MB，依次类推，具体表 5-2 所示。初始时表比较小，分配的 extent 粒度较小，当表变得比较大的时候，分配的粒度较大。这样做的好处是可以在空间利用率和分配频率之间做一个很好的平衡。

表 5-2　段页式支持的不同区的参数表

组	区大小	区页面数	区数目范围	总页面数	总大小
1	64K	8	[1, 16]	128	1M
2	1M	128	[17, 143]	16K	128M
3	8M	1024	[144, 255]	128K	1G
4	32M	8192	[256, …]	…	…

因为 extent 的扩展方式是固定的，因此任何一个 segment 中的 extent 的分布都相同。如图 5-10 所示：extent 在逻辑上是连续的，物理上 segment 分布在 1 号文件，extent 分布在段页式 2～5 号文件的任意位置。

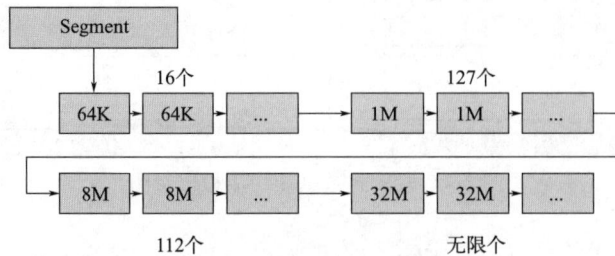

图 5-10　段中区的分布示意图

5.2.3 基于段页式组织的 Hashbucket 技术

Hashbucket 位于段页式的下层，将段页式的文件组 bucket 化分片，如图 5-11 所示。

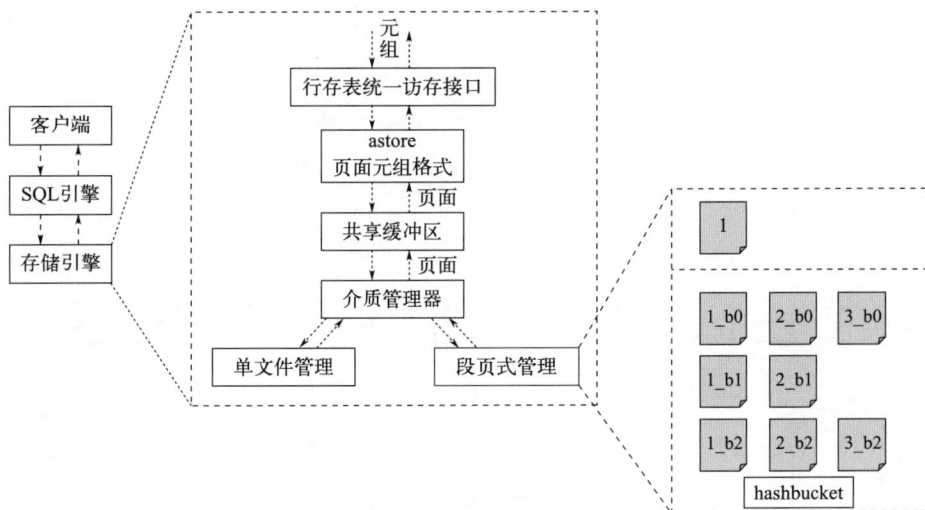

图 5-11　hashbucket 在存储引擎架构中的位置

Hashbucket 表的 bucket 个数固定为 1024 个。每个 DN 分片拥有的 bucket 数量为 1024/DN 分片数量个。将上一章节介绍的段页式文件（1~5 号）进行切片，拥有相同 hash 值的数据存在一组 bucket 段页式文件中，命名方式为"文件编号_bucketid_[vm/fsm]"，其中 1 号小 bucket 段页式文件仍然存储元数据信息，主要是 SegmentHeader，管理属于 bucket 0 的数据 extent；2 号小 bucket 段页式文件存储真正的用户数据。因此以 tablespace（表空间）为粒度，每个库的每个 tablespace 拥有 1024 组 1~5 号 bucket 段页式文件。

Hashbucket 表与段页式的寻址方式类似，在系统表 pg_class 的 relfilenode 表示 1 号段页式文件中的一个页面号，表示最上层的元数据管理页面，通过如下结构体实现：

```
typedef struct BktMainHead {
    uint64 magic;
    XLogRecPtr lsn;
    BlockNumber bkt_main_head_map[BUCKETMAPLEN];
} SegmentHeader;
```

其中，bkt_main_head_map 是 4 字节×1024 的数组，下标表示 Hashbucket 的编号，内容表示小段页式文件中 SegmentHeader 所在的页面号。

以创建一张 Hashbucket 表 t1 为例，寻址过程如图 5-12 所示。

- 步骤 1：通过 pg_class 的 relfilenode 能够访问到段页式 1 号文件中的数据桶立头部（BktMainHead）页面 4157。
- 步骤 2：从 BktMainHead 的内容找到对应 bucket 0 数据段头部（SegmentHeader）所在的页面号，访问对应 bucket 0 的 1 号文件 1_b0 的页面 65。
- 步骤 3：通过页面 1_b0 的页面 65 的 SegmentHeader 记录的 extent 位置信息存入对应的数据，或者根据传入的逻辑页面号翻译出要访问的物理页面位置。
- 步骤 4：根据要访问的物理页面信息访问对应的 bucket 段页式文件 2_b0。

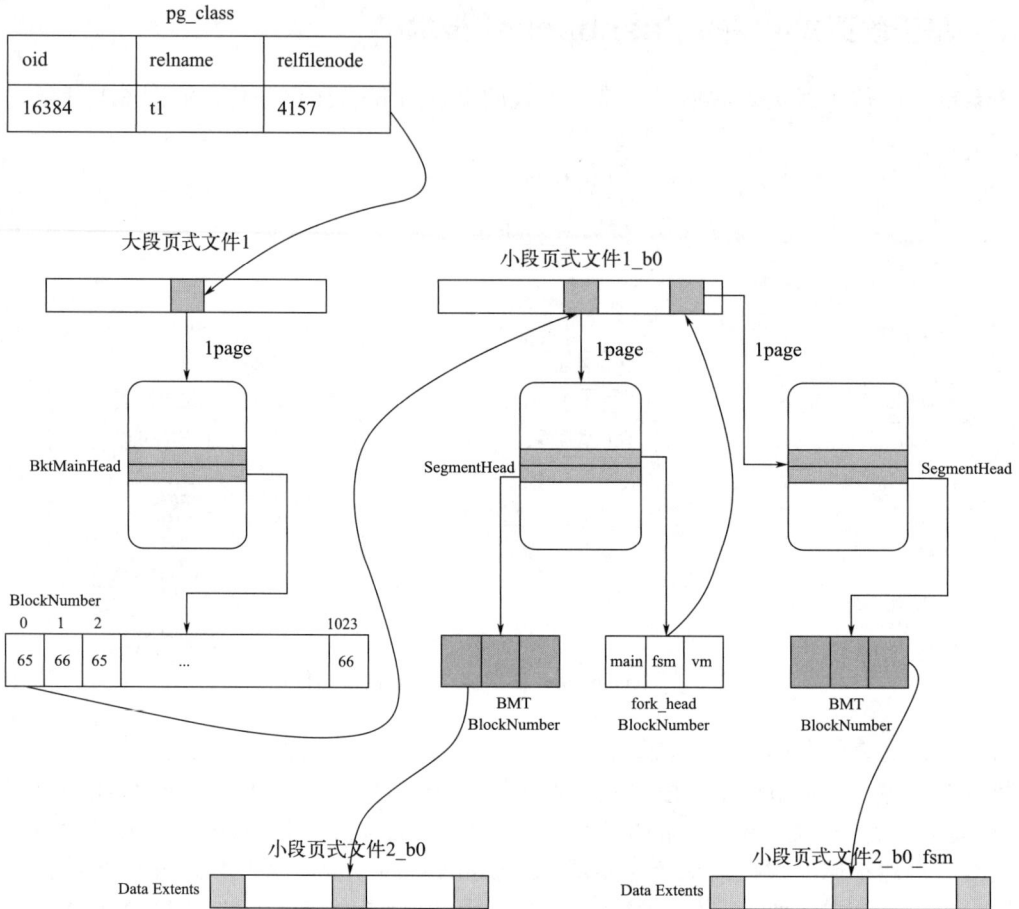

図 5-12 Hashbucket 建表寻址过程示意图

Hashbucket 的元数据管理采用上述方式主要为了后续扩容考虑，为了实现物理文件搬迁，我们需要直接把某个 DN 分片的 bucket 文件搬迁到新节点，为了保证文件搬迁后仍然可以寻址成功，需要在新 DN build 元数据之后进行 BktMainHead 的更新，将即将搬迁至新节点的所有 bucket 1 号文件中的 SegmentHeader 所在的页面号更新到段页式 1 号文件的 BktMainHead 中。

Hashbucket 表的反向指针在 bucket 1 号文件中，SegmentHeader 页面对应的反向指针存储的是 1 号段页式文件 BktMainHead 页面所在的页面号，因此需要在扩容期间基线数据搬迁完成时，更新搬迁至新节点所有 bucket 1 号文件的 SegmentHeader 的反向指针。

5.2.4 Hashbucket 场景的超长字段实现

TOAST 是 GaussDB 中一种存储大数据的机制。TOAST 表是否创建是根据原表列类型决定的，数据是否存到 TOAST 表中是根据数据大小决定的。创建原表时如果包含变长类型（text 类型等）的列就会自动创建并关联 TOAST 表。一张 TOAST 表负责行外存储。GaussDB 不允许一行数据跨页存储，当单个元组大小超过 2K 时，会自动触发 TOAST 机制，对数据进行压缩和切片，将实际数据存储到 TOAST 表。TOAST 表不支持用户手动创建，其随原表一起创建和删除。TOAST 表和索引的存储类型与原表保持一致，原表和 TOAST 表通过 OID 关联，

pg_class 中原表会记录 reltoastrelid（与原表关联的 TOAST 表的 oid，如果没有则为 0），在 pg_class 中通过 oid 可以找到 TOAST 表。Hashbucket TOAST 表元数据如图 5-13 所示。

图 5-13　Hashbucket TOAST 表元数据

由于 Hashbucket 扩容会将属于老节点的文件直接搬迁至新节点，此时如果 TOAST 指针中记录了老节点的 oid 信息，由于 oid 是本地维护的，所以搬迁到新节点可能出现访问不到数据的问题。因此，Hashbucket 表 TOAST 数据管理方式是由产生 TOAST 的列存储 TOAST 指针，存储小段页式 1 号文件的 relfilenode。对 TOAST 表操作时通过小段页式 1 号文件 SegmentHeader 页面的反向指针查询到当前 Hashbucket 表大段页式 1 号文件的页面号，再通过反向指针获取到所属 TOAST 表的 oid，如图 5-14 所示。

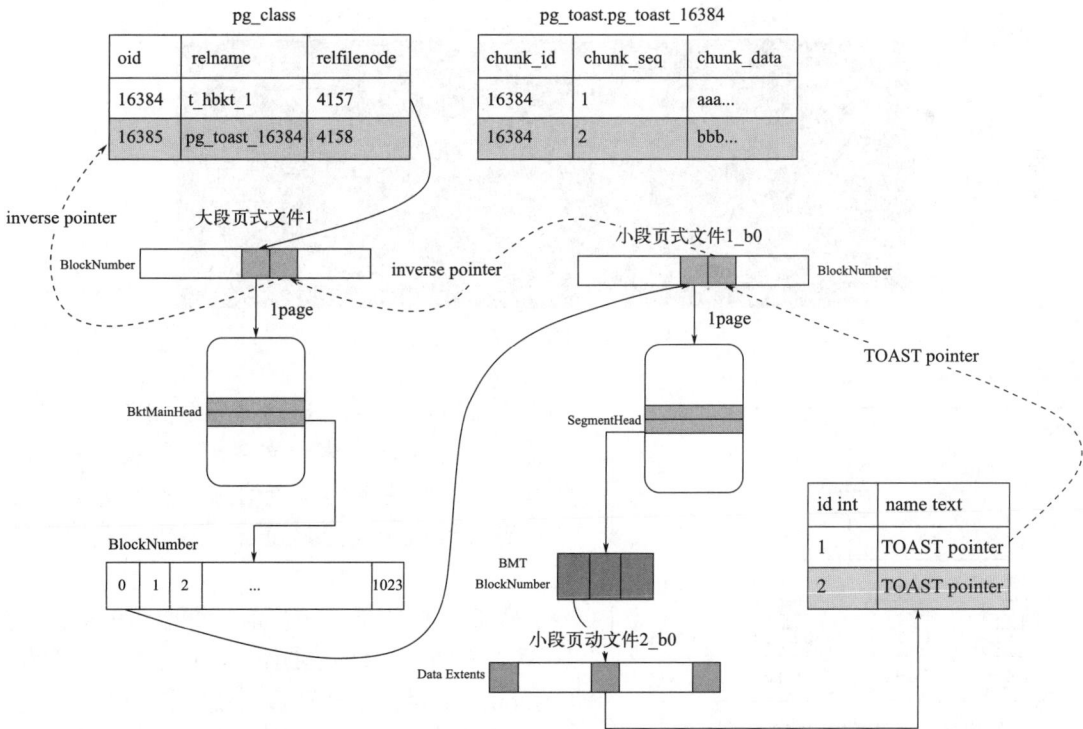

图 5-14　Hashbucket TOAST 表寻址示意图

数据插入时会先对可压缩的列执行压缩，然后判断元组长度是否能触发 TOAST 以及类型是否可以执行外部存储。多数情况下压缩后的元组长度不满足 2K 的阈值，所以不会触发 TOAST 机制。访问数据时需要访问 TOAST 表中的压缩数据，对该数据解压。

关键数据结构 TOAST 指针 varatt_external 用于存储获取行外存储数据所需的信息，数据结构设计如下：

```
typedef struct varatt_external {
    int32 va_rawsize;   /* 原始数据大小（包括header）*/
    int32 va_extsize;   /* 外部保存大小（不包括header）*/
    Oid va_valueid;     /* TOAST 表中值的唯一 id */
    Oid va_toastrelid;  /* TOAST 表 id */
} varatt_external;
```

其中 va_extsize 表示外部数据大小，va_rawsize 表示原始未压缩数据大小，当且仅当 va_extsize＜va_rawsize−var header 时，数据会被压缩。

5.2.5　CBI 索引加速

GaussDB 针对 Hashbucket 表有两种索引：bucket 全局索引（Cross-Bucket Index，CBI，也称跨 bucket 索引）和 bucket 本地索引（Local-Bucket Index，LBI）。跨 bucket 索引为 Hashbucket 聚簇存储提供一种跨 bucket 的索引能力，即在创建索引时，一个索引文件可以对应表级或分区级的所有 bucket 文件。该索引可以为指定粒度的表提供跨 bucket 的索引扫描，避免顺序扫描当前表下的大量 bucket 文件才能查到目标元组，提升查询性能。通过在创建索引时指定"crossbucket=on"可以创建跨 bucket 索引，如图 5-15 所示。

```
regression=# create index hbucket_cbi on hbucket(a) with(crossbucket=on);
CREATE INDEX
regression=# \d+ hbucket
                                Table "public.hbucket"
 Column |  Type   | Modifiers | Storage | Stats target | Description
--------+---------+-----------+---------+--------------+-------------
 a      | integer |           | plain   |              |
 b      | integer |           | plain   |              |
Indexes:
    "hbucket_cbi" btree (a) WITH (crossbucket=on) TABLESPACE pg_default
Has OIDs: no
Distribute By: HASH(a)
Location Nodes: ALL DATANODES
Options: orientation=row, compression=no, hashbucket=on
```

图 5-15　创建 CBI 索引示意图

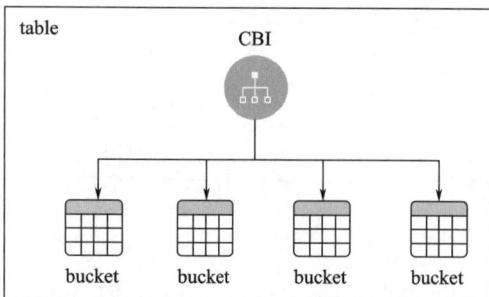

图 5-16　CBI 索引结构示意图

Hashbucket 表跨 bucket 索引如图 5-16 所示，只有一个跨 bucket 索引文件，在扫描该索引时能获取目标元组完备的位置信息（元组所在 bucket 分片等），读取指定的 bucket 分片就能获取目标元组。

需要注意的是，在当前版本中跨 bucket 索引只面向分布式 GaussDB，CBI 创建的前提是 Hashbucket 聚簇存储开启，仅支持 BTree 索引，不支持部分索引以及其他类型索引；GLOBAL 和

LOCAL 索引不允许建在同一列，仅支持行存表；GLOBAL CROSSBUCKET 索引支持最大列数为 30LOCAL CROSSBUCKET 索引支持最大列数为 31。

（1）CBI 索引元组

索引元组是一种用于建立索引的数据结构，CBI 索引元组的结构如图 5-17 所示。当需要访问数据时，通过 bucketid 找到数据元组所在的 bucket 分片，然后按数据行 id 找到对应的数据元组。

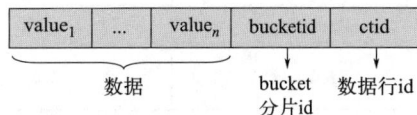

图 5-17　CBI 索引元组结构

（2）CBI 索引的实现

● CBI 索引创建。跨 bucket 索引创建流程如下：解析 SQL 语句确定要创建的索引是 CBI，进入创建索引流程；创建跨 bucket 索引关系，进入索引构建流程；索引构建流程中判断索引为跨 bucket 索引时，遍历每个 bucket 扫描堆表查找要加到索引中的元组，进入 BTree 构建流程；BTree 构建流程中使用堆表关系和索引关系创建 BTree 索引，保存扫描到的数据元组数和创建的索引元组数。

● CBI 索引扫描。基本思路是，对父表构建索引，索引元组记录所在分片的 bucketid，这两个属性作为 INCLUDE 参数被加入到索引列，封装进索引元组。索引扫描时，先通过 BTree 遍历找到满足索引键条件的索引元组，然后读取该元组中记录的 bucketid，获取目标元组所在的分区和 bucket 分片，再根据这些信息缩小查找范围获取最终的目标元组。

● CBI 索引插入删除。分布式全局索引插入流程与普通索引插入流程基本一致，需要注意的是唯一性检测流程的适配。当插入的数据不允许重复时会触发唯一性检测，也就需要将当前即将插入的数据与已存在数据进行比较，这就需要对特定范围的数据进行扫描。对于跨 bucket 索引，这个特定范围需要根据当前索引元组中存储的 bucketid 来锁定，以载入相应的目标表。

● CBI 索引清理。索引清理对于 Hashbucket 表的处理是通过遍历数据表以及对应的索引分片，分别清理各个分片。引入 CBI 后检查数据表相关的索引是否为 CBI，同时收集当前 bucket 的 bucketid 和 bucket 中失效的数据元组进入 BTree 清理页面流程。在 BTree 清理页面流程中，如果索引为 CBI，则从索引元组中获取目标元组所在的 bucketid，清理目标元组对应的索引元组。

（3）CBI 元数据

跨 bucket 索引的元数据可通过系统视图 pg_indexes、系统表 pg_class 查看。系统视图 pg_indexes 提供对数据库中每个索引的有用信息的访问，包含的关键字段如表 5-3 所示。

表 5-3　系统视图 pg_indexes 关键字段

名称	类型	描述
tablename	name	索引所服务的表的名称
indexname	name	索引名称
tablespace	name	包含索引的表空间名称
indexdef	text	索引定义

系统表 pg_class 存储数据库对象及其之间的关系。与 CBI 索引相关的字段如表 5-4 所示，可以查到跨 bucket 索引的表空间、访问方法等信息。

表 5-4　系统表 pg_class 部分字段

名称	类型	描述
relname	name	包含这个关系的名称空间的 oid
reloptions	text[]	表或索引的访问方法，使用"keyword=value"格式的字符串。
relbucket	oid	当前表是否包含 Hashbucket 分片。有效的 oid 指向 pg_hashbucket 表中记录的具体分片信息。NULL 表示不包含 Hashbucket 分片

5.2.6　支持 Hashbucket 的优化器

优化器是一个数据库管理系统中的重要组件，用于优化 SQL 查询语句的执行计划，从而提高查询性能。优化器的任务是找到最优的执行计划，使得查询结果能够以最快的速度返回。剪枝是一种优化技术，可以根据查询的语义和数据类型选择最优的执行计划，避免不必要的计算和 I/O 操作，提高查询效率。GaussDB 中 hash 分片计划生成流程如图 5-18 所示，关键思想是在优化器阶段根据剪枝结果确定要扫描的 bucket 分片。

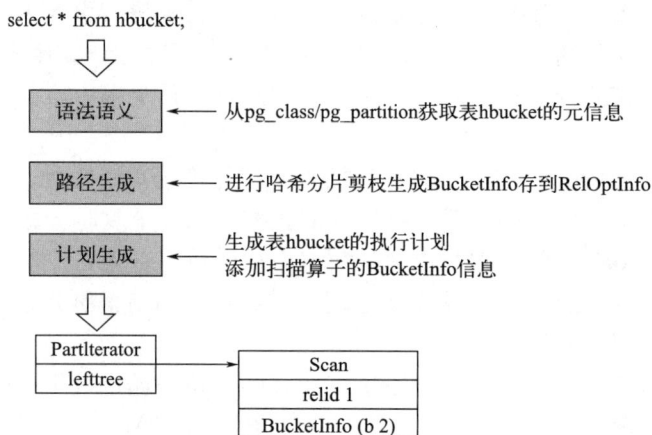

图 5-18　hash 分片计划生成流程

哈希分片剪枝分为静态剪枝和动态剪枝两种，静态剪枝是在优化器阶段根据表达式的过滤条件进行剪枝，动态剪枝是在执行器阶段根据运行时数据进行剪枝。在当前系统中，GaussDB 只支持单分布键剪枝。下面以静态剪枝为例介绍优化器剪枝原理。

涉及哈希分片剪枝的表达式有两类：
- 集合运算表达式：AND、OR。
- 比较运算表达式：= 、!=。

剪枝的过程就是集合运算的过程。先把基表上有关分布列的过滤条件抽取出来并转换为"c1 op const AND c2 op const OR c3 op const ..."的形式，然后针对每个表达式部分求解剪枝结果并进行集合运算（AND：INTERSECT。OR：UNION），剪枝结果用集合进行表示，保存在结构体 BucketInfo 中。剪枝过程如下：

① 确定能参与剪枝的条件。非分布列的条件不能剪枝（结果为全集）。
② 以 OR 条件进行分组，对每个分布列 op const 求出部分剪枝结果。
③ 进行集合运算求出整体剪枝结果。

算法输入参数为基表的表达式树如图 5-19 所示，剪枝算法需要遍历表达式树，并对每个节点采取相应动作：

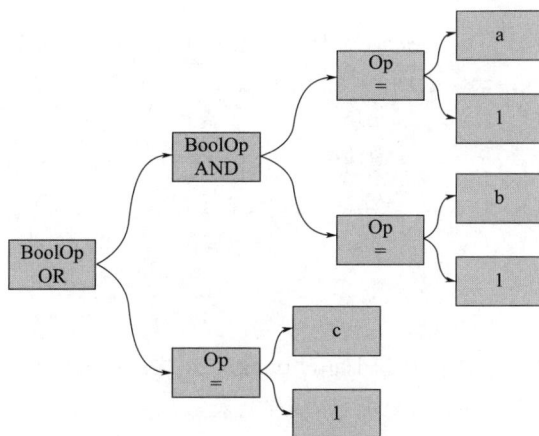

图 5-19　表达式树示意图

- AND 表达式：获取两边剪枝结果，求交集。
- OR 表达式：获取两边剪枝结果，求并集。
- =表达式：分情况处理。var = const 时，若 var 是分布列，对 const 求 hashbucketid，返回[bucketid]剪枝结果，若 var 是非分布列则返回全集；var = non-const，返回全集。
- !=表达式：分情况处理。var 是分布列，对 const 求 hashbucketid，返回不包含 bucketid 的剪枝结果；var 是非分布列，返回全集；var = non-const 返回全集
- 其他表达式：无法处理，返回全集

explain 是一个用于分析查询语句执行计划的命令，下面通过分析一条简单 SQL 语句"select * from t1 where a = 3 and b !=3;"的执行计划来了解 Hashbucket 优化器剪枝对生成执行计划的影响。执行计划的显示格式为"算子（算子修饰符）（算子估算代价结果集行数结果集宽度）"。语句的执行计划如下：

```
gaussdb=# explain verbose select * from t1 where a = 3 and b !=3;
                    QUERY PLAN
---------------------------------------------------------------
 Streaming (type: GATHER)  (cost=0.06..1.25 rows=2 width=12)
   Output: a, b, c
   Node/s: datanode4
   -> Seq Scan on gaussdb.t1  (cost=0.00..1.03 rows=2 width=12)
        Output: a, b, c
        Distribute Key: a
        Filter: ((t1.b <> 3) AND (t1.a = 3))
        Selected Buckets 1 of 1024 : 642
(8 rows)
```

- 第一层执行计划是用 Stream 算子（网络数据传输算子）把 DN4 的数据汇总到 CN；
- 第二层是 SeqScan 顺序扫描算子根据表达式"a=3 and b!= 3"剪枝得到剪枝结果。在表

达式中 b 不是分布列,所以"b!=3"不参与剪枝,由条件"a=3"得到元组所在 bucketid 为 642。在执行此查询语句时只需要扫描 bucketid 为 642 的 bucket 分片包含的数据元组。

优化器剪枝结果保存在关键数据结构 BucketInfo 中。BucketInfo 设计如下:

```
typedef struct BucketInfo {
    NodeTag type;
    List *buckets;  /* 对应父表要扫描的 bucket 分片, DN 只扫描自己的 bucketid。如果剪
枝状态不等于 BUCKET_EMPTY, buckets 为 NULL 那么表示扫描所有的分区 */
    HBucketPruningStatus status;  /* 表示剪枝结果的状态 */
    Expr *expr;
} BucketInfo;
```

其中, buckets 表示剪枝得到的要扫描的 bucket 分片; status 表示剪枝结果状态,分为:

- BUCKETS_UNINITIED:还未剪枝,结果未知。
- BUCKETS_FULL:生成包含所有 bucket 的 bitmapset(位图集合)。
- BUCKETS_EMPTY:生成不包含 bucket 的剪枝结果。
- BUCKETS_PRUNED:不允许剪枝。

BucketInfo 包含 DN 要扫描的分片信息,由 CN 下发给 DN 执行。在执行时,Scan 算子通过剪枝结果状态和 buckets 列表获取到实际要扫描的 bucketid,并通过系统表打开对应 bucket 的 relation。注意下发的 bucketids 是全局的,DN 通过 bucketmap 来判断哪些 bucketid 是本机的。只扫描本机的 bucketid。

动态剪枝从 DN 上获取的表定位信息保存在关键数据结构 DistqryRelationLocInfo 中,设计如下:

```
typedef struct {
    Oid relid;                      /* 表 oid */
    char locatorType;               /* 定位器类型, LOCATOR_TYPE_HASH */
    List* partAttrNum;              /* 分布列属性 */
    List* node_list;                /* 数据所在的节点索引 */
    ListCell* roundRobinNode;       /* 要使用的下一个节点的索引 */
    NameData gname;
    uint2* buckets_ptr;  /* 指向本地 bucket-node 映射的指针 */
    bool   isbucket;
} DistqryRelationLocInfo;
```

其中, partAttrNum 表示分布列属性; relid 表示表的 oid; locatorType 表示定位器类型, 在 Hashbucket 动态剪枝场景中默认设为 LOCATOR_TYPE_HASH。

5.2.7 支持 Hashbucket 的执行器

执行器是 GaussDB 数据库核心组件之一,负责执行优化器生成的执行计划,将查询结果返回给用户。在执行过程中,执行器会根据执行计划的不同节点进行相应的操作,如扫描、聚合、排序等。

以堆表索引扫描为例介绍执行器的工作。执行器会根据优化器生成的扫描计划，先初始化扫描相关的数据结构，创建扫描键，指定初始化扫描目标；在索引中查询满足条件的索引元组，并获取该元组内记录的 bucketid 以及 tid（元组 id），获取相应的 bucket 分片（文件），从而缩小目标元组的扫描范围；最后执行器根据之前获取的 tid 读取上述锁定 bucket 分片中的 block，获取目标元组并返回给客户端。

GaussDB 支持普通表和分区表扫描，其中分区表扫描是基于普通表来实现的，主要区别是普通表仅扫描一个数据文件，分区表可以理解为扫描多个数据文件。Hashbucket 表为了更均匀地切分数据文件，把数据按照 hash 进行分片。其支持两种 hash 方案，即在普通表上支持 hash 分片，和在分区表上支持 hash 分片。

当前 GaussDB 涉及 hash 分片扫描的执行算子有：SeqScan（顺序扫描算子）、IndexScan（索引扫描算子）、IndexOnlyScan（仅索引扫描算子）、TidScan（Tuple ID 扫描算子）、BitmapIndexScan（位图索引扫描算子）等。每一个算子都可能经过初始化、执行、重置、结束四个阶段。以顺序扫描表的初始化为例，图 5-20 展示增加 hash 分区后的初始化流程图。其中红色分支是为 hash 分区表新增的路径。对于其他扫描方式的处理方式类似。

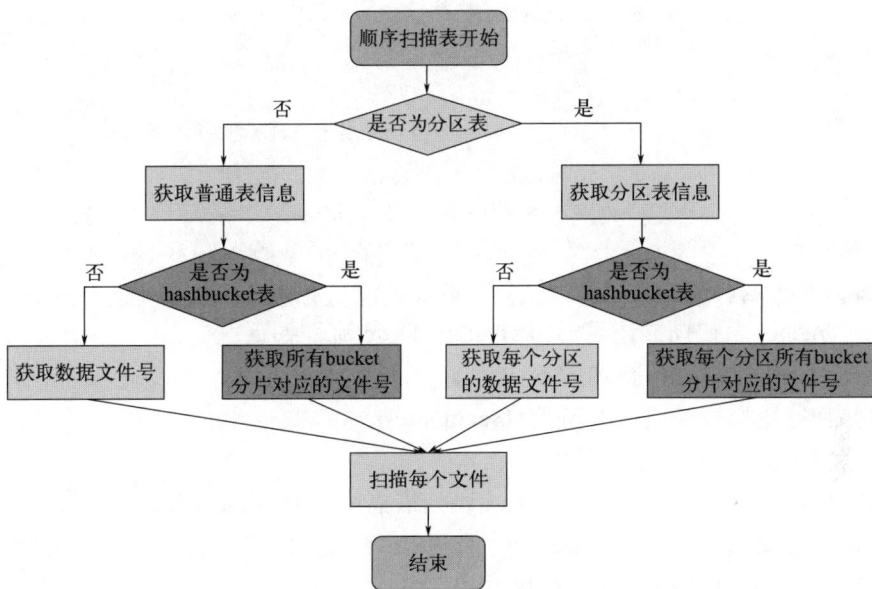

图 5-20 顺序扫描初始化流程图

（1）判断扫描表是否为 hash 分区表

上图中比较重要的一步是如何区分待扫描的对象是否存在 hash 分片。在元数据设计中，一个表是否存在 hash 分片由字段 relbucket 标识。因此，在扫描对象时，我们可以通过读取这个字段来判断是否存在 hash 分片。

（2）获取普通表的 hash 分片的文件号

执行计划中给出了要扫描的对象和表的 hash 分片号，需要根据这两个信息来获取分片对应的数据文件编号。Relation 中保存了每个 bucketid 对应的文件编号，可以直接读取。

（3）Hashbucket 表扫描

普通堆表仅管理一个物理数据文件，Hashbucket 表需要管理若干个 bucket，每个 bucket

相当于一个普通堆表。对于普通堆表，在初始化阶段生成扫描描述符，用于记录扫描状态；在扫描阶段从数据库文件中读取数据；在扫描结束阶段释放占有的资源。扫描 Hashbucket 表时，需要扫描其所有的 bucket，在操作单个 bucket 时，借助普通堆表的访问接口，复用普通堆表的执行器框架。

用户视角不关注 Hashbucket 表和普通堆表的存储和读取方式，因此我们在堆表和 Hashbucket 表上封装一层通用扫描处理程序，在执行器框架中调用通用接口。普通堆表又抽象出一层 TableAM 层区分 AStore 表和 UStore 表，由抽象接口根据表类型动态绑定具体的调用接口，目前 Hashbucket 表仅支持 AStore 存储，所以 TableAM 层不在此描述。

在表扫描开始时会创建堆表或 Hashbucket 表的扫描描述器，表访问接口会判断当前表是否是 Hashbucket 表，根据表是否是 Hashbucket 表执行相应的访问接口。Hashbucket 表复用普通堆表的访问接口，由于 Hashbucket 表底层管理了多个堆表，当一个 bucket 分片扫描完成时，即当前 bucket 分片中没有数据可读，会切换到下一个 bucket 进行读取，如此循环直到所有 bucket 都被读取。

Hashbucket 表的扫描描述符 HBktTblScanDescData 数据结构定义为：

```
typedef struct HBktTblScanDescData {
    Relation rs_rd;        /* 哈希分片表的 Relation */
    struct ScanOperator * scan_state;
    oidvector* h_bkt_list;  /* bucket 列表，用于管理待扫描的 bucket */
    int       curr_slot; /* 记录当前正在扫描的 bucket 编号 */
    Relation curr_bkt_rel; /* 当前扫描 bucket 的堆表结构 */
    TableScanDesc * curr_bkt_scan; /* 当前 bucket 的 TableScan 算子 */
} HBktTblScanDescData;
```

创建 Hashbucket 表扫描描述符 HBktTblScanDesc 流程如下：

● 从 BucketInfo 中加载待扫描的 buckets。

● 创建并初始化扫描描述符 HBktTblScanDesc。

● 打开第一个待扫描的 bucket。

● 为当前扫描的 bucket 开启一个 Heap 表扫描描述符 HeapScanDesc。

对应 SamplingScan、BitmapHeapScan、TidScan 等方式的描述符创建流程类似，仅需要为当前处理的 bucket 创建相应的 Heap 扫描方式。

对于其他访问接口类似，即借助堆表的接口操作每一个 bucket。当一个 bucket 访问完成时，需要切换到下一个 bucket，具体实现不再详述。

索引的访问接口抽象和表接口的抽象类似。封装 Hashbucket 表和非 Hashbucket 表索引扫描的通用接口，在执行器框架中调用通用接口，在 TableAm 层区分 AStore 和 UStore 绑定不同接口。Hashbucket 表的索引访问接口也同样是使用普通堆表的接口，扫描完一个分片之后，切换到下一个分片，具体实现不再赘述。

5.2.8 Hashbucket 扩容流程

Hashbucket 扩容流程框架主流程在 gs_redis_bucket 工具中实现，主要包括扩容迁移计划、扩容期间元数据处理、扩容状态与统计信息、扩容上线策略等部分。

进入重分布流程首先做一些前置处理，从系统表读取并设置重分布参数，以便后续扩容流程使用。在内核中记录本次重分布的 database 信息，以便后续解析日志使用。调用 checkpoint 进行一次刷盘，作为后续日志回放的起始点。

基于 Hashbucket 表的扩容整体流程主要包含三个步骤：

● 基线数据搬迁：生成扩容搬迁计划，根据搬迁计划中对涉及库的 bucket 文件进行跨节点文件搬迁。包含库级别的数据文件和实例级别的事务日志。

● bucket 日志流追增：识别 bucket 扩容过程中的增量修改，将对应的日志发送到目的节点并在目的节点进行增量修改的日志回放。

● bucket 元数据切换：当 bucket 日志流追增完成后，原节点和目的节点的 bucket 数据达到一致状态，可以对原节点的 bucket 进行下线删除，对目的节点的 bucket 进行上线操作，同时修改 CN 上的 bucketmap 使新的业务能够路由到正确的 DN 节点。

图 5-21 所示为以 DN 节点 2 扩 3 为例描述 Hashbucket 扩容的详细流程。

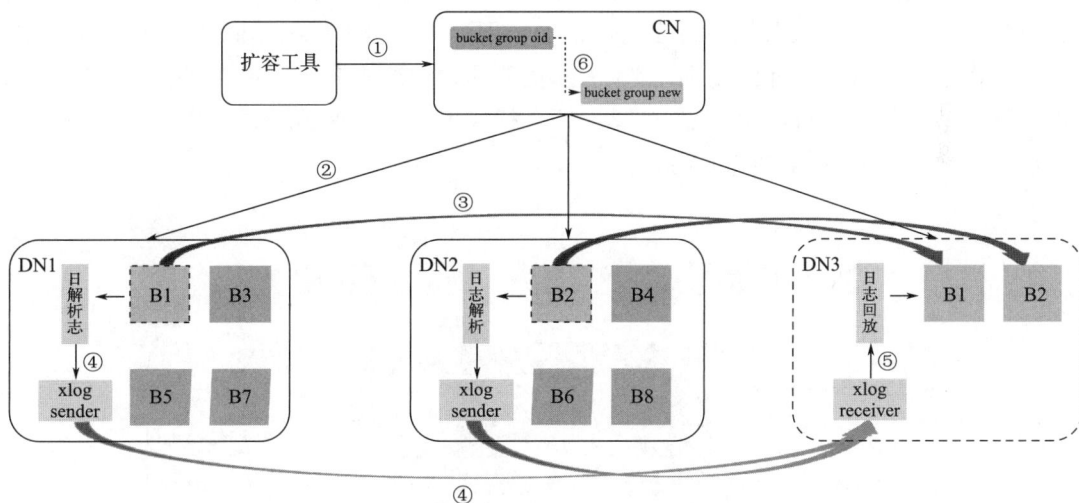

图 5-21 Hashbucket 扩容流程（以 DN 由 2 扩 3 为例）

① CN 从扩容工具处收到 MOVE BUCKETS 搬迁命令；

② CN 解析后分别给 DN1、DN2、DN3（目标 DN）下发搬迁命令；

③ DN1/DN2 将迁移 bucket 目录（包含数据及事务日志）复制到目标 DN3 上；

④ DN3 收到命令后，进入接收器（receiver）逻辑，与 DN1/DN2 建立连接，DN1/DN2 进入发送器（sender）逻辑，将相关 bucket 的日志解析出来发送给 DN3；

⑤ bucket 目录复制完成后，DN3 回放收到的 bucket 日志，进行追增；

⑥ 完成最后一轮的追增后 CN 上切换桶组（bucket group），DN1/DN2 上的旧 bucket 清除。

（1）获取扩容迁移计划

介绍扩容迁移计划前首先介绍 NodeGroup（节点组）相关概念。PGXC_GROUP 系统表存储节点组信息，其每一行均为一个 NodeGroup 相关信息，其中与扩容迁移计划相关的字段如表 5-5 所示。

表 5-5　系统表 PGXC_GROUP 部分字段

名称	类型	描述
oid	oid	行标识符（隐含字段，必须明确选择）
group_name	name	节点组名称
in_redistribution	"char"	是否需要重分布。取值包括 n，y。 n：表示 NodeGroup 没有再进行重分布 y：表示 NodeGroup 是重分布过程中的源节点组
group_members	oidvector_extend	节点组的节点 oid 列表
group_buckets	text	分布数据桶所在节点编号的集合
is_installation	boolean	是否安装子集群。 t（true）：表示安装。 f（false）：表示不安装
bucket_map	text	物理 bucket 与逻辑 bucket 的映射关系

首先介绍物理 bucket 和逻辑 bucket 的概念。GaussDB 中数据分布在 16384 个 bucket 中，记为逻辑 bucket。为减少文件数量过多资源浪费问题，引入物理 bucket 概念，DN 内部存储采用 1024 个物理 bucket。如图 5-22 所示为 3DN 集群的物理逻辑 bucket 映射关系示意图，每一个方格代表一个逻辑 bucket，用 "，" 分隔；每一行代表一个物理 bucket，用 "；" 分隔；同一行的逻辑 bucket 组成一个物理 bucket。

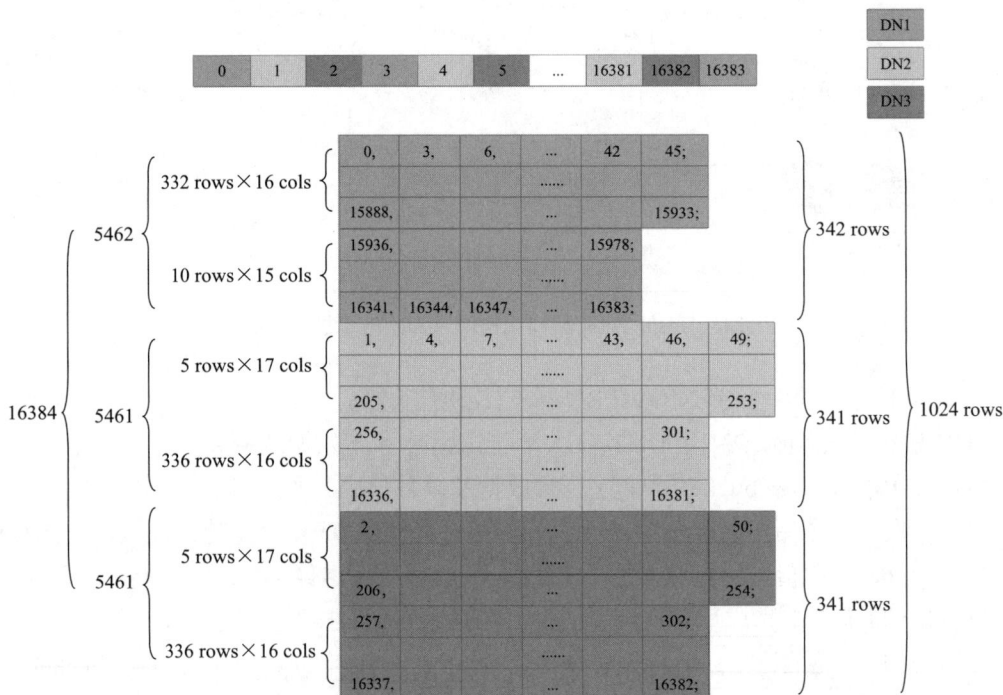

图 5-22　物理逻辑 bucket 映射关系示意图

group_buckets 为一个 16384 长度的数组，表示每个逻辑 bucket 所在节点的编号，可以表示数据在节点上的分布。根据当前绑定 NodeGroup 与目标 NodeGroup 中 bucket 分布（group_ buckets）的差异，即可计算出所有需要迁移的 buckets。再将这些待迁移的 bucket 按照扩容链路（即从哪个原 DN 迁移到哪个新 DN）分类，即可得到迁移计划。图 5-23 为 2DN 扩 3DN 的搬迁计划与 bucket 分布示意图。

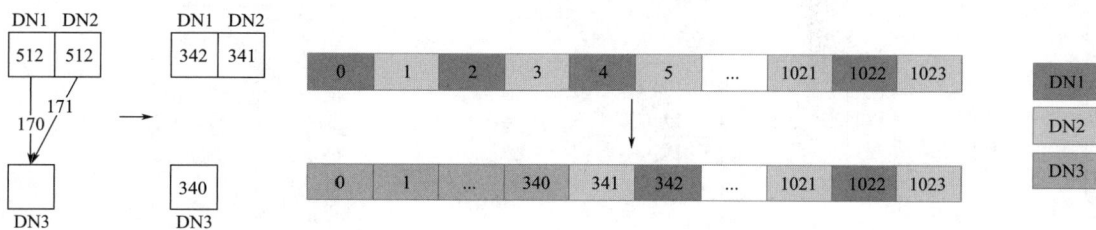

图 5-23　2DN 扩 3DN 迁移计划与 bucket 分布示意图

（2）扩容主流程相关线程

在获取迁移计划后，工具开始当前 database 的扩容主流程。扩容重分布过程涉及 gs_redis_bucket 工具的三个线程：主线程、监控线程、上线事务线程。图 5-24 为 gs_redis_bucket 工具中扩容流程相关线程示意图。

① 主线程根据迁移计划向内核发送 MOVE BUCKETS 命令，其格式为：

```
ALTER DATABASE database_name MOVE BUCKETS (bucket_list) FROM sender_dn TO
receiver_dn;
```

例如：

```
ALTER DATABASE my_database MOVE BUCKETS (0,1,2) FROM dn_6001_6002_6003 TO
dn_6010_6011_6012;
```

MOVE BUCKETS 命令是 Hashbucket 扩容重分布的核心命令，完成了基线数据搬迁和日志追增，MOVE BUCKETS 命令在内核中的实现详见"日志多流"小节。

其中单次 MOVE BUCKETS 命令搬迁 bucket 的个数（即 bucket_list 长度）越小对业务影响越小。同时为降低扩容重分布对业务的影响，sender DN 和 receiver DN 的并发度均为 1，即 sender DN 同一时刻最多只能处理一条 MOVE BUCKETS 语句，receiver DN 同一时刻最多只能处理一条 MOVE BUCKETS 语句。

主线程根据迁移计划与内核建立连接链路并发送 MOVE BUCKETS 命令，当有 MOVE BUCKETS 执行完毕退出后，主线程会检查是否可以发送新的 MOVE BUCKETS 命令（优先继续发送原链路剩余的 buckets；如原链路已发送完毕，则选择新链路发送），直到迁移计划中的所有 bucket 全部通过 MOVE BUCKETS 命令完成迁移。

以 2DN 扩 5DN 为例，其扩容计划可以用图 5-25 来简要表示。假设当前设置单次搬迁个数为 150，则主线程会首先发送[DN1　DN3，(0,1,…,149)]与[DN2　DN4，(512,513,…,614)]到内核（此时另外两条链路由于并发度限制无法发送）。假设第一条命令首先执行完毕返回，由于此时该链路上还有剩余 buckets，因此会继续发送[DN1　DN3，(150,151,…,204)]。假设[DN2　DN4]命令随后执行完毕返回，由于该链路所有 bucket 已发送完毕，则选择新链路命令[DN2　DN5，(615,616,…,764)]发送[此时(DN1　DN4)不满足 DN1 并发度限制]。

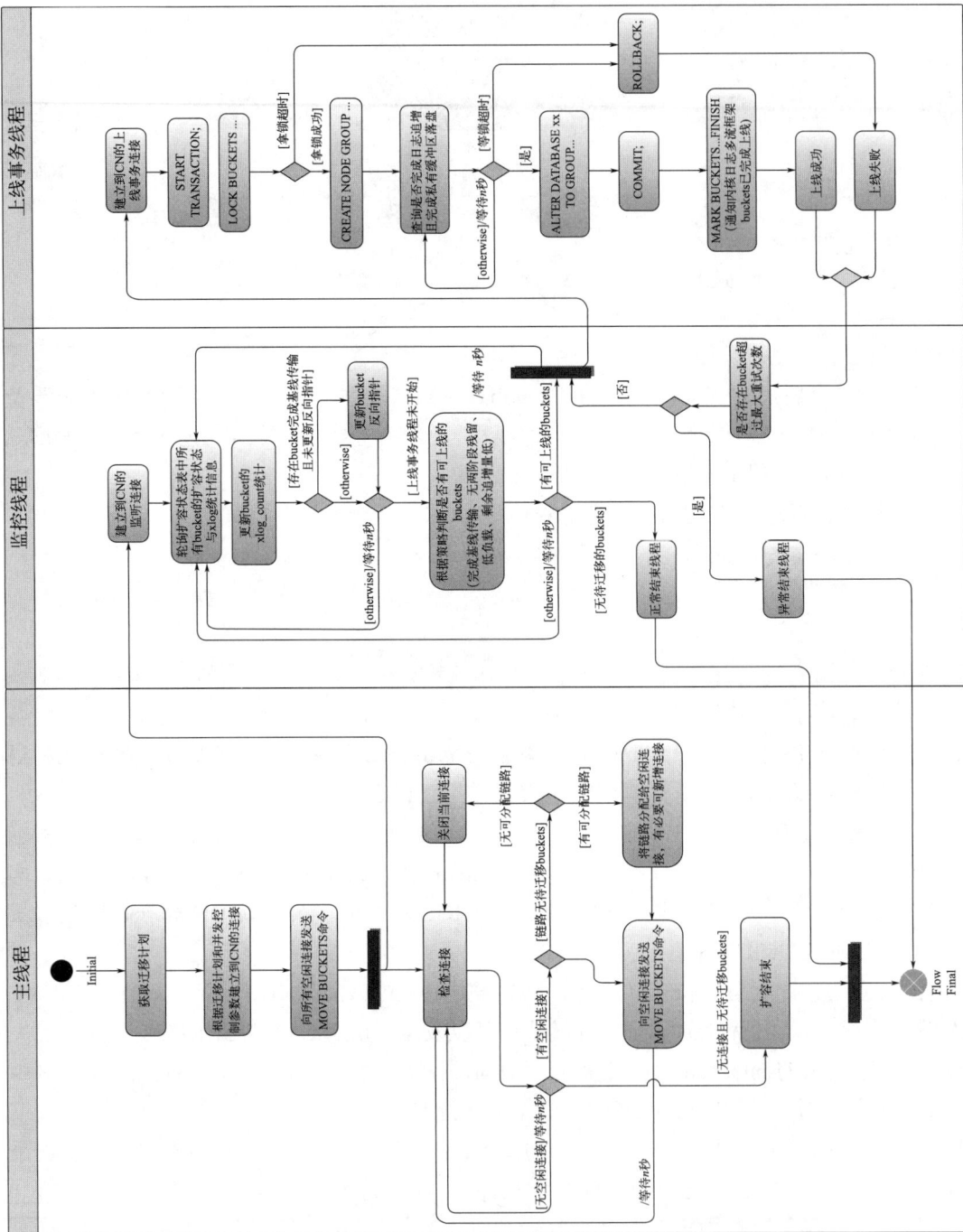

图 5-24 扩容流程工具相关线程示意图

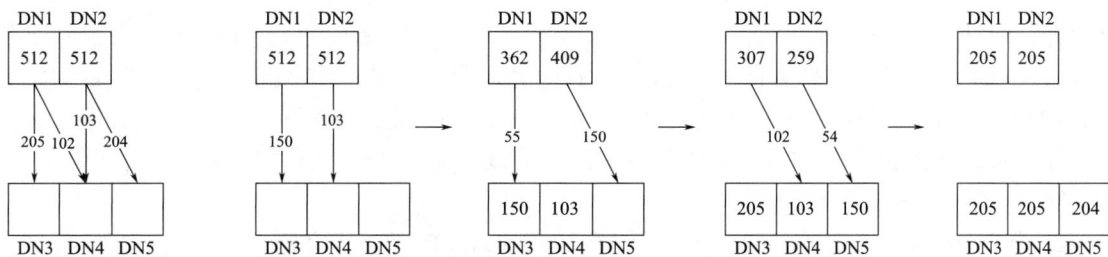

图 5-25　2DN 扩 5DN 迁移计划示意图

需要注意的是，MOVE BUCKETS 命令并不会自行结束返回，需要与上线事务线程配合，等待该命令中的所有 buckets 完成迁移并上线后才会返回。

② 监控线程由主线程创建，在主线程发送 MOVE BUCKETS 命令后开始运行。其主要任务有二：一是通过调用扩容统计信息函数定期轮询（1s）监测每个 bucket 的迁移状态和业务负载等信息；二是根据上线策略判断是否有某些 bucket 处于可上线状态（见"扩容上线策略"部分），若是，则创建上线事务线程进完成这些 bucket 的新节点上线。当全部 bucket 均已上线时退出监控线程。

③ 上线事务线程在监控线程判断某些 bucket 可以进行上线时由监控线程创建，用于完成上述 bucket 的上线步骤。

首先获取这些待上线的 bucket 的 bucket 锁（详见"bucket 锁"小节），阻塞相应 bucket 上的所有业务，确保没有增量日志产生，然后完成最后的日志追增且保证回放数据全部落盘，最后切换 NodeGroup 完成上述 buckets 上线。

在上线事务线程中，可能会出现两种异常场景导致上线失败：拿锁超时与持锁超时。拿锁超时指的是在给定时间阈值内无法成功拿到 bucket 级锁而终止此次上线；持锁超时指的是在拿到 bucket 级锁之后在给定时间阈值内无法完成日志追增与私有缓冲区落盘，为避免长时间阻塞业务而终止此次上线。

若出现拿锁超时或持锁超时，上线事务线程会退出，此时监控线程将对这一事件进行记录。对于这些 bucket 将被惩罚在一段时间内不再尝试上线（见"扩容上线策略"部分）。进一步地，当存在 bucket 超过最大拿锁超时次数或持锁超时次数时，gs_redis_bucket 将主动退出自动重入。

对于上线事务线程的 LOCK BUCKET 语句，如果参数 enable_cancel 设置为 true 且存在至少一个 bucket 的拿锁超时的次数或持锁超时的次数不小于相应最大超时次数的 1/2（向下取整），则 LOCK BUCKETS 语句将添加 CANCELABLE 关键字，会尝试主动取消业务。如果参数 enable_cancel 设置为 false，则 LOCK BUCKETS 语句永远不会添加 CANCELABLE 关键字。

（3）扩容期间元数据处理

① 更新 SegmentHeader。Hashbucket 扩容方案中，新 DN 是由 CN build 出来的，新 DN 上 Hashbucket 表元数据在新 DN 大段页式 1 号文件中的类型是 SegmentHeader 且没有对应小段页式 1 号文件 SegmentHeader 所在的页号，无法进行对应 bucket 的数据管理。且新 DN 上 Hashbucket 表在 pg_class 中的 relbucket 列为 1 而不是 3，需要在日志回放前统一修改元数据支持扩容。

② 更新反向指针。Hashbucket 表扩容后新 DN 上小段页式数据文件中 SegmentHeader 反

向指针记录所属的 owner 可能不正确，应该修改为新 DN 主表的 relfilenode。在扩容工具 gs_redis_bucket 中，某一批 bucket 上线前执行更新操作，更新的方式特殊处理，从新 DN 获取 Hashbucket 表的 relfilenode 作为反向指针的 owner，在源 DN 执行更新操作，只记录 xlog 不实际更新，通过日志流的方式同步到新 DN。新 DN 通过日志回放，完成反向指针更新。

（4）扩容状态与信息统计

gs_redis_bucket 通过 gs_redis_get_bucket_statistics（扩容统计信息）系统函数在扩容期间查询每个 bucket 的迁移状态与业务负载情况。系统函数返回值如表 5-6 所示。

表 5-6　扩容统计信息函数返回值

名称	类型	描述
bucket_id	oid	bucket id
redis_state	int1	bucket 的扩容状态，0 表示扩容未开始，1 表示扩容基线数据已完成
xlog_count	int8	bucket 在当前 database 扩容开始后，在原 DN 产生的 xlog 数量
sndr_latest_lsn	int8	bucket 在当前 database 扩容开始后，在原 DN 产生的最新 LSN
parser_latest_lsn	int8	bucket 在当前 database 扩容开始后，被原 DN 的扩容相关线程解析到的最新 LSN
parser_latest_lsn_new	int8	bucket 在当前 database 扩容开始后，被原 DN 的扩容相关线程解析到 bucketxlog 的最新 LSN
rcvr_redo_latest_lsn	int8	bucket 在当前 database 扩容开始后，被新 DN 的扩容相关线程回放到的最新 LSN
rcvr_redo_latest_lsn_new	int8	被原 DN 的扩容相关线程解析但尚未被新 DN 回放的最新日志 LSN
rcvr_checkpoint	int8	bucket 在当前 database 扩容开始后的 checkpoint 点
rcvr_redo_start_lsn	int8	bucket 在当前 database 扩容开始后，回放开始的原始 LSN

上述扩容相关信息在 GaussDB 内核中的全局变量中存储与更新。gs_redis_bucket 通过定时轮询扩容统计信息系统函数来获取各 bucket 的以上信息。redis_state 字段可以用来指示当前 bucket 是否完成基线迁移；xlog_count 字段的值随时间的变化可以反映当前 bucket 的业务负载情况；而 LSN 相关字段则可以反映当前 bucket 的日志追增情况。

具体来说，bucket 的日志追增剩余量由两部分组成：第一部分为 sndr_latest_lsn 到 parser_latest_lsn 的差值，该部分对应原 DN 的 parser 线程尚未解析的日志；第二部分为 parser_latest_lsn_new 到 rcvr_redo_latest_lsn_new，该部分对应原 DN 的 parser 线程已解析但尚未被新 DN 回放的日志。需要说明的是，parser_latest_lsn_new 与 rcvr_redo_latest_lsn_new 是为日志多流传输框架要传输的 bucket 日志流封装的一层新 LSN，以过滤掉其他 bucket 或非 bucket 模式的日志。以上信息可以帮助判断 bucket 的上线时机并检验 bucket 是否完成日志追增。

（5）扩容上线策略

扩容上线策略主要用来在监控线程中判断哪些 bucket 在扩容期间进入日志追增阶段后可以准备上线。可以准备上线的 buckets 需要满足以下四个条件：已完成基线搬迁且已执行更新反向指针操作、处于业务低负载时间、日志追增框架剩余追增量小、bucket 不在上次上线失败后的惩罚时间内。

① 通过扩容统计信息系统函数返回的 redis_state 判断 bucket 是否已完成基线搬迁，其值会在 receiver 端完成基线文件传输后赋值，便于判断元数据处理的时机。此外，bucket 还需要

在监控线程基线传输完成后完成更新反向指针的操作。

② 通过记录每个 bucket 的历史负载来判断 bucket 是否处于业务低负载时间。扩容上线策略在监控线程中定期轮询所有扩容中的 buckets 的统计信息（即 xlog_count）并记录。因此，监控线程可以掌握每个 bucket 在扩容期间的历史负载情况。由于 bucket 上线需要对其上锁，为减小对业务的影响，扩容上线策略应当尽量选择在 bucket 低历史负载期间进行上线操作。

③ 日志剩余追增量通过统计信息系统函数返回的 LSN 相关字段来计算，即(parser_latest_lsn -sndr_latest_lsn) +(rcvr_redo_latest_lsn_new -parser_latest_lsn_ new)。当追增量小于给定阈值时，判断其满足条件。

④ 若当前 bucket 在此前的上线事务线程中由于拿锁超时或持锁超时而终止上线，则会为该 bucket 指定一段惩罚时间，在惩罚时间内不允许该 bucket 上线。

监控线程的上线策略在上线事务线程未在运行时选择满足上述①～④条件的所有 buckets，并创建上线事务线程完成这些 buckets 的上线，上线事务线程会完成这些 buckets 的上线。随后监控线程会继续选择新的满足上线策略的 buckets，并再次创建上线事务线程完成新一轮的上线，重复动作直到所有 buckets 均上线完成。

5.2.9　扩容中日志多流

本节介绍日志多流技术，Hashbucket 扩容的思路仍然是基线数据加增量数据，其中基线数据为 bucket 物理文件和 bucket 级 clog 文件，增量数据采用搬迁增量 xlog 并回放日志的方式进行追增。日志多流只在 Hashbucket 扩容期间动态地产生和使用，扩容框架会根据当前正在搬迁的 bucket 列表，解析并生成对应的日志流用来进行后续的数据追增。

（1）日志多流总体流程

日志多流总体流程由 gs_redis_bucket 工具下发的 MOVE BUCKETS 语句触发：

ALTER DATABASE database_name MOVE BUCKETS (bucket_list) FROM sender_dn TO receiver_dn;

MOVE BUCKETS 语句中包含如下信息：正在进行扩容重分布的库 database_name，本批搬迁 bucket 列表的 bucketlist，老节点 sender_dn，新节点 receiver_dn。

如图 5-26 所示为日志多流示意图。主要涉及三个角色：老节点主 DN（下简称老 DN），新节点主 DN（简称新 DN），新节点备 DN（简称备 DN）。CN 收到 MOVE BUCKETS 命令后转发给老 DN 和新 DN。

新 DN 收到 MOVE BUCKETS 命令后启动 receiver（接收器）线程，receiver 线程负责与其他节点进行数据传输。receiver 线程与老 DN 建立连接，老 DN 启动 sender（发送器）线程；receiver 与备 DN 建立连接，备 DN 启动 standby（备节点）线程。sender、standby 线程也负责与其他节点进行数据传输。建连后，receiver 向 sender 发送 BUCKETBASE 请求，sender 将对应于 bucketlist（数据桶列表）的基线数据（包括 bucket 数据文件、clog 文件等）发送给 receiver。receiver 再将基线数据转发给 standby。

另一方面，老 DN 收到 MOVE BUCKETS 命令后启动 parser 线程，将 bucketlist 对应的增量 xlog 日志筛选出来放在 xlog 目录下。待基线数据传输完成后，sender 将增量 xlog 日志发送给 receiver，receiver 转发给 standby。日志传输完成后，新 DN 和备 DN 拉起 startup 线程，进入日志回放逻辑，通过回放增量 xlog 日志的方式，追加增量数据。

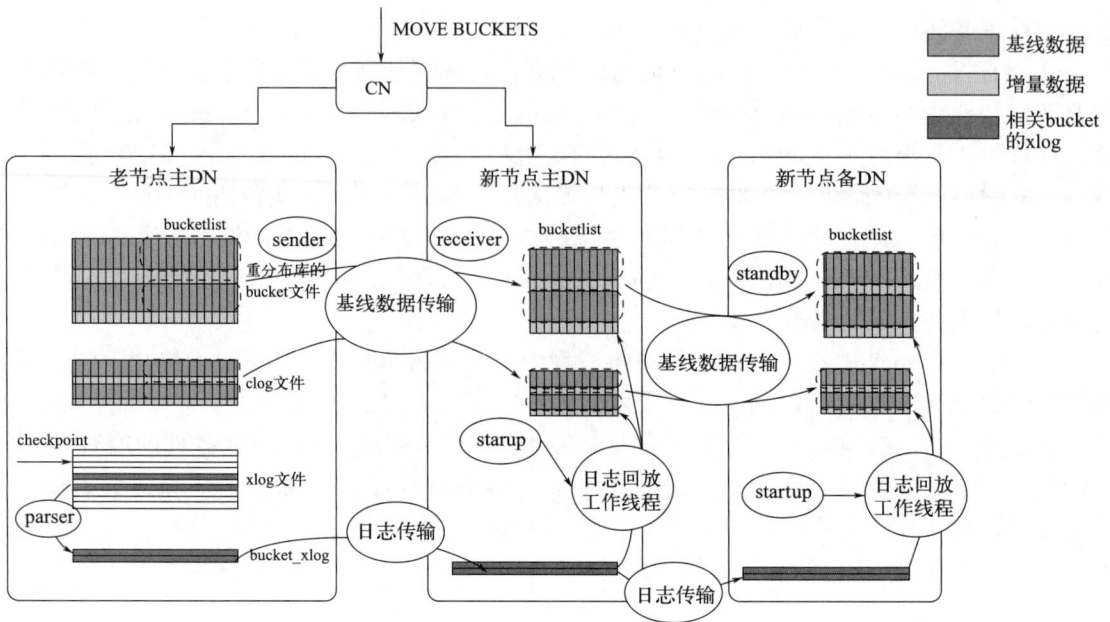

图 5-26　日志多流示意图

因此，追增完成的判断分为两部分，一部分是 parser 解析到老 DN bucketlist 对应的最新 LSN，另一部分新 DN 和备 DN 回放完所有存量 bucketxlog。

（2）基线数据传输

sender 收到 receiver 的 BUCKETBASE 请求后向 receiver 传输基线数据。按照 tablespaceoid map、bucket 数据文件、clog 文件的顺序进行传输。若包含备机，基线数据部分都需要传输到备机。

tablespaceoid map 包含 sender 节点上 tablespace 的 name 与 oid 的对应关系。由于 sender 和 receiver 分别在不同的 DN 上，同一个 tablespace 在不同 DN 上的 tablespaceid 可能是不同值，因此在日志回放前需要将日志中的 tablespaceid 及 dbid 替换成本地的 tablespaceid 及 dbid。receiver 根据 name 通过 tablespaceoid map 查到本地的 tablespaceoid，在后续 xlog 解析阶段进行替换。tablespaceid 的映射关系需要传到备机。

bucket 数据文件是位于对应 database 的数据目录下形如*_b*的文件，如/base/db_oid 目录或/pg_tblspc/tblspc_oid/db_oid 目录下的 2_b1、2_b1.1、2_b1_fsm、2_b1_vm 等。

clog 文件按 bucket 粒度拆分，在基线数据搬迁时，sender 将对应 bucket 的所有 clog 文件均传输给 receiver。clog 搬迁涉及事务提交状态及可见性等问题，详见"事务相关"小节。

另外，在接收完成基线数据后，遍历有 CBI 索引的表，扫描对应 bucket 上的 Heap 页面，插入索引作为基线数据，详见"CBI 索引相关处理"小节。

至此基线数据传输阶段完成，进入日志传输与回放阶段。

（3）日志传输与回放

增量数据通过 xlog 日志传输和日志回放的方式进行追增。首先 sender 节点的 parser 线程挑选出需要回放的日志并写入 bucket_xlog 目录。sender 线程收到 receiver 的 BUCKETXLOG 请求后，从 bucket_xlog 目录读取日志传输给 receiver。receiver 节点的 receiver 线程将收到的 xlog 日志转发给 standby 并写入 bucket_xlog 目录。最后 startup 线程启动回放工作线程进行回放。standby 节点与 receiver 节点同理。

（4）日志流的处理

日志多流技术中日志流的处理可总结为：

① parser 挑选 bucketlist 对应日志。DML 日志只涉及一个 bucket，在发送和接收时只需要根据 bucketlist 过滤即可。而 commit/abort（提交/中断）日志则可能包含多个 bucket，因此需要特殊处理：

- commit/abort 日志只涉及一个 bucket 写日志时，则与 DML 日志一样，在 header 部分写入 bucketid，在 receiver 回放时直接进行回放；
- commit/abort 日志包含多个 bucket，则在 header 部分写入一个特殊的 id（ComboBktId），在 receiver 回放时，将无关的 bucketid 过滤掉，只回放 bucketlist 中的 bucketid。

② 日志格式修改。将 bucket 日志从原来的 xlog 中挑出来写到新的日志文件后，原来的 LSN 信息丢失了，这导致后面回放时 LSN 校验失败。为了保留原始的 LSN 值，在解析日志时将原始的 LSN 值写在 bucket 日志的后面，在回放前用这个 LSN 值去替换日志的 LSN。图 5-27 为日志格式修改示意图。

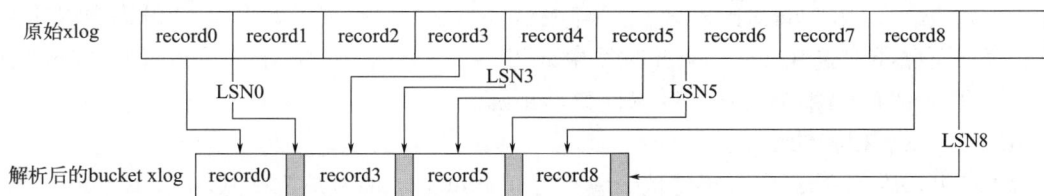

图 5-27　日志格式修改示意图

③ 日志中元数据的处理。日志多流技术中，新节点上的数据可能来自不同的老节点，相同的 tablespace 及 database 在不同 DN 上对应的 tablespaceid 及 dbid 很可能是不同的，因此在日志回放前需要将日志中的 tablespaceid 及 dbid 替换成本地的 tablespaceid 及 dbid。替换方法：

- dbid：在进行重分布前，在内核中记录各个节点本次要重分布的 dbid，在日志回放的解析日志阶段，把日志里所有的 block 里的 dbid 进行替换。
- tablespaceid：由于 tablespaceid 可能会有多个，sender 会把 tablespace 的 name 与 id 的对应关系传给 receiver，receiver 再根据 name 查出本地的 tablespaceid，然后在解析阶段进行替换。tablespaceid 的映射关系需要传到备机。

（5）回放的处理

startup 线程会拉起回放工作线程，包括 pageredo（页面重写）线程、bucketwriter（数据桶写）线程和 bucketflush（数据桶刷新）线程。同时使用私有缓冲区隔离，避免未上线前污染共有缓冲区。图 5-28 为日志回放示意图。

pageredo 线程负责日志回放，bucketwriter 线程负责将私有缓冲区中的内容注册给 bucketflush 线程，bucketflush 线程负责刷脏工作。同时新增共享变量，记录需要落盘的页面信息。

bucketwriter 线程负责把缓冲区中的所有内容记录到共享变量中，在后台轮询工作。bucketflush 线程启动时会初始化本地 hash 表，bucketflush 线程从共享变量中复制需要刷盘的信息到本地 hash 表中，完成落盘操作。

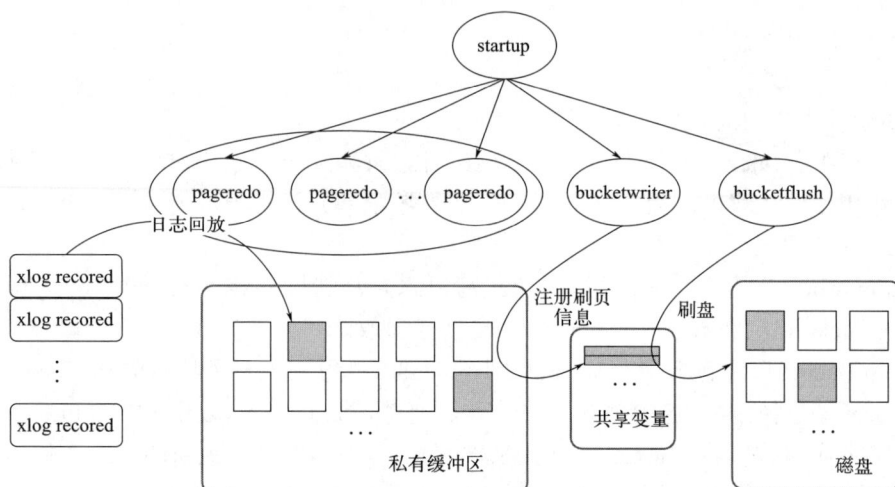

图 5-28　日志回放示意图

以上所有操作均在 startup（启动）线程存在期间完成，扩容上线逻辑会判断 bucketwriter 线程是否完成刷页，bucketwriter 线程会等待 bucketflush 线程完成落盘，因此上线提交时能够保证所有页面已经完成落盘。如果此时发生故障，上线事务回滚，下次重入时本批 bucket 重新进行 MOVE BUCKET 全逻辑，以保证数据正确性。

（6）CBI 索引相关处理

CBI 索引为段页式存储，表现为只有一个 bucketnode（桶节点）为 1024 的 relation（表），索引元组中额外存储 tablebucketid，从而缩小扫描范围；LBI 索引为 Hashbucket 类型的特殊段页式存储，同 Hashbucket 表，pg_class 中虽只有一条记录，存储层有 bucketnode 为[0-1023] 的 fake relation（假表）存在，索引扫描时需逐个遍历 bucket 索引。

CBI 索引比 LBI 索引少一层顺序遍历 bucket 的扫描，故查询性能显著提升。但由于 CBI 索引为段页式表，不会通过物理文件搬迁和 bucket 日志回放的方式进行重分布，故需对其进行特殊处理，思路仍然是基线数据+增量数据。图 5-29 为 CBI 索引基线数据构建与日志追增示意图。

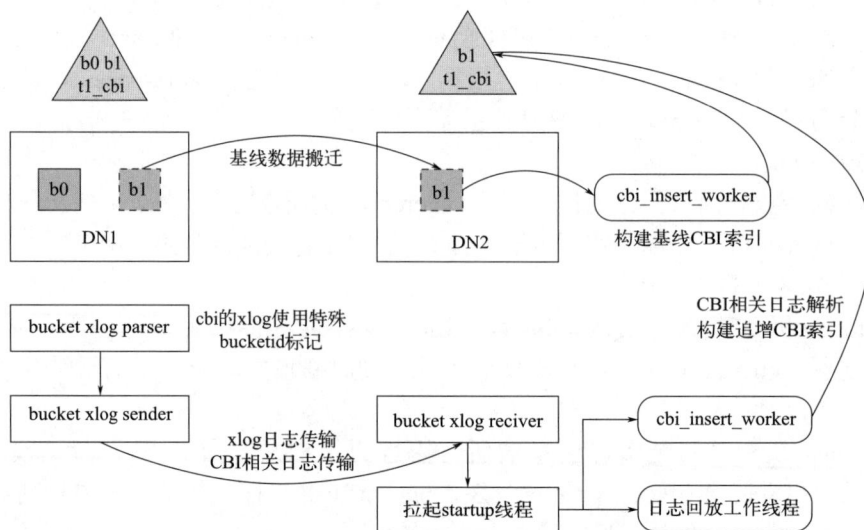

图 5-29　CBI 索引基线构建与追增示意图

- 基线数据搬迁完后，启动 cbi_insert_worker 线程，使用私有缓冲区。遍历有 CBI 索引的表，扫描对应 bucket 上的 Heap 页面，插入索引作为基线数据。全部 CBI 索引基线数据构建完成后，完成基线数据搬迁阶段，进入日志传输与回放阶段。
- CBI 索引相关 xlog 记录特殊 bucketid，扩容时随日志流传输，作为扩容期间 CBI 增量数据的标记。
- 启动回放线程时启动 cbi_insert_worker 线程解析 CBI 索引相关的记录了特殊 bucketid 的 xlog 日志，提取数据后插入索引。

5.2.10　扩容中事务处理

（1）clog 拆分

为了在数据库内部区别不同的写事务，GaussDB 会为它们分配唯一的标识符，即事务 id（transaction id，xid）。xid 是 uint64 单调递增的序列，从 FIRST_NORMAL_XACT_ID (3) 开始分配。对于页面上的元组，xmin 记录插入时的 xid，xmax 记录删除时的 xid。当事务结束后，使用 clog 记录是否提交。对于每个 xid，一共有 4 种状态：事务未开始或还在运行中、已经提交、已经回滚、子事务已经 commit 而父事务状态未知。可以用 2bit 记录一个 xid 状态，所以8K 的页面可以记录 32K 个 xid 状态。

使用 CSNlog（Commit Sequence Number log，提交序列号日志）记录该事务提交的序列，用于可见性判断。CSN 是 uint64 单调递增的序列，从 COMMITSEQNO_FIRST_NORMAL(3)开始分配。一个 CSN 占用 8 字节，所以一个 8K 的页面可以记录 1K 个 xid 状态。CSNlog 以及 clog 均采用了 SLRU（Simple Least Recently Used，简单最近最少使用）机制来实现文件的读取及刷盘操作。

xid 是由各个 DN 自己维护的。在 Hashbucket 扩容中，不同源 DN 的 clog 可能会搬迁到同一个新 DN。同一个 xid 在不同 DN 记录的提交状态可能不一样，无法用同一个 clog 去表示不同 bucket 的提交状态。例如 DN1、DN2 为源节点，DN3 为新节点，扩容重分布过程中会把 DN1 和 DN2 中的 clog 日志搬到 DN3。xid100 的状态在 DN1 是已提交，在 DN2 是已回滚。因此，clog 需要按 bucket 粒度拆分。

拆分后的 clog 目录如图 5-30，路径为"数据目录/pg_clog"。子目录名 1 表示 bucketid，文件名 000000000000 表示对应的 clog 段文件。对于非 Hashbucket 表，每 SLRU_PAGES_PER_SEGMENT（2048）个页面切分一个段文件，文件名长度为 8；对于 bucket 子目录下的 clog 文件，每 SLRU_CLOG_PAGES_PER_SEGMENT（4）个页面切分一个段文件，文件名长度为 10。文件名长度不同是为了方便解析工具判断段文件最多可容纳的页面数。

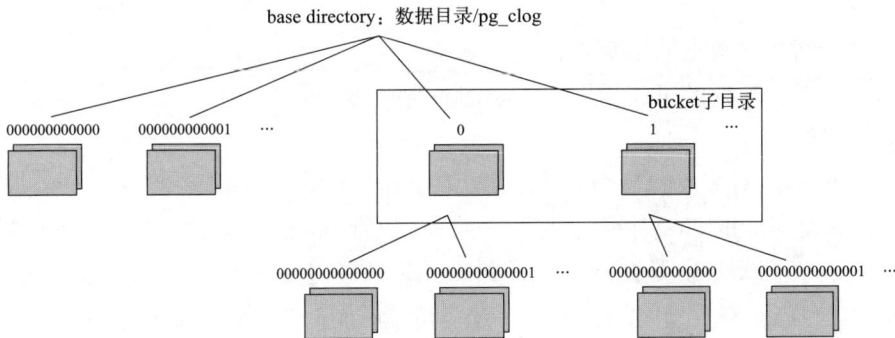

图 5-30　clog 磁盘目录

snapshot.xmin：获取快照时记录当前活跃的最小的 xid。

snapshot.csn：当前最新提交的 CSN 号+1。

如图 5-31 所示，xid 对于当前快照是否可见的简化有如下步骤：

① xid ＜ snapshot.xmin，事务在快照开始前已经结束，根据 clog 状态判断是否提交：clog 显示已提交，可见；否则，不可见。

② xid≥snapshot.xmin，事务在快照开始前未结束，根据 CSNlog 读取 xid 对应的 CSN。

③ 如果 CSN 已提交，即 CSN≥3，没有子事务标志，没有正在提交标志。如果 CSN＜snapshot.csn，则可见。否则不可见。

④ 如果 CSN 正在提交，则等待事务结束，重入③判断。

⑤ 其他情况，不可见。

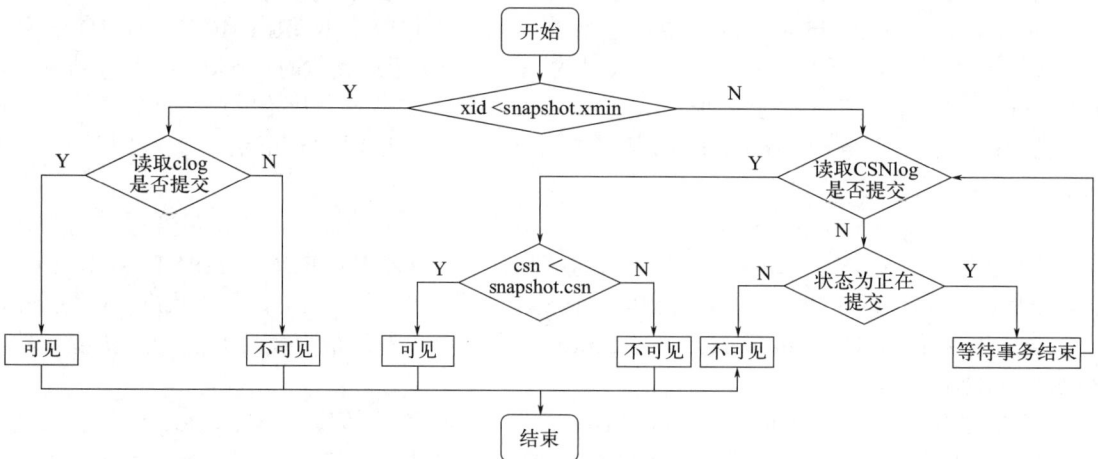

图 5-31　快照可见性判断流程图

图 5-32 为新节点快照可见性判断流程图。

bucketxid：bucket 粒度，在当前库新节点产生的最小 xid。

bucketcsn：bucket 粒度，在当前库来自源节点的最大 CSN。

bucket 上线后，clog 和数据文件已搬迁，CSNlog 未搬迁。clog 拆分后对可见性判断：

- 老快照判断迁移数据的可见性：报错。因为 CSNlog 未搬迁，无法读取 CSN 号。
- 老快照判断新数据的可见性：元组是在 bucket 上线后插入的，即 tuple.xmin＞bucketxid，不可见。
- 新快照判断迁移数据的可见性：通过 clog。
- 新快照判断新数据的可见性：正常可见性判断逻辑。

（2）XID 调整

如图 5-33 所示，新节点的每个 bucket 粒度的 xid 可以看成两段。左边一段是从源节点迁移过来的，也就是搬迁的 clog 中记录的。它的最大值 next_xid 是源节点下一个写事务分配的 xid，最小值是最小活跃 xid，是源节点当前最小的需要通过 clog 读取事务状态的 xid。Vaccum（清理回收）操作会清理掉页面中小于最小活跃 xid 的值，如果事务提交，则改为 FROZEN_XACT_ID(2)，表示对所有快照可见。如果事务回滚，则清理掉对应元组。

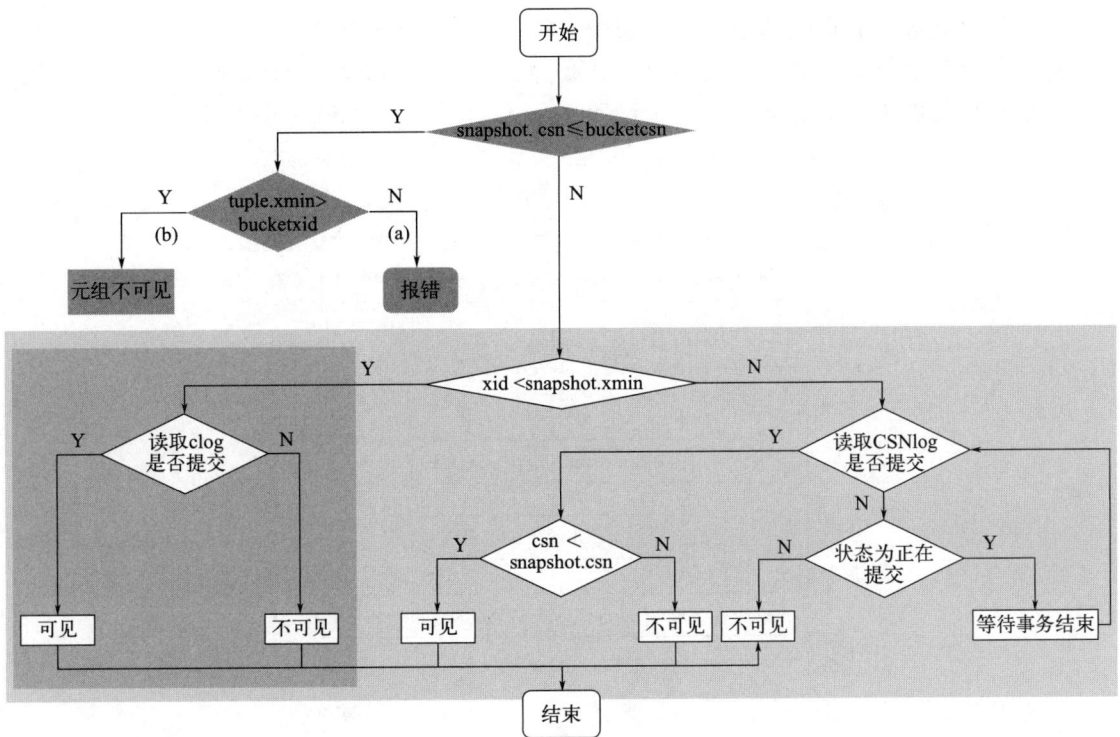

图 5-32　新节点快照可见性判断流程图

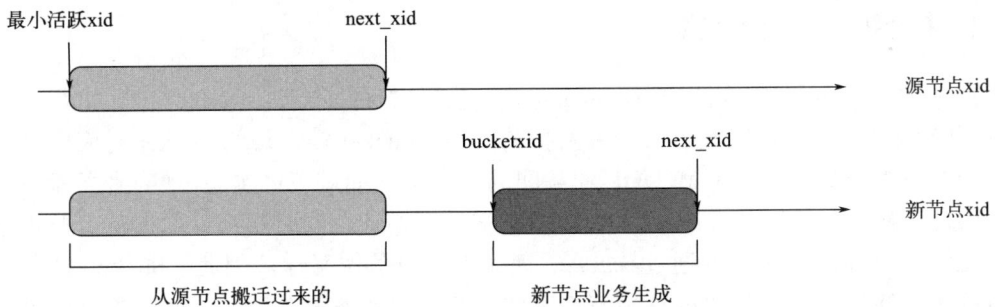

图 5-33　源节点、新节点 xid 范围示意图

右边一段是新节点业务生成的，最小的 xid 是 bucket 在第一个库的上线事务对应的 id，记为 bucketxid（数据桶 xid）。这个值可以在 pg_hashbucket 系统表的 bucketxid 列获取。

如果不调整 xid，那么新节点业务生成的 xid 和从源节搬迁过来的 xid 就有重合的问题，导致可见性判断错误。例如 DN1 为源节点，DN2 为新节点。重分布前，bucket1 的 xid100 的状态在 DN1 是已提交。DN2 的 xid 没有调整，是从 3 开始分配的。bucket1 在 DN2 上线后，使用 xid100，并且状态为已回滚。那么在 DN2 读取迁移数据中的 xid100 提交状态错误。

在加节点过程中，会调整新节点下一个要分配的 xid，图 5-34 为 xid 调整流程图。

● 根据源节点下一个要分配的 xid（对应图中的 next_xid）和业务对 xid 的消耗量计算新节点的预期 xid（exp_xid）。计算下一步调整到的 xid 为 next_step_xid = min（exp_xid，新节点 next_xid+10 亿）。这里需要分步调整 xid。页面的 xid 取值范围依赖当前的最小活跃 xid。如果一次设置为预期值，最小活跃事务号没有办法及时更新，则新设置的 xid

可能会超过已有页面的 xid 合法表达范围，出现写业务报错。

- 如果新节点 next_xid < exp_xid，设置新节点 next_xid 为 next_step_xid，并等待当前活跃事务的最小值推进，更新 next_step_xid，直到 next_xid 不小于预期值。

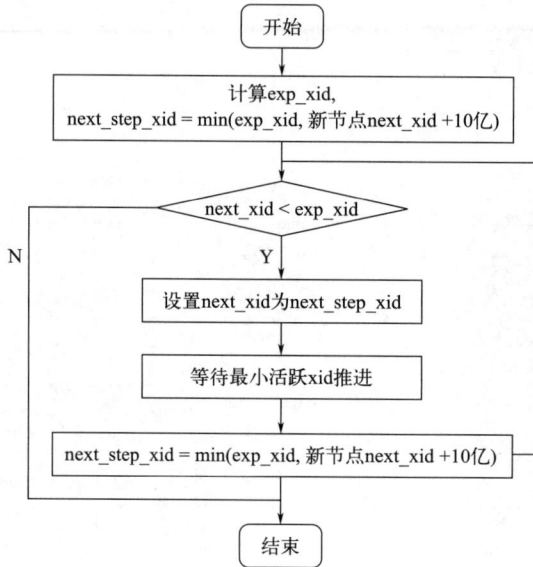

图 5-34　xid 调整流程图

5.2.11　扩容中 bucket 锁

类似于常规锁的表锁，对于 Hashbucket 表，物理文件是库级 bucket 化的，扩容过程也是按照 bucket 级别上线的，因此引入一种新型的锁——bucket 锁，每个 bucket 对应一把锁。在只有用户业务的场景中，DML 和 DDL 业务间的并发仍然通过表锁实现，所有业务都拿 bucket 的一级锁。当用户扩容时，此时会发生 bucket 文件的搬迁，同时实现元数据从老节点下线，新节点上线的动作，此时需要通过 bucket 锁对用户业务做互斥。因此，bucket 锁主要用在 Hashbucket 在线扩容期间 bucket 在新节点上线时和在线业务做互斥，保证业务数据正确。

新增如下的语法来实现这一功能：

```
LOCK BUCKETS(bucketlist) IN LOCK_MODE [CANCELABLE];
```

其中，bucketlist 如 0、1、2、3 表示次轮上线的 bucket 桶号，取值范围 0-1023；LOCK_MODE 只有两种级别：ACCESS SHARE MODE 和 ACCESS EXCLUSIVE MODE；增加可选项 [CANCELABLE] 表示是否通过 cancel 用户业务而保证扩容拿到锁。

在线业务和扩容的交互如图 5-35 所示。

t1 时刻：对 bucket 0 的 DML 操作在上线事务之前拿锁成功，数据重分布事务拿 bucket 0 的 8 级锁处于等待状态。其等待优先级优先于，数据重分布之后的其他线程对于 bucket 0 的 8 级锁需求。

t2 时刻：排在上线事务之前的用户业务放锁，上线事务持 8 级锁成功，之后所有访问 bucket 0 的用户业务均阻塞。

t3 时刻：bucket 0 在老节点下线，新节点上线，用户业务拿到 bucket 0 的锁获取最新的数据分布方式。

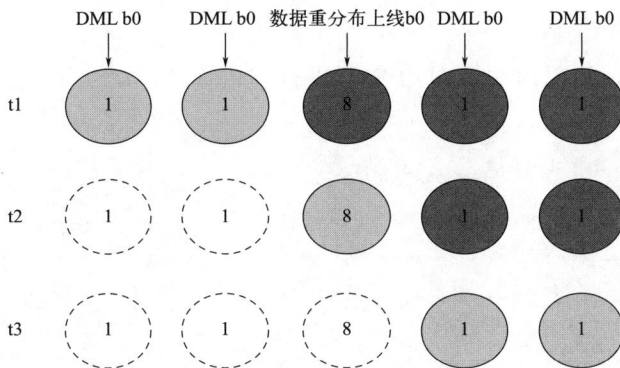

图 5-35　在线业务和扩容交互

如果 CN 上能确定当前操作的 bucket，则在 CN 上拿对应 bucket 的 1 级锁，如果不能确定则在 DN 上拿锁，通过前文提到过的 pg_hashbucket 记录的 bucketlist 进行过滤。扩容上线的 LOCK BUCKETS 语句首先执行 CN 拿锁成功，再发送到其他所有 CN 和 DN 拿锁，全部节点成功则成功。

5.3　扩容实践

5.3.1　扩容步骤

（1）安装 GaussDB 集群

安装 GaussDB 集群需要使用运维工具集（Operation Manager, OM）和配置集群 XML 文件。其中，XML 文件负责声明 GaussDB 集群的具体配置情况。以 3CN3DN 集群配置为例，安装 GaussDB 的命令如下：

```
# root 身份执行
sudo [your-location]/script/gs_preinstall -U [username] -G [usergroup] -X
[xml-location] --alarm-type=1
# 切换到普通用户
su - [username]
gs_install -X [xml-location]
# 卸载 cluster
gs_uninstall --delete-data
```

图 5-36 为分布式 3CN3DN 集群的架构。

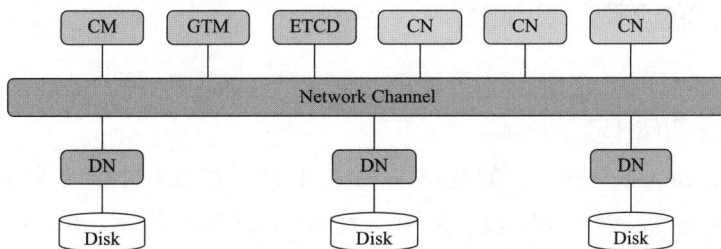

图 5-36　分布式 3CN3DN 集群架构图

（2）启动 GaussDB 集群

通过 cm_ctl 命令，可以对 GaussDB 集群进行有效管控，命令如下：

```
# 集群启动
cm_ctl start
# 集群停止
cm_ctl stop
# 查看集群信息
cm_ctl query -Cvdpi
# 查询集群信息
cm_ctl query -Cv
```

（3）扩容 GaussDB 集群

以 3CN6DN 集群配置为例，展示扩容 GaussDB 的命令如下：

```
# 以 root 身份运行
sudo [your-location]/script/gs_preinstall -U [username] -G [usergroup] -X
[new-xml-location] --alarm-type=1
# 切换到普通用户
su - [username]
# 扩容阶段 1，添加新节点
gs_expand -t dilatation -X [new-xml-location] --parallel-jobs=1
# 扩容阶段 2，数据重分布
gs_expand -t redistribute --redis-mode=insert --parallel-jobs=1
```

图 5-37 为分布式 3CN6DN 集群的 GaussDB 架构。

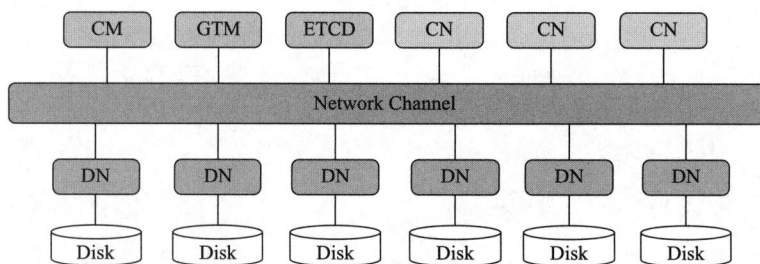

图 5-37　分布式 3CN6DN 集群架构图

5.3.2　扩容期间的 TPC-C 测试

在数据库扩容期间对 GaussDB 集群使用 TPC-C 工具同步监控，可以获得 Hashbucket 表在扩容期间对 TPCC 模型性能的影响。

导入 10000 warehouse（数据仓）的数据，3C3D，单 DN 800GB 数据，运行 600 并发 TPCC，叠加 Hashbucket 扩容（3DN 扩 6DN），业务运行情况如图 5-38 所示，可以看出整个扩容过程中，TPCC 业务没有出现性能大幅度下降的情况，整体运行平稳。

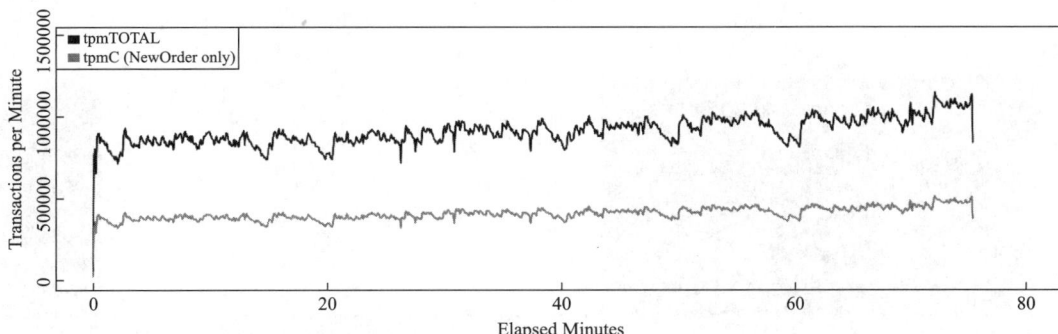

图 5-38　扩容期间 TPCC 性能测试结果图

5.3.3　扩容期间的 sysbench 测试

在数据库扩容期间对 GaussDB 集群使用 sysbench 工具同步监控，可以获得普通表和 Hashbucket 表在扩容期间的 JOIN 操作性能影响，图 5-39 为 JOIN 操作示意图。我们设定 Lua 脚本的测试场景为等值 JOIN。JOIN 操作的两张表分别具有 Column A、Column B 两个 int 类型。两张表的数据量为一千万条，其中，Column A 为随机值，范围[1, 100000]；Column B 为唯一递增值，范围[1, 10000000]，两者的范围差距为 100 倍。完整的 SQL 语句为：

```
select * from h1 left JOIN h2 on h1.b = h2.b and h1.a = h2.a where h2.a =
$1 order by h2.b limit 1;
```

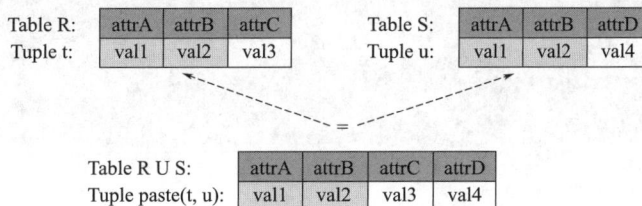

图 5-39　两张表 join 操作示意图

实验中每个物理节点的配置参数如表 5-7 所示。

表 5-7　物理节点的配置参数

软硬件指标	型号数值
处理器	64 核 Intel(R) Xeon(R) CPU E5-2690 v3 @ 2.60GHz
内存	256 GB
磁盘	ssd 磁盘
网卡	万兆网
操作系统	EulerOS 2.0 (SP5) x86_64

普通表执行的是逻辑扩容，遍历所有库依次搬迁每个表。对于同一个库同一个模式下的两张表：当表 1 完成扩容而表 2 未开始扩容时，两个表位于不同的节点组（NodeGroup），此时对表 1、表 2 执行 join 操作会，CN 将无法利用分布式架构下推 join 操作到各个 DN 上执行，反而会生成跨 DN 的 Stream 计划进行数据重分布后再进行 join，大量的跨节点通信导致性能劣化严重，如图 5-40 所示。

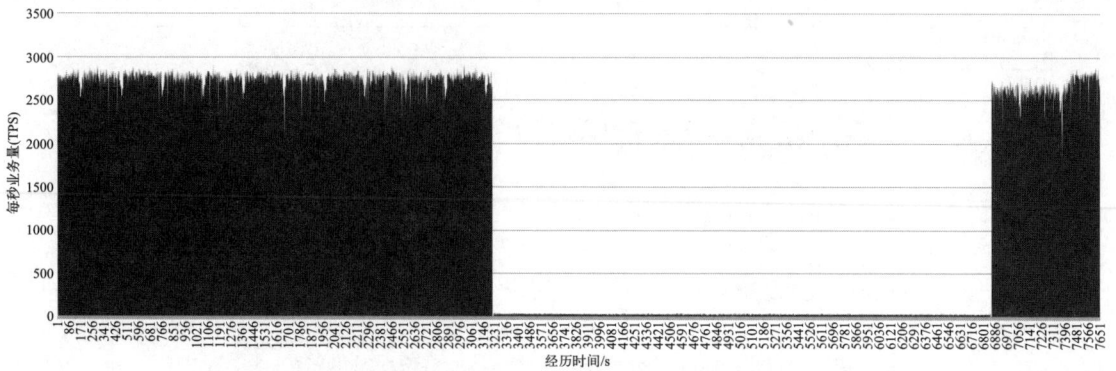

图 5-40 普通表扩容期间的 TPS

Hashbucket 表执行的是物理扩容，以数据库（database）为单位进行库内所有表的 bucket 搬迁。对于同一个库内的两张表：除了 join 期间同步上线的 bucket 之外，其他的绝大多数 bucket 位于同一个节点组（NodeGroup）上，此时 CN 可以利用分布式架构分发 JOIN 操作到各个 DN 上执行，性能不受影响，如图 5-41 所示。

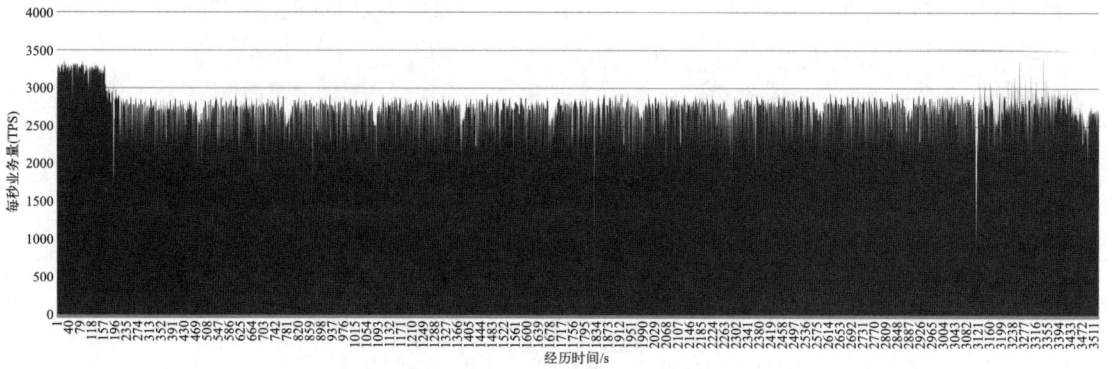

图 5-41 Hashbucket 表扩容期间的 tps

第6章

数据库高智能关键技术

6.1 数据库智能化发展史

云原生为迎接智能化提供了基础条件，智能化是 GaussDB 的新的牵引方向，两者相辅相成，互相促进。在智能化出现之前，数据库的运维管理主要依赖分层解耦、化繁为简的方式进行，通过人工服务对单点的业务进行管理。但在云化环境中，一个 Region 纳管上万实例，仅靠人工很难满足业务诉求，这就促成智能与数据库在云原生的架构和应用中向新的研发方向发展。

GaussDB 基于智能化（AI）技术，打造 AI4DB 和 DB4AI 两大技术高地，重构数据库内核核心组件，提升数据库管理和优化技术，满足数据库科学家对普惠 AI 的诉求。AI4DB 技术利用机器学习，基于海量运行期数据及负载数据，形成智能解决方案，自动化处理各项任务，加速运维和诊断优化效率提升。DB4AI 通过数据库使能 AI，满足数据科学家在数据治理方面的诉求，仅通过简易 SQL 调用，即刻完成机器学习算法的训练和推荐，实现人人会 AI、人人用 AI 的普惠应用。

如图 6-1 所示，GaussDB AI4DB 领域包含两个方面的核心子系统：自治运维系统及智能优化器（ABO）。其中自治运维系统提供用户和 DBA 进行数据库系统的智能化运维管理能力，包括自监控、自诊断、自调优等方面端到端的运维管理能力，主要目标是提升系统的运维诊断效率，让数据库系统更高效和可靠。智能优化器是将 AI 技术嵌入到数据库内核优化器引擎，实现智能基数估计、智能计划管理和智能代价模型等功能，提升查询语句生成计划的准确性和提供查询语句的执行效率。

GaussDB DB4AI 领域旨在数据库内实现机器学习引擎，即库内 AI 引擎。通过在数据库内置常用机器学习算法，把 AI 算法作为执行器中的执行算子在语句执行中实现，对外提供训练和推理的简易 SQL 语法方便用户调用。同时，在数据库内置模型管理能力，用户训练好的模型可以存储在系统表中，方便快速推理调用。在训练数据准备阶段，通过数据集管理能力保证数据训练的一致性，便于训练算法的调优。

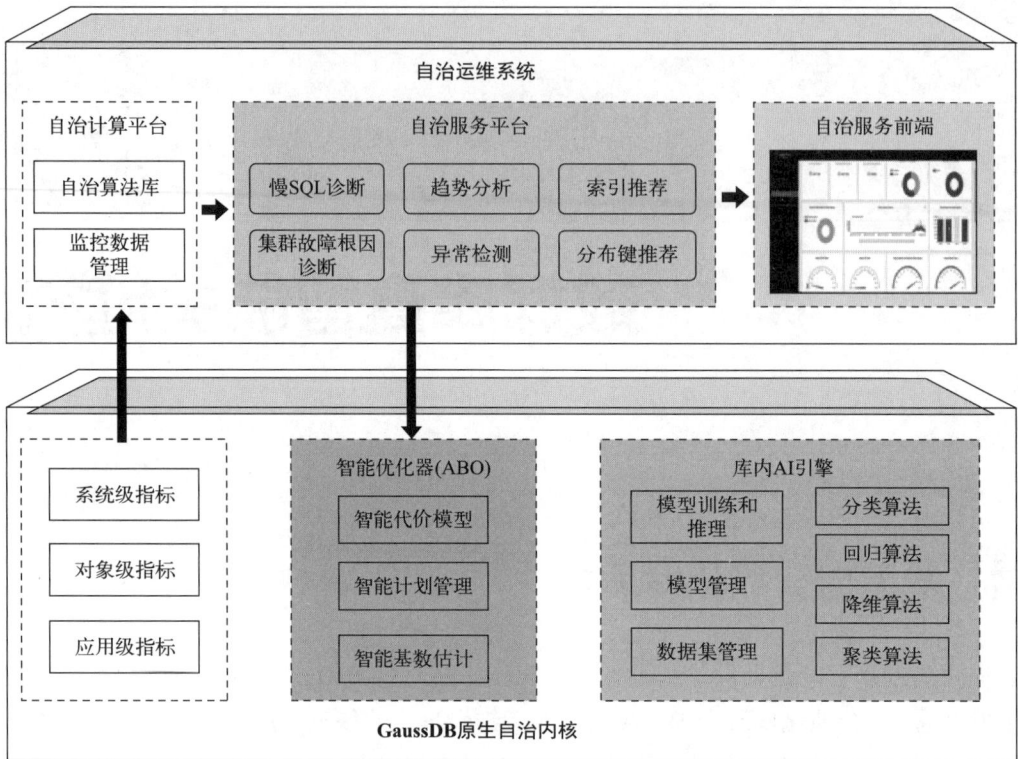

图 6-1　GaussDB 智能化技术

6.2　自治运维技术

在数据库自治运维技术领域，主要分为两条技术路线。其一是以 Oracle 为主的老牌数据库厂商，构建运维及生命周期管理统一系统，实现大规模的数据库智能化管理能力；对用户，通过运维工具指导其业务快速升级和排障；对业务，通过内置的优化诊断套件和多维度报表，快速定位性能瓶颈问题和实现 SQL 的快速优化。这种方案在单一集群或小规模集群中是高效的，通过 DBA 能力复制，可快速完成运维技术的应用。另一种是以新兴云厂商为主，构建基于云化设施和环境的自治运维技术。尽管各家的技术不尽统一，但主体思路是一致的，即尽可能通过一套运维管理系统纳管云化多套环境，通过机器学习技术和海量数据训练高效诊断和优化模型，形成标准化运维套路。

GaussDB 基于机器学习技术和云上海量数据信息，构建领先的自治运维管理系统，通过成熟算法实现负载感知、环境感知和数据感知，为数据库提供自监控、自诊断、自调优、自安全的能力，为客户和 DBA 提供极佳的运维管理体验。

图 6-2 为 GaussDB 的自治运维系统整体框图。数据采集层实现多维指标的数据采集，采集频率根据内容不同可分为秒级采集和分钟级采集两种。其中秒级采集包括操作系统资源信息采集和数据库实例信息采集，例如操作系统层面 CPU、内存、IO 读写、网络资源信息采集，数据库实例状态、数据库内关键指标（内存、连接数、TPS、QPS、读写频率等）采集；分钟级采集包括审计日志采集、数据库日志采集和全量 SQL 流水采集等形式。

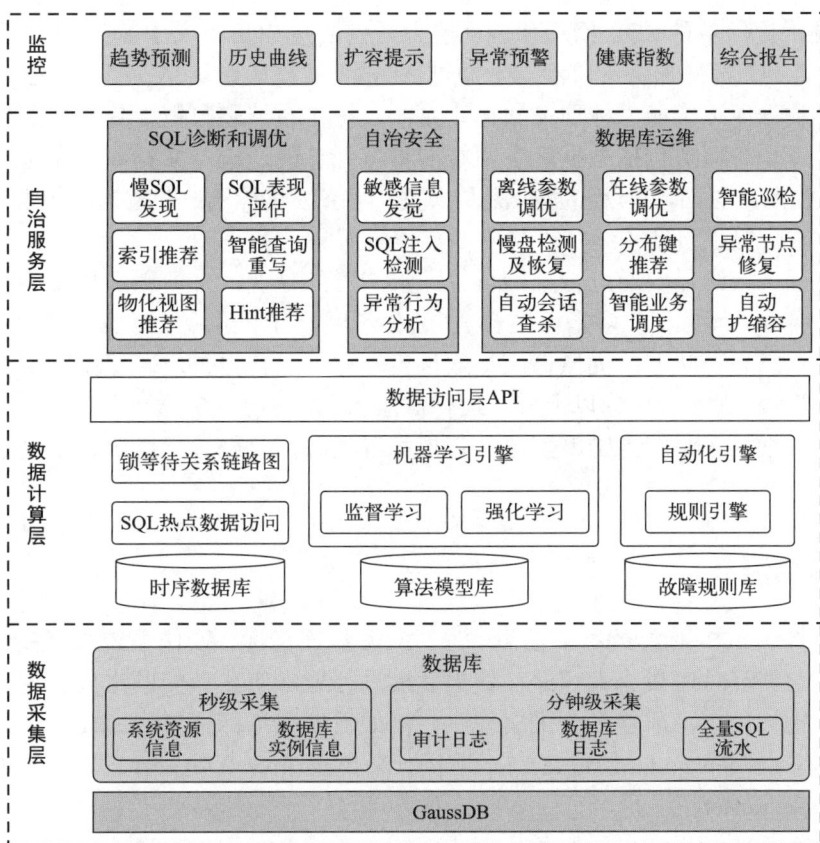

图 6-2　GaussDB 自治运维系统

自治运维平台提供采集程序（Agent 进程），可部署在数据库服务侧或者远端，连接数据库实例或所在服务器，采集上述指标；若客户系统配置普罗米修斯（Prometheus）系统进行信息采集，可实现相应的 exporter（出口），在其中内置数据库多维度指标采集方法以及数据清理方案，实现与普罗米修斯平台对接。

数据库采集端程序需要部署在同数据库进程所在物理节点时，若数据库为多节点集群环境，每个物理节点可部署一个 Agent 进程采集端（或者普罗米修斯采集端）。数据库采集端程序通常占用资源很少，通过配置文件可以制定不同指标采集频率，以免占用资源影响数据库业务正常运行。

数据计算层提供数据存储、数据分析及元数据管理能力。其中数据存储用于接收来自数据采集层发来的数据，存储数据源可以是多种维度或者类型，包括普罗米修斯、时序数据库（OpenTSDB 等）、MongoDB、SQLite 等，自治运维服务内置对接接口，每个自治服务模块与存储数据源交互，获取数据并进行分析处理。在企业实际应用时，可根据需要选择不同的存储组件和大数据处理组件，例如普罗米修斯+时序数据库，或者 kafka+时序数据库等方案。

在数据计算层除了时序数据库外，还可以设计其他存储单元，例如算法模型库和故障规则库。其中算法模型库存储自治管理服务生成的 AI 模型，例如参数推荐训练模型；在算法模型库中，可以存储传统机器学习（例如监督学习）模型、强化学习模型。故障规则库记录数据库常见故障案例，将这些案例通过拆解和分析，生成规则引擎。

自治服务层以用户维度可以分为 SQL 诊断和调优、自治安全、数据库运维三部分。其中

SQL 诊断和调优提供多种 SQL 治理和调优能力，包括慢 SQL 诊断、SQL 表现评估、智能索引推荐、智能查询重写等服务。自治安全通过 AI 技术实现敏感信息发觉、SQL 注入检测和异常行为分析。数据库运维能力体现在数据库系统、操作系统和数据库集群层面的运维和调优上，其中数据库系统服务包括数据库参数智能推荐、智能巡检、数据库分布键推荐和智能业务调度；在操作系统层面，实现慢盘检测及恢复、网络丢包检测；在数据库集群层面，基于故障或者负载需求，提供自动扩缩容、异常节点修复服务。

自治运维服务最终需要通过管控网页界面形式对外呈现，方便用户直观感受运维管理带来的效果。在展示界面方面，多指标结合 AI 趋势预测，可给出后续时段的数据走向。同时为方便用户观察系统集群状态，提供健康指数报告和详细综合报告。健康指数报告给出当前系统的健康评分等级，默认 80 分以上属于运行健康状况，小于 60 分则存在严重隐患，急需修复。综合报告详细描述系统各维度信息，包括集群状态、负载运行情况、常见数据库指标项信息。

6.2.1　智能监测

GaussDB 提供 500+指标的智能监测，通过对数据库指标、操作系统指标和运行日志的采集，拉取采集数据至时序数据库存储，便于后续进行异常侦测和问题定位。为了快速支撑各粒度的多维度指标采集，部署多个采集程序，例如数据库指标采集程序 openGauss-exporter、操作系统指标采集程序 node-exporter、本地执行采集程序 cmd_exporter 以及数据二次处理程序 reprocessing-exporter 等。

GaussDB 智能监测程序采取服务化方式部署，通过 RPC 通道（默认 Https 协议，且校验数据库用户名密码，不存在空密码访问情况）实现，可以获取数据库的即时信息，也可以向数据库下发执行动作（需要用户具备执行权限，具体数据库由用户指定）。时序数据处理支持多种时序库存，例如普罗米修斯、Influxdb 等，尽管对接接口协议不同，但实现方式类似。后面以普罗米修斯时序库和采集程序进行举例，说明智能监控的方法和实现方案。图 6-3 为智能监测方案的执行时序图。

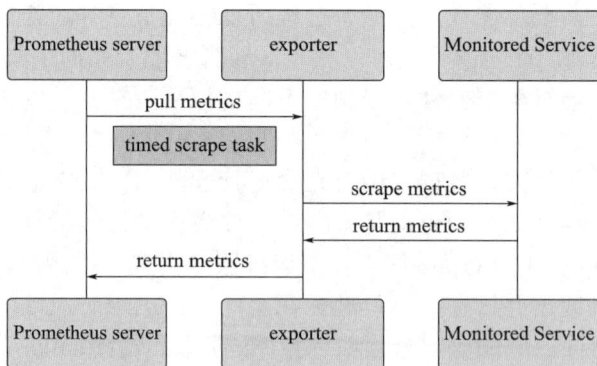

图 6-3　智能监测方案执行时序图

数据采集的实现过程：

① exporter 的数据采集原理如图 6-3 所示，采集过程是 pull（拉取）的形式，即由 Prometheus 主动发起数据抓取（scrape）请求，而后 exporter 再向被监控服务（可以是数据库服务、Linux

等）发起查询请求，由其通过 http(s)协议展示给 Prometheus。

② 通过 Prometheus 框架，按照 Prometheus 协议即可实现对应的 exporter，该实现过程类似一个插件，通过 Prometheus 提供的 SDK（如 prometheus-client 库）即可完成开发过程。

③ 所采集的指标项通过用户给定的配置文件解析获得，不需要在 exporter 中固化。

④ 实现的 exporter 主要有两个，一个是 openGauss-exporter，用于监控数据库实例，从其中抓取数据；另一个是 reprocessing-exporter，用于对 Prometheus 已经采集到的数据进行二次加工。两个 exporter 是各自独立的进程。

⑤ openGauss-exporter 需要输入待监控数据库的登录密码，该密码通过 shell 命令的配置参数输入。其中，在命令行中通过内存覆盖的技术擦除了命令行中的密码，避免了通过 "ps – ux" 等泄漏密码的可能。

⑥ 为进一步保障采集数据的安全性，exporter 采集的数据源由用户手动配置，默认配置文件不涉及敏感数据，仅采集数据库性能相关指标；在网络协议方面，默认支持采用 https 协议，用户显性给定证书文件路径，并在 Prometheus-server 侧进行配置。exporter 采集工具和用户不涉及交互，所有 SQL 执行都由程序本身实现，不涉及 SQL 注入问题。

在时序数据库中操作完成后，数据采集存储将进入趋势预测和异常检测模块，该两模块可方便客户提前发现潜在问题或者实时发现系统中的异常问题。

6.2.2 趋势预测

趋势预测功能模块主要基于历史时序数据预测未来时序变化趋势。该模块框架解耦，可以实现不同预测算法的灵活替换，并且该模块功能可以实现不同特征时序的算法自动选择，支持线性特征时序预测 LR 回归算法和非线性特征预测 ARIMA 算法。目前该模块可以覆盖线性时序、非线性时序和周期时序的准确预测。

时序预测模块和异常检测模块作为自监控的两个核心组件，通过采集程序获取数据后，在检测器阶段进行时序预测及异常检测，数据流转的流程如图 6-4 所示。

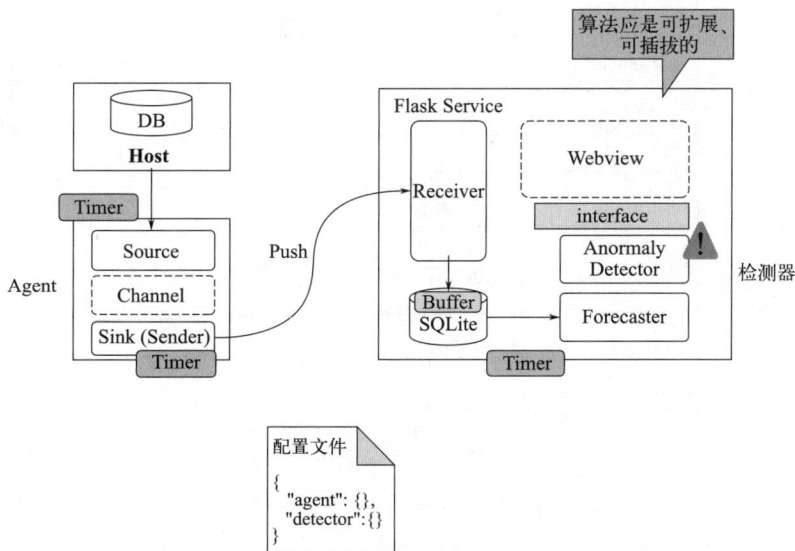

图 6-4　数据流转流程

数据获取和数据分析组件是一个相对于数据库环境独立的工具组件，包括 Agent（客户端）、检测器等子模块。其中 Agent 是部署在数据库主机环境上的，用于采集数据库中的性能指标，并通过网络，将其传送给远端检测器模块，远端检测器模块负责对采集到的性能指标数据进行收集、存储与检测。

Agent 模块分为三个子模块，分别是 Source（数据源）、Channel（通道）以及 Sink（数据下沉），各个组件之间可插拔、可扩展。其中 Source 用于直接监控数据库系统，并从数据库系统中采集信息；Channel 可以理解为缓存区，用来保存 Source 处捕获的数据，是一个 FIFO 的队列。Source 捕获的数据会推送到 Channel 中，而后 Sink 组件消费由 Source 产生的数据。Channel 缓存在内存中，为了防止 OOM（Out Of Memory，内存溢出），其具有容量上限，当超过容量上限时，过多的元素会被禁止放入队列。数据处理及外发 Sink，负责从 Channel 消费数据，然后将数据从 Channel 中清除，以指定数据格式进行外发，将数据存储到外部存储系统。在数据从 Channel 端到 Sink 端的过程中，加入了 JSON wrapper 和 flow controller 两个中间件，分别对应了 JSON 格式封装、流量控制功能。其中，由于 Agent 架构对限流功能天然友好，故可用 Channel 充当缓存功能，实现漏桶算法以进行限流。Sink 上支持类似这种 pipeline 模式，以便后续对上传过程进行控制，提供可扩展能力。

从 Agent 发送到检测器的网络通信协议默认为 https，默认证书在部署时由部署脚本生成。

检测器主要包括三个部分，分别是存储模块、时序预测模块、异常检测模块。本章节重点描述时序预测模块，异常检测模块在后续单独描述。

时序预测模块的执行流程如图 6-5 所示。

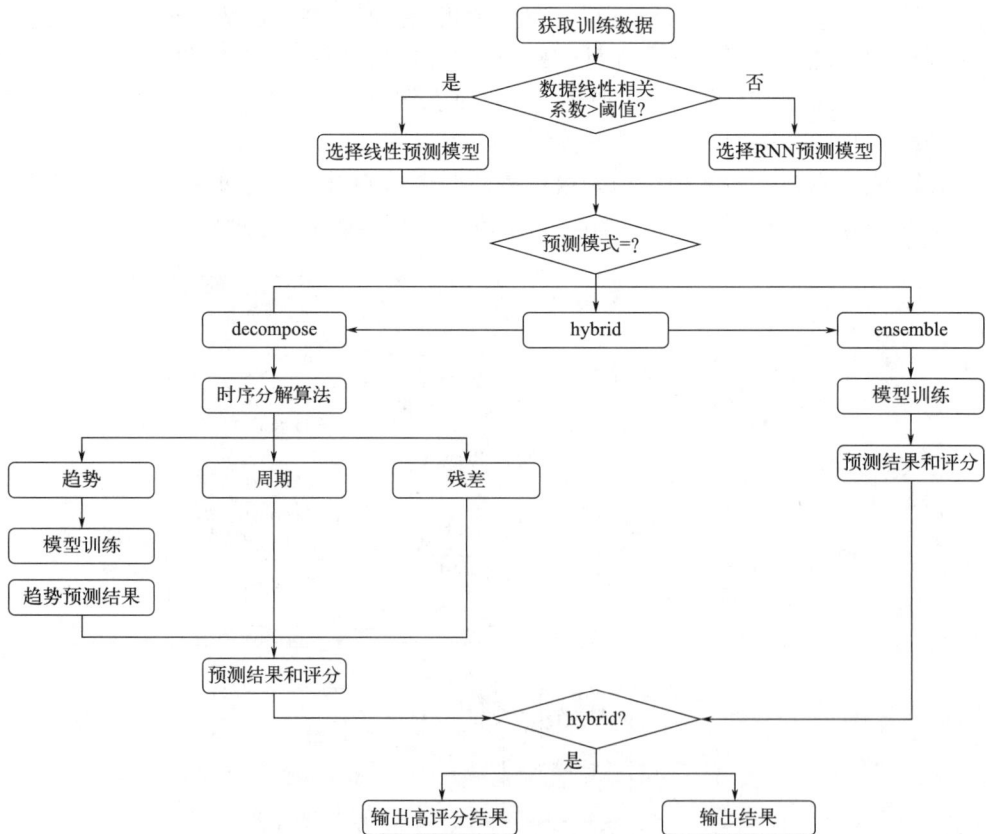

图 6-5　时序预测模块的执行流程

时序预测模块提供了两种基本的预测模型，分别是线性模型和深度学习（RNN）模型。另外系统给用户指定了三种预测模式，分别是 decompose、ensemble、hybrid。decompose 代表分解预测模式，ensemble 代表整体预测模式，hybrid 代表混合预测模式，算法步骤为：

① 首先获取训练数据，算法会判断数据的线性相关系数是否大于指定的阈值（系统默认 0.9），如果大于阈值，则会选择线性预测模型（Linear Regressor），否则会选择 RNN。

② 如果用户选择 decompose 预测模式，系统会调用是时序分解算法将序列分解成周期项、趋势项、残差项，然后调用模型对趋势项进行训练，得到趋势的预测结果。对于周期不需要预测，可以根据周期性递推得到未来周期项。对于残差，系统基于统计学原理，取 25% 和 75% 分位作为残差项的上下限。最终预测结果为趋势项、周期项和残差项的和。

③ 如果用户选择 ensemble 预测模式，系统会直接对数据进行训练，然后进行预测，得到预测结果和模型评分。

④ 如果用户选择 hybrid 模式，系统会串行执行 decompose 和 ensemble 两种预测模式流程，同时根据它们最终模型评分的高低选择最优的预测结果。如果用户真实采集到的信息与时序预测的结果出现较大偏差（大于预设阈值），则认为当前情况出现异常，执行报警逻辑。

6.2.3 异常检测

异常检测模块主要基于统计方法来发现时序数据中可能存在的异常情况。该模块框架解耦，可以实现不同异常检测算法的灵活替换，而且该模块功能可以根据时序数据的不同特征来自动选择算法，支持异常值检测、阈值检测、箱型图检测、梯度检测、增长率检测、波动率检测和状态转换检测。

异常检测模块实现的流程图如图 6-6 所示。

在异常检测模块执行过程中，主要包括以下步骤。

（1）获取异常根因以及对应异常指标配置

从配置中读取需要诊断的根因名称以及每种根因对应的指标名称。表 6-1 列出部分根因对应的指标信息。

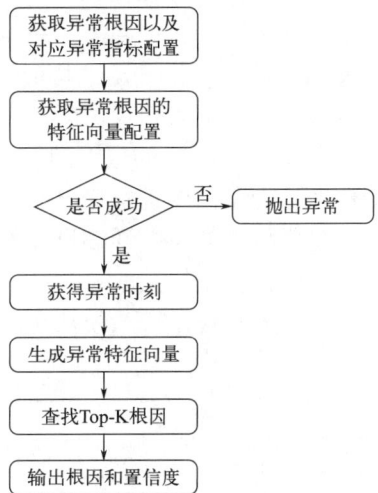

图 6-6　异常检测模块实现的流程图

表 6-1　部分根因对应指标信息

根因类型	参数名称	参数解释
磁盘读写竞争	IO_count	磁盘读写次数
	IO_bytes	磁盘读写字节数量
	Rows_scan	数据库表读取行数
	Rows_update	数据库表更新行数
	Rows_insert	数据库表插入行数
	Index_blocks_read	索引块读取数量
计算资源竞争	Cpu usage	系统 CPU 使用率
	User cpu usage	用户 CPU 使用率
	Sql cpu usage	SQL 执行占用的 CPU 资源
数据库锁竞争	Lock count	数据库当前锁数量
	Lock wait time	SQL 锁等待时间
	Sql canceled	由于锁超时导致的 SQL 执行取消

（2）获取异常根因特征库配置

系统利用实验环境模拟以及 DBA 专家经验为每个根因指定一个特征向量集合 V={v1,v2,...,vi}，其中 vi 是一个二进制独热（one-hot）编码向量，1 表示该根因会导致特定指标出现某种异常，0 则表示不会导致该异常。

（3）获取异常时刻

有两种方式触发异常根因诊断，一种是数据监控平台会定时搜索查找关键性能指标（包括 QPS、TPS、查询时延等）异常的时间段，监控平台会综合利用不同的序列异常检测算法，通过对于不同异常类型的分析得出是否是异常的结论；另一种是用户手动设置诊断时间触发诊断。

（4）生成异常特征向量

对于异常时刻 T，系统抽取[T−3600s, T+200s]区间范围内的所有指标序列；通过调用监控层的异常检测算法检测出异常类型，并转换成独热编码（one-hot），每一位表示一个特定的指标异常。

（5）查找 Top-K 根因

针对生成的特征向量，系统从异常特征库中获取近似包含的所有特征向量，并且根据相似度返回最有可能的 K 个特征向量对应的异常根因。

（6）输出根因和置信度

系统将 Top-K 的根因的相似度使用 Softmax 函数进行归一化，归一化之后给出每个根因的概率作为置信度进行输出。

异常检测的系统详细设计如下。

（1）关键指标获取

针对异常场景，系统从系统监控层分别拉取如表 6-2 所示指标。

表 6-2　关键指标

指标名称	指标描述	指标来源
node_disk_read_bytes	实例节点磁盘每秒读字节数	Node exporter
node_disk_read_time	实例节点磁盘读取时间占比	
node_disk_write_bytes	实例节点磁盘每秒写入字节数	
node_disk_write_time	实例节点磁盘写入时间占比	
node_cpu_usage	实例节点 CPU 使用率	
node_system_cpu_usage	实例节点系统 CPU 使用率	
node_user_cpu_usage	实例节点用户 CPU 使用率	
node_memory_usage	实例节点内存使用率	
node_network_receive_bytes	实例节点每秒接收网络字节数	
node_filesystem_files_free	实例节点文件句柄剩余数量	
Gaussdb_qps	数据库每秒执行查询数量	GaussDB exporter
shared_memory_total	数据库共享内存用量	
shared_memory_freed	数据库共享内存剩余	
session_memory_total	数据库会话内存用量	
session_memory_freed	数据库会话内存剩余	
index_blocks_hit_cnt	数据库内存索引块命中率	
index_blocks_read_cnt	数据库索引块读取数量	

指标名称	指标描述	指标来源
index_tuples_fetch_cnt	数据库索引键获取数量	
locks_cnt	数据库持有锁数量	
locks_time	数据库锁等待时间	
replication_slots_delay	副本复制延迟（槽数量）	
max_elapse_time	当前执行 SQL 最大时延	
requested_checkpoint_cnt	数据库请求的检查点次数	
checkpoint_sync_time	数据库检查点刷脏时间	
bgwriter_buffers_backend	后台进程刷脏时间	
disk_blocks_read_cnt	数据库磁盘块读取数量	
disk_blocks_hit_ratio	数据库磁盘块命中率	
cancel_because_deadlock	数据库由于死锁取消的事务数量	
cancel_because_locktimeout	数据库由于锁超时取消的事务数量	GaussDB exporter
tempfile_bytes	数据库临时文件大小（字节）	
n_tup_deleted	数据库已删除数据行数	
n_tup_fetched	数据库已获取数据行数	
n_tup_retured	数据库返回结果数据行数	
n_tup_inserted	数据库插入数据行数	
n_tup_updated	数据库更新数据行数	
auto_analyze_cnt	数据库自动分析次数	
auto_vacuum_cnt	数据库自动数据整理次数	
dead_tup_cnt	数据库标记删除行数	
connections_used_ratio	数据库连接占用率	
wal_write_wait	数据库写前日志写盘等待时间	
wal_read_wait	数据库写前日志读取等待时间	

（2）特征向量抽取

特征向量是一个独热编码向量，其中每一位表示一个指标序列的一个异常。异常特征类型考虑如表 6-3 所示。

表 6-3　异常特征类型

异常类型	描述
Spike（尖刺）	指标突然升高（下降）之后又立刻突然下降（升高）
Level Shift（漂移）	指标突然升高（下降）之后一段时间维持在高位（低位）
Volatility Shift（抖动）	指标抖动突然加剧（或减小）
Seasonal Violation（周期破坏）	指标出现不符合周期性预测的值

（3）近似包含匹配

向量 v 近似包含 v' 定义为 $\dfrac{l(v \& v')}{l(v')} > \tau$，$\tau$ 是一个在 (0,1] 区间内的阈值。在异常特征库中，每个异常根因包含若干特征向量，只要和其中一个存在近似包含关系，那么就可以认为存在该根因。

比如对于数据库锁竞争，一共考虑三种指标，假设每种指标有 4 种异常类型，那么向量

v 一共有 12 位。通过实验我们发现数据库锁竞争会导致锁数量突然上升（Spike），锁等待时间剧烈抖动（Volatility Shift），由于锁超时导致的执行取消的数量也增加（Level Shift）。所以特征库中针对锁竞争的特征向量集合可以表示为[(1,0,0,0,0,0,1,0,0,1,0,0)]。当生产环境中这三个指标出现类似的异常（1,0,0,1,0,0,1,0,0,1,0,0）时，那么由于 v 近似包含 v'（近似度为 1），可以判断存在锁竞争异常。

（4）通过相似度计算置信度

置信度表示每种异常根因的后验概率，这种概率要满足三个条件：①系统返回的 K 个根因的总概率之和为 1；②每个根因的概率取值范围是[0,1]；③每种根因的置信度要求具有区分度。因此，我们采用 Softmax 对置信度进行归一化计算，假设返回的 K 个相似度分别是 $\{s_1,s_2,s_3,\dots,s_k\}$，有公式如下：

$$P_i = \frac{e^{s_i}}{\sum_{j=1}^{k} e^{s_j}}$$

计算之后返回概率最高的若干根因机器置信度。

异常检测返回的根因种类如表 6-4 所示。

表 6-4　根因种类

根因类型	根因名称	根因描述
系统资源竞争	working_io_contention	业务负载 I/O 竞争
	nonworking_io_contention	非业务负载 I/O 竞争
	working_cpu_contention	业务负载 CPU 竞争
	nonworking_cpu_contention	非业务负载 CPU 竞争
	working_mem_contention	业务负载内存竞争
	nonworking_mem_contention	非业务负载内存竞争
	lock_contention	读写锁竞争
数据库配置	small_shared_buffer	Shared_buffer 设置过小
数据库更新	table_expansion	数据膨胀
数据库后台进程	analyze	自动/手动后台数据统计
	WALwriter	自动 WAL 日志刷写
	vacuum	自动数据整理
	bgwriter_checkpoint	后台检查点刷脏
系统资源减少	full_connections	连接池满
	low_network_bandwidth	网络带宽拥挤
	low_io_bandwidth	磁盘带宽拥挤
	low_cpu_idle	空闲 CPU 少

6.2.4　日志分析

日志是产品最重要的基础运维数据之一，它是一种文本数据，一般由时间戳和文本消息（等级、常量、其余变量）组成，实时记录了业务的运行状态。因此凡是能够打印日志的设备，理论上均可以通过分析日志进行故障预测、亚健康检测、故障定界定位等维护活动。对故障诊断任务而言，日志相较指标有着诊断代码段级别故障、支持对程序执行逻辑跟踪、捕捉故障细节的优势，并且很多时候是唯一可用的故障诊断数据源。

GaussDB 的日志分析功能主要是将非结构化的日志流转换为时序数据，而后天然地与异常检测等机制进行对接，便于整合完整的异常诊断能力。日志分析功能包括两个关键部分，一个是日志采集模块，另一个是日志分析模块，这两个部分都在日志采集端实现，其整体模块结构图如图 6-7 所示。

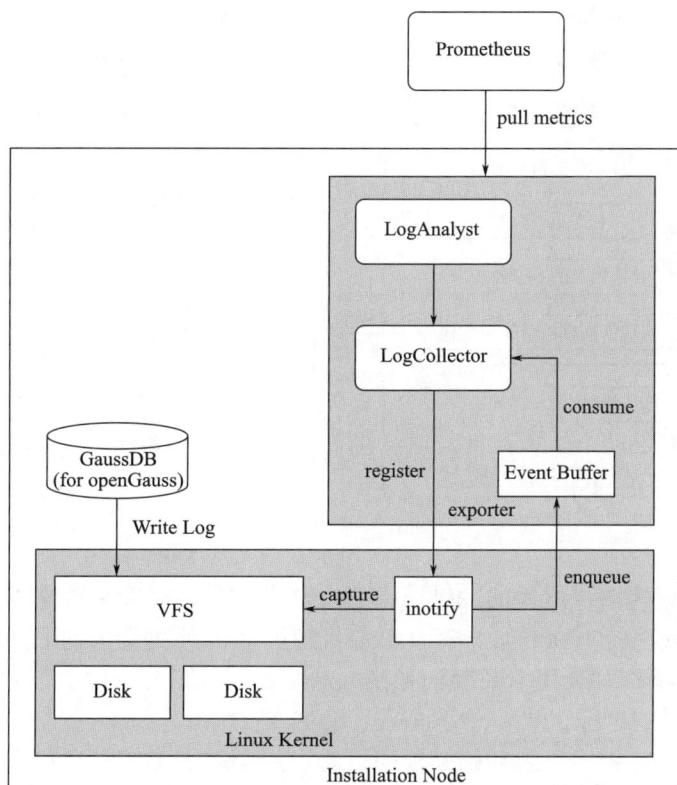

图 6-7　GaussDB 日志模块

日志采集和分析的步骤如下：

① 启动本功能的 exporter，利用 Linux 的 inotify（通知）系统调用，监听日志写入事件。

② GaussDB 数据库实例向被监听的日志文件目录写入日志。

③ exporter 通过 inotify 系统调用，获知日志写入事件，exporter 的 LogCollector（日志获取）子模块从日志文件目录中读取被写入的日志文件内容。

④ exporter 的 LogAnalyst（日志分析）模块获取写入的日志文件内容，并对其进行量化整理。

⑤ 时序数据库访问 exporter，LogAnalyst 将已经量化好的日志指标项返回时序数据库。

日志分析功能主要包括离线学习模块和在线检测模块两部分，其设计流程图如图 6-8 所示。

（1）离线学习模块

① 日志解析阶段。

a. 数据预处理：根据预设正则表达式去除噪声变量和拆分日志记录文本字符串得到单词列表，如日志记录"2020 04 23 17:01:11 INFO getGraceTime, customerID: lisi4, bpID: d1, graceTime:0"通过正则表达式替换 customerID 信息为通配符"*"，并拆分字符和驼峰词命名词得到三部分，分别是时间 "2020 04 23 17:01:11"，等级 "INFO"，单词列表 "['get', 'grace', 'time', ',', 'customer', 'id', ':', '*', ',', 'bp', 'id', ':', 'd1hg123', 'grace', 'time', ':', '0'] "。

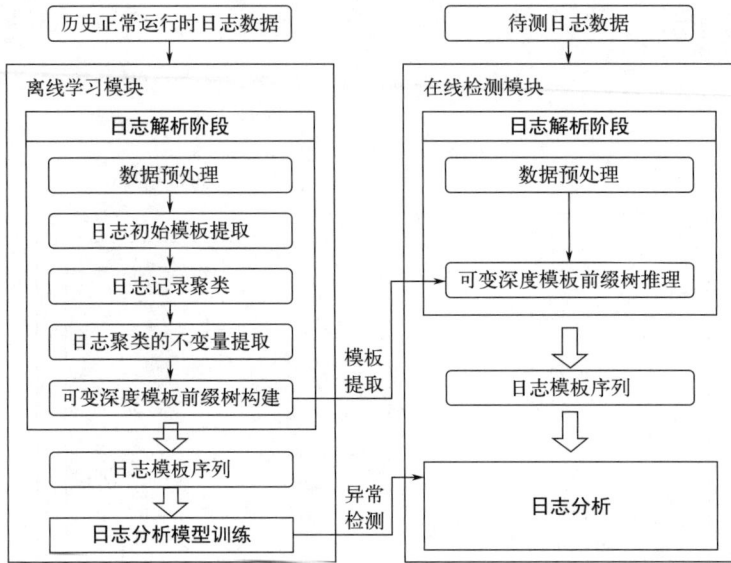

图 6-8　日志分析

b. 日志初始模板提取：这里的关键词指日志常量部分，一般来讲常用英文。这里使用了维基百科语料出现频率前 10000 且含有字母数目超过 2 的纯英文单词加上业务专有术语作为关键词词典。将上述单词列表里非关键词替换为通配符，得到日志初始模板 "['get', 'grace', 'time', ',', 'customer', 'id', ':', '*', ',', 'bp', 'id', ':', '*', 'grace', 'time', ':', '*'] "。

c. 日志记录聚类：相同日志初始模板的日志记录会被聚类为一个日志集合，比如日志记录 "getGraceTime, customerID: lisi4, bpID: d1, graceTime:0" 与另一个日志记录 "getGraceTime, customerID: zhangsan123, bpID: ss2, graceTime:0" 的日志初始模板都是 "['get', 'grace', 'time', ',', 'customer', 'id', ':', '*', ',', 'bp', 'id', ':', '*', 'grace', 'time', ':', '*'] "，因此这两条日志记录会被聚类在同一个日志集合里。

d. 日志聚类的不变量提取：对于同一日志集合里多条日志记录的单词列表相同位置的不变量提取日志模板，如对上述日志集合对应的单词列表 "['get', 'grace', 'time', ',', 'customer', 'id', ':', '*', ',', 'bp', 'id', ':', '*', 'grace', 'time', ':', '*'] " 和 "['get', 'grace', 'time', ',', 'customer', 'id', ':', '*', ',', 'bp', 'id', ':', '*', 'grace', 'time', ':', '*'] "，通过相同位置的两两比较，保留其中不变量，变化的单词位置则替换为通配符 '*'，最后得到该日志集合里日志记录的日志模板 "getGraceTime, customerID: *, bpID: *, graceTime:0"。

e. 可变深度模板前缀树构建：以日志模板中的每个单词（包括常量和通配符）为节点构建可变深度模板前缀树，逐个插入上述过程中得到的日志模板，建立单词列表到日志模板的映射，可以在线对日志单词列表推理其日志模板。其中可变深度指单个通配符节点允许匹配更多或更少的单词，从而能实现在线提取变长变量的日志记录的模板。

② 日志分析模型训练。上述离线学习模块是与数据库日志结构和内容相关的，功能在发布时，会自带一个小的预训练模型。此模型的训练和使用过程对用户是透明的，用户无须任何额外操作。

（2）在线检测模块

a. 日志解析阶段的数据预处理：与离线学习模块一致，根据预设正则表达式去除噪声变量和拆分日志记录文本字符串得到单词列表。

b. 日志解析阶段的可变深度模板前缀树推理：通过模板前缀树匹配单词列表，将每个日志记录的单词列表映射到日志模板。如果出现变量数量有变化的日志，如"2020 04 23 17:01:11 INFO getGraceTime, customerID: lisi4,zhangsan3, bpID: d1, graceTime:0"，可变深度模板前缀树会允许单个通配符节点"*"匹配更多的单词（这个例子里则是"lisi4"和"zhangsan3"）提取出日志模板['get', 'grace', 'time', ',', 'customer', 'id', ':', '*', ',', 'bp', 'id', ':', '*', 'grace', 'time', ':', '0']。另外如果前缀树无法搜索到相应日志模板，则代表该日志模板在离线学习数据里没有出现过，会被标记为新增异常日志。

c. 日志分析时，对已经在内存中模板化后的日志进行分析处理，提取我们希望使用的日志模板，进行指标量化。

6.2.5　慢 SQL 发现

慢 SQL 发现基于数据库的历史 SQL 语句实现，通过对历史 SQL 语句的执行表现进行总结归纳，再用于推断新的未知业务上。由于短时间内数据库 SQL 语句执行时长不会有太大的差距，故 SQLdiag 可以从历史数据中检测出与已执行 SQL 语句相似的语句结果集，并基于 SQL 向量化技术和模板化方法预测 SQL 语句执行时长。慢 SQL 发现不需要 SQL 语句的执行计划，对数据库性能不会有任何的影响。

慢 SQL 发现的时序执行图如图 6-9 所示。

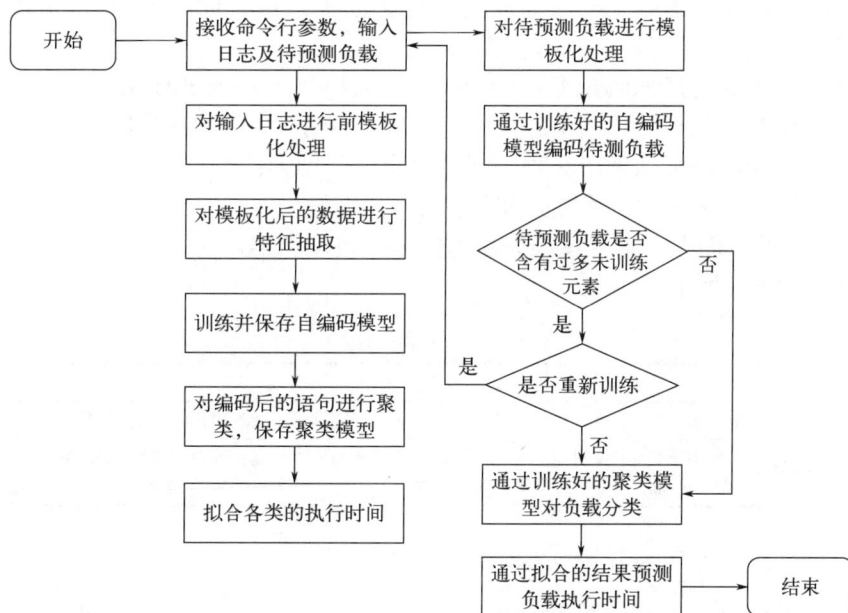

图 6-9　慢 SQL 发现时序执行图

在整个慢 SQL 发现过程中，存在两个主要步骤：

① 训练阶段：通过用户输入的日志地址导入历史 SQL 数据，训练自编码模型，聚类模

型及执行时间序列模型。

② 预测阶段：用户输入待预测负载，系统根据训练阶段生成的自编码模型对待预测负载进行编码，之后根据训练阶段生成的聚类模型进行分类，进而根据每类的历史信息预测执行时间。

慢 SQL 发现中的训练阶段和预测阶段详细设计如下。

（1）训练阶段

前提条件：用户已导入数据，准备好自己的典型业务 SQL 历史记录，且输入格式为"（SQL 执行时长，SQL 语句，SQL 锁等待时长）"，其中 SQL 锁等待时长和 SQL 执行时长二者必须保证至少有一个不为 0，每一行通过跳格（TAB）分隔。

用户在 Console 页面输入历史日志文件的路径与希望模型文件保存的路径。

前处理模块首先对日志进行前处理，抽取初级特征并对语句进行模板化，然后将模板化后的语句进行向量化处理，保存向量化过程所使用的字典。将数据集向量传入自编码模块。

自编码模块对数据集数据进行自编码训练，保存自编码模型并将编码后的数据集传给聚类模块。

聚类模块对编码后的数据集进行聚类，保存聚类模型。数据集在分类后，每类分别抽取所有类语句的历史执行时间记录，建立时间序列预测模型。

（2）预测流程

前提条件：训练阶段已完成，并且用户输入的待预测负载格式正确。

用户在页面输入待预测负载文件路径与结果文件保存路径。

与训练阶段同样，前处理模块会对待预测负载模板化，随后读取保存的字典将模板化后的语句向量化。在此步骤中，如果前处理模块捕捉到新元素的数量大于用户设定的重训练阈值，会提示用户该情况并询问用户是否重新训练。如果选是，则会重新开始训练阶段，否则继续执行预测阶段。如果前处理模块捕捉到新元素的数量不大于用户设定的重训练阈值，则执行预测阶段。

读取训练阶段生成的自编码模型及聚类模型，对待预测负载进行编码后分类。使用各类的时间序列预测模型，预测待预测负载的执行时间，保存至用户指定路径。

自编码器在设计时，可以采用 2 种不同的模型，分别为：

Doc2Vec：着重于前后文特征关系的文本向量化编码器。

LSTM：着重于训练样本本身特征关系的向量化自编码器。

模型对比如表 6-5 所示。

表 6-5　模型对比

模型	特点
Doc2Vec	训练和预测速度快，模型简单可控；容易产生过度解读短期词语，遗失距离较远的单词间关系的问题
LSTM	计算量大、训练速度较慢，模型需要调优，对设计和实现的要求较高；避免了 Doc2Vect 的主要缺点，使用逐层降维再还原的隐藏层训练语句中所有词语的内部关系

聚类的设计流程图如图 6-10 所示。

流程说明如下：

① 对任意一个新 SQL 模板，计算它的访问频次历史与现有聚类中心的距离，判断是否超过阈值。

② 检测已聚类的模板与聚类中心点的距离，如果相似度低于阈值，则移除当前聚类。

新SQL模板进入聚类

查找是否有聚类与该模板中心点足够相似 — 否 →

是 ↓

将该模板加入该聚类　　　为该模板建立一个新聚类

步骤1

聚类的构成发生变化

聚类内的某个模板是否仍然与中心点足够相似 — 否 →

是 ↓

该模板保留在该聚类内　　　将该模板从聚类中剔除

步骤2

聚类已经完成更新

查找是否有聚类与该聚类足够相似 — 否 →

是 ↓

两个聚类合并　　　聚类保持不变

步骤3

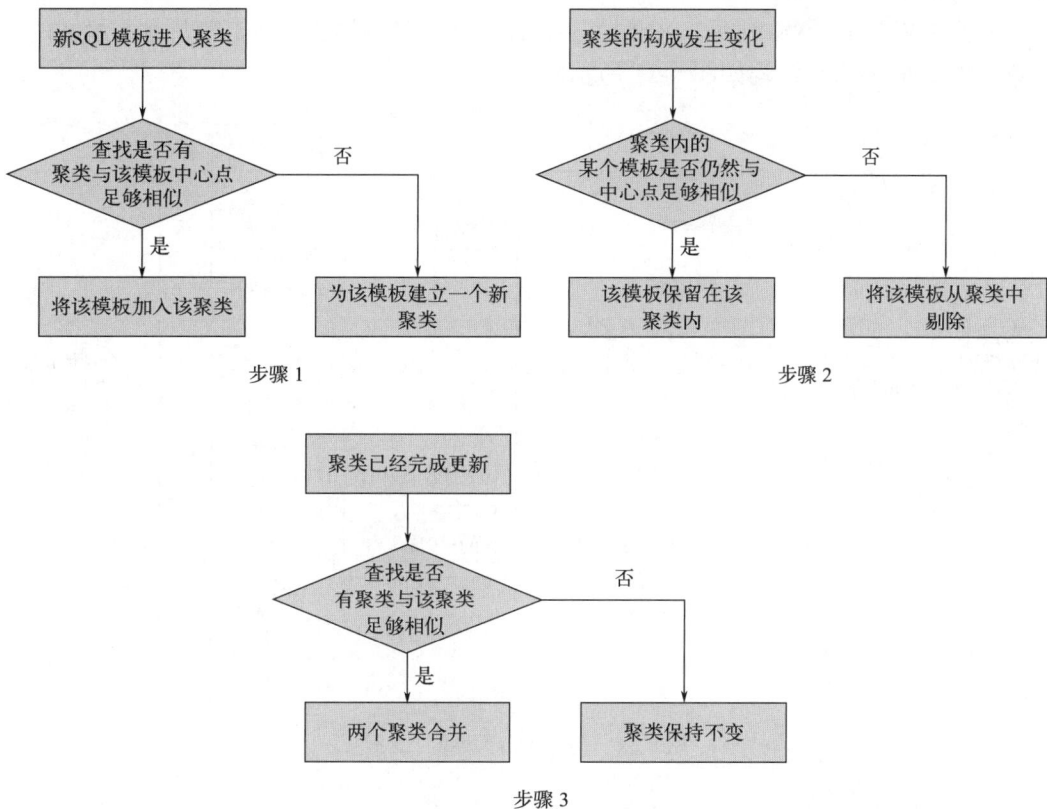

图 6-10　聚类设计流程

③ 计算聚类中心之间的距离，如果超过阈值，则合并两个聚类。

通过以上三个步骤可以确保该聚类算法能够对数据做到自适应，并且确保聚类中的模板与聚类中心始终是相似的。

预测模型采用三种不同出发点的模型，分别为：

① 线性：线性意味着假定输入与输出之间存在一定线性关系。

② 记忆：模型是否能够利用综合输入与从历史数据中保存下的信息预测未来可能发生的情况。

③ 核函数：模型支持核函数就可以对非线性关系进行分析。

通常，线性模型能够有效避免过拟合，并且对计算资源和训练数据要求较低，在预测较近的未来时间时表现较好。具有记忆性的模型可以挖掘数据的动态行为信息，但是增加了训练的复杂性与模型对数据的依赖。较好的一个方案是采用 ENSEMBE 方法，将多个模型进行合并做平均预测。

6.2.6　慢 SQL 诊断

慢 SQL 诊断提供诊断慢 SQL 所需要的必要信息，帮助开发者回溯执行时间超过阈值的SQL，诊断 SQL 性能瓶颈，用户无须复现就能离线诊断特定慢 SQL 的性能问题。慢 SQL 提供表和函数两种维度的查询接口，用户从接口中能查询到作业的执行计划、开始/结束执行时间、执行查询的语句、行活动、内核时间、CPU 时间、执行时间、解析时间、编译时间、查询重写时间、计划生成时间、网络时间、I/O时间、网络开销、锁开销等。所有信息都是脱敏的。

慢 SQL 诊断的执行流程如图 6-11 所示。

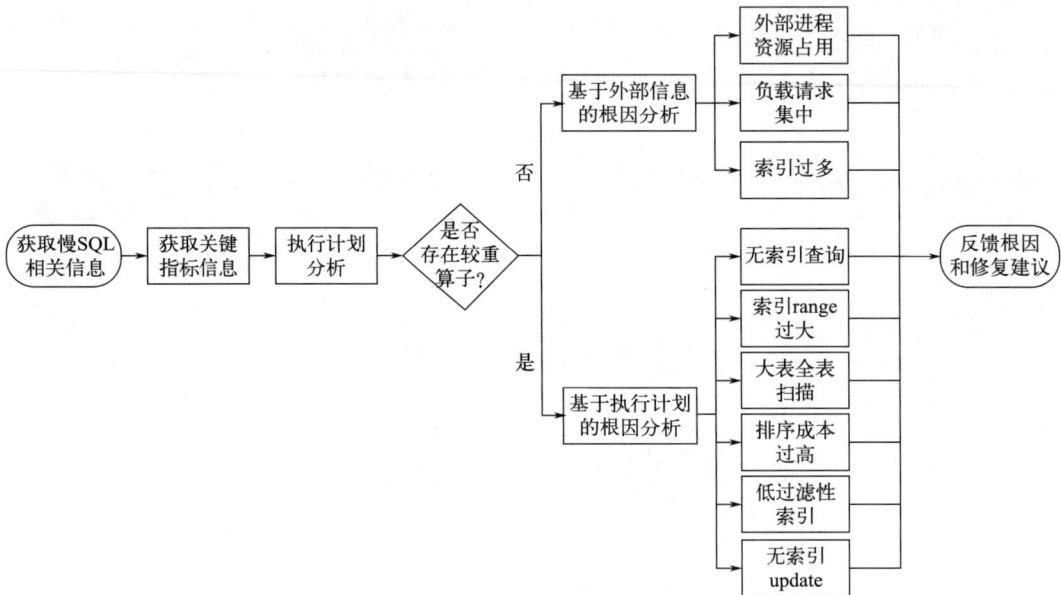

图 6-11　慢 SQL 诊断执行流程

慢 SQL 根因诊断过程主要包括以下步骤：

（1）获取慢 SQL 相关信息

慢 SQL 相关信息包括 SQL 文本信息、SQL 执行计划、SQL 执行开始时间、SQL 执行结束时间、SQL 执行计划。

（2）获取数据库关键指标信息

数据库关键指标信息包括数据库部分 GUC 参数、状态参数、资源指标、负载指标、节点上其余进程信息。典型指标信息如表 6-6 所示。

表 6-6　典型指标

参数类型	参数名称	参数解释
GUC 参数	Work_mem	写入临时文件之前内部排序操作和散列表使用的内存量
	Shared_buffer	数据库共享内存
	max_connections	最大客户端连接数
状态参数	QPS	数据库每秒请求数
	Current_connection	数据库当前连接数
资源指标	Cpu usage	数据库 CPU 使用率
	Memory_usage	数据库内存使用率
	IO	数据库磁盘 I/O
	Disk_usgae	数据库磁盘使用率

（3）结合数据库关键指标信息和执行计划，分析慢 SQL 根因

在慢 SQL 文本、执行计划和其他信息的基础上，基于特定规则对慢 SQL 的根因进行分析。

① 情况一：执行计划中出现 SeqScan 算子，且该算子执行代价较大或扫描行数较大，该场景下扫描算子 I/O 占用高，导致性能慢。具体如下：

a. 使用模糊查询 like。建议避免模糊查询或全模糊查询。

b. 查询中包含 is not null。建议不要使用 is not null，否则会导致索引失效。

c. 查询条件中使用了不等于操作符（!=）。SQL 中的不等操作符限制索引，将引起全表扫描，建议把不等操作符改成 or。

d. or 语句连接条件中包含列没有全部创建索引。建议相关列全部创建索引。

e. update 语句更新了全部字段。建议如果只更改 1～2 个字段，不要 update 全部字段、否则频繁调用会引起明显的性能消耗。

f. select count(*) from table。建议非必要情况不使用此操作。

g. where 子句中对字段进行表达式操作。这将导致 SQL 引擎放弃使用索引而使用全表扫描，建议修改 where 子句，对字段不要进行表达式操作。

h. where 子句中使用函数操作。将导致 SQL 引擎放弃使用索引而进行全表扫描，建议避免在 where 子句中使用函数操作。

i. not in 导致全表扫描，建议对于连续性的数值可以使用 between 代替。

j. 范围查询语句中的 range 条件范围过大。

② 情况二：查询语句执行计划 Sort 算子代价较大，同时在该 SQL 执行期间，数据目录下的 base/pgsql_tmp 路径下产生了临时文件；该场景下盘触发读写 I/O，导致性能慢。

此时可能原因是查询语句排序成本过高，导致出现慢 SQL，建议调整 Work_mem 的大小。

③ 情况三：两表 join 操作，选择了 NestLoop 方式，且执行代价较大，该场景计算慢，引起的性能慢。

此时可能原因是大表 join 操作，NestLoop 算子执行较慢，导致慢 SQL，建议通过设置 GUC 参数 enable_nestloop=off 关掉 NestLoop，让优化器选择其他 join 方式。

④ 情况四：Agg 操作使用 Sort Aggregate 算子，且执行代价较大。

此时可能原因是对于较大结果集的 Aggregate 操作，Sort Aggregate 算子的性能较差，建议通过设置 GUC 参数 enable_sort=off，让优化器选择 HashAgg 算子。

⑤ 情况五：执行计划正常，不存在代价较大算子。

相关列中存在大量重复索引时将导致插入性能速度变慢，建议先删除重复索引后再进行插入操作。

数据库负载请求集中时将引起 I/O、CPU、内存等资源指标上升，导致数据库资源紧张从而产生慢 SQL。外部进程占用大量系统资源，将导致数据库资源紧张，进而出现慢 SQL，建议停止没有必要的大进程。

慢 SQL 根因分析有两种使用方式，第一种方式是定期从 SQLite 数据库中拉取慢 SQL 信息，并基于上述规则去分析慢 SQL 根因，最后将结果输出到日志；第二种方式是通过用户输入慢 SQL 信息，然后基于特定规则去分析慢 SQL 根因，最后将结果输出到命令行。

使用 Anomaly-detection 中的 main.py 作为统一程序入口进行慢 SQL 诊断，相关参数如表 6-7 所示，命令如下：

python main.py [-m MODE] [-q QUERY] [-s START_TIME] [-e END_TIME]

表 6-7　参数释义

参数名称	释义
-m MODE	指定运行模式 [collect, server]，其中 collect 是数据采集服务，server 是数据收集服务、资源异常检测和慢 SQL 诊断服务
diagnosis	用户自行调用慢 SQL 根因分析功能
-q QUERY	SQL 文本信息
-s START_TIME	SQL 执行开始的时间（参考作用，可选）
-e END_TIME	SQL 执行结束的时间（参考作用，可选）

collect 模式用于在数据库节点本地收集信息方式；server 模式用于数据存储、异常检测和慢 SQL 诊断，后续还会扩展其他功能。

基于自动采集，server 可自主发现问题，示例如下所示：

```
{START-TIME: 2021-03-22 16:58:19,
 END-TIME: 2021-03-25 16:58:19,
 SQL: select i_id from bmsql_item where i_id not in(1,100),
 RCA: The plan contains SeqScan operator, possibly caused by 'NOT IN',
 Suggestion: For the continuous values, 'BETWEEN' is recommended
}
```

用户自行调用慢 SQL 根因分析功能：

```
    python main.py diagnosis -q 'select i_id from bmsql_item where i_id not
in(1,100)' -s '2021-03-22 16:58:19' -e '2021-03-25 16:58:19'
```

输出结果如下：

```
RCA: The plan contains SeqScan operator, and is possibly caused by NOT IN,
Suggestion: For the continuous values, BETWEEN is recommended.
```

上述示例中，用户输入了 SQL 执行的起止时间，分析工具会在数据库 WDR 报告中在该时间范围内进行搜寻，以发现 SQL 的精确执行时间和结束时间，之后基于上述规则进行分析；如果用户在命令行中只输入了一种时间，则工具会以该时间为基准，在 ±2h 之内进行搜寻，以匹配该 SQL 的精确时间信息；如果用户没有提供任何的时间信息，则工具会以现在时间为基准，往前推 24h 进行搜寻，以确定该 SQL 的精确执行时间信息；如果在搜寻时间范围内都没有发现该条 SQL，则会在命令行输出如下信息：

```
Error: Sorry, can not find the information of this slow SQL.
```

同时该功能只支持单条 SQL 的分析，如果同时输入多条 SQL，则只会对第一条进行分析。

6.2.7　集群故障根因诊断

在用户业务应用和服务中需要对发生的故障原因进行快速定位定界，集群故障根因诊断功能可以通过收集数据库集群中各个组件（如 CMS、DN）等的信息和即时状态（如网络连通性），来判断集群环境是否存在故障，以及故障根因。可用于实现集群级别的故障根因诊断。

自治运维服务支持 CN、DN、CMS 等节点日志采集，以及支持基于节点间网络连通（如 Ping）状态采集。经过故障场景分析和梳理，并对数据集进行枚举扩充，最终实现 DN、CN 故障快速定位。

集群故障根因诊断的设计和交互图如图 6-12 所示。

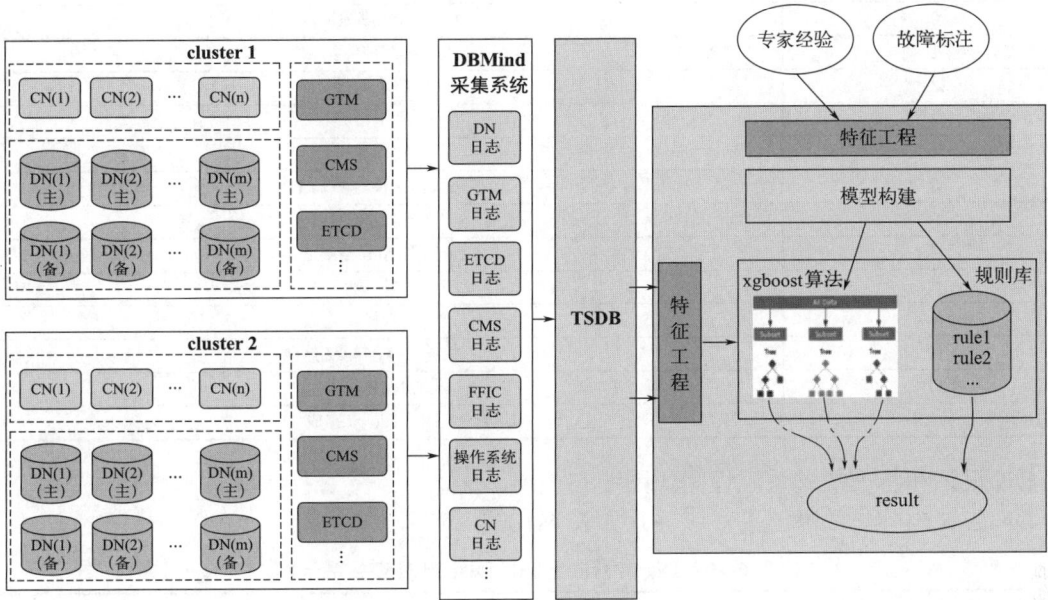

图 6-12 集群故障根因诊断设计和交互

自治运维服务通过采集各个组件（如 DN、CN、CMS 等）的关键日志信息，以及即时状态信息（如网络连通状态），构建集群状态特征，然后根据 DBMind 预置的根因模型库对问题根因进行判断。日志信息的采集对日志格式有一定要求，当日志格式发生变化时，需要代码同步更新以实现采集。表 6-8 中的"包含关键词"列即为采集日志所使用的正则匹配格式。

DN 组件故障场景特征与根因分别如表 6-8 和表 6-9 所示。

表 6-8 DN 组件故障场景特征

名称	包含关键词（DN 组件故障场景特征）
非日志	DN 节点状态： Normal、Unknown、Need repair、Wait promoting、Promoting or Demoting、Disk damaged、Port conflicting、Building、Build failed、CoreDump、ReadOnly、Manually stopped 注意：Normal 外的状态都视为异常
CMA 日志	datanodeId=(.*?)，dn_manual_stop=([0,1])，g_dnDiskDamage=([0,1])，g_nicDown=([0,1])，port_conflict=([0,1])
CMA 日志	datanodeId=(.*?)，dn_manual_stop=([0,1])，g_dnDiskDamage=([0,1])，g_nicDown=([0,1])，port_conflict=([0,1])
CMA 日志	datanodeId=(.*?)，dn_manual_stop=([0,1])，g_dnDiskDamage=([0,1])，g_nicDown=([0,1])，port_conflict=([0,1])
system_call 日志	could not bind (.*?) socket: Is another instance already running on port (.*?)
CMA 日志	datanodeId=(.*?)，dn_manual_stop=([0,1])，g_dnDiskDamage=([0,1])，g_nicDown=([0,1])，port_conflict=([0,1])
CMS 日志	restart (.*?), there is not report msg for
CMS 日志	restart to pending
CMS 日志	(instance|instanceId:) (.*?) (is transaction |set |was set |is)read only
非日志	DN 节点 IP 是否可以 Ping 通
ffic 日志	任意内容
内核日志	walreceiver could not connect and shutting down
CMA 日志	data path disc writable test failed

表 6-9　DN 组件故障根因

序号	DN 组件故障根因
0	未知原因
1	实例被停止
2	磁盘故障
3	网卡故障
4	端口冲突
5	cmserver 仲裁重启 DN
6	进程僵死重启
7	core（程序异常终止）
8	只读
9	主机宕机，重启
10	主备 DN 间网络异常
11	DN IP 丢失
12	DN redo 未完成

DN 根因和特征的关系流程图如图 6-13 所示。

DN 告警内容与故障结果对应关系如表 6-10 所示。

表 6-10　DN 告警内容与故障结果对应关系示例

日志来源	告警内容	用例 1	用例 2	用例 3	用例 4	用例 5	用例 6	用例 7	用例 8
CMA 日志	datanodeId=(.*?), dn_manual_stop=([0,1]), g_dnDiskDamage=([0,1]), g_nicDown=([0,1]), port_conflict=([0,1])	否	否	否	否	否	否	否	否
CMA 日志	datanodeId=(.*?), dn_manual_stop=([0,1]), g_dnDiskDamage=([0,1]), g_nicDown=([0,1]), port_conflict=([0,1])	否	否	否	否	否	否	否	否
CMA 日志	datanodeId=(.*?), dn_manual_stop=([0,1]), g_dnDiskDamage=([0,1]), g_nicDown=([0,1]), port_conflict=([0,1])	否	否	否	否	否	否	否	否
system_call 日志	could not bind (.*?) socket: Is another instance already running on port (.*?)	否	否	否	否	否	否	否	否
CMA 日志	datanodeId=(.*?), dn_manual_stop=([0,1]), g_dnDiskDamage=([0,1]), g_nicDown=([0,1]), port_conflict=([0,1])	否	否	否	否	否	否	否	否
CMS 日志	restart (.*?), there is not report msg for　　phony dead times\(.*?:.*?\) already exceeded, will restart\((.*?)\)	否	否	否	否	否	否	否	否
CMS 日志	restart to pending	否	否	否	否	否	否	否	否
CMS 日志	(instance|instanceId:) (.*?) (is transaction |set |was set |is)read only	否	否	否	否	否	否	否	否
非日志	DN 节点 IP 是否可以 Ping 通	否	否	否	否	否	是	是	是
ffic 日志	任意内容	否	否	否	是	是	否	否	否
内核日志	walreceiver could not connect and shutting down	否	是	是	是	是	否	否	是
CMA 日志	data path disc writable test failed	是	否	是	否	是	否	是	否
对应故障结果		磁盘故障	主备 DN 间网络异常	主备 DN 间网络异常	主备 DN 间网络异常	主备 DN 间网络异常	主机宕机，重启	主机宕机，重启	主机宕机，重启

利用决策树模型和表 6-10，可快速获取故障根因，方便运维人员及时进行故障排除。

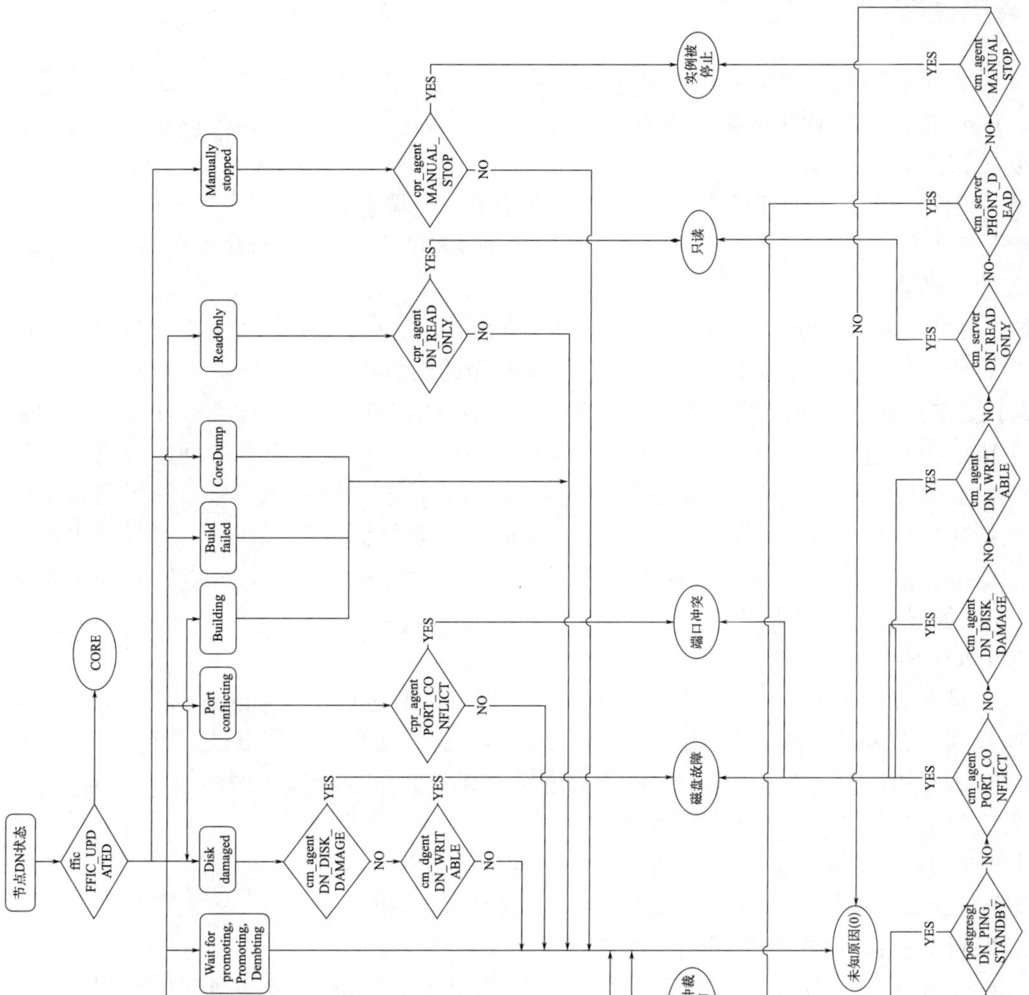

图 6-13　DN 根因和特征关系流程

6.2.8 索引推荐

数据库的索引管理是一项非常普遍且重要的事情，任何数据库的性能优化都需要考虑索引的选择。GaussDB 支持原生的索引推荐功能，通过系统函数及运行工具等形式进行单条索引推荐及负载级别索引推荐。

智能索引推荐功能可覆盖多种任务级别和使用场景，主要包含三个能力。

① 单条查询语句的索引推荐。该特性可基于查询语句的语义信息和数据库的统计信息，对用户输入的单条查询语句生成推荐的索引。

② 虚拟索引。该特性可模拟真实索引的建立，同时避免真实索引创建所需的时间和空间开销，用户可通过优化器评估虚拟索引对指定查询语句的代价影响。

③ 基于工作负载的索引推荐。该特性将包含有多条 DML 语句的工作负载作为任务的输入，最终生成一批可优化整体工作负载执行时间的索引时。该功能适用于多种使用场景，例如，当面对一批全新的业务 SQL 且当前系统中无索引时，本功能将针对该工作负载量身定制，推荐出效果最优的一批索引；当系统中已存在索引时，本功能仍可查漏补缺，对当前生产环境中运行的作业，通过获取日志来推荐可提升工作负载执行效率的索引，或者针对极个别的慢 SQL 进行单条查询语句的索引推荐。

（1）单 query 索引推荐

单条索引推荐以数据库的系统函数形式提供，用户可以通过调用 gs_index_advise()命令使用。其原理是利用在 SQL 引擎、优化器等处获取到的信息，使用启发式算法进行推荐。该功能可以用来对因索引配置不当而导致的慢 SQL 进行优化。其执行流程图如图 6-14 所示。

单条索引推荐的过程主要包括以下步骤：

① 对给定的查询语句进行词法和语法解析，得到解析树。

② 依次对解析树中的单个或多个 SelectStmt 结构进行分析。

③ 整理查询条件，分析各个子句中的谓词：

a. 解析 from 子句，提取其中的表信息，如果其中含有 join 子句，则解析并保存 join 关系。

b. 解析 where 子句，如果是谓词表达式，则通过在数据库中执行包含谓词表达式的 select 语句来计算各谓词的选择度，并将各谓词根据选择度的大小进行倒序排列，选择度越大，位置越靠前（左）。当某一列有多个谓词条件时，会根据条件中最大的选择度决定该谓词的排序位置，依据最左匹配原则添加候选索引。目前暂不支持 join on 对选择度的影响。如果是 join 关系，则解析并保存 join 关系。

c. 如果是多表查询，则将结果集最小的表作为驱动表，根据前述过程中保存的 join 关系为其他被驱动表添加候选索引。

d. 解析 group 和 order 子句，判断其中的谓词是否有效，如果有效则插入到候选索引的合适位置。注意仅当 group 或 order 子句的所有谓词来自同一张表并且是驱动表时进行处理。group 子句优于 order 子句，两者只能同时存在一个。这里采用启发式规则，对候选索引按优先级排列为：join 中的谓词＞where 等值表达式中的谓词＞group 或 order 中的谓词＞where 非等值表达式中的谓词。

④ 过滤重复索引，根据最左匹配原则合并索引，并检查该索引是否在数据库中已存在；

⑤ 输出最终的索引推荐建议。

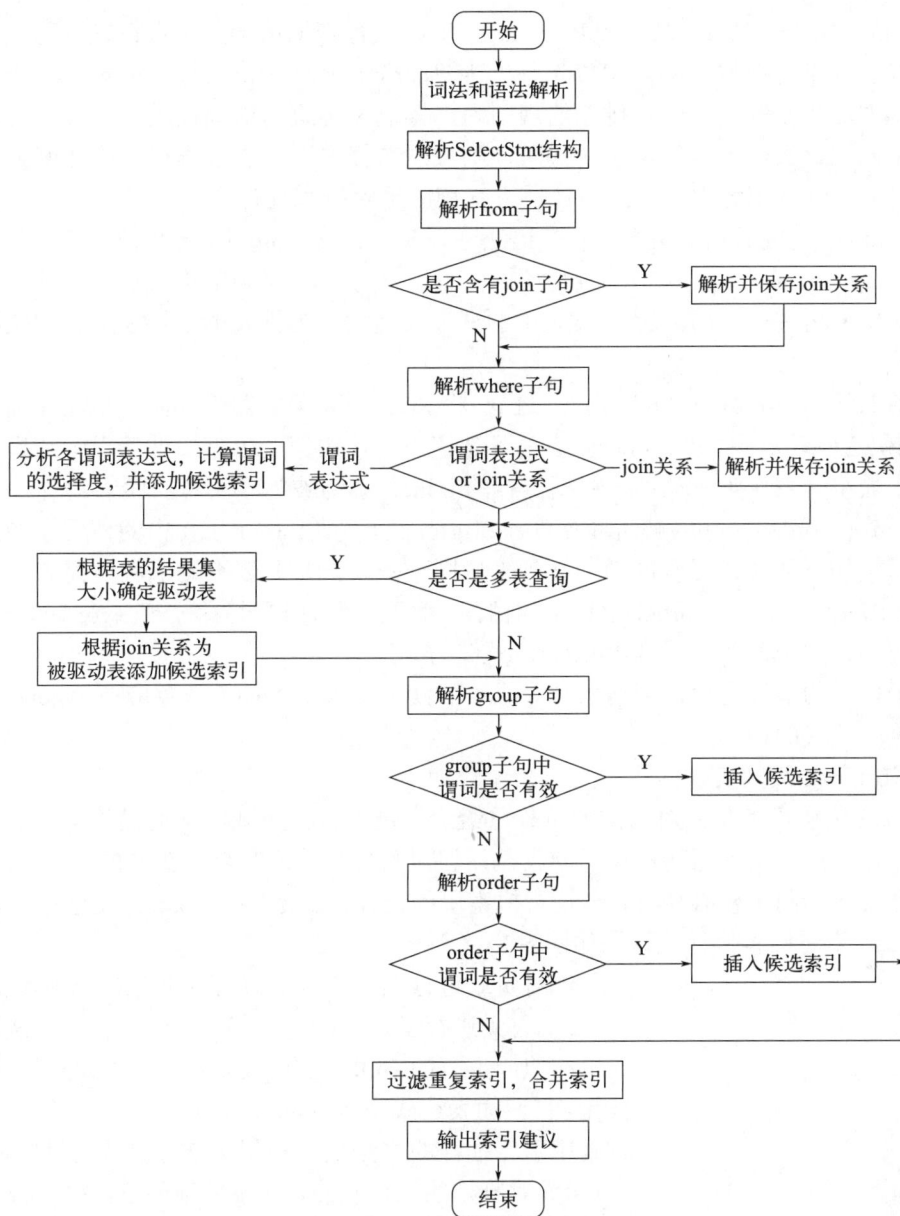

图 6-14　单 query 索引推荐流程

单 query 索引推荐的详细设计如下：

① 对 from 子句的解析和处理。从 from 子句中提取出 RangeVar 结构，保存相关的表的信息；如果 from 子句含有 join 子句，则对 join 子句进行解析和处理，提取和保存相关的表信息和关系表达式。

② 对 where 子句的解析和处理。提取出 where 子句中的谓词表达式，如果是 or 连接符，则忽略相关表达式，只处理 and 连接符相关的表达式。依次对提取出的谓词表达式进行解析和处理，当表达式中的操作符为 like 时，如果不是前缀匹配则丢弃；计算谓词的选择度，并根据选择度大小进行倒序排序，如果选择度小于设定的阈值则丢弃该谓词。

谓词选择度的计算方法：取得表的总行数 table_count，则数据的采样范围为 "rand_rows

=(table_count / 2) > 1W ? 1W : (table_count / 2)"，执行查询语句，求得在采样范围内满足该谓词表达式的结果的行数 rows，最终选择度为 "cardinality = rand_rows / rows"。

将谓词添加到候选索引中，排序的规则为，等值表达式的谓词优先于不等值表达式的谓词，当谓词同属于等值或不等值表达式时，则按照选择度大小进行排列，选择度大的谓词排在前面。区分 where 子句中的 join 条件，进行相应地解析和处理。

③ 对 join 子句的解析和处理。join 语法分为 join on 和 join using 两种，需要分情况进行处理，其中 join on 有时会存在 where 子句中。join 关系以二叉树的形式进行存储，以后序遍历的方式对二叉树进行遍历，解析 join 中的谓词表达式，为涉及的连接表保存相关的谓词和关系表达式。

经过前期的 where 解析、join 解析，已经将 SQL 中表关联关系存储起来，并确定了候选驱动表，在候选驱动表中，按照每一张表的候选索引字段中第一个字段计算表中结果集大小，选择结果集最小的表作为驱动表。根据保存的 join 关系为被驱动表添加候选索引。

④ 对 group/order 子句的解析和处理。将 group 子句与 order 子句中的谓词添加为候选索引，需要满足如下条件：涉及的谓词必须来自同一张表；是单表查询或者谓词来自驱动表；group 子句中的谓词优先于 order 子句中的谓词，且两者只能同时存在一个；order 子句中谓词的排序方向必须完全一致，否则丢弃整个 order 子句。

如果子句中的谓词有效，则插入到对应表的候选索引中，插入位置应在 where 等值表达式和非等值表达式的谓词之间。

（2）Workload 级别索引推荐

Workload 索引推荐是针对给定的负载，给出一批符合该负载状况的最优索引组合。推荐的索引不一定对所有执行语句都有正向收益，但对整批负载的收益是正向的。Workload 级别索引推荐主要包括两个核心功能，一是虚拟索引的设计，二是 Workload 级别索引推荐算法设计。Workload 索引推荐执行流程图如图 6-15：

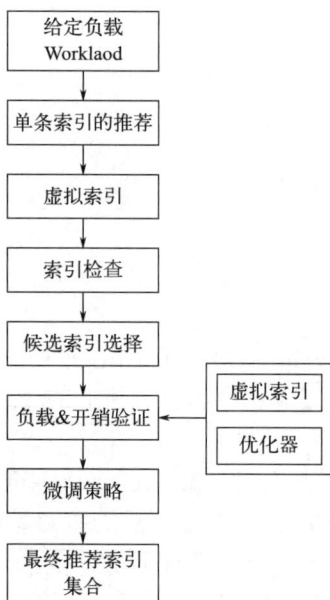

图 6-15　Workload 级别索引推荐

针对负载进行索引推荐的过程主要包括以下步骤：

① 首先进行工作负载的压缩。工作负载中通常情况存在大量相似或重复的 SQL 语句，因此首先对 SQL 语句进行模板化，将谓词表达式中具体的参数值用统一的占位符替代，同时采用水库抽样的方法采样和保留部分参数的真实值。

② 对给定的工作负载，逐条进行单条索引的推荐和生成。

③ 对单条语句的推荐索引进行索引验证，根据推荐建议生成虚拟索引；再查询优化器针对该语句的执行计划，检验该推荐索引是否被数据库采用，如果有效，则加入候选索引集合。

④ 对候选索引集合中的每个索引，计算该索引对整个负载的收益，以及对创建索引的开销进行估计。

⑤ 利用虚拟索引功能估计索引真实创建所需的空间大小，采用优化算法求解基于用户限定的索引集合中索引数目的大小或限定的索引集合的空间大小下，最大化索引集合的总收益，得到最终的推荐索引集合。

⑥ 输出最终的索引推荐建议。

其中虚拟索引的详细设计如下：

① 在数据库内部建立虚拟索引，该虚拟索引只具有真实索引的结构体中的信息，包括创建索引的表名、列名和其他数据库需要的统计信息，避免了真实索引的创建开销，该索引仅适合优化器进行估计，不能提供真正的索引扫描。

② 对单条语句执行 explain，查看优化器的执行计划，检验该推荐索引是否被数据库采用以及是否减少了执行代价。

Workload 级别索引推荐的详细设计如图 6-16 所示。说明如下：

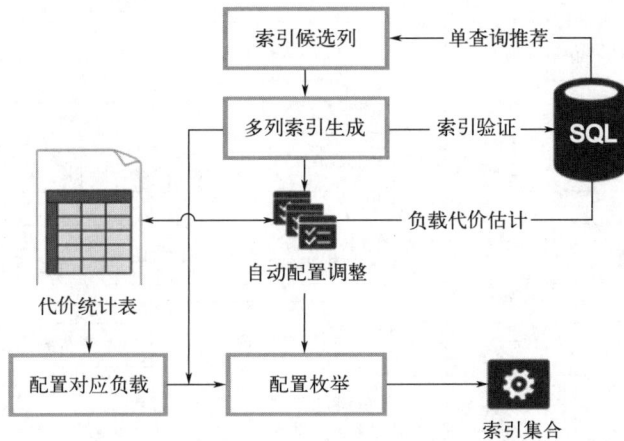

图 6-16　Workload 级别索引推荐详细设计

① 对每条 query，执行单条索引推荐，生成单条 query 的候选索引。

② 基于步骤①的候选索引中的候选列，依次从单列逐渐递增到多列，迭代地生成多列索引。在每次迭代过程中，采用虚拟索引+优化器估计的方式对该多列索引进行验证和评估；重复步骤①和步骤②，生成的多列（单列）索引共同组成候选索引集合。

③ 基于候选索引集合，选择出多个原子的索引集合。原子索引集合的定义为，如果存在一个 query 可以用到该集合的所有索引，则该集合是原子的。

④ 采用虚拟索引+优化器估计的方式获取并记录所有原子集合对工作负载的代价。

⑤ 初始化一个空的索引集合，然后迭代地从候选索引集合中逐渐增加索引，在每次迭代过程中，只添加使得该集合的总代价最小的索引。索引集合对工作负载的总代价为索引集合对工作负载中每个 SQL 语句的代价之和。任意索引集合对指定 SQL 语句的代价计算，都可根据原子索引集合对该 SQL 语句的代价计算得到。

⑥ 生成最终推荐的索引集合。

6.2.9　分布键推荐

分布键推荐功能主要针对 hash 分布策略进行推荐，为每个表推荐合适的分布，使得整体工作负载的运行效率达到最优。

分布键推荐功能的执行流程图如图 6-17 所示。

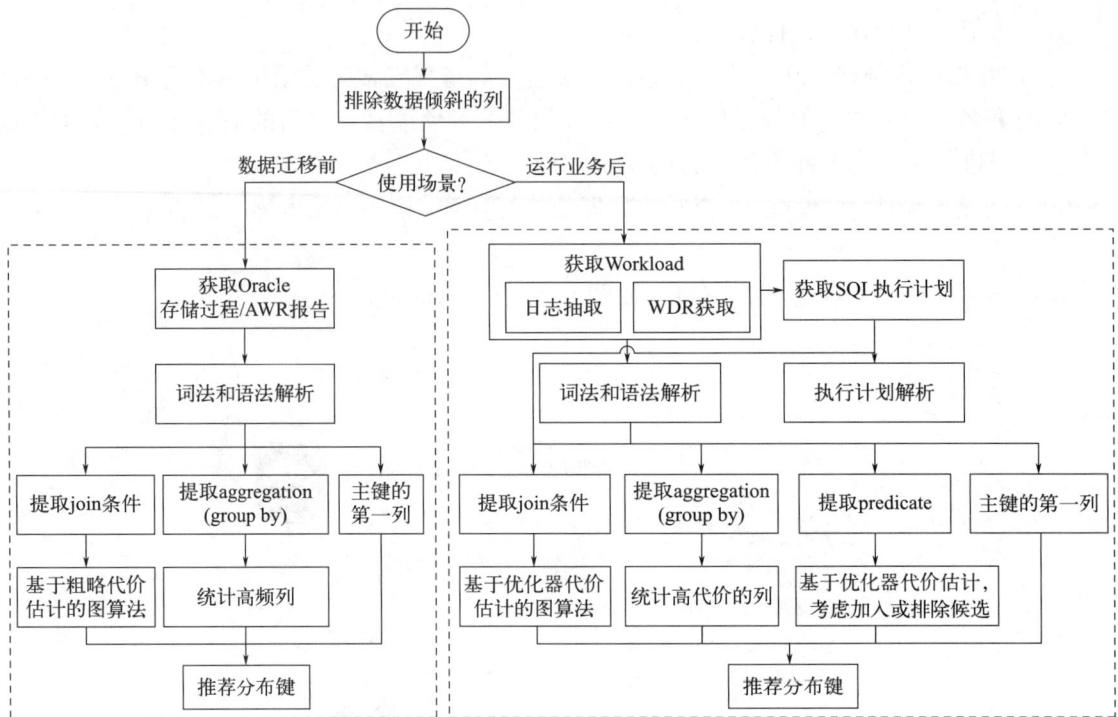

图 6-17　分布键推荐功能执行流程

分布键推荐功能根据时间节点划分，可划分为两种使用场景。第一种场景是在数据迁移前，其可支持两种数据格式：基于其他数据库中的存储过程和少量关于数据分布的统计信息，另基于其他数据库的统计报告和少量关于数据分布的统计信息进行初步的分布键推荐。该场景可以在迁移工具中进行集成，在迁移过程中，调用该工具完成业务迁移。第二种场景是在完成数据迁移并运行一段时间业务后，基于真实的工作负载和优化器的代价估计，进一步改进和完善分布键的推荐结果。

在初始阶段，为防止数据倾斜的问题，先根据表的统计信息将可能造成分布严重倾斜的列从分布键的候选集合中排除出去。具体而言，计算表中每列上不同值的个数和表的总行数的比值，只有当该比值大于设定的阈值时，将该列加入分布键推荐的候选集合。两种场景的推荐流程介绍如下。

① 场景一：数据迁移前。推荐流程如下：

a. 将其他数据库中全部的 Workload（如存储过程、SQL 语句）导出到文件中；

b. 使用 sqlparse 模块（Python 第三方库，一种 SQL 语法解析包）对存储过程语句进行词法和语法解析；

c. 提取出所有的 join 条件，采用基于粗略代价估计的图算法针对 join 关系进行分布键的推荐；

d. 提取出所有的 group 子句，统计高频的列，并加入分布键的候选推荐；

e. 选择主键的第一列，加入分布键的候选推荐。

步骤 c 到 e 中，作为分布键的候选列的优先级依次降低，对每个表返回优先级最高的列作为最终的推荐结果。

② 场景二：运行业务后。推荐流程如下：

a. 采用场景一推荐的分布键或者默认的分布键设置，完成从 Oracle 到 GaussDB 的数据迁移；

b. 获取工作负载，有 2 种方式获取，一是从日志中自动解析和抽取，二是从数据库的 WDR 功能提供的视图中获取；

c. 连接数据库获取 SQL 语句的执行计划；

d. 使用 sqlparse 对 SQL 语句进行词法和语法解析；

e. 提取出所有的 join 条件，采用基于优化器代价估计的图算法针对 join 关系进行分布键的推荐；

f. 提取出所有的 group 子句，基于优化器的执行计划，计算和统计其中高代价的列，并加入分布键的候选推荐；

g. 提取出所有的谓词表达式（predicate），当该 predicate 的结果集大于设定的阈值时，考虑将数据打散到各个节点，因此 predicate 中的列不考虑加入分布键的候选推荐；反之，当该 predicate 的结果集小于设定的阈值时，将 predicate 中的列加入分布键的候选推荐；

h. 选择主键的第一列，加入分布键的候选推荐。

步骤 e 到 h 中，作为分布键的候选列的优先级依次降低，对每个表返回优先级最高的列作为最终的推荐结果。

分布键推荐功能的核心算法是基于粗略/优化器代价估计的图算法，主要包括下面内容：

① 根据提取的 join 关系建图，图中的顶点代表数据库中的表，图中的边代表两个表之间的连接关系，每个边包含两个属性，每个边的权重为 join 关系的代价。例如，当提取的 join 关系为 $\{t1.c2 = t2.c2, \quad t1.cl = t3.cl\}$（t1、t2 和 t3 为表，c1、c2 和 c3 为对应关系中的列名）时，join 关系图如图 6-18 所示。

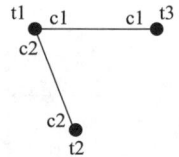

图 6-18　join 关系图

② 根据代价计算方式的不同，代价估计方式可分为基于粗略代价估计的图算法和基于优化器代价估计的图算法两种。

粗略的代价估计方式：如果存在两个表 t1 和 t2，其大小分别为 b1 和 b2，N_{NODES} 为节点的总数量，则对两表 join 的代价 W 可采用下式进行估计，即为当 join 关系采用重分布或广播时产生的代价中的最小值：

$$W = \min\left[b_1 + b_2, \min(b_1, b_2) \times N_{\text{NODES}} \right]$$

基于优化器的代价估计方式：在一些 SQL 中，在执行 join 前可能会对其中的表进行过滤和筛选，并不是对全表进行关联，因此使用优化器对 join 关系的估计代价更为精确。

③ 采用贪心策略的图算法。建完图后，分布键的推荐问题转化为在该图上求解优化问题。在 join 关系图中，每个顶点最多选择一个属性作为分布键，在满足限制条件下，尽可能多地选择边，使得选中的所有边的权重和最大。为了求解上述优化问题，采用基于贪心策略的图算法进行求解。

算法一：首先初始化两个空的候选集合 R_1 和 R_2，在每次迭代过程中随机选择图中一个度至少为 1 的顶点 u，然后从所有与 u 相连的边中选出权重最大的边，并将此边的另一个顶点加入候选集合 R_1，以及去除所有不再合法的边。对候选集合 R_2 重复以上过程。依次在候选集合 R_1 和 R_2 中增加顶点，最终选取两者中权重和最大的集合作为最终的推荐结果。

算法二：将图中所有的边按照权重从高到低进行排序，然后从最高权重的边依次进行处理，如果当前边是合法的，则加入结果集。每次向结果集中加入一个顶点后，一部分以该顶点为端点并且连接属性不一致的边将会失效，成为不合法的状态。返回结果集作为推荐结果。

6.2.10　参数调优

GaussDB 提供超过 500 多个可配置参数，根据业务应用不同及服务器硬件配置不同，可以调整不同的参数来满足客户的需求。由于可配置操作众多，运维人员很难在较短时间内确定好合适的参数及其配置，通过 AI 技术可以较好解决该问题，帮助客户在上线前快速完成参数调优。

参数调优的流程图如图 6-19 所示。

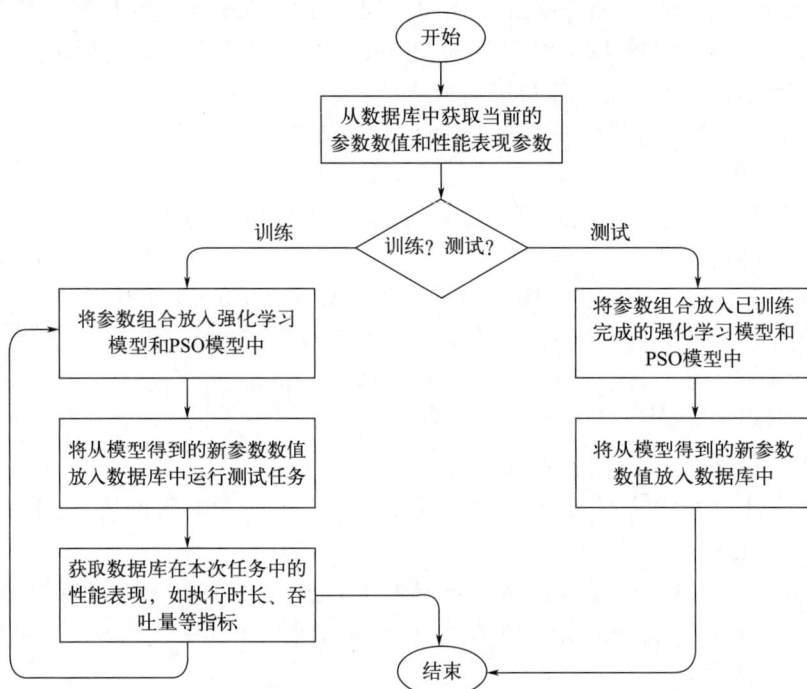

图 6-19　参数调优流程

在整个调参过程中，参数调优服务是一个离线型组件，是整个调优系统的核心组件。该组件分为两个功能。当模型处于训练阶段时，根据输入的数据库参数数值通过强化学习和启发式算法得到新的参数数值组合，模型将新的数值植入数据库并运行测试作业，得到当前数值组合下数据库的性能表现，最后将表现反馈给学习模型，往复迭代；当模型处于测试阶段时，将当前数据库的参数数值作为输入，通过模型得到当前情况下所能得到的最优参数调整方案。

① 启动调参流程的前提条件是用户已导入数据，准备好自己的典型业务 SQL 作为调参输入。

② 训练阶段：

输入：组件外部将数据库参数数值作为输入参数，其中包括数据库当前参数数值以及数据库当前性能参数数值。

模型：组件由两部分模型组成，即强化学习和启发式算法。数据库的参数调整建议由两个组成部分的输出结果混合得到。

反馈：将模型的输出经过反归一化得到新的参数数值，将新的数值植入数据库并运行测试作业得到当前数值组合下数据库的性能表现，如执行时长、吞吐量等指标。最后将表现反馈给学习模型，往复迭代。

③ 测试阶段：

输入：将当前数据库的参数数值作为输入，其中包括数据库当前参数数值以及数据库当前性能参数数值。

输出：得到基于当前状况下的适用于与测试作业相同作业的最优参数数值组合。

参数调优的系统详细设计：

① 在 Tuner 中通过强化学习和启发式算法对数据库的参数进行优化。客户端通过 SSH 链接到服务器端，并通过 shell 命令对数据库参数进行更新。

② 在强化学习中，根据马尔可夫决策过程，使用四元组对决策过程进行描述：

$$M = \langle State, Action, P, Reward \rangle$$

式中　　$State$——表示当前的状态，在 Tuner 中具体体现为数据库的当前关键参数数值和相对应的性能指标参数数值。为提高泛化性，各数值需要进行归一化处理，保证数值的取值范围为[0,1]。

　　　$Action$——表示采取的动作，在 Tuner 中体现为各个参数的相对变化，取值范围为[-1,1]。

　　　　　P——表示采取的动作策略，以采用概率的形式存在。

　$Reward$——表示动作奖励，在 Tuner 中体现为将数据库参数设置为新数值后，执行特定作业所耗费的时间等参数。

③ 通过学习转移方程，优化参数取值。

④ 在强化学习之外，模型还采用了粒子群优化算法用于组合参数的优化。通过群体智能算法对 NP 问题求取最优解。

⑤ 最终将两个算法得到的参数结果进行处理混合，得到最后的参数数值。

6.3　库内 AI 引擎

当前业界商业数据库越来越多地将机器学习算法与数据库结合，共同为用户提供简易快捷的科学计算服务。在数据库中，利用机器学习模型，为库内存储的数据提供无须数据搬迁、安全可信、实时高效、可解释的分析能力，已成为各商业数据库的必备能力。

业界主流数据库厂商宣传支持数据库上可以实现 AI 算法调用，其在使用形式和实现上不同。主要流派有两类：①通过 SQL UDF 方式，让调用者直接调用函数来实现 AI 算法训练和推理；②通过扩展 SQL 语句结合 Python 语言方式，实现机器学习算法的训练和推理。其中 MADlib 通过 Python UDF 对外提供接口，其 SQL 语句结构简单，但是 UDF 的参数过多，且不同算法差异可能会比较大，必须通过查询使用手册才能保证使用正确；同时 Python 语言执行较慢，无法满足用户对实时分析的诉求。而 SQLFlow 基于扩展 SQL 语句结合 Python 语法方式实现，该组件作为连接数据库与机器学习训练平台之间的桥梁，将需要训练的数据从库中抽取转发给机器学习平台进行训练和推理，将结果返回给用户。这种方法实现快捷，不依赖数据库本身能力，但数据传输涉及数据安全问题，且端到端时间长，在执行效率和安全上均没有优势。

GaussDB 提出一种高效库内训练和推理的方案，即数据库内置机器学习算子，利用数据库资源管理及并发扩展能力，以及结合新硬件相关技术，实现全流程机器学习能力。

6.3.1　机器学习算法的训练和推理

在 GaussDB 内完成机器学习算法的训练和推理的设计流程图如图 6-20 所示。

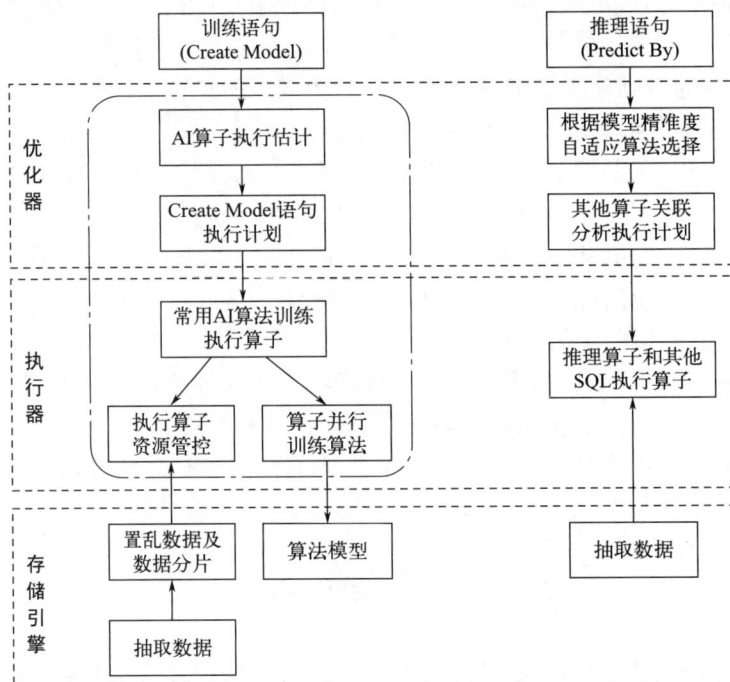

图 6-20　GaussDB 机器学习算法训练和推理设计流程

① 使用 Create Model 语法实现数据库内 AI 训练和模型存储：

a. 通过数据库并行训练算法，实现库内训练加速；

b. 通过执行代价估计及资源管控，实现迭代轮次和模型参数最优化；

c. 提供可视化执行计划，实现 AI 可查、可解释性。

举例：Create Model price_model using logistic_regression Features size, lot Target price ＜ 1000 from Houses。

② 使用 Predict By 语法实现数据库内 AI 模型推理：

a. 基于数据集和查询特征进行模型归类；

b. 优化器通过同类模型的精准度自适应选择算法，实现最优化模型推理；

c. AI 推理算子结合其他执行算子，实现关联分析。

举例：Select address、Predict By price_model(Features size, lot)，size from houses。

6.3.1.1　SGD 算子的训练和推理设计

（1）训练接口

SGD（Stochastic Gradient descent，随机梯度下降）执行算子使用梯度下降技术训练 ML（Machine Learning，机器学习）模型。梯度下降技术是一种一阶迭代优化算法，用于寻找重复步骤中可微函数的局部极值。从未知的模型系数（或权重）开始，在每个步骤（或迭代或周期）扫描一次数据以计算新的梯度，然后再次扫描数据以更新的权重计算损失函数。当已执行了最大迭代次数或当迭代之间的损失函数增量小于某个阈值或容差值时，迭代过程结束。

SGD 的代表随机梯度下降，数据可以在每次迭代中进行洗牌，但是在我们的实现中，洗牌被委托给另一个新的洗牌执行算子。此外，纯 SGD 算法计算梯度并更新每个元组的权重，但我们的 SGD 实现是基于批次或数据块的，并且批次的大小被定义为超参数。因此，当批次足够大、足以容纳输入数据集的所有元组时，SGD 就成为批量梯度下降求解器，而它只能容纳数据的一个分区，那么它就是一个迷你批量梯度下降求解器（仍然随机）。

目前 SGD 算子可以批量训练三种不同的学习算法：Binary logistic regression（二分逻辑回归）、Binary SVM linear classifier (Support Vector Machine)[二分 SVM 线性分类（支持向量机）]、Linear regression of continuous targets（连续目标的线性回归）。

以批处理的方式管理传入的元组具有以下优点：行和列可以存储在内存对齐的矩阵中，并且 SGD 算法可以使用线性代数运算实现，将数据跨操作地保存在 CPU 缓存中、在专用处理器中向量化执行、易于维护等。其包含内联线性代数运算的基本库（例如基于循环的矩阵乘法、减法、变换等），没有使用任何第三方库。

针对 4 字节浮点数优化矩阵，建议在训练模型前对输入数据进行归一化或标准化，否则可能出现溢出。Matrix 结构包括：

```
typedef struct Matrix {
    size_t  rows;
    size_t  columns;
    bool    transposed;
    size_t  allocated;
    float*  data; // consecutive rows, each as a sequence of values (one
for each column)
    float   cache[MATRIX_CACHE]; // default is 64 entries
} Matrix;
```

小矩阵直接分配到堆中，而大矩阵则分配到当前的 MemoryContext（内存上下文）中。请注意，许多操作都是使用向量执行的，向量取决于特征的数量。因此，多达 64 个特征的训练不需要为 SGD 计算密集使用的梯度或权重分配动态内存。在 Matrix 上实现的一些线性代数运算有：

① 构造函数：二维矩阵、一维向量、克隆和虚拟转置。

② 修饰符：用零填充，调整大小。

③ 矩阵之间的运算：矩阵乘法、入口乘法（Hadamard 积）、加法、减法、变换、点积、相关性。

④ 标量系数运算：乘除。

⑤ 修改所有系数的操作：平方、平方根、sigmoid()、log()、log1p()、取反、补、正、二

值化。

⑥ 聚集：求和。

请注意，SGD 仅训练模型，并且将输入数据的任何其他预处理，如抽样、洗牌、规范化、过滤、标记等，委托给其他 Executor 操作符进入查询外部子计划。

SGD 节点结构：

```
typedef struct SGD {
    Plan        plan;
    AlgorithmML algorithm;
    int         targetcol;        // 0-index into the current projection
    int         max_seconds;      // maximum execution time
    // hyperparameters
    int         max_iterations;   // maximum number of iterations
    int         batch_size;
    double      learning_rate;
    double      decay;            // (0:1], learning rate decay
    double      tolerance;        // [0:1], 0 means to run all iterations
    // for SVM
    double      lambda;           // regularization strength
} SGD;
```

SGD 假定输入元组中的所有列都是除 targetcol 外的特征，targetcol 是学习过程要预测的目标列或标签列。对于二进制算法（例如逻辑回归或 SVM 分类器），目标列只能包含任意标量类型的两个不同值，而对于线性回归，它必须始终是一个数值，目标值为 NULL 的元组将被自动丢弃。特征可以是任何数值（整数或浮点数）、二进制值（转换为 0 或 1）或位串（固定或可变长度），其中每个位被视为 0 或 1 值。算法中还存在几个共同的超参数，如最大迭代次数、迭代损失函数增量容限、学习速率、学习速率衰减或批处理大小等。算法可以有自己的超参数，例如 SVM 分类器的 lambda （正则化参数）。SGD 节点应该包含所有字段的值，调用者有责任在需要时使用默认值。

SGD 执行器操作符启动后，它将创建一个 SGDState 的实例，结构如下：

```
typedef struct SGDState {
    ScanState              ss;    /* its first field is NodeTag */

    // tuple description
    TupleDesc              tupdesc;
    int                    n_features; // number of features
    // dependant var binary values
    int                    num_classes;
    Datum                  binary_classes[2];
    // training state
    bool                   done;  // when finished
    Matrix                 weights;
    double                 learning_rate;
```

```
   int                  n_iterations;
   int                  usecs;           // execution time
   int                  processed;  // tuples
   int                  discarded;
   float                loss;
   Scores               scores;
} SGDState;
```

该结构体包含训练模型的当前状态[如权重（训练模型的系数）、当前学习速率（初始学习速率乘以迭代次数）、最新损失函数和得分]，以及二进制类的值等。

但是梯度和损耗函数的计算以及目标值的预测通过一个名为 SGDAlgorithm 的抽象接口委派给专门的方法，其结构如下：

```
typedef void (*f_sgd_gradients)(const SGD* sgd_node, const Matrix*
features, const Matrix* dep_var, Matrix* weights, Matrix* gradients);
   typedef double (*f_sgd_test)(const SGD* sgd_node, const Matrix* features,
const Matrix* dep_var, const Matrix* weights, Scores* scores);
   typedef void (*f_sgd_predict)(const SGD* sgd_node, const Matrix* features,
const Matrix* weights, Matrix* predictions);
   typedef struct SGDAlgorithm {
      const char*          name;
      int                  flags;
      int                  metrics;
      // values for binary algorithms, .g. (0,1) for logistic regression or
(-1,1) for svm classifier
      float                min_class;
      float                max_class;
      // callbacks for hooks
      f_sgd_gradients      gradients_callback;  // update gradients
      f_sgd_test           test_callback;          // compute loss function
      f_sgd_predict        predict_callback;// predict targets
} SGDAlgorithm;
```

每种算法（目前有三种）都有上述结构的实例，对于新的 SGD 算法只需要提供三个回调的新实现。训练好的模型将作为单个元组返回，可以通过执行器节点的目标列表（投影）指定每个输出列必须返回哪些信息。包括：

① 迭代次数。

② 总体执行时间。

③ 设计处理的元组数量。

④ 删除的元组数量（含有 NULL）。

⑤ 权重：浮点数数组。

⑥ 类别：二进制算法的不重复值数组。

⑦ 得分：损失，准确率，精确率，召回率，F1 分数，MSE（Mean Squared Error，均方误差）。

（2）推理接口

SGD 推理过程比较简单，抽取权重和分类以及每条 tuple，计算推理数值并将其返回。

SGD 推理过程伪代码如下：

```
sgd_predict:
Extract weights and classes
Extract tuple
Compute prediction (through predict callback of the algorithm)
If algorithm is not linear regression then
Extract classes
Convert prediction to one known class
    End if
Return result
```

对于 SGD 中的不同算法，需要进行的计算如下（其中 x 是输入特征，w 是当前权重）：

① 逻辑回归：$1+e^{-xw}$。

② SVM 线性分类器：$x \times w$，然后二值化到(-1,1)。

③ 线性回归：$x \times w$。

6.3.1.2　k-means 算子的训练和推理设计

（1）训练过程

k-means 算子来自 k-means 算法。这种算法是迭代的，在实践中可快速收敛到局部最小值。

该算法的输入是 $\mathbb{R}^n$ 中的点集合 P，输出是包含 k 个点的集合 C（称为中心），其最小化以下全局函数：

$$\sum_{p \in P} d(p, C) = \sum_{p \in P} \min_{i=1,\dots,k} d(p, c_i)$$

其中，$d(\cdot, \cdot)$ 是为上述计算选择的距离函数。虽然最自然的距离函数是欧几里得距离（L_2 范数），但实际上使用较多的是欧几里得距离的平方 $\|p - c_i\|$。另一种选择是 L_1 或 L_∞ 范数。

在每次迭代中，算法在当前中心集合上迭代，直到没有进一步迭代（局部最小值）空间。对于 $\mathbb{R}^n$ 中的一组点 Y，其中心 $c(Y)$ 定义为：

$$c(Y) = \frac{1}{|Y|} \sum_{y \in Y} y$$

中心由以下结构表示：

```
typedef struct Centroid {
    IncrementalStatistics statistics;
    ArrayType* coordinates = nullptr;
    uint32_t id = 0U;
} Centroid;
```

其中 Incremental Statistics 字段统计信息持续运行（增量）点集的描述性统计信息，包括点集中点的数量、点集中的点到中心的平均距离、点集中的点到中心距离的标准差、点集中的点到中心距离的最大值和最小值。

各个点集的坐标中包含中心的坐标，以 PG 矩阵的形式保存，这也是我们返回信息的格式。结构体中的 id 是各个点集的识别号。

k-means 算子具有以下 k-means 结构：

```
struct KMeans{
    Plan plan;
    AlgorithmML algorithm;
    KMeansDescriptor description;
    KMeansHyperParameters parameters;
};
```

k-means 结构最重要的字段是 k-means 描述符（KMeansDescriptor 类型）和 k-means 参数（KMeansHyperParameters 类型）。k-means 描述符结构如下：

```
struct KMeansDescriptor{
    char const* name = nullptr;
    SeedingFunction seeding = KMEANS_RANDOM_SEED;
    DistanceFunction distance = KMEANS_L2_SQUARED;
    uint32_t n_features = 0U;
    uint32_t batch_size = 0U;
    uint32_t verbose = 0U;
}
```

字段 name 存储模型的名称，seeding 用于查找一组初始的中心，distance 是用于计算的距离函数，n_features 是数据点的维度，batch_size 控制一次用于计算的数据点（元组）的数量，verbose 控制训练的运行信息是否输出到客户端。

k-means 参数结构如下：

```
struct KMeansHyperParameter{
    uint32_t num_centroids = 0U;
    uint32_t num_iterations = 0U;
    double tolerance = 0.000001;
};
```

k-means 算子的超参数与中心数（如果 k 未知）、要执行的迭代次数以及提前退出训练条件的容差有关。容差是指两个连续迭代之间目标函数变化的百分比。每当这个变化降到容差阈值以下时，就没有必要继续迭代。

k-means 节点启动后，在执行迭代时，其运行状态存储在 KMeansStateDescription 结构体中：

```
typedef struct KMeansStateDescription{
    Centroid* centroids[2] = {nullptr};
    ArrayType* bbox_min = nullptr;
    ArrayType* bbox_max = nullptr;
    double (*distance)(double const*, double const*, uint32_t const dimension)
= nullptr;
    IncrementalStatistics solution_statistics[2];
    uint64_t num_good_points = 0UL;
    uint64_t num_dead_points = 0UL;
```

```
        uint32_t current_iteration = 0U;
        uint32_t current_centroid = 0U;
        uint32_t dimension = 0U;
        uint32_t num_centroids = 0U;
        bool verbose = false;
} KMeansStateDescription
```

centroids 包含两组数据，一组包含当前迭代的中心，另一组用于计算下一个迭代的（其他）中心集。字段 bbox_min 和 bbox_max 包含数据点边界框的坐标，所有数据点和中心都包含在此框中。distance 在运行时使用声明模型时给定的参数。solution_statistics 里面是两组描述统计信息的数组，一组用于当前迭代的中心，另一组用于下一个迭代的中心。此数组与centroids 一对一。字段 num_good_points 和 num_dead_points 分别包含用于计算的点数和未用于计算的点数（忽略）。目前死点（dead point）的定义是：一个一维数组中没有坐标的点，以及没有定义（NULL）坐标（非全维）的点，在清洗输入后，所有的点应该是有效点。

（2）推理接口

推理流程与 SGD 类似。但是在这种情况下，算法将以训练中计算的中心为模型，并找到距离给定点最近的中心。

6.3.1.3　PCA 算子的训练和推理设计

（1）训练

PCA 算法以梯度下降（Gradient Descent，GD）作为优化方法。梯度下降技术是一种一阶迭代优化算法，用于寻找重复步骤中可微函数的局部极值。从未知的模型系数（或权重）开始，在每个步骤（迭代或周期）扫描一次数据以计算新的梯度，然后再次扫描数据以更新权重计算损失函数。当已执行了最大迭代次数或当迭代之间的损失函数增量小于某个阈值或容差值时，迭代过程结束。

主成分分析（Principal Components Analysis，PCA）是一种统计分析、简化数据集的方法。它利用正交变换来对一系列可能相关的变量的观测值进行线性变换，从而投影成一系列线性不相关变量的值，这些不相关变量称为主成分（Principal Components）。具体地说，主成分分析可以看做一个线性方程，其包含一系列线性系数来指示投影方向。PCA 对原始数据的正则化处理或预处理敏感（相对缩放）。

PCA 是最简单的以特征量分析多元统计分布的方法。通常，这种运算被看作可以揭露数据的内部结构，从而更好地展现数据的变异度。如果一个多元数据集是用高维数据空间坐标系来表示的，那么 PCA 能提供一幅较低维度的图像，相当于数据集在信息量最多的角度上的一个投影。这样就可以利用少量的主成分让数据的维度降低了。

在算子 trainModel 下，PCA 提供了算法运算的接口如下：

```
GradientDescent gd_pca = {
    {
        PCA,
        "pca",
        ALGORITHM_ML_UNSUPERVISED | ALGORITHM_ML_RESCANS_DATA,
        gd_metrics_loss,
        gd_get_hyperparameters_PCA,
```

```
                gd_make_hyperparameters_PCA,
                gd_update_hyperparameters,
                gd_create,
                gd_run,
                gd_end,
                gd_predict_prepare,
                gd_predict,
                PCA_explain
        },
        false,
        FLOAT8ARRAYOID, // default return type
        0., // default feature
        0.,
        0.,
        nullptr,
        gd_init_optimizer_PCA,
        nullptr,
        nullptr,
        nullptr,
        PCA_gradients,
        PCA_test,
        PCA_predict,
        nullptr,
};
```

以上的结构体中注册了 PCA 算法的超参初始化、超参数值设置、超参数值更新、模型解释、模型推测、算法状态初始化、算法状态计算更新以及算法资源释放等模块函数。

训练好的模型将作为单个元组返回。新的表达式节点指示每个输出列必须返回哪些信息，包括：

① 迭代次数。

② 总体执行时间。

③ 设计处理的元组数量。

④ 删除的元组数量（含有 NULL）。

⑤ 权重：浮点数数组。

⑥ 类别：二进制算法的不重复值数组。

（2）推断

PCA 的推断过程伪代码如下：

```
PCA_predict:
Extract weights and classes
Extract tuple
Compute prediction (through predict callback of the algorithm)
```

```
    If algorithm is classification then:
    Extract classes
    Convert prediction to one known class
        End if
    Return result
```

当前算法执行以下计算（其中 x 是输入特征，m 是当前维度值）：

求取样本的协方差矩阵 $M = x^T \times x \times \dfrac{1}{m}$

6.3.1.4　XGBoost 算子的训练和推理设计

XGBoost 中引入了第三方开源库 xgboost。xgboost 中引入了 4 个方法，分别是：

xgboost_regression_logistic

xgboost_binary_logistic

xgboost_regression_squarederror

xgboost_regression_gamma

其中 xgboost_binary_logistic 应用于分类任务，其他 3 种应用于回归任务。

（1）训练

训练流程与 PCA 类似。不同点在于 xgboost 下的 4 种算法属于监督学习，在计算过程中返回的模型 tuple 信息包括：

① 迭代次数。

② 总体执行时间。

③ 设计处理的元组数量。

④ 删除的元组数量（含有 NULL）。

⑤ 权重：浮点数数组。

⑥ 类别：二进制算法的不重复值数组。

⑦ 得分：xgboost_binary_logistic：MSE。

xgboost_regression_logistic、xgboost_regression_squarederror、xgboost_regression_gamma：recall（召回率）、F1 得分、precision（精确率）、accuracy（准确率）、loss（损失）。

（2）推断

推断流程与 PCA 类似，参考上节内容。

6.3.2　模型管理

机器学习算法进行训练后生成的模型需要进行存储，以便后续推理时使用。训练过程的时序图如图 6-21 所示。

训练过程的最后一步是调用 store_model 接口，在系统表 gs_model_warehouse 中插入一条记录，用于存储该训练算法及超参信息，以便开发者和调用者观测模型训练的结果，方便定位和调优。

系统表 gs_model_warehouse 结构如表 6-11 所示。

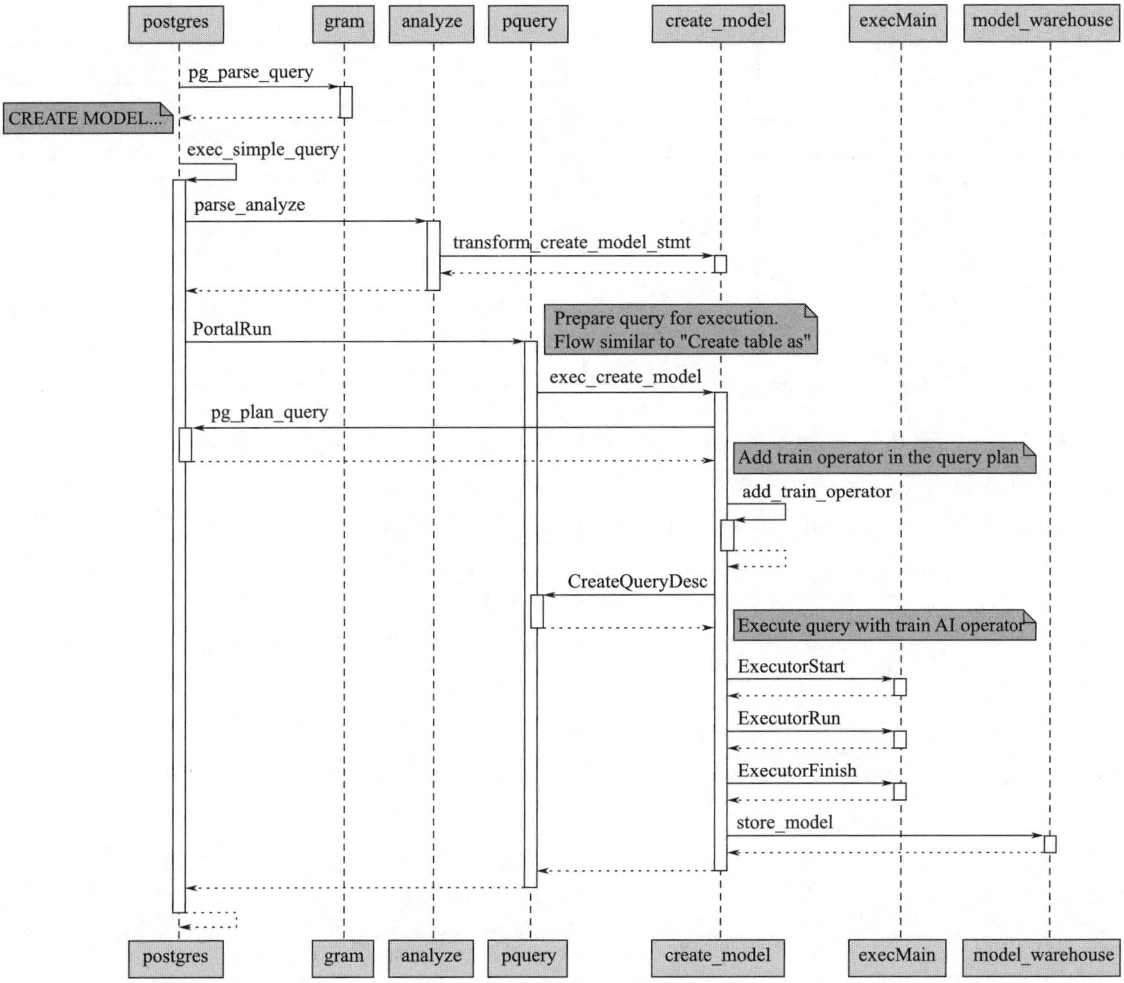

图 6-21　训练过程的时序图

表 6-11　系统表 gs_model_warehouse 结构

Name	Type	Describe
oid	oid	Hide Columns（隐藏列）
modelname	text	Unique key（唯一主键）
modelowner	oid	Function owner（函数属主）
createTime	timestamp	Model storage time（模型存储时间）
processedtuples	int	Number of tuples involved in training（训练用数据行数）
discardedtuples	int	Number of unqualified tuples that do not participate in training（不满足训练要求的数据行数）
exectimemsecs	real	Execute times（执行次数）
iterations	int	Number of training iterations（训练迭代次数）
outputtype	oid	store the return type of the model（存储模型返回类型）
modeltype	text	AI Operator Type（AI 算子类型）
query	text	SQL statements for training models（训练模型的 SQL 命令）
modeldata	bytea	store binary model（二进制存储模型）
weight	Real[]	Just in SGD algorithm（仅存在于 SGD 算法中）

Name	Type	Describe
hyperparametersnames	text[]	Hyper parameters names（超参名）
hyperparametersvalues	text[]	Hyper parameters values（超参值）
hyperparametersoids	oid[]	Hyper parameters oids（超参 oids）
coefnames	text[]	model parameters names（模型参数名）
coefvalues	text[]	model parameters values（模型参数值）
coefoids	oid[]	model parameters oids（模型参数 oids）
trainingscoresname	text[]	Training scores names（训练评分名）
trainingscoresvalue	real[]	Training scores values（训练评分值）

系统表 gs_model_warehouse 属于本地系统表。表中模型内容同数据库可见。系统表保存 AI 算法训练的模型数据，使用特有的关键字进行添加和删除 tuple。

同时，提供 gs_explain_model("model name")接口用于将序列化的模型以文本的形式解析后打印。调用流程类似于推断任务，同样需要先将模型从磁盘系统表的 tuple 信息加载到内存。加载完成后，不同于推断任务需要将模型信息结构化，该函数只需要将数据进行反序列化并将反序列化得到的文本按照相对应的格式打印。用户可以调用 DROP Model 接口将已有的模型信息删除。如下为各个接口的示例：

① 解释已知模型过程 gs_explain_model()函数：

```
gs_explain_model("model_name");
```

使用示例：

```
openGauss=# select * from gs_explain_model("ccpp_linear_regression");
                              DB4AI MODEL

--------------------------------------------------------------------------
--------------------------------------------------------------

  Name: ccpp_linear_regression
  Algorithm: linear_regression
  Query: CREATE MODEL  ccpp_linear_regression USING linear_regression
FEATURES temperature, amb_pressure, relat_humidity, vacuum
  TARGET energy FROM ccpp_train WITH batch_size=5000, learning_rate = 0.99,
max_iterations = 1000, optimizer = ngd;
  Return type: Float64
  Pre-processing time: 0.000000
  Execution time: 0.354381
  Processed tuples: 45000
  Discarded tuples: 0
  batch_size: 5000
  decay: 0.9500000000
  learning_rate: 0.9900000000
  max_iterations: 1000
  max_seconds: 0
```

```
optimizer: ngd
tolerance: 0.0005000000
seed: 1636701681
verbose: false
mse: 0.1899612248
weights:
{-.136032742989638,-.141735706424833,.246093752341723,.254346408760991,.297029
542562907}
(20 rows)
```

② 删除已存在模型过程。语法：

```
DROP MODEL model_name
openGauss=# DROP MODEL ccpp_linear_regression;
DROP MODEL
```

6.3.3 数据集管理

（1）机器学习中数据的生命周期

利用版本化数据集和快照功能对数据集进行版本化管理，有助于使用者执行与机器学习有关的重复性任务。快照是 AI 模型对数据版本关系和来源跟踪需求的一种解决方案。也就是说，快照使得使用者不仅可以在模型训练中共享和协作，而且可以在用于训练各自模型的特定数据集上共享和协作。通过 snapshots，可以轻松地将某个 AI 模型映射到其训练数据中，并跟踪训练数据随时间的变化。快照非常适合 ML 任务中试错的操作模式，通常在不限于 AI 工作负载的条件下，为数据来源和版本追溯提供支持。如图 6-22 展示了机器学习的生命周期。一旦使用团队根据需求规划了数据，就需要共享这些数据，并根据组织需要对其进行修改。快照消除了用户精心策划的数据管理和数据集快照管理的负担。此外，快照使组织中的不同团队能够轻松地使用来自特定状态的训练数据重新训练机器学习模型，并完全控制来源跟踪。通过这种方式，可以无缝地共享团队中的数据，并且可以很容易地识别数据所有权。

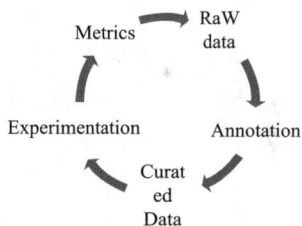

图 6-22　机器学习生命周期

快照在数据库架构之上提供了一个新的功能。实现的主要目标包括：

① 在现有数据上创建快照，这相当于创建初始快照；

② 支持快照高效存储；

③ 全面支持快照 SQL 查询；

④ 快照生命周期的管理与记录。

（2）snapshot 状态转化

为了创建快照，必须有一个可操作的原始数据存储作为快照数据的源。由于用户执行逻辑有可能改变数据内容，为了可重现地进行机器学习模型训练，用户需要基于某个时刻的数据进行训练，这时需要将该时刻的数据通过快照进行保存。快照状态转换操作图如图 6-23 所示。

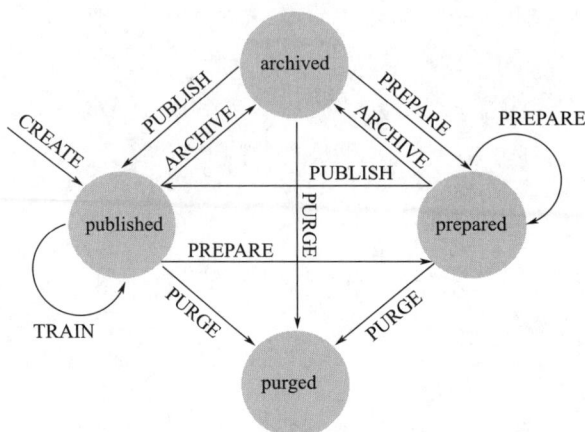

图 6-23　快照状态转换操作

用户创建 snapshot 前需要清楚哪些数据用于机器学习训练。通过创建 snapshot 的语法，对选定的数据进行快照，快照信息基于给定的版本规则保存。由于快照不能更改，因此在数据聚合之前需要准备好所有快照。在准备快照完成后进行快照发布，只有发布的快照才可以用于模型训练。同时提供快照归档和快照清除操作，以便用户及时将无用快照信息进行处理。

（3）关键设计

快照管理模块是针对 GaussDB 平台开发的。它利用了该特定平台中可用的几个关键功能，为快照数据提供节省空间和时间的查询功能。该模块利用 GaussDB 平台下列能力来支撑高效快照管理：

① PL/pgSQL 解释器+优化器

② 可更新视图（基于重写规则模块）

③ 带压缩的列存储

快照管理模块可以看作是对现有主机系统的经典扩展模块。表 6-12 总结了该模块的关键属性和属性特点。

表 6-12　关键属性和属性特点

关键属性	属性特点
Pure PL/pgSQL extension module	通过 extension 接口，可根据用户需要为 openGauss 实例新增快照管理能力
Highly portable PL/pgSQL code	模块支持系统中所有可用的 openGauss SQL 兼容性语法（MySQL、Oracle 和 Teradata）
Avoid mandatory kernel changes	模块对数据库已有功能无侵入式修改，利用当前数据库对外提供的功能，如 Rewrite-rule 提供的重新规则，可提升数据库性能
Leverage kernel optimizations and future improvements	模块自动检测和使用数据库内核能力，同时快照管理对内核能力提出改进建议，包括优化器决策、存储策略、物化视图等

（4）数据集管理接口

版本化数据集（Versioned Datasets）的核心技术是允许用户为任意管理目的而跨不同版本的关系数据集。版本化数据集是在 DB4AI 的背景下设计的，其支持用户在机器学习过程中的数据管理和模型训练。

用户界面 ML-API 表示为存储函数的集合，在可移植的 PL/pgSQL 中实现。一旦在系统中安装了快照模块，用户就可以与它进行交互，以创建和操作快照。

ML-API 作为系统和用户之间的接口，提供快照功能。如前所述，ML-API 将 snapshot 功能公开为一组存储过程，这些存储过程在 PL/pgSQL 中独占实现。DB4AI 的快照管理系统作为一个扩展，完全建立在现有平台之上。

```
CREATE
DB4AI.CREATE_SNAPSHOT(schema TEXT, snapshot_prefix TEXT, sql TEXT[],
version TEXT DEFAULT NULL, comment TEXT DEFAULT NULL)
```

调用 CREATE_SNAPSHOT 函数创建快照。调用方式：创建快照时需提供数据库模式名称和快照名称前缀。CREATE_SNAPSHOT 的第三个必选参数是一个字符串数组，用于定义 SQL 中新快照的内容。参数 "version" 和 "comment" 为可选参数。例如，有以下函数的调用：

```
DB4AI.CREATE_SNAPSHOT('db4ai', 'cars', '{
"SELECT id, make, price, modified FROM CARS_TAB",
"DISTRIBUTE BY HASH(id)"
}');
```

CREATE_SNAPSHOT 函数通过选择操作 CARS_TAB 表中的所有元组的某些列来创建快照 "db4ai.cars@1.0.0"。

创建的快照名称 "db4ai.cars" 会自动扩展到完整的快照名称 "db4ai.cars@1.0.0"，从而为快照创建唯一的版本标识符。

GaussDB 的 DB4AI 扩展将与快照关联的元数据存储在 DB4AI 表中。该表显示已创建的快照信息，特别值得注意的是字段 snapshot_definition，它提供了如何生成快照的说明。CREATE_SNAPSHOT 调用后，将在 DB4AI 表中新增一个相应的条目，该条目具有唯一的快照名称和相关定义信息。新创建的快照状态为 "published"。初始快照是操作数据的真实、可重用副本，并且是后续数据固化的起点，因此初始快照是不可变的。此外，系统还会创建一个具有已发布的快照名称的视图，并为当前用户授予只读权限。当前用户可以使用针对此视图的任意 SQL 语句访问快照，或者将读取访问权限授予其他用户，以便共享新快照。发布的快照可以用于模型训练，使用新快照名称作为 DB4AI 模型仓库扩展的 DB4AI.TRAIN 函数的输入参数即可。其他用户通过查询 DB4AI 表可以发现新的快照目录，如果快照创建者授予快照视图的相应读取访问权限，则可开始使用此快照作为训练数据进行模型训练。

```
PREPARE
DB4AI.PREPARE_SNAPSHOT(schema TEXT, parent_name TEXT, sql TEXT[], version
TEXT DEFAULT NULL, comment TEXT DEFAULT NULL)
```

PREPARE_SNAPSHOT 函数用来对已创建的 snapshot 进行进一步清理和加工，生成更加适用于训练的 snapshot。PREPARE_SNAPSHOT 的第三个必选参数是一个字符串数组，定义了如何通过一批 SQL DDL 和 DML 语句来修改父快照，即 ALTER、INSERT、UPDATE 和 DELETE。例如，请考虑以下函数的调用：

```
DB4AI.PREPARE_SNAPSHOT('db4ai', 'cars@1.0.0', '{
    ALTER, ADD year int, DROP make,
    INSERT, SELECT * FROM CARS_TAB WHERE modified=CURRENT_DATE,
    UPDATE, SET year=in.year, FROM CARS_TAB in, WHERE id=in.id,
    DELETE, WHERE modified<CURRENT_DATE-30
}'); --Example with 'short SQL' notation
```

```
DB4AI.PREPARE_SNAPSHOT('db4ai', 'cars@1.0.0', '{
    ALTER snapshot ADD COLUMN year int, DROP COLUMN make,
    INSERT INTO snapshot
       SELECT * FROM CARS_TAB WHERE modified=CURRENT_DATE,
    UPDATE snapshot SET year=in.year FROM CARS_TAB in WHERE id=in.id,
    DELETE FROM snapshot WHERE modified<CURRENT_DATE-30
}'); --Example with standard SQL
```

本示例中，准备的快照以"db4ai.cars@1.0.0"的当前状态开始，并在"cars"快照中新增一列"year"，同时删除与用户无关的列"make"。第一个示例使用短 SQL 表示法，其中各个语句由用户提供 SQL 片段。除了这个语法，ML-API 还接受标准 SQL 语句（第二个示例），这些语句往往略为冗长。

INSERT 操作将新数据导入已有 snapshot 中，UPDATE 操作在新数据中新增列"year"，最后 DELETE 操作从快照中删除过时的数据。此次调用后快照的名称是"db4ai.cars@2.0.0"。最后的可选参数允许用户将描述性文本注释与这个调用 PREPARE_SNAPSHOT 对应的工作单元相关联，以用于更改跟踪。

由于所有快照的定义都是不可变的，所以 PREPARE_SNAPSHOT 创建一个单独的快照"db4ai.cars@2.0.0"作为父快照"db4ai.cars@1.0.0"的逻辑副本，并应用任意复杂的 SQL 参数的更改，该更改对应于数据管理中的整数工作单元。与 SQL 脚本类似，此操作在已准备好的快照的逻辑副本上连续执行，父快照保持不变，不受这些更改的影响。

操作本身允许使用者从父快照中删除列或添加新列，例如用于数据注释。通过 INSERT 可以添加行，例如从操作数据源或其他快照添加行。数据清理过程中可以删除不准确或不相关的数据，而不用管数据来自不可变的父快照还是直接来自操作数据存储。最后，UPDATE 语句允许纠正不准确或损坏的数据，为缺少的数据提供数据填充服务，并允许将数值标准化为通用尺度。

总之，PREPARE_SNAPSHOT 设计用于支持数据管理中的所有周期性任务：
① 数据清理：删除或更正无关、不准确或损坏的数据。
② 数据填充：填充缺失的数据。
③ 标注和注释：添加具有计算值的不可变列。
④ 数据规范化：将现有列更新为普通规模。
⑤ 置换：支持迭代模型训练的数据重排序。
⑥ 索引：支持模型训练随机访问。

PREPARE_SNAPSHOT 允许多个用户在数据管理过程中并行协作，其中每个用户可以将数据管理任务分解为一组 PREPARE_SNAPSHOT 操作，以原子批处理的方式执行。REPARE_SNAPSHOT 的调用与 git 存储库中的提交操作非常相似。此外，由于所有操作都记录在 DB4AI 表中，这也类似于 git 的快照操作，例如 BRANCH。snapshot 操作的基本概念如图 6-24 所示。

总之，调用 PREPARE_SNAPSHOT 将在 DB4AI 表中创建相应的条目，该条目具有唯一的快照名称和快照说明。新快照仍处于"prepared"状态，可能正在等待进一步的数据修正。此外，系统还创建一个具有已准备好的快照名称的视图，该视图具有当前用户可授予的只读权限。prepared 状态快照不能参与模型训练。其他用户通过查询 DB4AI 表中 prepared 快照，并确认相应读取访问权限，可以使用这些快照进行进一步数据清理。

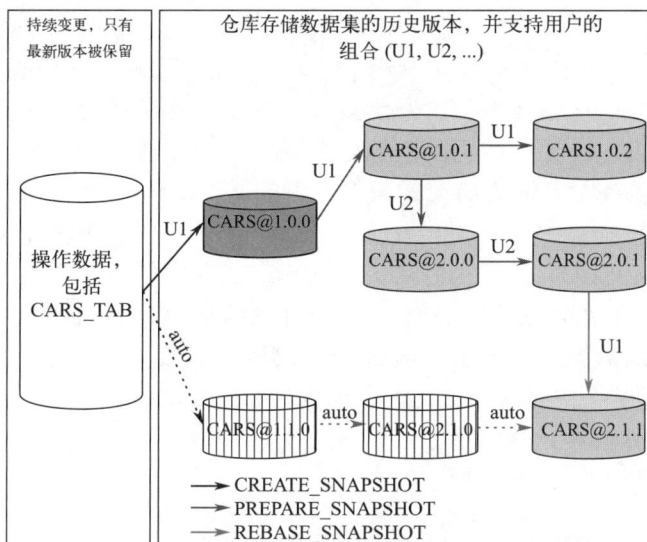

图 6-24　snapshot 操作的基本概念

```
PUBLISH
DB4AI.PUBLISH_SNAPSHOT(schema TEXT, snapshot_name TEXT, comment TEXT
DEFAULT NULL)
```

REPARE_SNAPSHOT 函数对快照进行完数据清理后，快照并不能马上用于模型训练。调用 PUBLISH_SNAPSHOT 函数发布快照，发布后的快照可以用于模型训练。其他用户可以查询 DB4AI 表中已发布的快照，使用这些快照进行模型训练。

```
DB4AI.PUBLISH_SNAPSHOT('db4ai', 'cars@2.0.0');
```

上述示例调用函数发布快照"db4ai.cars@2.0.0"，该快照先前处于"prepared"状态。

```
ARCHIVE
DB4AI.ARCHIVE_SNAPSHOT(schema TEXT, snapshot_name TEXT)
```

存档会将已发布或准备的快照的状态更改为已存档，而快照仍不可变，并且不能参与 PREPARE 或 TRAIN 操作。归档快照可以被清除，这将永久删除其数据并恢复占用的存储空间，或者通过对归档快照调用 PUBLISH_SNAPSHOT 或 PREPARE_SNAPSHOT 重新激活。

下面的示例将以前处于"published"状态的快照"db4ai.cars@2.0.0"存档：

```
DB4AI.ARCHIVE_SNAPSHOT('db4ai', 'cars@2.0.0');
PURGE
DB4AI.PURGE_SNAPSHOT(schema TEXT, snapshot_name TEXT)
```

PURGE_SNAPSHOT 功能用于永久删除系统中与快照关联的所有数据。清除的先决条件是 DB4AI 模型仓库中的任何现有训练模型均未引用待删除快照。

清除不存在子快照的快照，将完全删除这些快照，并恢复已占用的存储空间。如果存在子代快照，则清除的快照将被合并到相邻快照中，这样不会丢失关于父代的信息，同时提高存储效率。在任何情况下，清除的快照名称都将失效并从系统中删除。

```
DB4AI.PURGE_SNAPSHOT('db4ai', 'cars@2.0.0');
```

上述示例通过完全移除快照，恢复了"©db4ai.cars@2.0.0"占用的存储空间。

```
SPLIT
DB4AI.SPLIT_SNAPSHOT(schema TEXT, parent_name TEXT, split_names TEXT[ ],
ratio number[ ], stratify TEXT[ ] DEFAULT NULL,comment TEXT DEFAULT NULL)
```

SPLIT_SNAPSHOT 函数用于将给定的快照（原始快照）中的数据拆分为两个独立的快照（类似于分支），满足参数"ratio"给定的条件。考虑以下示例：

DB4AI.SPLIT_SNAPSHOT('db4ai', 'cars@2.0.0', '{_train, _test}', '{0.8, 0.2}', '{color}');

调用 SPLIT_SNAPSHOT 函数，会从快照'cars@2.0.0'中创建两个快照。一个用于 ML 模型训练，一个用于 ML 模型测试。请注意，子代快照继承父代名称前缀和版本后缀，而 SPLIT_SNAPSHOT 函数中的"split_names"参数提供了中缀，使子代快照名称具有唯一性。"ratio"参数指定满足结果快照的元组比例，训练为80%，测试为20%。参数"stratify"指定数据分布在所有三个快照中是相同的。

6.4 智能优化器

随着数据库与 AI 技术结合越来越紧密，相关技术在学术界的数据库各大顶会中出现井喷现象。如图 6-25 所示，从 2019 年至 2022 年，AI 优化器、AI 配置调优、AI 存储管理及 DB4AI 等领域的论文逐年递增，越来越多的技术实现从规则到智能的转换、从人工到自治的转换、从经验到数据的转换、从离线到在线的转换。

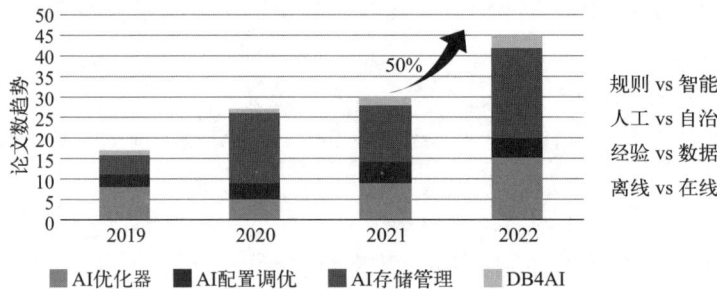

图 6-25 AI 论文数趋势

通过对学术界和工业界在各方面的技术分析，我们可以获悉，在优化器领域，通过 AI 技术可以实现从规则到智能的技术创新，在生成计划的准确性和质量上有质的飞越。例如 DB2 落地证明 AI 模型能够有效提升基数估计准确性，已支持单点、范围、in 等多种谓词，基数估计的准确率由30%提升到99%；AI 代价模型 Cost 估计误差减少 10%～60%；AI 计划生成 TPS 平均提升 43%。在 AI 配置调优领域，逐渐实现由人工到自治的转变，由 AI 技术自动调优内存设置、缓存设置、优化器参数、并发度等，效果接近甚至超过 DBA 调优，调优时间由天级下降到分钟级。在 AI 存储领域，通过 I/O 技术极大加速 I/O 的读写效率，通过智能缓存淘汰算法，有效避免缓存计划使用错误；通过学习型 index 设置，index 评价查找长度由 $O(\log_2 n)$ 下降为 $O(1)$。

尽管 AI 技术在数据库内核层面探索的功能项很多，但鲜有真正落地的商业产品。突出的技术难点是如何做到模型的普适性，在一个场景或者负载下训练有效的模型，是否可在任意场景或者负载下均有效；另一个难点是如何确保推理效率快捷且占用资源低，在交易型数据库场景下使执行效率仍有保障。

6.4.1　智能基数估计

智能基数估计的总体思路是在模型中加入高频值统计。复用 MCV 逻辑产生的高频行以及对应行数，包装成数据获取接口供贝叶斯网络模型调用，贝叶斯网络模型中将高频值序列化到模型系统表中，并且对剩余数据进行贝叶斯统计建模；在选择率估计阶段，优化器首先检查输入查询条件是否匹配高频值，如果匹配，直接返回结果；否则使用贝叶斯网络模型进行估计。高频值统计利用哈希表加速查询并且利用缓存技术避免访存和反序列化代价。

（1）模型创建

如图 6-26 所示，本功能通过用户提交 ANALYZE 命令或者 auto-analyze 触发，通过 CN 样本采集器获取内存中数据样本结构并且包装成数据源结构体。数据源结构体汇总包含两部分信息，一部分是可能存在的高频值统计信息，另一部分是全量数据样本信息。高频值信息包含频度大于 1 的值（如果等于 1，则不认为是高频值），而全量样本信息则是压平为序列一条一条发送给模型。因此模型可以通过获取到的频度判断当前读到的数据是否是高频值或者是普通样本数据。对于高频值统计数据，模型算子直接将其序列化保存到模型中，而对于普通样本数据，则对其不属于高频值的部分做贝叶斯网络模型统计。

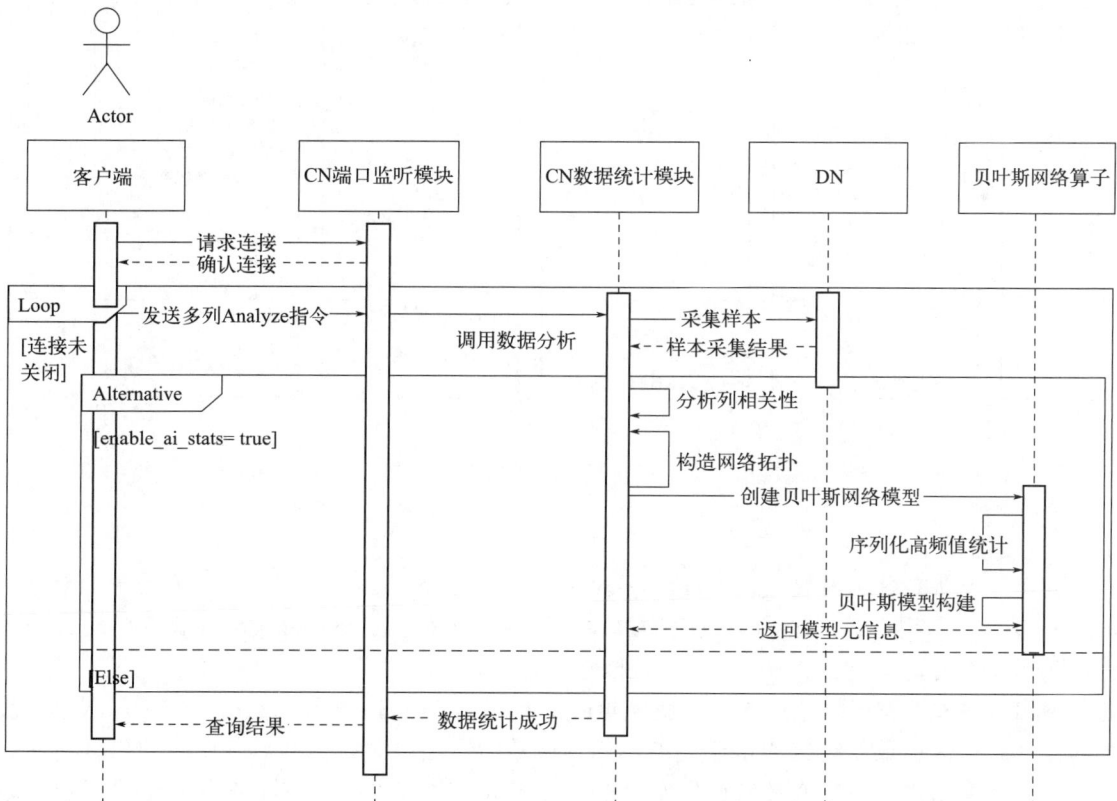

图 6-26　模型创建

（2）模型推理

如图 6-27 所示，在基数估计阶段，系统首先将模型从磁盘中读到内存中，然后将模型进行反序列化成为内存结构，并且使用独立内存将上下文缓存起来；对于每条多列等值查询，首先查找高频值哈希表，如果找到则直接返回选择率 $P_1(t)$，否则计算查询条件在贝叶斯网络模型中的选择率 $P_2(t)$，最后返回 $P_2(t) / [1.0\text{-}SUM(P_1)]$，其中 $SUM(P_1)$ 是所有高频值选择率的和。使用本功能之后，GaussDB 中的多列等值选择率估计优先级为，有高频值优先从高频值哈希表中获取，非高频值通过贝叶斯网络获得选择率，如果上述模型都未创建或者覆盖，则尝试使用多列 NDV（Number of Distinct Value，非重复值个数）进行估计，如果统计信息和查询列未匹配，那么采用多列函数依赖。如果上述统计信息均未创建，则将 clause 条件加回不匹配条件中，然后使用单列+独立性假设的方式估计。

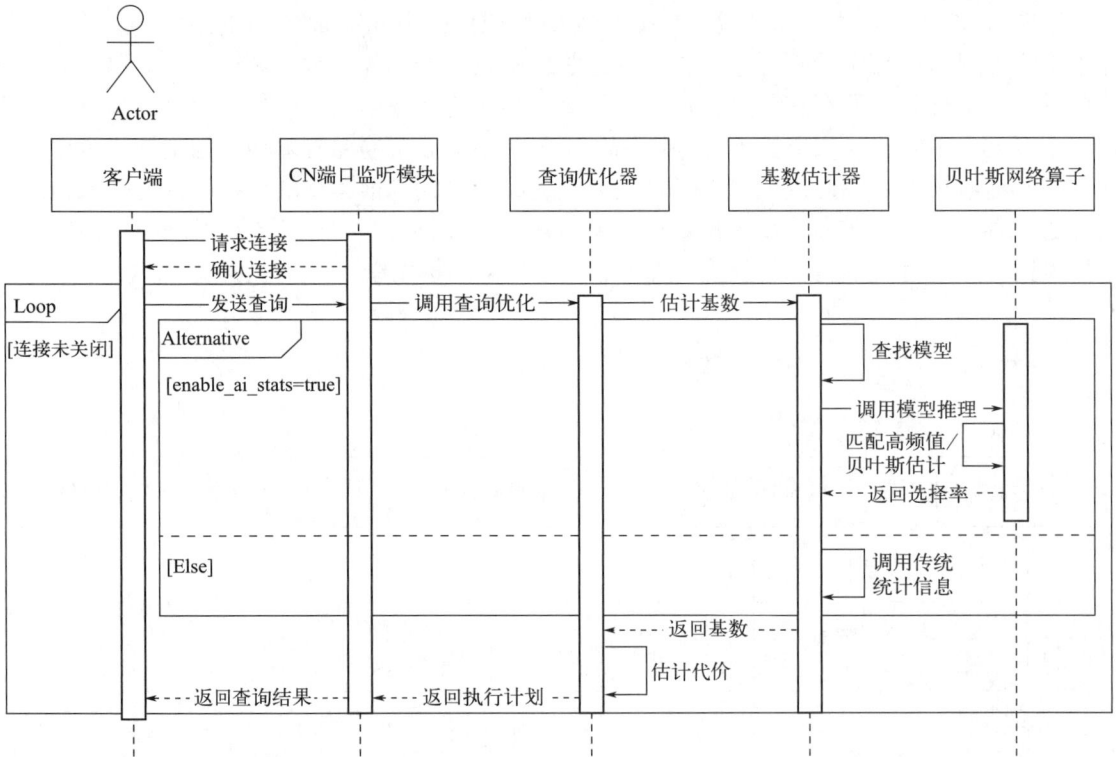

图 6-27　模型推理

（3）模型信息显示

创建一个新的系统函数 gs_ai_stats_explain(relid, stakeys)，其中参数 relid 是一个整型，stakeys 是一个数组。该系统函数获得输入参数之后会和系统表 pg_statistic_ext 中的统计信息进行匹配，查找类型为 BAYESNET 类型的统计信息行，如果找不到，那么直接反馈失败；否则调用相应的模型解释框架函数，也就是贝叶斯网络的 explain 函数，从磁盘中读取模型，反序列化之后将信息重新组合成可读类型，构建成数组返回给系统函数。其中主要包含的内容有贝叶斯网络拓扑、高频值及其选择率、单列上的分桶类型以及直方图或者 mcv 边界值，以及每个分桶中每个可能值的概率值。其余还包括一些模型通用信息，比如模型训练时间、模型超参数、模型创建时间等。

（4）贝叶斯网络模型原理

贝叶斯网络是一种概率图模型，拓扑结构通常为一个有向无环图。贝叶斯网络的优势在于能够利用条件独立假设对多变量数据进行建模，并且自适应变量之间的相关性，具体是指每个变量的概率分布只和与它直接连接的父节点有关。使用这种方法能够比基于简单的独立性假设的模型获得更高的建模准确率，也能够比完整的联合分布建模获得更高的执行效率。在关系数据表中，每一列数据都可以成为一个变量，比如表 6-13 中包含 A、B、C 三列数据。

表 6-13　示例

A	B	C
A1	B1	C1
A1	B1	C1
A1	B1	C1
A2	B1	C1
A2	B2	C2
A2	B2	C2

对表 6-13，分别使用基于独立性假设的单列建模和基于条件独立假设的贝叶斯网络计算查询"SELECT * FROM table WHERE A=A1 AND B=B1 AND C=C1"的选择率：

单列建模：$P(A{=}A1, B{=}B1, C{=}C1)=P(A1)P(B1)P(C1)=0.5\times0.67\times0.67=0.22$。

贝叶斯网络：$P(A{=}A1, B{=}B1, C{=}C1)=P(A1)P(B1|A1)P(C1|B1)=0.5\times1.0\times1.0=0.5$。

可以看出贝叶斯网络在列相关性强的场景下能够更加准确地估计出多列查询选择率（和基数）。

（5）贝叶斯网络结构搜索

贝叶斯网络的拓扑结构决定于变量之间的互相关性。直观上看，将互相关性强的变量进行连接并计算条件概率有助于提高分布建模准确性。假设有两列数据 A 和 B，互相关性定义如下：

$$I(A,B)=\sum_{a,b}P(a,b)\ln\left[\frac{P(a,b)}{P(a)P(b)}\right]$$

利用表 6-13 中的数据，可以计算出 A 和 B 列的互相关性：

$$P(A1,B1)\ln\left[\frac{P(A1,B1)}{P(A1)P(B1)}\right]+P(A2,B1)\ln\left[\frac{P(A2,B1)}{P(A2)P(B1)}\right]+P(A2,B2)\ln\left[\frac{P(A2,B2)}{P(A2)P(B2)}\right]=0.55$$

在本功能中，对于 $P(a,b)$、$P(a)$ 和 $P(b)$ 的计算通过使用哈希表统计获得。首先计算单列统计频率，然后计算两列统计频率，最后扫描两列统计表并且通过访问单列统计表获得单列频率，使用公式计算出相关性，最后计算总体相关性。

得到的临时表 ab_mutual_correlation 结构如表 6-14 所示。

表 6-14　临时表 ab_mutual_correlation 结构

counta	countb	countab
3	4	3
3	4	1
3	2	2

遍历上述临时表，对每一行求得互相关性，然后求和之后就是 A 和 B 列的整体相关性。

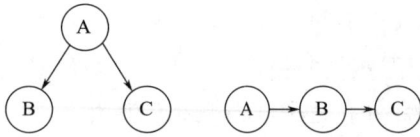

贝叶斯网络对于每个节点的父节点的数量是没有要求的，但是父节点越多，条件概率建模的难度也越大，消耗的空间和时间代价也会相应变大。所以在本子系统中，我们只采用树形的网络拓扑结构。这种结构中每个节点只有一个父节点，所以只需要保存本节点的父节点的条件概率即可。示例如图 6-28 所示。

图 6-28 贝叶斯网络示例

在有了树形限制之后，结构搜索空间就少了很多，现在的目标就是找到一棵总互相关性最大的生成树，这里本系统采用 chow-liu 算法，也是一种加权最大生成树算法。搜索流程如图 6-29 所示。

根据搜索出的贝叶斯网络结构，构造出包含所有边的字符串，比如"a,b,a,c"或者"a,b,b,c"，传入贝叶斯网络算子进行模型创建。

（6）贝叶斯网络训练

如图 6-30 所示，贝叶斯网络训练过程中，算子首先会遍历一遍样本数据，获得每列数据不同值统计；然后对于每列数据，根据是否是连续数据类型进行数据分桶或者高频值抽取以减小存储和计算代价；对数据分桶采用等高分桶，尽量使每个桶内的频度是相似的，每个桶中范围值下界被存储在数据列表中，NULL 值单独作为一个值放在列表最后；连续值高频值抽取会将频度最高的 K 个元素放置在数据列表中，除此之外的其他元素都被表示为一个通配符号放在列表最后；为了减少查找匹配代价，字符串类型数据会存储一个额外的哈希值；列表中每个元素结构如下所示。

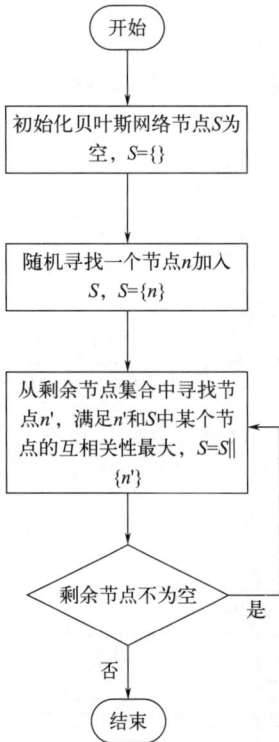

图 6-29 贝叶斯网络结构搜索流程图

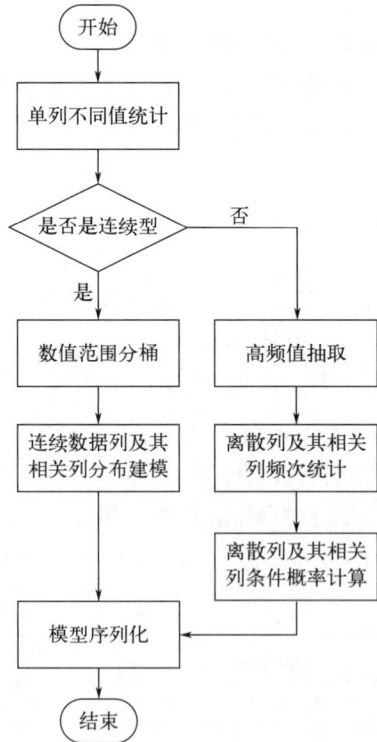

图 6-30 贝叶斯网络训练流程图

```
typedef struct ValueInTuple {
    Datum data;
    Oid type;
    bool isnull;
    uint32_t hashval;
} ValueInTuple;
```

　　概率建模过程中，针对形如 P(离散值|离散值)的条件概率使用概率表记录每种值的概率；针对 P(离散值|连续值)，将连续值通过范围分桶当作离散值处理；针对 P(连续值|离散值)，使用高斯分布对连续值分布进行建模；针对 P(连续值|连续值)，使用高斯分布对条件连续值进行离散化分桶处理，对目标连续值进行高斯分布建模。

　　训练完成之后，将模型序列化成一个二进制字符串。

　　（7）贝叶斯网络模型推理

　　如图 6-31 所示，贝叶斯网络从第一个位置开始获得一个未访问节点，如果该节点存在未访问父节点，那么就递归访问父节点；如果父节点都已经被访问，那么利用条件独立性假设，利用概率表或者是高斯函数局部计算出当前节点的条件概率并且和父节点的概率相乘作为联合概率。然后判断当前节点是否是叶子节点，如果是叶子节点则将联合概率和选择率相乘，否则继续寻找下一个未被访问过的节点。最后返回选择率。

　　（8）模型参数缓存策略

　　在基数估计的时候需要获得相应的模型参数，这个过程需要从磁盘读取以及反序列化两种操作，涉及磁盘访问以及内存申请操作，效率较低，所以在模型数量不多的情况下可以利用全局共享缓存将其存在内存中，下次访问效率就会变高，但是在模型数量变多之后就需要缓存替换策略以保证内存使用是可控的。本子系统采用的是异步批量替换策略，在模型访问亲和性高的场景下，当前一段时间所需要的模型都放置在内存中时，不会带来额外的性能损失，访问申请的也都是共享锁支持高并发；当负载偏移之后，新的模型会被访问，从磁盘中被加载到内存，内存中的数量就会超过阈值，这种情况下系统按照每个模型的最近访问时间归一化之后的概率，选择 1/3 的旧模型替换出内存。这种一次性替换多个模型的方法可以避免每次读操作都要申请互斥锁维护链表并且可以降低替换操作触发的次数。并发分析场景通过互斥锁进行共享缓存访问控制。

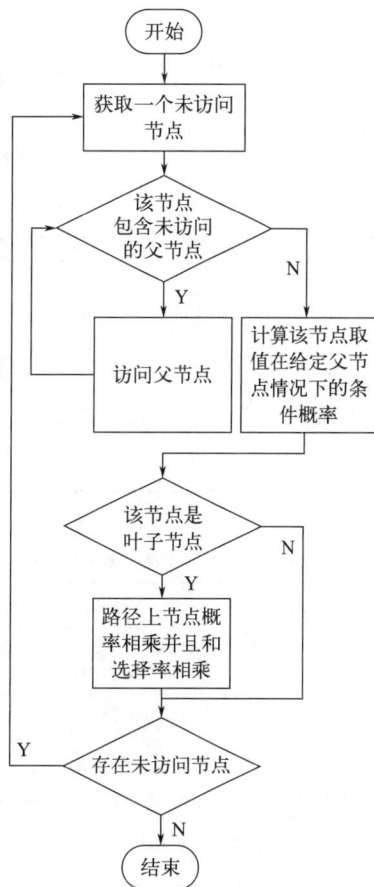

图 6-31　贝叶斯网络推理流程图

6.4.2　智能计划管理

　　当前的执行计划主要通过 Cplan（Customer plan，客户计划），Gplan（Generic plan，通用

计划）或者 Aplan（Adaptive plan，自适应计划）产生，但是这三种计划都存在问题。Gplan 由于无法做到变量窥视导致计划无法适应不同查询；Cplan 由于需要多次进行路径选择，优化代价很高；Aplan 支持的场景有限。因此需要在这三种计划策略中进行选择。本特性首先对不同候选策略进行一定数量的尝试，并根据各策略的执行反馈信息确定最高效的策略。核心问题有两个：

策略尝试方案：依次尝试 Cplan、Gplan、Aplan 若干次，并记录各策略的平均执行时间。为避免尝试可能带来的性能下降，各策略的尝试次数由算法动态确定。此外当选中策略性能明显下降时，其他候选策略的尝试会自动重启（重启时机根据算法确定）。

策略选择：将 Cplan 作为性能基准，依次将 Gplan、Aplan 与 Cplan 的执行时间进行比较。如果 Gplan/Aplan 性能高于（或接近）Cplan，则选择该策略。注意，该策略是基于已有策略决策的二次选择。安全起见，在已有策略做出使用 Cplan 决定时，本策略不做任何改变。

计划选择整体流程如图 6-32 所示。

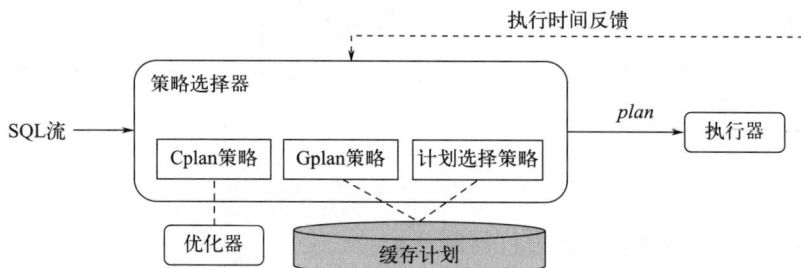

图 6-32　计划选择

针对 Cplan、Gplan 和多计划选择，不同的计划选择策略在内存消耗、解析代价及执行性能方面的分析如表 6-15 所示。

表 6-15　不同计划分析

策略	描述	内存消耗	解析代价	执行性能
Cplan	调用优化器生成计划	中	高	不同场景下最优策略不同，存在不确定性，但一般认为 Cplan 性能最优
Gplan	利用默认参数生成的通用计划	低	无	
多计划选择	根据选择率，从多个缓存计划中选择最匹配的计划	高	低	

在选择合适的执行计划后，计划生成策略切换的时序图如图 6-33 所示。

针对每种查询模板，默认执行 10 次 Cplan 作为基准执行成本，然后会有一定的概率进行其他计划策略的探索，如果发现有其他策略的估计执行时间期望小于当前策略，则发生切换。具体的探索频率按照大数定理进行决策，让估计期望和整体期望的误差小于一个界。

在计划自适应选择中，核心功能包括两个，即自适应策略选择及自适应探测次数。

（1）自适应策略选择

策略选择器会尝试不同策略，并根据各策略反馈的性能指标（执行时间）进行选择。初始化 Cplan、Gplan、Aplan 策略的性能指标为 0。当一条查询到来后，其计划的选择策略选优过程如下：

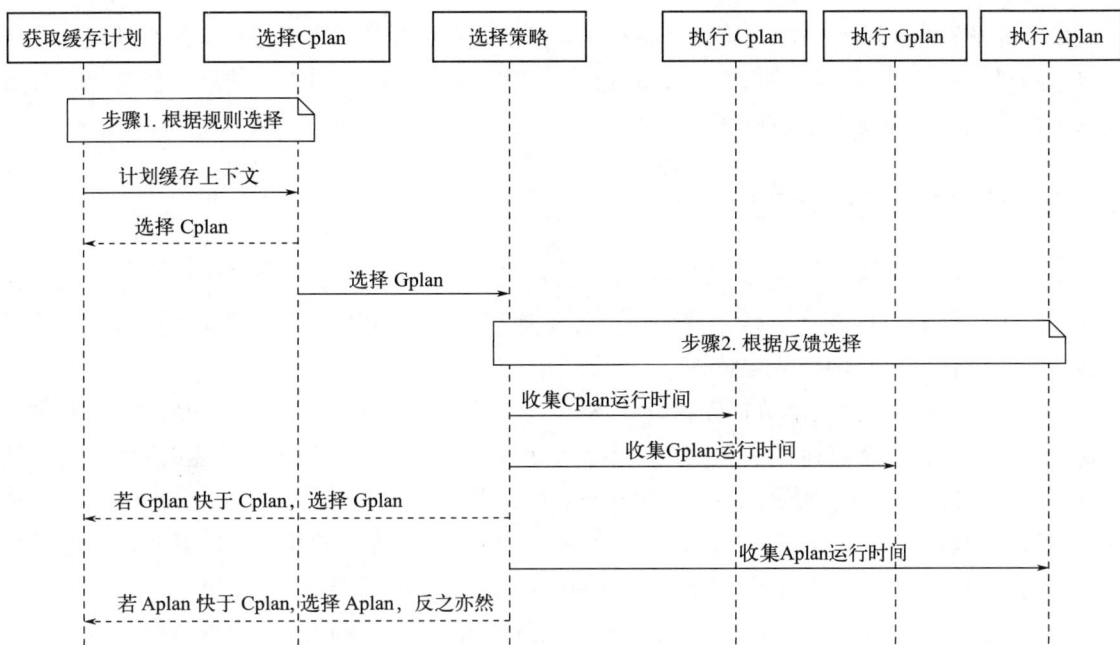

图 6-33　计划生成策略切换时序图

① 如果 Cplan 的执行次数<10，返回 Cplan。

② 如果已统计的 Gplan 的性能指标小于 Cplan，返回 Gplan；否则转到③。

③ 如果已统计的 Aplan 的性能指标小于 Cplan，返回 Aplan；否则返回 Cplan。

说明：每次执行都会反馈并更新当前策略的执行时间；执行 10 次 Cplan 的目的是获取执行性能基准。因此，Gplan 和 Aplan 只有当其执行效率不低于 Cplan 时才会被选中。此外，Gplan 的优先级要高于 Aplan，这是由于 Aplan 需要变量窥探，相较于 Gplan 选择将消耗更多算力和内存资源。

自适应策略选择机制如果识别出 Cplan 整体性能较高，会倾向于执行 Cplan。

（2）自适应探测次数

Gplan 或者 Aplan 在探测次数较少时，可能因为性能抖动导致被淘汰。为避免该问题，本方案通过概率置信度算法确定探测次数是否足够。如果探测次数不足，则进行更多探测，从而获得 Gplan、Aplan 更准确的性能指标。

设执行 n 次候选策略（Gplan/Aplan）的平均时间为 X，并假设 Cplan 执行任意 n 次性能为 X 的期望概率为 P。如果 P 小于阈值，说明 Cplan 不大可能性能为 X，则可以放心淘汰候选策略；否则，说明 X 可能是随机误差导致的性能低估，则进行更多探测。期望概率 P 根据大数定律计算：

$$P[X-c\mu \geq \delta \times c\mu] \leq \exp\left(-\frac{\delta^2}{2+\delta}c\mu\right)$$

其中，μ 为 Cplan 的平均执行时间，X 为候选策略的平均执行时间，偏差 $\delta = X/\mu$；采用次数 $c = n$。公式显示，当采样次数 c 增加时，δ 将以指数级速度接近 1。

当该算法发现 Cplan 性能下降时，将给予 Cplan/Aplan 更多探测机会。从而有效避免了由于探测随机性或者性能波动导致的 Cplan/Aplan 误淘汰。此公式计划依赖的输入值都可以高效获取，计算效率不是主要性能瓶颈。

6.4.3　反馈自适应优化器

反馈自适应代价优化器通过查询反馈动态校正错误的估计基数或者是代价模型，实现优化器能够及时随着负载变化、数据变化以及运行环境变化做自适应调整，其主要依赖反馈基数估计和反馈代价校正两个关键特性。

① 反馈式优化器会采集数据库系统中 SQL 查询计划算子运行信息，当前包括 join 算子和 scan 算子，运行信息包括算子类型、算子结果行数以及该算子所有孩子节点的查询条件（针对 join）；针对每种算子，依据 join 条件和基表过滤条件形成的等价类计算出算子的哈希值，该哈希值相同表示算子的模式（pattern）是等价的，只有模式等价的算子才能共用同一个基数估计模型；历史算子中抽取出查询条件以及对应的数值，用查询条件构造出超方体，超方体的维度对应查询模式的每个条件，而其面积由实际条件的上下限构成；接着从每个查询超方体中均匀采样一定数量的点，利用 k-means 聚类算法找出 k 个中心点，然后以每个点作为中心，最近的若干点的距离均值作为每个维度的变长构造一系列的采样超方体；最后假设每个采样超方体内部是均匀分布的，每个查询由不同的均匀分布加权叠加，通过拟合每个查询的选择率学习出权重，从而获得均匀分布模型参数。整个过程可以使用命令手动触发，也可以依赖后台线程自动触发；查询优化阶段，优化器首先根据当前估计算子的特征哈希值抽取对应的反馈基数模型，根据当前的查询条件范围选择是否选用当前模型；否则利用数据驱动模型。接着优化器利用反馈自适应确定的代价模型参数，结合基数输入计算出算子代价，并且支撑当前优化器计划路径决策。

② 代价参数校正模块会采集数据库系统中的缓存读取 I/O 时间和 SQL 查询计划算子运行信息，当前收集的算子包括 SeqScan 算子，校正的参数包含 cpu_tuple_cost、cpu_index_tuple_cost、cpu_operator_cost、seq_page_cost、random_page_cost。每个设备上的数据库各自维护自己的代价参数。通过在每个页面读取开始和结束时计时，估算出平均每个页面读取的 I/O 时间。通过调用计划开始前后的缓存信息，筛选出没有发生缓存读取的 SQL 语句中（在 TPC-H 和 JOB 跑到第二轮之后占比 90%以上），对其中的 SeqScan 算子进行数据采集，建立 CPU 参数和运算时间的回归模型，进而给出 CPU 参数的估计。查询优化阶段，优化器对有反馈基数模型的路径（即路径涉及的每个基数估计都来自反馈基数模型），利用矫正的代价参数和 AQO（Adaptive Query Optimization，动态适应查询优化）基数额外维护一个新代价，但也保留生成该路径的结果集的最优旧代价。对每个有反馈基数模型的子路径，使用新代价选择最优执行方案；如果路径连接中至少有一方的基数不来自反馈基数，则停止维护新代价，并且在之后的连接中使用旧代价。

第 7 章

数据库高安全关键技术

高斯数据库作为新一代自治安全数据库，提供了丰富的数据库基础安全能力，并在逐步完善各类高阶安全能力。这些安全能力涵盖了访问登录认证、用户权限管理、审计与追溯及数据安全隐私保护等。本章将围绕高斯数据库安全机制的关键原理展开介绍，以帮助用户和开发者充分了解高斯数据库的安全防护能力，构建自下而上端到端的数据安全防护能力，为业务成功保驾护航。

7.1 安全整体架构

不同于数据库其他业务模块，安全管理模块并非逻辑集中的。安全管理模块中的安全能力是分散化的，在数据库整个业务逻辑的不同阶段提供对应的安全能力，从而构建数据库整体纵深安全防御能力。一个完整的安全管理整体架构如图 7-1 所示。

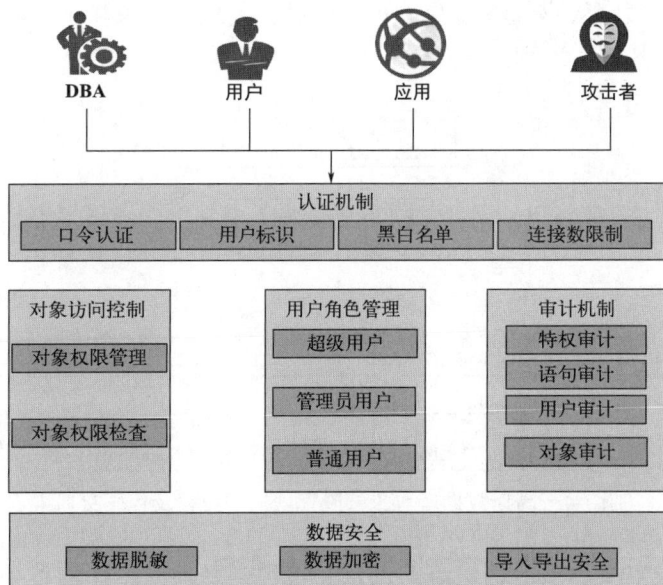

图 7-1　高斯数据库安全架构机制体系

虽然整个安全机制是分散化的，但是每一个安全子模块都独立负责了一个完整的安全能力。如安全认证机制模块主要解决用户访问控制、登录通道安全问题；用户角色管理模块解决用户创建及用户权限管理问题。因此整体的安全管理体系架构的代码解读也将根据整个体系的划分进行。

认证机制子模块从业务流程上看主要包括认证配置文件管理、用户身份识别、口令校验等过程，其核心流程及接口定义如图7-2所示。

图7-2　高斯数据库安全认证核心流程及代码接口

用户角色管理子模块从业务流程上看主要包括角色创建、修改、删除、授权和回收，由于高斯数据库并未严格区分用户和角色，因此用户的管理与角色管理共用一套接口，仅在部分属性上进行区分。角色管理子模块涉及的功能及其对应的接口如图7-3所示。

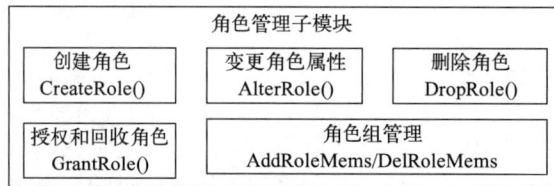

图7-3　高斯数据库角色管理功能及代码接口

对象访问控制子模块从业务流程看主要包括对象授权、对象权限回收以及实际对象操作时的对象权限检查，其核心流程及接口定义如图7-4所示。

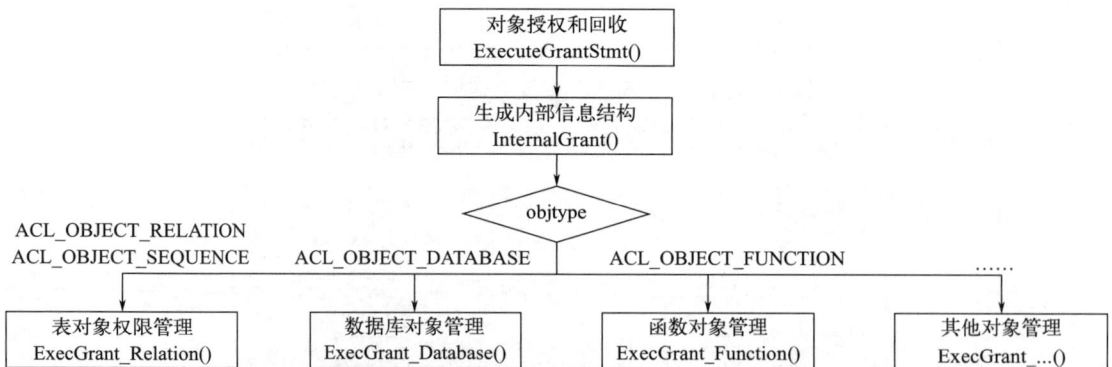

图7-4　高斯数据库对象权限管理核心流程及代码接口

审计机制子模块主要包括审计日志的创建和管理，以及数据库的各类管理活动和业务活动的审计追溯。审计日志管理包括新创建审计日志、审计日志轮转、审计日志清理。审计日志追溯包括活动发生时的日志记录以及审计信息查询接口，其核心流程及接口定义如图 7-5 所示。

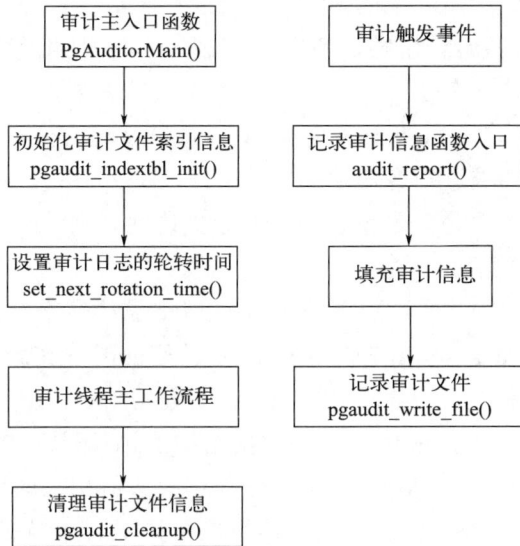

图 7-5　高斯数据库审计线程（左）及审计日志记录（右）接口

7.2　安全接入

安全接入认证原理架构是安全体系中关键组成部分，其确保只有经过身份验证的用户才能访问数据库，从而进行数据库的相关 SQL 操作。整个认证技术原理的介绍涉及身份标识、口令存储、认证机制、Kerberos 安全认证以及国密 SSL 加密传输这几方面内容，下面将对这几个子模块技术原理进行介绍。

7.2.1　身份标识

身份标识技术原理与身份认证机制紧密相关，它确保了数据库中用户访问的安全性。身份标识用于唯一地标识数据库中的用户或实体。每个用户或实体在数据库中都有一个与之关联的身份标识，该标识在用户认证过程中验证用户身份。在数据库认证过程中，高斯数据库通过配置文件 gs_hba.conf 存放相关的配置信息，该配置文件决定了哪些客户或主机能够连接到数据库服务器。理解 HBA（Host Based Authentication，基于主机的认证）配置文件的原理对于确保数据库安全性和管理用户访问至关重要。HBA 配置文件每一行记录由空格和制表符分隔。具体格式如下：

```
TYPE  DATABASE  USER  ADDRESS  METHOD [OPTIONS]
```

其中各个字段的取值及含义如下：

① TYPE：连接数据库的类型，支持 local、host、hostssl、hostnossl 等类型。

② DATABASE：声明记录所匹配的数据库名称，多个数据库可用逗号分隔，all 表示匹配所有数据库。

③ USER：声明记录所匹配的数据库用户，多个用户名可用逗号分隔，all 表示匹配所有用户。

④ ADDRESS：声明记录所匹配的 IP 地址，支持 IPv4 和 IPv6。

⑤ METHOD：声明连接时使用的认证方法，支持 sha256（推荐）、cert（证书认证）、SM3（国密认证）、reject（黑名单）等。

⑥ OPTIONS：可选字段，取决于字段 METHOD 的认证方法。

对数据库的每个连接请求进行客户端认证的时候，都会顺序检查 HBA 配置文件里的配置信息，这个文件里面信息顺序是非常重要的，在定义访问规则的时候，建议将访问需求高的规则写在前面。

在高斯数据库内核源码中，通过数据结构 HBALine 结构体来定义存储访问规则，该结构主要元素包括 conntype、database、roles、hostname 以及 auth_method，分别对应 HBA 配置文件中的套接字方法、允许被访问的数据库、允许被访问的用户，IP 地址以及当前该规则的认证方法。除此之外，与连接相关的信息通过数据结构 Port 记录。Port 结构中核心的元素包括 user_name、database_name、raddr 等字段，分别对应认证相关的用户信息、访问数据库信息以及 IP 地址信息。此外，SSL 认证相关的信息以及 Kerberos 认证相关信息也存在 Port 结构体中。

当客户端尝试连接到数据库服务器时，会发送一个请求连接。服务端有了 Port 信息，服务线程会根据前端传入的信息与 HBALine 中记录的信息逐一比较，根据连接类型、请求的数据库、用户名以及客户端的 IP 地址，找到匹配规则，服务端使用匹配规则中指定的认证方法完成对应的身份识别。

7.2.2　口令存储

口令是安全认证过程中的重要凭证。在高斯数据库中，口令存储的关键技术主要涉及口令的加密、口令存储以及口令管理。通过这些方式，可以有效保护用户的口令安全，降低数据库被非法访问的风险。下面将从以下几个方面详细介绍。

为防止用户密码泄露，高斯数据库对用户密码进行加密存储，所采用的加密算法由配置参数 password_encryption_type 决定。当参数 password_encryption_type 设置为 0 时，表示采用 MD5 方式对密码加密。MD5 加密算法安全性低，存在安全风险，主要是为了兼容 PostgreSQL 社区，不推荐用户使用。当取值为 1 时，表示采用 sha256 和 MD5 方式对密码加密。当取值为 2 时，表示采用 sha256 方式对密码加密，此为默认配置。当取值为 3 时，表示采用 SM3 方式对密码加密。需要注意的是，口令的加密方式与 HBA 配置文件中的认证方式紧密关联，二者应该相互对应。具体对应关系如表 7-1 所示。

表 7-1　口令加密与认证方式

password_encryption_type	加密方式（hash 算法）	认证方式（pg_hba.conf）	加密函数接口
0	md5	md5	pg_md5_encrypt
1	sha256 +md5	sha256 或 md5	calculate_encrypted_combined_password
2（默认值）	sha256	sha256	calculate_encrypted_sha256_password

在高斯数据库中，每个数据库用户的口令密文存储在 pg_authid 系统表中，这个系统表专门存储有关数据库认证标识符（角色）的信息，包括用户名、口令密文等。

高斯数据库在管理用户口令方面提供了一套完善的机制，以确保用户数据的安全性。通过 CREATE USER 和 ALTER USER 等 SQL 命令，管理员能够方便地为数据库用户设置、修改或删除口令。这些命令背后，实际上涉及了用户属性的创建、修改以及口令的加密等多个步骤。

在高斯数据库中，sqlcmd_create_role 和 sqlcmd_alter_role 函数被用于创建和修改用户属性。在执行这些函数时，系统会首先校验用户提供的口令是否满足预设的复杂度要求。口令复杂度校验是一个重要的安全机制，它有助于防止使用过于简单或容易猜测的口令，从而提高系统的安全性。一旦口令满足复杂度要求，系统就会调用 sqlcmd_calculate_encrypted_password 函数来实现口令的加密。这个函数会根据 sqlcmd_password_encryption_type 参数的配置选择相应的加密方式，以满足不同的安全需求。在加密过程中，系统会使用安全的加密算法对口令进行加密处理，这个密文将作为用户的认证凭据，存储在数据库中。同时，为了确保安全性，加密完成后，系统会立即清理内存中的敏感信息，以防止这些信息被泄露。

整个口令加密流程的设计，旨在为用户提供一个安全、可靠的身份验证机制。通过严格的口令复杂度校验和安全的加密算法，高斯数据库能够有效地保护用户数据的安全，防止未经授权的访问和泄露。口令加密流程如图 7-6 所示。

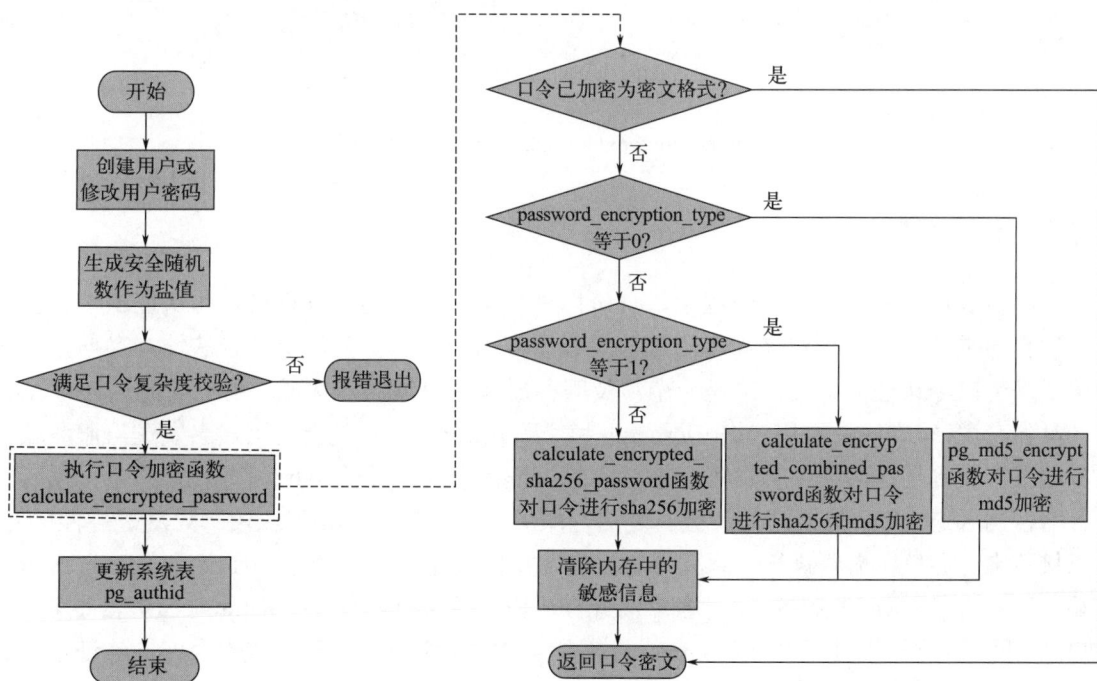

图 7-6　口令加密流程图

如图 7-6 所示，系统通过调用 calculate_encrypted_sha256_password 函数实现了 sha256 加密方式，同时利用 pg_md5_encrypt 函数实现了 MD5 加密方式。为了进一步增强安全性，系统还引入了一个名为 calculate_encrypted_combined_password 的函数，该函数融合了 sha256 和

MD5 两种加密方式，从而在系统表中同时存储了这两种哈希值。关于 sha256 加密的具体实现流程，其详细执行步骤如图 7-7 所示。通过这种双重哈希存储的方式，系统能够在保障用户密码安全性的同时，提供更加灵活和强大的身份验证机制。

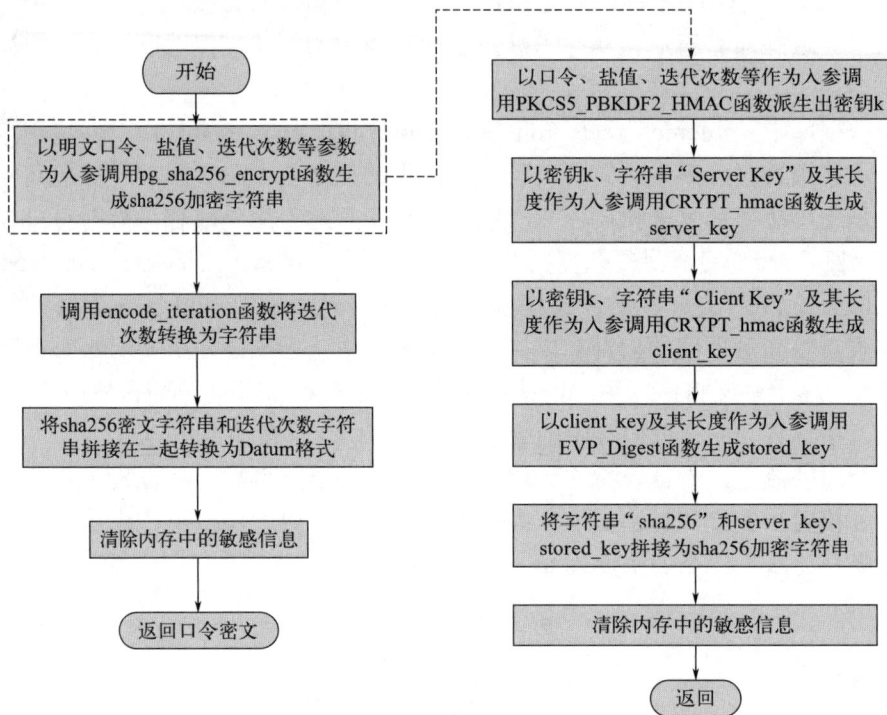

图 7-7　calculate_encrypted_sha256_password 函数执行流程

7.2.3　认证机制

在高斯数据库完整的认证流程中，身份标识确认之后，还需进行最后的认证识别步骤。这一过程通常涉及使用用户名和密码来核实数据库用户的身份，确保其合法性。高斯数据库采用了基于口令认证的方案，这是一个涉及服务器和客户端双向认证的用户认证机制。

具体来说，客户端持有用户名 username 和密码 password，首先会将用户名发送给服务端。服务端在接收到用户名后，会检索与之对应的认证信息，如盐值 salt、存储密钥 StoredKey、服务器密钥 ServerKey 以及迭代次数。之后，服务端会将盐值 salt 和迭代次数发送给客户端。

接下来，客户端需要执行一系列计算操作，并将生成的认证信息（ClientProof）发送给服务端。服务端则利用 ClientProof 对客户端进行认证，并返回 ServerSignature（服务器签名）给客户端。最后，客户端使用 ServerSignature 对服务端进行认证，从而完成整个双向认证过程。

在服务器端，StoredKey 和 ServerKey 是两项关键的认证要素。StoredKey 主要用于验证客户端用户的身份。当客户端发送 ClientProof 至服务端时，服务端会进行一个特定的计算过程：首先，通过 ClientSignature（客户端签名）与 ClientProof 的异或运算来恢复 ClientKey。这里的 ClientSignature 是通过 StoredKey 与一个随机数 token 进行 HMAC（Hash-based Message Authentication Code，基于散列的消息认证码）计算得到的。随后，服务端会对恢复得到的

ClientKey 进行 HMAC 运算，并将结果与预先存储的 StoredKey 进行对比。如果两者一致，那么客户端的身份验证就被视为通过。

另一方面，ServerKey 的作用是向客户端证明服务端的身份。客户端会进行类似的计算过程来验证服务端：通过 ServerKey 和同一个随机数 token 进行 HMAC 计算得到 ServerSignature，然后将其与服务端发送过来的值进行比较。如果匹配，则客户端确认服务端的身份是合法的。

值得注意的是，在整个认证过程中，服务端虽然能够计算出 ClientKey，但在验证完成后会立即丢弃这个信息。这种处理方式有助于防止服务端伪造 ClientProof 认证信息，从而避免仿冒客户端的风险。

在一个认证会话期间，客户端和服务端之间会进行一系列的信息交换，以完成身份验证过程，如图 7-8 所示，下面将详细描述这一过程中的关键步骤。

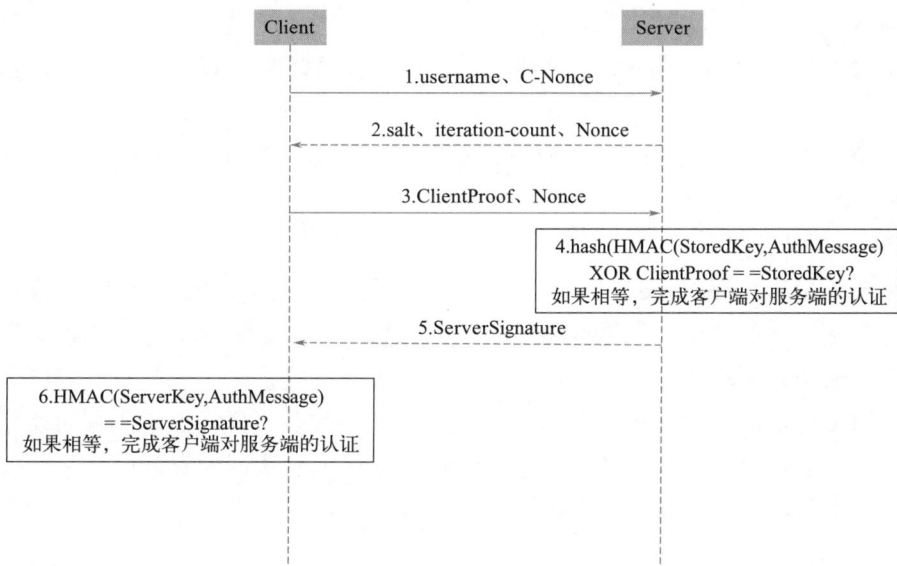

图 7-8　认证流程

（1）客户端发送用户名

● 客户端首先向服务端发送用户名（username），请求开始认证过程。

（2）服务端返回认证信息和随机字符串

● 服务端接收到用户名后，检索与该用户名关联的认证信息，包括盐值（salt）、迭代次数（iteration-count）以及预先存储的 StoredKey 和 ServerKey。

● 服务端生成一个随机字符串 token，用于后续的认证计算。

● 服务端使用 ServerKey 和 token 计算 ServerSignature，即 ServerSignature = HMAC (ServerKey, token)。

● 服务端将 salt、iteration-count、ServerSignature 以及 token 一起发送给客户端。

（3）客户端计算 ClientProof 并发送

● 客户端接收到服务端发送的 salt、iteration-count 和 token 后，使用这些参数和自身掌握的密码（password）进行计算。

- 通过 salt 和 iteration-count，客户端计算出 SaltedPassword。
- 客户端进一步计算 ClientKey、StoredKey 和 ServerKey。
- 使用 StoredKey 和 token，客户端计算 ClientSignature，即 ClientSignature = HMAC (StoredKey, token)。
- 客户端将 ClientKey 和 ClientSignature 进行异或运算，得到 ClientProof，即 ClientProof = ClientKey XOR ClientSignature。
- 客户端将 ClientProof 和 token 发送回服务端，以证明自己的身份。

（4）服务端验证 ClientProof
- 服务端接收到客户端发送的 ClientProof 和 token 后，使用自身保存的 StoredKey 和 token 计算 ClientSignature。
- 服务端将接收到的 ClientProof 与计算出的 ClientSignature 进行异或运算，尝试恢复 ClientKey。
- 服务端对恢复出的 ClientKey 进行哈希计算，并将结果与自身存储的 StoredKey 进行比较。
- 如果哈希结果与 StoredKey 匹配，则服务端确认客户端的身份验证通过；否则，认证失败。

（5）完成双向认证
- 在客户端发送 ClientProof 并通过服务端验证后，客户端也使用接收到的 ServerSignature 和服务端发送的其他信息进行类似的验证过程，以确保服务端的身份真实性。

双方都能成功验证对方的身份，那么整个双向认证过程就完成了。整个客户端的认证过程是通过调用 client_authentication 函数来完成的，该函数负责执行上述所有的计算步骤，并与服务端进行交互，以完成双向认证。这样的设计既保证了认证的安全性，又有效防止了服务端伪造认证信息，从而确保了整个认证流程的可靠性和安全性。

7.2.4 Kerberos 安全认证

Kerberos 安全认证主要基于对称密钥技术，为网络环境中的用户和服务端之间提供安全的身份认证服务。在高斯数据库中，使用 Kerberos 开源组件可以消减恶意用户仿冒集群内部节点或进程登录数据库系统的认证问题，提升数据库系统的安全性。其认证过程大致可以分为三个主要步骤：认证请求、票证授予和票证验证。

认证请求：用户首先向 Kerberos 密钥分配中心（Key Distribution Center，KDC）发送认证请求，请求中包含用户的身份信息和时间戳。

票证授予：KDC 在接收到请求后，会验证用户的身份。如果验证通过，KDC 会使用用户与服务之间的共享对称密钥为用户生成一个票据授予票据（Ticket Granting Ticket，TGT）。这个 TGT 包含了用户的身份信息、有效时间以及一些其他用于验证的信息。然后，KDC 将 TGT 发送给用户。

票证验证：用户拿到 TGT 后，就可以使用它去请求访问特定的服务。在访问服务时，用户将 TGT 以及需要访问的服务的信息发送给服务所在的服务器。服务器会向 KDC 发送请求，验证 TGT 的有效性。如果验证通过，KDC 会生成一个服务授予票据（Service Granting Ticket，SGT），并将其发送给服务器。服务器使用 SGT 对用户进行身份验证，如果验证通过，则用户就可以正常访问该服务。

在整个过程中，Kerberos 依赖于用户和 KDC 之间、服务和 KDC 之间共享的对称密钥来进行加密和解密操作，保证了通信的安全性。同时，由于 TGT 和 SGT 都有有效期的限制，也进一步增强了安全性。总的来说，Kerberos 认证原理通过利用对称密钥技术和票据机制，为用户和服务之间提供了安全、可靠的身份验证服务，有效防止了非法访问和数据泄露的风险。高斯数据库内核 Kerberos 认证交互图如图 7-9 所示。

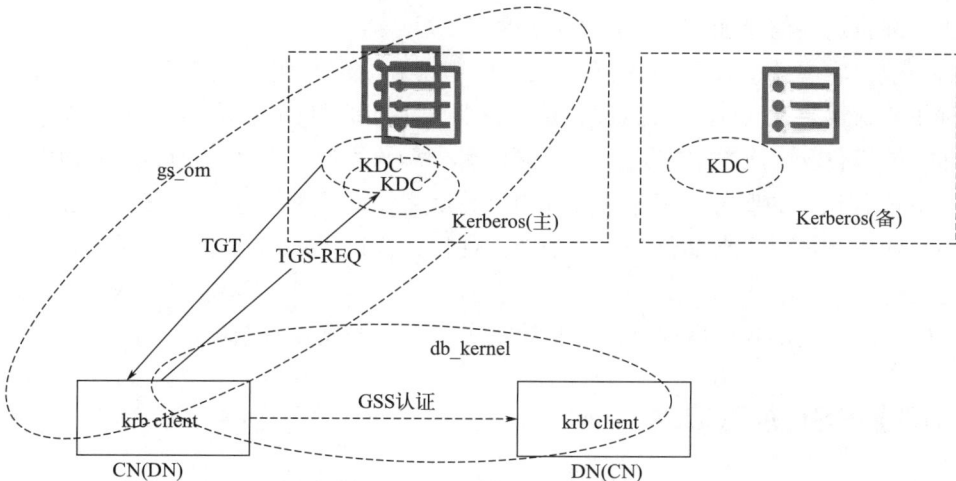

图 7-9　高斯数据库内核 Kerberos 认证交互图

Kerberos 是一个用于计算机网络上的身份认证协议，它使得用户可以在不需要在网络上发送明文密码的情况下，证明自己的身份。在 Kerberos 认证过程中，用户（客户端）和服务端之间通过 Kerberos KDC 进行交互，以获得并验证票据（ticket），从而完成身份认证。在高斯数据库中，OM 工具负责管理 Kerberos 协议的实现部分，它负责启动 KDC 服务（krb5kdc 进程），该服务包括认证服务（Authentication Service，AS）和票据授权服务（Ticket Granting Service，TGS）。数据库管理员无须直接操作这些 Kerberos 进程或部署细节，因为 OM 工具提供了透明的认证机制。以下是 Kerberos 交互过程的详细描述。

（1）获取 TGT

① AS-REQ（认证服务请求）。

- 客户端（数据库服务进程）：客户端需要访问某个服务时，首先向 AS 发送一个认证服务请求（AS-REQ），其中包含了客户端的身份信息和时间戳。
- OM 工具：OM 工具负责在 Kerberos 初始化时拉起 KDC 服务，包括 AS。此时，AS 接收到 AS-REQ 请求。

② AS-REP（认证服务响应）。

- KDC（AS）：AS 验证客户端的身份后，生成一个会话密钥（session key）和一个 TGT，并将这些信息以及客户端的凭证加密后，发送给客户端。

- 客户端：客户端接收到 AS-REP 后，使用自己的私钥解密，得到会话密钥和 TGT

（2）使用 TGT 获取服务票据

① TGS-REQ（票据授权服务请求）。

- 客户端：客户端在需要使用某个服务（如数据库服务）时，使用之前从 AS 获取的 TGT 和会话密钥，向 TGS 发送票据授权服务请求（TGS-REQ），请求获取访问该服务的票据（service ticket）。
- KDC（TGS）：TGS 验证客户端的 TGT 和会话密钥的有效性。

② TGS-REP（票据授权服务响应）。

- KDC（TGS）：如果验证通过，TGS 生成一个用于访问特定服务的会话密钥和服务票据，并将这些信息加密后发送给客户端。
- 客户端：客户端接收到 TGS-REP 后，解密得到会话密钥和服务票据。

定时任务刷新 TGT，OM 工具拉起的定时任务会定期调用 Kerberos 提供的刷新票据工具，默认每 24h 重新获取一次 TGT。这是为了确保客户端始终持有有效的 TGT，从而能够持续访问需要 Kerberos 认证的服务。在这个过程中，数据库管理员无须直接参与 Kerberos 的交互过程，因为 OM 工具提供了自动化的管理功能，使得认证过程对用户来说是透明的。

通过这种方式，Kerberos 为数据库管理员提供了一个安全、可靠的认证机制，确保了数据库服务的访问权限得到严格控制，并且简化了管理员的操作复杂度。

7.2.5 国密 SSL 加密传输

SSL 协议是安全性更高的协议标准，它加入了数字签名和数字证书来实现客户端和服务器的双向身份验证，保证了通信双方更加安全的数据传输。高斯数据库不仅支持 SSL 标准协议（TLS 1.2），还增加了支持国密 SSL 加密传输方案以满足客户对安全数据传输更高的诉求。

高斯数据库客户端与服务端进行 SSL 标准的 TLS 握手过程分为以下 5 个步骤：

① 客户端调用 OPENSSL_init_ssl 发送 ClientHello（包含支持的协议版本、加密算法和随机数 A）到服务端。

② 服务端返回 ServerHello、公钥、证书、随机数 B 到客户端。

③ 客户端使用 CA 证书验证返回证书无误后，生成随机数 C，用公钥对其加密，发送到服务端。

④ 服务端用私钥解密得到随机数 C，随后根据已经得到的随机数 ABC 生成对称密钥，并对需要发送的数据进行对称加密发送。

⑤ 客户端使用对称密钥（客户端也用随机数 ABC 生成对称密钥）对数据进行解密。

⑥ 双方手持对称密钥使用对称加密算法通信。

高斯数据库针对 SSL 加密传输沿用原有的消息序列，在原来初始化的 SSL CTX 的阶段增加国密的初始化，并在导入证书的流程中，增加针对国密双证书（签名证书文件、签名密钥文件、加密证书文件、加密密钥文件）的加载流程，并对文件的权限 600 进行检查，在指定国密算法套以后，使用对应的证书文件进行认证并进行加密传输。

国密 SSL 加密传输设计流程如图 7-10 所示。

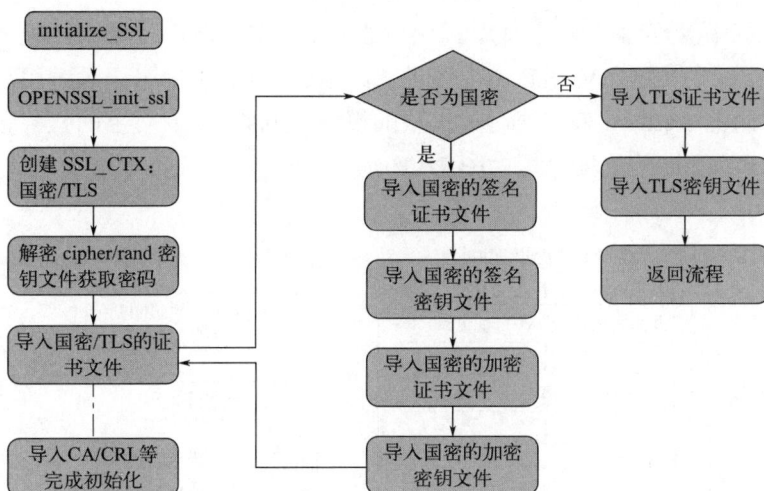

图 7-10　国密 SSL 加密传输设计流程

7.3　角色与权限

7.3.1　对象权限管理

对象权限是当用户要对某个数据库对象进行操作时需拥有的合法操作权限，仅当用户对此对象拥有合法操作的权限，才允许用户对此对象执行相应的操作。

访问控制列表（Access Control List，ACL）是实现数据库对象权限管理和权限检查的基础，每个对象都具有一个由 AclItem 构成的 ACL 链表来存储该对象的所有授权信息。当用户访问对象时，只有用户在对象的 ACL 中并且具有所需的权限才能够访问该对象。

每个 ACL 是由 1 个或多个 AclItem 构成的链表，每个 AclItem 由授权者、被授权者和权限位 3 部分构成，记录着可在对象上进行操作的用户及其权限。

在高斯数据库的具体实现中，我们将对对象执行 DML 类操作和 DDL 类操作的权限分别记在两个 AclItem 结构中，最终实现对于每一个数据库对象，相同的授权者和被授权者对应两个不同的 AclItem，分别表示记录 DML 类操作权限和 DDL 类操作权限。

每个权限参数代表的权限如表 7-2 所示。

表 7-2　权限参数

参数	对象权限	参数	对象权限
a	INSERT	T	TEMPORARY
r	SELECT	c	CONNECT
w	UPDATE	p	COMPUTE
d	DELETE	R	READ
D	TRUNCATE	W	WRITE
x	REFERENCES	A	ALTER
t	TRIGGER	P	DROP
X	EXECUTE	m	COMMENT
U	USAGE	i	INDEX
C	CREATE	v	VACUUM

数据库对象权限管理通过使用 SQL 命令 GRANT/REVOKE 授予或回收一个或多个角色在对象上的权限。GRANT/REVOKE 命令通过修改 ACL 链表中用来记录该用户拥有对此对象执行相应操作权限的 AclItem 来实现对象权限的授予或回收。以表对象的权限管理过程为例，函数 ExecGrant_Relation 的处理流程如图 7-11 所示。

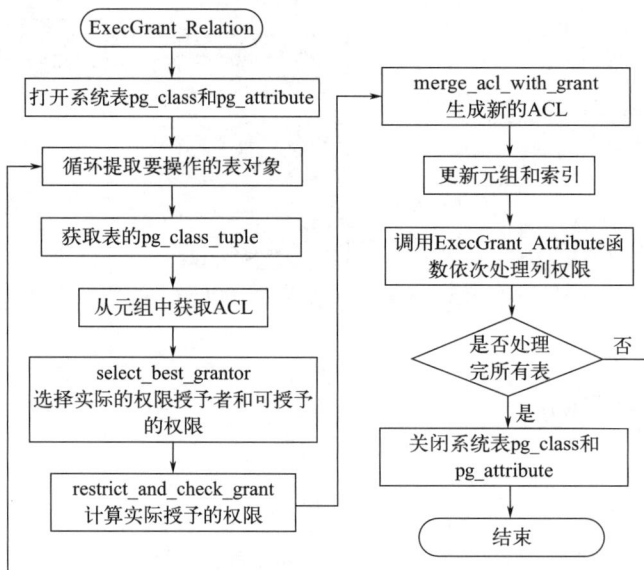

图 7-11　高斯数据库表对象权限管理函数 ExecGrant_Relation 处理流程图

函数 ExecGrant_Relation 用来处理表对象权限的授予或回收操作，入参为 InternalGrant 类型的变量，存储着授权或回收操作的操作对象信息、被授权者信息和权限信息。

- 首先从系统表 pg_class 中获取旧 ACL，如果不存在旧的 ACL，则新建一个 ACL，并调用函数 acldefault 将默认的权限信息赋给该 ACL。根据对象的不同，初始的缺省权限含有部分可赋予 PUBLIC 的权限。如果存在旧的 ACL，则将旧的 ACL 存储为一个副本。
- 然后调用 select_best_grantor 来获取授权者对操作对象所拥有的授权权限 avail_goptions；将参数 avail_goptions 传入函数 restrict_and_check_grant，结合 SQL 命令中给出的操作权限，计算出实际需要授予或回收的权限。
- 再调用 merge_acl_with_grant 生成新的 ACL，如果是授予权限，则将要授予的权限添加到旧 ACL 中；如果是回收权限，则将要被回收的权限从旧 ACL 中删除。
- 最后将新的 ACL 更新到系统表 pg_class 对应元组的 ACL 字段，完成授权或回收过程。

7.3.2　角色管理

角色是拥有数据库对象和权限的实体，在高斯数据库中角色和用户是基本相同的，区别是创建角色时不会同时创建同名 schema（模式），默认也没有连接数据库的权限。角色组内的用户自动继承角色组的权限，当有多个用户需要对同一个/组对象进行操作时，正确的实现是把这个/组对象的权限赋给一个用户组，再把需要操作这个/组对象的用户全部放到该用户组里，而不是对每一用户进行赋权。

下面以创建角色举例。在高斯数据库上要创建一个角色，可以使用 SQL 命令 CREATE ROLE，其语法为：

```
CREATE ROLE role_name [ [ WITH ] option [ ... ] ] [ ENCRYPTED | UNENCRYPTED ]
{ PASSWORD | IDENTIFIED BY } { 'password' | DISABLE };
```

完整的创建角色流程如图 7-12 所示，说明如下：

■ 创建角色时先判断所要创建的角色类型。如果是创建用户，则设置 canlogin 标志为 true，因为用户默认具有登录权限。而创建角色和创建组时，若角色属性参数没有特殊声明的话，则 canlogin 标志默认为 false。

■ 把用户通过 SQL 语句指定的参数信息转换为角色数据结构中对应的角色属性值，在完成转换以后，将角色数据结构中记录的信息构建一个 pg_authid 的元组，写回系统表并更新索引。

■ 完成更新以后，将新创建的角色加入指定存在的父角色中，例如 PUBLIC。此时，完成整个角色创建的过程。

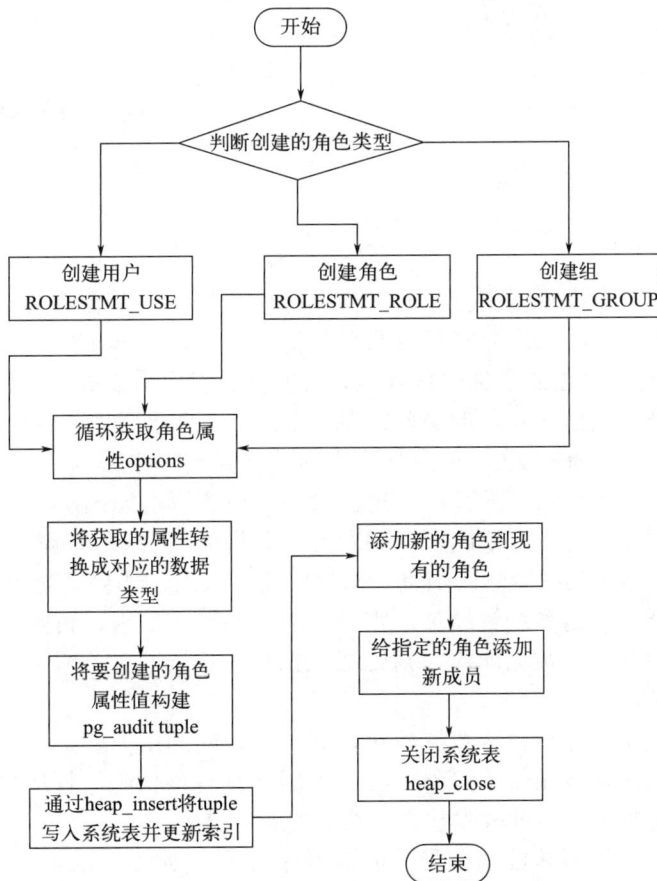

图 7-12　高斯数据库角色创建流程

7.3.3　系统权限管理

系统权限是指用户执行特定数据库操作的权限，如创建数据库、创建用户、查看审计信息等，不同的系统管理员拥有不同的系统权限，系统权限不会通过角色继承。

初始用户、三权分立关闭状态下的系统管理员、安全管理员可以授予/撤销用户的系统权限。数据库支持开启三权分立，三权分立开启后可以保证系统管理员、安全管理员、审计管理员三个角色权限分离。初始用户是在数据库安装过程中自动生成的账户，如果安装时不指定初始用户名称，则该账户与进行数据库安装的操作系统用户同名。初始用户的权限不受三权分立设置影响，因此建议仅使用初始用户用于系统权限管理以及安全逃生，而非业务应用。权限管理如图 7-13 所示。

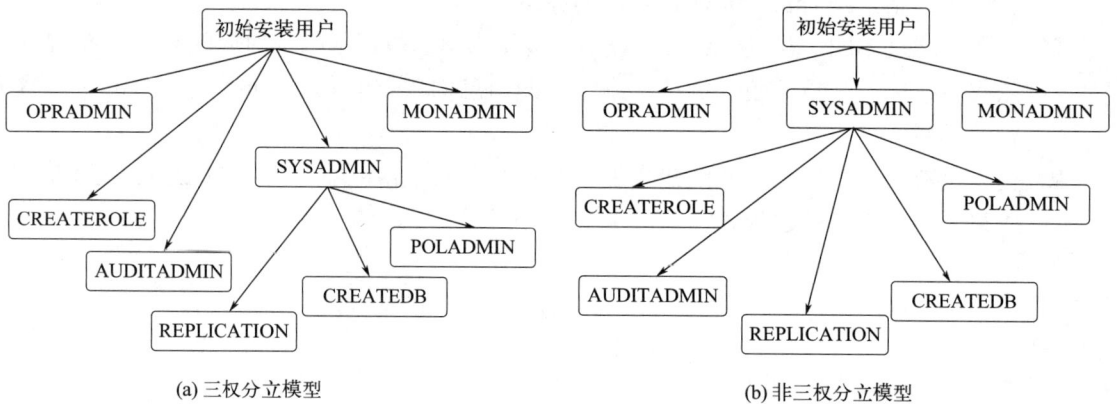

图 7-13　权限管理

(a) 三权分立模型　　　(b) 非三权分立模型

7.3.4　系统权限检查

用户在对数据库对象进行访问操作时，数据库会检查用户是否拥有该对象的操作权限。通常数据库对象的所有者、三权分立开启的系统管理员（具有 sysadmin 属性的用户）和初始用户（superuser）拥有该对象的全部操作权限，其他普通用户需要被授予权限才可以执行相应操作。数据库通过查询数据库对象的访问控制列表（ACL）检查用户和所属用户组对数据库对象的访问权限，不同对象的 ACL 信息保存在对应的系统表中。

对象的权限检查基于对象权限管理、角色管理，检查流程如图 7-14 所示。

- 检查是否是对象所有者/初始用户/三权分立未开启下的系统管理员，所有者/初始用户/三权分立未开启下的系统管理员具有对象的所有权限，如果是对象的所有者/初始用户/三权分立未开启下的系统管理员，则允许用户的操作请求，否则继续检查。
- 检查用户是否具有对数据库对象执行相应操作的权限，如果具有则允许用户的操作请求，否则继续检查。
- 如果用户被赋予了拥有对应数据库对象的访问权限的用户/角色，则允许用户的访问请求；用户拥有的角色具有该操作的权限，等同于用户具有该权限，程序检测到用户拥有的角色具有该操作的权限即认定通过权限检查，否则继续检查。
- 如果 PUBLIC 权限对象能访问受控的数据库对象，则允许用户的访问请求；默认每个用户具有 PUBLIC 权限。
- 如果以上权限都不具有，即拒绝用户的访问请求。

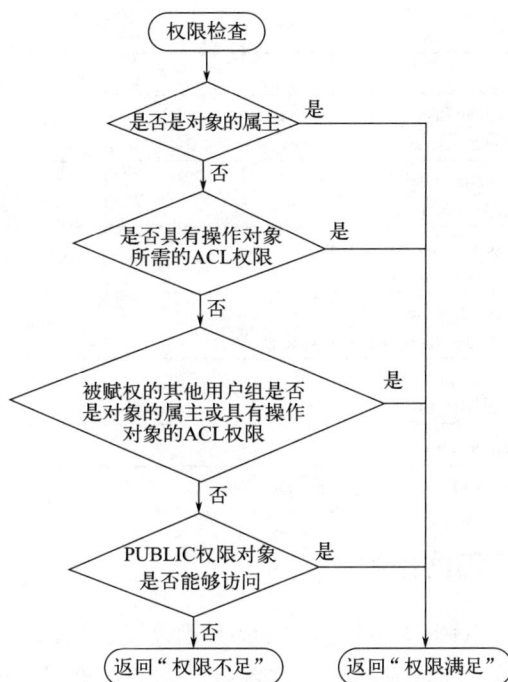

图 7-14　高斯数据库权限检查流程

　　另外高斯数据库也提供了一系列访问权限查询函数，用户可以通过 SQL 调用对应类型的系统函数检查是否具有对象的访问权限，如表 7-3 所示。

表 7-3　访问权限查询函数

编号	函数	说明
1	has_any_column_privilege(user, table, privilege) has_any_column_privilege(table, privilege)	是否有访问表任何列的权限
2	has_column_privilege(user, table, column, privilege) has_column_privilege(table, column, privilege)	是否有访问列的权限
3	has_cmk_privilege(user, cmk, privilege)	是否有访问客户端加密主密钥 CMK 的权限
4	has_cek_privilege(user, cek, privilege)	是否有访问列加密密钥 CEK 的权限
5	has_database_privilege(user, database, privilege) has_database_privilege(database, privilege)	是否有访问数据库的权限
6	has_directory_privilege(user, directory, privilege) has_directory_privilege(directory, privilege)	是否有访问目录的权限
7	has_foreign_data_wrapper_privilege(user, fdw, privilege) has_foreign_data_wrapper_privilege(fdw, privilege)	是否有访问外部数据封装器的权限
8	has_function_privilege(user, function, privilege) has_function_privilege(function, privilege)	是否有访问函数的权限
9	has_language_privilege(user, language, privilege) has_language_privilege(language, privilege)	是否有访问语言的权限
10	has_nodegroup_privilege(user, nodegroup, privilege) has_nodegroup_privilege(nodegroup, privilege)	是否有集群节点访问权限
11	has_schema_privilege(user, schema, privilege) has_schema_privilege(schema, privilege)	是否有访问模式的权限

编号	函数	说明
12	has_sequence_privilege(user, sequence, privilege) has_sequence_privilege(sequence, privilege)	是否有访问序列的权限
13	has_server_privilege(user, server, privilege) has_server_privilege(server, privilege)	是否有访问外部服务的权限
14	has_table_privilege(user, table, privilege) has_table_privilege(table, privilege)	是否有访问表的权限
15	has_tablespace_privilege(user, tablespace, privilege) has_tablespace_privilege(tablespace, privilege)	是否有访问表空间的权限
16	pg_has_role(user, role, privilege) pg_has_role(role, privilege)	是否有角色的权限
17	has_any_privilege(user, privilege)	是否有某项 ANY 权限

注：参数 user 为指定用户名或用户 oid，不指定为检查当前用户。

7.3.5 基于标签的强制访问控制

高斯数据库支持用户对主体和客体进行安全标签设置，从而实现强制访问控制。通过给主体（用户或角色）和客体（表或表的列）设置不同的安全标签，控制哪些用户/角色可以操作数据库的哪些表或表的列。

首先我们以标签的创建为例，介绍安全标签的操作语法。

高斯数据库仅允许初始用户、具有 sysadmin 权限的用户或者继承了内置角色 gs_role_seclabel 权限的用户对安全标签进行管理操作。有权限的用户执行以下 SQL 语法创建安全标签：

```
CREATE SECURITY LABEL label_name 'label context';
```

其中，label_name 为安全标签的名称，在数据库系统中是唯一的，数据库间共享的；label_context 为安全标签的内容，由等级和范围两部分组成，两者中间用冒号（":"）分隔，形式如"等级类别:范围类别"。

等级类别仅由一个等级组成，范围类别可由多个范围组成，但至少需要有一个范围，例如安全标签"L1:G2,G41,G6-G27"。

等级分类中有 1024 个等级，命名为 L_i，其中（$1 \leqslant i \leqslant 1024$），等级满足偏序关系（若 $i \leqslant j$，则 $L_i \leqslant L_j$），例如等级 L1 小于等级 L3。范围分类中有 1024 个范围，命名为 G_i，其中（$1 \leqslant i \leqslant 1024$），范围之间无法比较大小，但可以进行集合运算，多个范围之间用逗号（","）分隔，连字符（"-"）表示区间，例如{G2-G5}表示{G2,G3,G4,G5}，集合{G1}是集合{G1,G6}的子集。

注意：等级和范围的首字母 L 和 G 均为大写；L 和 G 之后至少要有一个数字字符，且第一位非零，不允许出现空格等其他任意非数字字符；{Gxxx-Gyyy}形式中数字 yyy 必须大于等于 xxx。不符合要求的等级和范围均为非法输入，系统会报错。

例如：

```
CREATE SECURITY LABEL sec_label 'L1:G45,G110-G300,G16';
```

用户可以通过查询共享系统表 gs_security_label，验证安全标签 sec_label 是否创建成功。

成功创建安全标签后，可以使用下列 SQL 语句应用或者更改安全标签：

```
SECURITY LABEL ON { ROLE | USER | TABLE | COLUMN } objname IS 'label_name';
```

下面，我们介绍安全标签的实现设计。

（1）系统表设计

新增文件 opengauss/src/include/catalog/gs_security_label.h，实现共享系统表 gs_security_label 来存储安全标签的信息，语法如下：

```
CATALOG (gs_security_label,6200) BKI_SCHEMA_MACRO BKI_SHARED_RELATION
{
    NameData label_name;
#ifdef CATALOG_VARLEN
    text label_content;
#endif
} FormData_gs_security_label;
```

其中 label_name 是安全标签的名字，label_content 为安全标签的内容。

（2）创建安全标签

新增函数 void create_seclabel(CreateSecLabelStmt* stmt)实现安全标签的创建，流程说明（图 7-15）：

① 首先判断当前用户是否有权限创建安全标签，如果没有则直接报错权限不足，否则执行下一步；

② 校验标签名是否在系统中已存在，如果标签已存在则报错当前标签已存在，否则执行下一步；

③ 打开系统表 gs_security_label，校验安全标签的 label_content 内容是否合法，如果不合法则报错语法错误，否则执行下一步；

④ 根据标签名和标签内容创建新元组并插入到系统表中，更新索引，关闭系统表 gs_security_label，创建操作完成。

（3）删除安全标签

新增函数 void drop_seclabel(DropSecLabelStmt* stmt)实现安全标签的删除，流程说明（图 7-16）：

① 首先判断当前用户是否有权限删除安全标签，如果没有则直接报错权限不足，否则执行下一步；

② 打开系统表 gs_security_label，通过 label_name 字段的唯一索引扫描全表，校验标签名是否存在（因为 syscache 槽位已满），如果标签名不存在则报错当前标签不存在，否则执行下一步；

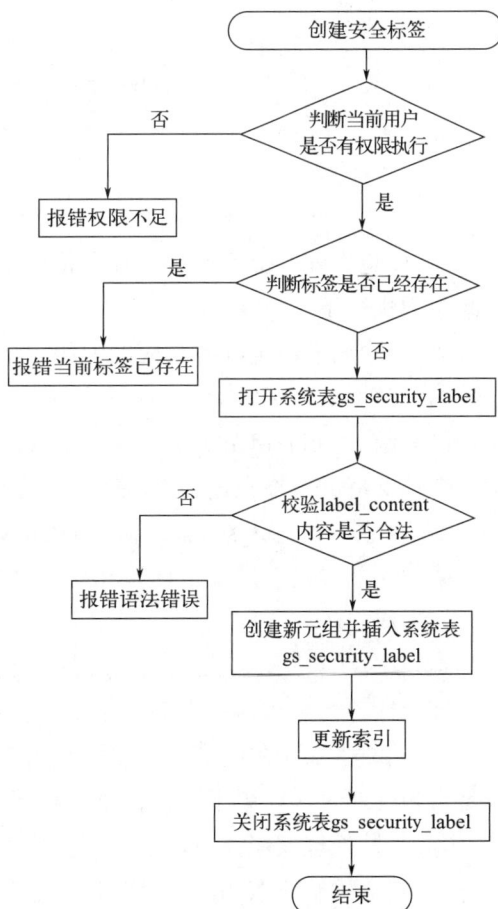

图 7-15　安全标签创建流程图

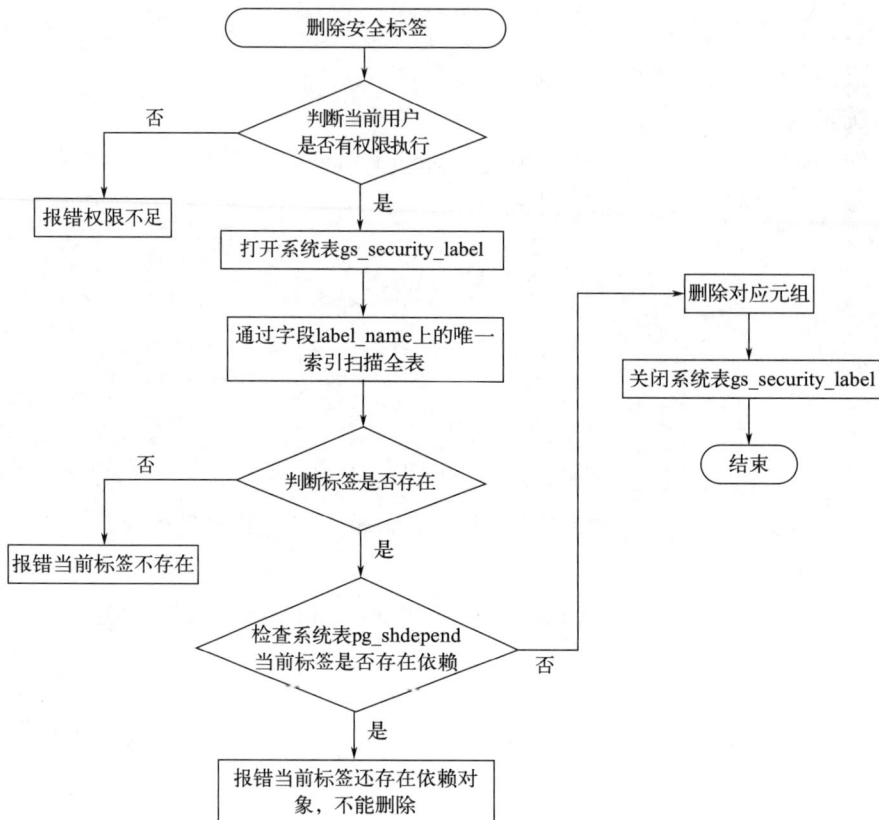

图 7-16　安全标签删除流程

③ 校验当前安全标签是否存在依赖关系，如果存在则报错当前标签存在依赖对象不能删除，否则执行下一步；

④ 删除当前安全标签对应的元组，关闭系统表 gs_security_label，删除操作完成。

（4）应用安全标签

已有函数 void sqlcmd_exec_sec_label_stmt(SecLabelStmt* stmt)实现应用安全标签操作，但没有处理支持的规格报错和依赖关系的逻辑。

新增函数 void set_seclabel_dependency(const ObjectAddress* object, const char* seclabel) 处理规格相关的报错以及安全标签和对象之间的依赖关系的处理逻辑（图 7-17）。

应用或更改安全标签：

```
SECURITY LABEL ON {ROLE|USER|TABLE|COLUMN} objname IS 'label_name' | NULL;
```

安全标签与主客体的依赖关系记录在系统表 pg_shdepend（共享表）中，流程说明：

① 判断当前对象的类型，如果是用户或角色直接执行下一步，如果是表或表的列，则判断是否为普通表，如果不是则报错规格不支持，否则执行下一步；

② 开始处理依赖关系，安全标签为 NULL 则删除对象和安全标签的依赖关系；

③ 安全标签非 NULL，如果对象已有安全标签则更新依赖关系，如果对象还没有安全标签则增加依赖关系。

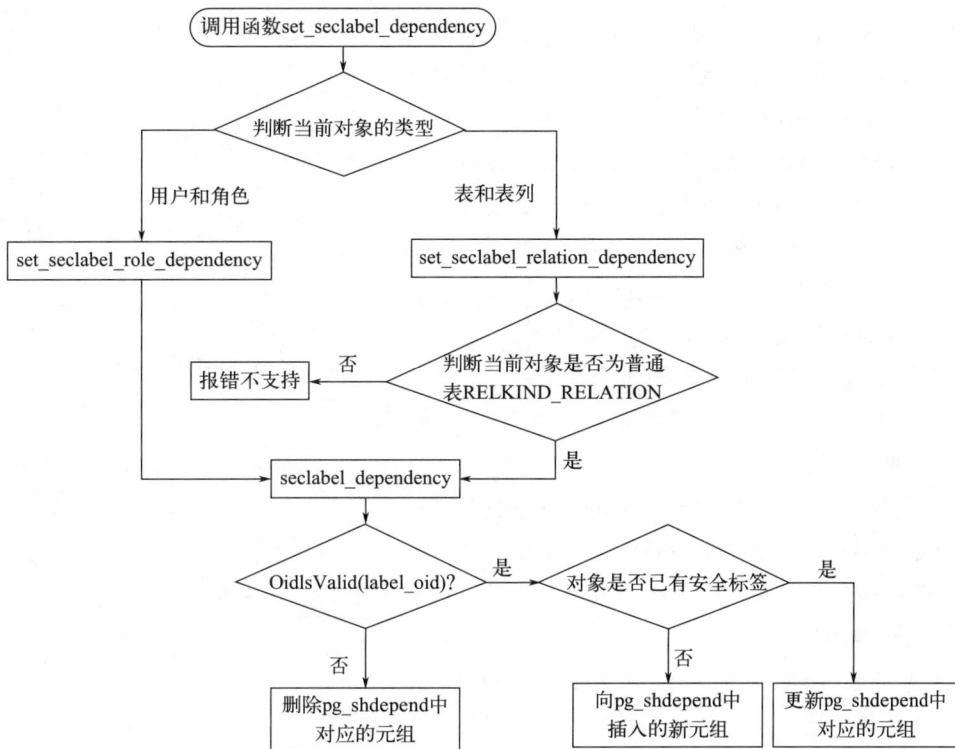

图 7-17　安全标签应用流程图

下面介绍以安全标签为基础的强制访问控制检查流程设计。

（1）安全标签内容转化为安全标签值

新增函数 SeclabelMode* get_seclabel_value_by_name(const char* label_name)将安全标签 label_name 的标签内容转化为可比较的标签值，记录在新增结构体 SeclabelMode 中：

```
typedef struct SeclabelMode{
    int4 level;
    Bitmapset* group;
} SeclabelMode;
```

其中 level 存储等级的值，例如 L32 的值就是 32，直接比较大小来实现等级的比较；group 存储范围的值，是一个比特位，例如 G32 对应的第 32 个比特位就置为 1，通过 bms_subset_compare 函数比较集合的关系来实现范围的比较。

（2）强制访问控制策略

新增函数 AclMode mac_check_result(SecLabelMode user_label, SecLabelMode object_label, ObjectType object_type)比较主体和客体之间的安全标签的策略规则。

- 插入（INSERT）策略。只有主体安全标记等级小于等于客体安全标记等级且主体安全标记范围是客体安全标记范围的子集时才允许插入数据。
- 查询（SELECT）策略。只有主体安全标记等级大于等于客体安全标记等级且主体安全标记范围是客体安全标记范围的超集时才允许查询数据。
- 修改（UPDATE）和删除（DELETE）策略。只有主体安全标记等级等于客体安全标记等级且主体安全标记范围等于客体安全标记范围时才允许修改和删除数据。

- 若客体未标记，则任意主体可访问该客体。
- 若主体未标记，则不能访问任意带有标记的客体。

（3）强制访问控制校验

新增函数 bool mac_check_for_table(Oid table_oid, Oid roleid, AclMode mask)校验用户 roleid 对表对象 table_oid 是否具有 mask 操作权限，流程说明（图 7-18）：

① 首先判断 GUC 参数 enable_mac_check 是否打开，如果没有则直接返回 true，否则执行下一步；

② 分别获取用户和数据表的安全标签；

③ 比较用户和数据表的安全标签值是否符合强制访问控制规则，返回结果。

新增函数 bool mac_check_for_columns (RangeTblEntry *rte, Oid table_oid, Oid roleid, AclMode mask) 校验用户 roleid 对 table_oid 表的列对象是否具有 mask 操作权限，流程说明（图 7-19）：

① 首先判断 GUC 参数 enable_mac_check 是否打开，如果没有则直接返回 true，否则执行下一步；

② 分别获取用户和数据表列的安全标签；

③ 比较用户和数据表列的安全标签值是否符合强制访问控制规则，返回结果。

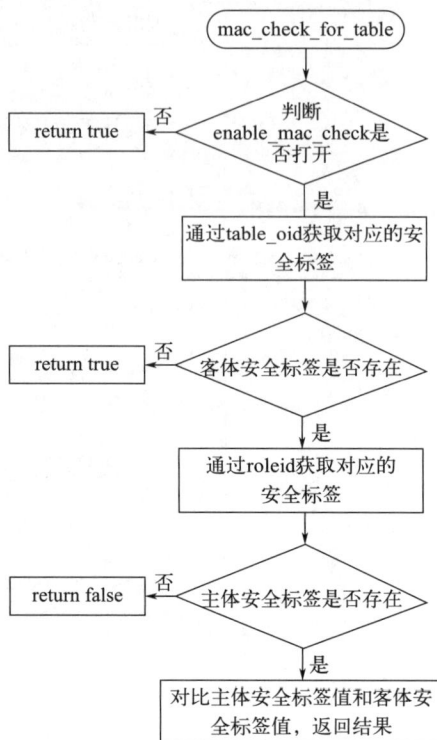

图 7-18 表级强制访问控制检查流程图

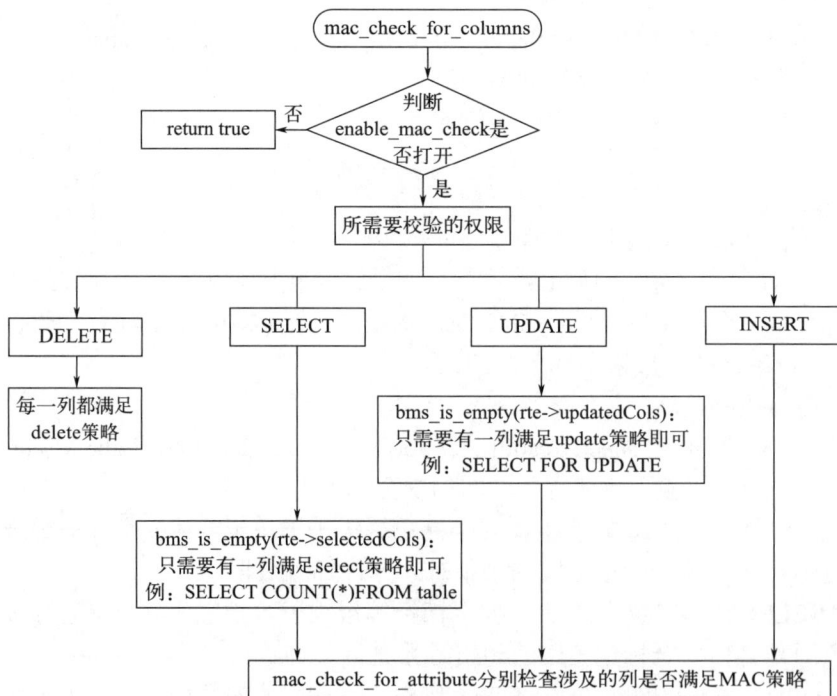

图 7-19 列级强制访问控制检查流程图

最终在进行权限校验的地方，先调用 mac_check_for_table 函数判断表的强制访问控制权限，如果权限通过，再调用 mac_check_for_columns 判断列的强制访问权限，如果表和表列的强制访问控制权限都满足要求，再校验原有的权限判断逻辑。

基于标签的强制访问控制技术作为基于对象、基于角色的权限访问控制的补充，适用于对权限要求严格的场景，提供给数据库用户更全面的权限控制能力。

7.4 审计追踪

7.4.1 传统审计

审计功能对数据库系统的安全性至关重要。数据库安全管理员可以利用审计日志信息，重现导致数据库现状的一系列事件，找出非法操作的用户、时间和内容等，主要提供数据库系统对非法操作的追溯及举证能力。

传统审计主要记录用户对数据库的启停、连接、DDL、DML、DCL（Data Control Language，数据控制语言）等操作。由于对数据库全量操作进行审计会导致数据库性能下降，所以传统审计提供一系列参数开关以便用户进行选择性审计。

传统审计采用记录到 OS 文件的方式来保存审计日志，审计结果包含以下字段：时间、操作类型、操作结果、用户 id、用户名、数据库、客户端信息、访问对象名称、细节信息、节点名称、线程 id、本地端口、远程端口。高斯数据库支持审计管理员通过 SQL 函数接口对审计记录查询，并且根据上述字段对查询结果进行过滤；审计管理员也可以通过 SQL 函数接口对审计记录进行删除。

审计记录存放在 OS 文件中，数据库提供了一系列参数来控制审计文件的管理策略，例如：审计文件存放目录、最大保留文件数、最大占用空间、单个审计文件大小上限等。高斯数据库会根据上述参数对审计文件进行审计文件轮转、清理等管理动作。

（1）审计日志记录的主要流程

审计机制是高斯数据库内置的安全能力，审计事件由各个工作线程触发，审计日志的记录通过审计线程进行，审计记录的传输通过管道进行。审计线程在数据库启动时进行初始化并在后台持续运行。审计同时提供钩子（HOOK）函数在 SQL 生命周期的不同阶段或审计事件触发时进行调用，当工作线程接收到 SQL 语句并执行到相应阶段、审计事件触发时，会自动调用审计的钩子函数，钩子函数判断是否需要对此种操作进行审计，若需要审计，则拼接构造完整的审计记录字符串（时间、操作类型、操作结果、用户 id、用户名、数据库、客户端信息、访问对象名称、细节信息、节点名称、线程 id、本地端口、远程端口）并通过管道将审计记录发送至审计线程。后台运行的审计线程会循环读取管道，并将读出的审计记录写入日志文件中。

如图 7-20 所示，在线程初始化阶段，审计模块已加载完毕，SQL 经过优化器得到计划树，此时审计模块 audit_executorend 和 audit_process_utility 函数分别进行 DML 和 DDL 操作的审计，调用 audit_report 进行审计记录字符串的拼接并且写入管道。审计线程读取管道中的审计记录并写入审计文件。

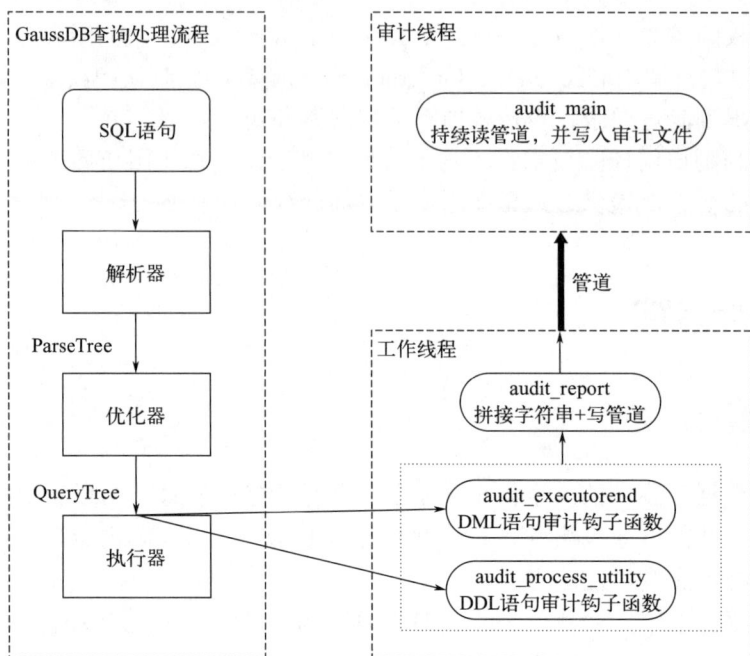

图 7-20　审计记录关系图

除了上述两个记录 SQL 操作的钩子函数外，审计还提供许多其他钩子函数供工作线程调用以记录审计事件，例如：

① audit_system_recovery_ok 记录数据库恢复成功行为；

② audit_system_start_ok 记录数据库启动成功行为；

③ audit_system_stop_ok 记录数据库停止成功行为；

④ audit_system_switchover_ok 记录数据库切换成功行为；

⑤ audit_user_login 记录用户登录行为；

⑥ audit_user_logout 记录用户退出登录行为；

⑦ audit_user_no_privileges 记录无权限操作行为；

⑧ audit_lock_or_unlock_user 记录用户锁定、解锁行为；

⑨ audit_grant_or_revoke_role 记录授权、撤销权限的行为；

⑩ audit_security_label 记录安全标签的创建、删除和应用操作。

以审计用户登录 audit_user_login 为例说明其主体流程，如图 7-21 所示。

（2）审计记录的查询和删除接口

高斯数据库提供审计查询和审计删除 SQL 函数接口供拥有 auditadmin 属性的用户查看/删除审计记录。

审计记录查询接口为 pg_query_audit 函

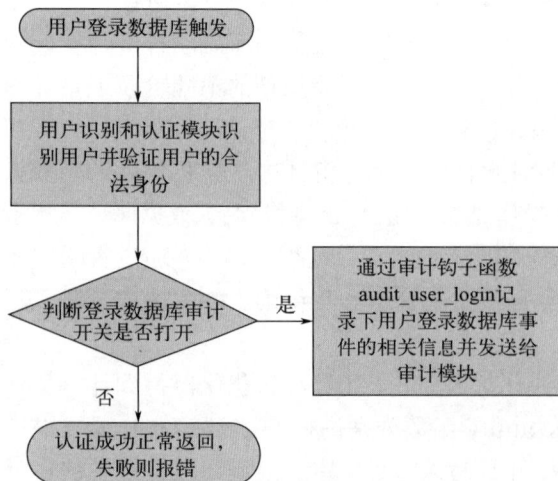

图 7-21　用户登录数据库审计流程图

数，该函数为数据库内置函数，可供用户直接调用，调用形式为：

```
SELECT * FROM pg_query_audit (timestamptz startime,timestamptz endtime,
audit_log);
```

入参为需要查询审计记录的起始时间和终止时间以及审计日志文件所在的物理路径。当不指定 audit_log 时，默认查看连接当前实例的审计日志信息。该函数通过遍历指定物理路径或当前实例的审计日志中指定时间段内的审计记录来实现查询功能，并且将结果（包含时间、操作类型、操作结果、用户 id、用户名、数据库、客户端信息、访问对象名称、细节信息、节点名称、线程 id、本地端口、远程端口等字段）以表结构返回。审计管理员可以通过 where 子句对查询结果进行过滤，也可以通过 order by 语句对查询结果进行排序。

执行语句示例：查询 2023-06-29 17:30:00 到 2023-06-29 17:44:00 之间登录成功类型的审计记录，并将结果按照时间由早到晚顺序输出。语句如下：

```
SELECT * FROM pg_query_audit('2023-06-29 17:30:00','2023-06-29 17:44:00')
WHERE type like 'login_success' ORDER BY time;
```

审计记录的删除接口为 pg_delete_audit 函数，该函数为数据库内置函数，可供用户直接调用，调用形式为：

```
SELECT * FROM pg_delete_audit (timestamptz startime,timestamptz endtime);
```

入参为需要被删除审计记录的起始时间和终止时间。该函数通过调用 pgaudit_delete_file 来将审计日志文件中 startime 与 endtime 之间的审计记录标记为 AUDIT_TUPLE_DEAD，达到删除审计日志的效果，而不实际删除审计记录的物理数据。即执行该函数后，审计日志文件大小不会减小。

执行语句示例：删除 2023-06-29 17:30:00 到 2023-06-29 17:44:00 之间的审计记录。语句如下：

```
SELECT * FROM pg_query_audit('2023-06-29 17:30:00','2023-06-29 17:44:00')
```

（3）审计日志管理策略

高斯数据库支持通过时间优先或空间优先的方式对审计日志的保存进行管理，用户可以通过 audit_resource_policy 参数自行选择以哪种方式进行管理。默认情况下通过空间优先的方式进行管理。

与空间优先管理方式相关的参数有：

① audit_space_limit，审计文件占用的磁盘空间总量，若超过此值，则审计线程自动将现有最早的审计文件删除以保证空间满足要求。

② audit_rotation_size，单个审计日志文件的最大容量，当审计文件的大小达到此值时，审计线程生成一个新的审计日志文件继续记录。

③ audit_file_remain_threshold，审计目录下审计文件个数最大值，超过此值，则审计线程自动将现有最早的审计文件删除以保证文件个数满足要求。

与时间优先管理方式相关的参数有：

① audit_file_remain_time，审计文件保留的时间，默认审计文件保留 90 天。

② audit_rotation_interval，创建一个新的审计文件的时间间隔，默认为 1 天。

审计日志管理在审计线程的主循环中实现，根据用户设置的策略，持续判断审计文件空间/时间是否满足策略，并做出相应的处理。

7.4.2 统一审计

统一审计特性在数据库内部记录针对特定行为的审计策略，当用户执行的数据库语句关联到相关的审计策略后，生成对应的审计行为。通过这种内部有选择性执行有效的审计来简化数据库管理，可以提高数据库生成审计数据的安全性。相比于传统审计，统一审计可以针对特定的 Label 对象或者特性的 Filter（用户、访问源 IP、访问源 App）进行约束。

现阶段支持的审计操作类型及对象如表 7-4 所示，表中未列出的操作及对象暂时不支持。

表 7-4　支持的审计操作类型及对象

op_type	action	statement	object
PRIV	create	T_CreateStmt	
		T_CreatedbStmt	DATABASE
		T_CreateSchemaStmt	SCHEMA
		T_CreateFunctionStmt	FUNCTION
		T_CreateTrigStmt	TRIGGER
		T_CreateTableAsStmt	TABLE
		T_CreateSeqStmt	SEQUENCE
		T_CreateForeignServerStmt	FOREIGN_SERVER
		T_CreateForeignTableStmt	FOREIGN_TABLE
		T_CreateTableSpaceStmt	TABLESPACE
		T_CreateRoleStmt	ROLE/USER
		T_IndexStmt	INDEX
		T_ViewStmt	VIEW
PRIV	alter	T_AlterSeqStmt	
		T_AlterDatabaseSetStmt	
		T_AlterDatabaseStmt	
		T_AlterForeignServerStmt	
		T_AlterOwnerStmt	
		T_AlterObjectSchemaStmt	
		T_AlterFunctionStmt	
		T_AlterTableSpaceOptionsStmt	
		T_AlterTableStmt	
		T_AlterSchemaStmt	
		T_AlterDataSourceStmt	
		T_AlterRoleSetStmt	
		T_AlterRoleStmt	
		T_RenameStmt	COLUMN/FUNCTION/SCHEMA
PRIV	drop	T_DropdbStmt	
		T_DropOwnedStmt	
		T_DropTableSpaceStmt	
		T_DropStmt	
		T_DropRoleStmt	

op_type	action	statement	object
PRIV	grant/revoke	T_GrantStmt	
PRIV		T_GrantRoleStmt	
PRIV	vaccum/analyze	T_VacuumStmt	
PRIV	comment	T_CommentStmt	
PRIV	set	T_VariableSetStmt	
PRIV	show	T_VariableShowStmt	
ACCESS	reindex	T_ReindexStmt	
ACCESS	truncate	T_TruncateStmt	
ACCESS	copy	T_CopyStmt	
ACCESS	execute	T_ExecuteStmt	
ACCESS	deallocate	T_DeallocateStmt	
ACCESS	prepare	T_PrepareStmt	
ACCESS	select	T_SelectStmt	
ACCESS	delete	T_DeleteStmt	
ACCESS	insert	T_InsertStmt	
ACCESS	update	T_UpdateStmt	

统一审计的实现主要包括三个部分：资源标签、统一审计策略维护和统一审计记录。

① 资源标签（Label）用于在数据库内部标记数据库资源，标签定义者指定目标资源并归为一组相关集合，这种有选择的"分类"可以简化数据库管理和相关安全策略的制定，降低策略配置的复杂性，提升执行效率。标签是基本对象集合，定义在该集合中的资源（表、视图、列等）将统一以集合的形式应用到统一审计策略中。目前定义标签所支持的范围仅包括table（不支持临时表）、column、schema、view、function。高斯数据库中提供标签定义接口，使数据管理者能够统一地对数据库资源进行集中管理，并将其用于统一审计以及后文中介绍的数据脱敏等安全特性，优化安全策略制定和管理。新增系统表 gs_policy_label 表用于储存已配置的标签信息，新增系统视图 gs_labels 显示标签配置。

② 统一审计策略维护包括统一审计策略的增、删、改、查等操作，通过定义策略来生成审计线程需要记录的操作行为，是实现统一审计功能的重要配置信息。统一审计策略的主体信息均记录在系统表 gs_auditing_policy 中：

```
CATALOG(gs_auditing_policy,9510)
{
    NameData        polname;
    NameData    polcomments;
    timestamp   modifydate;
    bool        polenabled;
} FormData_gs_auditing_policy;
```

各属性介绍如下：
- polname 为策略名称，不可重复；
- polcomments 为策略描述字段，记录策略相关的描述信息，通过 COMMENTS 关键字体现；

- modifydate 为策略创建或修改的最新时间戳；
- polenabled 表示策略启动开关。

跟 gs_auditing_policy 紧密相关的 access、privilidges 以及 filter 信息则分别记录在 gs_auditing_policy_access、gs_auditing_policy_priviledges 以及 gs_auditing_policy_filter 系统表中。当策略信息发生变更时，通过 policy 的 oid 信息进行关联，并相应地更新诸如 priviledges、access 以及 filter 的信息。策略信息的更新通过 Remove 和 Add 两个步骤来实现，并记录至系统表。

关于 privileges 和 access 系统表信息部分，labelname 表示当前 DDL 或 DML 的作用范围，modify_date 则记录了最新一次 DDL 和 DML 发生变更的时间。

统一审计策略维护流程如图 7-22 所示。

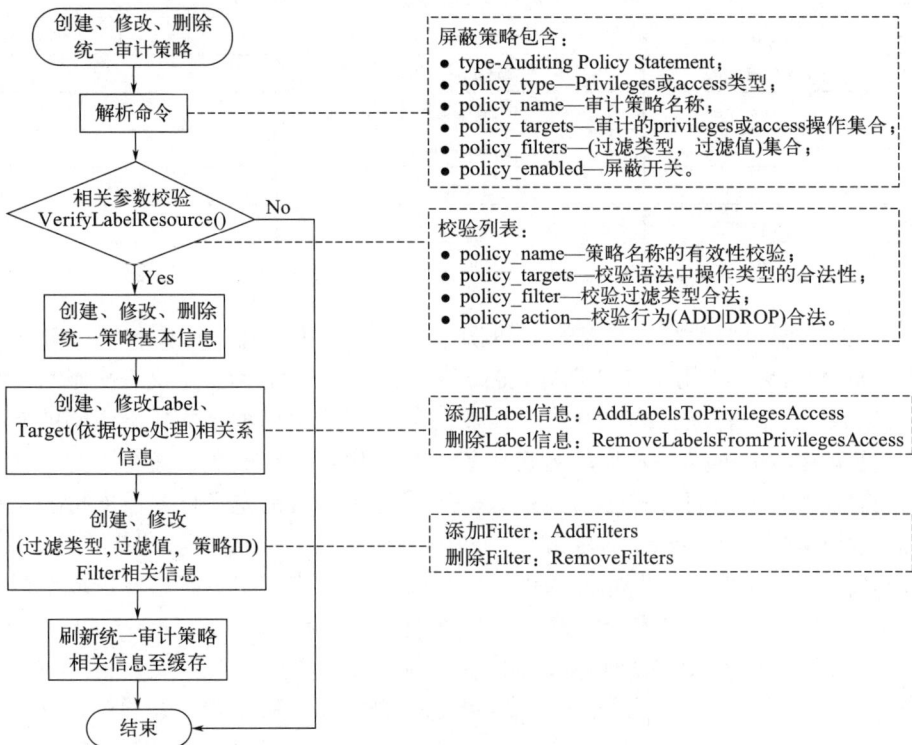

图 7-22　统一审计策略维护流程

③ 统一审计主要是对用户或者系统触发的可审计事件应用审计策略并生成统一审计记录。统一审计的记录线程通过 Plugin 机制来实现，在接口函数 gs_audit_executor_start_hook 中，依据获取的 QueryDesc 首先对作用的对象范围进行限定，仅当统一审计策略中存在相当的对象时进行记录。然后根据当前 QueryDesc 中的 DDL 或 DML 与统一审计策略的行为进行匹配，并逐个对不同的 DDL 和 DML 操作行为进行日志行为拼接。统一审计记录流程如图 7-23 所示。

日志的记录一共有两种方式：

① 通过调用 send_sys_log 接口将日志记录于 rsyslog 中，供数据库用户查看。

② 使用 audit_report 写入二进制文件中，如果当前已经对接了 ElasticSearch 系统，则通过 curl 传送审计数据，ES 系统的 IP 和端口通过 gaussdb.conf 来配置。

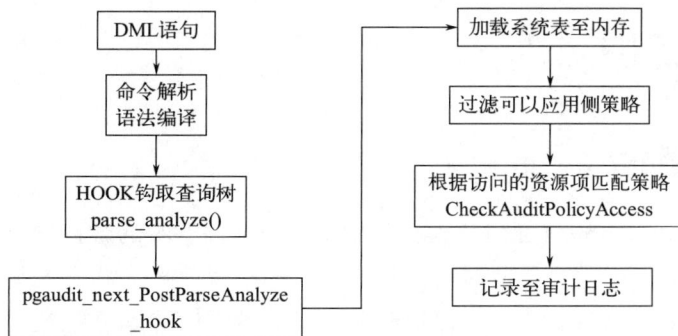

图 7-23　统一审计记录流程

日志格式当前设计如下：

① Rsyslog 日志：|事件类型|用户名|触发客户端|客户端 IP|操作类型|策略 ID|执行结果|

② 对接 ES 系统日志：|数据类型|执行结果|执行用户|数据库|客户端信息||执行语句|节点信息|线程|端口|时间|ES 系统信息。

为了提高审计记录过程的执行效率，我们设计了审计策略的缓存模块用于加速策略的匹配和应用过程。安全策略运行时，用户触发 SQL 语句后，统一审计策略插件解析处理 SQL 以遍历匹配合适的统一审计策略，统一审计策略信息（包括统审计策略信息、过滤、Label 信息）都以系统表的形式存储于数据中，为提升用户线程获取策略信息的性能，线程将数据库审计信息加载至缓存中。

如图 7-24 所示，缓存版本控制用于标识当前系统表的更新的版本，用户对审计策略的增删改会更新数据库中系统表数据，缓存版本控制器同步更新。各线程在使用缓存数据的时候会对比本地版本和系统表版本是否相等，如果相等说明已经更新至最新版本不需要变更，如果不相等则进行一次同步，将本地版本更新至最新版本。

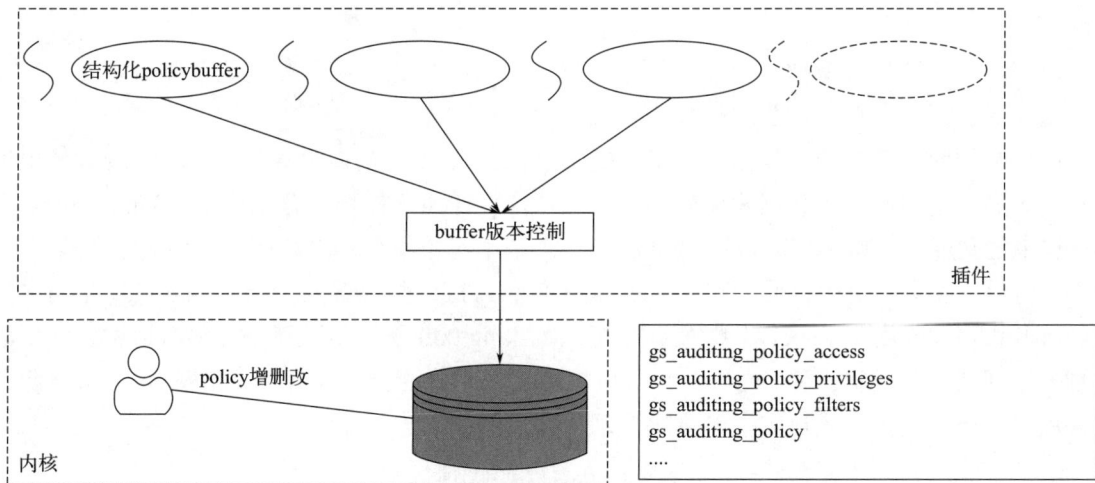

图 7-24　统一审计缓存模块结构

通过当前缓存本地化处理，降低了多线程下对公共缓存的并发访问，从而提升了性能。

7.5 数据保护

7.5.1 动态数据脱敏

动态数据脱敏（Dynamic Data Masking, DDM）是一种实时的数据安全策略，它在敏感信息传输到最终用户或应用程序之前对其进行变形、屏蔽或替换，确保这些敏感数据即使在合法访问的情况下也不会以原始的、未保护的形式暴露给不应看到这些数据的人。这种技术主要应用于生产环境和需要控制敏感数据可视性的场景中。

在实际操作中，动态数据脱敏通常通过以下方式实现：

① 基于角色和权限：根据用户的角色和权限级别，系统会自动决定哪些数据应当被脱敏处理。

② SQL 查询改写：当数据库接收到查询请求时，动态数据脱敏能够实时地解析并修改 SQL 语句，在结果集返回前对其中包含的敏感列应用脱敏函数，这样即便是从生产数据库直接获取的数据也会在传输过程中被脱敏。

③ 透明处理：对于应用程序和终端用户来说，这一过程是透明的，即他们无须改变原有的查询逻辑或使用方法，脱敏处理在后台自动完成。

④ 脱敏算法：采用各种算法来遮蔽数据，如星号隐藏（如信用卡号后四位显示为"****"）、部分替换（如身份证号中间几位用特定字符代替）、乱序显示（如手机号码打乱顺序）、假值替换（如真实姓名替换成随机生成的名字）等。

⑤ 应用场景广泛：包括但不限于业务系统的日常操作、运维监控、数据分析以及跨部门、跨组织的数据交换等场景，确保在不同层级的安全需求下，敏感数据都能得到妥善保护。

⑥ 性能优化：先进的动态数据脱敏解决方案，如高斯数据库采用了语句改写的方式，通过对查询进行预处理，仅对涉及敏感信息的查询进行脱敏函数嵌入，从而大大降低了性能损耗。

总之，动态数据脱敏技术旨在不牺牲数据可用性的同时，最大程度地保障信息安全性和个人隐私保护，符合众多行业法规和隐私政策的要求。

高斯数据库实现的动态数据脱敏机制提供了在 SELECT 查询时对某些字段或表数据根据用户自定义策略实现敏感数据脱敏的功能。此特性设计两个模块，分别为 Masking Policy 和 Label，来定义屏蔽策略和屏蔽范围。Label 是一个基本对象集合，定义在该集合中的资源（表、视图、列等）将会被屏蔽，此后可指定屏蔽策略对 Label 进行屏蔽。Masking Policy 是用户定义的屏蔽策略，作用于 Label 或数据库资源。Masking Policy 指出敏感数据将在何种条件下以何种屏蔽规则进行脱敏。系统内置 7 种屏蔽规则及其支持的类型如表 7-5 和表 7-6 所示，除此之外用户可根据具体场景自定义规则来实现自定义的屏蔽方式。

表 7-5 内置屏蔽规则表

序号	屏蔽规则	示例
1	creditcardmasking	'4880-9898-4545-2525' 将会被屏蔽为 'xxxx-xxxx-xxxx-2525'
2	maskall	'4880-9898-4545-2525' 将会被屏蔽为 'xxxxxxxxxxxxxxxxxxx'

序号	屏蔽规则	示例
3	basicemailmasking	'alex@gmail.com' 将会被屏蔽为 'xxxx@gmail.com'
4	fullemailmasking	'alex@gmail.com' 将会被屏蔽为 'xxxx@xxxxx.com'
5	alldigitsmasking	'alex123alex' 将会被屏蔽为 'alex000alex'
6	shufflemasking	'hello word' 将会被屏蔽为 'ollehdlrow'
7	randommasking	'hello word' 将会被屏蔽为 'ad5f5ghdf5'

表 7-6　内置屏蔽规则的支持类型

序号	屏蔽规则	支持的数据类型
1	creditcardmasking	BPCHAR, VARCHAR, NVARCHAR, TEXT
2	basicemailmasking	BPCHAR, VARCHAR, NVARCHAR, TEXT
3	fullemailmasking	BPCHAR, VARCHAR, NVARCHAR, TEXT
4	alldigitsmasking	BPCHAR, VARCHAR, NVARCHAR, TEXT
5	shufflemasking	BPCHAR, VARCHAR, NVARCHAR, TEXT
6	randommasking	BPCHAR, VARCHAR, NVARCHAR, TEXT
7	maskall	BOOL, RELTIME, TIME, TIMETZ, INTERVAL, TIMESTAMP, TIMESTAMPTZ, SMALLDATETIME, ABSTIME, TEXT, BPCHAR, VARCHAR, NVARCHAR2, INT8, INT4, INT2, INT1, NUMRIC, FLOAT4, FLOAT8, CASH

综上，当配置了脱敏策略之后，系统才能合理且有目标地对敏感数据进行动态脱敏处理。在高斯数据库中，已为用户提供了完善的脱敏策略管理功能，包括但不限于创建、修改和删除等操作的配置语法。尽管这些不同操作的语法解析节点存在一定的共性，此处我们将重点对创建脱敏策略相关的核心数据结构进行分析说明，而对于其他类似的操作则不再详述。

（1）脱敏策略创建的基本过程

以下案例演示了一个动态数据脱敏策略创建的基本过程：

① 确认内置安全策略总开关是否开启。

```
postgres-# show enable security policy;
enable_security_policy
------------------------
on
(1 row)
```

② 准备两张包含敏感字段（creditcard、customername）的表。

```
postgres=# SELECT * FROM person;
id  | name  | creditcard       | address
-----+--z------+-------------------+----------------
1   | 张三  |1234-4567-7890-0123 | huoyue Mansion, No. 98. 1st Fuhua
Street
2   | 李四  |1231-2314-0159-8520 | Futian District, Shenzhen City
  (2 rows)
postgres=# SELECT * FROM orders;
```

```
id    | pid  | customername | order_no
------+------+--------------+-----------------
1     | 1    | 张三         | 13002457
2     | 1    | 张三         | 13002458
3     | 2    | 李四         | 13002459
```

③ 策略配置。策略管理员（拥有 poladmin 权限）登录数据库，将两张数据表的敏感字段分别添加到资源标签 "creditcard_label" "customer_label" 中去管理。

```
CREATE RESOURCE LABEL creditcard label ADD COLUMN(person.creditcard);
CREATE RESOURCE LABEL customer label ADD COLUMN(orders.customername):
```

策略管理员创建两个脱敏策略，其作用如下：

- 脱敏策略 mask_card_pol：只有当用户 user1 在 ip 10.11.12.13 上使用 gsql 访问表时，标签 creditcard_label 中的列将按照 CREDITCARDMASKING 方式脱敏。
- 脱敏策略 mask_name_pol：默认对于所有查询用户，标签 customer_label 中的列将按照 MASKALL 的方式脱敏。

```
CREATE MASKING POLICY mask card pol
CREDITCARDMASKING ON LABEL(creditcard label)
FILTER ON ROLES(user1), IP('10.11.12.13'), APP(gsql);
CREATE MASKING POLICY mask name pol MASKALL ON LABEL(customer_label);
```

当系统接收到查询命令时，security_plugin 将在解析器中拦截语义分析生成的查询树，首先根据用户登录信息（用户名、客户端、IP）筛选出满足用户场景的脱敏策略。由于脱敏策略是基于（仅包含表列的）资源标签配置的，因此需要判断查询树的目标节点是否属于某个资源标签，然后将识别到的资源标签与脱敏策略相匹配，根据策略内容将查询树目标节点改写，最终将查询树返还给解析器。

security_plugin 模块由于内置查询树脱敏方式，数据访问者不会感知内置安全策略重写查询树的过程，而是像执行普通查询一样去访问数据，同时保护数据隐私，如图 7-25 所示。

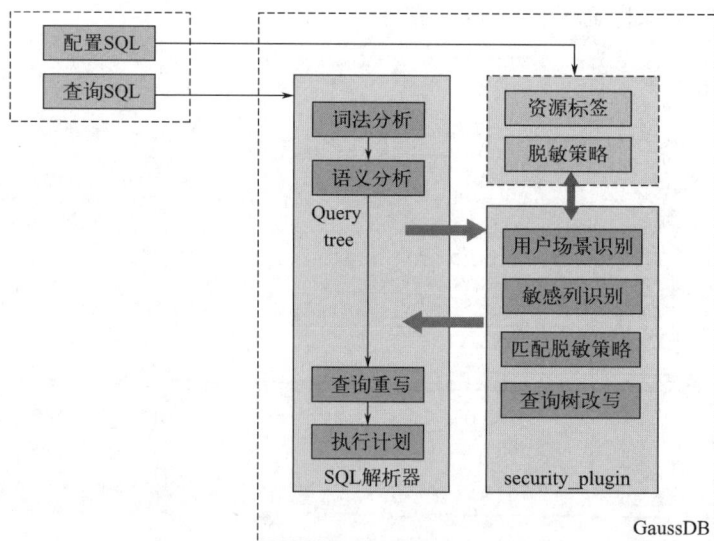

图 7-25 高斯数据库动态数据脱敏架构

基于以上案例，我们可以通过查询数据表来触发脱敏策略。

用户 user1 在满足 mask_card_pol 策略的情况下使用 gsql 登录数据查询敏感数据，系统将返回脱敏后的数据结果。而用户 user2 不满足该条策略，因此该用户查询的数据未做脱敏处理。

```
postgres=# select * from person; --Query of userl
 id  |  name   |   creditcard      |            address
-----+---------+-------------------+------------------------------
 1   |  张三   |xxxx-xxxx-xxxx-0123 | huoyue Mansion, No. 98. 1st Fuhua
Street
 2   |  李四   |xxxx-xxxx-xxxx-8520 | Futian District, Shenzhen City
 (2 rows)
postgres=# select * from person; --Query of user2
 id  |  name   |   creditcard      |            address
-----+---------+-------------------+------------------------------
 1   |  张三   |1234-4567-7890-0123 | huoyue Mansion, No. 98. 1st Fuhua
Street
 2   |  李四   |1231-2314-0159-8520 | Futian District, Shenzhen City
 (2 rows)
```

而无论对于 user1 还是 user2 用户，他们查询 order 表时都会触发脱敏策略 mask_name_pol，因此 customername 字段将会被脱敏处理。

```
postgres=# SELECT * FROM orders;
 id  | pid | customername | order_no
-----+-----+--------------+----------------
 1   |  1  |   xx         | 13002457
 2   |  1  |   xx         | 13002458
 3   |  1  |   xx         | 13002459
```

下面将对 CREATE MASKING POLICY 语句所涉及的语法结构定义进行逐一介绍。

数据结构 CreateMaskingPolicyStmt：

```
typedef struct CreateMaskingPolicyStmt
{
    NodeTag     type;
    char        *policy_name;    // 脱敏策略名称
    List        *policy_data;    // 脱敏策略行为
    List        *policy_filters; // 用户过滤条件
    bool        policy_enabled;  // 策略开关
} CreateMaskingPolicyStmt;
```

创建 Masking Policy（屏蔽策略）的流程是（图 7-26）：

① 系统接收并解析从客户端发起的命令，进入处理流程；

② Parser 层接收到 SQL 命令，进入语法解析阶段根据新增语法接口生成查询树 Query；

③ Execute 层根据 Query 中 Statement 信号进入 DDL 处理流程，配置 Masking Policy 并保存至相关系统表；

④ 加载最新 Policy 及其关联数据至缓存，保证可快速检索 Policy，保证时效性。

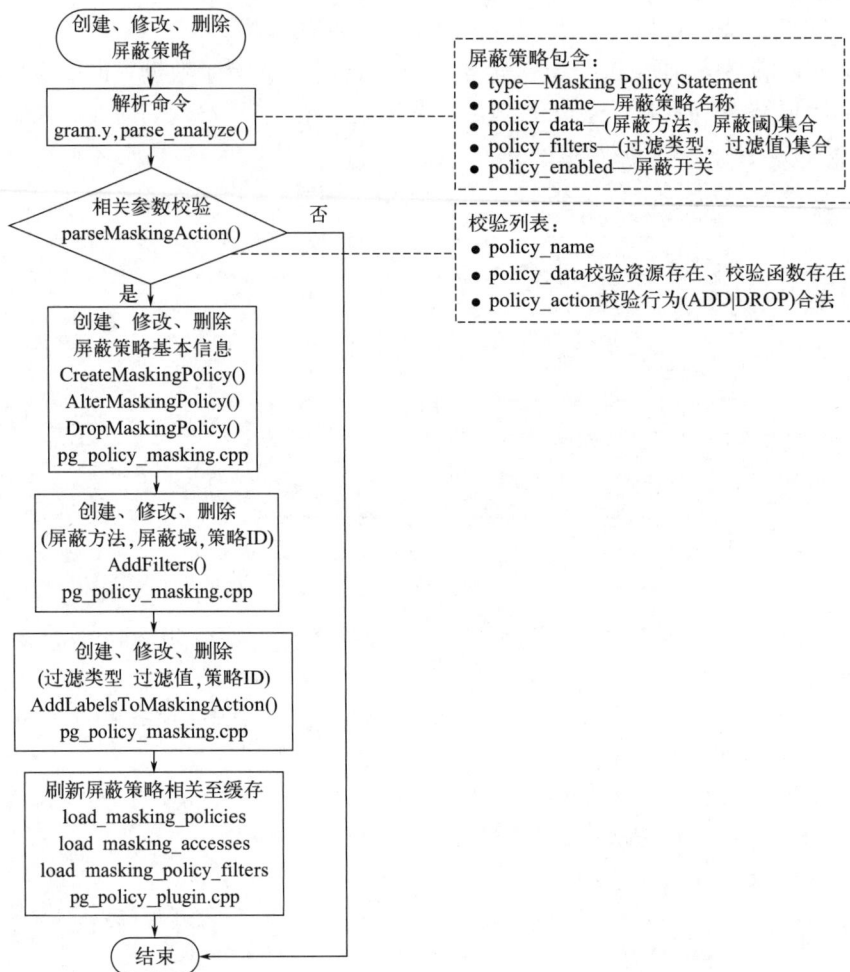

图 7-26　创建 MASKING POLICY 流程

处理查询并进行脱敏的流程如下（图 7-27）：

① 系统接收并解析客户端的查询命令，进入处理流程；

② Parser 层接收到 SQL 命令，进入语法解析阶段生成查询树；

③ 查询树生成后系统 HOOK 查询树，进入查询树处理阶段（脱敏）；

④ 脱敏阶段处理查询树每个节点，匹配与敏感资源相关屏蔽策略，根据匹配到的屏蔽策略更新查询树；

⑤ HOOK 返还查询树，继续生成计划并执行查询流程，返回脱敏数据。

Masking Policy 的增删改查操作本质上就是对 Policy 相关系统表的增删改查，系统新增三个相互关联的系统表来支持屏蔽策略的创建、修改、删除、查询操作。Masking Policy 中每个定义的 Policy 所涉及的名称、屏蔽函数、屏蔽项、屏蔽开关、过滤条件等都存储在新增的三种关联表中。

脱敏策略相关（Label、Masking Policy）的增删查改具体流程与原生 SQL 中 DDL 执行流程类似，在语法解析完成后进入 DDL 执行流程，standard_ProcessUtility 方法根据 stmt->kind 选择对应处理流程。此处仅介绍系统表结构定义。

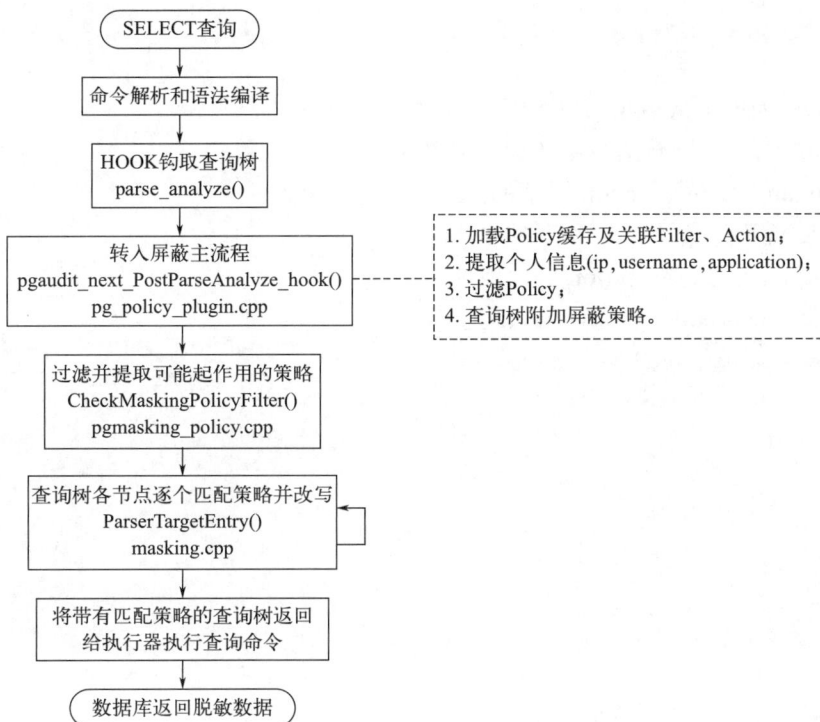

图 7-27　数据脱敏流程图

① 系统表 gs_masking_policy 定义如下：

```
CATALOG(gs_masking_policy,9610)
{
    NameData        polname;
    Text            polcomments;
    Timestamp       modifydate;
    bool            polenabled;
} FormData_gs_masking_policy;
```

其中：

- polname 为策略名称，同一个表中 polname 唯一，不应重复；
- polcomments 为策略描述字段；
- modifydate 为策略创建或更新时间；
- polenabled 为策略开关。

② 系统表 gs_masking_policy_actions 定义如下：

```
CATALOG(gs_masking_policy_actions,9650)
{
    NameData        actiontype;
    NameData        actparams;
    NameData        actlabelname;
    Oid             policyoid;
    Timestamp       actmodifydate
```

```
} FormData_gs_masking_policy_actions;
```
其中：

- actiontype 为该条 Action 使用的屏蔽函数；
- actparams 为使用屏蔽函数中传递的参数；
- actlabelname 为该条 Action 屏蔽的 Label 名；
- policyoid 说明该条 Action 所属的 Policy；
- actmodifydate 为该条 Action 创建或修改的时间戳。

③ 系统表 gs_masking_policy_filters 定义如下：

```
CATALOG(gs_masking_policy_filters,9640)
{
    NameData    filtertype;
    NameData    filterlabelname;
    Oid         policyoid;
    Timestamp   modifydate
    NameData    logicaloperator;
} FormData_gs_masking_policy_filters;
```

其中：

- filtertype 表示该项 Filter 的类型；
- filterlabelname 固定为 logicalexpr；
- policyoid 指出该条 Filter 所属的 Policy；
- logicaloperator 为用户过滤的前缀表达式；
- modifydate 为该项新增或修改的最新时间戳。

屏蔽策略的应用是敏感数据脱敏特性实现的关键，不同于语法扩展，该特性是利用高斯数据库中 HOOK 机制以插件的形式来实现的，可以在用户执行查询时切入到系统内部运行机制中，控制特定活动的执行，完成敏感数据屏蔽的功能。

（2）屏蔽策略实现过程

Masking Policy 策略在系统内核中定义了如表 7-7 所示 HOOK。

表 7-7　HOOK 与文件对照表

HOOK	Files
post_parse_analyze_hook	parser/analyze.cpp
load_masking_policies_hook	gs_policygs_policy_masking.h
load_masking_access_hook	gs_policy/gs_policy_masking.h
load_masking_policy_filter_hook	gs_policy/gs_policy_common.h
load_labels_hook	gs_policy/gs_policy_common.h

post_parse_analyze_hook 是整个屏蔽活动的入口，指向数据脱敏主函数，在语法解析生成查询树后，该 HOOK 拦截程序，切入屏蔽流程：

```
Query *
parse_analyze(Node *parseTree, const char *sourceText,
              Oid *paramTypes, int numParams, bool isFirstNode, bool
```

```
isCreateView)
    {
        ParseState *pstate = make_parsestate(NULL);
        Query    *query = NULL;
        /* required as of 8.4 */
        AssertEreport(sourceText != NULL, MOD_OPT, "para cannot be NULL");
        pstate->p_sourcetext = sourceText;
        if (numParams > 0)
         parse_fixed_parameters(pstate, paramTypes, numParams);
        query = transformTopLevelStmt(pstate, parseTree, isFirstNode,
isCreateView);
        if (post_parse_analyze_hook)
         (*post_parse_analyze_hook) (pstate, query);
        free_parsestate(pstate);
        return query;
    }
```

数据脱敏主函数为 gs_policy_plugin.cpp 中的 pgaudit_next_PostParseAnalyze_hook 函数，主要包括如下步骤：

① Policy Loader 加载所有 Policy、Policy Action、Filter、Label；

② 获取当前用户 Filter 信息（用户名、登录客户端、IP 地址）；

③ 根据用户信息，从 Policy Loader 中挑选所有可能起作用的 Policy（满足 Filter 条件的 Policy 或 Filter 为空的 Policy）；

④ 根据筛选的 Policy 逐个匹配 Query 中每个节点，构建新的查询树。

Policy Loader 定义了四个全局静态变量 Map 用于加载 Policy、Action、Filter、Label，分别命名为 loaded_policies、loaded_access、loaded_masking_filters、all_labels。Policy Loader 在内存中保存一份 Policy 副本，避免多次查询产生大量的 IO 操作而降低系统效率。

四个 Loader 的类型定义如下：

```
typedef policy_memory::gs_unordered_set<gs_base_policy, PolicyHash,
EqualToPolicy> gs_policy_set;

typedef policy_memory::gs_unordered_map<long long/*policy id*/, gs_masking_
access_set>gs_masking_access_map;

typedef policy_memory::gs_unordered_map<long long/*policy id*/, gs_policy_
filter_type_map> gs_policy_filter_map;

typedef policy_memory::gs_unordered_map<gs_string/*label_name*/, typed_
labels> loaded_labels;
```

可以看到 Action 和 Filter 是与某 Policy 相关联的，在使用此二者进行匹配时可通过 Policy id 键值关联到对应 Policy。

以上四个 Loader 的加载方式的原理相同，都是先将表中所有数据逐个预加载进 Tmp Loader 中，并统计表的最后修改时间，只有当表修改时间晚于上次修改时才会执行数据加载。

```
    if (max_modified_date > modified_date)
        modified_date = max_modified_date;
        SpinLockAcquire(&loaded_access_mutex);
        loaded_access[MyDatabaseId].swap(tmp_accesses);
        SpinLockRelease(&loaded_access_mutex);
    }
```

为了优化 Loader 检索，需要根据用户信息筛选出所有可能起作用的 Policy，该阶段只涉及 loaded_policies 和 loaded_masking_filters，原因是 loaded_access 只是 Masking Funciton（屏蔽函数）与 Policy 的映射关系，不会根据用户条件影响 Policy 的启停。筛选策略认为满足如下两种情况的 Policy 为有效的：所有 Filter 为空的 Policy 都有可能匹配查询树；用户信息满足 Filter 的 Policy 有可能匹配查询树。筛选后的 Policy 将用于查询树匹配。

```
// Filter Loader 为空时所有 Policy 都标记为有效
If filters && filters->empty()) {
    if(policies && !policies->empty()) {
        policy_pair item;
        gs_policy_set::const_iterator it policies->begin(), eit =
policies->end();
        for(;it != eit;++it)
        {
            it->get_pol(item);
            policy_ids.insert(item);
        }
    }
} else if(policies)
{
// Filter 为空的 Policy 标记为有效，满足 Filter 的 Policy 标记为有效
    CheckFilterItems(policy_ids, filters, arg, policies);
}
```

完成 Policy 筛选后，将对截取到的查询树中每个节点匹配找到对应的 Policy，指定的屏蔽函数作用在节点上，改写查询树由执行器执行。策略匹配流程如下：

① 若 Access Loader 或 Label Loader 为空，意味着 Policy 尚未指定屏蔽方式或屏蔽范围，此时无须进行数据脱敏。

② 遍历所有已筛选出的 Policy，在 Access Loader 中找到与之匹配的 Action 集合（Set），对每个 Action 查找 Label Loader 中对应的 Label，若该 Label 与当前需处理的查询树节点匹配，则根据 Action 中指定的屏蔽方法进入特定处理函数进行节点替换即脱敏流程，匹配流程结束。

需要说明的是，根据系统表 gs_masking_policy_actions 中 filter_users 列逻辑，若 Policy 的 Filter 为空时，其 Label 在策略配置后将无法再绑定到其他 Policy 上，即一个 Label 对应一个 Policy；若 Filter 不为空，一个 Label 可以绑定到多个 Policy 上，但要求这些 Policy 的 filter_users

互斥，即根据不同的用户场景使用不同的 Policy。

至此，屏蔽策略的应用流程全部介绍完毕，在 HOOK 调用结束后，传入的 Query 已被转换为带有屏蔽策略的查询树返还给解析器，随后系统继续执行查询重写、生成执行树等原始 DML 执行流程，最终查询到脱敏后的数据。

7.5.2　透明数据加密

透明数据加密（Transparent Data Encryption，TDE），简称透明加密，是指数据库对将要落盘的数据自动进行加密，读取的时候自动进行解密，同时外部用户或应用程序在对数据使用过程中对整个加解密过程透明无感知。通过存储层的静态数据加密，可以防止攻击者绕过数据库认证机制直接读取数据存储中的敏感信息，即使磁盘文件被窃取，但磁盘中敏感信息已经加密，窃取者无法解密而得不到有效的用户数据，从而保证了数据的安全。

透明加密不保护传输中的数据，数据在内存中不进行加解密，可以有效保证内存中数据的读写性能，数据只在落盘时候加密保存。

高斯数据库提供的透明加密特性有以下几个优势：

①　精细的加密粒度：可以支持表级加密，在创建表时指定是否需要被加密，数据库可自动对表中数据进行加密存储。

②　安全的密钥存储方案：密钥通过外部 KMS 服务（华为云 KMS、混合云 KMS）进行托管，数据库通过 RESTFUL API 进行密钥创建和管理工作。数据的加密密钥的明文缓存在内存中，使用哈希键值对做索引关系，保证密钥的查询效率，并且提供密钥明文定时清除机制保证密钥明文的安全性。数据加密密钥的密文会跟随数据的 PAGE 一起落盘存储，从而保证了数据加解密过程中的准确性和高效性。

③　灵活的密钥轮转方案：一个加密表对应一个数据密钥，当用户认为当前的加密表的密钥时间过长或者不再安全以后，可以使用密钥在线轮转功能，可以将当前加密表的数据加密密钥轮转到新的数据加密密钥。

在使用透明加密表的过程中，会触发高斯数据库的透明数据加密功能：在对加密表做 DML 插入或者查询操作时，密钥管理模块负责获取数据加密密钥，并在内存中缓存密钥明文，磁盘数据模块负责将数据明文使用密钥明文加密为数据密文，并附加密钥密文共同落盘存储；解密时通过读取磁盘上的 PAGE 信息中的密钥密文，从密钥管理模块获取密钥明文，并解密数据密文为数据明文。高斯数据库透明数据加密整体架构如图 7-28 所示

当用户启用透明数据加密功能并创建加密表时，数据库会向 KMS 服务发送 API 请求获取数据加密密钥的密文，并存入系统表 PG_CLASS 中。当向加密表中插入数据时，数据会先存在缓冲区管理器的 BUFFER 中，以明文的形式保存。当 BUFFER 中的内容需要刷盘时，先在缓存中查找是否有可用的密钥明文缓存，如果有则直接使用，如果没有则向 KMS 发送 API 请求获取密钥明文并同时将明文插入缓存，最后使用密钥明文、随机生成的 IV 值、用户指定的加密算法对数据进行加密，并且将数据加密密钥密文和 IV 值插入数据页中，在落盘以后物理文件 PAGE 页就是数据密文、密钥密文及 IV 值的集合。解密是相反的过程。

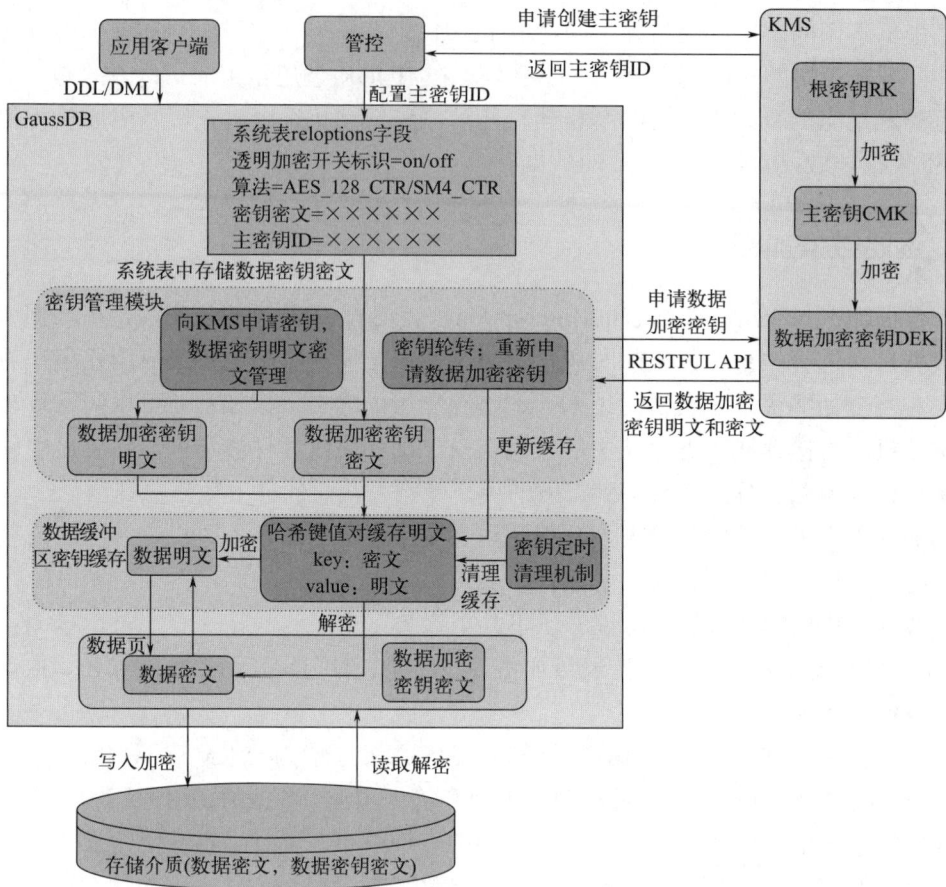

图 7-28　透明加密架构图

7.5.2.1　密钥管理模块

高斯数据库透明加密使用的密钥管理模块（图 7-29）包含两部分：一是高斯数据库内部密钥管理者模块，二是外部密钥管理服务 KMS

（1）内部密钥管理者模块

主要负责数据加密密钥的创建、获取明文等控制行为，并且提供一系列密钥处理机制保证加解密过程的安全性和性能。密钥管理者是整个密钥管理模块的核心，负责所有行为的统筹、执行与管理，具体有如下功能：

- 密钥管理：与 KMS 交互创建数据加密密钥，获取数据加密密钥明文密文。
- 密钥缓存：将数据加密密钥明文密文进行哈希键值对缓存。
- 密钥定时清除：定时清理内存中缓存的密钥明文。
- 密钥持久化：数据加密密钥密文、主密钥 ID 会被存入系统表中。
- 密钥在线轮转：支持用户触发数据加密密钥轮转。

① 密钥管理机制。透明加密特性使用三级密钥管理，密钥分为根密钥（Root Key，RK）、主密钥（Customer Master Key，CMK）和数据加密密钥（Data Encryption Key，DEK），CMK 由 RK 加密，DEK 由 CMK 加密，而数据由 DEK 加密，每一张表对应一个数据加密密钥 DEK。根密钥和主密钥通过 KMS 生成并加密存储，数据库通过 RESTFUL API 获取到用户需要的数

据加密密钥的密文和明文。获取到的 DEK 密文和明文会分别做持久化和缓存处理：密文持久化保证用户在系统表中可以看到加密表的密钥信息标识，缓存的密钥明文保证加密和解密过程可快速获取到需要的密钥明文进行加解密操作。

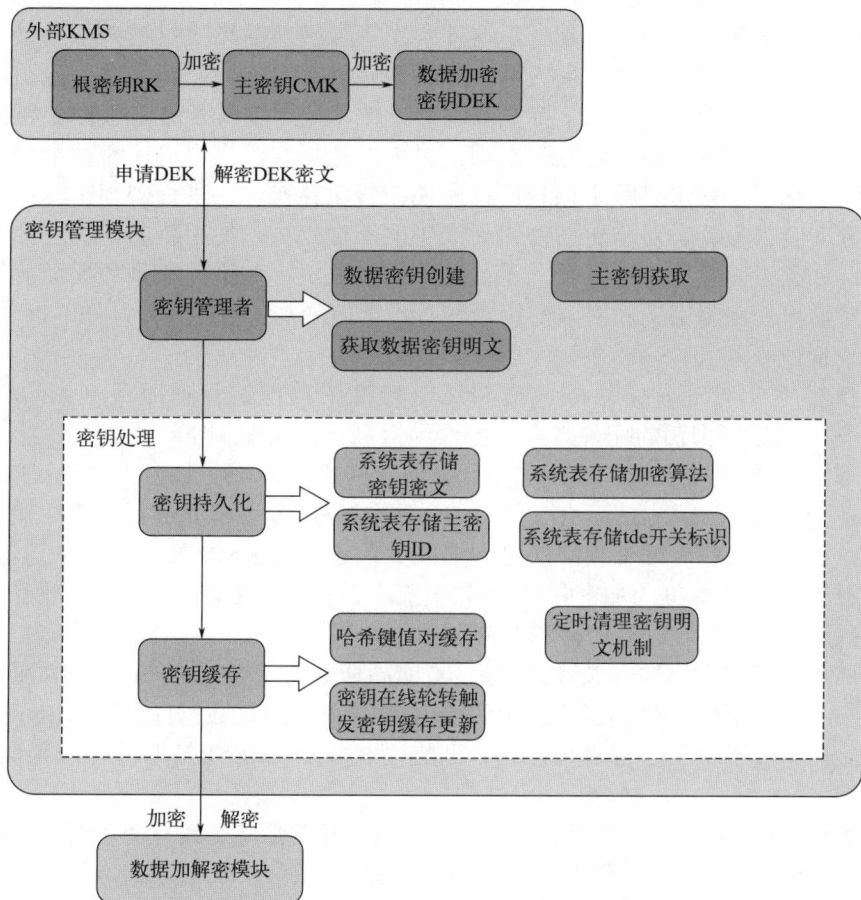

图 7-29 密钥管理模块

② 密钥缓存机制。高斯数据库透明数据加密的密钥管理模块了提供了一个进程级别的密钥缓存，以提升查询密钥明文的效率。一个 GaussDB 进程下启用一个进程级别动态哈希表进行数据加密密钥的明文和密文的缓存处理，key 是密文，value 是明文，每次通过密文查询明文。因为密文是持久化保存的，在数据加解密模块的存储层缓存中没有明文信息时，可以快速从密钥哈希表中获取到密钥的明文，减少访问 KMS 的次数从而提升加解密效率。

③ 密钥定时清除机制。根据密钥管理的安全标准要求"数据加密密钥的密文可以落盘存储，密钥的明文不可以落盘存储，只能在内存中使用，并且要保证定时清除"，为了兼顾安全与性能，高斯数据库会短期缓存密钥，并提供了定时清除机制来保证其安全性。在每一次缓存密钥密文明文对的同时会生成一个时间戳，每隔 1h，会清除一次密钥缓存，从而减少密钥泄漏风险。

④ 密钥持久化机制。高斯数据库将透明加密相关信息持久化到系统表 PG_CLASS 中的 reloptions 字段中，信息包括数据加密密钥密文、主密钥 ID、加密算法以及是否使能透明加密

开关标识。用户可以在查看加密表时看到加密表相关信息。密钥持久化更重要的作用在于：当向加密表插入新数据生成页面时，若缓存中没有密钥密文，则可直接从系统表中获取，不需要再与 KMS 进行交互。

⑤ 密钥在线轮转机制。密钥可更新才能更好保证密钥使用的安全。密钥使用时间越长，攻击者花费精力去破解它的诱惑也越大，这使得密钥被破解的风险也越大；如果密钥已经泄露，那么密钥被使用的时间越久，损失越大。为消除以上风险，高斯数据库透明数据加密技术支持数据密钥在线轮转，同时也支持主密钥的轮转，从而提升密钥使用的安全性。

密钥在线轮转当前支持用户触发，给用户最大的选择权，当用户认为某个加密表的密钥不安全或者时间久了，就可以指定该表进行密钥在线轮转操作。进行密钥轮转操作后，系统表中的密钥密文会被更新。对于更新密钥后产生的新数据页，使用新的密钥进行加密；对于旧的数据页，如果没有读取到数据页，不处理旧的数据页，如果读取到数据页，使用旧密钥进行解密，然后再使用新密钥加密。密钥轮转时不会改变加密算法。

（2）密钥管理服务 KMS

除了内部的密钥管理者模块外，透明加密特性依赖密钥管理服务（Key Management Service，KMS）来进行密钥的托管。上文中已经提到过，透明加密特性使用三级密钥管理，密钥分为根密钥（RK）、主密钥（CMK）和数据加密密钥（DEK），数据由 DEK 加密，而 DEK 由 CMK 加密，CMK 由 RK 加密。RK 和 CMK 由外部 KMS 创建并进行加密存储。当创建数据加密表时，由内部数据管理者模块通过网络或其他途径向 KMS 发送请求创建 DEK，获取 DEK 明文和密文，用于数据的加密和解密。当密钥在线轮转触发时，密钥管理者模块重新申请 DEK，使用新 DEK 对表进行加密和解密。

目前大部分的云服务均提供 KMS 服务，当前高斯数据库支持的外部 KMS 服务有华为云 KMS、混合云 KMS 两种。KMS 会为应用程序提供访问接口，数据库使用 RESTFUL 接口访问 KMS。访问 KMS 前需要进行身份认证。目前，华为云 KMS 支持账号与密码认证、AKSK 认证两种方式。

华为云 KMS 是一种安全、可靠、简单易用的密钥托管服务，具有密钥的全生命周期管理（创建、查看、启用、禁用等）、数据加密密钥的管理（仅限 API）等功能，保护密钥的安全。KMS 通过使用硬件安全模块（Hardware Security Module，HSM）保护密钥的安全，所有的用户密钥都由 HSM 中的根密钥保护，避免密钥泄露。KMS 对密钥的所有操作都会进行访问控制及日志跟踪，提供所有密钥的使用记录，满足审计和合规性要求。

7.5.2.2 使用场景

当创建的数据表中包含敏感数据时，为了防止敏感数据静态泄漏可以使用透明加密功能。但需注意有使用约束，见特性约束章节。

7.5.2.3 特性约束

（1）规格
- 密钥管理：支持华为 KMS（公有云 KMS、混合云 KMS）。
- 加密算法：支持 AES_128_CTR（默认算法）、SM4_CTR。
- 密钥轮转：支持轮转数据密钥。
- 加密表转换：支持将加密表转换为非加密表，支持将加密表转换而来的非加密表重新转换为加密表。

- 存储引擎：支持 AStore、UStore 表。

（2）约束

- 密钥管理：需保证每个数据库节点与 KMS 之间网络通畅。
- 特性开关：如果已创建加密表并向加密表中写入数据，在关闭透明加密后，无法对加密表进行读写操作。
- 加密表转换：加密表转换为非加密表时，数据库不对新数据进行加密，但仍保留系统表和数据文件中的加密信息。非加密表转换为加密表时，要求非加密表保留加密信息。
- 物化视图：不支持加密物化视图。
- 索引、xlog、系统表：仅支持加密表数据文件，不支持加密其他可能含有部分加密表数据的文件，包括索引文件、xlog 文件、PG_STATISTIC 系统表文件和 core 文件等。
- Region：不支持单集群跨 Region 的多副本主备同步，不支持单集群跨 Region 的扩容，不支持跨 Region 的备份恢复、集群容灾和数据迁移场景。
- 备份恢复：不支持细粒度备份恢复。
- 数据膨胀：与非加密表相比，加密表数据文件中存储了加密信息，额外存储空间占用在 5%以内。

7.5.2.4 依赖关系

透明加密特性依赖外部密钥管理服务提供密钥管理功能。

7.5.2.5 国密算法支持

随着信息安全上升到国家安全高度，数据安全作为信息安全的重要组成部分，如何保障数据安全也成为了重要方向之一。长期以来，我国金融、政企等行业都沿用 3DES，RSA 等国际通用的密码算法体系和标准，加密算法的自主性受到极大限制。近年来有关机关和监管机构站在国家安全和长远战略的高度，提出推动国密算法落地，以摆脱对国外加密算法和产品的过度依赖，增强加密算法的自主性和安全性。

国密算法是由国家密码管理局认定和公布的密码算法标准及其应用规范，主要包括 SM1、SM2、SM3、SM4、SM7、SM9、祖冲之密码算法（ZUC）等。随着近些年国家相关政策的推广，多个行业已陆续开始使用国密算法来替代传统的加密算法。

高斯数据库的透明加密功能除支持 AES_128_CTR 算法外还支持使用国密 SM4 算法 CTR 模式进行数据的加密和解密。SM4 是分组对称加密算法，密钥长度和分组长度均为 128 位，加密算法与密钥扩展算法都采用 32 轮非线性迭代结构，数据解密和数据加密的算法结构相同，只是轮密钥的使用顺序相反，解密轮密钥是加密轮密钥的逆序。从密钥长度上看，SM4 加密算法安全性与 AES-128 相当，比 3DES 算法更安全。

7.5.2.6 透明加密配置

使用透明加密特性的主要流程包括如下几步：

- 创建主密钥：在云服务控制台开通 KMS 服务，使用 KMS 创建 1 个主密钥，记录主密钥 ID。
- 开启透明加密：在数据库中，通过 GUC 参数开启透明加密，并配置 KMS 服务器地址、主密钥 ID、KMS 身份认证信息等用于访问 KMS 的参数，然后重启数据库。

- 创建加密表。
- 对加密表执行其他操作。

（1）创建主密钥

创建主密钥需要在云服务控制台开通 KMS 服务，在数据库使用 RESTFUL API 访问 KMS 时，需提供服务器地址、认证信息、项目信息等参数，这些参数需在云控制台上获取。获取方式如下：

① 场景一：华为云场景 AKSK 认证。

- $KMS 服务器地址：https://kms.$项目.myhuaweicloud.com/v1.0/$项目 ID/kms。部分混合云场景下，需按实际部署场景设置地址。
- $主密钥 ID：使用 KMS 创建主密钥后，可在密钥列表查看密钥 ID，如图 7-30 所示。

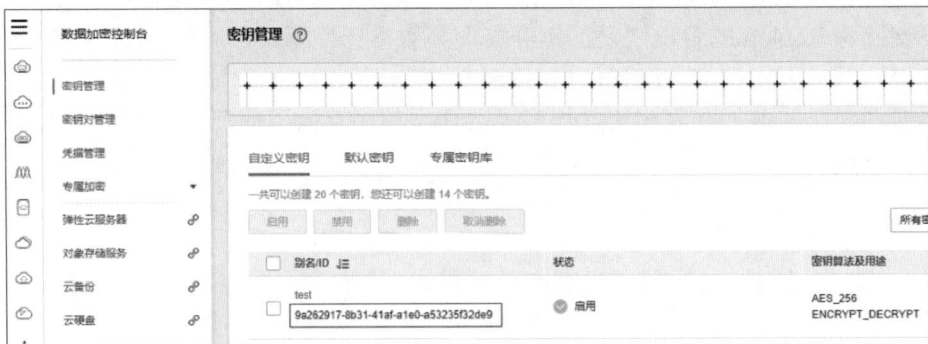

图 7-30　查看密钥 ID

- $AK，$SK：登录云"控制台"，单击右上角用户名，进入"我的凭证"，选择"程序密钥"，通过"新增访问密钥"创建 AK 与 SK，创建完成后下载密钥（即 AK 与 SK）。访问密钥如图 7-31 所示。

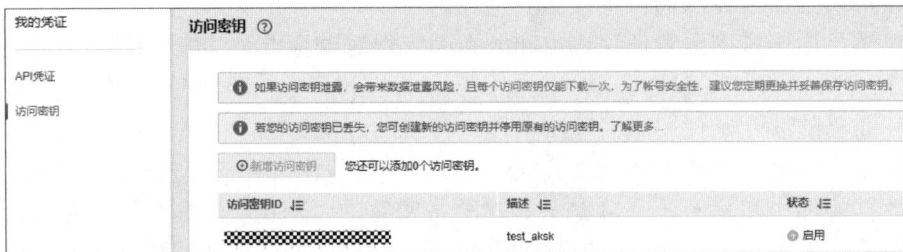

图 7-31　访问密钥

② 场景二：华为云场景账号与密码认证。

- $主密钥 ID：使用 KMS 创建主密钥后，可在密钥列表查看密钥 ID。
- $IAM 用户名，$账号名，$项目，$项目 ID：登录云"控制台"，单击右上角用户名，进入"我的凭证"，选择"API 凭证"，即可获取相关参数，如图 7-32 所示。
- $IAM 用户密码：即 IAM 用户的密码。
- $IAM 服务器地址：https://iam.$项目.myhuaweicloud.com/v3/auth/tokens。部分混合云场景下，需按实际部署场景设置地址。

- $KMS 服务器地址：https://kms.$项目.myhuaweicloud.com/v1.0/$项目 ID/kms。部分混合云场景下，需按实际部署场景设置地址。

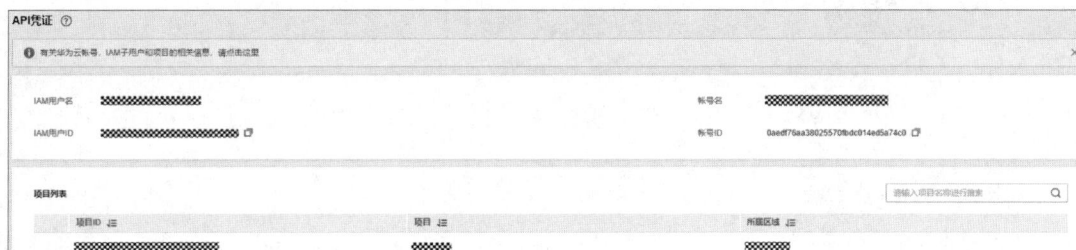

图 7-32　API 凭证

（2）开启透明加密

① 设置 GUC 参数，使能透明加密。

```
gs_guc set -D DATADIR -c "enable_tde=on"
```

② 设置用于对接 KMS 的参数 tde_key_info。使用键值对（key=value）格式设置参数，各参数间使用逗号分隔。使用的参数见表 7-8。

表 7-8　对接华为云 KMS 需要的 tde_key_info 参数列表

key	value	是否必选
keyType	huawei_kms/hcs_kms	必选，该参数必须放在首位
kmsUrl	KMS 服务 api endpoint	必选
kmsProject	KMS 项目名	用户名密码认证时需要
mkid	主密钥 ID，主密钥由用户创建获取	必选
iamUrl	IAM 身份认证服务 api endpoint	用户名密码认证时需要
iamUser	用于 IAM 身份认证的用户名	用户名密码认证时需要
iamDomain	用于 IAM 身份认证的域	用户名密码认证时需要
authType	认证方式：AK/SK 或用户名密码	AK/SK 认证时需要，值指定为 aksk
kmsCaCert	KMS CA 证书文件位置	可选
iamCaCert	IAM CA 证书文件位置	可选

a. 场景一：华为云/混合云 AK/SK 认证场景

```
gs_guc set ... -c "tde_key_info='\
    keyType=$KMS 类型,\
    kmsUrl=$KMS 服务器地址,\
    mkid=$主密钥 ID', \
    authType=aksk'"
# 示例为华为云 KMS，混合云场景将 keyType 的值替换为 hcs_kms
gs_guc set -D DATADIR -c "tde_key_info='\
    keyType=huawei_kms,\
    kmsUrl=https://kms.cn-north-
4.myhuaweicloud.com/v1.0/00000000000000000000000000000000/kms,\
    mkid=00000000-0000-0000-0000-000000000000,\
    authType=aksk,'"
```

b. 场景二：华为云/混合云账号与密码认证场景

```
gs_guc set ... -c "tde_key_info='\
  keyType=$KMS 类型,\
  mkid=$主密钥 ID',\
  iamUrl=$IAM 服务器地址,\
  iamUser=$IAM 用户名,\
  iamDomain=$账号名,\
  kmsUrl=$KMS 服务器地址,\
  kmsProject=$项目'"

# 示例为混合云 KMS，华为云场景将 keyType 的值替换为 huawei_kms
gs_guc set ... -c "tde_key_info='\
  keyType=hcs_kms,\
  mkid=00000000-0000-0000-0000-000000000000,\
  iamUrl=https://iam.cn-north-4.myhuaweicloud.com/v3/auth/tokens,\
  ..."
```

步骤如下：

- 加密用户密码或用户 AK/SK。

```
# 华为云/混合云用户名密码认证
gs_guc encrypt -M tde -K '$IAM 用户密码'
# 华为云/混合云 AKSK 认证
gs_guc encrypt -M tde -K '$AK, $SK'
```

- 重启数据库实例使上述配置生效。
- 登录数据库检查设置是否生效。

```
连接数据库
gsql -d postgres -p port
检查 tde 开关是否开启
gaussdb=# show enable_tde;
检查 tde 密钥相关信息是否设置正确
gaussdb=# show tde_key_info;
```

（3）创建加密表

创建加密表 tde_test1，加密状态为开启，指定加密算法为 AES_128_CTR：

```
gaussdb=# CREATE TABLE tde_test1 (a int, b text) with (enable_tde = on,
encrypt_algo = 'AES_128_CTR');
```

创建加密表 tde_test2，加密状态为开启，不指定加密算法，则加密算法默认为 AES_128_CTR：

```
gaussdb=# CREATE TABLE tde_test2 (a int, b text) with (enable_tde = on);
```

创建加密表 tde_test3，加密状态为关闭，指定加密算法为 SM4_CTR：

```
gaussdb=# CREATE TABLE tde_test3 (a int, b text) with (enable_tde = off,
encrypt_algo = 'SM4_CTR');
```

（4）对加密表执行其他操作

① 切换加密状态。登录数据库，将加密表 tde_test1 的加密开关置为 off：

```
gaussdb=# ALTER TABLE tde_test1 SET (enable_tde=off);
```

将加密表 tde_test1 的加密开关置为 on：

```
gaussdb=# ALTER TABLE tde_test1 SET (enable_tde=on);
```

② 对加密表进行密钥轮转。登录数据库，对加密表 tde_test1 进行密钥轮转：

```
gaussdb=# ALTER TABLE tde_test1 ENCRYPTION KEY ROTATION;
```

③ 加密表与非加密表物理文件对比。首先按照上文中的指导配置好透明加密，连接到数据库，使用下面语句进行对比：

a. 创建加密表 t1，并向其中插入一条数据：

```
gaussdb=# CREATE TABLE t1 (c1 INT, c2 TEXT) WITH (enable_tde = on, encrypt_
algo = 'AES_128_CTR');
```

```
gaussdb=# INSERT INTO t1 VALUES (1, 'tde plain 123');
```

b. 创建非加密表 t2，并向其中插入相同的数据

```
gaussdb=# CREATE TABLE t2 (c1 INT, c2 TEXT) WITH (enable_tde = on,
encrypt_algo = 'AES_128_CTR');
```

```
gaussdb=# INSERT INTO t2 VALUES (1, 'tde plain 123');
```

c. 查询 t1、t2 对应的物理文件位置

```
gaussdb=# select pg_relation_filepath('t1');
```

```
gaussdb=# select pg_relation_filepath('t2');
```

7.5.2.7　透明加密效果

使用透明加密后物理文件中的内容如图 7-33 所示。

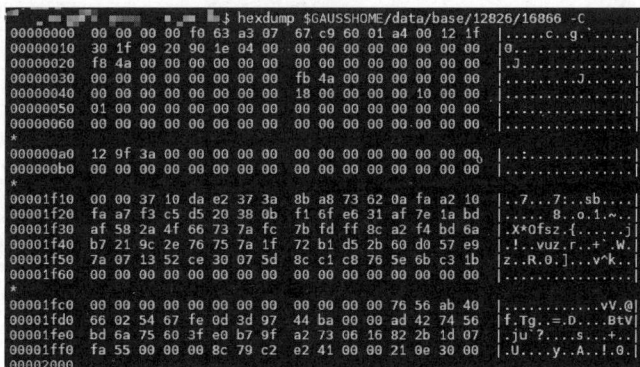

图 7-33　透明加密后物理文件内容

不使用透明加密的物理文件中的内容如图 7-34 所示。

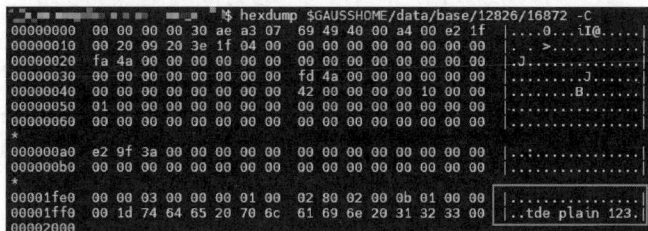

图 7-34　不使用透明加密物理文件中的内容

7.6 全密态数据库

全密态数据库是指对应用能够提供透明的加解密能力，在数据库系统中将数据的全生命周期以密文形式进行处理，同时密钥掌握在授权用户手中的数据库管理系统。当数据拥有者在客户端完成数据加密并发送给服务端后，即使攻击者借助系统脆弱点窃取用户数据，仍然无法获得有效、有价值的数据信息，从而起到保护数据隐私的能力。

整个业务数据流在数据处理过程中都是以密文形态存在，因此全密态数据库具有如下优势：

- 数据安全：数据产生后即刻加密，保护数据在传输、处理、存储、同步和备份等过程中的全生命周期安全。
- 管理可信：由授权用户掌握密钥，进行数据解密及验证，符合要求后，才可获得明文数据，而其他任何人员，包括操作系统、数据库的管理及运维人员都无法接触到明文数据。
- 法律合规：随着数据安全法律法规相继发布，密评、等保、分类分级等要求出台，对数据全生命周期的保护有了更严格的要求。

全密态数据库的总体架构示意图如图 7-35 所示，其完整形态包括纯软方案和软硬结合两种方案。纯软密态查询在数据库服务侧全程存储密文，通过密码学算法在密文空间直接查询运算，保障数据隐私不泄露。而软硬融合全密态则通过机密计算，借助可信执行环境（安全硬件隔离或逻辑隔离明文计算空间），通过访问控制，实现数据对外"不可见"，防止数据泄露。两种方案都需要客户端加解密驱动的密钥管理、语法解析及加解密计算。

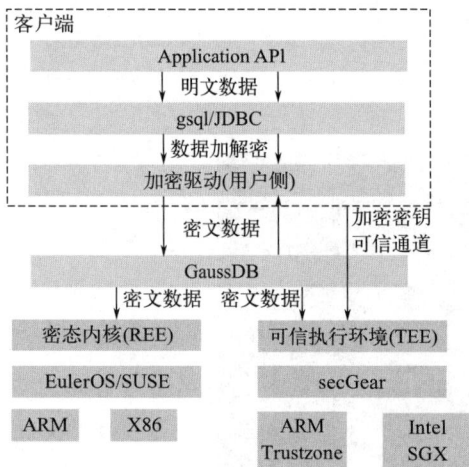

图 7-35　全密态数据库的总体架构

纯软密态查询在数据库服务侧全程存储密文，通过密码学算法在密文空间直接对密文进行查询运算，保障数据隐私不泄露。软件方案可以不依赖于硬件能力，也不需要在服务侧获取密钥对数据进行解密，直接依赖于可直接查询和操作密文的密码学算法。

全密态数据库支持使用 AEAD_AES_256_CBC_HMAC_SHA_256、AEAD_AES_128_CBC_HMAC_SHA256、AES_256_GCM、AEAD_AES_256_CTR_HMAC_SHA256 和国密算法 SM4_SM3 算法来加密数据库中的数据。同时，其还支持确定性加密和随机加密算法，其中，仅确定性加密支持密态等值查询。

下面以 AEAD_AES_256_CBC_HMAC_SHA_256 算法为例，为给定的明文值计算密文值。

（1）密钥派生

用户在创建 CEK 密钥时，ENCRYPTED_VALUE 为用户指定的密钥口令，密钥口令长度范围为 28～256 个字符。28 个字符派生出来的密钥安全强度满足 AES128。若用户需要用 AES256，密钥口令的长度需要 39 个字符。如果不指定，则会自动生成 256bits 的密钥。

```
CREATE COLUMN ENCRYPTION KEY column_encryption_key_name WITH VALUES
( CLIENT_MASTER_KEY = client_master_key_name, ALGORITHM = algorithm_type[,
NCRYPTED_VALUE = encrypted_value] );
```

在确定性加密中，加解密驱动使用 HKDF 派生算法，根据 root_key 和硬编码密钥材料，派生出 iv_key、enc_key、mac_key 三个密钥，如图 7-36 所示。

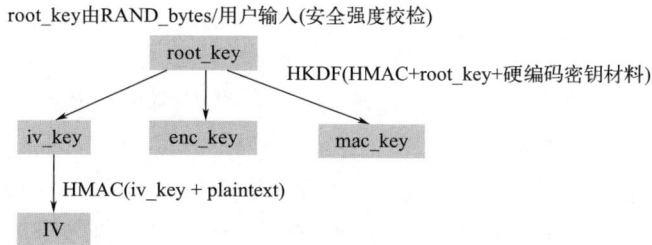

图 7-36　密钥派生

（2）产生初始化向量（Intial Vector，IV）

对于"确定性加密"，使用 HMAC-SHA-256 算法，输入 iv_key 和明文数据，产生对应明文数据的初始化向量值。

对于"随机加密"，初始化向量值是由 RAND_bytes 随机生成的。

（3）生成密文

① 计算加密密文，使用 PKCS7 填充：

```
aes_256_cbc_ciphertext = AES-CBC-256( enc_key , iv , plaintext ) with PKCS7
padding
```

② 使用 HMAC-SHA-256 计算 mac 值：

```
mac = HMAC-SHA-256( mac_key , algorithm_version_byte +iv +aes_256_cbc_
ciphertext )
```

③ 串联密文值，得到存储到数据库的列加密值：

```
ciphertext = version_byte +cek_oid +mac +algorithm_version_byte +iv +aes_
256_cbc_ciphertext
```

密态加密算法的数据膨胀如图 7-37 所示，不同的加密算法的数据膨胀率不一致，AEAD_AES_256_CBC_HMAC_SHA256 = AEAD_AES_128_CBC_HMAC_SHA256 = SM4_SM3 > AES_256_GCM > AEAD_AES_256_CTR_HMAC_SHA256。

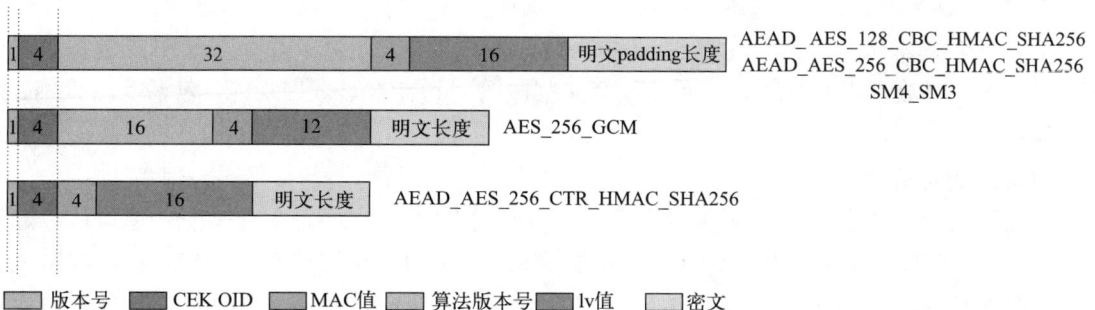

图 7-37　加密算法膨胀对比图

算法膨胀率与数据大小有关，数据越大膨胀率越低。若数据类型为 int8，单个明文数据大小为 8 bytes，AEAD_AES_256_CBC_HMAC_SHA256、AEAD_AES_128_CBC_HMAC_SHA256、SM4_SM3 算法单个数据大小为 74 bytes，AES_256_GCM 算法单个数据大小为 46 bytes，AEAD_AES_256_CTR_HMAC_SHA256 算法单个数据大小为 34 bytes。

推荐使用 AEAD_AES_256_CTR_HMAC_SHA256 和 AES_256_GCM 加密算法。

7.6.1 软硬融合全密态

软硬融合全密态功能是在密态等值查询的基础上，结合硬件机密计算技术，进一步实现密文数据的多种计算和查询功能，包括大小比较、数学运算、聚集函数计算等操作，丰富并完善密态数据库的功能，提升语法支持度。硬件方案主要利用可信执行环境（Trusted Execution Environments，TEE）技术。该类技术在服务器上构建一个隔离且安全的容器环境 Enclave，并保证 Enclave 内计算和数据的机密性，从而可以安全地对密文进行解密并直接在明文上进行计算，使得攻击者即使在数据运行态也难以获取用户真实信息，从而更全面、更完整地保护数据隐私和安全。总体架构如图 7-38 所示。

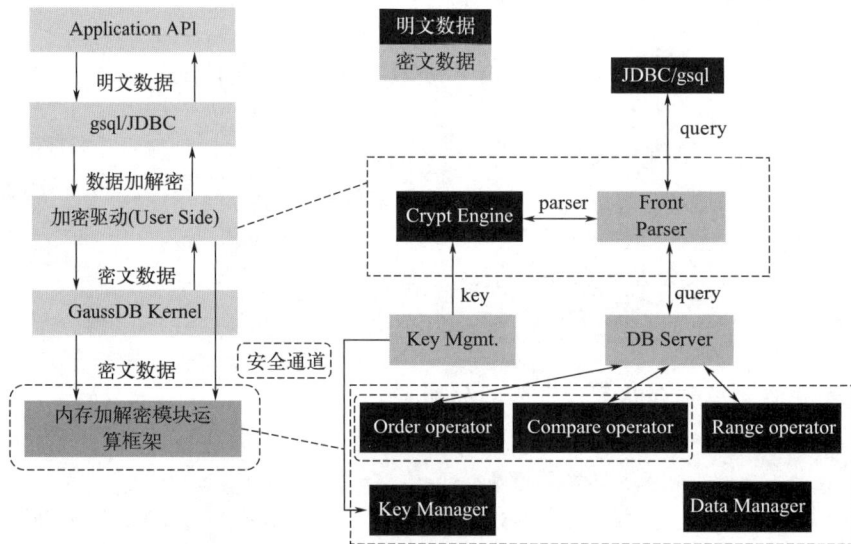

图 7-38　软硬融合全密态架构图

目前的软硬融合全密态暂未适配任何安全硬件能力，仅作为密态等值查询的一个逃生通道使用，同时为未来升级到安全硬件方案做准备。在该逃生通道中，会将密钥传输到数据库中，在内存中对数据进行解密，从而实现密文字段的多种计算、查询功能，包括范围查询、排序等操作。

（1）密钥传输安全通道

软硬融合全密态需要将密钥传输到可信执行环境 TEE 中，而密钥传输安全通道可以通过使用 RSA 非对称加密算法和 ECDH 密钥协商算法对密钥传输通道进行保护。在每次密钥传输前，服务端的内存加解密模块生成 RSA 私钥和公钥，分别用于签名和客户端验签；客户端驱动和内存加解密模块使用 ECDH 协商出传输密钥。客户端驱动使用协商出来的传输密钥对

CEK 进行加密并传输到服务端。待加密密钥传输完成后，销毁 ECDH 密钥和 RSA 密钥。

（2）内存加解密模块运算框架

目前的软硬融合全密态，暂未适配任何的安全硬件能力，仅作为框架为未来升级到安全硬件方案做准备。在安全硬件方案中，数据传入 TEE 后，可以安全地对密文进行解密并直接在明文上进行计算。而内存加解密模块运算框架则是在数据传到内存中对密文进行解密后直接在明文上进行计算。内存加解密模块运算框架主要包括两个部分，第一部分是运算内存管理，第二部分是密文运算算子调用。运算内存管理使用 session 级别变量，在密钥传输之前创建运算内存，在用户清理密钥或者 session 退出时，会自动清零该内存。密文运算在语法解析的时候识别并标记运算算子为密文算子，在函数执行的时候根据具体的运算类型调用运算函数并返回结果。

（3）密文运算算子

在内存加解密模块运算框架中，需要调用不同运算算子执行不同的运算，目前软硬融合全密态仅支持数据排序和范围查询功能。在内存加解密模块中的执行流程包括：解密数据、进行计算、返回计算结果。如果计算结果是布尔值，则不需要加密；如果是字符串、数值类型，则需要对返回值进行加密后再返回。

7.6.2 端侧加密引擎

纯软密态查询和软硬融合全密态两种方案都需要客户端加解密驱动进行密钥管理、语法解析及加解密数据。

全密态数据库的核心是数据库在客户端发送 SQL 语句前解析用户输入的 SQL 语句，识别出已定义的敏感数据并自动对数据进行加密，客户端驱动接收到查询结果后，对结果中的密文数据进行自动化解密及处理。如图 7-39 所示，使用全密态数据库时，用户/应用程序向客户端驱动输入明文 SQL 语法，客户端驱动自动解析并加密敏感数据，然后发送密文 SQL 语法到服务端，服务端执行密文查询并将结果返回到客户端驱动，然后由客户端驱动自动解密密文结果并将明文结果返回给用户/应用程序。

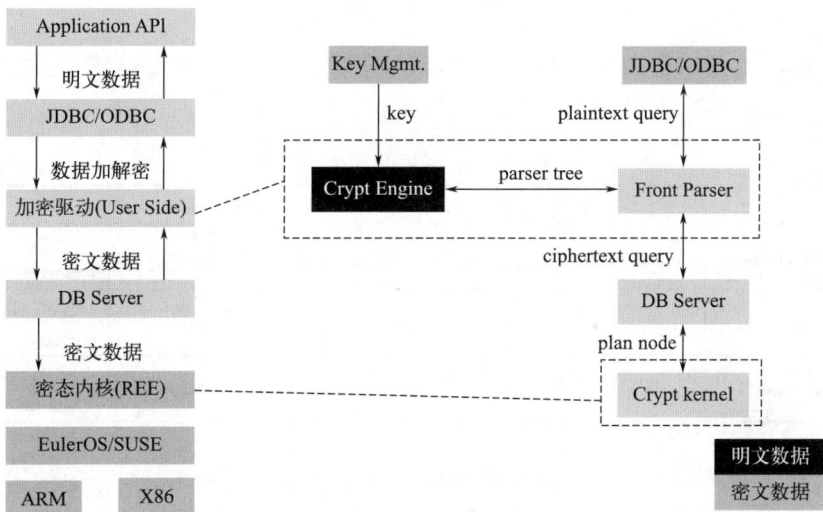

图 7-39 客户端加解密流程

全密态驱动在客户端进行语句处理，主要分为三个模块：密钥管理、语法解析、加解密驱动。

7.6.3 端侧密钥管理

客户端需要自动对 SQL 语句加密，对查询结果解密，自然需要一些额外的辅助信息，即密钥及加密字段元信息，如哪些字段是加密的、加解密数据时应该对应哪个加解密密钥、数据加解密密钥对应哪个主密钥等。

在全密态数据库中，通过三层密钥机制来保护密钥在客户端的安全存储、使用、导入、导出，减少因密钥损坏导致的数据丢失。

如图 7-40 所示，主密钥由外部密钥管理模块管理，列加密密钥由主密钥加密后存放在数据库服务端。当需要对列加密密钥进行加解密时，客户端加解密驱动会访问外部密钥管理模块。

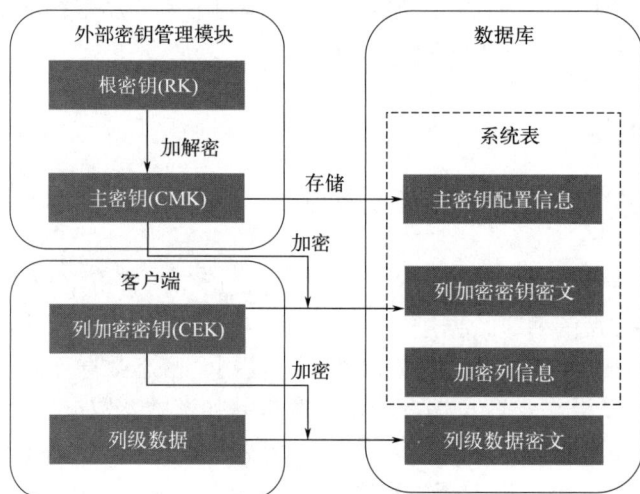

图 7-40　密钥管理模块

密钥管理模块的形态可以是各种各样的，包括密钥云服务、密钥工具、密钥组件和密码机等。全密态数据库支持的外部密钥管理方式如表 7-9 所示。

表 7-9　密钥管理支持类型

类型	名称	提供方	部署位置	接口类型	功能
工具	gs_ktool	GaussDB	数据库驱动侧	命令行命令、C 动态库	创建、删除、查询、备份主密钥等
云服务	huawei_kms	华为公有云	公网	网页、restful 接口	创建、删除、查询主密钥等，使用主密钥加解、解密
云服务	his_kms	华为 IT 服务	内网	网页、restful 接口	创建、删除、查询主密钥，使用主密钥加解、解密

全密态数据库的密钥及加密字段元信息储存在服务端的系统表中，在使用的时候会预加载到客户端的缓存。下面逐一介绍具体的配置信息存储位置。

（1）加密列信息 GS_ENCRYPTED_COLUMNS

GS_ENCRYPTED_COLUMNS 系统表记录了全密态数据库中表的加密列的相关信息，每条记录对应一条加密列信息。有了加密列的配置信息，客户端在处理数据的时候，根据缓存中的加密列信息判断 SQL 语句中的字段是否需要加密。该系统表记录如下信息：

- 加密列的标识信息：rel_id 和 column_name。
- 加解密处理信息：包括加解密密钥、加密之前的类型和加密之后的类型。
- 辅助信息：如加密列创建的时间。

具体各个字段的含义如表 7-10 所示。

表 7-10 GS_ENCRYPTED_COLUMNS 字段

名称	类型	描述
rel_id	oid	加密列所在表的 oid，本处 oid 是指数据库内对象的唯一标识符
column_name	name	加密列的名称
column_key_id	oid	对该列进行加解密使用的列加密秘钥 oid
encryption_type	tinyint	加密类型，取值及其含义如下： 1：即确定性加密。该类型时，相同的明文对应的密文也相同。 2：即随机加密。该类型时，同样的明文每一次加密得到的密文都不一样
data_type_original_oid	oid	加密列的原始数据类型的 oid
data_type_original_mod	integer	加密列的原始数据类型的 typmod 信息。模式信息一般记录了变长字符串的长度、数值类型的精度等，是数据类型的一部分
create_date	timestamp with time zone	创建加密列的时间

（2）列加密密钥 GS_COLUMN_KEYS

GS_COLUMN_KEYS 系统表记录密态等值特性中列加密密钥的相关信息，每条记录对应一条列加密密钥的信息。列加密密钥具体的数据储存在另一个系统表。GS_COLUMN_KEYS_ARGS 中，该表以键值对的形式储存了列加密密钥的密文和指定的算法等。该系统表记录如下信息：

① 列加密密钥的标识信息，如 oid 和 column_key_name 等。
② 列加密密钥处理信息，包括对应的主密钥等。
③ 辅助信息，如创建时间、属主、访问权限等。

具体各个字段的含义如表 7-11 所示。

表 7-11 GS_COLUMN_KEYS 字段

名称	类型	描述
oid	oid	列加密密钥的唯一标识符
column_key_name	name	列加密密钥（CEK）的名称
column_key_distributed_id	oid	根据列加密秘钥的 schema 名和密钥名计算出的 hash 值，标识符
global_key_id	oid	列加密密钥对应的主密钥 oid
key_namespace	oid	包含此列加密密钥（CEK）的命名空间 oid
key_owner	oid	列加密密钥（CEK）的所有者 oid
create_date	timestamp with time zone	创建列加密密钥的时间
key_acl	aclitem[]	创建该列加密密钥时所拥有的访问权限

（3）客户端主密钥 GS_CLIENT_GLOBAL_KEYS

GS_CLIENT_GLOBAL_KEYS 系统表记录了密态等值特性中客户端加密主密钥的相关信息，每条记录对应一个客户端加密主密钥。主密钥具体的数据储存在系统表 GS_CLIENT_GLOBAL_KEYS_ARGS 中，该表以键值对的形式储存了主密钥对应的加解密算法、主密钥对应的 KMS 套件名称以及对应加解密套件的密钥标识符。该系统表记录如下信息：

① 主密钥的标识信息，如 oid 和 global_key_name 等。

② 辅助信息，如创建时间、属主和访问权限等。

说明

主密钥是由密钥管理服务或者密钥工具生成并使用，服务端并不存储主密钥，仅协助客户端储存主密钥相关的标识信息、配置信息和描述信息。

具体各个字段的含义如表 7-12 所示。

表 7-12　GS_CLIENT_GLOBAL_KEYS 字段

名称	类型	描述
oid	oid	客户端主密钥的唯一标识符
global_key_name	name	加密主密钥（CMK）名称
key_namespace	oid	主密钥所属 schema 的 oid
key_owner	oid	主密钥的所有者 oid
key_acl	aclitem[]	主密钥指定的访问权限
create_date	timestamp without time zone	主密钥创建的时间

7.6.4　轻量化语法解析

在全密态数据库中，客户端侧增加了一个轻量级的解析器，该解析器复用了服务端原有的解析器。用户/应用程序输入 SQL 语法后，客户端解析器进行词法和语法解析，会得到一棵语法树，使得驱动可以"理解"SQL 语句，从而判断出需要加密的明文数据。

客户端加解密驱动遍历语法树，根据加密列信息识别到语法树中需要处理的数据节点。提取出数据节点中的明文数据，使用列密钥进行加密并使用密文替换节数据点内的数据。然后将修改后的语法树进行逆解析，再通过语法树生成 SQL 语句，然后发送给服务端，如图 7-41 所示。

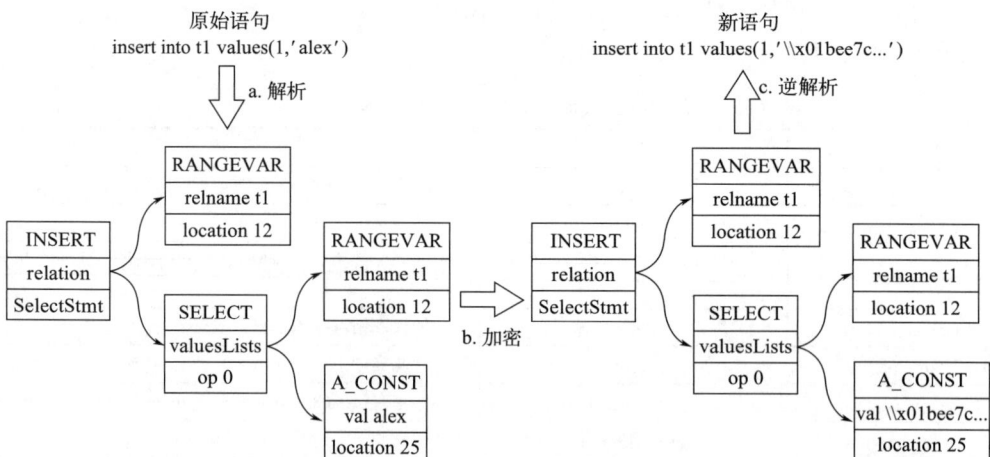

图 7-41　语法解析及加解密示意图

7.7　防篡改数据库

区块链作为一种分布式账本技术，克服了传统集中式账本的存储效率低、可信度低、易受单点攻击的劣势，从技术上保证了其具有分布式共享、多方共识、不可篡改和可追溯的特点。但是区块链同样具有交易性能低下，查询不便等诸多弊端。如比特币系统仅支持每秒处理 7 笔交易，如果用它来承担主要的金融交易，效率会很低下。因此，业界往往采用数据库来提高区块链的数据存储和检索能力。数据库天然具有高性能、高可靠、高安全等优势，再融入区块链的密码学防篡改、多方共识等技术，可提高数据库自身的防篡改、可追溯能力。

GaussDB 数据库融入了区块链防篡改的能力，从区块链技术的最底层，即数据层出发，让数据库提供数据的校验信息记录以及数据篡改校验能力，保证数据库在处理敏感信息时能够记录每一笔交易造成的数据更改，形成一个完整的数据变更"账本"。这里，为了保证"账本"的增删改能力，使用的是"可更新账本"技术，账本的每一次数据更改都需要在防篡改模块参与下生成一致的校验信息。攻击者使用漏洞绕过篡改记录模块的更新行为，可以被篡改校验算法发现。

客户端发送 SQL 对数据库中数据进行修改时，要经过通信模块的接收、解析模块的处理，转成解析树，然后经过优化生成执行计划。执行模块拿到执行计划后，会调用存储层接口对数据进行修改。如图 7-42 所示，在数据的修改过程中，增加了篡改校验信息的记录；同时，提供了篡改校验模块，供用户调用接口执行校验。篡改信息记录和篡改校验的基础是针对数据库增、删、改操作设计的篡改校验信息。下面针对新增的篡改校验信息以及具体的篡改校验算法进行介绍。

在防篡改账本数据库特性中，校验信息包括三种：

- 行级数据校验信息，存储在防篡改用户表的 hash 列中，用于保护每一行数据不被篡改。

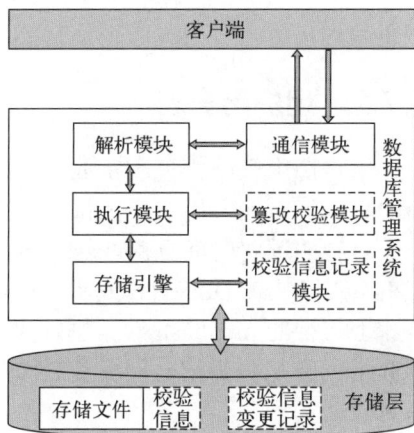

图 7-42　账本数据库模块

- 数据历史校验信息，存储在用户历史表中，记录每一行数据的变更历史，用于保证数据变化都能被完整记录、数据历史可追溯。
- 操作校验信息，存储在全局区块表中，用于保证所有操作均被记录。

传统的审计往往仅记录用户的 DML、DDL 操作，而防篡改数据库通过记录行级数据校验信息、数据历史校验信息、操作校验信息，能够追溯防篡改用户表的每一次操作、每一次数据变更以及当前的每一行数据。通过保证三个维度的校验信息的一致性，防篡改数据库对数据形成全方位的篡改保护。同时提供高性能的篡改校验，快速识别潜在的数据篡改及审计擦除行为。

7.7.1　防篡改用户表结构

在账本数据库特性中，GaussDB 采用 schema 级别的防篡改表和普通表隔离。在防篡改 schema 中的表，具有校验信息，且每次涉及增、删、改的操作均会记录相应的数据变化以及操作的语句，这些表即为防篡改表。而普通 schema 中的表，称其为普通表。

防篡改表有如图 7-43 所示的结构。在创建防篡改表时，系统会增加一行 hash 列，该列在发生数据插入或者数据修改时，都会实时计算数据的摘要。数据与摘要存在一个 tuple 中，密不可分。由于 hash 函数的单向性，实现中会将每一行的摘要作为该行数据在摘要空间的逻辑表示。

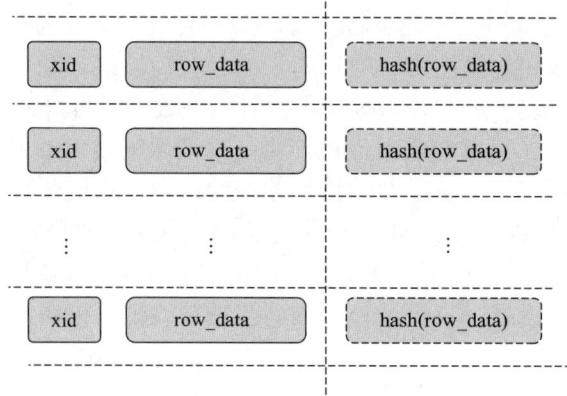

图 7-43　防篡改用户表结构

7.7.2　用户历史表

用户历史表结构见图 7-44，主要包含四列：xid、hash_ins、hash_del、pre_hash。用户历史表的每一行对应着用户表的每一次行级数据更改，其中 xid 记录数据更改时的 xid 号，代表着操作进行的逻辑时间顺序。hash_ins 记录 INSERT 或者 UPDATE 操作插入的数据行的 hash 值，hash_del 记录着 DELETE 或者 UPDATE 删除数据行的 hash 值，pre_hash 将历史表的当前行数据和上一行的 pre_hash 数据进行拼接，生成当前用户历史表的数据整体摘要。同时，hash_ins 和 hash_del 是否为空，代表着 INSERT、DELETE、UPDATE 三种不同的操作类型，其对应关系见表 7-13。

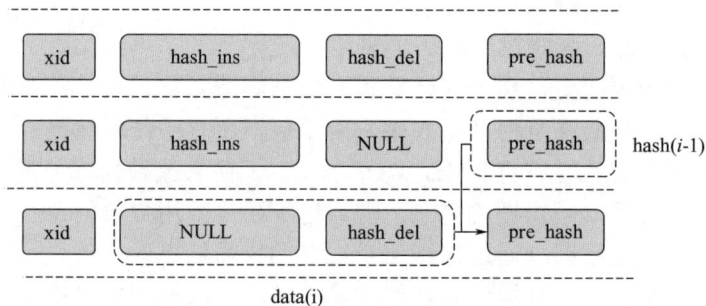

图 7-44　用户历史表结构

表 7-13　对应关系

列名称	hash_ins	hash_del
INSERT	√（插入数据 hash）	—
DELETE	—	√（删除数据 hash）
UPDATE	√（新数据 hash）	√（删除前数据 hash）

pre_hash 计算公式如下所示。

$$pre\_hash_i=hash(rowdata_i \| pre\_hash_{i-1})$$

其中，i 代表用户历史表的第 i 行，$rowdata_i$ 为第 i 行 xid ‖ hash_ins ‖ hash_del 拼接的数据。

在校验用户历史表的完整性时，通过使用 rowdata 数据从前往后依次计算 pre_hash 值，并与表中的 pre_hash 进行比对，如果数据不一致，则说明用户历史表的完整性被破坏。

7.7.3 全局区块表结构

全局区块表结构见图 7-45，表中每一行对应一次防篡改表修改行为，作为一个区块保存。全局区块表主要包括三部分内容：区块信息主要保存了区块相关的标记信息，包括区块号、时间戳，操作信息包括了用户对防篡改数据表的操作信息，包括数据库名、用户名、表名等标识信息，以及对应的 SQL 语句；校验信息保存用于一致性或完整性校验的 hash 信息，包括表级 hash（rel_hash）、全局 hash（global_hash）。global_hash 由当前行的操作信息与上一行的 global_hash 链式生成，前后关联，用于校验全局区块表的一致性。

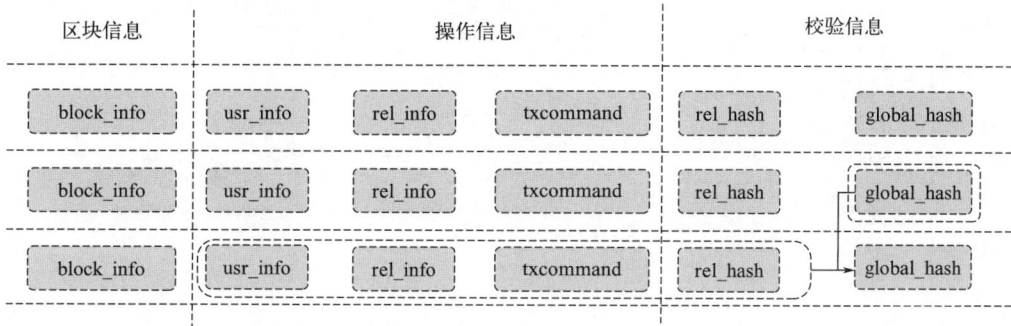

图 7-45 全局区块表结构

7.7.4 篡改校验算法

用户在调用篡改校验接口时，系统可以并行地使用防篡改用户表生成表级的总校验信息，使用用户表对应的历史表中的记录，生成变更记录整体的校验信息。然后通过比较生成的两个校验信息是否一致，来判断数据与操作是否一致。如果不一致，则说明发生了绕过系统记录的数据修改行为，即篡改行为。

通过防篡改用户表中的行级校验信息生成表级校验的过程如图 7-46 所示。在校验时，会扫描表中的数据，获取每一行中的校验信息，并使用行校验信息对行数据进行校验。在扫描完整体的行校信息的过程中，可以通过内置的可交换校验信息聚合算法，不断生成当前已经扫描的数据的整体校验信息。由于信息聚合算法的可交换性，这一过程可以完全并行执行。

通过用户历史表生成变更记录总体的校验信息如图 7-47 所示。用户历史表的 hash_ins 列中的非空元素代表了所有操作导致的数据校验信息的增加，hash_del 列中的非空元素则代表了校验数据减少，对两列元素做差集，得到剩余的校验信息的集合。利用可交换校验信息聚合算法得到用户历史表中记录操作造成的变更记录整体的校验信息。在这一过程中，由于聚合算法的可交换性，可以对每行先进行 hash_ins−hash_del，然后在扫描的时候不断叠加生成。这里，变更记录整体校验信息的生成也是完全可以并行的。

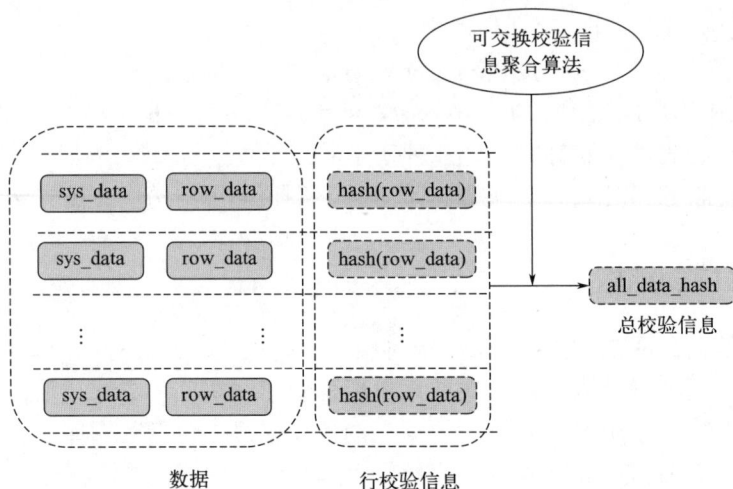

图 7-46　防篡改用户表校验信息生成

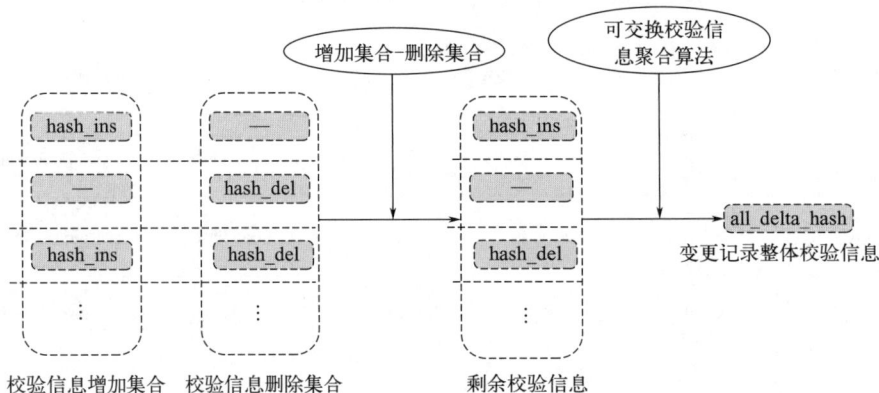

图 7-47　用户历史表校验信息生成

　　将上述算法生成的变更记录整体的校验信息与数据的整体校验信息对比，根据两者的一致性来判断数据与操作是否一致，如果不一致，则证明存在绕过防篡改模块的数据篡改行为发生。

　　账本数据库作为 GaussDB 防篡改数据的基础，当前版本支持了数据库内校验信息的记录以及提供高性能校验接口，提供了区块链技术层次中存储层的部分功能。为了实现防篡改，还需要增加多个数据库间的高性能远程执行能力，以及提供可插拔的高性能多方共识协议，这样才能形成完整的多方可信防篡改能力。在数据库融合区块链的领域，GaussDB 会不断演进，提供更加易用、更加高效的防篡改功能。

第 8 章

8 章

GaussDB 易迁移关键技术

8.1 数据库迁移概述

金融行业科技转型使业务系统数据库快速增长，导致原有存量数据库系统无法承载，大量客户采用分布式数据库解决数据库扩展难题。在原有传统数据库向分布式数据库迁移过程中，因为源端和目标端数据库架构不同、数据库开发语法及运维方式不同，将涉及业务应用代码的大量修改，同时系统数据从存量数据库迁移到分布式数据库也需要投入大量的人力和时间，应用系统也需要针对分布式数据库架构进行针对性的适配修改，对迁移过程带来了极大的挑战。

另外，从目前来看，Oracle 数据库是业界使用最为广泛的数据库管理系统。在国内有数万家企业用户，几乎涵盖了金融、电子、通信、政府等涉及信息化的所有行业，而其中金融行业无疑是 Oracle 数据库的最大用户之一。本迁移方案基于某业务系统，详细介绍了该系统从 Oracle 数据库到华为 GaussDB 分布式数据库的迁移全过程，可为业界对 Oracle 数据库进行迁移提供参考。

本章节的主要目的是在异构数据库迁移、上层应用迁移时构建端到端的完整迁移流程方案，包含数据库对象迁移、数据迁移、数据校验、运维保障等关键步骤，以可视化、自动化的方式向用户展示迁移过程的各个步骤与细节。消除用户对异构数据库迁移的忧虑，指导用户轻松实现一键切换数据库的目的。

8.2 数据库迁移预评估阶段

8.2.1 源数据库与新数据库的主要差异评估

8.2.1.1 应用实现的差异

Oracle 为单机或 RAC，而 GaussDB 为分布式数据库。虽然分布式数据库能解决很多业务的问题，但对应用实现有很大挑战，具体表现如下：

① 库表结构设计：分布式关系型数据库下的库表结构设计有别于传统的集中式关系型数据库，要结合业务来重新规划分库分表的方案，采用单元化的思路来限制数据库的跨节点、跨域访问，提升处理效率。

② 开发思路转变：在传统数据库中常用的存储过程、触发器、外键以及序列等对象在分布式关系型数据库支持并不友好，需尽量规避。这对开发人员提出了更高的要求。以存储过程为例，开发人员应通过服务拆分及编排的方式来实现传统存储过程实现的功能，降低耦合度，便于系统移植并降低系统升级影响范围。

③ 制定新的开发规范：为规范并提升代码质量，通常企业都会制定对应的数据库开发规划，原有的集中式数据库开发规范已经不适应分布式数据库，需要重新引入分布式关系型数据库开发规划并开发相应的脚本工具对代码进行检查，来确保开发人员按照新的开发规范进行开发。

④ 新技术学习成本：引入一个新的数据库产品，需要先了解其特点与优势，这需要开发人员持续不断地对新技术进行学习，充分发挥出产品优势，提升系统的运行效率。

8.2.1.2 数据库定义的差异

分布式本质上是把数据一开始就按照一定规则分散到多个节点（若不指定规则，按照默认方式存储），在执行 SQL 时，会自动根据规则判断数据在哪，每个节点计算各自的数据，充分发挥分布式的优势。GaussDB 分布式数据库一方面吸收了互联网分布式数据库的高扩展和跨 AZ/Region 的高可用能力，另一方面也构筑传统企业级数据库的完整 SQL 能力和强一致事务处理能力。具备传统企业级数据库的优点，使得我们的分布式数据库支持的业务类型更通用和广泛（而不是局限于某一类场景），同时做业务迁移的时候，对应用的约束和改动也更少。

所以 GaussDB 分布式数据库在表定义设计时要考虑分布列的选择，而传统关系型数据库则没有分布列的概念。如果表的分布列选择有问题，在数据导入后有可能出现数据分布倾斜，进而导致某些磁盘的使用明显高于其他磁盘，极端情况下会导致集群只读。

以 hash 分表策略为例，如果分布列选择不当，可能导致数据倾斜，查询时出现部分 DN 的 I/O 短板，从而影响整体查询性能。因此在采用 hash 分表策略之后需对表的数据进行数据倾斜性检查，以确保数据在各个 DN 上是均匀分布的。一般来说，不同 DN 的数据量相差 5% 以上即可视为倾斜，如果相差 10% 以上就必须要调整分布列。hash 分布表的分布列选取至关重要，需要满足以下原则：

① 列值应比较离散，以便数据能够均匀分布到各个 DN。可考虑选择表的主键为分布列，如在人员信息表中选择身份证号码为分布列。

② 在满足第一条原则的情况下尽量不要选取存在常量 Filter 的列。

③ 在满足前两条原则的情况下，考虑选择查询中的连接条件为分布列，以便 join 任务能够下推到 DN 中执行，且减少 DN 之间的通信数据量。

④ GaussDB 分布式数据库支持多分布列特性，可以更好地满足数据分布的均匀性要求。

8.2.1.3 数据类型、语法、语义的差异

GaussDB 分布式数据库支持 SQL 标准 SQL92/SQL2003，与 Oracle 的 SQL 语法有一些差异，需要在业务迁移的过程中进行转换。GaussDB 与 Oracle 语法差异主要在以下几个方面：

- 数据类型。
- 函数。
- 数据库定义语言 DDL（Data Definition Language）。
- 数据操纵语言 DML（Data Manipulation Language）。
- 存储过程。

（1）数据类型差异

数据类型是数据库建模的基础，数据类型上的差异一般不会影响数据库周边组件的正确对接，但对业务正确性的影响是巨大的。所以，迁移时需要对数据类型进行仔细分析。GaussDB与 Oracle 数据类型之间的差异请参考表 8-1。

表 8-1　GaussDB 与 Oracle 数据类型差异

数据类型	Oracle	GaussDB	处理方案
SMALLINT	支持自定义精度，例如 SMALLINT(10,0)	不支持自定义精度，如 SMALLINT	替换

（2）函数差异

函数功能上的差异会造成函数执行的结果和预期有差异，进而影响业务的正确性，甚至因其支持范围的不同，可能导致 SQL 编译错误。

① TO_DATE。

参数：

- fmt：有些 Oracle 的 fmt 格式 GaussDB 没有，但是 GaussDB 和 Oracle 的 fmt 绝大部分是一致的。GaussDB 的 fmt 是和 PostgreSQL 兼容的。该函数功能示意如图 8-1 所示。
- nlsparam：GaussDB 没有可选参数 nlsparam。此处的 nlsparam 是指参数 NLS_DATE_LANGUAGE，主要是指结果的显示语言。

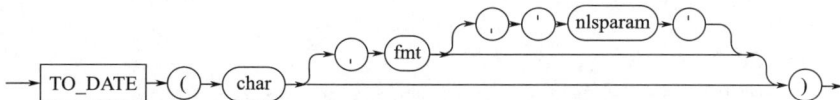

图 8-1　TO_DATE 函数功能示意

输出：

- Oracle 输出格式为 Date 类型。
- GaussDB 输出格式为 Timestamp 类型。

② TO_CHAR(datetime)。

参数：

- fmt：有些 Oracle 的 fmt 格式在 GaussDB 中没有，但是 GaussDB 和 Oracle 的 fmt 绝大部分是一致的。GaussDB 和 PostgreSQL 支持的 fmt 格式兼容，该函数功能示意如图 8-2 所示。

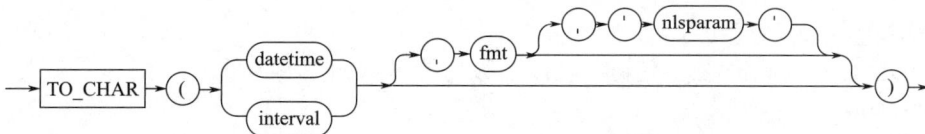

图 8-2　TO_CHAR (datetime) 函数功能示意

- nlsparam：GaussDB 没有可选参数 nlsparam，此处的 nlsparam 是指参数 NLS_DATE_
  LANGUAGE，主要是指结果的显示语言。

输出：无差异。

③ TO_CHAR (character)。

GaussDB 目前无此语法，不兼容。该函数功能示意如图 8-3 所示。

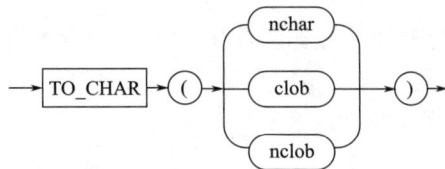

图 8-3   TO_CHAR (character) 函数功能示意

④ TO_CHAR (number)。

参数：

- fmt：GaussDB 不支持 B、C、PR、TM、U、X 格式，这几种格式使用较少。
- nlsparam:GaussDB 没有可选参数 nlsparam，此处的 nlsparam 是指 NLS_NUMERIC_
  CHARACTERS、NLS_CURRENCY、NLS_ISO_CURRENCY，功能近似于 GaussDB 的
  lc_monetary、lc_numeric。该函数功能示意如图 8-4 所示。

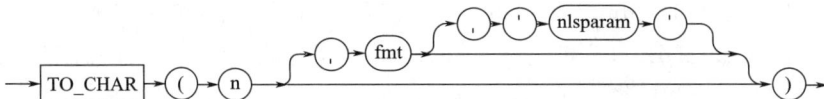

图 8-4   TO_CHAR (number) 函数功能示意

输出：无差异。

⑤ ADD_MONTHS。

GaussDB 目前无此语法，不兼容。该函数功能示意如图 8-5 所示。

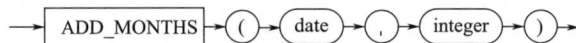

图 8-5   ADD_MONTHS 函数示意图

⑥ MONTHS_BETWEEN。

GaussDB 目前无此语法，不兼容。该函数功能示意如图 8-6 所示。

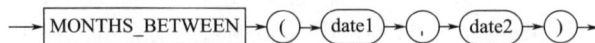

图 8-6   MONTHS_BETWEEN 函数示意图

⑦ NEXT_DAY。

GaussDB 目前无此语法，不兼容。该函数功能示意如图 8-7 所示。

⑧ TRUNC(date)。

参数：

- GaussDB 有一个类似的函数 date_trunc(text, timestamp)。该函数功能示意如图 8-8 所示。

● fmt：Oracle 的 fmt 是可选的，GaussDB 的 fmt 是必选的。

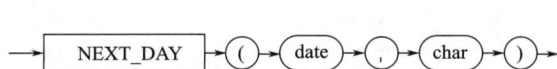

图 8-7　NEXT_DAY 函数示意图

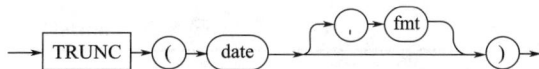

图 8-8　TRUNC(date)函数示意图

输出：无差异。

⑨ ROUND(date)。

不兼容，该函数功能示意如图 8-9。

⑩ TO_NUMBER。

图 8-9　ROUND(date)函数示意图

参数：

● nlsparam：GaussDB 没有可选参数 nlsparam。该函数功能示意如图 8-10。

● fmt：格式化字符串 fmt 和 GaussDB 不完全一致，但是 GaussDB 和 PostgreSQL 兼容。

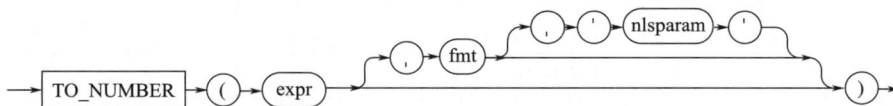

图 8-10　TO_NUMBER 函数示意图

（3）DDL 差异

DDL 是数据建模的基础，迁移时如果忽视 GaussDB 和 Oracle 之间 DDL 的差异，会导致 DDL 运行失败，或者因特性支持度不同，而达不到预期的目标。GaussDB 和 Oracle 之间 DDL 的差异可参考表 8-2。

表 8-2　GaussDB 和 Oracle 之间 DDL 差异

DDL 语法	Oracle	GaussDB	处理方案
create table	支持 pctfree、initrans、maxtrans、storage 属性	不支持	删除。 影响：不具备类似 Oracle 中 pctfree、initrans、maxtrans 控制存储方式的功能
List 分区表	List 类型分区表	不支持	改为范围进行替换
create indextype	创建索引类型	不支持	删除。 影响：无索引类型对象
create index	分区表支持全局索引。索引可以加模式名指定索引所属的模式	不支持全局索引。 不支持组织索引。 索引名前不能带 schema 名称。 hash 表中唯一索引必须包含分布列，分区表唯一索引必须包含分布列和分区键。复制表无此限制	替换全局索引为分区索引。 去掉索引前的模式名。 根据约束整改
constraint	无要求	不支持外键约束。 unique 约束必须包含分布列。 列存不支持 UNIQUE/PRIMARY KEY	根据约束要求整改

（4）DML 差异

DML 负责数据的查询和操纵，DML 语法上的差异会影响到查询的结果集是否符合预期。

GaussDB 和 Oracle 之间 DML 的差异请参考表 8-3。

表 8-3　GaussDB 和 Oracle 之间 DML 差异

DML 语法	Oracle	GaussDB	处理方案
ROWNUM	表示行号	不支持	使用 limit 分页
ROWID	rowid 保证记录的唯一性	采用 xc_node_id||tabeoid||ctid 以保证全局的唯一性。 xc_node_id 是指 dn 编号，tableoid 是指表的 oid(同表不同分区也不一样)，ctid 是指行的 oid，该值非自增。 xc_node_id||tabeoid||ctid 标识是全局唯一，生成后值不变，对用户只读，不可更改	替换
autocommit	自动提交	不支持	如果有需要，可以显式地通过如下语法实现： start transaction; … commit;
trigger	触发器	不支持	去掉
merge into	合入。 MERGE INTO products p USING newproducts np ON　(p.product_id　= np.product_id) WHEN MATCHED THEN UPDATE SET　p.product_name　= np.product_name;	不支持	使用 UPDATE 和 INSERT 语句替换。 START TRANSACTION; CREATE UNLOGGED TABLE tmp_products AS TABLE products WITH NO DATA ; INSERT INTO tmp_products SELECT p.product_id, np.product_name FROM products p INNER JOIN newproducts np ON p.product_id = np.product_id; DELETE FROM products WHERE product_id IN (select product_id from newproducts); INSERT INTO products SELECT * FROM tmp_products; DROP TABLE tmp_products; COMMIT;
+	外连接	不支持	使用 left outer join 或 right outer join 替换
grouping sets	select a, b, c, sum(d) from t group by grouping sets (a, b, c);	不支持	select * from (select a, null, null, sum(d) from t group by a union all select null, b, null, sum(d) from t group by b union all select null, null, c, sum(d) from t group by c);
Grouping	Grouping(c1)	不支持	decode(c1,null,1,0)

（5）存储过程差异

存储过程是承载模块化功能的主要载体，在业务系统中占有很大的比重。存储过程的迁移效果甚至会影响业务迁移的成败。GaussDB 和 Oracle 之间 DML 的差异请参考表 8-4。

表 8-4 GaussDB 和 Oracle 之间 DML 差异

存储过程语法	Oracle	GaussDB	处理方案
GOTO	跳转到标签	不支持	如果在单循环语句中向循环结束处 GOTO，可以替换为 EXIT 语句。 如果在单循环语句中向循环开始处 GOTO，可以替换为 CONTINUE 语句。 对于复杂的 GOTO 语句，需要调整语句逻辑
EXCEPTION	异常处理	不支持	去掉
PRAGMA EXCEPTION_INIT	自定义异常处理	不支持	去掉
Commit	阶段事务提交	不支持，默认整体提交	去掉。 如果一个存储过程中通过多个 commit 控制业务阶段提交，则需要拆分为多个存储过程实现
ROLLBACK	事务回滚	不支持，默认报错回滚	去掉
create package	创建包	不支持	去掉，单独创建存储过程，不通过 package 方式批量管理
End PROCEDURE_NAME;	End PROCEDURE_NAME;	End; /	存储过程统一通过 END 结束，不加存储过程名
type tab1 is table of	创建表存储类型	不支持	通过创建临时表改写。 将后续 BULK COLLECT INTO tab1。改写为 insert into select
SQLERRM	错误消息	不支持	通过日志信息获得报错内容
RAISE	显示信息 RAISE a;	RAISE info '%', a;	语法格式调整

8.2.2 新数据库兼容性评估

客户对分布式数据库的需求，除了性能要达标外，关键还有三个方面的诉求：

① 便捷研发，要继承已有的资产和能力，不要完全重新来一套、完全重新学习新的技能。在应用迁移上，应用的改动要尽量少。

② 高可用的保证，要能够做到无单点故障、自动故障切换。

③ 易运维，实现低成本、易操作的日常运维（如数据迁移、备份、快速数据交换）。

GaussDB 分布式数据库的语法协议是 PG 生态的，符合 SQL2003 标准，并做了少量的 Oracle 兼容性适配的工作。 Oracle 的语法和函数包比较复杂，完全兼容工作量比较大，希望未来能够支持 Oracle 常见的数据类型和 SQL 语法。GaussDB 分布式数据库支持 SQL 的能力是比较强的，支持多表 join、sub-query、存储过程、聚集函数等高级功能。

8.2.3 迁移必要性评估

GaussDB 是具有大规模高并发事务处理能力的分布式数据库，在高可用、Sharding、GTM 和标准 SQL 等方面具有较大的优势。客户当前业务系统在性能、可扩展性等方面已经遇到瓶颈，迁移至分布式数据库的诉求极为强烈。

整体迁移工作包含四个主要阶段：

① 元数据迁移，主要针对表、索引、存储过程等对象定义的迁移，其间要进行 Oracle 定义到高斯定义的等价映射，在保证逻辑一致的前提下，保证功能一致；

② 应用迁移、业务改造；

③ 数据迁移，主要针对应用数据的迁移，需要考虑停机时间对应用的影响；

④ 数据校验，迁移后的校验过程。

8.3 规划设计

8.3.1 业务与数据库适配规划设计

8.3.1.1 业务改造规划、设计

业务改造主要是基于源数据库和目标数据库的 SQL 语法、接口驱动和数据库工具等差异，对业务进行适配改造。业务改造主要包括如下内容：

- 提供源数据库和目标数据库的差异化列表。
- 提供 SQL 录放工具，输出 SQL 回放报告。回放报告主要包含如下内容：慢 SQL 及异常 SQL，结合资源、性能给出慢 SQL 指标数据，SQL 兼容性。
- 根据数据库的差异和 SQL 兼容性列表，梳理出业务的改造点。
- 在数据库团队的支撑下，完成业务 SQL、驱动和数据库工具等的业务改造替换。
- 完成改造后的业务系统的适配测试和性能测试等。

8.3.1.2 数据库与周边系统对接规划

除了业务系统需要适配新数据库外，配套的周边系统和工具同样需要适配，比如监控、告警、备份、审计系统等。

主要工作有：

- 梳理原数据库与周边系统的对接列表；
- 针对不同的周边系统，识别出需要替换的模块；
- 数据库驱动（JDBC、Python 等）替换、数据库工具（客户端、导入导出、数据迁移等数据库工具）设计；
- 原数据库和新数据库保持并存运行，业务逐步从源库切换到新库。

8.3.2 迁移步骤与迁移计划的规划设计

迁移总体工作流程包括：

- 迁移评估：通过对现有数据库对象和现有业务系统调研，整理分析调研结果，输出数据库迁移可行性评估报告等。
- 迁移规划设计：组建数据库迁移团队、数据库迁移总体方案设计、数据库迁移计划制定、数据库迁移实施方案设计等。
- 迁移实施：结构迁移、数据迁移、数据校验、业务适配和测试、性能调优、迁移演练、上线割接等。

- 迁移验收：试运行保障、项目验收等。

8.3.2.1 迁移评估

根据项目需求，完成数据库迁移评估，完成数据库迁移可行性分析，确定数据迁移内容与范围，确认客户业务可接受的影响时间。

迁移评估主要包括：

- 数据库信息评估：数据库版本、实例个数、用户角色权限信息、数据总量、数据增量、表信息、业务 SQL 信息、数据库并发数、数据库容灾备份机制及要求、第三方系统对接（ETL）等。
- 业务系统信息评估：业务系统架构、业务时延要求、业务系统并发要求、业务系统接口、业务系统数据加载方式等。
- 可行性评估：应用 SQL 评估、不支持的 SQL 如何改造。
- 集群规模评估：并发量、IOPS。

8.3.2.2 迁移规划设计

根据迁移调研和评估结果，完成数据库迁移总体方案设计。在保障业务逻辑不变的情况下，需对数据库进行端到端的迁移，包含对数据库对象迁移、性能保障、数据同步、数据校验、源/目标差异及竞争力、运维保障等方面进行详细分析与阐述。

数据库对象迁移关键功能包括：对象采集、预迁移评估（对象兼容性、SQL 兼容性、语法改造建议、目标库选型、目标库规格及成本、迁移工作量、源库风险、迁移风险）、迁移实施、测试验证、自动上线。

性能保障关键功能包括：SQL 等价改写，SQL 诊断与优化、实时性能监控。

数据同步关键功能包括：数据全量迁移、数据增量同步。

数据校验关键功能包括：全量离线数据校验、增量实时数据校验。

源/目标差异及竞争力分析包括：目标库架构、关键技术分析、容灾方案分析、组网方案分析、数据库定义、数据类型差异、语法差异、数据库功能、性能、稳定性等多方位分析。

运维保障关键功能包括：数据库巡检、数据库管理、数据库监控。

根据以上各项细节，具体迁移规划设计如下：

- 明确不同对象的迁移方式。通过使用 DRS 迁移工具完成从 Oracle 到 GaussDB 的数据迁移，存储过程等高级对象需要在业务适配阶段手工迁移。
- 根据业务维护时间窗的长短，明确数据的迁移场景，如全量迁移（停机）或全量+增量（在线）。
- 根据数据库迁移总体方案，完成数据库迁移实施方案设计和制定迁移计划。
- 根据数据库迁移总体方案，细化操作步骤，输出可操作的数据库迁移实施方案。
- 在华为实验室完成数据库迁移实施方案技术验证。
- 结合客户业务规划，根据业务迁移的紧急程度及数据库迁移工作量大小，制定数据库迁移计划。

8.3.2.3 迁移实施

根据数据库迁移实施方案，完成数据库迁移实施，主要工作内容如下：

- 迁移工具和目标环境的安装配置；
- 运行迁移工具完成结构迁移和数据迁移；
- 手工适配迁移存储过程等高级对象；
- 应用系统的业务适配；
- 迁移后的性能调优；
- 数据迁移测试，验证数据库迁移技术可行性和完整性。

8.3.2.4 迁移验收

数据迁移完成初期，完成数据库试运行保障，及时解决客户业务运行过程中出现的问题，保证数据库高效、平稳运行。数据库迁移完成后，配合客户完成数据迁移验收。验收主要关注点为数据一致性验收，即数据是否全部迁移到 GaussDB、迁移前后数据是否一致。

8.3.2.5 数据迁移测试策略

测试目标：完成数据一致性和正确性验证。

数据割接验证分为两个方面：

- 数据抽检：随机从割接数据中抽取数据，测试团队通过比对现网原环境与割接环境中的数据来确保割接数据一致性。
- 业务验证：随机从割接数据中抽取业务关键数据，测试团队筛选功能测试用例中的典型场景进行业务 E2E 全覆盖，验证割接数据的正确性。

入口准则：

- 已明确随机抽取数据的规则；
- 数据迁移环境数据已经正确导入；
- 数据迁移环境基本业务正常。

出口准则：

- 选定的数据迁移测试用例执行率 100%；
- 无阻塞遗留问题；
- 提供测试报告。

8.4 业务改造与测试

8.4.1 业务改造过程

业务整体改造包含数据库改造及应用改造。数据库改造包含数据库采集、迁移评估、语法转换、结构验证、性能调优、迁移上线等几个核心步骤；应用改造包含应用数据采集、迁移评估、语法转换、改造上线等核心步骤。

8.4.2 业务测试过程

业务测试可分为若干步骤，具体过程如表 8-5 所示。

表 8-5　业务测试过程

序号	全量数据迁移步骤	说明
1	增量数据同步	
2	数据一致性校验	
3	业务语法迁移	
4		补丁版本升级优化
5	业务性能调优	表类型及分布列优化
6		语句优化
7	业务迁移文档	
8	应用功能研发	代码修改、灰度上线相关代码开发
9	业务功能测试	
10	业务性能/压力测试	
11	上线前方案模拟测试	
12	版本交付	版本交付（性能、稳定性、可靠性、扩展性、安全性验证）
13	版本投产	
14	业务试点上线	
15	系统上线	
16	原系统退库	

8.5　数据迁移

8.5.1　数据迁移设计

数据的迁移根据不同的场景可分为全量数据迁移、增量数据迁移和全量+增量同步迁移三种。

8.5.1.1　全量数据迁移

全量数据迁移就是指将源数据库中的业务数据全部迁移到目标库，这个过程一般采用批量的方式进行数据的同步，在同构数据库迁移的场景中，可以采用数据库的备份和恢复功能，也可以采用数据库自带的数据导出和导入工具，如 Oracle 的数据泵，这种方式比较高效。在异构数据库的全量迁移场景中，因为不同数据库之间的数据类型、存储格式等各不相同，上述同构数据库的迁移方式不再适用，一般采用数据库特定接口或 SQL 接口的方式进行迁移。

基本迁移流程如图 8-11 所示。

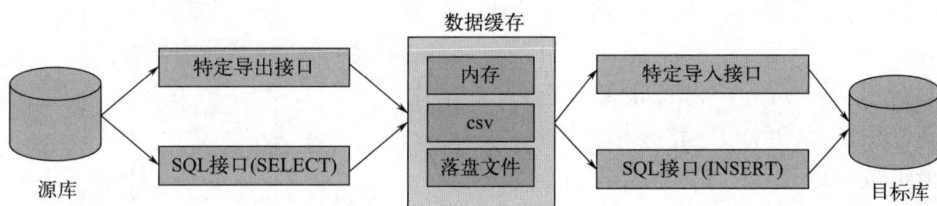

图 8-11　全量数据迁移流程

- 不同数据库提供了不同的数据导出/导入接口,如 pg 的 copy 接口可以把数据导出成 csv 格式,也可以把 csv 格式的数据导入到 pg 库。
- 数据的导出和导入经过缓存层,可以采用内存和落盘文件的方式实现。
- 数据的导出和导入过程均可以设计为并发模式,可以通过按表并发和表内按记录并发的方式提高效率。

8.5.1.2 增量数据迁移

增量迁移是将源数据库实时变化的数据同步到目标库。实现增量迁移的方式有很多种,如基于时间戳的定时同步、基于触发器的增量同步和基于日志解析的实时同步。对比各种方式,基于日志解析的同步方式无论是对源库的影响还是实时性都是最优的。

基于日志的增量同步架构如图 8-12 所示。

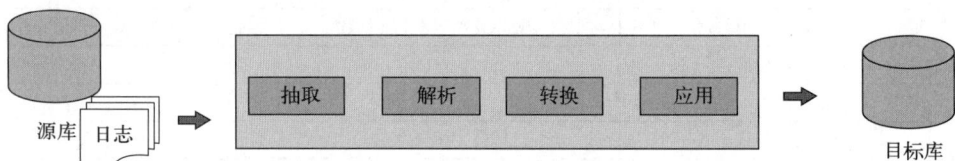

图 8-12　增量数据迁移流程

- 数据的抽取阶段用来获取源库实时变化的日志数据。
- 解析阶段对抽取的日志数据格式进行解析、整合等操作。
- 转换阶段对异构同步过程中的转换规则进行适配,输出转换后的结果。
- 应用阶段将最终的数据应用到目标库。

8.5.1.3 全量+增量同步迁移

在整个数据迁移的过程中,源端数据库的业务往往是不能停止的,即需要做到源库无感知数据迁移,同时保证数据的准确性,这就对全量迁移和增量迁移提出了新的要求,即在源库持续变化的过程中完成全量迁移,并且使得增量迁移能够对接上全量迁移的数据位点,不重不漏。

不同的数据库提供了不同的机制,可以实现全量+增量的无缝衔接。如 Oracle 数据库提供了 scn 点机制,可以在进行全量迁移的时候指定 scn,当全量迁移完成后,再指定 scn 去进行增量同步。

8.5.2　数据迁移执行过程

数据迁移的过程主要分为 4 个阶段,如图 8-13 所示。

① 对象迁移:首先将源库的数据库对象(表、存储过程、视图等)迁移到目标库。

② 全量数据迁移:对源库的当前存量数据进行迁移。

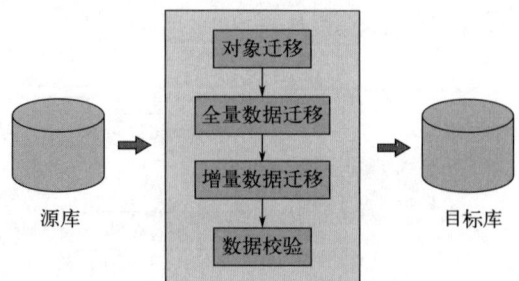

图 8-13　数据迁移流程

③ 增量数据迁移：从全量迁移的完成点，进行增量实时数据同步。

④ 数据校验：当增量数据同步无延迟、达到实时的时候，对两端数据进行比对，确保数据迁移准确。

8.6 上线割接

8.6.1 割接演练

8.6.1.1 割接要求

- 割接过程中不能停止业务。
- 割接时间不能超过 2h。
- 保证割接数据的正确性和割接脚本的健壮性。

8.6.1.2 割接演练

建议割接演练和正式割接采用完全一致的流程：

- 先中断业务（如果业务负载非常轻，也可以尝试不中断业务）；
- 在源数据库端执行简单语句，若在 1～5min 内无任何新会话执行 SQL，则可认为业务已经完全停止；
- 监控数据同步时延是否为 0，若为 0 则必须稳定保持一段时间；
- 进行割接前数据进行一致性校验，建议进行全部数据比对；
- 确定系统割接时机，业务系统指向新数据库，业务对外恢复使用，迁移完成。

8.6.2 正式割接

正式割接过程可能会碰到很多场景，存在跟种各样的问题，需要综合考虑、随机应变。割接过程经验总结如下：

- 割接一定要预留足够的时间窗，各业务逐个进行割接，且务必选择业务低峰期进行割接；
- 割接前一定要做完整的数据库备份，做好割接失败的回切方案；
- 加强割接过程监控，提前梳理需要监控的基础指标和业务指标。

8.7 经验总结

从 Oracle 数据库迁移到 GaussDB 数据库进行分布式改造后，中间业务管理平台业务稳定运行，持续保持零故障率，成功助力分布式数据库改造。

同时针对此次投产也总结了以下几点经验：

- 确定了 GaussDB 分布式数据库在交易型数据业务模型下的高可用部署架构规范模型，

对后续其他同类业务迁移集群部署给出了参考；

- 通过 DRS 迁移工具的引入，解决了交易型数据库分布式改造过程不同体量数据平滑迁移问题，并且输出了数据迁移的推荐方案，可指导后续业务数据迁移的操作；
- 输出了分布式数据库改造并网运行方案，该方案能够保证数据库迁移的安全、稳定。通过中间业务管理平台的稳定运行也验证了该方案的高可靠性，可为后续批量业务改造提供案例参考。

第 9 章

GaussDB 性能调优指南

性能数据是数据库的一个核心指标数据,它会直接影响业务系统的响应速度和稳定性,所以对数据库进行性能调优就显得尤为重要。数据库的性能调优从业务角度一般可以分为单功能点单/多并发性能调优和多功能点混合负载性能调优两种,从数据库角度可以简化为单SQL 性能调优和多 SQL 并发场景性能调优两种。下面将从数据库角度进行 GaussDB 性能调优分析介绍。

9.1 单 SQL 性能调优

在对某 SQL 进行性能调优之前,先会有一个性能期望值,当实际执行耗时达不到期望值时就需要进行性能调优。影响 SQL 性能的因素非常多,主要因素有表结构设计、索引设计、SQL 设计、执行计划调整、硬件资源等,当通过调整一个或多个因素达到性能期望值后即可认为调优基本完成。

9.1.1 表结构设计

在进行数据库表结构设计时,表字段类型、表的分布方式和是否设计为分区表等一些关键项会影响后续相关 SQL 的性能。表设计对数据存储大小也有影响,好的表设计能够减少 I/O操作及最小化内存使用,进而提升使用此表的 SQL 性能。

9.1.1.1 字段数据类型

表字段的数据类型根据业务需要选择最合适最高效的,重点可从以下三方面原则考虑:

① 尽量使用执行效率比较高的数据类型:一般来说整型数据运算(包括=、>、<、⩾、⩽、≠等常规的比较运算,以及 group by)的效率比字符串、浮点数运算要高。比如在某客户场景中 Filter 条件在一个 numeric 列上的耗时为在 int 类型列上耗时的两倍。

② 尽量使用短字段的数据类型:长度较短的数据类型不仅可以减小数据文件的大小、提升 I/O 性能,同时也可以减小相关计算的内存消耗、提升计算性能。比如对于整型数据,如果可以用 smallint 就尽量不用 int,如果可以用 int 就尽量不用 bigint 类型。

③ 使用一致的数据类型：表关联列尽量使用相同的数据类型。如果表关联列数据类型不同，数据库必须动态地转化为相同的数据类型进行比较，这种转换会带来一定的性能开销。

一般最常用的数据类型有四大类：整型、精度型、字符串、日期。GaussDB 中这些类型的存储原理跟其他数据库可能略有差异，在使用不同数据类型时可根据其特点合理使用：

① 整型：可能有的使用者碰到整形数据就直接使用 int 类型，这样可能会导致空间的浪费和 I/O 的增加。GaussDB 中建议针对不同的业务场景选用不同整形范围类型，当数值在 0~255 范围内时，建议使用 tinyint 类型（空间占用 1 字节）；当数值在−32768~+32767 范围内时，建议使用 smallint 类型（空间占用 2 字节）；超出以上范围时，再考虑使用 int 类型。int 类型固定占用 4 个字节的空间，而 bigint 占用 8 个字节空间。

② 精度型：如 number(p,s)，其占用空间为 $p/2+8$ 字节，建议使用时结合实际业务场景，合理设置数值类型范围，避免出现使用较大数值类型存储较小数值的现象，以实现节约空间的目的。如果没有小数，可以考虑使用整型存储，可以节省空间。

③ 字符串：GaussDB 支持变长字符串字段压缩，对于超过 2KB 的变长字段，如 text、varchar 类型，会自动触发 TOAST 机制采用 LZ4 算法进行压缩后存储，可以显著节省空间。

④ 日期型：GaussDB 中日期（DATE）类型为 timestamp（0）without zone 类型，占用空间固定 8 字节。

9.1.1.2　数据分布方式

GaussDB 数据库有集中式和分布式两种产品形态，对于分布式下的表可以灵活指定多种分布方式，所谓分布方式是指表根据一定的规则将数据打散分布到分布式的多个节点。GaussDB 分布式表有四种分布方式：

① hash 分布表：将表中选定的列的数据内容进行 hash 运算生成对应的 hash 值，根据分布式 DN 节点与 hash 值的映射关系，将该行数据存储到对应的分布式 DN 节点。对于 hash 分布表，在读/写数据时可以利用各个节点的 I/O 资源，大大提升表的读/写速度。一般情况下将较大的表定义为 hash 表。

② 复制表：将表中的全量数据在分布式的每一个 DN 实例上保留一份。主要适用于记录集较小的表。这种存储方式的优点是每个 DN 上都有该表的全量数据，在 join 操作中可以避免数据重分布操作，从而减小网络开销，同时减少了 plan segment（每个 plan segment 都会发起对应的线程）；缺点是每个 DN 都保留了表的完整数据，造成数据的冗余，修改复制表的数据时需要修改所有节点，代价较高。一般情况下只有较小的维度表才会定义为复制表。

③ Range 分布表：由使用者自己指定数据的分布策略，根据选取的分布列的范围值落入对应的 DN 节点。此分布方式的优点是用户可以灵活地将某范围的数据放到指定的机器，合理地分配业务压力到不同机器上；缺点是对使用者要求较高，需要对业务数据模型和业务压力模型非常清楚。

④ List 分布表：基本同上 Range 分布表，唯一的差别是 Range 是按范围分布数据而 List 是按照具体列出来的值分布数据到 DN 节点。

在了解了 GaussDB 分布式表的四种分布式方式以后，那在使用时具体到底使用哪种分布方式以及选取表的哪个列作为分布列呢？

选分布表还是复制表，可参考如下规则：

① 明细表、流水表等和业务主体是一对多关系的较大的表（一个业务主体对应多条记录

的表）选用分布表。

② 机构表、配置表等维度类的小表选用复制表。

③ 业务主体表如人员信息表，此类表在不同业务中可大可小，可根据实际使用情况判断。如果不频繁修改可建成复制表，因为此类表可能有不同的列跟其他不同的大表关联；如果能较好地避免关联列非分布列的情况，可选取分布表。

④ 频繁增删改的表不选用复制表，除非不关注增删改类性能而是重点关注查询类性能。

确定表使用分布表后，选择分布列可参考如下规则：

① 一般情况下使用hash分布方式，选择的hash分布列尽量选数据内容重复度较低的列，如流水号、ID 等，以确保使用 hash 分布方式能让数据均匀分布到各 DN 节点；如果必须选取重复度较大的列作为分布列，如地区编号、部门编号等，可考虑使用 List 分布方式人为指定合理值落到各 DN，以使数据尽量均匀分布，此种情况一般 SQL 都需要使用到此分布列确保性能。

② 所选的分布列是业务高频使用且性能优先的场景中常使用到的，例如点查场景 where 条件的列，对此 SQL 并发要求和性能要求高，此时分布列可以选此 where 条件列从而让 SQL 直接下发至单 DN，达到并发能力可随 DN 数线性增长的效果；再如表关联场景两表的分布列均选择对应关联列；而对于 group by 分组统计场景，如果结果集较小则可以按照规则①选择非分组列中的其他列作为分布列，如果结果集较大，则可选分组列中重复值较少且后续继续关联的列作为分布列。

在分布式 GaussDB 下，如果一个 SQL 的计划中出现 Stream 关键字，则很有可能表的分布列选择不是最优，需要考虑进行分布列调整，尽量避免 Stream；如果变更分布表的分布列不能完全避免 Stream，可以考虑将某些表建成复制表，如 a、b、c 三表关联 a.c1=b.c1 and a.c2=c.c2，如果 a、b、c 三表都是分布表，则必然出现 Stream 情况，此时为了避免 stream，需要判断 a 表和 c 表哪张表更小，将较小的那张表建成复制表，比如 c 表较小，则此时的分布列选择为 a 以 c1 列为分布列，b 以 c1 为分布列，c 建成 Broadcast 表。

9.1.1.3　分区表选择

分区表是把逻辑上的一张表根据某种方案分成几张物理块进行存储。这张逻辑上的表称之为分区表，物理块称之为分区。分区表是一张逻辑表，不存储数据，数据实际是存储在分区上的。例如：一张表名为 T_P 的分区表有 P1、P2、…、P10 共 10 个分区，其数据是存储在10 个不同的物理位置的，在使用时如果带上分区列条件确定访问哪个分区的数据，可有效提升性能。了解分区表的底层物理存储方式，有效利用好分区表特点扬长避短，对提升业务性能和可维护性有着较大的帮助。

分区表和普通表相比具有以下优点：

① 改善查询性能：对分区对象的查询可以仅搜索自己关心的分区，提高检索效率。

② 增强可用性：如果分区表的某个分区出现故障，表在其他分区的数据仍然可用。

③ 方便维护：如果分区表的历史数据需要定期清理，只需要清理对应分区即可，不需要使用 delete 语句加条件去批量删除数据，方便快捷；且如果某个分区出现故障、需要修复数据，只修复该分区即可。

使用分区表也需要注意滥用的情况，防止使用不当反而影响性能，例如要防止以下情况：

① 分区数过多，一般建议表的分区数在十、百级别，分区数尽量不要上千。

② 业务 SQL 未使用或较少比例使用分区列，导致大量业务跨分区访问数据。

③ 分区索引选择不合理，分区表上有 local 索引和 global 索引，避免将所有索引都建成 global 索引，一般只有涉及部分 SQL 必须跨分区访问少量数据时，才考虑使用全局索引来减少访问不同分区的代价。

GaussDB 支持的分区表有范围分区表、列表分区表、哈希分区表等类型。

（1）范围分区表：将数据基于范围映射到每一个分区。这个范围是由创建分区表时指定的分区键决定的。分区键经常采用日期，例如将销售数据按照月份进行分区。

（2）列表分区表：将数据中包含的键值分别存储在不同的分区中，依次将数据映射到每一个分区，分区中包含的键值由创建分区表时指定。

（3）哈希分区表：将数据根据内部哈希算法依次映射到每一个分区中，包含的分区个数由创建分区表时指定。

用户可以在实际使用中根据业务需要调整建表时的分区键，使每次查询结果尽可能存储在相同或者最少的分区内（称为"分区剪枝"），通过获取连续 I/O 大幅度提升查询性能。实际业务中，时间经常作为查询对象的过滤条件。因此，用户可考虑选择时间列为分区键，键值范围可根据总数据量、一次查询数据量调整。

9.1.2 索引设计

在使用索引之前，需要先了解索引的原理才能更好地在实际场景中使用索引，不能随意使用。GaussDB 中默认索引是 BTree 结构。索引的本质是一个文件，有索引行和索引页面，和表类似。索引的页面中存有 key 值（索引列的值）和 TID（可以理解为 key 值在表数据中的坐标），利用索引过滤后的 TID 可快速找到真正需要的数据。

交易型的业务场景中，索引是影响性能的重要因素，所以一定要正确合理地使用索引。虽然索引可以用来大幅提高数据库查询性能，但是不恰当的使用会导致数据库性能下降，所以使用者要知道索引常用的使用场景：

① 对 SQL 中出现在 where 条件的字段且可过滤大量数据时，可考虑在此条件字段建索引，如"select … from t1 where t1.col1='xxx'"，考虑在 t1 表的 col1 建索引。如果是多个字段组合起来过滤掉大量数据，则考虑建组合索引。

② 在关联条件列建索引，如"select * from t1 join t2 on t1.a=t2.a and t2.b='xxx'"，考虑在 t2 表的 b 列和 t1 表的 a 列建索引，使得 SQL 先通过 t2 表的 b 列索引过滤掉大量数据后得到 t2 表 a 列的值，再去跟 t1 表的 a 列关联，此时再在 t1 表的 a 列建索引过滤 t1 表的数据。

③ 在出现在 order by 后面的列上建索引，可以避免 SQL 的排序，如"select * from t1 order by t1.a limit 10"，由于索引是有序的，在 t1 表的 a 列建索引可以避免整表排序，直接通过索引取得前 10 条数据。

此外，在分区表上创建索引与在普通表上创建索引语法不同，分区表上索引分 local 和 global 索引两种。local 索引是各分区单独的索引，使用时要尽量带上分区列条件一起，避免一个 SQL 扫描所有分区上的索引，影响性能。在 SQL 不带分区列条件但有其他的条件列时，可以在其他条件列建 global 索引。

总的来说，索引设计的目的一般就是为了过滤大量数据或避免大数据量排序，从而提高 SQL 的性能。如果不能达到这样的目的，就需要考虑索引设计是否合理。比如一个条件列建索引数据从 1000 万过滤到 900 万，那这样的列建索引就不合理，没达到索引设计的目的，可能此时的索引过滤性能还不如全表扫描性能快。

9.1.3　SQL 设计

数据库中的 SQL 语句也相当于一门开发语言程序，程序效率的高低很多时候都取决于 SQL 语句编写的好坏，虽然数据库自身会做很多自动改写优化，但是很多 SQL 仍需要业务侧开发人员在熟悉业务的基础上来选择合适的写法。根据数据库的 SQL 执行机制以及大量的实践总结发现：根据一定的规则调整 SQL 语句，能够在保证业务结果正确的基础上较大地提高 SQL 执行效率，从而降低业务响应时间。GaussDB 中编写高效 SQL 可参考以下建议：

① GaussDB 分布式架构下，优先将 SQL 语句设计成可直接下推到单 DN 执行的形式，即 SQL 中包含表的分布列等值条件，如果涉及两表关联则关联列应是两表的分布列。例如，表 table1 和 table2 的分布列均为 col1 时，如下 SQL 可达到下推单 DN 的效果：

```
select … from table1 t1 where t1.col1='abc123';
select … from table1 t1, table2 t2 where t1.col1= t2.col1 and t1.col1=
'abc123';
```

② 其次是将 SQL 设计成下推到所有 DN 单独执行然后在 CN 汇总结果的形式。如一个业务场景 SQL 中确实无固定等值条件，或者固定等值条件为非分布列，此场景数据不需要在 DN 间交互，而是将所有 DN 结果均返回至 CN。例如，表 table1 和 table2 的分布列均为 col1 时，如下 SQL 需下推至所有 DN 各自执行：

```
select … from table1 t1 where t1.col2='abc123';
select … from table1 t1, table2 t2 where t1.col1= t2.col1 and t1.col2=
'abc123';
```

③ 对于不属于上述场景①和②的 SQL，即条件中无分布列或部分分布列的情况，建议根据业务逻辑在不改变业务含义的前提下加上分布列相关的条件，使之变成①或②；对于实在不能兼顾的情况，GaussDB 提供了 DN 间数据交互流动的 Stream 算子，但是效率相比①和②会有一定的降低，故尽量不要将 SQL 设计成此类情况。必要时可以进行 SQL 拆分，将 SQL 拆成满足规则①和②的情况。

另外除了 GaussDB 分布式相关的 SQL 下推设计，还有一些常用的 SQL 设计规则：

① 使用 union all 代替 union。union 在合并两个集合时会执行去重操作，而 union all 则直接将两个结果集合并、不执行去重。执行去重会消耗大量的时间，因此，在一些实际应用场景中，如果业务开发人员通过业务逻辑已确认两个集合不存在重叠，可用 union all 替代 union 以便提升性能。

② 合理选择用 in 还是 exists。在 join 列不存在 null 值的情况下，exists 和 in 等价。开发过程中，当子查询数据量较小时可使用 in，主查询数据量较小时可以使用 exists。如主查询 1 亿行数据，子查询 100 条数据，此时使用 "where col in (select col from …where …)" 的方式，反之主查询 100 行子查询 1 亿数据时使用 exists。

③ 条件中的索引列避免类型强转、避免对列加函数处理，防止无法使用索引而对性能造成影响。如 a 列为字符串类型且该列建有索引时，"where a=1" "where to_number(a)=1" 等用法均无法使用 a 列索引，可以写成 "a=' 1'"。

9.1.4 执行计划

对于单 SQL 的性能调优，熟悉 SQL 的执行计划是一个必不可少的技能。在 GaussDB 中 SQL 执行计划可以显示该 SQL 语句执行的详细步骤。使用 explain 命令可以查看数据库优化器为 SQL 生成的具体执行计划，其输出结果可显示执行 SQL 时 SQL 中表的扫描方式、关联 join 算法、语句的代价、预估行数等等。在进行 SQL 调优时，可通过 explain 查看分析 SQL 的执行计划是否是优的、是否需要人为调整执行计划。

在 GaussDB 分布式形态下，有四大类执行计划：CN 轻量化（语句在一个 DN 执行）、下推所有 DN 计划（语句在所有 DN 执行且 DN 间数据无交互）、Stream 计划（DN 之间进行数据交互）、CN RemoteTableQuery 计划（把数据收集到 CN 进行运算）。一般情况下这四大类计划的性能是依次衰减的，优先将 SQL 执行计划设计为 CN 轻量化的计划。

① CN 轻量化是效率最高的计划。该计划对应的 SQL 语句可以直接在单 DN 执行，CN 在接收到此类 SQL 后判断语句应该发向的 DN 然后直接下发语句到对应 DN。

```
例:
create table t1(a int, b varchar) distribute by hash(a);
create table t2(a int, b varchar) distribute by hash(a);
select * from t1,t2 where t1.a =t2.a and t1.a=1;
该 SQL 对应的计划如下:
explain verbose select * from t1,t2 where t1.a =t2.a and t1.a=1;
QUERY PLAN
-------------------------------------------------------------------
 Data Node Scan on "__REMOTE_LIGHT_QUERY__"  (cost=0.00..0.00 rows=0
width=0)
    Output: t1.a, t1.b, t2.a, t2.b
    Node/s: dn_6004_6005_6006
    Remote query: SELECT t1.a, t1.b, t2.a, t2.b FROM testschema.t1,
testschema.t2 WHERE t1.a = t2.a AND t1.a = 1
   Remote SQL: SELECT t1.a, t1.b, t2.a, t2.b FROM testschema.t1,
testschema.t2 WHERE t1.a = t2.a AND t1.a = 1
   Datanode Name: dn_6004_6005_6006
   Nested Loop  (cost=0.00..51.42 rows=36 width=72)
     Output: t1.a, t1.b, t2.a, t2.b
     -> Seq Scan on testschema.t1  (cost=0.00..25.48 rows=6 width=36)
          Output: t1.a, t1.b
          Filter: (t1.a = 1)
     -> Materialize  (cost=0.00..25.51 rows=6 width=36)
          Output: t2.a, t2.b
          -> Seq Scan on testschema.t2  (cost=0.00..25.48 rows=6 width=36)
               Output: t2.a, t2.b
               Filter: (t2.a = 1)
```

此场景下，在 SQL 计划中可看到关键字 REMOTE_LIGHT_QUERY，其对应的 CN-DN 下发模式如图 9-1 所示。

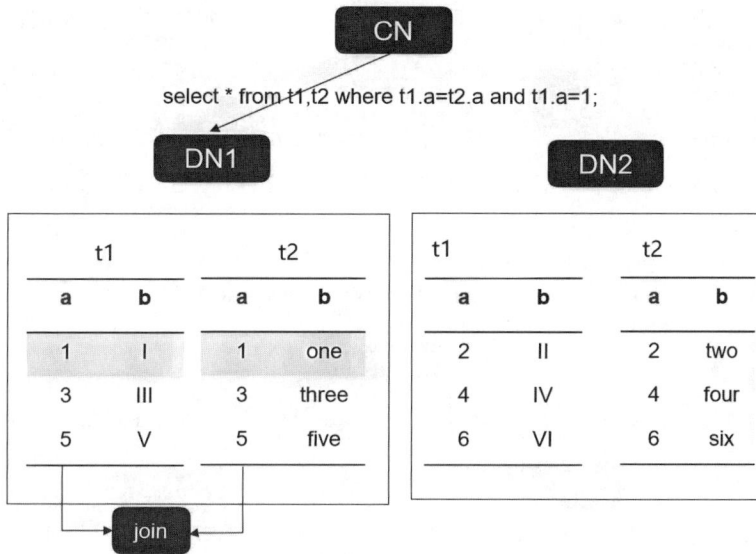

图 9-1　REMOTE_LIGHT_QUERY 计划对应的 CN-DN 下发模式

② 下推至所有 DN 的计划。各 DN 各自执行 CN 下发的 SQL 并返回，结果由 CN 汇总，DN 之间无数据交互。此类 SQL 不需要 CN 优化器，可直接生成 RemoteQuery 计划，使用执行器逻辑下发到 DN。性能开销较 CN 轻量化略高。语句如下：

```
create table t1(a int, b varchar) distribute by hash(a);
create table t2(a int, b varchar) distribute by hash(a);
select * from t1,t2 where t1.a =t2.a;
该 SQL 对应的计划如下：
explain verbose select * from t1,t2 where t1.a =t2.a;
QUERY PLAN
----------------------------------------------------------------
 Data Node Scan on "__REMOTE_FQS_QUERY__"  (cost=0.00..0.00 rows=0 width=0)
   Output: t1.a, t1.b, t2.a, t2.b
   Node/s: All datanodes
   Remote query: SELECT t1.a, t1.b, t2.a, t2.b FROM testschema.t1,
testschema.t2 WHERE t1.a = t2.a
   Remote SQL: SELECT t1.a, t1.b, t2.a, t2.b FROM testschema.t1,
testschema.t2 WHERE t1.a = t2.a
   Datanode Name: dn_6001_6002_6003
     Hash Join  (cost=1.65..4.79 rows=175 distinct=[200, 5] width=30)
       Output: t1.a, t1.b, t2.a, t2.b
       Hash Cond: (t1.a = t2.a)
       -> Seq Scan on testschema.t1  (cost=0.00..1.30 rows=30 width=15)
           Output: t1.a, t1.b
```

```
          -> Hash  (cost=1.29..1.29 rows=29 width=15)
             Output: t2.a, t2.b
              -> Seq Scan on testschema.t2  (cost=0.00..1.29 rows=29 width=15)
                 Output: t2.a, t2.b
 Datanode Name: dn_6004_6005_6006
```
······每个 DN 计划相同。

此场景下，在 SQL 计划中可看到关键字 REMOTE_FQS_QUERY，其对应的 CN-DN 下发模式如图 9-2 所示。

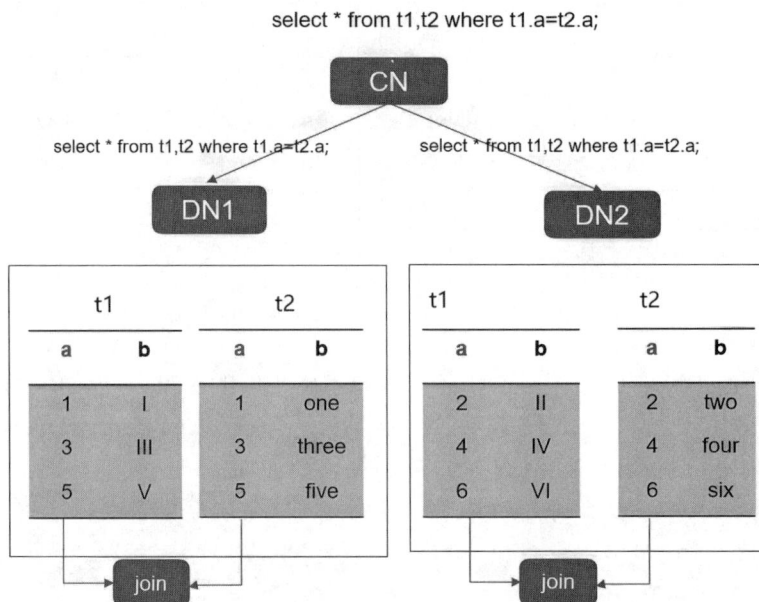

图 9-2　REMOTE_FQS_QUERY 对应 CN-DN 下发模式

③ Stream 计划，需要在 DN 之间进行数据的临时交互，CN 通过优化器生成带 Stream 算子计划，Stream 算子在 DN 之间建立连接进行数据交互并完成大部分的运算工作，然后再将各 DN 结果返回至 CN 进行结果汇总。

例:
```
create table t1(a int, b varchar) distribute by hash(a);
create table t2(a int, b varchar) distribute by hash(b);
select * from t1,t2 where t1.a =t2.a;
```
该 SQL 对应的计划如下:
```
explain verbose select * from t1,t2 where t1.a =t2.a;
QUERY PLAN
--------------------------------------------------------------------
Streaming (type: GATHER)  (cost=17.73..21.54 rows=100 width=51)
   Output: t1.a, t1.b, t2.a, t2.b
   Node/s: All datanodes
   -> Hash Join  (cost=15.66..17.41 rows=100 distinct=[200, 10] width=51)
```

```
          Output: t1.a, t1.b, t2.a, t2.b
          Hash Cond: (t1.a = ((t2.a)::bigint))
          -> Seq Scan on testschema.t1  (cost=0.00..1.33 rows=100 width=15)
               Output: t1.a, t1.b
               Distribute Key: t1.a
          -> Hash  (cost=15.49..15.49 rows=29 width=36)
               Output: t2.a, t2.b, ((t2.a)::bigint)
               -> Streaming(type: REDISTRIBUTE)  (cost=0.00..15.49 rows=30
width=36)
                    Output: t2.a, t2.b, ((t2.a)::bigint)
                    Distribute Key: ((t2.a)::bigint)
                    Spawn on: All datanodes
                    Consumer Nodes: All datanodes
                    -> Seq Scan on testschema.t2  (cost=0.00..14.14 rows=30
width=36)
                         Output: t2.a, t2.b, t2.a
                         Distribute Key: t2.b
```

在此计划中，GATHER 算子从 DN 收集数据进行汇总，Redistribute 算子根据选定的列把数据临时重分布到所有 DN 进行运算。

在 SQL 计划中可看到关键字 REDISTRIBUTE，其对应的 CN-DN 下发模式如图 9-3 所示。

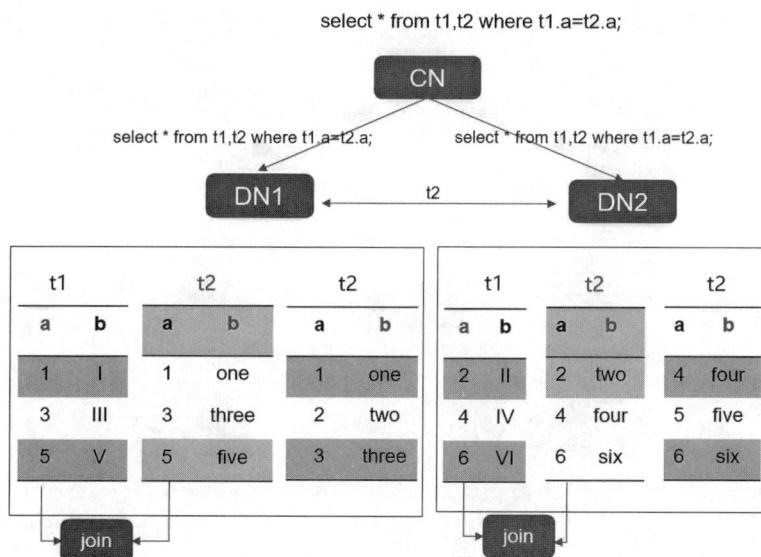

图 9-3　REDISTRIBUTE 对应 CN-DN 下发模式

Stream 计划有时在计划中会显示 Broadcast 关键字，这也是一种数据重分布的算子，也属于 DN 间数据重分布交互的情况。

④ RemoteTableQuery 计划。在上述①～③场景均不满足时，在 CN 端生成 RemoteQuery 计划下发到 DN，将数据收集到 CN 进行计算，此时 CN 承担了大部分的计算。

例:

```
create table t1(a int, b varchar) distribute by hash(a);
create table t2(a int, b varchar) distribute by hash(b);
select * from t1,t2 where t1.a =t2.a;
```

关闭 stream 计划功能，使 SQL 不走 stream 计划，则该 SQL 对应的计划如下:

```
explain verbose select * from t1,t2 where t1.a =t2.a;
QUERY PLAN
----------------------------------------------------------------
 Hash Join  (cost=56609.88..5862661703.70 rows=519794546020 distinct=[19,
19] width=39)
    Output: t1.a, t1.b,, t2.a, t2.b
    Hash Cond: (t1.a = t2.b)
    -> Data Node Scan on t1 "_REMOTE_TABLE_QUERY_"  (cost=0.00..0.00
rows=4735873 width=23)
        Output: t1.a, t1.b
        Node/s: All datanodes
        Remote query: SELECT a, b FROM ONLY testschema.t1 WHERE true
    -> Hash  (cost=0.00..0.00 rows=2085190 width=16)
        Output: t2.a, t2.b
        -> Data Node Scan on t2 "_REMOTE_TABLE_QUERY_"  (cost=0.00..0.00
rows=2085190 width=16)
            Output: t2.a, t2.b
            Node/s: All datanodes
            Remote query: SELECT a, b FROM ONLY testschema.t2 WHERE true
```

此场景下，在 SQL 计划中可看到关键字 REMOTE_TABLE_QUERY，其对应的 CN-DN 下发模式如图 9-4 所示。

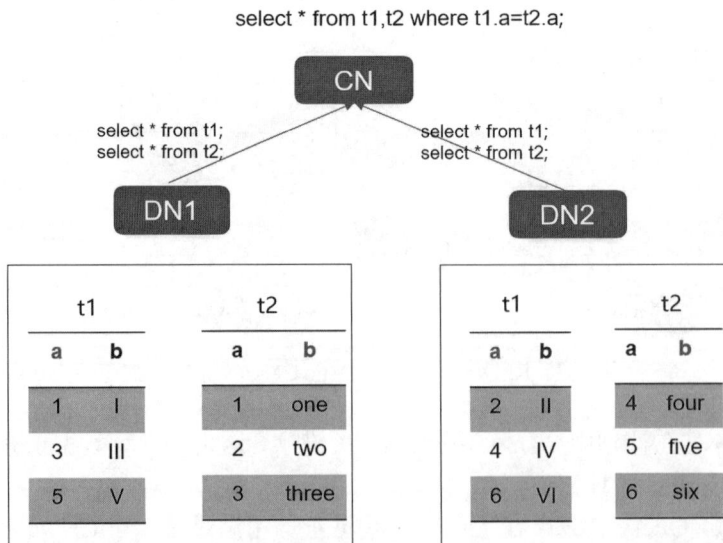

图 9-4　REMOTE_TABLE_QUERY 对应 CN-DN 下发模式

有时，场景③和④的性能优劣是具有不确定性的，需要根据过滤后数据的大小来判断，如果有条件过滤后数据量非常小，使用 Stream 计划代价可能会相对较高（Stream 算子启动代价），此时使用 RemoteTableQuery 计划可能也是个不错的选择。

9.1.5　硬件资源

在进行 SQL 优化时，关注硬件资源是否有瓶颈要成为调优人员一个习惯，应快速排除数据库以外的环境因素影响再进入专门的数据库优化。此章节讨论的排查硬件资源瓶颈均指硬件本身问题、操作系统参数设置或 BIOS 配置等导致的资源瓶颈，由数据库不优 SQL 导致的资源瓶颈在后续章节重点讨论。一般常见的硬件资源排查对象有 CPU、I/O、内存、网络等。

对于硬件本身的问题，常观察的要素主要有网络时延（如 0.1ms）、网络带宽（25GE 网络）、I/O 时延（如小于 1ms）、I/O 能力（读写速率 1GB/s）、内存（512GB）等。

另外很多操作系统参数的设置会影响资源使用的情况，如 CPU 模式、网卡队列、网卡 MTU 值、I/O 模式、关闭 swap 等。可在进行调优前使用操作系统相关工具命令测试 CPU 性能、I/O 能力、网络能力等。

一般情况下，单 SQL 消耗使得硬件资源达到瓶颈的可能性很小，除非 SQL 写得非常差。并发时硬件资源达到瓶颈的可能性更大，在并发场景性能调优的"硬件资源满"章节将重点介绍如何排查导致数据库整体性能瓶颈的硬件原因。

9.2　并发场景性能调优

并发场景的性能调优，最好的情况是在单 SQL 性能调优好的基础上进行，但是很多情况下业务涉及的 SQL 成百上千，有的复杂业务系统涉及 SQL 甚至成千上万，如果要每一个 SQL 去分析优化调到最优，那投入成本会极高。一般都需要有清晰的业务场景性能目标，且这些目标是有具体量化指标的，如某业务场景 TPS 需要达到多少，某业务场景响应时延需要在多少时间以内，某业务场景需要在多少并发下达到什么性能指标，等。根据明确的性能目标去迭代分析影响性能的瓶颈点，逐步优化，直到达到要求的性能目标。

并发场景下影响性能的因素可能会有很多，通常影响并发场景性能的可能原因有业务侧瓶颈、不优的 SQL、并发时的锁等待、硬件资源满、数据库参数配置等。优化某个瓶颈点以后若性能仍不理想，此时就需要继续分析下一个瓶颈点。这是一个不断迭代的过程，但很多时候调优人员可能并不需要完成对所有因素的分析优化，只需要调优结果达到业务预期即可认为完成了调优。

9.2.1　业务侧瓶颈

业务并发场景下数据库和业务应用的关系，就好比车辆在高速上通行时高速路和出入口的关系，可将数据库看成宽阔的高速路，业务应用看成高速路的出入口，SQL 就是行驶在高速路上的车辆。如果高速的出入口（业务应用）有瓶颈，会导致在高速路（数据库）上的车辆（SQL）很少，那么高速路上的车流量（数据库的 QPS）肯定就会很小，该段高速路的通行能力（数据库性能）就无法真正体现出来。所以调优时可以首先确定业务侧应用是否有瓶颈。

可以通过比较业务侧下发的并发数和数据库侧的活跃连接数来判断瓶颈点是否在业务侧。假设业务侧下发的并发数为 X，数据库侧的活跃连接数为 Y，通过比较这两个值基本能判断业务侧是否有瓶颈：

① X 约等于 Y，符合预期，业务侧的压力基本都到达数据库，基本排除业务侧瓶颈，重点排查数据库侧因素。

② X 大于 Y 较多，不符合预期，业务侧很可能有较大瓶颈，此时需分析应用程序逻辑、应用程序内存配置、应用服务器到数据库的网络时延、应用服务器 CPU 瓶颈等。另外，TP 类场景并发测试，一般并发压测需要多台应用服务器，一台应用服务器较难压到数据库集群瓶颈。

③ X 小于 Y，不符合预期，X 或 Y 的值提供错误，应重新确认两个值的正确性，也可能是其他业务场景干扰影响。

至于数据库中活跃连接数 Y，在 GaussDB 中可有多种方式查询。如果要看历史某时间段内的活跃连接数，可通过 GaussDB 运维管理图形化界面选择查看；如果要查询实时的活跃连接数，可查询 GaussDB 的 dbe_perf.global_threadpool_status 视图，里面会记录 GaussDB 的每个 CN 和每个 DN 的活跃连接数情况，Y 的值是所有 CN 的活跃连接数之和。另外实时活跃连接数也可通过 activity 视图中正在执行的状态为 active 的 SQL 数来判断。

通过上述方法手段判断业务侧是否存在瓶颈，如果存在瓶颈就重点分析业务侧，如果不存在瓶颈，就专心投入数据库侧的瓶颈因素分析。

9.2.2　不优的 SQL

业务模型稍微复杂一点的场景中涉及的不同 SQL 数量是非常多的，调优人员需要能快速地在众多 SQL 中找到不优的 SQL。这里不优的 SQL 指的是对整体并发场景性能影响较大的 SQL，通常称之为 TOP SQL。GaussDB 数据库中有丰富的系统视图来快速定位到 TOP SQL，例如需要找到业务并发测试过程中的 TOP SQL，可通过 SQL 归一化视图 summary_statement 找到按总耗时、CPU 总耗时、I/O 总耗时、网络总耗时等维度排列的 TOP SQL。summary_statement 视图是统计某 SQL 总执行次数、总耗时等总时间的，如果需要分析某 SQL 在某次执行慢的相关情况，可通过查询 statement_history 视图中的慢 SQL 进行分析。

在通过相关视图找到相关慢 SQL 以后，需针对此 SQL 进行详细的分析。一般通过分析 SQL 执行计划可判断此 SQL 是否是较优的，根据计划中执行算子和实际 SQL 场景是否匹配进行合理性判断。GaussDB 数据库中常见的四类执行算子有：扫描算子、控制算子、关联算子、物化算子。

9.2.2.1　扫描算子

扫描算子（Scan Plan Node）负责从底层数据来源抽取数据，数据来源可能是本地文件系统，也可能是网络（如分布式下 Stream 算子）。

常用的扫描算子如表 9-1 所示。

表 9-1　扫描算子

算子名称	含义	出现场景描述
SeqScan	顺序扫描行存储引擎	基本的扫描算子，用于扫描普通物理行存表（没有索引辅助的顺序扫描）
BitmapHeapScan BitmapIndexScan	利用 Bitmap 获取元组	Bitmap 利用属性上的索引进行扫描，返回结果集为一个位图（标记了满足条件的元组在页面中的偏移量）
TidScan	通过 Tid 获取元组	通过对表 table.ctid 字段进行过滤和查找
IndexScan	索引扫描	选择条件涉及的属性上建立了索引，并且用索引进行查询的快速定位
IndexOnlyScan	直接从索引返回元组	索引列完全覆盖查询的列，在该场景下可以直接从 Index 返回结果，无须再次访问基表
ForgeinScan	外部表扫描	查询基于外部数据源的外部表（FDW）
WorkTableScan	扫描中间结果集	扫描查询过程中 spillout 的中间结果集，例如 RecursiveUnion 算子中每次迭代产生的中间结果集
ValueScan	扫描 Value 列表	对 values() 子句中给出的元组集合进行扫描
SubQueryScan	子查询扫描	以另一个子查询的结果集作为当前查询的输入
CteScan	扫描 CommTableExpr	将 CTE 的输出看成是一个集合，进行后续的关系运算。例如扫描 SELECT 查询中用 with 子句定义的 CTE 子查询
FunctionScan	函数扫描	将函数的输出看成是一个集合，进行后续的关系运算 FROM function_name

9.2.2.2　控制算子

控制算子（Control Plan Node）通常是执行器为了完成一些特殊的流程而引入的算子，例如 Limit、RecursiveUnion、Union 等。

常用的控制算子如表 9-2 所示。

表 9-2　控制算子

算子名称	含义	出现场景描述
Result	顺序扫描行存储引擎	处理仅需要一次计算的条件表达式或 insert 中的 value 子句
ModifyTable	INSERT/UPDATE/DELETE 操作的算子	查询进行插入、更新、删除
Append	多个关系集合的追加操作	UNION、UNION-ALL
MergeAppend	多个有序关系集合的追加操作	UNION、继承表
RecursiveUnion	执行递归查询	用于处理递归查询

9.2.2.3　关联算子

关联算子（Join Plan Node），应对数据库中表关联操作，根据处理算法和数据输入源的不同分成 HashJoin、MergeJoin、NestLoop 等类型。

按照实现方式有 3 种关联算子，如表 9-3 所示。

表 9-3　关联算子—以实现方式分类

算子名称	含义	出现场景描述
NestLoop	对下层两股数据流实现循环嵌套连接操作	Inner、Left-Outer、Semi-Join、Anti-Join
MergeJoin	对下层两股排序数据流实现归并连接操作	Inner、Left-Outer-Join、Right-Outer-Join、Full-Outer-Join、Semi-Join、Anti-Join
HashJoin	对下层两股数据流实现哈希连接操作	Inner、Left-Outer-Join、Right-Outer-Join、Full-Outer-Join、Semi-Join、Anti-Join

按照连接类型有 6 种关联算子，如表 9-4 所示。

表 9-4　关联算子—以连接类型分类

算子名称	含义	出现场景描述
Inner Join	内连接，对于 S1 和 S2 上满足条件的数据进行连接操作	s1 JOIN s2 ON s1.c1 = s2.c1
Left Join	左连接，对于 S1 没有匹配 S2 的数据，进行补空输出	s1 LEFT OUTER JOIN s2 ON s1.c1 = s2.c1
Right Join	右连接，对于 S2 没有匹配 S1 的数据，进行补空输出	s1 RIGHT OUTER JOIN s2 ON s1.c1 = s2.c1
Full Join	全连接，除了 Inner Join 的输出部分，对于 S1、S2 没有匹配的部分，进行各自补空输出	s1 FULL OUTER JOIN s2 ON s1.c1 = s2.c1
Semi Join	半连接，当 S1 能够在 S2 中找到一个匹配的，单独输出 S1	1. SELECT * FROM s1 WHERE s1.c1 IN (SELECT s2.c1 FROM WHERE xxx) 2. SELECT * FROM s1 WHERE EXIST (SELECT s2.c1 FROM WHERE s1.c1 = s2.c1)
Anti Join	反连接，当 S1 能够在 S2 中找不到一个匹配的，单独输出 S1	1. SELECT * FROM s1 where s1.c1 NOT IN (SELECT s2.c1 FROM WHERE xxx) 2. SELECT * FROM s1 LEFT OUTER JOIN s2 ON s1.c1 = s2.c1 WHERE s2.c1 IS NULL

9.2.2.4　物化算子

物化算子（Mateiralize Plan Node），根据算法要求在做算子逻辑处理的时候，要求把下层的数据进行缓存处理。对于下层算子返回的数据量不可提前预知，需要在算法上考虑数据无法全部放置到内存的情况，例如 Agg、Sort 等。

常用的物化算子如表 9-5 所示。

表 9-5　物化算子

算子名称	含义	出现场景描述
Materialize	物化	缓存节点结果集以方便后续能够重复扫描
Sort	对下层数据进行排序	ORDER-BY 子句，MergeJoin 链接操作、SortAgg 分组操作等需要排序的场景
Group	对下层已经排序的数据进行分组	处理 Group-By 分组操作
Agg	对下层数据进行分组（无序）	1. COUNT/SUM/AVG/MAX/MIN 等聚集函数； 2. DISTINCT 子句； 3. UNION 去重； 4. GROUP-BY 子句
Unique	对下层数据进行去重操作	DISTINCT 子句、UNION 去重
Hash	对下层数据进行缓存，存储到一个 hash 表里	构造 HashTable、配合 HashJoin 算子
WindowAgg	窗口函数	包含窗口函数的语句
LockRows	处理行级锁	SELECT … FOR SHARE/UPDATE
Materialize	物化	缓存节点结果集以方便后续能够重复扫描

调优人员如果熟悉以上常用执行算子并理解其原理，分析 SQL 执行计划时能极大提升调

优效率。以计划中真实执行时间之后时间花费较长的地方作为切入点进行分析，基本都能找到该 SQL 对应的瓶颈点。另外通过掌握一些常用场景的常用判断方法也能起到事半功倍的效果。

建议掌握的常用基础场景的规则如表 9-6 所示。

表 9-6　基础场景规则总结

SQL 类型	结果集	简单示例	使用场景	最优算子
单表无条件查询	小/大	Select x from t1	少	SeqScan
单表带条件查询	很小	Select x from t1 where a=x	多	IndexScan
单表带条件查询	很大	Select x from t1 where a=x	少	SeqScan
两表关联无固定值条件	很大	Select x from t1,t2 where t1.c1=t2.c1	少	HashJoin
两表关联无固定值条件	很小	Select x from t1,t2 where t1.c1=t2.c1	一般	NestLoop
两表关联有固定值条件	很大	Select x from t1,t2 where t1.c1=t2.c1 and t2.c2=x	少	SeqScan、HashJoin
两表关联有固定值条件	很小	Select x from t1,t2 where t1.c1=t2.c1 and t2.c2=x	多	IndexScan、NestLoop
多表关联	很大	同上两表关联的扩展增加到多表	少	SeqScan、HashJoin
多表关联	很小	同上两表关联的扩展增加到多表	多	IndexScan、NestLoop

表 9-6 其实遵循一个基础的规则，可总结为：结果集很小的查询扫描算子基本都要走索引扫描，关联算子基本都是 NestLoop 关联，多表层层关联就是层层 NestLoop；结果集大的查询要质疑其业务合理性，因为很少会有业务场景将大量的数据从数据库侧抽取到应用侧加工处理，一般建议放到数据库侧进行此类加工处理。当然在特殊场景中也可能存在这种情况，这类 SQL 耗时通常都是较长的。

对于 TP 类交易型的业务场景，IndexScan 和 NestLoop 可以认为是理想算子，而如果看到 SeqScan 和 HashJoin，可以略微持怀疑态度分析一下合理性，并尝试调整计划来验证性能的变化，必要时可以通过给 SQL 加 hint 来生成自己想要的计划。

9.2.3　并发时的锁等待

数据库中并发场景下可能因为环境因素或数据库内部机制等导致各种各样的锁等待事件。在进行并发场景的性能调优时，GaussDB 中可通过查询 dbe_perf.global_wait_events 视图来查看 TOP 等待事件，其中可以看到详细的等待事件类型、事件名、等待的总次数、总等待时间、平均等待时间，然后分析 TOP 10 等待事件，判断相关等待事件是否合理，能否通过调整该等待事件的相关因素来提升整体性能。

GaussDB 中还可以通过归一化视图 summary_statement 中的 lock_wait_time 来查看某 SQL 的锁等待总时间，同时也可以通过 statement_history 视图查看慢 SQL 执行时的锁等待事件和耗时，通过这些方式手动定位到相关的等待事件后，就可以针对性地进行分析优化。合理观察利用锁和等待事件，有时会起到意想不到的效果。一个优秀的 DBA 通常是非常善于利用锁等待事件相关视图的，例如视图 dbe_perf.wait_events（进程级全局等待事件）、pg_thread_wait_ status（实时会话等待事件）、statement_history（历史语句相关等待事件）和 ASP 报告（历史活跃会话等待事件）、WDR 报告（实例级小时级等待事件消耗）等，同时需要对等待事件有一定的了解。表 9-7 为常见的等待事件。

表 9-7　等待事件

等待事件	解释	优化建议
STATUS(wait cmd)	等待应用侧发数据，表示此内核 session 正在等待用户发送数据	此类事件压力未在数据库侧
STATUS(none)	正在执行过程中，未在某个 event 中产生较多耗时，此状态下内核侧从 events 来看无明显瓶颈	无
IO_EVENT(LOGCTRL_SLEEP)	数据库发生限流，为了保障数据库的 RTO，数据库本身具备流控的能力（受 recovery_time_target 控制）；在压力测试的时候，性能压制较为明显	根据业务评估，可考虑是否关闭流控
STATUS(pooler create conn)	表示分布式 GaussDB 内 pooler CN 正在向 DN 建连	CN 至 DN 网络异常、DN 上线程池繁忙都有可能导致此 event 量大；另外如果 log_hostname 开启，DN 会同 DNS 通信，如果 DN 同 dns 时延过高，也会导致 CN/DN 建连慢
STATUS(wait node)	表示当前 Query 正在等待其他节点返回	表示此节点可能是瓶颈点，可以重点排查此节点
STATUS(wait wal sync)	等待 WAL 日志同步，通常表示事务提交等待备机日志下盘	可能表示如下原因：①WAL 日志量大；②主备机网络异常；③备机 IO 异常
STATUS(flush data)	网络数据发送	可能存在: (1) 数据量大; (2) 网络异常
STATUS(Sort/Sort -fetch tuple/Sort -write file)	分别表示正在执行 Sort 算子、获取 Sort 元组、Sort 下盘操作；其他算子 Material/HashJoin/HashAgg 等类似	对于异常下盘场景，可以评估考虑本 session 增加 work_mem。考虑是否优化 Query
IO_EVENT(DataFileRead/DataFileWrite)	IO 异常使用	可能的情况是 IO 异常、业务不优导致的 IO 使用，可以重点分析排查
LOCK_EVENT(tuple/transactionid)	大量出现这两个等待事件时，业务极大可能出现并发更新，导致整体业务阻塞	结合 pg_thread_wait_status/dbe_perf.local_active_session/gs_asp 内 block_sessionid，可找到具体阻塞本 session 的 session id

9.2.4　硬件资源满

硬件资源满通常指的是 CPU 满、IO 满、内存满等，在大并发场景下可能出现的情况是某一种资源先满导致另外的资源使用率很低，也可能是多种硬件资源同时满的情况。调优时需要对每个资源瓶颈逐个分析。

① CPU 满。如果 CPU 高是 gaussdb 进程导致的，则通常存在不优 SQL，需要快速找到导致的 CPU 满的 SQL，然后针对性地进行优化。详细的优化思路可参考"不优的 SQL"章节。

② IO 满。通常可使用 pidstat/iotop 识别到导致 IO 高的线程。有可能是其他内核后台线程导致的 IO 高，比如刷 WAL 日志线程等。但也很有可能是由于用户语句导致的 IO 异常，如果持续 IO 高，可查询 dbe_perf.summary_statement 内 n_blocks_fetched、n_blocks_hit 字段，如果该 SQL 导致 IO 高则这两个字段的差值会比较大，两者差值表示物理读的次数。找到导致 IO 高的 SQL 后可参考"不优的 SQL"章节进行分析优化。

③ 内存满。查询 dbe_perf.memory_node_detail 视图，明确内存占用点：

- max_process_memory：进程最大使用内存。
- process_used_memory：进程已经使用的内存。
- max_dynamic_memory：最大可使用动态内存。
- dynamic_used_memory：已使用动态内存。
- dynamic_used_shrctx：已使用的共享动态内存。

通常我们仅需要关注 max_dynamic_memory 和 dynamic_used_memory 的差距，如果动态内存不足，会导致用户查询报错。dynamic_used_memory 包含两部分内容：用户 session 上的内存消耗，比如计划缓存、排序等；内核模块的内存消耗，比如 Global Sys Cache、Unique SQL 等。

如果 dynamic_used_shrctx 较小，查询 dbe_perf.session_memory_detail 可获取到不同 session 的内存消耗，通常来讲：用户会话数和用户每个 session 上的内存占用都会导致动态内存异常问题。

如果 dynamic_used_shrctx 较大，查询 dbe_perf.shared_memory_detail 可获取到异常内存消耗的 context，通常此处有过多的异常消耗，多数情况下为用户 session 上的内存异常消耗。

9.2.5 数据库参数配置

数据库相关参数在不同场景下进行调整会对整体性能有一定的提升帮助。一般情况下数据库在图形化平台自动安装好以后会根据硬件情况自动配置相关参数，除非手动部署时需要人为调整相关参数，这类参数的调整可以参考 GaussDB 官方文档。有少量的参数也需要根据具体的并发场景情况进行略微的调整，从而提升该特殊场景下的性能。

数据库中参数众多，一般的调整都是根据相应瓶颈来进行的，比如上述章节讨论的内存参数。有时调整过于保守将导致在大并发情况下报动态内存不足的错误，此时就可以通过调整 max_process_memory 和 shared_buffers 的差值从而达到调大动态内存的目的。再比如 I/O 问题可以通过调整 pagewriter_sleep、bgwriter_delay、bgwriter_thread_num、max_io_capacity 等 I/O 相关参数来进行优化。GaussDB 中参数类别有资源消耗类参数（内存、磁盘空间、资源使用、I/O 等参数）、查询规划类参数（优化器方法、优化器开销等影响计划的参数）、统计类参数、DFX 定位定界类参数、锁管理类参数、连接池类参数等等。在进行并发场景调优时并不需要逐一排查，一般根据问题瓶颈调整即可。

9.3 性能调优案例

SQL 语言本质上属于一种编程语言，是一种用于在数据库中存取数据的编程语言，所以其开发使用方式灵活多变，无法穷举其组合用法，但是 SQL 的调优方法是有核心思想、有规律可循的。下面通过一些实际案例来进行说明。

9.3.1 案例 1：避免对条件列做处理（防止列的隐式转换、函数处理）

（1）强制类型转换

影响：导致分布列点查无法下推单 DN，且无法使用索引，性能大幅下降。

表定义：

```
create table t_test1
(
col1 varchar2(20) ,
col2 varchar2(10) ,
col3 number(19,2) ,
col4 number(19,2) ,
col5 number(10) ,
col6 timestamp
)
distribute by hash (col1);
create index t_test1_col1_idx on t_test1(col1);
```

分布列点查 SQL：select * from t_test1 where col1 = 1。

执行计划如图 9-5 所示。

图 9-5　案例 1 执行计划（一）

通过计划可以看到，由于 col1 条件列为字符串类型，而其等值条件为整形，从而使得 col1 列自动进行了强制类型转换，导致 SQL 中虽然有分布列等值条件也无法直接下发到单个 DN 节点执行，且在 DN 上无法使用索引，对性能影响极大。

SQL 正确的写法：select * from t_test1 where col1 = '1'。

此时对应的高效执行计划见图 9-6。

图 9-6　案例 1 执行计划（二）

通过此计划可以看出，首先 SQL 执行的节点是从"All datanodes"变成了单个节点

"dn_6004_6005_6006"，其次 SQL 在 DN 节点执行时使用到了 col1 列的索引。

实际执行耗时从不优计划的 38.831ms 优化到了 0.704ms，如图 9-7 所示。

```
gaussdb=# explain analyze select * from t_test1 where col1 = '1';
                               QUERY PLAN
-----------------------------------------------------------------------------------
 Data Node Scan  (cost=0.00..0.00 rows=0 width=0) (actual time=0.646..0.647 rows=1 loops=1)
   Node/s: dn_6004_6005_6006
 Total runtime: 0.704 ms
(3 rows)

gaussdb=# explain analyze select * from t_test1 where col1 = 1;
                               QUERY PLAN
-----------------------------------------------------------------------------------
 Data Node Scan  (cost=0.00..0.00 rows=0 width=0) (actual time=31.716..38.770 rows=1 loops=1)
   Node/s: All datanodes
 Total runtime: 38.831 ms
(3 rows)
```

图 9-7　案例 1 计划对比

（2）函数处理条件列

影响：无法使用索引，性能不佳。

不优 SQL: select * from t_test1 where substr(col1,1,4) = '1234'。

对应计划见图 9-8。

```
gaussdb=# explain select * from t_test1 where substr(col1,1,4) = '1234';
                               QUERY PLAN
-----------------------------------------------------------------------------------
 Data Node Scan on "__REMOTE_FQS_QUERY__"  (cost=0.00..0.00 rows=0 width=0)
   Node/s: All datanodes

 Remote SQL: SELECT col1, col2, col3, col4, col5, col6 FROM public.t_test1 WHERE substr(col1::text, 1, 4) = '1234'::text
 Datanode Name: dn_6001_6002_6003
   Seq Scan on t_test1  (cost=0.00..2408.47 rows=33433 width=37)
     Filter: (substr((col1)::text, 1, 4) = '1234'::text)

 Datanode Name: dn_6004_6005_6006
   Seq Scan on t_test1  (cost=0.00..2408.30 rows=33384 width=37)
     Filter: (substr((col1)::text, 1, 4) = '1234'::text)

 Datanode Name: dn_6007_6008_6009
   Seq Scan on t_test1  (cost=0.00..2388.23 rows=33183 width=37)
     Filter: (substr((col1)::text, 1, 4) = '1234'::text)

(16 rows)
```

图 9-8　案例 1 执行计划（三）

较优 SQL: select * from t_test1 where col1 like '1234%'。

对应计划见图 9-9。

```
gaussdb=# explain select * from t_test1 where col1 like '1234%';
                               QUERY PLAN
-----------------------------------------------------------------------------------
 Data Node Scan on "__REMOTE_FQS_QUERY__"  (cost=0.00..0.00 rows=0 width=0)
   Node/s: All datanodes

 Remote SQL: SELECT col1, col2, col3, col4, col5, col6 FROM public.t_test1 WHERE col1::text ~~ '1234%'::text
 Datanode Name: dn_6001_6002_6003
   Index Scan using t_test1_col1_idx on t_test1  (cost=0.00..45.53 rows=10 width=37)
     Index Cond: (((col1)::text >= '1234'::text) AND ((col1)::text < '1235'::text))
     Filter: ((col1)::text ~~ '1234%'::text)

 Datanode Name: dn_6004_6005_6006
   Index Scan using t_test1_col1_idx on t_test1  (cost=0.00..39.46 rows=10 width=37)
     Index Cond: (((col1)::text >= '1234'::text) AND ((col1)::text < '1235'::text))
     Filter: ((col1)::text ~~ '1234%'::text)

 Datanode Name: dn_6007_6008_6009
   Index Scan using t_test1_col1_idx on t_test1  (cost=0.00..53.39 rows=10 width=37)
     Index Cond: (((col1)::text >= '1234'::text) AND ((col1)::text < '1235'::text))
     Filter: ((col1)::text ~~ '1234%'::text)

(19 rows)
```

图 9-9　案例 1 执行计划（四）

耗时差异：较优 SQL 耗时 1.757ms，不优 SQL 耗时 72.2ms，见图 9-10。

图 9-10　案例 1 耗时差异

（3）其他非最优写法

除了上述两种不优的写法，有时也会碰到一些其他不优写法如：

- 对列加 to_date 处理 "to_date(colx，'yyyy-mm-dd')"，较优的写法是对条件后的常量加函数处理。
- 对列进行拼接处理 "col1||col2='abcd'||'1234'"，较优写法是分开写成 "col1='abcd' and col2='1234'"，当然此时需要确保两列的值是业务等价的。
- 对列进行加减处理 "col1+1" 或 "col1-1" 等，应该将加减等处理放到常量条件处理。

综上规则，是要尽量避免对条件中表的列做直接的处理，而是将相关处理放到条件中常量的处理上。

9.3.2　案例 2：选择合理的组合索引列顺序

一般来说，索引遵循最左匹配的最优原则，如果 SQL 过滤条件不在组合索引的第一列，就算 SQL 用到此索引也不是性能最优的用法，所以使用时一定要注意此类场景。

表上索引：create index t_test1_col6_col1_idx on t_test1(col6,col1)。

查询 SQL：select * from t_test1 where col1='1'。

此时执行计划如下(代价 cost 为 2011.91)，见图 9-11。

图 9-11　案例 2 计划（一）

执行耗时 9.758ms，见图 9-12。

图 9-12　案例 2 计划（二）

如果将原索引 col6 和 col1 的顺序改为 col1 和 col6：

```
drop index t_test1_col6_col1_idx;
create index t_test1_col1_col6_idx on t_test1(col1,col6);
```

则对应计划中的代价 cost 仅为 2.28，相比上述的 cost 有数量级下降，见图 9-13。

图 9-13　案例 2 计划代价

而此时执行耗时仅为 1.168ms，相比上述提升较大，见图 9-14。

图 9-14　案例 2 计划耗时

所以即使在看到 SQL 使用了索引时，也要稍微注意一下走的索引是否是最优的，是否满足最左匹配原则，一般也可以通过耗时来判断索引是否最优，通常如果是最优索引过滤数据量很小的情况下耗时基本在 1ms 以内，过滤性极好时耗时可小于 0.1ms，如果索引过滤耗时超过了这个时间较多，就要考虑索引是否最优。

9.3.3　案例 3：选择合适的分布列

（1）单表查询

原则：选择 SQL 条件中过滤性好的等值条件列作为分布列。

目标：SQL 可直接下推到单个节点执行。

样例：select t1.col1,t1.col2,t1.col3 from t_test1 t1 where t1.col1='100000' and col5=1。

分布列建议：通过分析发现 col1 列过滤性比 col5 好很多，且 col1 上需要有索引，故选择 col1 列作为表的分布列。

执行情况：因为选择的分布列是等值条件列，所以 GaussDB 优化器可自动判断满足条件的数据在某一个节点上，从而可将 SQL 直接下发到一个节点执行，达到性能最优。

执行计划见图 9-15。

图 9-15　案例 3 计划（一）

（2）多表关联查询

原则：选择 SQL 中关联条件列作为分布列。

目标：SQL 可直接下推到单个节点执行，如果分布列无固定值等值条件，则下推所有节点。

样例：select t1.col1,t2.col2,t1.col3 from t_test1 t1 , t_test2 t2 where t1.col1=t2.col2 and t1.col1='100000' and t1.col5=1。

分布列建议：两表关联时分布列应选择各自的关联列，所以此 SQL 中 t1 表分布列选 col1，t2 表的分布列选 col2。

执行情况：因为选择的分布列既是关联列，又是等值条件列，所以 GaussDB 优化器可自动判断满足条件的数据在某一个节点上，从而可将整个关联 SQL 直接下发到一个节点执行，达到性能最优。

执行计划见图 9-16。

图 9-16　案例 3 计划（二）

提升样例：如果上述 SQL 的关联条件是 "t1.col2=t2.col2 and t1.col1='100000' …;" 此时又该如何选择分布列使性能最优呢？

如果按照上述的分布列选择，则 t1 表的关联列不是分布列而 t2 表的关联列是分布列，会导致 t1 表的数据在节点间重分布，计划如图 9-17 所示。

图 9-17　案例 3 计划（三）

但是如果将 t1 表的分布列改成 col2，则 SQL 会下发到所有节点执行，此类查询计划也不算是最优，需要在各节点执行关联返回结果汇总。

此时怎样可以让 SQL（…t1.col2=t2.col2 and t1.col1='100000'…）直接下推到单节点执行呢？可以让 t1 表继续选 col1 作为分布列（因为 col1 有固定值条件），然后将 t2 表建成复制表，则可以让 SQL 下推至单节点执行（分布表与复制表关联且分布表的分布列有等值条件），计划如图 9-18 所示。

所以有时为了提升查询的性能，需要适当将有的表建成复制表，对于超过两表的关联依旧遵循此规则，例如 SQL "select t1.col1,t2.col2,t3.col3 from t_test1 t1,t_test2 t2,t_test3 t3 where t1.col1=t2.col2 and t2.col3=t3.col3 and t1.col1='100000' and t1.col5=1;" 此 SQL 中如果 t1、t2、t3 表的分布列分别为 col1、col2、col3，则执行计划会产生节点间的数据交互，见图 9-19。

```
gaussdb=# set enable_stream_operator=off;
SET
gaussdb=# explain select t1.col1,t2.col2,t1.col3 from t_test1 t1,t_test2_rep t2 where t1.col2=t2.col2 and t1.col1='100000' and t1.col5=1;
                                         QUERY PLAN
-----------------------------------------------------------------------------------------------
 Data Node Scan on "__REMOTE_FQS_QUERY__"  (cost=0.00..0.00 rows=0 width=0)
   Node expr: $1
(2 rows)

gaussdb=# set max_datanode_for_plan=3;
SET
gaussdb=# explain select t1.col1,t2.col2,t1.col3 from t_test1 t1,t_test2_rep t2 where t1.col2=t2.col2 and t1.col1='100000' and t1.col5=1;
                                         QUERY PLAN
-----------------------------------------------------------------------------------------------
 Data Node Scan on "__REMOTE_FQS_QUERY__"  (cost=0.00..0.00 rows=0 width=0)
   Node/s: dn_6007_6008_6009
   Node expr: $1

 Remote SQL: SELECT t1.col1, t2.col2, t1.col3 FROM public.t_test1 t1, public.t_test2_rep t2 WHERE t1.col2::text = t2.col2::text AND t1.col1::text = $1 AND t1.col5 = $2::numeric
 Datanode Name: dn_6007_6008_6009
  Nested Loop  (cost=17.06..2420.90 rows=1500 width=36)
    ->  Index Scan using t_test1_col1_idx on t_test1 t1  (cost=0.00..2.28 rows=1 width=18)
          Index Cond: ((col1)::text = $1)
          Filter: (col5 = $2)
    ->  Bitmap Heap Scan on t_test2_rep t2  (cost=17.06..2403.62 rows=1500 width=24)
          Recheck Cond: ((col2)::text = (t1.col2)::text)
          ->  Bitmap Index Scan on t_test2_rep_col2_idx  (cost=0.00..16.69 rows=1500 width=0)
                Index Cond: ((col2)::text = (t1.col2)::text)
(15 rows)
```

图 9-18　案例 3 计划（四）

```
gaussdb=# explain select t1.col1,t2.col2,t3.col3 from t_test1 t1,t_test2 t2,t_test3 t3 where t1.col1=t2.col2 and t2.col3=t3.col3 and t1.col1='100000' and t1.col5=1;
 id |                  operation                   | E-rows | E-width | E-costs
----+----------------------------------------------+--------+---------+---------
  1 | ->  Streaming (type: GATHER)                 |      3 |      36 |    7.31
  2 |    ->  Nested Loop (3,4)                      |      3 |      36 |    7.19
  3 |       ->  Index Scan using t_test1_col1_idx on t_test1 t1 | 1 |   6 |    2.29
  4 |       ->  Materialize                        |      3 |      30 |    4.87
  5 |          ->  Streaming(type: REDISTRIBUTE)   |      3 |      30 |    4.87
  6 |             ->  Nested Loop (7,9)            |      3 |      30 |    4.72
  7 |                ->  Streaming(type: REDISTRIBUTE) | 1 |  12 |    2.43
  8 |                   ->  Index Scan using t_test2_col2_idx on t_test2 t2 | 1 | 12 | 2.28
  9 |                ->  Index Only Scan using t_test3_col3_idx on t_test3 t3 | 1 | 24 | 2.28
(9 rows)

         Predicate Information (identified by plan id)
     ---------------------------------------------------
   3 --Index Scan using t_test1_col1_idx on t_test1 t1
         Index Cond: ((col1)::text = $1)
         Filter: (col5 = ($2)::numeric)
   8 --Index Scan using t_test2_col2_idx on t_test2 t2
         Index Cond: ((col2)::text = $1)
   9 --Index Only Scan using t_test3_col3_idx on t_test3 t3
         Index Cond: (col3 = (t2.col3)::text)
(7 rows)
```

图 9-19　案例 3 计划（五）

但是如果将 t3 表改成复制表，则整个 SQL 又可以直接下推到单节点执行，见图 9-20。

```
gaussdb=# set max_datanode_for_plan=3;
SET
gaussdb=# set enable_stream_operator=off;
SET
gaussdb=# explain select t1.col1,t2.col2,t3.col3 from t_test1 t1,t_test2 t2,t_test3_rep t3 where t1.col1=t3.col3 and t2.col2=t3.col3 and t1.col1='100000' and t1.col5=1;
                                         QUERY PLAN
-----------------------------------------------------------------------------------------------
 Data Node Scan on "__REMOTE_FQS_QUERY__"  (cost=0.00..0.00 rows=0 width=0)
   Node/s: dn_6007_6008_6009
   Node expr: $1

 Remote SQL: SELECT t1.col1, t2.col2, t3.col3 FROM public.t_test1 t1, public.t_test2 t2, public.t_test3_rep t3 WHERE t1.col1::text = t3.col3::text AND t2.col2::text = t3.col3::text AND t1.col1::text = $1 AND t1.col5 = $2::numeric
 Datanode Name: dn_6007_6008_6009
  Nested Loop  (cost=17.06..2423.19 rows=1500 width=36)
    Nested Loop  (cost=0.00..4.58 rows=1 width=12)
      ->  Index Scan using t_test1_col1_idx on t_test1 t1  (cost=0.00..2.28 rows=1 width=6)
            Index Cond: ((col1)::text = $1)
            Filter: (col5 = $2)
      ->  Index Only Scan using t_test2_col2_idx on t_test2 t2  (cost=0.00..2.28 rows=1 width=6)
            Index Cond: (col2 = $1)
    ->  Bitmap Heap Scan on t_test3_rep t3  (cost=17.06..2403.62 rows=1500 width=24)
          Recheck Cond: ((col3)::text = $1)
          ->  Bitmap Index Scan on t_test3_rep_col3_idx  (cost=0.00..16.69 rows=1500 width=0)
                Index Cond: ((col3)::text = $1)
(18 rows)
```

图 9-20　案例 3 计划（六）

从而可以较大提升 SQL 性能，并发时效果尤为明显。

9.3.4　案例 4：增加 join 列非空条件

现象描述如下：

```
SELECT
  *
FROM
```

```
( ( SELECT
  STARTTIME STTIME,
  SUM(NVL(PAGE_DELAY_MSEL,0)) PAGE_DELAY_MSEL,
  SUM(NVL(PAGE_SUCCEED_TIMES,0)) PAGE_SUCCEED_TIMES,
  SUM(NVL(FST_PAGE_REQ_NUM,0)) FST_PAGE_REQ_NUM,
  SUM(NVL(PAGE_AVG_SIZE,0)) PAGE_AVG_SIZE,
  SUM(NVL(FST_PAGE_ACK_NUM,0)) FST_PAGE_ACK_NUM,
  SUM(NVL(DATATRANS_DW_DURATION,0)) DATATRANS_DW_DURATION,
  SUM(NVL(PAGE_SR_DELAY_MSEL,0)) PAGE_SR_DELAY_MSEL
FROM
  PS.SDR_WEB_BSCRNC_1DAY SDR
  INNER JOIN (SELECT
      BSCRNC_ID,
      BSCRNC_NAME,
      ACCESS_TYPE,
      ACCESS_TYPE_ID
    FROM
      nethouse.DIM_LOC_BSCRNC
    GROUP BY
      BSCRNC_ID,
      BSCRNC_NAME,
      ACCESS_TYPE,
      ACCESS_TYPE_ID) DIM
  ON SDR.BSCRNC_ID = DIM.BSCRNC_ID
  AND DIM.ACCESS_TYPE_ID IN (0,1,2)
  INNER JOIN nethouse.DIM_RAT_MAPPING RAT
  ON (RAT.RAT = SDR.RAT)
WHERE
  ( (STARTTIME >= 1461340800
  AND STARTTIME < 1461427200) )
  AND RAT.ACCESS_TYPE_ID IN (0,1,2)
  --and SDR.BSCRNC_ID is not null
GROUP BY
  STTIME ) ) ;
```

优化分析如下：

通过分析执行计划可知，在顺序扫描阶段耗时较多。多表 join 中，由于表 PS.SDR_WEB_BSCRNC_1DAY 的 join 列 "BSCRNC_ID" 存在大量空值，join 性能差。

建议在语句中手动添加 join 列的非空判断，修改后的语句如下所示：

```
SELECT
  *
```

```
FROM
( ( SELECT
  STARTTIME STTIME,
  SUM(NVL(PAGE_DELAY_MSEL,0)) PAGE_DELAY_MSEL,
  SUM(NVL(PAGE_SUCCEED_TIMES,0)) PAGE_SUCCEED_TIMES,
  SUM(NVL(FST_PAGE_REQ_NUM,0)) FST_PAGE_REQ_NUM,
  SUM(NVL(PAGE_AVG_SIZE,0)) PAGE_AVG_SIZE,
  SUM(NVL(FST_PAGE_ACK_NUM,0)) FST_PAGE_ACK_NUM,
  SUM(NVL(DATATRANS_DW_DURATION,0)) DATATRANS_DW_DURATION,
  SUM(NVL(PAGE_SR_DELAY_MSEL,0)) PAGE_SR_DELAY_MSEL
 FROM
  PS.SDR_WEB_BSCRNC_1DAY SDR
  INNER JOIN (SELECT
     BSCRNC_ID,
     BSCRNC_NAME,
     ACCESS_TYPE,
     ACCESS_TYPE_ID
    FROM
     nethouse.DIM_LOC_BSCRNC
    GROUP BY
     BSCRNC_ID,
     BSCRNC_NAME,
     ACCESS_TYPE,
     ACCESS_TYPE_ID) DIM
  ON SDR.BSCRNC_ID = DIM.BSCRNC_ID
  AND DIM.ACCESS_TYPE_ID IN (0,1,2)
  INNER JOIN nethouse.DIM_RAT_MAPPING RAT
  ON (RAT.RAT = SDR.RAT)
 WHERE
  ( (STARTTIME >= 1461340800
  AND STARTTIME < 1461427200) )
  AND RAT.ACCESS_TYPE_ID IN (0,1,2)
  and SDR.BSCRNC_ID is not null
 GROUP BY
  STTIME ) ) A;
```

可以发现根据数据特征加了非空条件后耗时大幅减少。

9.3.5 案例5：合理使用分区表

现象描述：

进行简单 SQL 语句查询，性能瓶颈点在 dwcjk 的 Scan 上，如图 9-21 所示。

```
openGauss=# explain performance select zqdh, count(1) from dwcjk where cjrq = '2015-05-02 00:00:00' group by zqdh;
 id |              operation               |        A-time        |  A-rows  |  E-rows  |   Peak Memory    | E-memory | A-width  | E-width | E-costs
----+--------------------------------------+----------------------+----------+----------+------------------+----------+----------+---------+-----------
  1 | -> Row Adapter                       | 1599.794             |       58 |       12 | 19KB             |          |          |       7 | 771106.83
  2 |   -> Vector Streaming (type: GATHER) | 1599.781             |       58 |       12 | 210KB            |          |          |       7 | 771106.83
  3 |     -> Vector Hash Aggregate         | [1445.092,1446.332]  |       58 |        2 | [2315KB, 2315KB] | 16MB     | [16,16]  |       7 | 128517.80
  4 |       -> Vector Streaming(type: REDISTRIBUTE) | [1444.996,1446.259] | 340 |    12 | [247KB, 247KB]   | 1MB      |          |       7 | 128518.09
  5 |         -> Vector Hash Aggregate     | [573.150,1261.354]   |      340 |       12 | [2297KB, 2297KB] | 16MB     | [16,16]  |       7 | 128517.90
  6 |           -> CStore Scan on public.dwcjk | [330.178,1021.695] | 10000000 | 1623137 | [786KB, 786KB]  | 1MB      |          |       7 | 120402.00
(6 rows)
```

图 9-21　案例 5 计划（一）

优化分析：

从业务层确认表数据(在 cjrq 字段上)有明显的日期特征，符合分区表的特征。重新规划 dwcjk 表的表定义：字段 cjrq 为分区键、"天"为间隔单位定义分区表 dwcjk_part。修改后结果如图 9-22 所示，性能提升近 1 倍。

```
openGauss=# explain performance select zqdh, count(1) from dwcjk_part where cjrq = '2015-05-02 00:00:00' group by zqdh;
 id |              operation                    |        A-time        |  A-rows  |  E-rows |   Peak Memory      | E-memory | A-width  | E-width | E-costs
----+-------------------------------------------+----------------------+----------+---------+--------------------+----------+----------+---------+-----------
  1 | -> Row Adapter                            | 977.457              |       58 |      14 | 19KB               |          |          |       7 | 773142.84
  2 |   -> Vector Streaming (type: GATHER)      | 977.437              |       58 |      14 | 210KB              |          |          |       7 | 773142.84
  3 |     -> Vector Hash Aggregate              | [651.238,734.931]    |       58 |       2 | [2316KB, 2316KB]   | 16MB     | [16,16]  |       7 | 128857.14
  4 |       -> Vector Streaming(type: REDISTRIBUTE) | [651.137,734.834] |  340 |     14 | [247KB, 247KB]     | 1MB      |          |       7 | 128857.47
  5 |         -> Vector Hash Aggregate          | [102.145,515.752]    |      340 |      14 | [2297KB, 2297KB]   | 16MB     | [16,16]  |       7 | 128857.14
  6 |           -> Vector Partition Iterator    | [162.630,275.990]    | 10000000 | 1691000 | [312BYTE, 312BYTE] | 1MB      |          |       7 | 120402.00
  7 |             -> Partitioned CStore Scan on public.dwcjk_part | [161.746,275.207] | 10000000 | 1691000 | [795KB, 795KB] | 1MB |     |       7 | 120402.00
(7 rows)
```

图 9-22　案例 5 计划（二）

9.3.6　案例 6：改写 SQL 消除子查询

现象描述：

某局点客户反馈如下 SQL 语句的执行时间超过小时级别未结束：

```
UPDATE calc_empfyc_c_cusr1 t1
SET ln_rec_count =
 (
    SELECT CASE WHEN current_date -ln_process_date +1 <= 12 THEN 0 ELSE
t2.ln_rec_count END
    FROM calc_empfyc_c1_policysend_tmp t2
    WHERE t1.ln_branch = t2.ln_branch AND t1.ls_policyno_cusr1 =
t2.ls_policyno_cusr1
 )
WHERE dsign = '1'
AND flag = '1'
AND EXISTS
  (SELECT 1
  FROM calc_empfyc_c1_policysend_tmp t2
  WHERE t1.ln_branch = t2.ln_branch AND t1.ls_policyno_cusr1 =
t2.ls_policyno_cusr1
  );
```

对应的执行计划如图 9-23 所示。

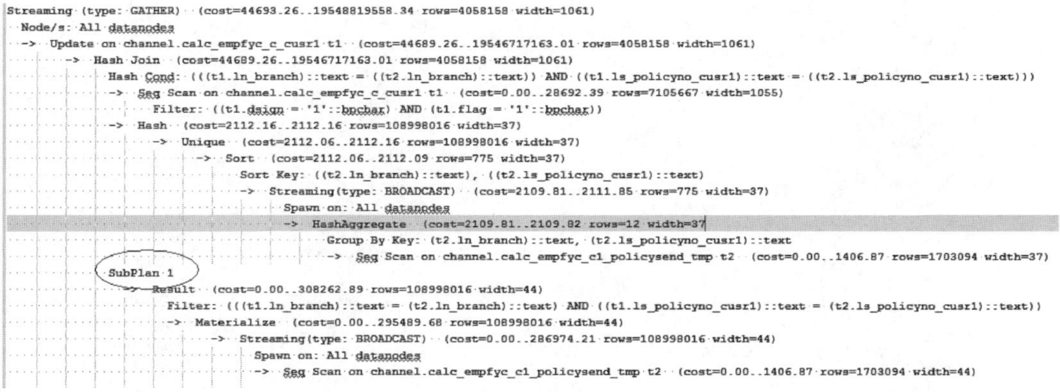

```
Streaming (type: GATHER)  (cost=44693.26..19548819558.34 rows=4058158 width=1061)
  Node/s: All datanodes
  -> Update on channel.calc_empfyc_c_cusr1 t1  (cost=44689.26..19546717163.01 rows=4058158 width=1061)
     -> Hash Join  (cost=44689.26..19546717163.01 rows=4058158 width=1061)
        Hash Cond: (((t1.ln_branch)::text = (t2.ln_branch)::text) AND ((t1.ls_policyno_cusr1)::text = ((t2.ls_policyno_cusr1)::text)))
        -> Seq Scan on channel.calc_empfyc_c_cusr1 t1  (cost=0.00..28692.39 rows=7105667 width=1055)
           Filter: ((t1.dsign = '1'::bpchar) AND (t1.flag = '1'::bpchar))
        -> Hash  (cost=2112.16..2112.16 rows=108998016 width=37)
           -> Unique  (cost=2112.06..2112.16 rows=108998016 width=37)
              -> Sort  (cost=2112.06..2112.09 rows=775 width=37)
                 Sort Key: ((t2.ln_branch)::text), ((t2.ls_policyno_cusr1)::text)
                 -> Streaming(type: BROADCAST)  (cost=2109.81..2111.85 rows=775 width=37)
                    Spawn on: All datanodes
                    -> HashAggregate  (cost=2109.81..2109.82 rows=12 width=37)
                       Group By Key: (t2.ln_branch)::text, (t2.ls_policyno_cusr1)::text
                       -> Seq Scan on channel.calc_empfyc_c1_policysend_tmp t2  (cost=0.00..1406.87 rows=1703094 width=37)
   SubPlan 1
     -> Result  (cost=0.00..308262.89 rows=108998016 width=44)
        Filter: (((t1.ln_branch)::text = (t2.ln_branch)::text) AND ((t1.ls_policyno_cusr1)::text = (t2.ls_policyno_cusr1)::text))
        -> Materialize  (cost=0.00..295489.68 rows=108998016 width=44)
           -> Streaming(type: BROADCAST)  (cost=0.00..286974.21 rows=108998016 width=44)
              Spawn on: All datanodes
              -> Seq Scan on channel.calc_empfyc_c1_policysend_tmp t2  (cost=0.00..1406.87 rows=1703094 width=44)
```

图 9-23　案例 6 执行计划

优化说明：

很明显，执行计划中存在 SubPlan（子查询），并且 SubPlan 中的运算相当重，故此 SubPlan 是一个明确的性能瓶颈点。

根据 SQL 语意等价改写 SQL 消除 SubPlan 如下：

```
UPDATE calc_empfyc_c_cusr1 t1
SET ln_rec_count = CASE WHEN current_date -ln_process_date +1 <= 12 THEN 0
ELSE t2.ln_rec_count END
FROM calc_empfyc_c1_policysend_tmp t2
WHERE
t1.dsign = '1' AND t1.flag = '1'
AND t1.ln_branch = t2.ln_branch AND t1.ls_policyno_cusr1 =
t2.ls_policyno_cusr1;
```

改写之后 SQL 语句在 50s 内执行完成，整体性能提升百倍。

此场景最好的解决方法是改写 SQL，如果不改写 SQL 可尝试配置 rewrite_rule 参数进行 SubPlan 消除，达到自动改写提升性能的效果，但最终性能没有直接改写后的好。rewrite_rule 参数详细用法详见案例 7。

9.3.7　案例 7：调整查询重写 GUC 参数 rewrite_rule

rewrite_rule 包含了多个查询重写规则：magicset、partialpush、uniquecheck、disablerep、intargetlist、predpush。下面简要说明其中几个重要规则的使用场景。

（1）部分下推参数 partialpush 的使用

查询下推到 DN 分布式执行，可以大大加速查询。如果查询语句中有一个不能下推的因素，整个语句就不能下推，无法生成 Stream 计划在 DN 分布式执行，性能通常较差。

举例如下查询：

```
yshen=# set rewrite_rule='none';
SET
yshen=# explain (verbose on, costs off)  select two_sum(tt.c1, tt.c2) from
(select t1.c1,t2.c2 from t1,t2 where t1.c1=t2.c2) tt(c1,c2);
```

```
                              QUERY PLAN
---------------------------------------------------------------------------
 Hash Join
   Output: two_sum(t1.c1, t2.c2)
   Hash Cond: (t1.c1 = t2.c2)
   -> Data Node Scan on t1 "_REMOTE_TABLE_QUERY_"
        Output: t1.c1
        Node/s: All datanodes
        Remote query: SELECT c1 FROM ONLY public.t1 WHERE true
   -> Hash
        Output: t2.c2
        -> Data Node Scan on t2 "_REMOTE_TABLE_QUERY_"
             Output: t2.c2
             Node/s: All datanodes
             Remote query: SELECT c2 FROM ONLY public.t2 WHERE true
(13 rows)
```

其中 two_sum()函数无法下推，导致进入 RemoteQuery 的计划：

① 首先下发"select c1 from t1 where true"语句到 DN 读取全部 t1 表的数据。

② 然后下发"select c2 from t2 where true"语句到 DN 读取全部 t2 表的数据。

③ 获取需要的数据之后，在 CN 上做 Hash Join。

④ 最后结果参与 two_sum 运算并返回最终结果。

该计划很慢，原因是网络传输了大量数据，然后在 CN 上执行 Hash Join，不能充分利用集群资源。

通过增加 partialpush 查询重写参数，可以把①②③步骤下推到 DN 分布式执行，极大提升语句的性能：

```
yshen=# set rewrite_rule='partialpush';
SET
yshen=# explain (verbose on, costs off) select two_sum(tt.c1, tt.c2) from
(select t1.c1,t2.c2 from t1,t2 where t1.c1=t2.c2) tt(c1,c2);
                      QUERY PLAN
---------------------------------------------------------------
 Subquery Scan on tt
   Output: two_sum(tt.c1, tt.c2)
   -> Streaming (type: GATHER)  --Gather 以下计划在 DN 分布式执行
        Output: t1.c1, t2.c2
        Node/s: All datanodes
        -> Nested Loop
             Output: t1.c1, t2.c2
             Join Filter: (t1.c1 = t2.c2)
             -> Seq Scan on public.t1
                  Output: t1.c1, t1.c2, t1.c3
```

```
                    Distribute Key: t1.c1
             ->  Materialize
                 Output: t2.c2
                 ->  Streaming(type: REDISTRIBUTE)
                      Output: t2.c2
                      Distribute Key: t2.c2
                      Spawn on: All datanodes
                      Consumer Nodes: All datanodes
                      ->  Seq Scan on public.t2
                           Output: t2.c2
                           Distribute Key: t2.c1
(21 rows)
```

（2）目标列子查询提升参数 intargetlist

通过将目标列中子查询提升转为 join，往往可以极大提升查询性能。举例如下查询：

```
yshen=# set rewrite_rule='none';
SET
yshen=# explain (verbose on, costs off) select c1,(select avg(c2) from t2
where t2.c2=t1.c2) from t1 where t1.c1<100 order by t1.c2;
                        QUERY PLAN
------------------------------------------------------------------------
 Streaming (type: GATHER)
   Output: t1.c1, ((SubPlan 1)), t1.c2
   Merge Sort Key: t1.c2
   Node/s: All datanodes
   ->  Sort
         Output: t1.c1, ((SubPlan 1)), t1.c2
         Sort Key: t1.c2
         ->  Seq Scan on public.t1
               Output: t1.c1, (SubPlan 1), t1.c2
               Distribute Key: t1.c1
               Filter: (t1.c1 < 100)
               SubPlan 1
                 ->  Aggregate
                       Output: avg(t2.c2)
                       ->  Result
                             Output: t2.c2
                             Filter: (t2.c2 = t1.c2)
                             ->  Materialize
                                   Output: t2.c2
                                   ->  Streaming(type: BROADCAST)
                                         Output: t2.c2
```

第 9 章　GaussDB 性能调优指南　*313*

```
                              Spawn on: All datanodes
                              Consumer Nodes: All datanodes
                              -> Seq Scan on public.t2
                                 Output: t2.c2
                                 Distribute Key: t2.c1
(26 rows)
```

　　由于目标列中的相关子查询"(select avg(c2) from t2 where t2.c2=t1.c2)"无法提升的缘故，导致每扫描 t1 的一行数据，就会触发子查询一次执行，效率低下。如果打开 intargetlist 参数会把子查询提升转为 join，可以提升查询的性能：

```
yshen=# set rewrite_rule='intargetlist';
SET
yshen=# explain (verbose on, costs off) select c1,(select avg(c2) from t2
where t2.c2=t1.c2) from t1 where t1.c1<100 order by t1.c2;
                              QUERY PLAN
--------------------------------------------------------------------
 Streaming (type: GATHER)
   Output: t1.c1, (avg(t2.c2)), t1.c2
   Merge Sort Key: t1.c2
   Node/s: All datanodes
   -> Sort
        Output: t1.c1, (avg(t2.c2)), t1.c2
        Sort Key: t1.c2
        -> Hash Right Join
             Output: t1.c1, (avg(t2.c2)), t1.c2
             Hash Cond: (t2.c2 = t1.c2)
             -> Streaming(type: BROADCAST)
                  Output: (avg(t2.c2)), t2.c2
                  Spawn on: All datanodes
                  Consumer Nodes: All datanodes
                  -> HashAggregate
                       Output: avg(t2.c2), t2.c2
                       Group By Key: t2.c2
                       -> Streaming(type: REDISTRIBUTE)
                            Output: t2.c2
                            Distribute Key: t2.c2
                            Spawn on: All datanodes
                            Consumer Nodes: All datanodes
                            -> Seq Scan on public.t2
                                 Output: t2.c2
                                 Distribute Key: t2.c1
             -> Hash
```

```
                         Output: t1.c1, t1.c2
                     -> Seq Scan on public.t1
                         Output: t1.c1, t1.c2
                         Distribute Key: t1.c1
                         Filter: (t1.c1 < 100)
(31 rows)
```

（3）提升无 Agg 的子查询 uniquecheck

子链接提升需要保证对于每个条件只有一行输出，对于有 Agg 的子查询可以自动提升，对于无 Agg 的子查询如：

select t1.c1 from t1 where t1.c1 = (select t2.c1 from t2 where t1.c1=t2.c2)；

重写为：

select t1.c1 from t1 join (select t2.c1 from t2 where t2.c1 is not null group by t2.c1(unique check)) tt(c1) on tt.c1=t1.c1;

为了保证语义等价，子查询 tt 必须保证对于每个"group by t2.c1"只能有一行输出。打开 uniquecheck 查询重写参数保证可以提升并且等价，如果在运行时输出了多于一行的数据，就会报错。执行如下：

```
yshen=# set rewrite_rule='uniquecheck';
SET
yshen=# explain verbose select t1.c1 from t1 where t1.c1 = (select t2.c1
from t2 where t1.c1=t2.c1)；
                                QUERY PLAN
---------------------------------------------------------------------------
 Streaming (type: GATHER)
   Output: t1.c1
   Node/s: All datanodes
   -> Nested Loop
         Output: t1.c1
         Join Filter: (t1.c1 = subquery."?column?")
         -> Seq Scan on public.t1
               Output: t1.c1, t1.c2, t1.c3
               Distribute Key: t1.c1
         -> Materialize
               Output: subquery."?column?", subquery.c1
               -> Subquery Scan on subquery
                     Output: subquery."?column?", subquery.c1
                     -> HashAggregate
                           Output: t2.c1, t2.c1
                           Group By Key: t2.c1
                           Filter: (t2.c1 IS NOT NULL)
                           Unique Check Required   --如果在运行时输出了多于一行的数
据，就会报错。
```

```
                -> Index Only Scan using t2idx on public.t2
                   Output: t2.c1
                   Distribute Key: t2.c1
(21 rows)
```

注意：因为分组 "group by t2.c1 unique check" 发生在过滤条件 "tt.c1=t1.c1" 之前，可能导致原来不报错的查询重写之后报错。

例如有 t1、t2 表，其中的数据为：

```
yshen=# select * from t1 order by c2;
 c1 | c2 | c3
----+----+----
  1 |  1 |  1
  2 |  2 |  2
  3 |  3 |  3
  4 |  4 |  4
  5 |  5 |  5
  6 |  6 |  6
  7 |  7 |  7
  8 |  8 |  8
  9 |  9 |  9
 10 | 10 | 10
(10 rows)

yshen=# select * from t2 order by c1;
 c1 | c2 | c3
----+----+----
  1 |  1 |  1
  2 |  2 |  2
  3 |  3 |  3
  4 |  4 |  4
  5 |  5 |  5
  6 |  6 |  6
  7 |  7 |  7
  8 |  8 |  8
  9 |  9 |  9
 10 | 10 | 10
 11 | 11 | 11
 11 | 11 | 11
 12 | 12 | 12
 12 | 12 | 12
 13 | 13 | 13
 13 | 13 | 13
```

```
 14 | 14 | 14
 14 | 14 | 14
 15 | 15 | 15
 15 | 15 | 15
 16 | 16 | 16
 16 | 16 | 16
 17 | 17 | 17
 17 | 17 | 17
 18 | 18 | 18
 18 | 18 | 18
 19 | 19 | 19
 19 | 19 | 19
 20 | 20 | 20
 20 | 20 | 20
(30 rows)
```

分别关闭和打开 uniquecheck 参数对比，打开之后报错。

```
yshen=# select t1.c1 from t1 where t1.c1 = (select t2.c1 from t2 where
t1.c1=t2.c2) ;
  c1
 ----
   6
   7
   3
   1
   2
   4
   5
   8
   9
  10
(10 rows)

yshen=# set rewrite_rule='uniquecheck';
SET
yshen=# select t1.c1 from t1 where t1.c1 = (select t2.c1 from t2 where
t1.c1=t2.c2) ;
ERROR: more than one row returned by a subquery used as an expression
```

（4）将条件下推到子查询中 predpush、predpushnormal、predpushforce

通常优化器以查询块为单位进行优化，不同查询块独立优化，如果有涉及跨查询块的谓词条件，难以从全局角度考虑谓词应用的位置。predpush 可以将谓词下推到子查询块中，在父查询块中数据量较小或子查询中可以利用索引的场景下能够提升性能。涉及 predpush 的

rewrite_rule 规则有 3 个，分别是：

① predpushnormal：尝试下推谓词到子查询中，需要利用 Stream 算子，如 Broadcast 来实现分布式计划。

② predpushforce：尝试下推谓词到子查询中，尽量利用参数化路径的索引扫描。

③ predpush：利用代价在 predpushnormal 和 predpushforce 中选择一个最优的分布式计划，但是会增加优化时间。

以下是关闭和开启该查询重写规则的计划示例：

```
openGauss=# show rewrite_rule;
 rewrite_rule
--------------
 magicset
(1 row)


openGauss=# explain (costs off) select * from t1, (select sum(c2), c1 from
t2 group by c1) st2 where st2.c1 = t1.c1;
          QUERY PLAN
--------------------------------------
 Streaming (type: GATHER)
   Node/s: All datanodes
    -> Nested Loop
        Join Filter: (t1.c1 = t2.c1)
        -> HashAggregate
            Group By Key: t2.c1
             -> Seq Scan on t2
        -> Seq Scan on t1
(8 rows)



 openGauss=# set rewrite_rule='predpushnormal';
 SET
 openGauss=# explain (costs off) select * from t1, (select sum(c2), c1 from
t2 group by c1) st2 where st2.c1 = t1.c1;
                  QUERY PLAN
-----------------------------------------------------------
 Streaming (type: GATHER)
   Node/s: All datanodes
    -> Nested Loop
        -> Seq Scan on t1
        -> GroupAggregate
            Group By Key: t2.c1
             -> Result
```

```
                        Filter: (t1.c1 = t2.c1)
                        -> Materialize
                              -> Streaming(type: BROADCAST)
                                    Spawn on: All datanodes
                                    -> Seq Scan on t2
 (12 rows)



openGauss=# set rewrite_rule='predpushforce';
SET


openGauss=# explain (costs off) select * from t1, (select sum(c2), c1 from
t2 group by c1) st2 where st2.c1 = t1.c1;
                    QUERY PLAN
--------------------------------------------------------
 Streaming (type: GATHER)
   Node/s: All datanodes
    -> Nested Loop
          -> Seq Scan on t1
          -> HashAggregate
              Group By Key: t2.c1
                -> Index Scan using t2_c1_idx on t2
                    Index Cond: (t1.c1 = c1)
 (8 rows)



openGauss=# set rewrite_rule = 'predpush';
SET
openGauss=# explain (costs off) select * from t1, (select sum(c2), c1 from
t2 group by c1) st2 where st2.c1 = t1.c1;
                    QUERY PLAN
--------------------------------------------------------
 Streaming (type: GATHER)
   Node/s: All datanodes
    -> Nested Loop
          -> Seq Scan on t1
          -> GroupAggregate
              Group By Key: t2.c1
                -> Result
                    Filter: (t1.c1 = t2.c1)
```

```
                          -> Materialize
                            -> Streaming(type: BROADCAST)
                            Spawn on: All datanodes
                            -> Seq Scan on t2
(12 rows)
```

9.3.8 案例 8：使用 DN Gather 减少计划中的 Stream 节点

DN Gather 用来把分布式计划中的 Stream 节点去掉，并把数据发送到一个节点进行计算，这样可以减少分布式计划执行时数据重分布的代价，从而提升单个查询以及系统整体的吞吐能力。不过 DN Gather 面向的是小数据量场景，对于小数据量查询因为节省了数据重分布的代价且单个节点的算力完全够用所以可以得到性能的提升。对于大数据量的计算，多节点并行计算更有优势。下面几个案例通过打开关闭开关来对比哪种情况更快（dngather_min_rows 默认为 500 行，下述案例采用了默认值）。

（1）Gather join

要把 join 的结果收敛到单个 DN 需要满足：

① join 前后优化器估计的数据行数在阈值以下。

② join 的子节点均为 Stream 节点。

为了方便举例，让 join 的子节点都为 Stream 节点，关闭了 Broadcast。

```
openGauss=# set enable_broadcast=false;
SET
openGauss=# set explain_perf_mode=pretty;
SET
openGauss=# set enable_dngather=false;
SET
openGauss=# explain select count(*) from t1, t2 where t1.b = t2.b;
 id |              operation              | E-rows | E-width | E-costs
----+-------------------------------------+--------+---------+---------
  1 | -> Aggregate                        |     1  |      8  | 31.46
  2 |   -> Streaming (type: GATHER)       |     3  |      8  | 31.46
  3 |     -> Aggregate                    |     3  |      8  | 31.34
  4 |       -> Hash Join (5,7)            |    30  |      0  | 31.30
  5 |         -> Streaming(type: REDISTRIBUTE) |  30  |      4  | 15.49
  6 |           -> Seq Scan on t1         |    30  |      4  | 14.14
  7 |         -> Hash                     |    29  |      4  | 15.49
  8 |           -> Streaming(type: REDISTRIBUTE) |  30  |      4  | 15.49
  9 |             -> Seq Scan on t2       |    30  |      4  | 14.14
(9 rows)


Predicate Information (identified by plan id)
-----------------------------------------------------
```

```
    4 --Hash Join (5,7)
          Hash Cond: (t1.b = t2.b)
  (2 rows)
  openGauss=# set enable_dngather=true;
  SET
  openGauss=# explain select count(*) from t1, t2 where t1.b = t2.b;
   id |                  operation                 | E-rows | E-width | E-costs
  ----+--------------------------------------------+--------+---------+---------
    1 | -> Streaming (type: GATHER)                |    1 |      8 | 32.53
    2 |   -> Aggregate                             |    1 |      8 | 32.47
    3 |    -> Hash Join (4,6)                      |   30 |      0 | 32.38
    4 |       -> Streaming(type: REDISTRIBUTE ng: node_group->datanode1)
  |   30 |      4 | 15.69
    5 |          -> Seq Scan on t1                 |   30 |      4 | 14.14
    6 |       -> Hash                              |   30 |      4 | 15.69
    7 |          -> Streaming(type: REDISTRIBUTE ng: node_group->datanode1)
  |   30 |      4 | 15.69
    8 |              -> Seq Scan on t2             |   30 |      4 | 14.14
  (8 rows)

   Predicate Information (identified by plan id)
  -----------------------------------------------
    3 --Hash Join (4,6)
          Hash Cond: (t1.b = t2.b)
  (2 rows)
  openGauss=# set enable_dngather=false;
  SET
  openGauss=# explain select * from t1, t2, t3, t4 where t1.b = t2.b and
  t2.c = t3.c and t3.d = t4.d order by t1.a;
   id |                  operation                 | E-rows | E-width | E-costs
  ----+--------------------------------------------+--------+---------+-------
    1 | -> Streaming (type: GATHER)                |   30 |    144 | 66.46
    2 |   -> Sort                                  |   30 |    144 | 65.05
    3 |    -> Hash Join (4,16)                     |   30 |    144 | 64.86
    4 |       -> Streaming(type: REDISTRIBUTE)
  |   30 |    108 | 49.05
    5 |          -> Hash Join (6,13)               |   30 |    108 | 48.08
    6 |             -> Streaming(type: REDISTRIBUTE)
  |   30 |     72 | 32.27
    7 |                -> Hash Join (8,10)         |   30 |     72 | 31.30
    8 |                   -> Streaming(type: REDISTRIBUTE)
```

```
|      30 |        36 | 15.49
   9 |                            -> Seq Scan on t1
|      30 |        36 | 14.14
  10 |                         -> Hash               |    29 |        36 | 15.49
  11 |                          -> Streaming(type: REDISTRIBUTE)
|      30 |        36 | 15.49
  12 |                            -> Seq Scan on t2
|      30 |        36 | 14.14
  13 |                   -> Hash                      |    29 |        36 | 15.49
  14 |                     -> Streaming(type: REDISTRIBUTE)
|      30 |        36 | 15.49
  15 |                         -> Seq Scan on t3 |    30 |        36 | 14.14
  16 |           -> Hash                          |    29 |        36 | 15.49
  17 |             -> Streaming(type: REDISTRIBUTE)
|      30 |        36 | 15.49
  18 |                   -> Seq Scan on t4          |    30 |        36 | 14.14
(18 rows)


 Predicate Information (identified by plan id)
-------------------------------------------------
   3 --Hash Join (4,16)
        Hash Cond: (t3.d = t4.d)
   5 --Hash Join (6,13)
        Hash Cond: (t2.c = t3.c)
   7 --Hash Join (8,10)
        Hash Cond: (t1.b = t2.b)
(6 rows)


openGauss=# set enable_dngather=true;
SET
openGauss=# explain select * from t1, t2, t3, t4 where t1.b = t2.b and
t2.c = t3.c and t3.d = t4.d order by t1.a;
 id |                         operation                  | E-rows | E-width | E-costs
----+------------------------------------+--------+---------+---------
   1 | -> Streaming (type: GATHER)              |    30 |      144 | 68.47
   2 |   -> Sort                                |    30 |      144 | 66.36
   3 |     -> Hash Join (4,10)                  |    30 |      144 | 65.55
   4 |       -> Hash Join (5,7)                 |    30 |       72 | 32.38
   5 |         -> Streaming(type: REDISTRIBUTE ng: node_group->datanode3)
|      30 |        36 | 15.69
   6 |               -> Seq Scan on t1          |    30 |        36 | 14.14
```

```
   7 |               -> Hash                    |   30 |      36 | 15.69
   8 |                  -> Streaming(type: REDISTRIBUTE ng: node_group->datanode3)
|   30 |      36 | 15.69
   9 |                     -> Seq Scan on t2     |   30 |      36 | 14.14
  10 |         -> Hash                           |   30 |      72 | 32.38
  11 |           -> Hash Join (12,14)            |   30 |      72 | 32.38
  12 |              -> Streaming(type: REDISTRIBUTE ng: node_group->datanode3)
|   30 |      36 | 15.69
  13 |                 -> Seq Scan on t3          |   30 |      36 | 14.14
  14 |            -> Hash                         |   30 |      36 | 15.69
  15 |               -> Streaming(type: REDISTRIBUTE ng: node_group->datanode3)
|   30 |      36 | 15.69
  16 |                  -> Seq Scan on t4          |   30 |      36 | 14.14
(16 rows)


 Predicate Information (identified by plan id)
------------------------------------------------
   3 --Hash Join (4,10)
       Hash Cond: (t2.c = t3.c)
   4 --Hash Join (5,7)
       Hash Cond: (t1.b = t2.b)
  11 --Hash Join (12,14)
       Hash Cond: (t3.d = t4.d)
(6 rows)
openGauss=# set enable_dngather=false;
SET
openGauss=# explain select count(*) from t1, t2, t3, t4 where t1.b = t2.b
and t2.c = t3.c and t3.d = t4.d group by t1.b order by t1.b;
  id |             operation             | E-rows | E-width | E-costs
 ----+-----------------------------------+--------+---------+---------
   1 | -> Streaming (type: GATHER)       |   30 |      12 | 66.45
   2 |   -> GroupAggregate               |   30 |      12 | 65.20
   3 |    -> Sort                        |   30 |       4 | 65.05
   4 |      -> Hash Join (5,17)          |   30 |       4 | 64.86
   5 |         -> Streaming(type: REDISTRIBUTE)
|   30 |       4 | 49.05
   6 |            -> Hash Join (7,14)    |   30 |       4 | 48.08
   7 |              -> Streaming(type: REDISTRIBUTE)
|   30 |       8 | 32.27
   8 |                 -> Hash Join (9,11)
|   30 |       8 | 31.30
```

```
    9 |                          -> Streaming(type: REDISTRIBUTE)
|   30 |      8 | 15.49
   10 |                             -> Seq Scan on t2
|   30 |      8 | 14.14
   11 |                             -> Hash
|   29 |      8 | 15.49
   12 |                                -> Streaming(type: REDISTRIBUTE)
|   30 |      8 | 15.49
   13 |                                   -> Seq Scan on t3
|   30 |      8 | 14.14
   14 |                    -> Hash
|   29 |      4 | 15.49
   15 |                       -> Streaming(type: REDISTRIBUTE)
|   30 |      4 | 15.49
   16 |                          -> Seq Scan on t4
|   30 |      4 | 14.14
   17 |             -> Hash
|   29 |      4 | 15.49
   18 |                -> Streaming(type: REDISTRIBUTE)
|   30 |      4 | 15.49
   19 |                   -> Seq Scan on t1
|   30 |      4 | 14.14
(19 rows)


Predicate Information (identified by plan id)
----------------------------------------------
   4 --Hash Join (5,17)
        Hash Cond: (t2.b = t1.b)
   6 --Hash Join (7,14)
        Hash Cond: (t3.d = t4.d)
   8 --Hash Join (9,11)
        Hash Cond: (t2.c = t3.c)
 (6 rows)


 openGauss=# set enable_dngather=true;
 SET
 openGauss=# explain select count(*) from t1, t2, t3, t4 where t1.b = t2.b
 and t2.c = t3.c and t3.d = t4.d group by t1.b order by t1.b;
   id |                  operation                 | E-rows | E-width | E-costs
   ----+----------------------------------------------------------------------
-------------+--------+---------+---------
```

```
   1 | -> Streaming (type: GATHER)
|   30 |     12 | 68.69
   2 |    -> GroupAggregate
|   30 |     12 | 66.81
   3 |     -> Sort
|   30 |      4 | 66.36
   4 |       -> Hash Join (5,11)
|   30 |      4 | 65.55
   5 |         -> Hash Join (6,8)
|   30 |      8 | 32.38
   6 |           -> Streaming(type: REDISTRIBUTE ng:
node_group->datanode1)     |   30 |      4 | 15.69
   7 |             -> Seq Scan on t1
|   30 |      4 | 14.14
   8 |           -> Hash
|   30 |      8 | 15.69
   9 |             -> Streaming(type: REDISTRIBUTE ng:
node_group->datanode1)     |   30 |      8 | 15.69
  10 |               -> Seq Scan on t2
|   30 |      8 | 14.14
  11 |         -> Hash
|   30 |      4 | 32.38
  12 |           -> Hash Join (13,15)
|   30 |      4 | 32.38
  13 |             -> Streaming(type: REDISTRIBUTE ng:
node_group->datanode1)     |   30 |      8 | 15.69
  14 |               -> Seq Scan on t3
|   30 |      8 | 14.14
  15 |             -> Hash
|   30 |      4 | 15.69
  16 |               -> Streaming(type: REDISTRIBUTE ng:
node_group->datanode1) |   30 |      4 | 15.69
  17 |                 -> Seq Scan on t4
|   30 |      4 | 14.14
  (17 rows)

  Predicate Information (identified by plan id)
  -------------------------------------------------
   4 --Hash Join (5,11)
       Hash Cond: (t2.c = t3.c)
   5 --Hash Join (6,8)
```

```
          Hash Cond: (t1.b = t2.b)
 12 --Hash Join (13,15)
          Hash Cond: (t3.d = t4.d)
(6 rows)
```

（2）Gather group by/Agg

要把 group by/Agg 结果收敛到单个 DN 需要满足：

① group by/Agg 前后优化器估计的数据行数在阈值以下。

② Agg 的子节点均为 Stream 节点。

```
openGauss=# set explain_perf_mode=pretty;
SET
openGauss=# set enable_dngather=false;
SET
openGauss=# explain select count(*) from t1 group by b;
 id |              operation              | E-rows | E-width | E-costs
----+-------------------------------------+--------+---------+---------
  1 | -> Streaming (type: GATHER)         |   30   |   12    | 15.87
  2 |   -> HashAggregate                  |   30   |   12    | 14.62
  3 |     -> Streaming(type: REDISTRIBUTE)|   30   |    4    | 14.45
  4 |       -> Seq Scan on t1             |   30   |    4    | 14.14
(4 rows)


openGauss=# set enable_dngather=true;
SET
openGauss=# explain select count(*) from t1 group by b;
 id |                     operation                  | E-rows | E-width | E-costs
----+------------------------------------------------+--------+---------+---------
  1 | -> Streaming (type: GATHER)                    |   30   |   12    | 16.85
  2 |   -> HashAggregate                             |   30   |   12    | 14.97
  3 |     -> Streaming(type: REDISTRIBUTE ng: node_group->datanode1)
|   30   |    4    | 14.46
  4 |       -> Seq Scan on t1
|   30   |    4    | 14.14
(4 rows)


openGauss=# set enable_dngather=false;
SET
openGauss=# explain select b from t1 group by b;
 id |              operation              | E-rows | E-width | E-costs
----+-------------------------------------+--------+---------+---------
  1 | -> Streaming (type: GATHER)         |   30   |    4    | 15.84
  2 |   -> HashAggregate                  |   30   |    4    | 14.59
```

```
   3 |            -> Streaming(type: REDISTRIBUTE)|     30 |      4 | 14.45
   4 |                -> Seq Scan on t1           |     30 |      4 | 14.14
(4 rows)


openGauss=# set enable_dngather=true;
SET
openGauss=# explain select b from t1 group by b;
 id |                   operation                 | E-rows | E-width | E-costs
----+---------------------------------------------+--------+---------+---------
  1 | -> Streaming (type: GATHER)                 |     30 |      4 | 16.74
  2 |    -> HashAggregate                         |     30 |      4 | 14.87
  3 |       -> Streaming(type: REDISTRIBUTE ng: node_group->datanode1)
|  30 |      4 | 14.46
  4 |           -> Seq Scan on t1                 |     30 |      4 | 14.14
(4 rows)
```

（3）Gather 窗口函数

要把窗口函数的结果收敛到单个 DN 需要满足：

① 窗口函数前后优化器估计的数据行数在阈值以下。

② 窗口函数的子节点均为 Stream 节点。

```
openGauss=# set explain_perf_mode=pretty;
SET
openGauss=# set enable_dngather=false;
SET
openGauss=# explain select count(*) over (partition by b) a from t1;
 id |               operation                | E-rows | E-width | E-costs
----+----------------------------------------+--------+---------+---------
  1 | -> Streaming (type: GATHER)            |     29 |      4 | 16.71
  2 |    -> WindowAgg                        |     29 |      4 | 14.96
  3 |       -> Sort                          |     29 |      4 | 14.75
  4 |          -> Streaming(type: REDISTRIBUTE)
|  30 |      4 | 14.45
  5 |             -> Seq Scan on t1
|  30 |      4 | 14.14
(5 rows)


openGauss=# set enable_dngather=true;
SET
openGauss=# explain select count(*) over (partition by b) a from t1;
 id |               operation                | E-rows | E-width | E-costs
----+----------------------------------------+--------+---------+---------
  1 | -> Streaming (type: GATHER)            |     30 |      4 | 19.07
```

```
  2 |    -> WindowAgg                                 |  30 |     4 | 16.38
  3 |       -> Sort                                   |  30 |     4 | 15.73
  4 |          -> Streaming(type: REDISTRIBUTE ng: node_group->datanode3)
|  30 |     4 | 14.46
  5 |             -> Seq Scan on t1
|  30 |     4 | 14.14
(5 rows)
```

```
openGauss=# set enable_dngather=false;
SET
openGauss=# explain select sum(b) over (partition by b) a from t1 group by
b;
 id |                operation                | E-rows | E-width | E-costs
----+-----------------------------------------+--------+---------+---------
  1 | -> Streaming (type: GATHER)             |   30   |      4  | 16.18
  2 |   -> WindowAgg                          |   30   |      4  | 14.93
  3 |     -> Sort                             |   30   |      4  | 14.78
  4 |       -> HashAggregate                  |   30   |      4  | 14.59
  5 |         -> Streaming(type: REDISTRIBUTE)|   30   |      4  | 14.45
  6 |           -> Seq Scan on t1             |   30   |      4  | 14.14
(6 rows)
```

```
openGauss=# set enable_dngather=true;
SET
openGauss=# explain select sum(b) over (partition by b) a from t1 group by
b;
 id |                operation                | E-rows | E-width | E-costs
----+-----------------------------------------+--------+---------+---------
  1 | -> Streaming (type: GATHER)             |   30   |      4  | 18.00
  2 |   -> WindowAgg                          |   30   |      4  | 16.13
  3 |     -> Sort                             |   30   |      4  | 15.68
  4 |       -> HashAggregate                  |   30   |      4  | 14.87
  5 |         -> Streaming(type: REDISTRIBUTE ng: node_group->datanode3)
|  30 |     4 | 14.46
  6 |           -> Seq Scan on t1             |   30   |      4  | 14.14
(6 rows)
```

（4）Union/Union All

要把 Union/Union All 的结果收敛到单个 DN 需要满足：子节点需要至少一个满足上述
（1）、（2）、（3）里面的情况。

为了方便举例，让 join 的子节点都为 Stream 节点，关闭了 Broadcast：

```
openGauss=# set explain_perf_mode=pretty;
```

```
                                    SET
openGauss=# set enable_broadcast=false;
                                    SET
openGauss=# set enable_dngather=false;
                                    SET
openGauss=# explain select t1.a, t2.b from t1, t2 where t1.b = t2.b union
all select t3.a, t3.b from t3, t4 where t3.b = t4.b;
  id |                operation                 | E-rows | E-width | E-costs
 ----+------------------------------------------+--------+---------+---------
   1 | -> Streaming (type: GATHER)              |     60 |       8 | 65.31
   2 |    -> Result                             |     60 |       8 | 62.81
   3 |       -> Append(4, 10)                   |     60 |       8 | 62.81
   4 |          -> Hash Join (5,7)              |     30 |       8 | 31.30
   5 |             -> Streaming(type: REDISTRIBUTE)
 |   30 |       8 | 15.49
   6 |                -> Seq Scan on t1         |     30 |       8 | 14.14
   7 |             -> Hash                      |     29 |       4 | 15.49
   8 |                -> Streaming(type: REDISTRIBUTE)
 |   30 |       4 | 15.49
   9 |                   -> Seq Scan on t2      |     30 |       4 | 14.14
  10 |          -> Hash Join (11,13)            |     30 |       8 | 31.30
  11 |             -> Streaming(type: REDISTRIBUTE)
 |   30 |       8 | 15.49
  12 |                -> Seq Scan on t3         |     30 |       8 | 14.14
  13 |             -> Hash                      |     29 |       4 | 15.49
  14 |                -> Streaming(type: REDISTRIBUTE)
 |   30 |       4 | 15.49
  15 |                   -> Seq Scan on t4      |     30 |       4 | 14.14
(15 rows)


 Predicate Information (identified by plan id)
 ----------------------------------------------
   4 --Hash Join (5,7)
        Hash Cond: (t1.b = t2.b)
  10 --Hash Join (11,13)
        Hash Cond: (t3.b = t4.b)
(4 rows)


openGauss=# set enable_dngather=true;
                                    SET
openGauss=# explain select t1.a, t2.b from t1, t2 where t1.b = t2.b union
```

```
all select t3.a, t3.b from t3, t4 where t3.b = t4.b;
   id |                     operation                 | E-rows | E-width | E-costs
  ----+-----------------------------------------------+--------+---------+---------
    1 | -> Streaming (type: GATHER)                   |   60   |    8    | 69.11
    2 |   -> Append(3, 9)                             |   60   |    8    | 65.36
    3 |     -> Hash Join (4,6)                        |   30   |    8    | 32.38
    4 |       -> Streaming(type: REDISTRIBUTE ng: node_group->datanode1)
|  30 |      8 | 15.69
    5 |           -> Seq Scan on t1                   |   30   |    8    | 14.14
    6 |         -> Hash                               |   30   |    4    | 15.69
    7 |           -> Streaming(type: REDISTRIBUTE ng: node_group->datanode1)
|  30 |      4 | 15.69
    8 |               -> Seq Scan on t2               |   30   |    4    | 14.14
    9 |     -> Hash Join (10,12)                      |   30   |    8    | 32.38
   10 |         -> Streaming(type: REDISTRIBUTE ng: node_group->datanode1)
|  30 |      8 | 15.69
   11 |           -> Seq Scan on t3                   |   30   |    8    | 14.14
   12 |         -> Hash                               |   30   |    4    | 15.69
   13 |             -> Streaming(type: REDISTRIBUTE ng: node_group->datanode1)
|  30 |      4 | 15.69
   14 |                 -> Seq Scan on t4             |   30   |    4    | 14.14
  (14 rows)


  Predicate Information (identified by plan id)
  -----------------------------------------------
   3 --Hash Join (4,6)
       Hash Cond: (t1.b = t2.b)
   9 --Hash Join (10,12)
       Hash Cond: (t3.b = t4.b)
  (4 rows)


openGauss=# set enable_dngather=false;
SET
openGauss=# explain select t1.a, t2.b from t1, t2 where t1.b = t2.b union
select t3.a, t3.b from t3, t4 where t3.b = t4.b order by a, b;
   id |                     operation                 | E-rows | E-width | E-costs
  ----+-----------------------------------------------+--------+---------+---------
    1 | -> Streaming (type: GATHER)                   |   60   |    8    | 66.09
    2 |   -> Sort                                     |   60   |    8    | 63.59
    3 |     -> HashAggregate                          |   60   |    8    | 63.11
    4 |       -> Append(5, 11)                        |   60   |    8    | 62.81
```

```
  5 |               -> Hash Join (6,8)              |    30 |       8 | 31.30
  6 |                  -> Streaming(type: REDISTRIBUTE)
|    30 |      8 | 15.49
  7 |                     -> Seq Scan on t1         |    30 |       8 | 14.14
  8 |                  -> Hash                       |    29 |       4 | 15.49
  9 |                     -> Streaming(type: REDISTRIBUTE)
|    30 |      4 | 15.49
 10 |                        -> Seq Scan on t2      |    30 |       4 | 14.14
 11 |               -> Hash Join (12,14)            |    30 |       8 | 31.30
 12 |                  -> Streaming(type: REDISTRIBUTE)
|    30 |      8 | 15.49
 13 |                     -> Seq Scan on t3         |    30 |       8 | 14.14
 14 |                  -> Hash                       |    29 |       4 | 15.49
 15 |                     -> Streaming(type: REDISTRIBUTE)
|    30 |      4 | 15.49
 16 |                        -> Seq Scan on t4      |    30 |       4 | 14.14
(16 rows)


 Predicate Information (identified by plan id)
-------------------------------------------------
   5 --Hash Join (6,8)
        Hash Cond: (t1.b = t2.b)
  11 --Hash Join (12,14)
        Hash Cond: (t3.b = t4.b)
(4 rows)


openGauss=# set enable_dngather=true;
SET
openGauss=# explain select t1.a, t2.b from t1, t2 where t1.b = t2.b union
select t3.a, t3.b from t3, t4 where t3.b = t4.b order by a, b;
 id |                operation                | E-rows | E-width | E-costs
----+-----------------------------------------+--------+---------+---------
  1 | -> Streaming (type: GATHER)             |    60 |       8 | 71.93
  2 |    -> Sort                               |    60 |       8 | 68.18
  3 |       -> HashAggregate                   |    60 |       8 | 66.26
  4 |          -> Append(5, 11)                |    60 |       8 | 65.36
  5 |             -> Hash Join (6,8)           |    30 |       8 | 32.38
  6 |                -> Streaming(type: REDISTRIBUTE ng: node_group->datanode2)
|    30 |      8 | 15.69
  7 |                   -> Seq Scan on t1      |    30 |       8 | 14.14
  8 |                -> Hash                    |    30 |       4 | 15.69
```

```
   9 |                -> Streaming(type: REDISTRIBUTE ng: node_group->
datanode2)                                        |   30 |      4 | 15.69
  10 |                  -> Seq Scan on t2    |   30 |      4 | 14.14
  11 |            -> Hash Join (12,14)       |   30 |      8 | 32.38
  12 |              -> Streaming(type: REDISTRIBUTE ng: node_group->
datanode2)                                        |   30 |      8 | 15.69
  13 |                -> Seq Scan on t3      |   30 |      8 | 14.14
  14 |            -> Hash                    |   30 |      4 | 15.69
  15 |              -> Streaming(type: REDISTRIBUTE ng: node_group->
datanode2)                                        |   30 |      4 | 15.69
  16 |                  -> Seq Scan on t4
|   30 |      4 | 14.14
  (16 rows)


   Predicate Information (identified by plan id)
 ----------------------------------------------
   5 --Hash Join (6,8)
       Hash Cond: (t1.b = t2.b)
  11 --Hash Join (12,14)
       Hash Cond: (t3.b = t4.b)
  (4 rows)


openGauss=# set enable_dngather=false;
SET
openGauss=# explain select b, count(*) from t1 group by b union all select
b, count(*) from t2 group by b order by b;
  id |            operation            | E-rows | E-width | E-costs
 ----+---------------------------------+--------+---------+---------
   1 | -> Streaming (type: GATHER)     |    60 |     12 | 32.43
   2 |   -> Sort                       |    60 |     12 | 29.93
   3 |     -> Result                   |    60 |     12 | 29.45
   4 |       -> Append(5, 8)           |    60 |     12 | 29.45
   5 |         -> HashAggregate        |    30 |     12 | 14.62
   6 |           -> Streaming(type: REDISTRIBUTE)
|   30 |      4 | 14.45
   7 |             -> Seq Scan on t1   |    30 |      4 | 14.14
   8 |         -> HashAggregate        |    30 |     12 | 14.62
   9 |           -> Streaming(type: REDISTRIBUTE)
|   30 |      4 | 14.45
  10 |             -> Seq Scan on t2   |    30 |      4 | 14.14
```

```
(10 rows)

openGauss=# set enable_dngather=true;
SET
openGauss=# explain select b, count(*) from t1 group by b union all select
b, count(*) from t2 group by b order by b;
 id |              operation             | E-rows | E-width | E-costs
----+------------------------------------+--------+---------+---------
  1 | -> Streaming (type: GATHER)        |     60 |      12 | 36.22
  2 |   -> Sort                          |     60 |      12 | 32.47
  3 |     -> Append(4, 7)                |     60 |      12 | 30.55
  4 |       -> HashAggregate             |     30 |      12 | 14.97
  5 |         -> Streaming(type: REDISTRIBUTE ng: node_group->datanode2)
|      30 |      4 | 14.46
  6 |           -> Seq Scan on t1        |     30 |       4 | 14.14
  7 |       -> HashAggregate             |     30 |      12 | 14.97
  8 |         -> Streaming(type: REDISTRIBUTE ng: node_group->datanode2)
|      30 |      4 | 14.46
  9 |           -> Seq Scan on t2        |     30 |       4 | 14.14
(9 rows)
openGauss=# set enable_dngather=false;
SET
openGauss=# explain select b, count(*) from t1 group by b union all select
count(distinct a) a , count(distinct b)b from t2 order by b;
 id |              operation             | E-rows | E-width |  E-costs
----+------------------------------------+--------+---------+--------
  1 | -> Streaming (type: GATHER)        |     33 |      12 | 20000000045.02
  2 |   -> Sort                          |     33 |      12 | 20000000043.65
  3 |     -> Append(4, 8)                |     33 |      12 | 20000000043.43
  4 |       -> Subquery Scan on "*SELECT* 1"
|      30 |     12 | 14.72
  5 |         -> HashAggregate           |     30 |      12 | 14.62
  6 |           -> Streaming(type: REDISTRIBUTE)
|      30 |      4 | 14.45
  7 |             -> Seq Scan on t1
|      30 |      4 | 14.14
  8 |       -> Subquery Scan on "*SELECT* 2"
|       1 |     16 | 20000000028.73
  9 |         -> Nested Loop (10,14)
|       3 |     16 | 20000000028.70
 10 |           -> Aggregate
|       3 |     12 | 10000000014.18
```

```
 11 |                        -> Streaming(type: BROADCAST)
|    9 |      12 | 10000000014.18
 12 |                           -> Aggregate
|    3 |      12 | 14.19
 13 |                             -> Seq Scan on t2
|   30 |       4 | 14.14
 14 |                  -> Materialize
|    3 |       8 | 10000000014.49
 15 |                     -> Aggregate
|    3 |      12 | 10000000014.48
 16 |                        -> Streaming(type: BROADCAST)
|    9 |      12 | 10000000014.48
 17 |                           -> Aggregate
|    3 |      12 | 14.48
 18 |                              -> Streaming(type: REDISTRIBUTE)
|   30 |       4 | 14.45
 19 |                                 -> Seq Scan on t2
|   30 |       4 | 14.14
(19 rows)


 Predicate Information (identified by plan id)
-----------------------------------------------
   8 --Subquery Scan on "*SELECT* 2"
         Filter: (Hash By "*SELECT* 2".a)
(2 rows)


openGauss=# set enable_dngather=true;
SET
openGauss=# explain select b, count(*) from t1 group by b union all select
count(distinct a) a , count(distinct b)b from t2 order by b;
 id |              operation            ·  | E-rows | E-width |    E-costs
----+-----------------------------------+--------+---------+----------------
  1 | -> Streaming (type: GATHER)         |     33 |      11 | 20000000046.96
  2 |    -> Sort                          |     33 |      11 | 20000000044.90
  3 |       -> Append(4, 8)               |     33 |      11 | 20000000043.99
  4 |          -> Subquery Scan on "*SELECT* 1"
|   30 |      12 | 15.27
  5 |             -> HashAggregate        |     30 |      12 | 14.97
  6 |                -> Streaming(type: REDISTRIBUTE ng: node_group->
datanode2)                               |     30 |       4 | 14.46
```

```
   7 |                        -> Seq Scan on t1         |       30 |        4 | 14.14
   8 |                -> Streaming(type: REDISTRIBUTE ng: node_group->datanode2)
|    3 |   16 | 20000000028.83
   9 |                   -> Nested Loop (10,14)     |        3 |       16 | 20000000028.70
  10 |                      -> Aggregate          |        3 |       12 | 10000000014.18
  11 |                         -> Streaming(type: BROADCAST)
|    9 |   12 | 10000000014.18
  12 |                            -> Aggregate       |        3 |       12 | 14.19
  13 |                               -> Seq Scan on t2|       30 |        4 | 14.14
  14 |                      -> Materialize         |        3 |        8 | 10000000014.50
  15 |                         -> Aggregate         |        3 |       12 | 10000000014.48
  16 |                            -> Streaming(type: BROADCAST)
|    9 |   12 | 10000000014.48
  17 |                               -> Aggregate      |        3 |       12 | 14.48
  18 |                                  -> Streaming(type: REDISTRIBUTE)
|   30 |        4 | 14.45
  19 |                                     -> Seq Scan on t2
|   30 |        4 | 14.14
(19 rows)
```

9.3.9 案例 9：通过监控平台进行慢 SQL 诊断

- 利用 GaussDB 管控平台的诊断优化能力，用户可方便地采集某个时间段业务的慢 SQL，并通过相应的指标定位 SQL 性能问题根因。
- 登录管控平台进入实例管理页面，选择相应的数据库实例，点击"诊断优化"进入 SQL 诊断页面，设置慢 SQL 阈值以及时间区间可以筛选出符合条件的慢 SQL 语句，如图 9-24 所示。

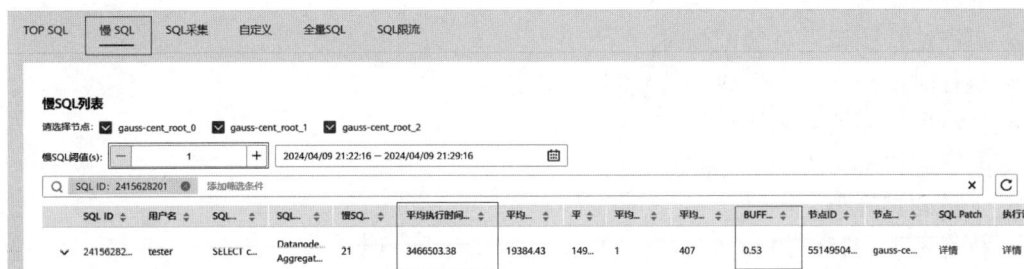

图 9-24　实例管理页面

通过查询可以获取 SQL 在数据库的平均执行时间、CPU 耗时、IO 耗时、扫描行、返回行、buffer 命中率等关键指标。图 9-24 中 SQL 的 buffer 命中率只有 53%，可以确定影响 SQL 执行性能的原因是 buffer 命中率太低，此时可调大数据库 buffer 内存大小。

图 9-24 中的业务慢 SQL 数据来源为系统视图 dbe_perf.statement。

9.3.10 案例 10：通过等待事件分析瓶颈

GaussDB 数据库的等待事件可以通过如下性能视图查询：
- 内存累积视图，重启数据丢失：dbe_perf.wait_events。
- 实时等待事件查询：pg_thread_wait_status。
- 历史等待事件查询：dbe_perf.local_active_session（保留 2 万条）、gs_asp（保留 2 天）。

```
select wait_status,wait_event,count(*) from pg_thread_wait_status group by
wait_status,wait_event order by 3 desc;
```

- 查询数据库 2h 内的等待事件：

```
select wait_status,event,count(*) from dbe_perf.local_active_session where
sample_time between '2024-03-15 14:30:00' and '2024-03-15 15:30:00' group by
wait_status,event order by 3 desc;
```

通过占比较高的等待事件判断数据库性能瓶颈。如图 9-25 所示，可以发现数据库在磁盘读数据页面等待较多，需要排查数据库从磁盘大量读数据是否正常，或者磁盘本身 I/O 能力是否存在问题。

```
gaussdb=> select wait_status,wait_event,count(*) from pg_thread_wait_status group by wait_status,wait_event order by 3 desc;
       wait_status       |       wait_event       | count
-------------------------+------------------------+-------
 none                    | none                   |    98
 wait cmd                | wait cmd               |    17
 wait io                 | DataFileRead           |    12
 acquire lock            | transactionid          |     7
 flush data              | flush data             |     3
 acquire lwlock          | BufferContentLock      |     3
```

图 9-25　分析等待事件判断性能瓶颈

9.3.11 案例 11：避免长事务影响性能

长事务在数据库的表现是 session 持续时间长，期间可能伴随 CPU、内存占用升高，严重的可导致数据库整体响应缓慢，业务无法正常运行，所以在业务系统中应该尽量避免长事务的发生。

长事务对业务的影响：
- 可能造成大量业务等锁超时。
- 执行时间长，容易造成主备复制时延过高。
- 回滚所需要的时间比较长。

可能导致长事务的原因分析：
- 大量的锁竞争。
- 执行了比较耗时的 SQL。
- SQL 长时间不提交。

通过 pg_stat_activity 视图，查询当前数据库中存在的长事务：

```
select pid, sessionid, substring(query,0,100) as query, state, usename,
now()-xact_start as runtime from pg_stat_activity where state!='idle' and
datname in('postgres') and usename in ('root') and extract(epoch from
current_timestamp-xact_start)/60 > 1 ;
```

查询结果返回数据库中执行时间超过 1min 的长事务，如图 9-26 所示。

pid	sessionid	query_id	query	state	usename	runtime
281447346589408	3604	0	update test set name ='ccc' where id=1;	idle in transaction	root	00:02:59.936309
281448024493792	3539	1962725012603471261	update test set name ='ddd' where id=1;	active	root	00:01:22.348884
(2 rows)						

图 9-26　查询长事务结果

结合 pg_thread_wait_status 视图通过如下语句查看长事务会话的阻塞情况，排查是否因为锁阻塞导致：

```
select a.query_id,a.query,b.wait_status,b.wait_event,b.block_sessionid,c.pid
block_pid,c.query as block_query
  from pg_stat_activity a,pg_thread_wait_status b,pg_stat_activity c
  where a.query_id=b.query_id and b.block_sessionid=c.sessionid and
a.state!='idle' and a.query_id=1962725012603471261;
```

通过如图 9-27 所示结果可以定位到当前语句的 wait_status 状态为 acquire_lock，以及阻塞当前语句的会话 id 和 query 信息。如果 wait_status 状态为 none，说明该长事务非锁阻塞导致，可能是长时间执行未结束。

query_id	query	wait_status	wait_event	block_sessionid	block_pid	block_query
1962725012603471261	update test set name ='ddd' where id=1;	acquire lock	transactionid	3604	281447346589408	update test set name ='ccc' where id=1;
(1 row)						

图 9-27　长事务会话的阻塞情况

如果是锁阻塞导致，杀死阻塞当前语句的会话。

如果是事务自身原因长时间执行未结束，杀死当前会话，方式如下：

```
pg_terminate_session($pid, $sessionid);
```

9.3.12　案例 12：通过归一化视图分析硬解析耗时场景

场景描述：业务做性能压测，业务 SQL 平均响应时间无法满足业务要求，性能不及预期。

通过如下方式查询数据库中平均耗时高的业务 SQL 语句：

```
select unique_sql_id,n_calls,total_elapse_time/n_calls/1000 avg_time,total_
elapse_time from dbe_perf.statement t where  n_calls>100 order by 3 desc
limit 10;
```

根据上一步查询出的 TOP SQL 的语句的信息，结合数据库的归一化视图可以分析该 SQL 语句的执行情况：

```
select * from dbe_perf.statement where unique_sql_id=2415628201;
```

如图 9-28 所示，可以看到该 SQL 语句在数据库中全部是硬解析（n_soft_parse 次数为 0）。

进一步分析该 SQL 的时间消耗情况，plan_time 占比很高，由此可以定位到本次业务性能问题的根因。

通常 SQL 存在大量硬解析，是因为业务 SQL 没有使用 PBE 模式，需要应用优化代码逻辑。

```
gaussdb=> \x
Expanded display is on.
gaussdb=> select * from dbe_perf.statement where unique_sql_id=2415628201;
-[ RECORD 1 ]------+------------------------------------------------------------

node_name           | dn_6001_6002_6003
node_id             | 0
user_name           | tester
user_id             | 21386
unique sql id       | 2415628201
query               | SELECT count(*) AS low_stock FROM (      SELECT s_w_id,
 d IN (            SELECT ol_i_id              FROM bmsql_district
          AND ol_o_id >= d_next_o_id - ?                      AND ol_o_id < d_next_o_id
n_calls             | 10600
min_elapse_time     | 3713
max_elapse_time     | 1442302
total_elapse_time   | 606088302
n_returned_rows     | 10600
n_tuples_fetched    | 4226085
n_tuples_returned   | 4226084
n_tuples_inserted   | 0
n_tuples_updated    | 0
n_tuples_deleted    | 0
n_blocks_fetched    | 6819766
n_blocks_hit        | 6730480
n_soft_parse        | 0
n hard parse        | 10600
db_time             | 610066442
cpu_time            | 55379368
execution_time      | 398002414
parse_time          | 15992
plan_time           | 181255585
rewrite_time        | 1749
pl_execution_time   | 0
pl_compilation_time | 0
data_io_time        | 161570430
net_send_info       | {"time":3980656, "n_calls":45773, "size":3231169}
net_recv_info       | {"time":0, "n_calls":0, "size":0}
net_stream_send_info | {"time":0, "n_calls":0, "size":0}
```

图 9-28　分析 SQL 语句执行情况

9.3.13　案例 13：业务并发异常时段 CPU 冲高问题分析

如图 9-29 所示为某时间段 CPU 超阈值。

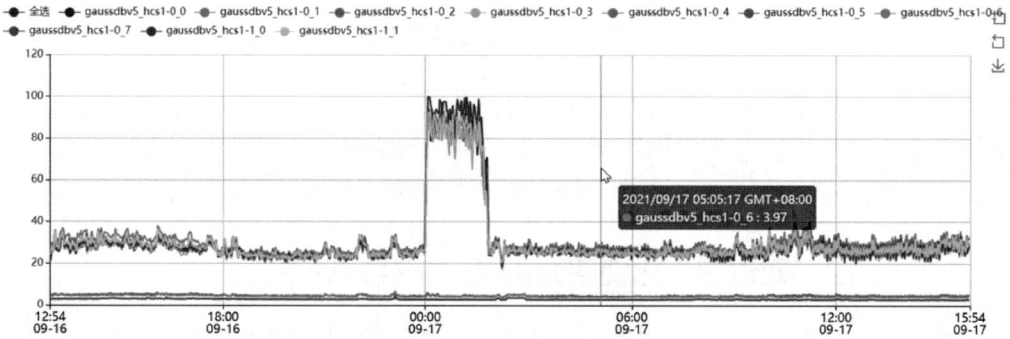

图 9-29　CPU 超阈值

查看该时间段 WDR 报告，找到 TOP CPU 消耗的 SQL，如图 9-30 所示。

图 9-30　查看 WDR 报告

调用动态接口，对固定的慢 SQL 进行跟踪，此处一定注意：动态接口一定要评估好目标 SQL 的执行次数，不可长开，否则会导致 statement_history 表占用空间过高；使用后，需要清理动态接口内所有 SQL 语句。语句如下：

```
    select * from dynamic_func_control('GLOBAL', 'STMT', 'TRACK', '{ "$unique_
sql_id", "L1"}');
    select * from dynamic_func_control('LOCAL','STMT','UNTRACK','{ "$ unique_
sql_id" }'); ---取消抓取 SQL
```

动态接口命令下达后，后续有目标 SQL 运行时，会记录到 statement_history 表内。执行计划如图 9-31 所示。

图 9-31　案例 13 执行计划

最终分析结果：

（1）业务背景

- 业务表是分区表。
- Where 筛选条件是分区键。
- 同业务确认，理论上 SQL 不会同时跨越所有分区。

（2）分析过程

- 异常 SQL 扫描了所有分区（40 个）。
- 未使用分区裁剪。
- 单 SQL 扫描页面和元组均比较多。

（3）解决方案

- 由于客户使用表达式 to_timestamp 不支持裁剪，需要 JDBC 提前将数据转换。

9.3.14　案例 14：通过分析计划调整内存参数避免临时文件落盘

场景 SQL 计划如图 9-32 所示。

图 9-32　案例 14 执行计划（一）

通过分析客户业务 SQL 执行计划发现存在临时文件落盘，导致语句执行性能差。

查看数据库 work_mem 参数，当前设置值为 32MB。根据当前机器配置及 SQL 排序操作所需的内存情况，调整 work_mem 内存值为 64MB 。

重新查看 SQL 的执行计划（图 9-33）可以发现排序操作全部在内存中执行，SQL 的执行性能有明显提升。

```
gaussdb=> explain analyze select * from bmsql_stock where s_w_id=1 order by s_ytd;
 id |                     operation                      | A-time  | A-rows |
----+----------------------------------------------------+---------+--------+
  1 | -> Sort                                            | 140.909 | 100000 |
  2 |    -> Index Scan using bmsql_stock_pkey on bmsql_stock | 62.488  | 100000 |
(2 rows)

        Predicate Information (identified by plan id)
-----------------------------------------------------------
  2 --Index Scan using bmsql_stock_pkey on bmsql_stock
        Index Cond: (s_w_id = 1)
(2 rows)

        Memory Information (identified by plan id)
-----------------------------------------------------------
  1 --Sort
        Sort Method: quicksort  Memory: 55895kB
(2 rows)
```

图 9-33　案例 14 执行计划（二）

9.3.15　案例 15：调整表的 Vacuum 参数优化查询性能

场景描述：某客户有一张 5 亿条数据的大表，在做了大量更新、删除操作后，表中存在大量的死元组，导致表占用的磁盘空间出现明显的膨胀，同时影响表的查询性能。

执行如下 SQL 查询表的状态信息：

```
select * from pg_stat_user_tables where relname ='test';
```

通过表的统计信息可以发现这张表的死元组达到 500 万行，但是一直未进行过 Vacuum 操作，如图 9-34 所示。

查询数据库表的 Vacuum 相关参数，当前保持默认值。在该场景下，只有当表的死元组数超过 1000 万行，表才会进行 Vacuum 操作。这对表的空间膨胀和性能都有较大影响。

这种场景下可以针对该张大表设置如下参数，当表死元组的数量超过 1000 行即进行 Vacuum 操作：

```
alter table test set (autovacuum_vacuum_scale_factor=0);
alter table test set (autovacuum_vacuum_threshold=1000);
```

修改表的 Vacuum 参数后，对该表执行 Vacuum 操作，查询表的状态信息，死元组被正常回收，如图 9-35 所示。

```
n_tup_ins        | 500000000
n_tup_upd        | 0
n_tup_del        | 5000000
n_tup_hot_upd    | 0
n_live_tup       | 495000083
n_dead_tup       | 4999889
last_vacuum      |
last_autovacuum  |
last_analyze     | 2024-03-16 05:33:25.286552+08
last_autoanalyze | 2024-03-16 05:33:25.286552+08
vacuum_count     | 0
autovacuum_count | 0
```

图 9-34　表的部分状态信息

```
n_tup_ins        | 500000000
n_tup_upd        | 0
n_tup_del        | 5000000
n_tup_hot_upd    | 0
n_live_tup       | 495000083
n_dead_tup       | 415
last_vacuum      | 2024-03-16 07:37:42.355002+08
last_autovacuum  |
last_analyze     | 2024-03-16 05:33:25.286552+08
last_autoanalyze | 2024-03-16 05:33:25.286552+08
```

图 9-35　死元组被正常回收

第10章

高斯数据库行业实践

10.1 金融行业

10.1.1 金融行业数据库现状

全球经济环境的变化、科技进步以及客户需求的多样化，迫使银行业不断寻求技术创新以保持竞争力。在此背景下，互联网金融服务的兴起挑战了传统银行业的业务模式，促使银行业务向数字化、智能化转型。

其次，地缘政治的变化和监管政策的调整也对银行业的技术选型产生了重大影响。国产化的推进，不仅是技术层面的选择，也反映了银行对于供应链稳定性、数据安全性以及自主可控能力的高度重视。

（1）行业结构和关键场景

金融包含银行、证券和保险三大领域，其中银行市场空间占比达80%，且技术门槛最高。银行包括国有银行、股份制银行、头部城农商行和中等城商农信，以及4000多家其他商业银行；8家交易所和140家券商构成证券子行业的主体架构。

银行业务场景涵盖核心交易、互联网金融、渠道业务，以及ERP/CRM/OA等业务运行支撑类系统，其按照业务等级分为A/B/C/D四类，容灾等级划分为5等，其中以5A业务最为核心，涵盖总账、个金、对公、互金、信贷、贵金属、信用卡、柜面、代收代付等；证券以交易所和券商的集中交易为其核心场景。最新的金融业监管改革形成"一行一总局一会"的模式，分别是中国人民银行、国家金融监督管理总局、证监会，均隶属于国务院管理，此外常设中央金融委员会，作为党中央机构直属党中央管理。

（2）行业特点和技术特点

自2014年以来，金融业特别是银行业受各方面影响，降本增效压力逐渐增大，去IOE、分布式新核心改造成为降低IT成本的重要举措，此外受地缘政治和监管政策驱动，国产化替换步伐和进度明显加速。以工行为代表的国有大行核心系统运行于IBM主机+DB2之上，对可靠性和可用性要求极高，是数据库技术的珠峰，其国产化替换技术挑战大、任务艰巨；支撑银行关键系统运行的腰部业务主要运行于Oracle之上，国家对银行"去O"已提出明确进度时间表，如要求工行 2024 年总行和分行完成全部"去 O"；支撑银行运转的外围系统和互联网金融场景，主要运行于 MySQL、SQL Server 等数据库之上。在业务体量持续快速增长的背景下，银行已开始启动分布式新核心系统的改造工作，对数据库多租户、Serverless 弹性伸缩、"5 个 9"高可用提出明确诉求。此外为实现应用层低成本迁移，通常要求国产数据库具备较高的 O/M 语法兼容度，以及成熟完善的迁移方案。

金融行业信息化建设程度高，技术水平在国家关键基础行业中处于领先位置，其市场空间巨大，全部市场空间占比超 20%，其中银行占金融行业自身超 70%。作为支撑国家经济运行的命脉基础，金融行业长期接受国家强制监管，安全可信成为行业关注的第一要素，在当前国际形势下迎来国产化替换的历史性机会窗。

10.1.2 金融案例：邮政储蓄银行核心系统国产化转型实践

10.1.2.1 案例背景

2022 年 11 月 28 日，最后一批客户从老核心系统（逻辑集中）迁移完成，标志着邮储银行新一代个人业务分布式核心系统（以下简称个人新核心系统）完成全部 6.5 亿个人客户在线无感迁移，历时三年的系统建设工作圆满收官。该系统是大型银行中率先同时采用企业级业务建模和分布式单元化架构，应用国产硬件、国产操作系统和国产数据库打造的全新核心系统。

核心系统是银行 IT 系统建设的重中之重，是一家银行的大脑和心脏，也是一家银行科技实力的重要体现。系统需要兼具高稳定、高性能、高可靠、高扩展的特性，对全栈各层级的技术要求极为苛刻。无论是基础设施、云平台、基础软件还是应用软件层的中间件、微服务框架与技术平台底座，在安全可控的新前提下，都要做到稳定支撑核心系统的业务连续性与可扩展性。其中，数据库作为基础软件"皇冠上的明珠"更是重中之重。过去这一领域长期为 IOE（IBM，Oracle，EMC）技术体系垄断，成为金融科技自主创新的核心难点。邮储银行上一代核心系统建于 2014 年，引入了分布式的理念，采用多套 Oracle RAC 构成，较好地支撑了一段时期邮储银行金融业务发展。基于自主创新与数字化转型的目标，邮储银行个人新核心系统的研制起于 2019 年，坚持"加快实现高水平科技自立自强"的重大决策部署，依托快速发展并日趋成熟的分布式技术体系，采用自研的建设策略，经过一年多的技术选型，于 2020 年选择了华为鲲鹏服务器和高斯数据库作为新核心的基础设施及基础软件平台。

个人新核心系统建设创新性地将企业级架构转型通过一体化建模与工艺进行核心级业务落地，如图 10-1 所示，并将全量个人业务全天候（7×24h）运行在全技术栈安全可控的分布式架构之上，实现了银行业核心系统安全可控的重大突破。结合"产、学、研、用"进行重点攻关，形成了成熟、可复制的大型银行核心业务全栈可控、分布式技术架构及金融级核心数据库解决方案。

个人新核心系统自 2019 年启动以来，历经了 4 个阶段，至 2022 年 11 月全面完成建设目标。通过两年的时间滚动完成建模需求、技术方案，系统设计开发，2021 年全面进入测试及投产阶段。针对大型银行核心系统投产的复杂度与风险，项目组在宏观上制定了四大批次的投产方案，通过部分成果提前投产，验证系统功能、演练上线流程和运行保障机制，提前暴露问题，分散实施风险。2021 年 4 月、7 月、11 月，分布式技术平台、分布式运维平台、国际汇款功能分别投产上线，2022年4月23日，新一代个人核心系统整体投产上线顺利完成，全系统包括上百数据库集群，近千数据库节点，全部采用高斯数据库部署。此后7个月时间，采用在线无感迁移的方式，实现了新旧系统的不停机迁移，首创了大型银行核心系统不停机切换的设计与实践。

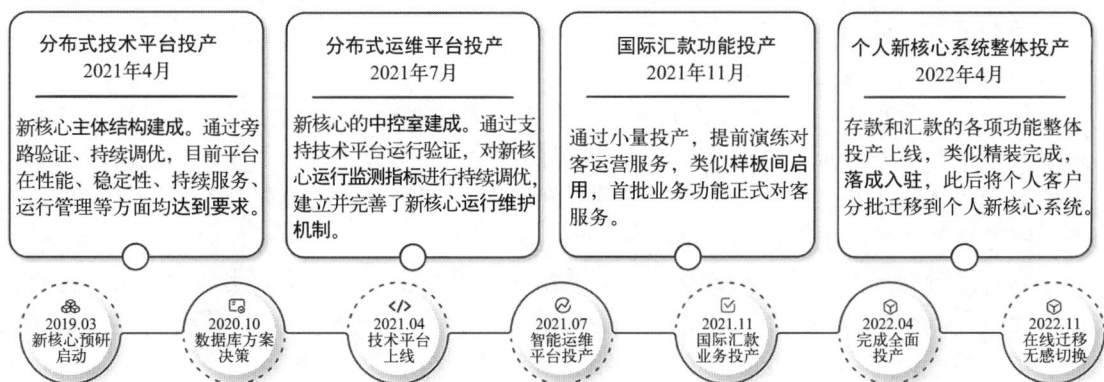

图 10-1　新一代个人核心建设历程

10.1.2.2　案例内容

邮储银行个人新核心系统延续了精简核心、领域服务中心的设计思想，同时在保障核心系统高稳定、低延时上做了充分考虑。如图10-2所示，从数据与技术维度看，整个项目群主要由个人存款、银行汇款为主的系统和统一查询系统两个类型组成，存款、汇款等交易型系统聚焦存款与结算业务，全面采用客户为中心的设计理念，统一所有客户名下的账户，提供高性能的银行交易及账务服务。存汇核心通过准实时复制方式，将数据复制到统一查询服务域，将所有的内、外部查询相关业务进行了瘦身与剥离。数据密集型的统一查询系统实现了生产交易数据的聚合，能够通过灵活、多维度的方式满足类似手机银行、柜面、数字货币、智能机具等不同渠道的交易查询、收支分析、客户状态等查询需求。

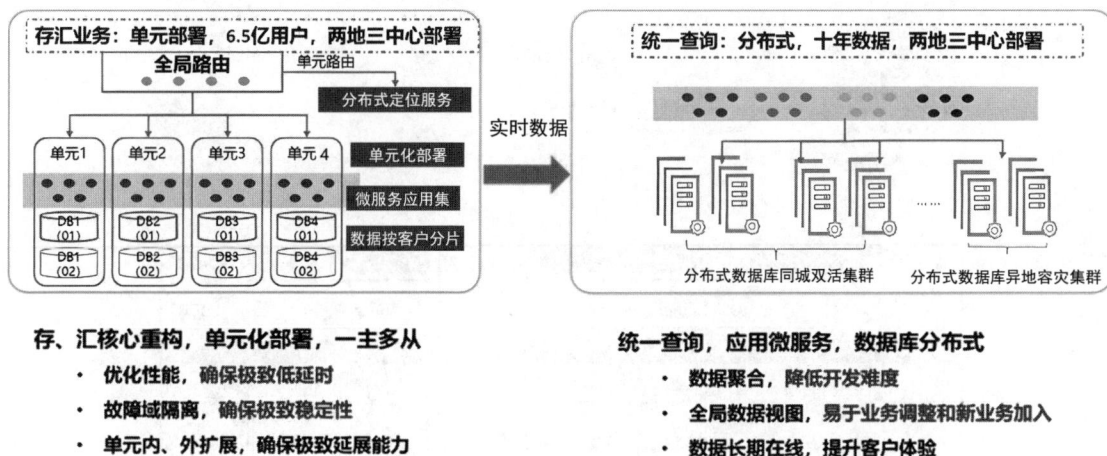

图 10-2　新一代个人核心整体架构

存款、汇款和统一查询两个业务区的应用特点有很大差异。存汇核心为全行提供账务服务，要求高性能、低延时、高稳定，为此采用应用分布式、单元化架构的设计，通过全局路由实现应用分布，而底层数据库采用集中式集群模式保障性能和稳定，并实现了故障物理隔离；统一查询为全行所有面客渠道提供明细、收支分析、登记簿等基础服务，要求高并发、大数据体量且能快速灵活接入不同类型的新兴需求，为此采用了一体化的分布式数据库技术，实现全量数据聚合，横向扩展满足高吞吐需求。

（1）核心系统单元化部署

新核心使用分布式、单元化、分库分表、多中心多活架构，分为全局、本地、中心和业务四类单元，其中业务单元一共 16 个，平均分布在两地三个数据中心，北京同城机房双活交叉互备，合肥异地应用级灾备，基于单元化重构的高可用架构，在单元内部实现同城自动容灾切换和跨地域弹性伸缩能力。

单元化是分布式架构的一种部署形态，从业务角度进行拆分，从应用和数据统一的角度进行构建，即单元内有满足业务分片的所有应用和数据，所有跨单元访问均需通过单元间 API 进行。单元是一个逻辑的概念，对应了一组物理资源和相应服务的集合，单元化部署有以下优势：

① 单元内确保应用访问数据最优路径，减少资源冲突，从而降低端到端延时。

② 通过与物理资源的匹配，有效控制故障域（单元内故障不影响其他单元），最大限度提高单元的稳定性和可靠性。实现以单元维度的运维管理，提高运维管理的精细化程度。

③ 获得足够的扩展能力（单元横向扩展和单元内扩展）。

如图 10-3 所示，全行 6.5 亿客户分为 16 个业务单元，每个业务单元支持 4000 万客户。每个单元均两地三中心部署。单元内部署基于微服务的应用，涉及跨单元操作，由组合服务通过跨单元 API 进行访问。采用自主研发 SAGA 模式来保障分布式事务一致性。业务请求由全局路由完成不同单元的分发，全局路由维护了全行客户的元数据（客户信息、状态、所属单元），业务请求通过对全局路由的查询，完成账号到客户的映射，并将请求转发到对应的业务单元。全局路由实现了客户粒度的单元化分布，是实现无感迁移、单元横向扩容的基础。

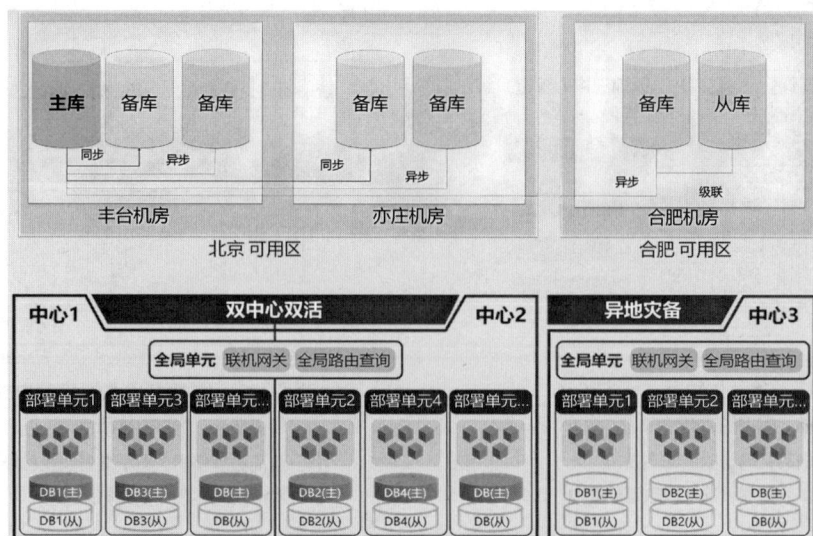

图 10-3　单元内数据库集群部署示意图

底层数据采用双集群流式容灾，基于两地三中心部署，实现同城自动故障切换和跨地域容灾保护能力。以客户为维度采用一致性哈希算法分为 64 套库 1024 套表（以客户为中心的业务实体）。超过 6.5 亿客户分库分表后，均匀分布到 16 个业务单元。每个业务单元 4 套主库 4 套备库，单套数据库使用主机房 3 个节点（1 主，1 同步备，1 异步备）+同城备机房 2 个节点（1 同步备，1 异步备）+灾备机房 2 个节点的高可用架构。

（2）统一查询分布式数据库部署

如图 10-4 所示，统一查询是新核心的配套系统，通过准实时的逻辑复制获取核心系统的全量交易和客户数据，提供全行级的明细查询、批量明细报表、登记簿和收支分析服务。统一查询需要提供 13 万 QPS，保持 10 年超过 500TB 的数据。此类系统过去通常采用大数据+交易数据库二层部署，本次建设利用 GaussDB 分布式数据库的高吞吐、大容量、极致性能的优势，通过一层分布式数据库集群实现了大体量数据的汇集、处理及高并发对外服务。

图 10-4　统一查询系统示意图

统一查询系统采用两地三中心部署模式，生产集群北京同城双活，容灾集群部署在合肥，通过 GaussDB 流式容灾进行互联。统一查询单一集群规模达到 97（生产双活）+33（异地容灾），单集群承载数据超过 200TB，最大单表达到 2400 亿行，每日入库数据 2.6 亿行，季度结息入库数据超过 700GB，支持 6.5 亿账户 4 万网点 10 年的明细查询。

10.1.2.3　案例成效

2022 年 11 月，邮储银行新一代个人核心系统客户迁移工作全部完成，项目建设圆满收官。经过一年多的稳定运行以及双十一、春节等高峰时点检验，系统性能指标表现优越，日交易峰值达到 5.29 亿笔，系统成功率 99.99%以上；全渠道联机交易平均耗时从 93ms 缩短至 65ms，减少 30%；日终处理耗时从 273min 缩短至 197min，减少 28%；结息总时长从 140min 缩短至 35min，减少 75%；交易负载峰值达到每秒 6.7 万笔，满足邮储银行未来 10 年高效服务客户的发展需要，极大提升外部客户与内部用户的使用体验。

邮储银行新一代的公司业务核心系统和信用卡业务核心系统采用相同技术架构与组件能力，其中公司业务核心系统已于 2024 年 1 月上线，在基础软硬件协同层面进一步优化提升。例如通过对 CAS 锁的优化，有效缓解了对公热点账户的业务共性问题。信用卡业务核心系统已经完成技术部署，将于 2024 年底投产，并将进一步结合高斯数据库，探索多地多中心多活技术。

邮储银行坚定不移地落实国家创新驱动发展战略要求，把握战略主动，深入推进关键核心技术安全可控。新核心的成功建设，为中国银行业核心系统探索出自主创新、高效可控的建设经验，具有重要现实意义，为金融业数智化转型提供了具有价值的参考案例，为筑牢金融数智安全防线奠定了坚实基础。

10.1.3　金融案例：华夏银行借记卡系统国产化改造实践

（1）案例背景

华夏银行核心系统实现国产化替代，是落实华夏银行数字化转型及华夏银行重点工程工作要求的重要指标，是一项具有里程碑意义的事件，也是一项极具挑战的工程。同时，华夏银行核心系统对数据库的高可用、高性能、高扩展能力，以及数据安全、容灾与业务稳定性、连续性等方面提出了更高的要求。因此，华夏银行首先选择了核心借记卡系统进行改造，通过此次技术积累，为后续全部核心系统的替代提供更加成熟的技术方案支持。

华夏银行核心借记卡系统之前运行在 IBM 小型机下，数据库采用 Oracle，存储采用 EMC，灾备体系也基于 EMC 底层存储技术，属于典型的 IOE 技术架构。存在设备供应链限制的风险，不具备对关键核心根技术自主可控的能力，在此背景下，华夏银行以核心借记卡系统为标杆，进行分布式新核心改造。

（2）案例内容

华夏银行核心借记卡系统全部采用通过工信部权威机构认证的全栈国产化软硬件。TaiShan 服务器芯片、CPU、内存、SSD 硬盘等核心部件均采用国产部件和国产颗粒，且完全达到世界先进水平。国产数据库软件 GaussDB 软件代码层完全具备自主可控能力。操作系统使用的是银河麒麟操作系统。

华夏银行核心借记卡系统主要应用场景涉及消费支付、转账汇款、ATM 取款、查询余额明细等。华夏银行核心借记卡系统支撑行内五千多万张卡业务正常运转。完成本次分布式改造后与原 Oracle 数据库相比，性能提升了 1.5 倍。

华夏银行核心借记卡系统数据库部署采用了"两区四域三中心"的分布式架构。其中两区分别为核心借记卡系统的"联机交易区"和"数据服务区"，四域分别为跨同城数据中心和异地数据中心的四个独立"网络域"，三中心即为满足两地三中心容灾架构的三个独立数据中心。华夏银行核心借记卡系统数据库"两区四域三中心"的分布式架构可满足数据库故障自动切换需求。

华夏银行核心借记卡系统数据库数据分布采用 4C4D4 副本的高可用分布方式，同城双活访问，业务流量可同时访问同城两个数据中心，且配置了流量分散负载策略，应用优先连接本地的计算节点，避免流量过于集中。多数派副本的数据在任意情况下都是一致的。可保障同城 $RPO = 0$，$RTO < 60s$。同城与异地数据库集群间采用数据库流式复制方式同步数据，可保障异地数据中心 $RPO < 1min$，$RTO < 10min$。当生产主中心发生灾难时，可自动切换至同城灾备中心；当生产数据中心全部故障时，可自动切换至异地灾备中心。

在借记卡系统改造完成后，为全面测试全栈信创软硬件环境下核心借记卡系统的稳定性，华夏银行项目组采用借记卡全业务场景自动重放验证的方式，在生产环境中与原 Oracle 系统双轨并行运行。

一直以来，华夏银行都在践行与深耕基础软硬件安全可靠之路，持续推动自主创新实践的落地。在核心系统改造技术路线上，华夏银行遵循了从"分散化"到"大集中"，再到"分布式"的技术演进路径，全面推动了从集群数据库向分布式数据库的全面升级与跨越。本次华夏银行核心借记卡系统改造带来丰硕的收益。在技术层面，不仅通过创新的实践全面验证了国产分布式数据库在核心系统上的可用性，同时也印证了其低成本、高性能的优势，相较于此前，性能获得了 1.5 倍的提升，实现降本增效。此外系统可用性也获得了极大提升，实现 *RTO*<60s。华夏银行核心借记卡系统数据库国产化改造的成功实践经验形成了一套可在金融行业推广与复制的技术路线，为后续华夏银行全部核心系统的替代和银行行业核心系统改造提供更加成熟技术方案参考。

（3）案例成效

① 华夏银行核心借记卡系统由数据库层真正实现两地三中心容灾架构，数据库集群可容忍机房级故障，保障 *RPO*=0，永不丢数。应用可同时访问同城生产中心和同城灾备中心，*RTO* 降低至分钟级。

② 华夏银行核心借记卡系统联机交易处理量可达 11802TPS，平均交易时延<35ms，交易成功率达 100%。业务系统性能较原使用 Oracle 数据库提升 1.5 倍，可满足华夏银行未来 5 年内业务处理需求。

③ 华夏银行核心借记卡系统由传统集中式架构变革为云原生分布式架构，实现业务敏捷，上线效率提升 30%。

④ 华夏银行核心借记卡系统 CAPEX 下降 60%，OPEX 下降 30%，资源利用率提升 150%。

10.1.4　金融案例：农业发展银行信贷系统转型建设实践

（1）案例背景

随着国内银行业数字化转型进度的加快，重构传统业务，具备领先的信息科技建设能力、创新能力、运维能力成为金融行业转型的重要支撑。2021 年农业发展银行启动"两弹一星"工程，以探索数字化转型实践为目标，顺利完成了新一代信贷系统的建设。

（2）案例内容

农业发展银行在五大重点业务系统中，选定信贷系统率先进行国产化改造尝试，在内部无全栈国产化实践经验的情况下，大胆采用了基于 GaussDB 数据库+欧拉操作系统+鲲鹏服务器的全栈国产化华为云数据底座，历时 8 个月，完成数据库、芯片、操作系统、中间件的全栈替换，顺利投产上线，形成了一套涵盖全栈国产化的适配解决方案。

（3）案例成效

① 成本节省，有效降低行内单位数据的存储成本，同时与行内运维平台完成无缝对接，减少了多余人力投入。

② 效率提升，通过国产软硬件协同能力，有效利用了硬件的多核资源，并基于全并行框架、算子下推、数据缓存等技术，支撑了业务查询秒级响应。

③ 拓展灵活，计算能力、存储规模相对原平台有较大提升。

10.1.5　金融案例：NY 银行 GaussDB 国产化转型实践

（1）案例背景

数据库作为数据驱动业务创新和智慧银行建设的关键基础设施，在银行数字化变革中具有举足轻重的作用，提供一个统一、高效、安全的数据库平台，是保障银行数字化变革顺利进行的重要基石。NY 银行自 2023 年开始启动高斯数据库实践，在集中式数据库和新业务需求领域开展了相关验证及建设工作，选取了超级网银等二十余个应用系统推动落地。经过 1 年的时间，已有 25 个系统使用高斯数据库在行内落地。其中高等级的超级网银系统，首次在业内使用高斯数据库实现了两地三中心的高可用架构，如图 10-5 所示。

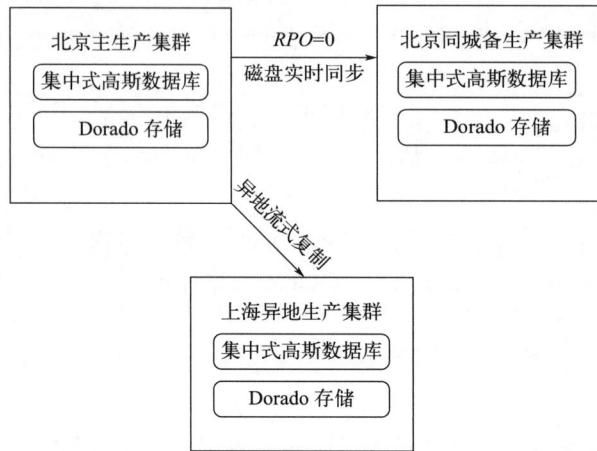

图 10-5　基于高斯数据库两地三中心的高可用架构

（2）案例内容

NY 银行基于华为云+GaussDB 数据库，经过前后半年多的开发及测试，推出了国内首个使用高斯数据库的同城双集群+异地集群的两地三中心系统超级网银，实现了同城之间 *RPO*=0，以及机房级、区域级、城市级等多层级的高可用能力。

后续将根据业务系统的自身情况，采用虚拟化 ECS（Elastic Cloud Server，弹性云服务器）和裸金属 BMS 两条路径，开展存算分离的云原生数据库验证。一是针对大量计算性能需求量不高的应用系统，采用虚拟化路线，弹性扩容、动态分配存储空间与计算资源；二是对于交易量较大的系统，采用裸金属 BMS 的发放形式，既具备了传统物理机的性能损失低、物理隔离性较高的特点，又具备了云上自动发放资源、和其他云上组件联通灵活、有弹性等特点。

（3）案例成效

① 交易性能方面，整体端到端性能提升 10 倍，平稳保障年结，期间业务量达到平时 10 倍，峰值 2.6 万 TPS；高频交易响应在 20ms 以内；交易到核算从 70min 减少到 13s，库存余额与货龄的计算从 60min 减少到 16min。

② 可靠性方面，在断电、断网等异常场景下，系统端到端保证在 5min 之内快速恢复，达到了预期目标。

③ 安全性方面，引入了全密态存储方案，实现了绝密数据上云的安全要求，且保证了业务层面无感知。

10.2　政府行业

10.2.1　政府行业数据库现状

加快数字化发展是国家的重大战略决策，实现网络强国战略、国家大数据战略、建设数字中国在"十四五"期间进入新的阶段，我国的电子政务发展进入到了"数字政府"的快行道，激发出新的动能与活力。策略主要有三个大方向：

- 加强公共数据开放共享。建立健全国家公共数据资源体系，推进数据跨部门、跨层级、跨地区汇聚融合和深度利用。
- 推动政务信息化共建共用。加大政务信息化建设统筹力度，持续深化政务信息系统整合，提升跨部门协同治理能力。
- 提高数字化政府服务效能。政府运行方式、业务流程和服务模式数字化智能化，大数据辅助决策，精准监管。

① 行业结构和关键场景：政府可以总结为 2 个智慧底座（智慧政务、智慧城市），6 个纵向领域（智慧应急、智慧财政、金税四期、智慧海关、智慧人社、智慧水利），13 个细分场景（审计、国土、林草、乡村、监管、供热、文旅、体育、气象、民政、科研、商务、国资委），如图 10-6 所示。

图 10-6　政府行业架构

② 行业特点和技术特点：领域广、业务杂，需要数据库支持场景多，分布分散和大小不一，对资源利用率有较高要求；同时应用开发者能力偏弱，对数据库自治技术有强烈诉求。政府行业各领域智慧化建设，以底层资源云化、应用微服务化为特点，强调资源弹性配给以应对业务负载洪峰、降本增效，强调建设互联互通、数据共享的服务型政府，要求数据库在场景满足度（兼容性和优化器技术）、资源利用率（多租技术）和自治技术外，还对高效数据流转（逻辑复制技术）、完善权限管理、数据隐私加密等能力有明确诉求。

10.2.2　政府案例：陕西财政云系统国产数字化转型建设

（1）案例背景

数字化时代下，新一代信息技术与生产、生活领域相互渗透、深度融合，深刻地改变了人们的生产生活方式和社会组织模式。建设数字政府，是推进政府治理体系和治理能力现代化的必由之路。

陕西财政云项目是全国财政行业首个 A 级交付项目。根据陕西省积极落实财政部"财政信息化三年重点工作规划"，以统一的标准规范体系为基础，以业务管理的一体化为核心，以数据流全面管控和大数据创新应用为支撑，以信息安全及全省统建统管为保障，坚持顶层设计、全面云化、省级集中、省管全省的原则，充分利用云计算、大数据等先进技术，用2～3年时间，通过对业务系统的重建与整合，构建以"信息共享、决策支持、大数据、微服务"为导向的智能型财政信息一体化"云"系统。并于2018年9月率先启动了全国首个财政数字化转型项目，2021年完成财政云初步建设。

（2）案例内容

陕西财政厅有46项业务应用系统，由不同软件供应商独立开发，为打破业务孤岛现状，采用财政集中一体化建设，贯通了预算编制、预算执行、会计核算为主线的财政业务管理流程。利用华为云分布式数据库GaussDB承载一体化平台的生产库，实现了一套库管理全省数据，真正做到了数据集中化安全管理。

陕西财政云承载着全省预算一体化八大核心业务系统及相关周边配套业务系统。目前，陕西财政云系统基础设施环境共涉及在用物理服务器设备337台、网络/安全设备309台。财政云平台分配虚拟机1000+，部署业务应用微服务500+。

为了解决财政业务监管困难、信息资源分散、需求响应慢等问题，开发了以华为云GaussDB数据库来承载一体化平台的生产库，实现了核心业务数据的集中管理与共享，业务高峰期支撑2万用户在线并发操作，安全支付超千亿，支付业务运转效率提升60%，两地三中心高可用部署保障数据不丢失、故障闪恢复。

（3）案例成效

① 业务一体化建设，服务效能显著提高。

支付电子化、业务规范化。GaussDB的高吞吐强一致性事务能力，轻松应对流量高峰，支撑全省3万家单位资金支付电子化，"银行扎堆、线下排队"现象消失。总账追溯可查看原始电子凭证，追溯期由原来的3月扩大到全年。支付数据直接记账，比手动记账时间缩短80%。

业务快速响应。GaussDB支持容量和性能可按需水平扩展，分布式部署支撑业务飞速发展。设计微服务40+，使能陕西财政厅重构数字财政，开放财政云生态，实现应用上线周期从月缩短到周，开发效率提升60%～80%。

② 数据汇总，全面提升预算管理水平。

数据集中管理。建设全省统一数据中心，实现46个业务系统无缝对接，财政数据统一呈现，支撑全省140+个财政区划，3万多家预算单位使用，华为云GaussDB高并发、高安全能力保障高峰期2万用户在线并发操作，安全支付超千亿。整体财政资金运转效率提升60%。

③ 统一部署、支撑全省各市县区共同使用。

财政作为国家治理的基础和重要支柱，陕西财政坚持财政部"三化五统一"原则先引入新的管理形式和数字化系统，统一业务架构，统一部署GaussDB分布式数据库平台，支持了全省140+个财政区划，3万多家预算单位使用。

10.2.3 政府案例：贵州人社就业系统国产化转型实践

（1）案例背景

人社部（人力资源和社会保障部）在2019—2022年的金保二期和养老统筹两个建设窗口

后再次在 2023 年迎来双风口的建设高峰。一是金保三期启动，金保三期聚焦人社业务一体化，实现人社就业、工伤等业务在省级大数据集中，并实时汇聚到人社部；二是人社部作为关基行业，今年迎来了国产化替换的开启之年。

在此背景下，贵州人社进行了业务上云的整体规划，并选择核心就业系统作为转型试点，于 2023 年 9 月 4 日成功实现了全国人社首个基于全国产环境的核心业务上线，完成人社国产化 0 到 1 的突破。

（2）案例内容

人社业务复杂，且关乎国计民生，包括社保、就业、人事人才、劳动关系 4 个主板块，涉及上百个子系统，如图 10-7 所示。在转型过程中面临三大挑战：

① 性能要求高：高峰期千万级、亿级社保缴费数据入库；每月需完成 700 万+退休人员待遇计算和发放，对数据处理效率和响应要求高。

② 稳定性要求高：人社业务关联其他部门多，且数据量达到百亿级，并要求业务 0 中断，业务处理 0 失误。

③ 安全性要求高：社保系统涉及敏感信息，需具备高安全能力。

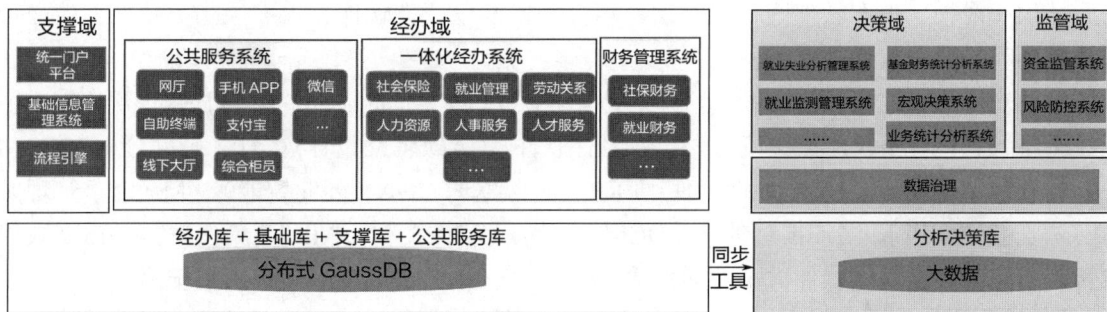

图 10-7　贵州人社业务系统架构

经过内部四个月的大量测试与讨论，最终确定了 GaussDB 数据库+大数据产品的联合解决方案：

① 高频交易采用 GaussDB 数据库，支持支撑库、经办库和公服库等业务，充分具备高并发、高扩展和高性能的能力。

② 分析业务采用大数据产品，深度挖掘人社数据，高效进行大批量数据并行分析。

③ 基于透明加密和动态脱敏等能力，防止了敏感信息泄露，如身份证、手机号等数据安全。

（3）案例成效

① 性能大幅提升，整体性能提升 3 倍，在岗位投递、就业查询、单位查询等场景甚至达到 10 倍以上的优化。

② 实现国产化改造，使用 GaussDB 数据库+鲲鹏服务器+华为云底座，达成全栈国产化目标，降低了业务连续性风险。

③ 降低成本，通过传统数据库软硬的转型，成本降低为原来的 1/4。

10.3 制造行业

10.3.1 制造行业数据库现状

智能制造牵引制造业的发展，侧重厂内制造环节的全要素发展突破，牵引核心装备、核心软件的自主可控。工业互联网侧重平台、网络、安全，企业借助数字化打通研、产、供、销、服全流程。

由 2015 年以来，国务院制定制造强国战略。国务院发布制造纲领文件《中国制造2025》，并建立国家制造强国建设小组发展智能工厂。2016 年，工信部、国家发展改革委、财政部发布《机器人产业发展规划（2016—2020 年）》。与此同时，工信部、财政部发布《智能制造发展规划（2016—2020 年）》。2017 年至 2018 年，科技部发表《"十三五"先进制造技术领域科技创新专项规划》，工信部发表《高端智能再制造行动计划（2018—2020 年）》。

① 行业结构和关键场景。工业软件是用于支撑工业企业业务和应用的软件，是工业生产提质增效的重要工具，兼具"工业品"和"软件"双重属性，是工业智慧的沉淀和结晶，先有工业知识的内核，后有软件固化的外层，可分为研发设计类软件、生产控制类软件、生产管理类软件和工业嵌入式软件四种。

工业软件从垂直领域分为 4 层，分别是企业层（IT）、车间层（IT）、监控管理层(OT)、现场控制层(OT)，对应软件类型可分为研发设计软件［CAD(辅助设计)/CAE（辅助分析）/CAM（辅助制造）/EDA 等］、生产管理软件［ERP（企业管理）/OA（商业智能）/FM（财务管理）/BI（办公协同）等］、生产控制软件［DCS/SCADA（监控控制）/MES（流程控制）/EMS（能效管理）等］和嵌入式软件（工业通信/能源电子/汽车电子/安防电子/数控系统等）。

② 行业特点和技术特点。工业软件产业规模特点：体量小，但增长速度快（全球平均年增长率 5%，我国平均年增长率 13%）。产业结构特点：多网并存、七国八制，终端设备种类多、协议多、传输方式多，没有统一标准，研发力量弱，产品类别齐全但发展不均衡，整体竞争力不足。

企业层与车间层对服务器侧数据库诉求清晰明确，一般采用服务器单机或 VM 部署方式承载，对单机高性能、小型化、数据隐私安全有着一定的诉求；监控管理层与现场控制层对嵌入式侧数据库能力有诉求，主要在小规格低端硬件下的综合性能、低时延、低底噪、高可靠、多模能力中有诉求，但工业现场存在协议复杂、设备种类多、数据不可获取、接口不开放、加密算法不一、需要授权等问题。综合来看，制造行业对数据库的高性能、多模（关系型、KV、时序）、小型化、安全加密、隐私保护、兼容性有较强的诉求。

中国制造业正处于转型升级的发展过程中，正由"中国制造"转变为"中国智造"。智能制造已经成为我国建设制造业强国的主攻方向：立足制造本质，紧扣智能特征，以工艺、装备为核心，以数据为基础，依托制造单元、车间、工厂、供应链等载体，构建虚实融合、知识驱动、动态优化、安全高效、绿色低碳的智能制造系统，推动制造业实现数字化转型、网络化协同、智能化变革，在工业软件升级迭代中，推进数据库替换。

工业软件现状如图 10-8 所示。

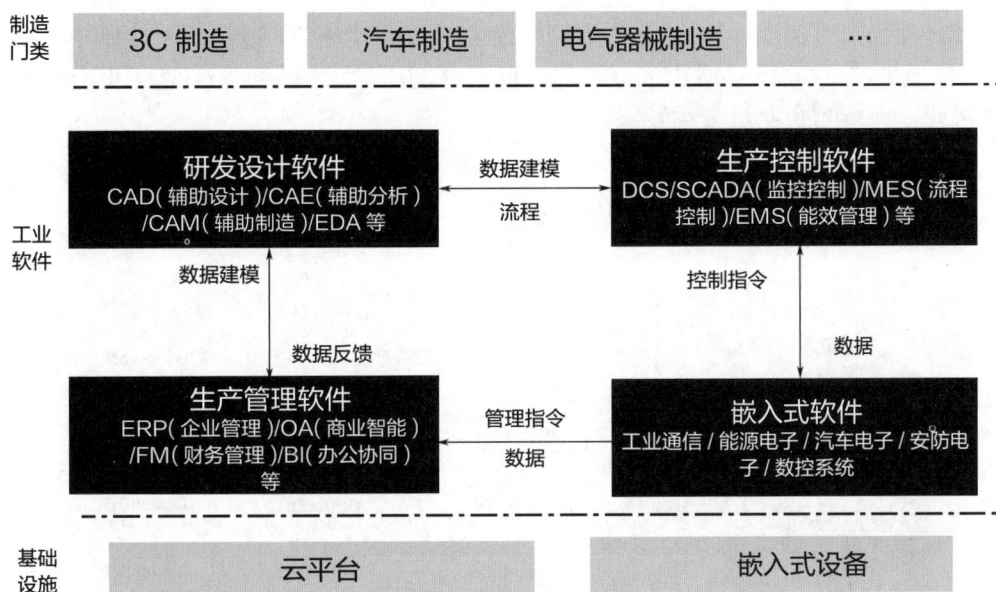

图 10-8　工业软件现状

10.3.2　制造业案例：华为 MetaERP 数字化转型实践

（1）案例背景

华为是 ERP 的深度使用者，自 1996 年引入至今已近 30 年，老 ERP 系统采用 Oracle 数据库，支撑了每年数千亿产值的业务和全球 170 多个国家业务的交易处理。华为的 ERP 系统总数据量已高达 180 TB，是全球体量最大的 ERP 系统之一。

2019 年，由于外部环境的限制，华为无法继续获得硬件备件和软件补丁，ERP 系统的数据库能否持续稳定就成了华为经营稳定巨大的隐患。在这种背景下，通过四年的转型建设，基于 GaussDB 数据库、云原生、元数据多租等技术，打造了面向未来的下一代企业核心商业系统，在 9 大核心模块中稳定运行，端到端业务效率得到数倍提升，保证了 MetaERP 交易数据的高效可信，达成并超越了设计团队预定的各项指标。

（2）案例内容

如何成功替换业务复杂并实时运行的 ERP 系统，且达到"业务无感、数据不丢、报告准确、业财一致"的要求？这既需要积累一整套方法，也需要构建一整套工具，更需要自主可控的数据底座，通过彼此配合来实现这个挑战，MetaERP 系统如图 10-9 所示。

① 通过"解耦"重定边界，让 ERP 回归核心功能。老 ERP 像年久失修的大厦，内部管道和线路交叉纵横、违建繁多，各类应用与 ERP 的逻辑集成点有 3950 个、数据集成点高达 27000 个。通过解耦重新定义了 ERP 边界和功能，并通过"绿地计划"打扫外围各业务应用，减少 1000+个逻辑集成点，去除 ERP 特制化代码 320 万行，实现业务应用系统的标准、可插拔；识别核心业务流，以"业务流"为基础解耦，保证业务财务一体化设计，从而实现主管贯通、业财一致。

② 打造切换工具链，实现快速稳定切换。ERP 系统每天处理海量业务和数据，如销售订单 76 万，应付开票行 21 万，会计分录 1500 万，如此复杂场景下要做到业务无感、数据不乱，相当于飞机在飞行中换"发动机"。为此开发了一整套切换工具，如具备"自动配线架"

功能的 ERP 伴侣，可实现异构 ERP 灵活切换能力，切换时外围系统用户可正常下单和作业；如数据迁移工具，可在 35 小时内完成高度关联的 3200 亿行数据搬迁验证，利用周末时间完成 ERP 搬迁，不影响企业正常运转。

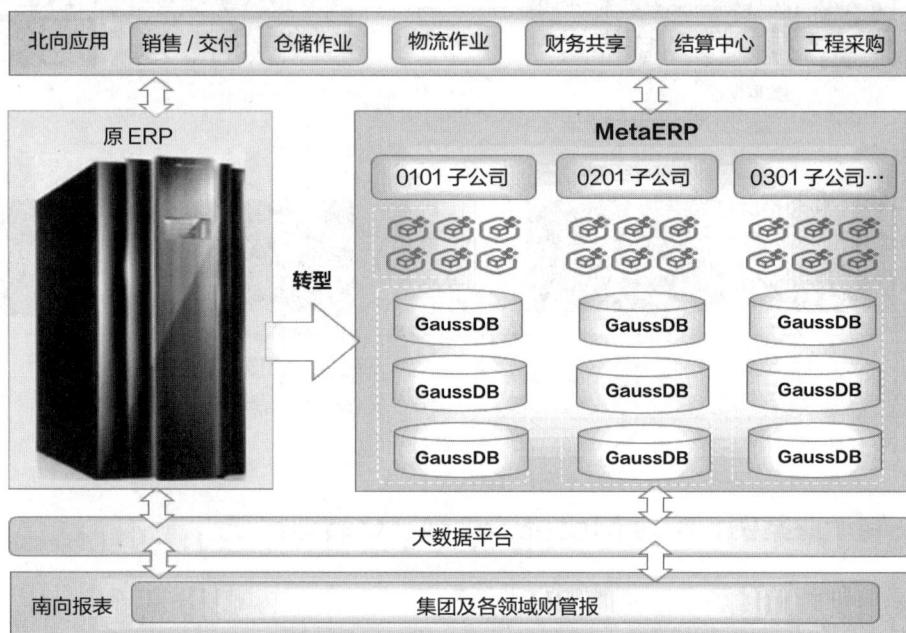

图 10-9　华为 MetaERP 系统

③ 使用全自主 GaussDB，让数据高效、安全、可靠。高效方面，装备 GaussDB 后业务吞吐能力显著增强。如图 10-10 所示，在华为年结期间，库存服务每天处理库存作业峰值指令接近 510 万笔，事务处理峰值达 1.1 万 TPS，在如此高频的交易场景下，系统仍保证事务响应时间在 20ms 以内，主备同步延迟保持在毫秒级，CPU 利用率平稳在 60% 以下，整个年结期间没有发生过可用性与数据一致性事故。可靠性方面，业务上线过程中，进行了多次真实场景的故障演练，均达到预期目标，如对断网场景进行了单机柜断网、整排机柜断网和 AZ 级断网演练，对断电场景进行了单机柜断电、整排机柜断电和市电掉电演练，系统端到端故障都能保证在 5min 之内快速恢复。安全方面，以纯软密态查询的创新技术，直接在客户端对数据进行加解密，实现数据源头有保障；数据在传输、查询、处理、存储等全流程中都以密文形式处理，极大减小了敏感信息泄露的攻击面；通过数学算法可以直接在密文空间进行查询和运算，减少了额外加解密带来的性能损耗。

④ 单元化设计，保证高扩展与低成本。基于业务连续性和颗粒化分布式部署的诉求，底层数据库采用单元化设计，将业务拆分到 40+ 个业务单元，实现各业务间的物理隔离，资源按需评估分配，各个模块采用 1 主 2 备的部署模式，并可通过级联备提升吞吐能力。通过此设计实现了应用与数据库间的解耦，并满足了未来快速灵活部署和极致拓展的要求。

通过数字化转型改造，不仅实现了自主可控，也打造了面向未来的下一代核心商业系统，让企业运营更安全、更高效。

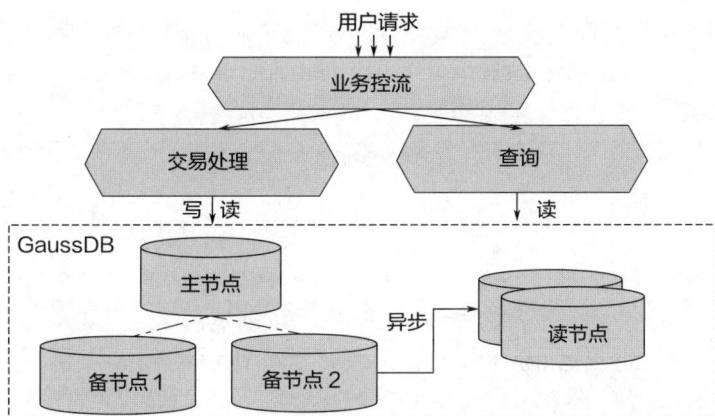

图 10-10 GaussDB 处理用户业务高频交易场景

（3）案例成效

① 交易性能方面，整体端到端性能提升 10 倍，会计分录峰值处理每天 3000 万笔，从 30min 延时改进到实时梳理；交易到核算从 70min 减少到 13s，库存余额与货龄的计算从 60min 减少到 16min。

② 可靠性方面，在各类异常场景下，系统端到端保证在 5min 之内恢复，大幅降低对业务的影响。

③ 安全性方面，引入了全密态存储方案，实现了绝密数据上云的安全要求，且保证了业务层面无感知。

10.3.3 制造业案例：京东云 openGauss 实现混合多云场景元数据存储安全创新

（1）案例背景

推进产业数字化，构筑数智供应链技术底座，绕不开全球信息技术基础三大件之一的数据库。以技术创新为手段，以满足未来业务需求为目标，京东云自主研发的分布式数据库 StarDB 在长期的业务实践过程中不断进化，在海量且复杂的大数据场景实现突破，提供卓越的数据库使用体验。

业务挑战：

- 安全替代自主创新：在国产数据库需求背景下，京东云内外部用户需要一款自主创新的数据库系统。
- 平稳高效平滑迁移：要求对原有数据库高度兼容，业务改造最小；同时要求高可用容灾能力，随着业务规模发展易扩展。
- 智能运维简单易用：在运维管理方面，要求智能化，可视化管理平台；流程高效便捷可控。

（2）案例内容

围绕高并发场景和产业复杂场景协同，行业首个混合多云操作系统京东云云舰（图 10-11），全面兼容全球范围各类基础设施，支持应用跨云多活、混合多云多芯，实现客户视角全球"一朵云"，基于 openGauss 面向多核架构的极致性能、数据安全、基于 AI 的调优和高效运维的能力，为云舰基础服务稳定性和数据安全保驾护航。

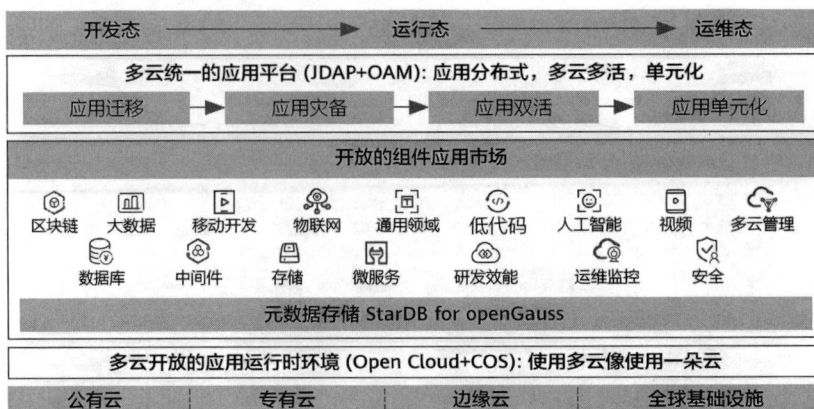

图 10-11　云舰基础服务

（3）案例成效

① 高可用高性能：StarDB for openGauss 提供了数据多副本强一致的高可用容灾能力，*RPO*=0，同时分布式并行计算能力突破超高性能。

② 高安全智能化：StarDB for openGauss 代码自主创新，自主设计的发行版兼容性良好，数据全密态加密，运维流程可视化智能化。

③ 生态兼容性：基于 StarDB for openGauss 元数据存储方案的混合多云操作系统完成了中国软件评测中心信息技术应用与创新容器云标准的产品质量测试认证，通过了全部测试功能项，并与鲲鹏、飞腾、麒麟软件、中科可控、统信等完成了产品兼容性的互认证。

10.3.4　制造业案例：openGauss 支撑比亚迪制造核心系统升级，性能整体提升 50%

（1）案例背景

比亚迪作为中国高端制造的代表，在数字化智能制造的浪潮之中，一直走在行业前列，展现数据对数字化智能制造的核心作用。数据库作为数据管理软件，其性能稳定性对数据保护、对最终产品的合格率、品质等关键指标起决定作用。

（2）案例内容

比亚迪采用 openGauss 发行版海量数据 Vastbase 作为 MES（制造执行系统）底层数据管理平台，如图 10-12 所示。凭借 openGauss 强大的高并发性能和大数据吞吐能力满足 MES 对于数据并行大批量写入和实时查询的诉求，同时 openGauss 的单点、主备、异地灾备等高可用性保证比亚迪 MES 连续服务。集群故障自动恢复实现 *RTO*＜10s，保障数据资产安全性。

（3）案例成效

① 应用业务连续性测试：*RTO*＜10s；实现数据 0 丢失，保障数据资产一致性，迁移成功率 98%，大大减少了迁移和改造成本。

② 整体性能提升 50%；同等测试环境下，openGauss 数据库的性能表现均优于原有数据库。

③ 现陆续上线 OA、销售中台等其他多个业务系统，为比亚迪迈向智能制造提供坚实的数据管理基础。

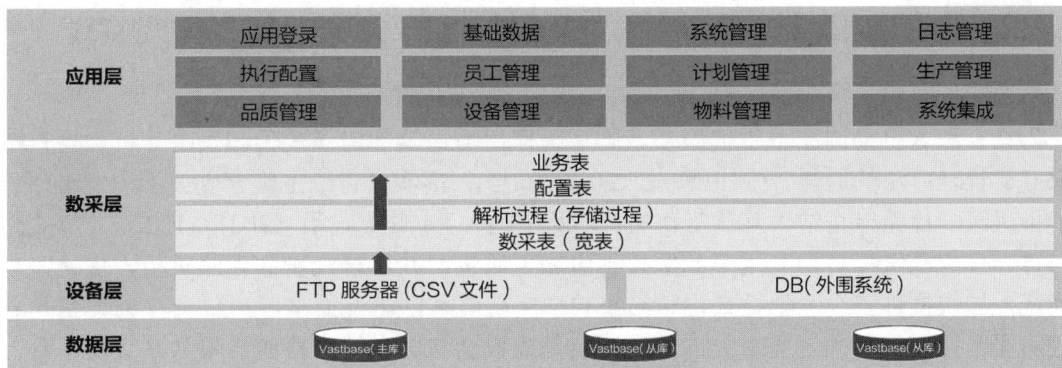

图 10-12　MES 应用系统

10.4　卫生健康行业

10.4.1　卫生健康行业数据库现状

根据《2023-2027 全球数字医疗产业经济发展蓝皮书》，2022 年全球数字医疗市场规模为 2110 亿美元，2023 年至 2030 年将以 18.6%的年均复合增长率增至 8092 亿美元，全球医疗数字化转型已成大趋势。

当前我国国内医疗信息化时长增量大，存量改造和上云是主要趋势。

① 行业结构和关键场景：卫生健康行业包括医院、卫生健康委、医疗保障局和疾控中心四大职能主体，其中卫生健康委、医疗保障局和疾控中心按照"部-省-市"三级建设。2022 年卫生健康行业信息化建设市场空间达千亿人民币，其中医院和卫生健康委占比超 90%。

② 行业特点和技术特点：医院信息系统的建设以业务驱动为主，当前上云诉求不强烈，其 TP 业务占多数，主要以 Oracle、SQL Server 和开源数据库为主；卫生健康委和医疗保障局跟随各省市信创云建设节奏，属于"政策+业务"双轮驱动，上云节奏明确，机会空间大。医院、医疗保障局等属于典型的社会面客系统，承接面广、社会职能责任重大，对系统的可靠性和可用性要求极高，通常按照金融级同城主备方式建设，另外卫生健康系统存放管理患者的个人信息和病情信息，高度隐私敏感，对数据库的权限管理、安全防护诉求强烈。因涉及诊疗等机密信息，短期医院信息系统无法做到大集中建设，普遍采取医院独立建设的方式，故对数据库小规格部署、高可维等能力提出明确要求。

医院信息系统如图 10-13 所示。

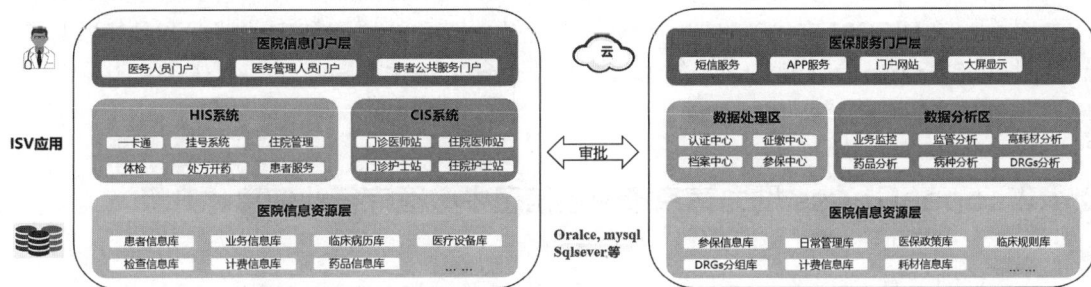

图 10-13　医院信息系统

10.4.2 卫生健康案例：贵州省医学检查检验结果共享交换平台转型实践

（1）案例背景

为认真深入贯彻国家卫生健康委、国家医疗保障局等部门《关于印发医疗机构检查检验结果互认管理办法的通知》(国卫医发〔2022〕6号)，落实《省卫生健康委关于印发贵州省进一步推进医学检验检查结果互认工作实施方案的通知》（黔卫健函〔2021〕132号）等文件要求，进一步提高医疗资源利用率和医疗卫生服务质量，减轻群众看病就医负担，优化医疗服务模式，加快推进省级医学检查检验结果共享交换信息化建设工作，2023年7月，贵州省卫生健康委坚持应用导向、需求导向，全面启动建设全省医学检查检验结果共享交换平台，经过半年多努力，已基本完成全省二级及以上公立医疗机构医学检查检验结果互通共享全覆盖。

（2）案例内容

医学检查检验结果共享交换平台通过区域内医学检查检验结果数据资料共享，在保护患者个人隐私的同时，实现了贵州省范围内二级及以上公立医疗机构间医学检查检验结果的互通互认。

技术上，共享交换平台承建单位引入了国产GaussDB数据库和信创云等先进技术，提升了检查检验数据共享交换能力，并规划了数据安全策略，实现个人敏感数据的安全可靠。

- 市（州）级平台数据汇聚服务完成医疗机构数据采集分析治理后，通过市（州）级密码服务完成数据加密入库。
- 市（州）级平台数据交换服务通过调用市（州）级密码服务进行字段解密后交换数据到省级共享交换平台。
- 省级共享交换平台数据汇聚服务接收报告数据时，先进行字段加密后再存储到全量前置库，通过质控后，将互认范围内的医学检查检验结果数据推送到互认特征库。

（3）案例成效

① 初步建成省级医学检查检验结果共享交换平台。依托省级医学检查检验结果共享交换平台，完成需求调研、标准编制、设计研发、系统部署等工作，省级平台采用B/S架构设计，部署在信创云，主要功能模块包括监管大屏、监管门户、与市（州）平台、省级医疗机构互联对接等，并开放市（州）卫生健康局、省级医疗机构管理账号，支持省、市用户单位登录使用系统。

② 基本完成全省二级及以上公立医疗机构互联对接。截至2024年1月14日，全省299家二级及以上公立医疗机构全面接入省级平台，省市县级医疗机构全部完成应用环境升级。

③ 有效支撑全省跨区域、跨机构检查检验结果共享互认。临床医生工作站通过省级、市（州）级共享交换平台，可有效支撑市（州）级区域内、跨市（州）、跨机构的医学检查检验结果（含原始影像DICOM文件）的调阅查看，支持开单时智能提醒和主动调阅两种模式场景应用。通过省级平台统计，截至2024年1月4日，全省累计共享调阅278.97万条，互认151.12万条，不互认107.98万条。

10.4.3 openGauss助力南京市卫生信息中心医疗行业信息化升级

（1）案例背景

随着"互联网+医疗健康"日益紧密相连，医疗卫生行业积极探索信息化升级，一方面提高医生工作效率，另一方面大大提升患者的就诊体验，满足个性化的就诊需求。用户在选型中亟待解决与国际主流数据库兼容性、性能是否满足业务需求、运维便利程度等现有的业务痛点。

（2）案例内容

Vastbase 以良好的兼容性、基于 openGauss 内核的稳定性能、智能化运维性，满足选型中重点考量的业务痛点，助力远程影像诊断平台互联互通，打造医疗卫生行业信息化建设解决方案。

openGauss 与医疗行业数据管理诉求匹配度如图 10-14 所示。

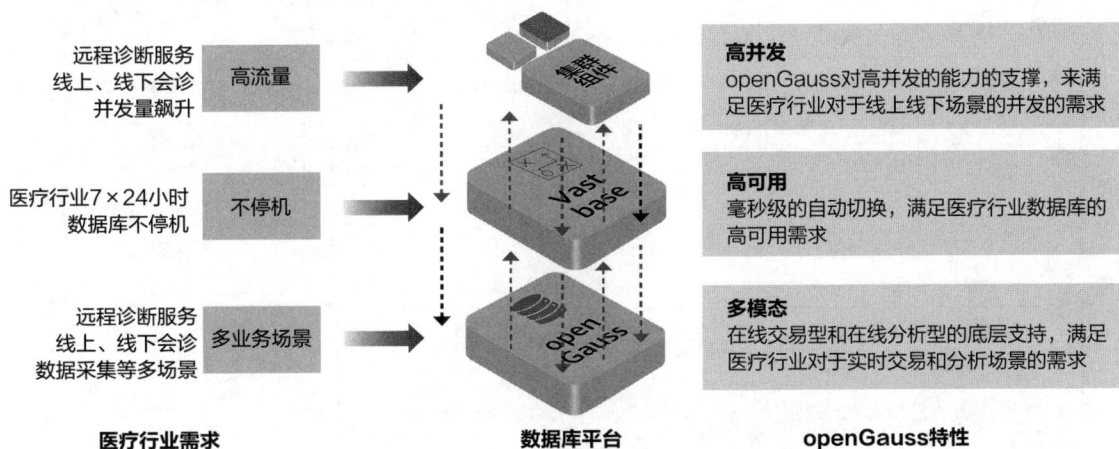

图 10-14　openGauss 与医疗行业数据管理诉求匹配度

（3）案例成效

① 高性能、高并发：基于 openGauss 内核的良好性能使得 Vastbase 最高能支持一万并发，有效满足用户的业务需求，效率提高 7 倍以上。

② 高可用：主备自动切换，可做到 $RPO=0$，$RTO<=10s$，有效保障业务连续性。

③ 多模态：支持多种存储方式，满足不同使用场景需求。

④ 易迁移：使用海量 exbase 迁移工具，大大缩短迁移时间和成本，迁移成功率高达 99.5%。

10.5　电信行业

10.5.1　电信行业数据库现状

随着全社会信息化加速推进，电信运营商承担的社会责任越发重要，全行业被压力与动力裹胁前进。2013 年棱镜门事件后，国家数据安全和信息自主原创的重要性日趋凸显。

经济层面，20% 的 ICT 投资促进 1% 的 GDP 增长，政府刺激经济及数字消费政策频出，与此同时，国家数字化改造刺激投资增加。移动带宽大幅增长促进信息消费升级，并且企业发展及成本结构调整、降本增效促进企业信息化水平提升。行业进程中，云计算产业跨越裂谷处于上升期，应用部署增加，互联网软件技术架构冲击引起新的软件革命。

① 行业结构和关键场景：我国三大电信运营商指中国移动、中国电信、中国联通，均为集团总公司-省公司-市公司-县公司的四级架构模式，主要以地域划分，同时兼顾业务分类。其中承接信息化建设的主要为各层级的企业信息化部门，负责 IT 系统(BSS\OSS\MSS\EDW等)的运营维护。

运营商业务范围越来越广，某种意义上已经成为了 ICT 基础设施运营商。电信行业业务结构如图 10-15 所示。

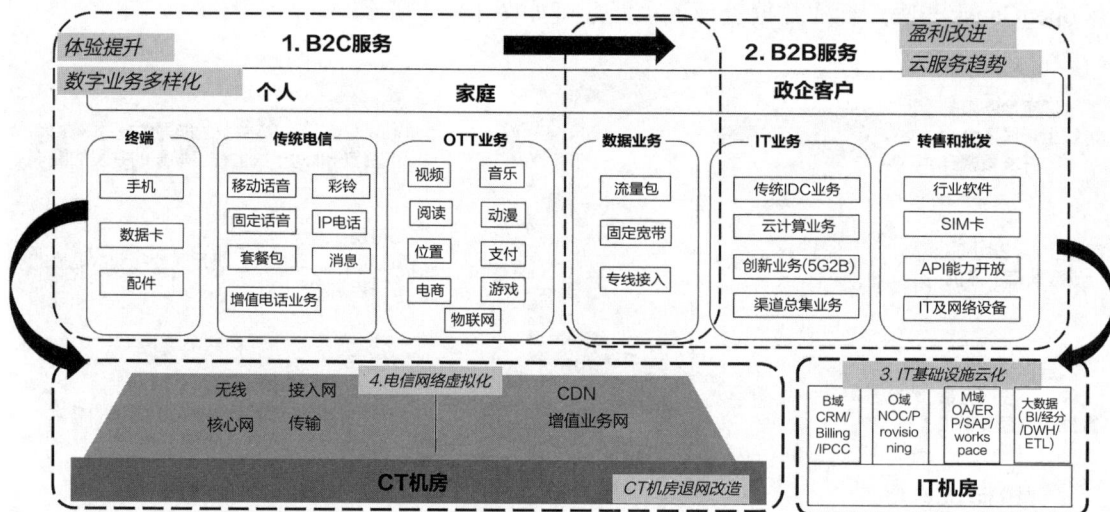

图 10-15 电信行业业务结构

② 行业特点和技术特点：电信行业是关乎国家安全和国计民生的重要行业，2021 年 11 月《"十四五"信息通信行业发展规划》明确提出，到 2025 年基本建成高速泛在、集成互联、智能绿色、安全可靠的新型数字基础设施体系。

在运营商 IT 系统中，最核心的是 B 域的 CRM 和计费系统以及 M 域的经营分析系统。借助信创建设的风口，利用行业影响力引导数据库标准的建立，在 OSS 领域与公司内部其他产品形成垂直的解决方案拓展，打造标杆，达成行业规模复制能力，是电信行业的普遍诉求。

10.5.2 电信案例：中国移动在线基于 openGauss 的数据库自主创新替代实践

（1）案例背景
- 自主创新、安全可靠：数据库作为业务应用核心底座，必须完全自主掌控，才能助力业务的高质量、可持续发展。
- 平滑割接、风险可控：客服业务 7×24 小时在线，替换过程必须平滑稳妥，服务不中断、数据零丢失。
- 创新升级，持续演进：自主创新不等于国内产品的简单替换，关键在于创新，能够为业务发展持续注入新动力。

（2）案例内容
中移在线 openGauss 应用架构如图 10-16 所示。

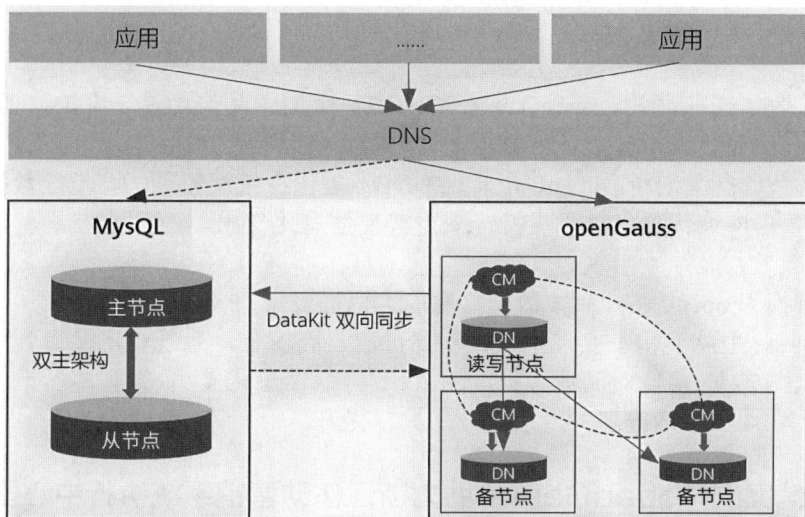

图 10-16　中移在线 openGauss 应用架构

方案优势：

① openGauss 性能强劲：4C 规格节点 tpmC 可达 4.6 万，日常高可用切换可做到 $RPO=0$，$RTO<10s$，常见语法兼容性达到 95% 以上，替代改造成本可控。

② DataKit 迁移数据无损：与社区联创，DataKit 可用性保障能力基本可达到 100%，具备数据无损、快速反向逃生等特点，保障了替换过程的平滑可靠。

（3）案例成效

随着各行业数字化转型的不断深入，人们日常生活、工作对线上 IT 系统的依赖程度越来越高，需求也趋于多元化，很多业务场景要求 7×24 服务不间断。在线营销服务中心与社区联合攻关，以 DataKit 异构数据迁移能力为基础设计的数据库自主创新替换方案，具备安全可控、数据无损、业务低感知、可快速回退的特点，不仅能够将源端数据库中的"全量+增量"数据完整实时地迁移至 openGauss，而且能将 openGauss 的数据变化实时同步回原数据库中，保障了数据库替换过程中新、老数据库服务中数据的实时一致，生产割接和回退可分钟内完成，为各行业生产系统数据库自主创新转型升级提供了解决方案。

10.5.3　电信案例：openGauss 助力中国联通实现运营商资源可视化系统升级改造

（1）案例背景

根据联通集团商企楼宇数字化深耕专项工作要求，实现全国商企运营商资源可视化系统改造。

业务挑战：

① 安全替代，数据迁移：数据库安全替代和自主创新是当前国内信息技术领域的重要趋势，产品去 O 化，涉及大量数据表迁移，对数据库的安全替换提出巨大挑战。

② 性能验证，产品兼容：替换国产自主可控数据库，需要读写性能与在用商业数据库媲美，而且需要与现有产品保持兼容，减少应用层的改动。

③ 运维优化，业务支撑：业务方需要有持续高效的运维能力，保证数据库平稳运行，同时需提供数据库培训能力，及时解答数据库使用、调优方面的疑问。

（2）案例内容

方案优势：

① 产品兼容，迁移高效：openGauss（CUDB）采用主从架构易于维护，性能满足需求，与应用层保持高度兼容，方便业务方数据迁移与数据验证。

② 安全替代，自主创新：openGauss（CUDB）提供持续运维能力，把控数据库内核发展趋势，为客户数据库调优提供技术支持，减少客户信息化支出。

（3）案例成效

① 产品替换为 openGauss 后，数据库性能大幅提升，TPS 提升 30%。

② openGauss 主从架构，实现了数据库高可用、高安全，系统稳定性得到优化。

③ 减少采购成本，降低对商业数据库的依赖，降低信息化支出，数据库运维费用减少 70%。

④ 提供 7×24 小时运维能力，运维效率大幅提升。

10.5.4　电信案例：openGauss 助力浙江移动营销系统执行中心国产化转型实践

（1）案例背景

为提升核心系统自主可控能力，浙江移动选取核心业务营销中心开展数据库国产化替换，营销中心系统是为全省 1 亿多在线用户建设的统一营销策划集中运营门户，实现统一客户/产品/触点信息接入管理，支撑了全省精准营销的集中实施。磐维数据库作为拥有自主知识产权的国产数据库，已成功支撑浙江移动营销系统执行子中心摆摊营销、推荐引擎、存量智洞察等 17 个应用模块，推动了公司国产化进程。

（2）解决方案

浙江移动采用 openGauss 为内核的自研磐维数据库作为营销执行中心 17 款应用的核心数据库，通过自研数据同步工具"鹊桥"完成异构数据库间的数据迁移和校验。依托磐维数据库强大的内核以及可靠的高可用机制，实现应用异地灾备、故障恢复 $RTO<10s$ 以及前端应用日均千万级的 API 类访问。基于 openGauss 的磐维数据库应用架构如图 10-17 所示。

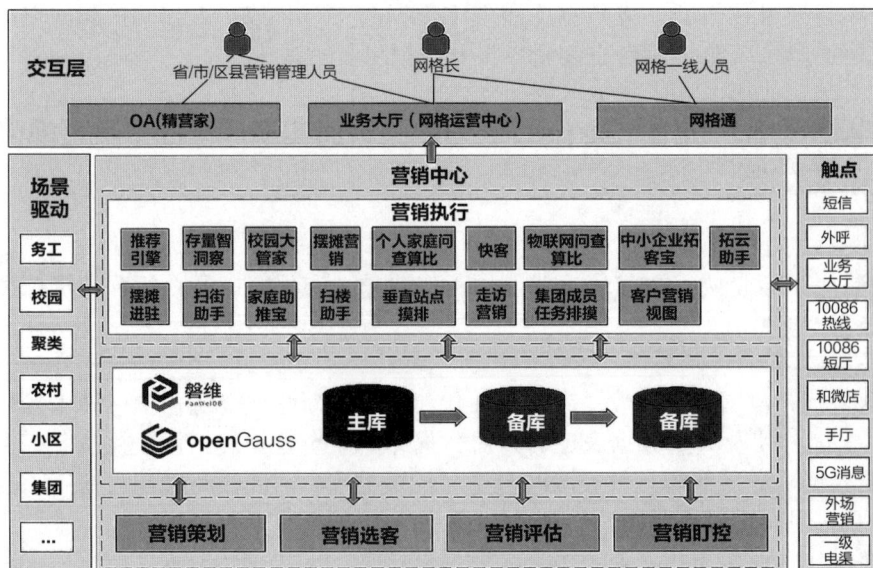

图 10-17　基于 openGauss 的磐维数据库应用架构

（3）案例成效

① 高可用、异地灾备：依托 openGauss 数据库主备切换，实现 $RPO=0$、$RTO<10$，异地机房高可用。

② 高性能、高并发：满足前端 17 款应用日均千万级别的 API 访问量，访问效率较之前提升较大。

③ 数据可信传输与共享：基于自研"鹊桥"可信数据传输工具，实现异构数据实时传输与校验；同时也为迁移后的数据共享提供了通道，避免因数据库替换导致的数据孤岛。

④ 验证批量割接技术：基于 openGauss 的高兼容性，批量进行前端业务割接，极大缩短数据库替换周期。

10.6 公路水运行业

10.6.1 公路水运行业数据库现状

公路水运作为国家经济、社会运转发展的关键基础设施，通过新型数字化、智能化技术融入交通水运运输、服务控制，从而降低安全事故、提升通行效率、改善出行体验、提升管理效率是当前发展的共识。此外为保证其业务连续性和重要数据不泄露、不受破坏，进行国产化替代也成为当务之急。因此"信创+交通"是实现交通强国战略目标的重要举措之一,这一目标的实现离不开国产软硬件系统的支持。

① 行业结构和关键场景：公路水运为部-省-市行业垂直管理，交通运输部（公路局、水运局、公路院、水规院等）提出固定资产投资规模和方向，交通厅负责强化监督、政策/标准/资金牵引，下管三个大方向：高速公路（全国省市 30+交投企业）、水运（全国 26 个港口集团）、城市（300+地市交通运输局）。与此机构并列的管辖机构还有公安部（交管局）、总队、300+地市交管支队和高速支队。智能收费系统为公路的核心场景，是综合了收费管理、财务管理、图像管理、安全管理、编码管理、报表管理、系统管理、数据管理和通信管理等功能的现代化自动收费体系，对计算机的数据采集、处理、分析、传输等都有非常高的要求。智能收费系统包括半自动式收费系统(MTC)和不停车电子收费(ETC)系统两种。城市交通核心业务主要由四大平台支撑：综合应用平台（也叫六合一，主要负责窗口柜台业务，如机动车登记、驾驶证管理、交通违法处理等）、集成指挥平台（主要负责路面执法业务，如交通安全监测研判、应急指挥协作、机动车稽查布控等）、大数据研判平台（主要负责后台数据分析，如综合信息研判，警情信息研判等）、互联网服务平台 12123（主要负责社会化服务业务，如网上业务预约，交管信息查询等）。

② 行业特点和技术特点：当前公路水运行业还是使用 Oracle、DB2 等数据库居多，但随着数字化转型对效率要求的提高，替换的诉求已经越来越明显。"全国一张网"模式有效提高了交通运输体系运转效率，改善了大众出行体验。但随之而来的是剧增的海量收费数据，收费系统数据库建设也面临巨大的挑战，其中最常出现的问题有：数据访问性能问题、数据量大、更新频繁问题、数据备份和恢复问题、数据安全性问题、数据一致性问题、数据迁移问题等。这些都可能成为制约收费系统稳定正常运行的关键难题，因此对数据库产品高可用、高可靠、高安全、高性能、高稳定、高可扩展性等能力的需求愈加明确。

10.6.2　公路水运案例：山东烟台港数字化管控平台建设实践

（1）案例背景

随着数字化时代的到来，通过新型数字化、智能化技术融入交通水运运输、服务控制，从而降低安全事故、提升通行效率、改善出行体验、提升管理效率，是当前发展的共识。

2023 年，山东烟台港启动数字化管控平台建设项目，针对烟台港横向数据不通、数据分析辅助决策能力不足的现状，引入国产 GaussDB 数据库、MRS 大数据以及华为云底座等产品融合方案，经过近一年的建设，实现了生产、经营、财务、设备、安环、法务各垂直系统的数据互通，为烟台港各级管理者提供了数字化的管理工具。

（2）案例内容

数字化管控平台建设要实现经营管理和业务运营的协同互补，做企业运营的看护者和使能者、效益经营的牵引者和护卫者。如何达成数字化管控平台的建设目标？山东烟台港基于"察打一体"的理念，构建了"看-想-动"反射式响应体系，并依托 GaussDB 数据库+MRS 大数据提供了良好的算力底座支撑，如图 10-18 所示。

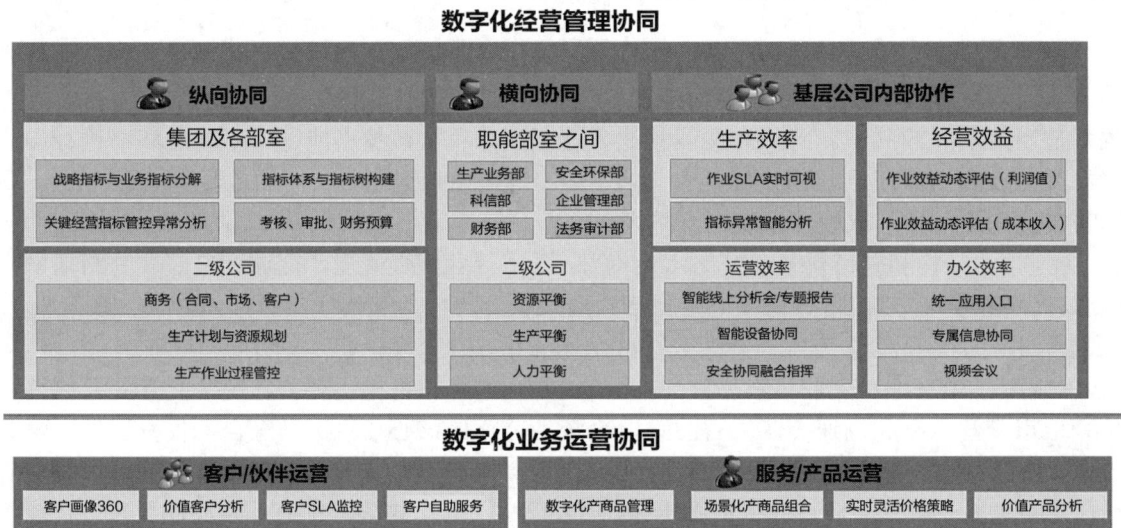

图 10-18　数字化管控平台架构

① "察打一体"的两种典型模式。

- 长打：基于度量战略和业务目标的指标体系，实时监控生产经营运营过程，对指标异常进行根因分析和改善的闭环过程；将战略规划和业务规划目标落实到生产经营的每个领域和阶段，并确定目标都能按期达成。

- 短打：基于生产流程工艺标准和过程控制要求，实时感知作业态势、识别变化趋势并提醒，自动触发对应措施进行实时纠偏处理；确保生产作业每个关键环节都按照经营管理要求运转（对齐长打要求），符合质量控制要求。

② "GaussDB +MRS"打通数据流转，发挥数据价值。基于山东港口"一多云"架构，建设烟台数字化管控平台技术底座，通过数据的汇聚、清洗和转换生成数据明细、生产主题库、专题库，提供数据服务、数据模型，供数据报表使用；以数据和应用的深入协同管理为基础，有序开展数据清洗，拉通各应用系统的数据，避免数据孤岛，优先在生产经营、设备设

施、安全环保应急等领域，以需求迫切的业务场景为导向，实现数据的横向协同和共享。

（3）案例成效

① 支持大屏、中屏、小屏多端协同，实现跨域协同。

② 完成全栈国产化转型，采用国产化 GaussDB 数据库、鲲鹏服务器、欧拉操作系统、华为云底座。

③ 通过山东港口智慧云网平台实现资源统一运维运营，实现对烟台港基础资源统一管理。

10.6.3　公路水运案例：某交建保障数据安全，构建专属数据支撑底座

（1）案例背景

某交通建设公司作为"实体清单"企业，被禁止接收美国《出口管理条例》（"EAR"）管辖的物项，因此亟需打造一套国产新基座，重新构建一套体系标准和生态环境。平台各个部件都需具备良好的通用性、国产化生态的上下游兼容性。

（2）案例内容

海量数据基于 openGauss 的发行版 Vastbase 具备在全国产化环境下稳定运行的能力；支持多种开发接口、标准 SQL 规范；一份基准代码，多份部署。单机单实例环境下，数据库性能指标达 160+万 tpmC；单机支撑 1 万+并发连接，且保障持续平稳运行。支持多种加密方式，支持国密算法多重防护机制，符合等保要求；保障产品可溯源，最大程度规避安全风险、软件漏洞。Vastbase 架构见图 10-19。

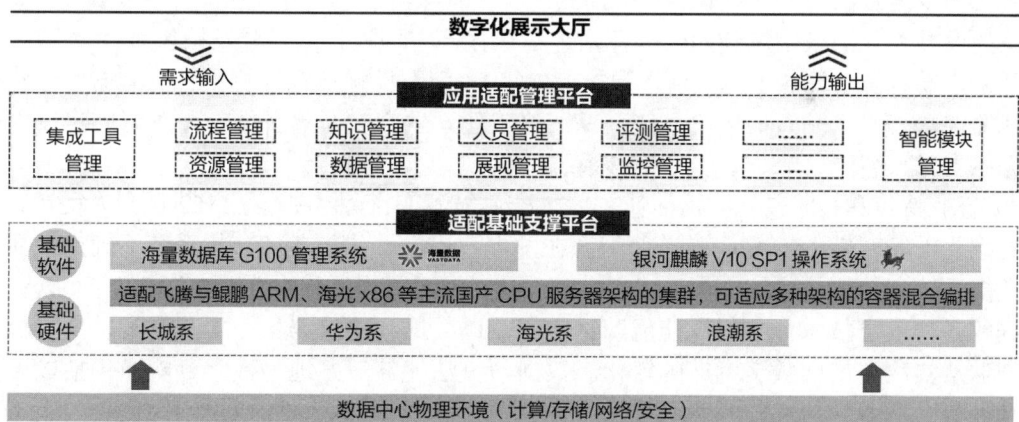

图 10-19　Vastbase 架构

（3）案例成效

① 原业务系统数量众多，软硬件环境复杂多样，Vastbase 有较高的兼容性，可较快速地配合业务系统自主创新平台改造完成。

② 数据库服务器共享存储 HA 高可用部署，满足高可靠需求。大数据表进行分区裁剪，提高历史数据存储检索能力。通过优化调优，测试环境中数据库与大数据平台实现百万级数据同步；极大地节省平台硬件 I/O 开支，节约硬件投入成本。

③ 系统部署遵循应用集中、数据集中、利用集中、管理独立的原则。

10.7 能源行业

10.7.1 能源行业数据库现状

随着电网越来越复杂，接入设备类型和数量越来越多，电网形态发生变化，电网安全运行压力加大。受电力市场开放、输配电价降低、电量增长减速等因素影响，电网业务面临日趋激烈的竞争，企业经营遇到瓶颈。互联网经济、数字经济等社会经济形态发生变化，通过平台对接供需双方，打造多边市场，对传统电力行业带来巨大挑战。

① 行业结构和关键场景。能源行业结构主要由能源生产端和能源消费端两部分组成。能源生产端主要是指煤炭、石油、天然气、太阳能、风能、地热能等一次能源和电力，以及汽油等二次能源；能源消费端主要包括所有的电力用户。关键场景是电力系统与油气行业。

a. 电力系统两大电网（国家电网、南方电网）+五大发电集团（华能、大唐、国家能投、华电、国家电投）是电力行业主要客户群。国网、南网共计 34 个省级电力公司，各级直属单位 1000+家。发电集团总计 100+二级单位，1300+规模电厂和 1000+新能源电厂，装机容量占全国 45%，电厂 2000+。客户体征：资产密集、劳动密集、体量大（基本都是 500 强）。国网做出全面推进"三型两网"（枢纽型、平台型、共享型和泛在电力物联网、坚强智能电网）建设，其中泛在电力物联网是作战重点，涵盖综合能源服务、大数据运营、资产商业化运营、多站融合、能源金融、虚拟电厂、企业运营、电网运营与客户服务等内容。

b. 油气行业两油一管（中石油、中石化、国家官网）是油气行业的主要客户群。油气行业数字化转型是各油气集团共识，智能油气田、智能炼化工厂、智慧加油站、智慧工厂、智慧管网是建设重点。油气系统分为勘探开采、运输存储、炼油化工、分发销售 4 个环节。其中勘探开采建设智慧油田（生产安监、智能巡检等）、智慧勘探认知计算平台；运输存储建设油气管线监控、管网场站智能运检系统；炼油化工建设生产安监等系统；分发销售建设生产安监、无感支付、智能引流、智能营销等系统。

② 行业特点和技术特点。据估计，2025 年，能源 IT 行业规模约 1152 亿元人民币，全球能源数字化市场规模 640 亿。随着新能源在发电、用电、传输各环节的系统不确定性显著增加以及能源转型趋势从传统的集中式走向分布式，需要智能传感物联网、人工智能、云计算、大数据等各种信息技术数字化赋能能源物联网，以数据和算法为核心生产要素，全方位实现能源产业从实物资产向数字资产的转化。数据与算法能够很好地为数字赋能，包括以传感器技术和嵌入式技术为代表的物联网技术，以机器人、语音识别、图像识别为代表的人工智能技术，以分布式处理、云原生、高可用、同时处理 OLTP 和 OLAP 为特点的分布式数据库技术，以大量、高速、多样、低价值密度、真实性为特征的大数据技术，等等。数字能源场景下传统的数据库面临着各种挑战，例如：水平扩展能力不足，数据量增加，只能依靠硬件扩展；技术架构陈旧、复杂，导致性能、可用性、可靠性不佳；运维成本高昂，数据分析能力偏弱，缺乏对当前流行的各种大数据分析接口的支持，缺乏流计算能力；云端部署支持不足，更无法支持 PaaS 等。

综合来看能源行业对在用数据库有如下需求：

① 类 SQL 查询：支持 SQL 语法、类 SQL 语法、SQL 写入、多开发语言、多协议兼容。

② 批量高速复杂查询。

③ 统一运管低成本运维：容器部署升级简易快速，支持在线并发压缩。
④ 认证加密保障数据安全：为不同用户配置不同权限，对接入数据库用户进行身份认证。
⑤ 压缩数据直接加载：数据压缩无须解压缩，降本增效。
⑥ 支持集群部署：集群适用于大数据分析和边缘计算应用程序的高性能平台。

10.7.2　能源业案例：国网陕西用户用电信息采集系统升级改造

（1）案例背景

国网陕西省电力公司电力用户用电信息采集系统(以下简称"采集系统")从 2011 年 3 月上线运行，系统设计用户规模 500 万户，经过多年建设，目前系统共计接入各类用户 910 万户，累计接入采集设备达 12.24 万台，智能电表覆盖率已经达到 99.5%以上，接入日均采集成功率稳定在 98.5%以上，系统日数据增长量为 85GB，系统目前处于超负荷运行，导致部分采集系统存在查询速度较慢、统计计算更新时间变慢、采集数据量及数据频度不满足需求、采集数据入库速度慢等系列问题。

随着与原陕西省地方电力集团"两网融合"和"三供一业"改造工作的推进，系统接入用户量预计增长至 1000 万户，2022 年"两网融合"后用户增长至 2500 万。现有采集系统超负荷运行，其数据库技术架构很难满足新形势下各类业务日益增长的数据要求。

（2）案例内容

原采集系统的主要流程包括数据采集、数据入库、数据抽取、数据计算、结果入库等，基本都采用 Oracle 存储过程进行统计分析计算，数据处理模式为批量数据处理，统计分析慢且弹性扩展能力不足，如图 10-20 所示。

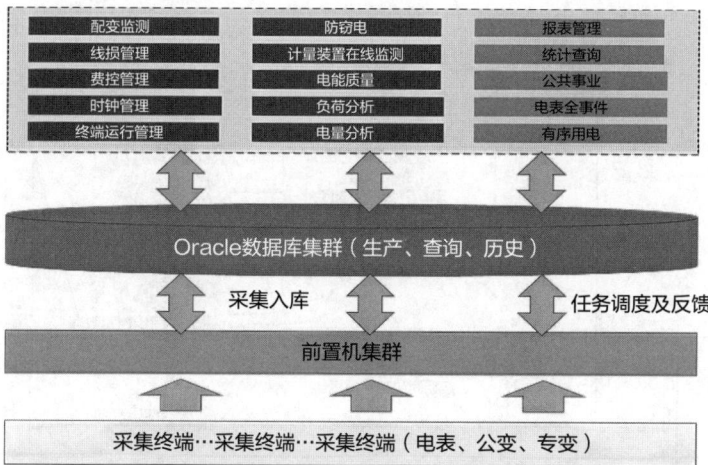

图 10-20　改造前采集系统架构

新架构基于分布式计算架构，计算服务从消息队列或分布式缓存中获取需要计算的数据进行计算，并将结果写入 GaussDB 分布式数据库，数据采集、数据校验、数据统计、数据入库等计算耗时大幅降低，包括用户电量计算、指标分析、停电分析、数据甄别、数据修复、计量异常在线分析等主要应用场景用户体验均有大幅提升。

通过系统数据计算层优化，解决了改造前业务数据计算效率低、计算频度不满足要求的问题，为系统业务应用智能化、自动化转型提供数据支撑，并全面支撑智能营销业务。

（3）案例成效

① 负荷计算业务。通过 GaussDB(TP)+DWS(AP)+MRS(AP)实现 Oracle 替换。将数据迁移到 GaussDB，使用 MRS 大数据相关组件及 DWS 数仓来分析和处理超大数据集。改造后采集系统优化架构如图 10-21、图 10-22 所示。

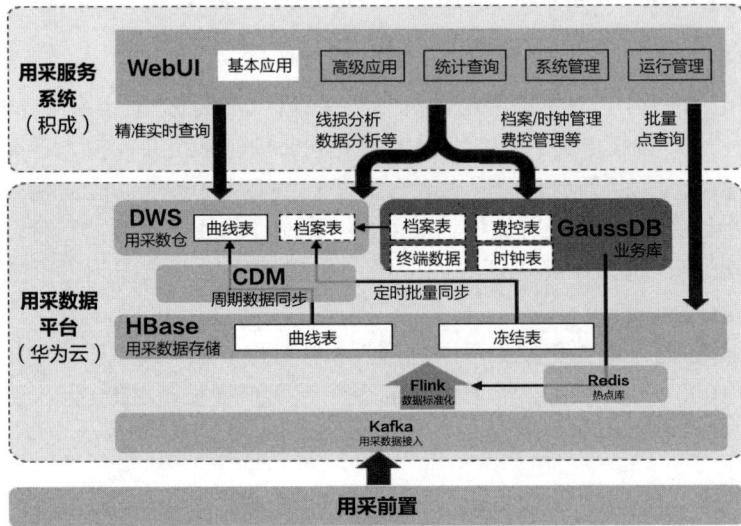

图 10-21　改造后采集系统优化架构（一）

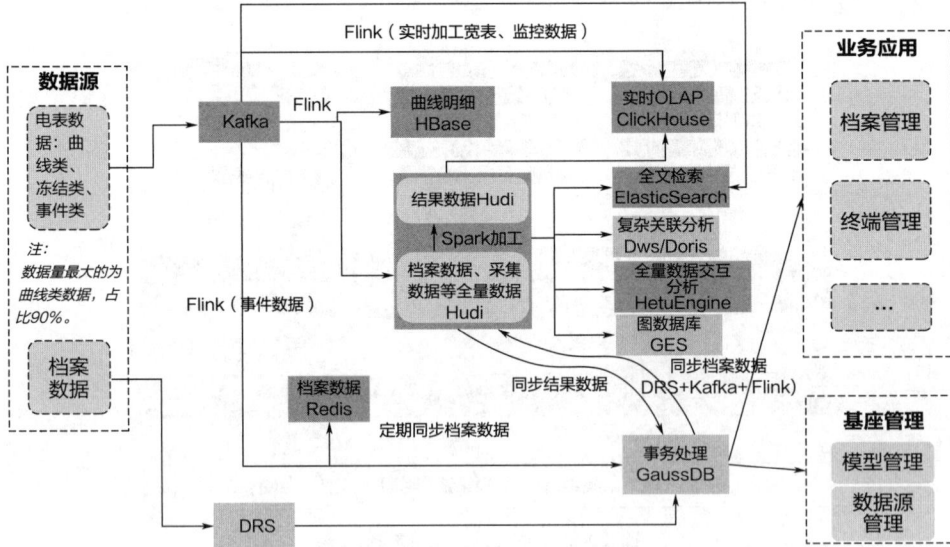

图 10-22　改造后采集系统优化架构（二）

a. 采取 TP+AP 分离方案，突破极致性能。GaussDB 作为 OLTP 数据库，完成档案管理、终端管理、费控管理等功能，TPS 5 万+，大数据量场景下，WebUI 用户交互响应≤3s，支持千级并发。未来可持续横向扩展。拥有 DWS 分布式数仓，实现多个千万级大表关联查询 3s 内出结果，分钟级入库，支撑实时线损、负荷分析、电量分析等。

b. 异构数据源数据同步，打破数据共享界限。在电表数据方面，电表数据 Kafka 一收多发，同时接入 GaussDB 和 Hbase；在档案数据方面，通过 DRS 将档案数据从营销库接入到 GaussDB 中。在数据架构上，GaussDB 替换 Oracle 和 MySQL 库，承载档案管理、终端管理、数据采集管理、有序用电、基座管理等业务；档案数据从营销系统全量同步至 GaussDB，在 GaussDB 进行全量档案管理；分析应用中所需的档案数据从 GaussDB 同步，与原 Oracle 方案一致；通过 GaussDB 替换 MySQL 数据库，承载整体基座管理，减少数据库种类和数据源，降低数据库维护和使用成本。

c. 上千次调测优化，突破性能壁垒。陕西公司在改造过程中通过不懈努力攻克 GaussDB 数据库性能壁垒，对数据库关键问题开展了上千次调测优化，在数据库并发能力、数据消费、语法转化、数据多节点一致性等 11 项关键应用上实现突破。主要措施有：进行数据同步工具替换，使 DRS 全量+增量实现实时数据同步，从 Oracle 到 GaussDB，性能测试更优；充分利用机器 CPU、内存、I/O 和网络资源，避免资源冲突，提升整体系统查询的吞吐量，进行数据库系统参数调优；针对复杂场景 SQL 的单独优化，部分业务查询可实现系统响应时长降低近 90%；对于系统功能应用，采用专业化视图和应用微服务化进行优化；开展 ODBC 场景优化，使可用多线程达到业务要求。

10.8　水利行业

10.8.1　水利行业数据库现状

水利建设事关国家大计，是国家发展的重要战略，是保障国家粮食安全的关键，关系数亿人民的生产生活。我国正加快推进流域防洪工程体系、国家水网、复苏河湖生态环境、智慧水利等"十四五"重大工程建设。随着智慧水利建设和信息化快速发展，信息安全和软件国产化已成重要趋势。水利信息化系统规模庞大，数据量巨大，对数据库的安全性、可靠性、稳定性和性能都有着极高的要求。

① 行业结构和关键场景：水利行业为部-厅（省）-局（市）-水务集团四级垂直管理。水利部负责保障水资源的合理开发利用，拟定水利战略规划和政策，起草有关法律法规草案，并内设七大流域委员会（黄河、长江、淮河、海河、珠江、松辽、太湖）、南水北调、三峡工程等管理机构，负责国内主要江河管理和重大项目的综合治理；水利厅负责全省水利法治建设工作，起草有关地方性法规、政府规章草案；水利/务局负责水利工程建设管理，防汛抗旱，水资源管理等；水务集团聚焦社会水循环，负责供水、制水、污水处理、排水等供排水设施的建设和经营，属企业单位，国营居多。水利工程和项目建设大多分解到市级层次执行，市级水务局是主要投资主体，市级客户共 336 个（4 个直辖市+332 个地市级行政单位），市水务科技信息中心承担全市水务信息系统的建设与运维管理工作。水利现代化的重点是智慧水利建设，包括以下场景：供水综合管理系统，实现城市供水运行状态的精确感知，供水运营服务的科学辅助、供水运维养护的降本增效，推动"传统供水"向"智慧供水"的方向转变；排水综合管理系统，基于设备工况信息、监测信息、报警信息等要素，进行

智能研判和工艺指导，全面实现厂站网一体化管控，打造沉浸式、可视化智慧排水运营体验；智慧中枢，提供应用集成平台、综合监测管理、物联网、视频监控、AI、GIS、融合指挥等平台服务能力，打破系统边界，连接烟囱应用，打通业务流，支持基于平台服务快速构建业务应用。

② 行业特点和技术特点：随着信息时代的到来，海量数据的传输和运算存在瓶颈，传统 Oracle、DB2 等数据库已不能够满足需求，需要具有高可扩展性、高可用性、高性能、支持多租形式的资源有效分发等特点的国产化数据库进行替换。水利管理领域涉及灌溉、防洪抗旱，水资源管理等方面，从基层灌区站所到区县河道流域，存在数据更新滞后、信息互通短板、监督有盲区等现象。数据库的应用，要能满足水利管理中海量数据计算存储的需求，增加数据的完整性，提供高时效性，降低水利管理运行成本。探索国产化数据库技术在水利灌溉，水情监测等方面的应用，对于推动水利管理向区域化方向发展具有深远的意义。

10.8.2 水利案例：徐州智慧水利系统数字化转型实践

（1）案例背景

徐州市"四预"数字孪生平台建设具有一定的基础，结合徐州水利、水务、南水北调三位一体实际，徐州市已在全省地级市率先完成"智慧水利"综合规划，初步实现八大系统，即防汛防旱指挥系统、水资源管理系统、农村水利管理系统、供水决策支持系统、排水管理系统、水利工程管理系统、南水北调管理系统、电子政务系统。已建系统在近十年的应用中，不断升级改造，特别是按照国产替代的相关要求，注重国产数据库应用。如结合了国产 GaussDB 数据库，提升排水系统平台功能，新建河湖管理与河长制、水土保持信息系统，新建了 32 处低洼地监测、20 处管网液位监测、15 处视频监控，梳理全市 3.4 万公里河道信息，排查 1219.323 公里管网数据，扩大数据信息的自动采集覆盖范围和数据网络汇聚功能体系；整合已有水务信息化业务应用系统数据，形成水务数据统一管理与共享交换体系，实现对安全核心业务的防护。

（2）案例内容

"智慧水利"项目是徐州市在"互联网+水利"方面的第一次系统性尝试，其拟建的防洪排涝"四预"平台架构如图 10-23 所示，主要有以下三个特点：

① 精准化：本项目为每一个业务系统都单独设计开发了一套地理信息系统，通过图层加载和丰富的空间数据支撑，使水利管理向更精准细分领域延伸，提供全方位、多角度、跨平台的数据服务。

② 融合化：本项目通过建设统一的数据库、数据接口、数据交换功能子系统，打破传统水利水务壁垒，融合"智慧时空云平台""数字城管"等相关数据，使水利水务各业务系统通过一张徐州市 GIS 图和统一数据库实现统一。其包含共计近 100 个 GIS 图层、近 500 项业务功能，打通超过 20 个各类系统间技术壁垒，实现高度融合一体化的业务应用。

③ 决策化：综合利用实时雨水情、工情、水量、水质等各类数据，实现从传统单一的数据采集向精确预报型决策方向发展，提高对洪水、供水、水质污染等灾情的预见能力。

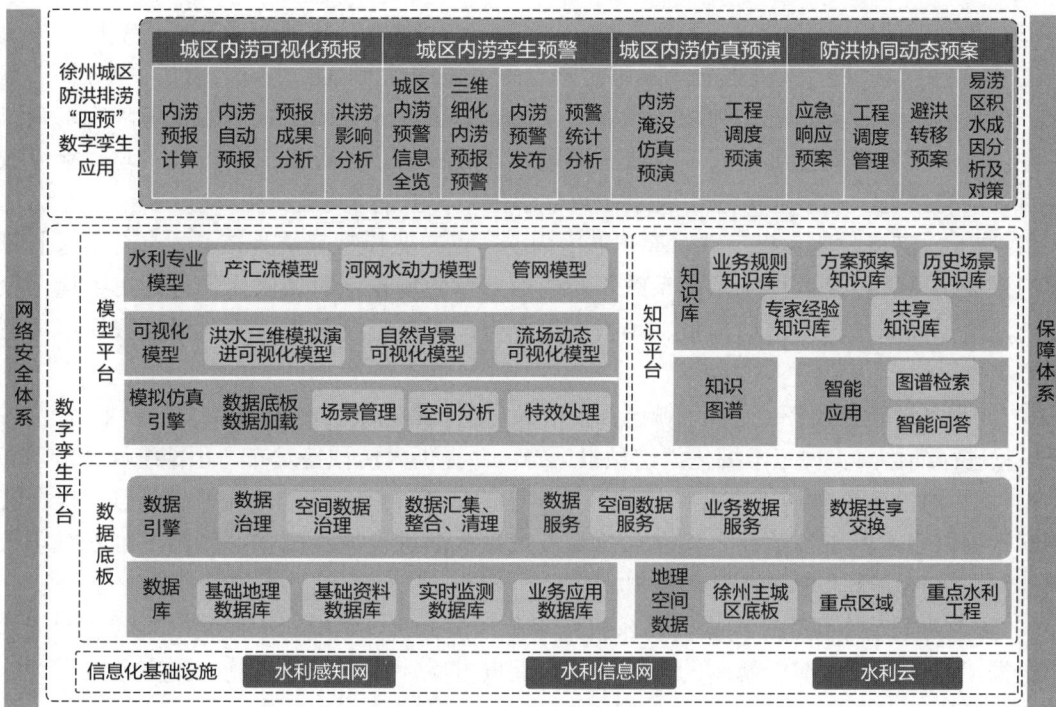

图 10-23　拟建的防洪排涝"四预"平台架构图

本案例中对国产化数据库进行了改造，具体如下：

① 数据库改造内容：

数据迁移：将原有 Oracle 数据库中的数据迁移至 GaussDB，确保数据的完整性和一致性。

系统升级与优化：对 GaussDB 进行系统升级和优化，包括调整配置、优化 SQL 语句等，提高其性能和稳定性。

接口兼容性改造：确保 GaussDB 与原有系统之间的接口兼容，减少对现有业务的影响。

安全防护：加强 GaussDB 的安全防护措施，确保数据的安全性和保密性。

监控与日志分析：建立监控机制，实时监测 GaussDB 的运行状态和性能指标。同时对日志进行分析，及时发现和处理问题。

持续优化与改进：根据业务需求和技术变化，持续优化和改进 GaussDB 的性能和功能，确保其始终处于行业领先水平。

② 数据库改造进度：

a. 防汛方案改造。防汛系统是智慧水利系统使用率最高的模块，当前系统中的数据存在接入遗漏、数据查询缓慢、数据更新延迟等问题。尤其是在汛期暴雨期，数据延迟问题导致了系统的可用性降低。将实时数据如雨量、水位、流量等关键数据的采集信息写入 GaussDB 中，整合气象、水文、地理等多方面的数据源。使用 GaussDB 防汛防旱系统的水文信息查询功能在响应速度和数据实时性方面有了明显的提升，达到了可用标准。

b. 水源地数据共享。水源地数据需要通过局内政务网络共享给供排水站和水厂，其通过数据抽取工具将数据同步到 GaussDB 中，利用.NET 7.0 与 GaussDB 进行交互构建的 RESTful API。将数据共享给需要的供排水站和水厂。

（3）案例成效

① 防洪要素孪生全景：对前端基础感知设备采集的徐州城区水量、雨情、水情、工情、工况、气象信息，对数据进行判别、预警，全面集成智能业务应用所需的各基础应用系统数据，并可将多源异构数据集中展示、快速调取、即时刷新。通过虚拟仿真技术与数字流域业务应用场景的结合，实现业务应用成果在数字孪生平台上的全景呈现。

② 城区内涝可视化预报：针对徐州城区内涝，以专业模型算法为核心，结合实时监测数据，构建徐州城区内涝可视化预报系统，基于数字孪生场景，对城区内涝进行可视化预报，实现内涝预报计算、内涝自动预报、预报成果分析、洪涝影响分析，为科学预报调度决策提供技术支撑。

③ 城区内涝孪生预警：为实现城区预警信息全览，搭建城区内涝孪生预警模块，针对各个预警场景进行细化，实现三维细化内涝预报预警，并提供内涝预警发布与预警统计分析功能。

④ 城区内涝仿真预演：结合徐州城区数字孪生底板，综合考虑时空水文特征，根据流域下垫面数据以及水雨工情数据，建立二三维流域洪水演进及淹没模型，利用三维沙盘场景化交互计算，实现城区内涝淹没过程模拟。

⑤ 防洪协同动态预案：根据内涝预报结果和预演分析，确定对应级别的洪涝防治应急预案。根据工程现状和预演中暴露的问题，细化调度方案，落实各项措施，提高预案方案的指导性和可操作性。

10.9　广电行业

10.9.1　广电行业数据库现状

广电行业从事广播电视网络的建设开发、经营管理、维护和广播电视节目的收转、传送服务等。作为把握国家信息命脉的重要行业，国家广电总局明确提出加快推进"未来电视"战略部署，要求加强关键技术攻关。2023年2月，国家广电总局印发了《智慧广电技术体系及实施指南（2022年版）》，提出以"算力+算法+数据"为重要支撑的智慧广电技术体系，这是智慧广电建设发展新阶段的指引性文件，为全行业迈向"未来电视"夯实发展基础。

① 行业结构和关键场景：广电体系核心包括广电总局、各地广播电视台及有线网络运营商。广电总局为行业主管部门，负责统筹全国的广播电视传输网络管理工作，负责规划全国广播电视管理和发展方向以及负责参与制订国家信息网络的总体规划。各地广电局则对各级广播电视传输业务进行分级管理，负责本行政区域内的广播电视传输业务的管理工作和事业发展规划。地方广播电视台和地方广电网络运营商受本省（区、市）广电局独立管理，但业务受总局监管。广播电视台具有特殊性质，不能上市，有线网络则分离出来为独立法人，成为电视台的下属股份公司，并运作上市，但控股股东及实际控制人多为地方电视台或相关公司、政府主体。

② 行业特点和技术特点：智慧广电信息化系统建设总体目标是全台一体化，基于融合媒体设计，结合云计算、人工智能、数据库等技术应用打造的全媒体内容汇聚生产发布平台，

整合广播电视资源及多渠道来源的内容资源，以全媒体内容库建设为核心，打造全媒体内容汇聚平台、全媒体融合生产平台、全媒体内容分发平台、媒体大数据分析、全媒体新闻指挥平台。这将打破时空限制，电视、广播、新媒体、记者站等不同部门的记者无须集中办公，不管身处何时何地，只需要通过全媒体业务支撑平台，就可以在平台内统筹完成包括选题策划、采访部署、资源调度、素材采集、编辑制作、传输发布等工作，让新闻资源真正共享，实现异地、远程、多平台同步融合协作、快速发布。数据采集、监测广播电视和网络视听内容生产、传输、播出、反馈等环节的全流程数据，通过对各类数据等进行多维分析和创新应用，为各项业务提供支撑。构建广电集中融合计费系统，支持 5G SA 网络移动业务，打通移动用户开户、业务开通、计费、出账、缴费等业务流程，以及存量有线、宽带、点播等业务接入，未来支撑广电集中系统统一规划、统一演进。因此对数据库的大容量、高性能、高可靠等能力提出明确要求。

10.9.2　广电案例：央广网国产数据库平滑迁移，综合性能提升 30%

（1）案例背景

央广网作为国家级广播网络媒体平台，肩负向全球讲好中国故事、传播好中国声音的重任。随着全球听众增加，当前基于 MySQL 的全球华语广播系统逐渐不堪重负，无法满足听众要求。

（2）案例内容

针对 MySQL 的性能不足、并发度差的问题，央广网选择 openGauss 的发行版海量数据 Vastbase 替代 MySQL 进行平滑迁移。Vastbase 数据库高度兼容 MySQL，并且适配 PHP 与 Nginx；迁移 MySQL 中数据到 Vastbase 的过程可以做到一次性快速平滑迁移，无须任何人工手动修改部分。节目展播系统架构见图 10-24。

图 10-24　节目展播系统架构

（3）案例成效

① 兼容性好：高度兼容 MySQL，与原有系统 PHP、Nginx 等适配度高。

② 可靠性高：openGauss 数据库高可靠、高安全、易监控，并且能快速恢复响应。

③ 性能强：综合性能较之前提升 30%，并可持续优化提升；同时金融级可靠性、安全和运维能力为央广节目平台提供更大的创新空间。

10.10 教育行业

10.10.1 教育行业数据库现状

教育是立国之本、强国之基，教育行业的信息化建设和数字化转型是当下受到重点关注的核心议题。在"十四五"规划的指引下，各地区教育机构都在积极推动教育信息化、数字教育和智慧校园建设；通过充分应用数字化技术，改变传统的工作思路和流程，树立数字化意识，实现数字思维引领的价值转型，助力培养出更多适应快速变化的创新型人才。教育数字化转型的关键驱动要素是数据，这需要提供易用、可用、好用的数据基础平台支撑，保障清除探索转型道路上的瓶颈和障碍。

① 行业结构和关键场景：我国教育单位包含教育部、教育厅、地市教育局、区县教育局、学校五个管理层级，除民办机构外，全部列属于公益一、二类事业单位。教育部主要职责是拟定教育工作的方针、政策；起草有关教育的法律、法规草案；教育厅主管起草有关地方性法规、规章草案和政策并组织实施；地市和区县教育局主要面向学校进行具体任务执行；下管教育机构包括高教、普教、商业教育（含在线教育）三部分，高教包括普通高等院校 2631 所、成人高等院校 282 所，普通教育包括普通小学 22.6 万所、初中 5.25 万所、高中 2.44 万所，商业教育包括民办教育机构培训机构 17.76 万所。智慧校园为教育的核心场景，可分为智慧教学环境、智慧教学资源、智慧校园管理、智慧校园服务四大板块应用。智慧教学环境可以是实体和虚实相结合的混合教学环境，如教育预约、设备档案、设备控制、环境日志等；智慧教学资源指使用者可通过多种接入方式访问资源管理平台，并搜索、浏览或下载所需资源。智慧校园管理专指学校各行政管理部门的行政管理、教学管理、科研管理、人力资源管理、资产设备管理、财务管理等协同办公（办公自动化）的管理信息系统。智慧校园服务指以信息技术为手段，为教学提供基于互联网的智慧化校园公共服务支撑体系，核心内容是校园安全管理和设施设备运维。

② 行业特点和技术特点：新技术加持下智慧校园建设全面开花，学校逐步开始进行数据库升级改造，替换国外数据库产品。目前高校大量使用 Oracle、MySql 等数据库，国产化替代需要高度兼容，以便照顾以往使用习惯，以及减少迁移工作量；而且高校缺乏专业的数据库维护人员，因此对易用、易运维有强诉求，应能保证上手容易、使用方便、运维简单。伴随着高校数据库信息价值提升，有效防范信息泄漏和篡改成为一个重要的安全保障目标。

10.10.2 教育案例：学生发展中心学籍学历信息管理平台去 O 验证实践

（1）案例背景

随着数字化转型战略的持续深入推进、数据库国产化进程的加快，国产数据库系统已经深入教育行业。其中，教育部学生服务与素质发展中心（下文简称为学生发展中心）作为国内最大、最权威的电子政务平台之一，正在开展数据库国产化替代工作。学生发展中心是教育部直属事业单位，建成了学信网、阳光高考平台、研招网、国家大学生就业服务平台、大学生创业网和征兵网等多个信息化技术支持平台，开展招生、就业、学籍管理、学历认证等一系列高校学生信息咨询服务与就业指导工作。

目前，学生发展中心主要使用 IBM 小型机，数据库则采用 Oracle，存在软硬件供应链受限的风险，不具备对关键核心根技术自主可控的能力。在此背景下，学生发展中心首先选择了学历学籍信息管理平台和研招网试点验证，为后续的全面国产化替代升级改造积累经验。项目组自 23 年 8 月开始，选用 GaussDB 作为数据库去 O 方案，并开展一系列试点验证。

学生发展中心信息平台推进国产化替代，符合国家安全战略，是一项里程碑意义的事件，也是一项极具挑战的工程，对数据库的高可用、高性能、高扩展能力，以及数据安全、容灾与业务稳定性、连续性等方面提出了更高的要求。

（2）案例内容

作为国产数据库软件行业标杆，GaussDB 技术竞争力领先，数据库软件代码层完全具备自主可控能力。在本次 POC 测试验证中，学历学籍信息管理平台使用单节点 GaussDB 数据库部署，研招网平台使用主备 2 节点 GaussDB 数据库部署。二者均直接部署在正式环境中，导入正式环境中 Oracle 数据库的数据进行测试。此外，测试环境使用 x86 Xeon 4114 芯片、银河麒麟操作系统。

截至 2021 年，学生发展中心共承载学籍数据 4985 万人次、学历数据 22052 万人次、报名数据 29699 万人次、报名照片 23547 万人次。学历学籍信息管理平台主要业务涉及学籍查询、学籍验证、学历查询、学历验证、学历认证、出国教育背景信息服务、证书图像校对、学信档案管理等；研招网的主要业务则为信息公开、统考网报、成绩查询、网上确认、网上调剂、推免服务等。

根据业务方（学生发展中心）给出的验证与服务搭建标准，联合测试项目组对 GaussDB 的性能、吞吐量以及资源使用情况进行了测试验证。应业务要求，对 GaussDB 进行了不同并发量的压力测试，期间使用 NMON 对整体测试硬件进行监控。根据测试结果，对 GaussDB 进行了多次调优：通过开启线程池、利用 NUMA 组进行绑核等方式，实现插入时延下降 4%～29%，查询时延下降 3%～10%，TPS 提高 1%～10%。此外，对硬件负载进行了分析，得出结论为业务尚未达到服务器承载上限，未充分调动服务器性能，CPU、内存使用率不高，GaussDB 服务器的承载能力还有发掘与提升的空间，并据此为后续测试与调优积累了经验。业务系统搭建架构图如图 10-25 所示。DRS 转移 Oracle 数据至 GaussDB 如图 10-26 所示。

（3）案例成效

① 高性能：对研招网报名系统进行全流程性能测试，2 万+大并发场景下，性能最高达到 1.4 万+TPS，报名人数达到 30 万+，满足业务性能以及大并发要求，具备替换能力。

② 高可靠：学历、学位系统经过长达 48h 长稳测试及高可用测试，各类故障项测试表现均满足预期，体现出 GaussDB 持续可靠、可用能力，满足学信网核心系统诉求。

③ 高兼容：兼容能力强，整体测试过程中，业务开发调整少，特性、语法高度兼容。

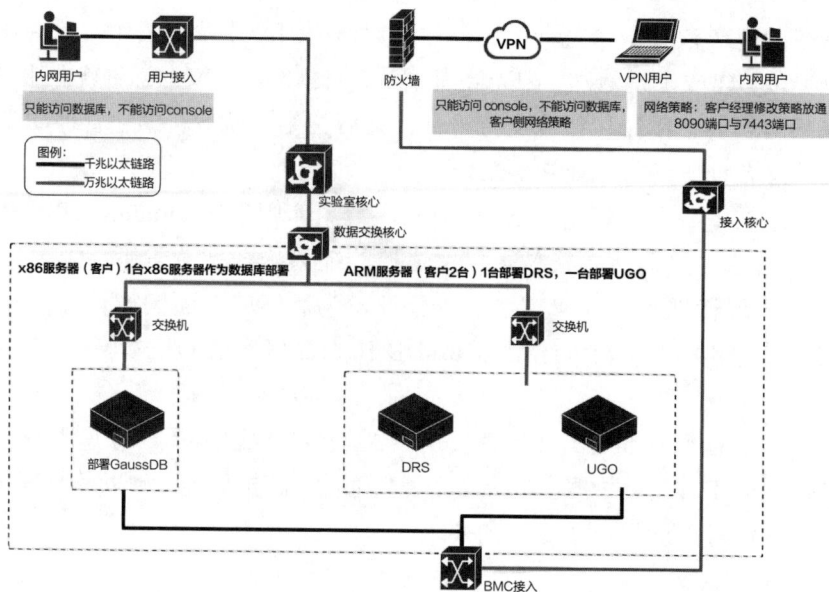

图 10-25　学信网典型业务组网部署架构图

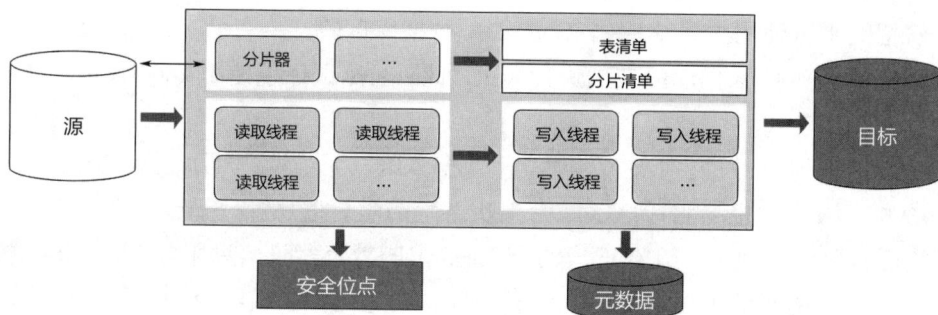

图 10-26　DRS 转移 Oracle 数据至 GaussDB

10.11　其他行业

10.11.1　民航行业数据库现状

交通强国建设迎来宏伟的发展蓝图，高质量发展成为民航发展的关键词。民航局提出了以智慧民航建设为主攻方向的"十四五"民航发展思路，通过"数字化强基、智能化应用、智慧化融合"三个阶段，统筹推进行业传统与新型基础设施建设，最终全面打通民航行业相关信息流，全面优化和提升安全、服务、运行水平，提高企业效益，实现民航行业全面高质量发展。为达到这一目标，谁能将数据整合起来，做得更快、更成体系，谁就掌握了先机，也将成为航空公司的核心竞争力，这离不开国产软硬件系统的支撑。

① 行业结构和关键场景：民航业主要由航空局、空管局、航空公司、机场四部分组成。航空局负责行业管理，提出民航行业发展战略和中长期规划、起草相关法律法规草案、规章

草案、政策和标准，推进民航行业体制改革工作。空管局是管理全国空中交通服务、民用航空通信、导航、监视、航空气象、航行情报的职能机构，主要包括华北、东北、华东、中南、西南、西北、新疆七大地区空管局。航空公司是以空中运输的方式运载人员或货物的企业，目前我国现有航空公司 56 家（包括 11 家专门的货运公司），体量最大的三家是南航、国航、东航。机场是提供场地、维修和客户服务的航空站，目前我国运输机场 241 个，通航机场 339 个。民航的主要业务应用，包含了 AODB、IMF、FIMS、RMS（ORMS）等核心系统。AODB 是机场业务管理系统的"核心"。它确保旅客、航班和行李流等主要机场过程以协调、同步的方式进行，并为机场内的每个相关者提供所需的信息。系统从空中交通管制系统（ATC）、时刻分配系统（SAS）和资源管理系统（RMS）等收集信息，并瞬时更新航班和相关机场资源的变化。FIMS 是航班管理系统，FIMS 对于季度航班计划、短期航班计划、次日航班计划和营运航班计划、历史航班计划进行信息管理；从某种角度来讲，FIMS 可以被视为机场核心数据库 AODB 及其复杂体系的一个前端界面；IMF 是智能中间件平台，所有的内外部系统均通过 IMF 与 AODB 数据库进行数据的交互和同步；RMS（ORMS）是资源分配管理系统，负责对机场运营资源进行分配和管理，是航班生产运行系统的重要组成部分，主要包含三部分功能：实时资源分配，即对营运航班资源的调整；模拟/预分配，即对季度计划、日计划的设定；资源分配规则管理，即对分配资源规则的统一管理。

② 行业特点和技术特点：在数字化、智能化成为民航领域竞争力全新增长点的今天，民航机场的国产化替换已经迫在眉睫。目前全流程运行态势感知能力较弱，对航班、旅客、行李流等缺乏实时可视监测。单场景算力达不到分析要求，难以基于大数据分析碰撞、提供精准可预测的指标数据。实时数据采集性能较低，缺少空陆地面全场景一张图的全局可视能力。因此对数据库产品在高性能、高稳定、高时效等能力有明确需求，满足后才能使数据价值得到充分释放，助推智慧民航加速发展。

10.11.2 邮政行业数据库现状

邮政业是国家重要的社会公用事业，是服务生产、促进消费、畅通循环的现代化先导性产业。邮政体系是国家战略性基础设施和社会组织系统之一，为国脉所系、发展所需、民生所依。加快邮政业高质量发展，对巩固党的执政基础、促进经济社会发展、服务改革开放大局和满足人民美好生活需要具有重要意义。我国正在加快邮政产业数字化，推进全流程多维度数据采集，完善数据资源体系。推动智能仓储、智能调度等智慧运营系统建设，软件的数字化转型已成为重要趋势。邮政系统数据量巨大，对数据实时写入、复杂分析以及数据的安全可靠都有着极高的要求。

① 行业结构和关键场景：邮政行业主要由邮政管理局和集团公司两层组织构成。邮政管理局是政府组织，隶属于交通运输部，主要职责是拟订邮政行业的发展战略、规划、政策和标准，提出邮政行业服务价格政策和基本邮政业务价格建议，并监督执行，以及垂直管理各地邮政管理局；集团公司负责具体经营各项邮政业务，实行商业化运营，业务包括：国内和国际信函寄递业务、国内和国际包裹快递业务、邮政物流业务等；目前集团公司私营居多，如顺丰、圆通、韵达、申通、德邦、中通、京东物流等。智慧物流信息系统是目前邮政行业的

主要建设方向，通过利用信息技术与物流技术的交叉融合，让物流自动化、创新化、准确化。主要包括四大场景：数据收集和输入，采集各类信息，系统管理人员、客户等可以通过系统的应用界面完成各项业务活动数据的输入；数据处理，通过对收集信息数据进行统计分析，找出数据隐含的实际意义，为物流活动的决策与预测提供参考依据；数据存储，拥有各种形式的数据库，可分门别类地储存数据，以便用户快捷地调用和为决策提供信息源；数据输出，数据的处理结果呈现多样的变化，如采用 3D 图表展示等，能更加直观地反映数据隐含的实际价值。

② 行业特点和技术特点：整个邮政的流程包括运输、仓储、包装、配送以及装卸等都是以数据为基础的，物流信息系统数据庞大、包含环节众多，因此需要一款先进的数据库产品来集成系统内部的物流设施设备、物流信息数据采集、物流信息处理等，实现整个子系统及使用该系统的企业、组织内外部联系的各种资源的集成与优化，以实现系统资源最大程度和最大效率的利用和发挥。这对物流快速、高效、通畅地运转，从而实现降低社会成本、提高生产效率意义重大。

10.11.3　铁路行业数据库现状

铁路是国家战略性、先导性、关键性重大基础设施，是国民经济大动脉、重大民生工程和综合交通运输体系骨干，在经济社会发展中的地位和作用至关重要。当下铁路信息化建设正向现代化、智能化方向演进，通过新一代信息技术与铁路行业的集成融合，全面提升铁路行业智能化水平，实现铁路安全、效率、体验的全面提升。依赖国产化软件构建铁路行业的智能数据系统已越来越重要，基于全方位的数据采集、分析，在建造、装备、运营、运维等方面推进技术和管理创新，从而实现铁路的智能运营管理和决策，让铁路运输更加安全、高效、便捷、舒适、环保。

① 行业结构和关键场景：2013 年 3 月 10 日，根据国务院机构改革和职能转变方案，实行铁路政企分开。将铁道部拟定铁路发展规划和政策的行政职责划入交通部；组建国家铁路局，由交通运输部管理，承担铁道部的其他行政职责；组建中国铁路总公司，承担铁道部的企业职责；不再保留铁道部。铁路总公司下设 18 个铁路局、3 个专业运输公司（中铁特货运输、中铁快运、中铁集装箱）。铁路信息系统是铁路运输生成和管理的重要组成部分，随着我国对信息安全、网络安全重视程度的不断提高，铁路行业亟须发展自主可控的核心关键技术，保障网络、信息、数据等关键基础设施的安全可靠。当前，铁路信息系统的应用范围已涵盖战略决策、运输生产、经营开发、资源管理、建设管理、综合协同 6 个领域，协助铁路运输生产完成自动化、智能化的调度、管理、经营、办公等信息化活动。综合考虑铁路信息系统的技术体系架构、系统规模及面临的国际形势，要保障国家铁路业务的安全性、稳定性、可持续性，必须紧跟国家战略步伐，依托国产化产业生态体系，践行网络强国战略目标，积极将国家网络安全与国产化成果向铁路信息化领域拓展，确保铁路信息系统能够平稳、高效地为铁路运输生产提供安全保障。因此，开展铁路信息系统国产化适配改造建设已经势在必行。

② 行业特点和技术特点：当前铁路核心/次核心系统国产化程度较高，尤其是高铁技术，不仅已经完成了自主可控，还实现了对外出口。此外，12306 铁路售票系统作为世界上最大的在线售票系统，是铁路系统 IT 化的天花板，由铁科院主导建设，整体技术也已实现了自主可控，仅在个别模块使用国外商业产品，但总体连续性风险比金融等行业低得多。因此，在整体可控技术上，铁科院在按部就班地推进国产化替换，已经在逐步引入国产化数据库。